"十二五"普通高等教育本科国家级规划教材

"十三五"江苏省高等学校重点教材
（编号：2016-1-158）

化工原理

（第4版）

钟　秦　陈迁乔　王　娟　曲虹霞
马卫华　朱腾龙　张舒乐　编著

国防工业出版社
·北京·

内 容 简 介

本书以过程原理的共性和处理问题的方法论作为贯穿化工单元操作的主线,注意从典型工程实例中提炼若干工程观点,以期提高读者处理实际工程问题的能力。除绪论外,全书共10章,内容包括流体流动、流体输送机械、机械分离、传热、蒸馏、吸收、气液传质设备、液液萃取、干燥和其他化工单元操作。每章均有例题和习题。为更方便教学和自学,本书用双色印刷,使重点内容更加醒目,主要设备和原理配有动画和视频二维码,读者可扫码观看。全书概念论述清楚,内容由浅入深,重点突出,主次分明,便于自学。

本书可作为高等学校化工类相关专业的教材及企业培训教材,也可供相关部门科研、开发、设计和生产的技术人员参考。

图书在版编目(CIP)数据

化工原理 / 钟秦等编著. —4版. —北京:国防工业出版社,2022.7重印

ISBN 978-7-118-11956-5

Ⅰ.①化… Ⅱ.①钟… Ⅲ.①化工原理 Ⅳ.①TQ02

中国版本图书馆CIP数据核字(2019)第196741号

※

国防工业出版社出版发行

(北京市海淀区紫竹院南路23号 邮政编码100048)

三河市腾飞印务有限公司印刷

新华书店经售

*

开本 787×1092 1/16 **印张** 28½ **字数** 730千字

2022年7月第4版第3次印刷 **印数** 5001—7000册 **定价** 68.00元

国防书店:(010)88540777 书店传真:(010)88540776

发行业务:(010)88540717 发行传真:(010)88540762

PREFACE

第4版前言

本书是在总结南京理工大学化工学院近20年使用《化工原理》(国防工业出版社,2001)教学实践的基础上,结合江苏省在线开放课程建设、江苏省重点教材和江苏省"金课"建设,由南京理工大学"化学工程系列课程"国家级教学团队精心组织修订再版,第2版和第3版分别被列为"十一五"和"十二五"普通高等教育本科国家级规划教材。

本书编写旨在突出理论联系实际,体现工科特色,重在突出学科重点、基本观点和工程处理方法。本书将化工单元操作按过程共性归类,以动量传递为基础,叙述了流体输送、流体通过颗粒层的流动及其相关的单元操作;以热量传递为基础,阐述了换热操作;以质量传递的原理论述了蒸馏、吸收和液液萃取等单元操作及设备,以及热量和质量同时传递的干燥操作。为了使教材既做到少而精,又为学生进一步深造提供方便,把蒸发、结晶和吸附以及膜分离等单元操作放在最后一章,作简明扼要的叙述。

此次修订再版,在原有章节的基础上,为更好地满足《化工与制药类教学质量国家标准》的要求,满足更多读者的需求,并方便学习,在内容上和形式上进行了较大改进。删减、修改了原有章节的部分内容,完善了气液传质设备和液液萃取单元,并分别独立成章,在最后其他化工单元操作部分增加了结晶和吸附的相关内容;并且在独立单元操作的开始部分增加了简单的案例分析;更换和补充了部分例题和习题;增加了重点单元过程原理、设备和结构的动画二维码,读者可以扫码观看;对部分插图进行了重新绘制;本书采用双色印刷,使重点内容更加清晰明了。此外,本书配套有南京理工大学化工原理在线开放课程,读者登陆中国大学慕课网(https://www.icourse163.org/),搜索"化工原理钟秦",进入课程学习,并获取丰富的教学资源。

本书由钟秦整体策划和设计,由钟秦、陈迁乔、王娟、曲虹霞、马卫华、朱腾龙和张舒乐编著。其中绪论由钟秦撰写,第1章流体流动和第2章流体输送机械由陈迁乔撰写,第3章机械分离和第5章蒸馏由王娟撰写,第4章传热和第9章干燥由曲虹霞撰写,第6章吸收和第7章气液传质设备由马卫华撰写,第8章液液萃取由钟秦和马卫华共同撰写,第10章其他化工单元操作过程由钟秦和朱腾龙共同撰写,张舒乐参与二维码动画规划、设计和网站维护。全书由杜炳华教授主审。

本次修订再版,是我校"化工原理"江苏省在线开放课程建设的重要内容之一,获得了江苏省重点教材和江苏省“金课”建设平台首批推进计划项目的资助。本书的编著还广泛参考了国内外多种版本的同类教材。作者在此一并致谢。

本书中二维码链接的主要工艺原理和设备素材资源由北京欧倍尔软件技术开发有限公司提供技术支持。

鉴于作者水平与经验有限,第 4 版仍会存在诸多不足,恳望使用本书的师生不吝赐教,批评指正。

作　者

2019 年 6 月

CONTENTS

目录

主要设备及原理素材资源

(建议在 wifi 环境下扫码观看)

绪 论

Introduction

1. 化工过程与单元操作

对原料进行化学加工以获得有用产品的生产过程称为化工生产过程。显然,其核心是化学反应过程及其设备——反应器。但是,为使化学反应过程得以经济有效地进行,反应器内必须保持某些优惠条件,如适宜的压力、温度和物料的组成等。为此,原料必须经过一系列的预处理以除去杂质,达到化学反应要求的纯度、温度和压力,这些过程统称为前处理。反应产物同样需要经过各种后处理过程加以精制,以获得最终产品或中间产品。

例如,乙炔法制取聚氯乙烯塑料的生产是以乙炔和氯化氢为原料进行加成反应以制取氯乙烯单体,然后在0.8MPa、55℃左右进行聚合反应获得聚氯乙烯。在进行加成反应前,必须将乙炔和氯化氢中所含各种有害物质除去,以免反应器中的催化剂中毒失效。反应生成物(氯乙烯单体)中含有未反应完的氯化氢及其他副反应产物。未反应的氯化氢必须首先除去以免除其对设备、管道的腐蚀,然后将反应后的气体压缩、冷凝、精馏并除去其他杂质,达到聚合反应所需的纯度和聚集状态。聚合所得的聚氯乙烯和水的悬浮液须经分离脱水、干燥后成为产品。生产过程如图0-1所示。

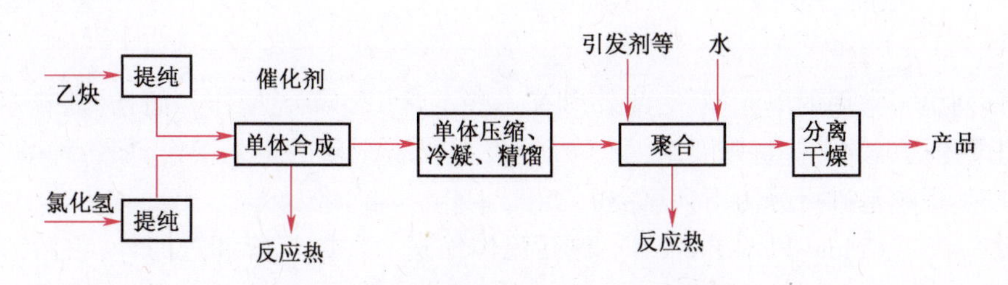

图0-1 乙炔法制取聚氯乙烯塑料的生产过程示意图

此生产过程除单体合成和聚合属化学反应过程外,原料和反应物的提纯、精制等工序均属前、后处理过程。前、后处理工序多数属纯物理过程,但却是化工生产中不可缺少的。除了乙炔法制取聚氯乙烯塑料工艺过程以外,化学工业产品众多,各类产品的生产过程中都会用到类似的物理过程。

自19世纪80年代,人们发现不同化工生产过程之间用到的这些物理过程具有共性,到20世纪初,超越行业界限,把各行业生产工艺中的物理过程集中起来研究,并明确提出单元操作的概念,实现了对这些物理过程认识上的飞跃。例如,很多液体混合物的分离都用蒸馏的方法,而气体混合物理的分离采用吸收操作,很多湿物料需要去除水分获得固体,那就需要干燥操作,蒸馏、吸收和干燥这些基本物理操作过程就属于单元操作(Unit Operation)。实际上,在一个现代化的、设备林立的大型工厂中,反应器为数并不多,绝大多数的设备中都进行着各种单元操作。

也就是说，现代化学工业中的单元操作占有着企业的大部分设备投资和操作费用。因此，目前已不是单纯由反应过程的优惠条件来决定必要的前、后处理过程，而必须总体确定全系统的优惠条件。由此可见，单元操作在化工生产中的重要地位。

在化学工业的历史发展中，起初是按物理过程的目的，将各种前、后处理归纳成一系列的单元操作，同时也兼顾过程的原理和相态如表 0-1 所列。

表 0-1　常用的单元操作

单元操作	目　的	物　态	原　理	传递过程
流体输送	输送	液或气	输入机械能	动量传递
搅拌	混合或分散	气-液；液-液；固-液；	输入机械能	动量传递
过滤	非均相混合物分离	液-固；气-固；	尺度不同的截留	动量传递
沉降	非均相混合物分离	液-固；气-固；	密度差引起的沉降运动	动量传递
加热、冷却	升温、降温，改变相态	气或液	利用温度差而传入或移出热量	热量传递
蒸发	溶剂与不挥发性溶质的分离	液	供热以汽化溶剂	热量传递
气体吸收	均相混合物分离	气	各组分在溶剂中溶解度的不同	物质传递
液体精馏	均相混合物分离	液	各组分间挥发度的不同	物质传递
萃取	均相混合物分离	液	各组分在溶剂中溶解度的不同	物质传递
干燥	去湿	固体	供热汽化	热、质同时传递
吸附	均相混合物分离	液或气	各组分在吸附剂中的吸附能力不同	物质传递

表中只列出了常用的单元操作，此外尚有一些不常用的单元操作。而且，随着生产发展对前、后处理过程提出的一些特殊要求，又不断地发展出若干新的单元操作，如各种膜分离过程。单元操作按其理论基础可分为下列三类：

流体流动过程（Fluid Flow Process）：包括流体输送、搅拌、沉降和过滤等，它们都遵循动量传递的原理。

传热过程（Heat Transfer Process）：包括热交换和蒸发等，它们都遵循热量传递的原理。

传质过程（Mass Transfer Procees）：包括蒸馏、吸收、萃取、吸附、干燥、结晶和膜分离等，它们都遵循质量传递的原理。

流体流动时，流体内部由于流体质点（或分子）的速度不同，它们的动量也就不同，在流体质点随机运动和相互碰撞过程中，动量从速度大处向小处传递，这称为动量传递。所以流体流动过程也称为动量传递过程（Momentum Transfer Process）。

动量传递与热量传递和质量传递类似，热量传递是流体内部因温度不同，有热量从高温处向低温处传递，质量传递是因物质在流体内存在浓度差，物质从浓度高处向浓度低处传递。在流体中的这三种传递现象（Transport Phenomena）都是由于流体质点（或分子）的随机运动所产生的。若流体内部有温度差存在，当有动量传递的同时必有热量传递；同理，若流体内部有浓度差存在时，也会同时有质量传递。若没有动量传递，则热量传递和质量传递主要是因分子的随机运动产生的现象，其传递速率较缓慢。要想增大传递速率，需要对流体施加外功，使它流动起来。

由上述可知流体流动的基本原理，不仅是流体输送、搅拌、沉降及过滤的理论基础，也是传热与传质过程中各单元操作的理论基础，因为这些单元操作中的流体都处于流动状态。传热的基本原理，不仅是热交换和蒸发的理论基础，也是传质过程中某些单元操作（例如干燥）的理论基础。因为干燥操作中，不仅有质量传递而且有热量传递。因此，流体力学、传热及传质的基本原理是各单元操作的理论基础。

人们会注意到上述的单元操作，有许多是用来分离混合物。沉降与过滤用于非均相物系的分离，包括含尘或含雾的气体、含固体颗粒的悬浮液、由两种不互溶液体组成的乳浊液等；蒸发用于分离由挥发性溶剂和不挥发的溶质组成的溶液；吸收是利用各组分在液体溶剂中的溶解度不同分离气体混合物；蒸馏是利用各组分的挥发度不同，分离均相液体混合物；萃取是利用各组分在液体萃取剂中的溶解度不同，分离液体混合物；吸附是利用气体或液体中各组分对固体吸附剂表面分子结合力的不同，使其中一种或几种组分进行吸附分离；干燥是对湿固体物料加热，使所含水分汽化而得到干固体产品的操作；结晶是利用冷却或溶剂汽化的方法，使溶液达到过饱和而析出晶体的操作；膜分离用于分离液体或气体混合物。

上述分离单元操作中，通常把沉降与过滤归属机械分离操作，而其余归属传质分离操作。

2.《化工原理》课程的性质与任务

为学习化工单元操作而编写的教材，在我国习惯上称为《化工原理》（Principles of Chemical Engineering）。《化工原理》是化工及其相关专业学生必修的一门基础技术课程，它在《数学》《物理》《化学》《物理化学》等基础课与专业课之间，起着承先启后的作用，是自然科学领域的基础课向工程科学的专业课过渡的入门课程。其主要任务是介绍流体流动、传热和传质的基本原理及主要单元操作的典型设备构造、操作原理、过程计算、设备选型及实验研究方法等。这些都密切联系生产实际，以培养学生运用基础理论分析和解决化工单元操作中各种工程实际问题的能力，为专业课学习和今后的工作打下较坚实的基础。

从上面介绍可知，单元操作种类很多，每种都有十分丰富的内容，在有限学时内，只有以三种传递现象的基本原理为主线，选择几种典型的单元操作学习，以物料衡算、能量衡算、平衡关系、传递速率、经济核算等五种基本概念为理论依据，掌握单元操作通用的学习方法和分析问题的思路，培养理论联系实际的观点方法，提高单元操作设备的设计计算、操作、选型、实验研究方法与技能，增强解决工程实际问题的能力。

3. 单元操作中常用的基本概念

在研究化工单元操作时，经常用到下列五个基本概念，即物料衡算、能量衡算、物系的平衡关系、传递速率及经济核算等。这五个基本概念贯穿于本课程的始终，在这里仅作简要说明，详细内容见各章。

物料衡算与能量衡算，在单元操作设备的设计、操作、研究中，都有重要作用。通过衡算，可以了解设备的生产能力、产品质量、能量消耗以及设备的性能和效率。在单元设备的理论研究中，也要通过衡算建立理论方程。

物料衡算和能量衡算时，要选定衡算系统，既可以是一个单元设备或几个单元设备的组合，也可以是设备的某一部分或设备的微元段。

1. 物料衡算

依据质量守恒定律，进入与离开某一化工过程的物料质量之差，等于该过程中累积的物料

质量,即

$$输入量-输出量=累积量$$

对于连续操作的过程,若各物理量不随时间改变,即处于稳定操作状态时,过程中不应有物料的累积。则物料衡算(Material Balance)关系为

$$输入量=输出量$$

用物料衡算式可由过程的已知量求出未知量。物料衡算可按下列步骤进行:

(1) 首先根据题意画出各物流的流程示意图,物料的流向用箭头表示,并标上已知数据与待求量;

(2) 在写衡算式之前,要选定计算基准,一般选用单位进料量或排料量(质量、物质的量或体积等)、时间及设备的单位体积等作为计算的基准。在较复杂的流程示意图上应圈出衡算的范围,列出衡算式,求解未知量。

【例 0-1】 用连续操作的蒸发器把盐的组成质量分率为 w_F 的稀盐水溶液蒸发到组成质量分数为 w_W 的浓盐水溶液,每小时稀盐水溶液的进料量为 F(kg)。试求每小时所得浓盐水溶液量 W 及水分蒸发量 V 各为多少千克。

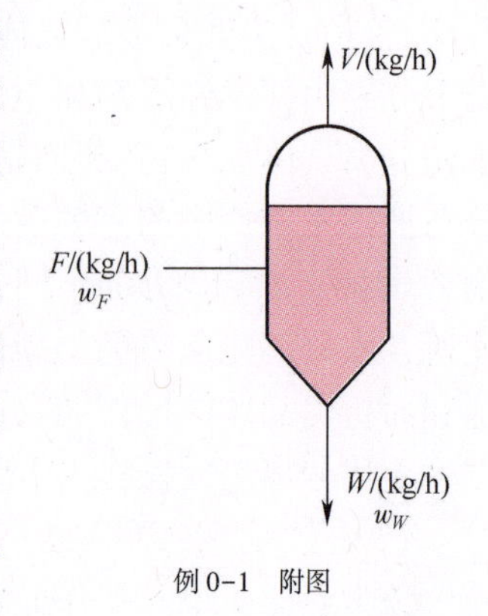

例 0-1 附图

解:各股物系的流程图如附图所示,计算基准取 1h,由于是连续稳定操作,总物料衡算式为

$$F = V + W$$

溶质衡算式为

$$Fw_F = Ww_W$$

由此两式解得

$$W = (w_F/w_W)F, V = (1 - w_F/w_W)F$$

2. 能量衡算

本教材中所用到的能量主要有机械能和热能。能量衡算(Energy Balance)的依据是能量守恒定律。机械能衡算将在第 1 章流体流动中说明;热量衡算也将在传热、蒸馏和干燥等章节中结合具体单元操作有详细说明。热量衡算的步骤与物料衡算的基本相同。

3. 物系的平衡关系

平衡状态是自然界中广泛存在的现象。例如,在一定温度下,不饱和的食盐溶液与固体食盐接触时,食盐向溶液中溶解,直到溶液为食盐所饱和,食盐就停止溶解,此时固体食盐表面已与溶液形成动平衡状态。反之,若溶液中食盐浓度大于饱和浓度,则溶液中的食盐会析出,使溶液中的固体食盐结晶长大,最终达到平衡状态。一定温度下食盐的饱和浓度,就是这个物系的平衡浓度。当溶液中食盐的浓度低于饱和浓度,则固体食盐将向溶液中溶解。当溶液中食盐的浓度大于饱和浓度,则溶液中溶解的食盐会析出,最终都会达到平衡状态。从这个例子可以看出,平衡关系(Equilibrium Relation)可以用来判断过程能否进行,以及进行的方向和能达到的限度。

4. 传递速率

仍以食盐溶解为例说明。食盐溶液中食盐浓度低时,溶解速率(单位时间内溶解的食盐质量)大;食盐浓度高时,溶解速率小。当溶液达到饱和浓度(即平衡状态)时,不再溶解,即溶解速率为零。由此可知,溶液浓度越是远离平衡浓度,其溶解速率就越大;溶液浓度越是接近平衡浓度,其溶解速率就越小。溶液浓度与平衡浓度的差值,可以看作是溶解过程的推动力(Driving Force)。另外,由实验得知,把一个大食盐块破碎成许多小块,溶液由不搅拌改为搅拌,都能使

溶解速率加快。这是因为由大块改为许多小块,能使固体食盐与溶液的接触面积增大;由不搅拌改为搅拌,能使溶液质点对流。其结果能减小溶解过程的阻力(Resistance)。因此,过程的传递速率(Rate of Transfer Process)与推动力成正比,与阻力成反比,即

$$\text{传递速率} = \frac{\text{推动力}}{\text{阻力}}$$

这个关系类似于电学中的欧姆定律。过程的传递速率是决定化工设备的重要因素,传递速率大时,设备尺寸可以小。

5. 经济核算

为生产定量的某种产品所需要的设备,根据设备的型式和材料的不同,可以有若干设计方案。对同一台设备,所选用的操作参数不同,会影响到设备费与操作费。因此,要用经济核算确定最经济的设计方案。

第1章 流体流动

Fluid Flow

气体和液体统称为流体。在化工生产中所处理的物料有很多是流体。根据生产要求,往往需要将流体按照生产流程从一个设备输送到另一个设备。化工厂中,管路纵横排列,与各种类型的设备连接,完成着流体输送的任务。除了流体输送外,化工生产中的传热、传质过程以及化学反应大都是在流体流动下进行的。流体流动状态对这些过程有着巨大影响,不仅决定着这些过程的效率,流体在整个管路系统的流动以及设备内的流动,还同时决定着过程的动力消耗。为了有效调控化工传热传质过程,提高整个化工流程的效能,必须掌握流体流动的基本原理。因此,流体流动的基本原理是本课程的重要基础。

本章着重讨论流体流动过程的基本原理及流体在管内的流动规律,并运用这些原理与规律去分析和计算流体的输送问题。

连续介质假定　在研究流体流动时,常将流体视为由无数分子集团所组成的连续介质。每个分子集团称为质点,其大小与容器或管路相比微不足道。质点在流体内部一个紧挨一个,它们之间没有任何空隙,即可认为流体充满其所占据的空间。把流体视为连续介质,其目的是为了摆脱复杂的分子运动,从宏观的角度来研究流体的流动规律。但是,并不是在任何情况下都可以把流体视为连续介质,如高度真空下的气体就不能再视为连续介质了。

1.1 流体静力学基本方程式

流体静力学是研究流体在外力作用下达到平衡的规律。在工程实际中,流体的平衡规律应用很广,如流体在设备或管道内压强的变化与测量、液体在贮罐内液位的测量、设备的液封等均以这一规律为依据。

1.1.1 流体的密度

1. 密度

单位体积流体所具有的质量,称为流体的密度,其表达式为

$$\rho = \frac{m}{V} \tag{1-1}$$

式中:ρ 为流体的密度(kg/m^3);m 为流体的质量(kg);V 为流体的体积(m^3)。

不同的流体密度不同。对于一定的流体,密度是压力 p 和温度 T 的函数。液体的密度随压力和温度变化很小,在研究流体的流动时,若压力和温度变化不大,可以认为液体的密度为常

数。密度为常数的流体称为不可压缩流体。

流体的密度一般可在物理化学手册或有关资料中查得，本教材附录中也列出了某些常见气体和液体的密度值，可供查用。

2. 气体的密度

气体是可压缩的流体，其密度随压强和温度而变化。因此气体的密度必须标明其状态，从有关手册中查得的气体密度往往是某一指定条件下的数值，这就涉及如何将查得的密度换算为操作条件下的密度。但是在压强和温度变化很小的情况下，也可以将气体当作不可压缩流体来处理。

对于一定质量的理想气体，其体积、压强和温度之间的变化关系为

$$\frac{pV}{T}=\frac{p'V'}{T'}$$

将密度的定义式代入并整理得

$$\rho=\rho'\frac{T'p}{Tp'} \tag{1-2}$$

式中：p 为气体的压强（Pa）；ρ 为气体的密度（kg/m^3）；V 为气体的体积（m^3）；T 为气体的热力学温度（K）；上标“′”表示手册中指定的条件。

一般当压强不太高，温度不太低时，可近似按理想气体处理，根据下式来计算密度：

$$\rho=\frac{pM}{RT} \tag{1-3a}$$

或

$$\rho=\frac{M}{22.4}\frac{T_0p}{Tp_0}=\rho_0\frac{T_0p}{Tp_0} \tag{1-3b}$$

式中：p 为气体的绝对压强（kPa 或 kN/m^2）；M 为气体的摩尔质量（kg/kmol）；T 为气体的绝对温度（K）；R 为气体常数，8.314kJ/(kmol · K)；下标“0”表示标准状态（$T_0=273.15K$，$p_0=101.325kPa$）。

3. 混合物的密度

化工生产中所遇到的流体往往是含有几个组分的混合物。通常手册中所列的为纯物质的密度，所以混合物的平均密度 ρ_m 需通过计算求得。

（1）液体混合物：各组分的浓度常用质量分数来表示。若混合前后各组分体积不变，则1kg 混合液的体积等于各组分单独存在时的体积之和。混合液体的平均密度 ρ_m 为

$$\frac{1}{\rho_m}=\frac{x_{wA}}{\rho_A}+\frac{x_{wB}}{\rho_B}+\cdots+\frac{x_{wn}}{\rho_n} \tag{1-4}$$

式中：ρ_A、ρ_B、…、ρ_n 为液体混合物中各纯组分的密度（kg/m^3）；x_{wA}、x_{wB}、…、x_{wn} 为液体混合物中各组分的质量分数。

（2）气体混合物：各组分的浓度常用体积分数来表示。若混合前后各组分的质量不变，则 $1m^3$ 混合气体的质量等于各组分质量之和，即

$$\rho_m=\rho_Ax_{VA}+\rho_Bx_{VB}+\cdots+\rho_nx_{Vn} \tag{1-5}$$

式中：x_{VA}、x_{VB}、…、x_{Vn} 为气体混合物中各组分的体积分数。

气体混合物的平均密度 ρ_m 也可按式（1-3a）计算，此时应以气体混合物的平均摩尔质量 M_m 代替式中的气体摩尔质量 M。气体混合物的平均分子量 M_m 可按下式求算：

$$M_m=M_Ay_A+M_By_B+\cdots+M_ny_n \tag{1-6}$$

式中：M_A、M_B、…、M_n为气体混合物中各组分的摩尔质量(kg/kmol)；y_A、y_B、…、y_n为气体混合物中各组分的摩尔分数。

【例 1-1】 已知硫酸与水的密度分别为1830kg/m³与998kg/m³，试求含硫酸为60%(质量)的硫酸水溶液的密度为多少。

解：根据式(1-4)

$$\frac{1}{\rho_m} = \frac{0.6}{1830} + \frac{0.4}{998} = (3.28 + 4.01) \times 10^{-4} = 7.29 \times 10^{-4}$$

$$\rho_m = 1372\text{kg/m}^3$$

【例 1-2】 已知干空气的组成为$O_2$21%、$N_2$78%和Ar 1%(均为体积%)，试求干空气在压力为9.81×10^4Pa及温度为100℃时的密度。

解：求干空气的平均摩尔质量

$$M_m = 32 \times 0.21 + 28 \times 0.78 + 39.9 \times 0.01 = 28.96\text{kg/kmol}$$

根据式(1-3a)气体的平均密度为

$$\rho_m = \frac{9.81 \times 10 \times 28.96}{8.314 \times 373} = 0.916\ \text{kg/m}^3$$

1.1.2 流体的静压强

1. 静压强

流体垂直作用于单位面积上的力，称为压强，或称为静压强。其表达式为

$$p = \frac{F_v}{A} \tag{1-7}$$

式中：p为流体的静压强(Pa)；F_v为垂直作用于流体表面上的力(N)；A为作用面的面积(m²)。

2. 静压强的单位

在国际单位制(SI制)中，压强的单位是Pa，称为帕斯卡。但习惯上还采用其他单位，如atm(标准大气压)、某流体柱高度、bar(巴)或kgf/cm²等，它们之间的换算关系为

$$1\text{atm} = 1.033\text{kgf/cm}^2 = 760\text{mmHg} = 10.33\text{mH}_2\text{O} = 1.0133\text{bar} = 1.0133\times10^5\text{Pa}$$

工程上常用的压强单位是MPa，1atm=0.10133MPa。

3. 静压强的表示方法

压强的大小常以两种不同的基准来表示：一是绝对真空；另一是大气压强。以绝对真空为基准测得的压强称为绝对压强，以大气压强为基准测得的压强称为表压(Gauge Pressure)或真空度(Vacuum Pressure)。表压是由压强表直接测得的读数，按其测量原理往往是绝对压强与大气压强的差，即

表压=绝对压强-大气压强

真空度是真空表直接测量的读数，其数值表示绝对压强比大气压低多少，即

真空度=大气压强-绝对压强

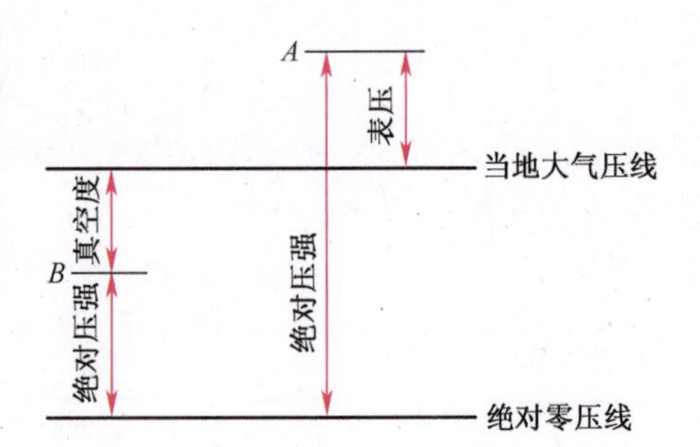

图1-1 绝对压强、表压和真空度的关系

绝对压强、表压与真空度之间的关系可用图1-1表示。

1.1.3 流体静力学基本方程式

流体静力学基本方程是用于描述静止流体内部,流体在重力和压力作用下的平衡规律。重力可看成不变的,起变化的是压力,所以实际上它是描述静止流体内部压力(压强)变化的规律。这一规律的数学表达式称为流体静力学基本方程,可通过下述方法推导而得。

在密度为ρ的静止流体中,任意划出一微元立方体,其边长分别为 dx、dy、dz,它们分别与 x、y、z 轴平行,如图 1-2 所示。

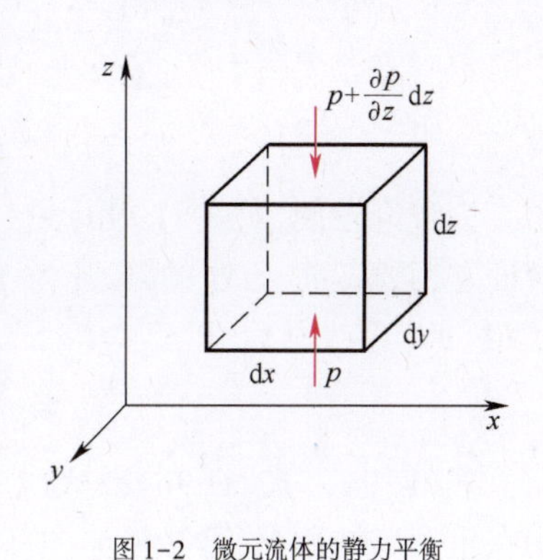

图 1-2 微元流体的静力平衡

由于流体处于静止状态,因此所有作用于该立方体上的力在坐标轴上的投影的代数和应等于零。

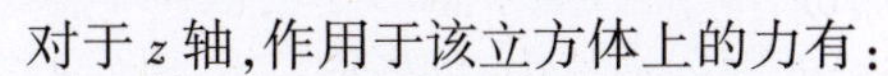

对于 z 轴,作用于该立方体上的力有:

(1) 作用于下底面的压力为 $p\mathrm{d}x\mathrm{d}y$;

(2) 作用于上底面的压力为 $-\left(p+\frac{\partial p}{\partial z}\mathrm{d}z\right)\mathrm{d}x\mathrm{d}y$;

(3) 作用于整个立方体的重力为 $-\rho g\mathrm{d}x\mathrm{d}y\mathrm{d}z$。

z 轴方向力的平衡式可写成:

$$p\mathrm{d}x\mathrm{d}y-\left(p+\frac{\partial p}{\partial z}\mathrm{d}z\right)\mathrm{d}x\mathrm{d}y-\rho g\mathrm{d}x\mathrm{d}y\mathrm{d}z=0$$

即

$$-\frac{\partial p}{\partial z}\mathrm{d}x\mathrm{d}y\mathrm{d}z-\rho g\mathrm{d}x\mathrm{d}y\mathrm{d}z=0$$

上式各项除以 $\mathrm{d}x\mathrm{d}y\mathrm{d}z$,则 z 轴方向力的平衡式可简化为

$$-\frac{\partial p}{\partial z}-\rho g=0 \tag{1-8a}$$

对于 x 轴、y 轴,作用于该立方体的力仅有压力,亦可写出其相应的力的平衡式,简化后得

x 轴
$$-\frac{\partial p}{\partial x}=0 \tag{1-8b}$$

y 轴
$$-\frac{\partial p}{\partial y}=0 \tag{1-8c}$$

式(1-8a)、式(1-8b)、式(1-8c)称为流体平衡微分方程式,积分该微分方程组,可得到流体静力学基本方程式。

将式(1-8a)、式(1-8b)、式(1-8c)分别乘以 $\mathrm{d}z$、$\mathrm{d}x$、$\mathrm{d}y$,并相加后得

$$\frac{\partial p}{\partial x}\mathrm{d}x+\frac{\partial p}{\partial y}\mathrm{d}y+\frac{\partial p}{\partial z}\mathrm{d}z=-\rho g\mathrm{d}z \tag{1-8d}$$

上式等号的左侧即为压强的全微分 $\mathrm{d}p$,于是

$$\mathrm{d}p+\rho g\mathrm{d}z=0 \tag{1-8e}$$

对于不可压缩流体,ρ=常数,积分上式,得

$$\frac{p}{\rho}+gz=常数 \tag{1-8f}$$

液体可视为不可压缩的流体，在静止液体中取任意两点，如图 1-3 所示，则有

$$\frac{p_1}{\rho} + gz_1 = \frac{p_2}{\rho} + gz_2 \tag{1-9a}$$

或

$$p_2 = p_1 + \rho g(z_1 - z_2) \tag{1-9b}$$

为讨论方便，对式(1-9b)进行适当的变换，即使点 1 处于容器的液面上，设液面上方的压强为 p_0，距液面 h 处的点 2 压强为 p，式(1-9b)可改写为

$$p = p_0 + \rho gh \tag{1-9c}$$

图 1-3 静止液体内的压强分布

式(1-9a)、式(1-9b)及式(1-9c)称为流体静力学基本方程式，说明在重力场作用下，静止液体内部压强的变化规律。由式(1-9c)可见：

(1) 当容器液面上方的压强 p_0一定时，静止液体内部任一点压强 p 的大小与液体本身的密度 ρ 和该点距液面的深度 h 有关。因此，在静止的、连续的同一液体内，处于同一水平面上各点的压强都相等。

(2) 当液面上方的压强 p_0有改变时，液体内部各点的压强 p 也发生同样大小的改变。

(3) 式(1-9c)可改写为 $\dfrac{p - p_0}{\rho g} = h$。

上式说明，压强差的大小可以用一定高度的液体柱表示。用液体高度来表示压强或压强差时，式中密度 ρ 影响其结果，因此必须注明是何种液体。

(4)式(1-8f)中 gz 项可以看作为 mgz/m，其中 m 为质量。这样，gz 项实质上是单位质量液体所具有的位能。p/ρ 相应的就是单位质量液体所具有的静压能。位能和静压能都是势能，式(1-8f)表明，静止流体存在着两种形式的势能——位能和静压能，在同一种静止流体中处于不同位置的流体的位能和静压能各不相同，但其总势能则保持不变。若以符号 E_p/ρ 表示单位质量流体的总势能，则式(1-8f)可改写为

$$\frac{E_p}{\rho} = \frac{p}{\rho} + gz = 常数$$

即

$$E_p = p + \rho gz$$

E_p单位与压强单位相同，可理解为一种虚拟的压强，其大小与密度 ρ 有关。

虽然静力学基本方程是用液体进行推导的，液体的密度可视为常数，而气体密度则随压力而改变。但考虑到气体密度随容器高低变化甚微，一般也可视为常数，故静力学基本方程也适用于气体。

【例 1-3】 本题附图所示的开口容器内盛有油和水，油层高度 $h_1 = 0.7\text{m}$、密度 $\rho_1 = 800\text{kg/m}^3$，水层高度 $h_2 = 0.6\text{m}$、密度 $\rho_2 = 1000\text{kg/m}^3$。

(1) 判断下列两关系是否成立，即

$$p_A = p_{A'}, p_B = p_{B'}$$

(2) 计算水在玻璃管内的高度 h。

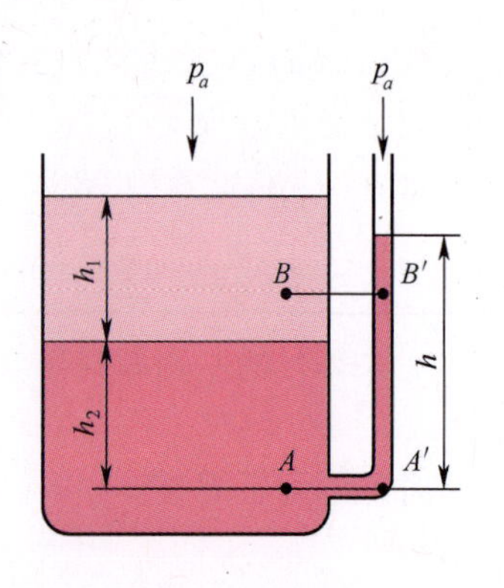

例 1-3 附图

解:(1)判断给定两关系式是否成立。$p_A = p_{A'}$ 的关系成立。因 A 与 A' 两点在静止的连通着的同一流体内,并在同一水平面上。所以截面 A-A' 称为等压面。

$p_B = p_{B'}$ 的关系不能成立。因 B 及 B' 两点虽在静止流体的同一水平面上,但不是连通着的同一种流体,即截面 B-B' 不是等压面。

(2) 计算玻璃管内水的高度 h。由上面讨论知,$p_A = p_{A'}$,而 p_A 和 $p_{A'}$ 都可以用流体静力学基本方程式计算,即

$$p_A = p_a + \rho_1 g h_1 + \rho_2 g h_2$$

$$p_{A'} = p_a + \rho_2 g h$$

于是

$$p_a + \rho_1 g h_1 + \rho_2 g h_2 = p_a + \rho_2 g h$$

简化上式并将已知值代入,得

$$800 \times 0.7 + 1000 \times 0.6 = 1000h$$

解得 $h = 1.16\text{m}$

1.1.4 流体静力学基本方程式的应用

1. 压强与压强差的测量

测量压强的仪表很多,现仅介绍以流体静力学基本方程式为依据的测压仪器。这种测压仪器统称为液柱压差计,可用来测量流体的压强或压强差。

(1) U 形压差计。U 形压差计结构如图 1-4 所示,U 形管内装有液体作为指示液。指示液必须与被测液体不互溶,不起化学反应,且其密度 ρ_A 大于被测流体的密度 ρ。

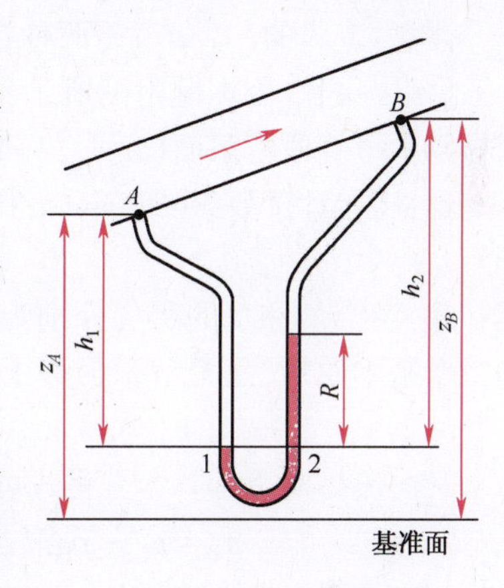

图 1-4 U 形压差计

当测量管道中 A、B 两截面处流体的压强差时,可将 U 形管压差计的两端分别与 A 及 B 两截面测压口相连。由于两截面的压强 p_A 和 p_B 不相等,所以在 U 形管的两侧便出现指示液液面的高度差 R。因 U 形管内的指示液处于静止状态,故位于同一水平面 1、2 两点压强相等,即 $p_1 = p_2$。根据流体静力学基本方程可得

$$p_1 = p_A + \rho g h_1$$

$$p_2 = p_B + \rho g (h_2 - R) + \rho_A g R$$

于是 $$(p_A + \rho g z_A) - (p_B + \rho g z_B) = Rg(\rho_A - \rho)$$

或 $$E_{p1} - E_{p2} = Rg(\rho_A - \rho) \qquad (1\text{-}10)$$

式(1-10)表明,当压差计两端流体相同时,U 形管压差计直接测得的读数 R 实际上并不是真正的压差,而是 1,2 两截面的虚拟压强之差 ΔE_p。

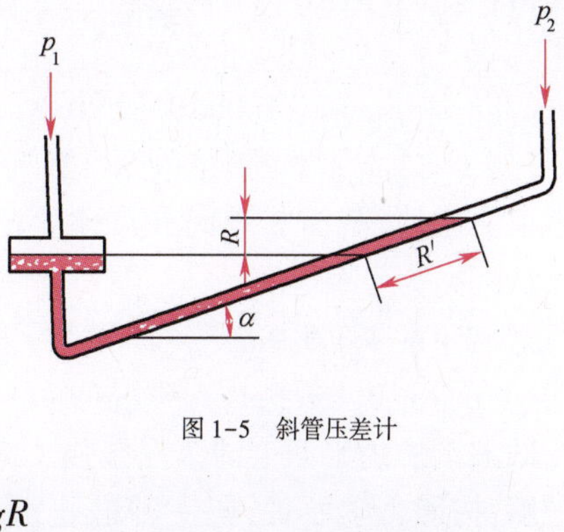

图 1-5 斜管压差计

只有两测压口处于等高面上,$z_A = z_B$(即被测管道水平放置)时,U 形压差计才能直接测得两点的压差。

$$p_A - p_B = (\rho_A - \rho) g R$$

同样的压差,用 U 形压差计测量的读数 R 与密度差($\rho_A - \rho$)有关,故应合理选择指示液的密度 ρ_A,使读数 R 在适宜的范围内。

（2）斜管压差计。当被测量的流体的压差不大时，U 形压差计的读数 R 必然很小，为了得到精确的读数，可采用如图 1-5 所示的斜管压差计。此压差计的读数 R' 与 R 的关系为

$$R' = R/\sin\alpha \tag{1-11}$$

式中：α 为倾斜角，其值越小，将 R 值放大为 R' 的倍数越大。

（3）微差压差计。若所测得的压强差很小，为了减小读数误差，把读数 R 放大，除了在选用指示液时，尽可能地使其密度 ρ_A 与被测流体 ρ 相接近外，还可采用如图 1-6 所示的微差压差计。其特点是：

① 压差计内装有两种密度相接近且不互溶的指示液 A 和 C，而指示液 C 与被测流体 B 亦不互溶。

② 为了读数方便，U 形管的两侧臂顶端各装有扩大室，俗称"水库"。扩大室内径与 U 形管内径之比应大于 10。这样，扩大室的截面积比 U 形管的截面积大很多，即使 U 形管内指示液 A 的液面差 R 很大，而扩大室内的指示液 C 的液面变化仍很微小，可以认为维持等高。于是压强差 p_1-p_2 便可用下式计算，即

图 1-6 微差压差计

$$p_1 - p_2 = (\rho_A - \rho_C)gR \tag{1-12}$$

注意：上式的 $(\rho_A-\rho_C)$ 是两种指示液的密度差，不是指示液与被测流体的密度差。

【例 1-4】 如本题附图所示，管路中流体为水，在异径水平管段两截面（1-1′、2-2′）连一倒置 U 管压差计，压差计读数 $R=200\text{mm}$。试求两截面间的压强差。

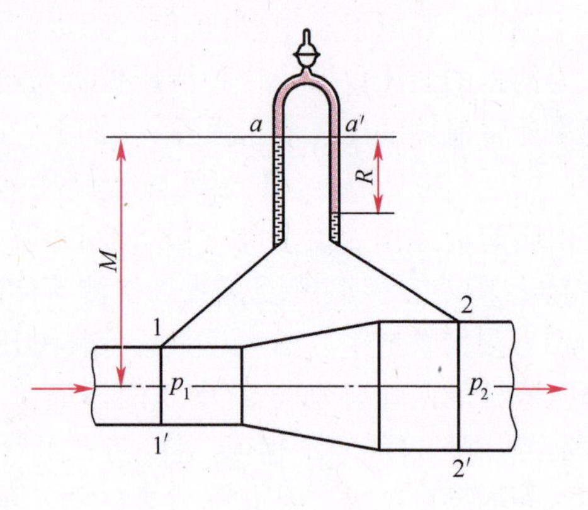

例 1-4 附图

解：设空气和水的密度分别为 ρ_g 与 ρ，根据流体静力学基本原理，截面 $a-a'$ 为等压面，则

$$p_a = p_{a'}$$

又由流体静力学基本方程式可得

$$p_a = p_1 - \rho g M$$

$$p_{a'} = p_2 - \rho g(M - R) - \rho_g gR$$

联立上三式，并整理得

$$p_1 - p_2 = (\rho - \rho_g)gR$$

由于 $\rho_g \ll \rho$，上式可简化为

$$p_1 - p_2 \approx \rho gR$$

所以 $p_1-p_2 \approx 1000\times9.81\times0.2=1962\text{Pa}$

【例 1-5】 如本题附图所示，蒸汽锅炉上装置一复式 U 形水银测压计，截面 2、4 间充满水。已知对某基准面而言各点的标高为

$z_0=2.1\text{m}, z_2=0.9\text{m}, z_4=2.0\text{m},$

$z_6=0.7\text{m}, z_7=2.5\text{m}$。

试求锅炉内水面上的蒸汽压强。

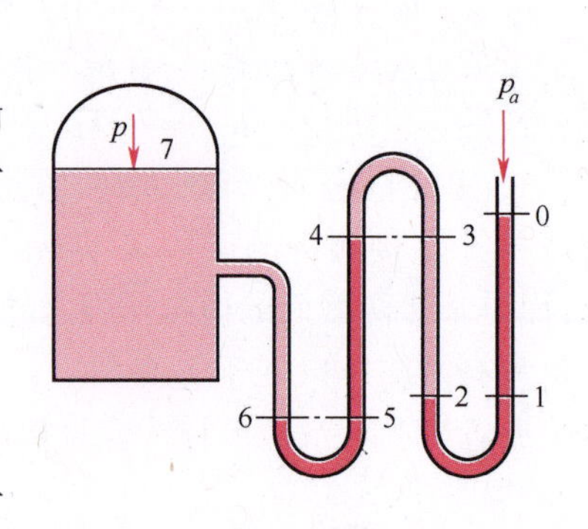

例 1-5 附图

解：按静力学原理，同一种静止流体的连通器内、同一水平面上的压强相等，故有

$$p_1 = p_2, p_3 = p_4, p_5 = p_6$$

对水平面 1-2 而言，$p_2 = p_1$，即

$$p_2 = p_a + \rho_i g(z_0 - z_1)$$

对水平面 3-4 而言，

$$p_3 = p_4 = p_2 - \rho g(z_4 - z_2)$$

对水平面 5-6 有

$$p_6 = p_4 + \rho_i g(z_4 - z_5)$$

锅炉蒸汽压强

$$p = p_6 - \rho g(z_7 - z_6)$$

$$p = p_a + \rho_i g(z_0 - z_1) + \rho_i g(z_4 - z_5) - \rho g(z_4 - z_2) - \rho g(z_7 - z_6)$$

则蒸汽的表压为

$$\begin{aligned} p-p_a &= \rho_i g(z_0-z_1+z_4-z_5)-\rho g(z_4-z_2+z_7-z_6) \\ &= 13600\times 9.81\times(2.1-0.9+2.0-0.7)-1000\times 9.81\times(2.0-0.9+2.5-0.7) \\ &= 3.05\times 10^5 \text{Pa} = 305\text{kPa} \end{aligned}$$

2. 液面的测量

化工厂中经常需要了解容器里物料的贮存量，或要控制设备里的液面，因此要对液面进行测定。有些液位测定方法，是以静力学基本方程式为依据的。

最原始的液面计是在容器底部器壁及液面上方器壁处各开一个小孔，两孔间用短管、管件及玻璃管相连。玻璃管内液面高度即为容器内的液面高度。这种液面计结构简单，但容易破损，而且不便于远处观测。

如图 1-7 所示，是一远距离液面计装置。自管口通入压缩空气（若贮罐 5 内液体为易燃易爆液体则用压缩氮气），用调节阀 1 调流量，使其缓慢地鼓泡通过观察瓶后通入贮罐。因通气管内压缩空气流速很小，可以认为贮罐内通气管出口处 a 截面，与通气管上 U 形压差计上 b 截面的压强近似相等，即 $p_a \approx p_b$。若 p_a 与 p_b 均用表压强表示，根据流体静力学基本方程式得

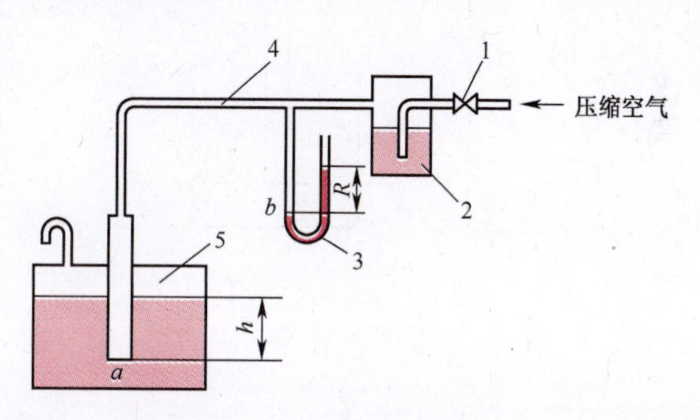

图 1-7　远距离液面计装置

1—调节阀；2—鼓泡观察器瓶；3—U 管压差计；4—通气管；5—贮罐。

$$p_a = \rho g h \qquad p_b = \rho_A g R$$

所以，
$$h = \frac{\rho_A}{\rho} R \tag{1-13}$$

式中：ρ_A、ρ 分别为 U 形压差计指示液与容器内液体的密度（kg/m^3）；R 为 U 形压差计指示液读数（m）；h 为容器内液面离通气管出口的高度（m）。

3. 液封高度的确定

化工生产中经常遇到设备的液封问题。设备内操作条件不同，采用液封的目的也就不同。但其液封的高度都是根据流体静力学基本方程确定的。

如图 1-8 所示，为了控制乙炔发生炉内的压强不超过规定的数值，炉外装有安全液封。其作用是当炉内压力超过规定值时，气体就从液封管排出，以确保设备操作的安全。若设备要求压力不超过 p_1（表压），按静力学基本方程式，液封管插入液面下的深度 h 为

$$h = \frac{p_1}{\rho_{H_2O} g} \tag{1-14}$$

真空蒸发产生的水蒸气，往往送入如图 1-9 所示的混合冷凝器中与冷水直接接触而冷凝。为了维持操作的真空度，冷凝器上方与真空泵相通，不时将器内的不凝气体（空气）抽走。同时为了防止外界空气进入，在气压管出口装有液封。若真空表读数为 p，液封高度为 h，则根据流体静力学基本方程可得

$$h = \frac{p}{\rho_{H_2O} g} \tag{1-15}$$

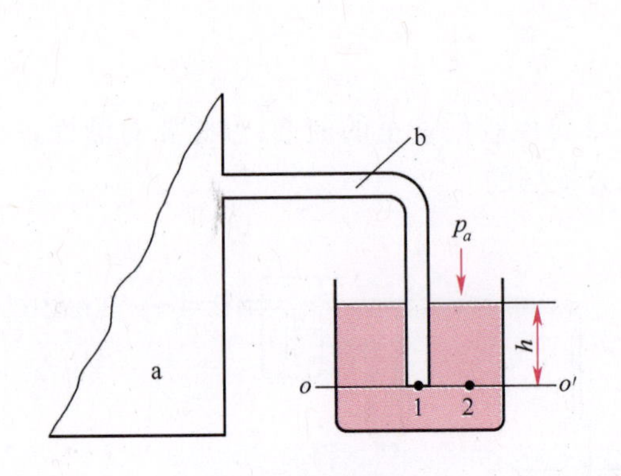

图 1-8　安全液封

a—乙炔发生炉；b—液封管。

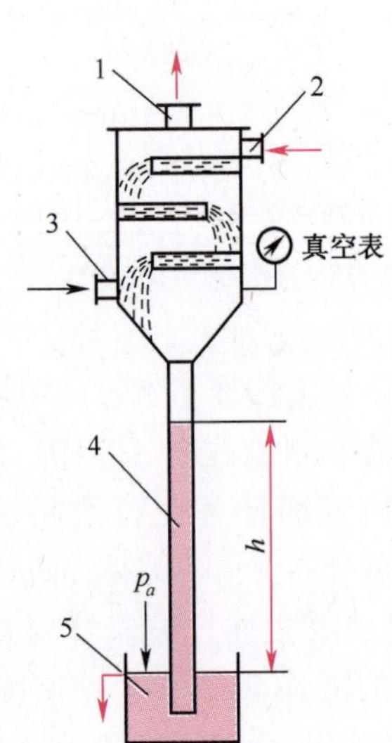

图 1-9　真空蒸发的混合冷凝器

1 —与真空泵相通的不凝性气体出口；2 —冷水进口；3 —水蒸气进口；4 —气压管；5 —液封槽。

1.2　流体流动的基本方程式

化工厂中流体大多是沿密闭的管道流动，液体从低位流到高位或从低压流到高压，需要输送设备对液体提供能量；从高位槽向设备输送一定量的料液时，高位槽所需的安装高度等问题，都是在流体输送过程中经常遇到的。要解决这些问题，必须找出流体在管内的流动规律。反映流体流动规律的有连续性方程式与伯努利方程式。

1.2.1　流量与流速

1. 流量

单位时间内流过管道任一截面的流体量称为流量。若流体量用体积来计量，称为体积流量，以 V_s 表示，其单位为 m^3/s；若流体量用质量来计量，则称为质量流量，以 w_s 表示，其单位为 kg/s。

体积流量与质量流量的关系为

$$w_s = V_s \cdot \rho \tag{1-16}$$

式中:ρ 为流体的密度(kg/m³)。

2. 流速

单位时间内流体在流动方向上所流经的距离称为流速。以 u 表示,其单位为 m/s。

实验表明,流体流经管道任一截面上各点的流速沿管径而变化,即在管截面中心处为最大,越靠近管壁流速将越小,在管壁处的流速为零。流体在管截面上的速度分布规律较为复杂,在工程计算中为简便起见,流体的流速通常指整个管截面上的平均流速,其表达式为

$$u = \frac{V_s}{A} \tag{1-17}$$

式中:A 为与流动方向相垂直的管道截面积(m²)。

一般管道的截面均为圆形,若以 d 表示管道内径,则

$$u = \frac{V_s}{\frac{\pi}{4}d^2} \tag{1-18}$$

流量与流速的关系为

$$w_s = V_s\rho = uA\rho \tag{1-19}$$

由于气体的体积流量随温度和压强而变化,因而气体的流速也随之而变。因此气体采用质量流速较为方便。

质量流速是单位时间内流体流过管路单位截面积的质量,以 G 表示,其表达式为

$$G = \frac{w_s}{A} = \frac{V_s\rho}{A} = u\rho \tag{1-20}$$

式中:G 为质量流速,亦称质量通量(kg/(m² · s))。

必须指出,任何一个平均值都不能全面代表一个物理量的分布。式(1-17)所表示的平均流速在流量方面与实际的速度分布是等效的,但在其他方面则并不等效。

1.2.2 稳定流动与不稳定流动

在流动系统中,若各截面上流体的流速、压强、密度等有关物理量仅随位置而变化,不随时间而变,这种流动称为稳定流动;若流体在各截面上的有关物理量既随位置而变,又随时间而变,则称为不稳定流动。

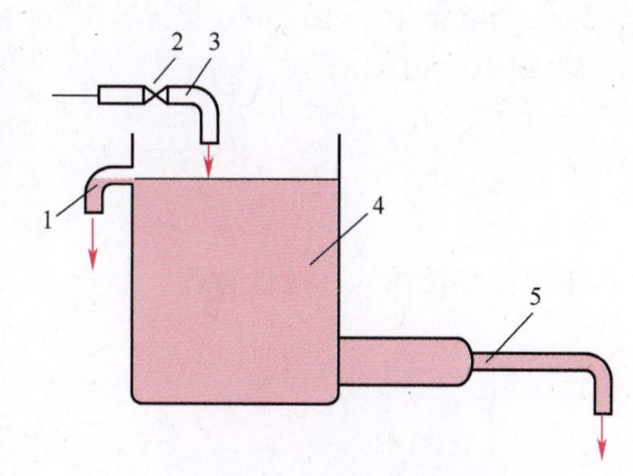

图 1-10 流动情况示意图
1—溢流管;2—阀门;3—进水管;
4—水箱;5—排水管。

如图 1-10 所示,水箱 4 中不断有水从进水管 3 注入,而从排水管 5 不断排出。进水量大于排水量,多余的水由溢流管 1 溢出,使水位维持恒定。在此流动系统中任一截面上的流速及压强不随时间而变化,故属稳定流动。若将进水管阀门 2 关闭,水仍由排水管排出,则水箱水位逐渐下降,各截面上水的流速与压强也随之降低,这种流动属不稳

定流动。

化工生产中,流体流动大多为稳定流动,故非特别指出,一般所讨论的均为稳定流动。

1.2.3 连续性方程

连续性方程(Continuity Equation) 设流体在图1-11所示的管道中作连续稳定流动,从截面1-1流入,从截面2-2流出,若在管道两截面之间流体无漏损,根据质量守恒定律,从截面1-1进入的流体质量流量 w_{s1},应等于从2-2截面流出的流体质量流量 w_{s2},即

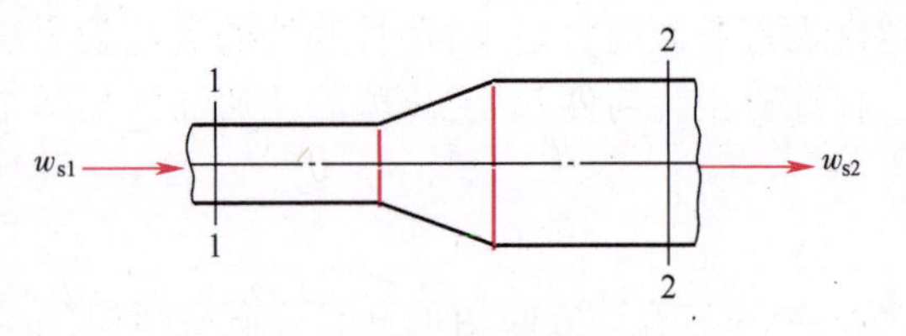

图1-11 连续性方程的推导

$$w_{s1} = w_{s2}$$

由式(1-19)得

$$u_1A_1\rho_1 = u_2A_2\rho_2 \tag{1-21a}$$

此关系可推广到管道的任一截面,即

$$w_s = u_1A_1\rho_1 = u_2A_2\rho_2 = \cdots = uA\rho = 常数 \tag{1-21b}$$

上式称为连续性方程。若流体不可压缩,ρ=常数,则上式可简化为

$$V_s = u_1A_1 = u_2A_2 = \cdots = uA = 常数 \tag{1-21c}$$

式(1-21c)说明不可压缩流体不仅流经各截面的质量流量相等,它们的体积流量也相等。

式(1-21a)~式(1-21c)都称为管内稳定流动的连续性方程。它反映了在稳定流动中,流量一定时,管路各截面上流速的变化规律。

由于管道截面大多为圆形,故式(1-21c)又可改写成

$$\frac{u_1}{u_2} = \left(\frac{d_2}{d_1}\right)^2 \tag{1-21d}$$

式(1-21d)表明,管内不同截面流速之比与其相应管径的平方成反比。

【例1-6】 在稳定流动系统中,水连续从粗管流入细管。粗管内径 $d_1 = 10\text{cm}$,细管内径 $d_2 = 5\text{cm}$,当流量为 $4\times10^{-3}\text{m}^3/\text{s}$ 时,求粗管内和细管内水的流速?

解:根据式(1-18)

$$u_1 = \frac{V_s}{A_1} = \frac{4 \times 10^{-3}}{\frac{\pi}{4} \times (0.1)^2} = 0.51\text{m/s}$$

根据不可压缩流体的连续性方程

$$u_1A_1 = u_2A_2$$

由此

$$\frac{u_2}{u_1} = \left(\frac{d_1}{d_2}\right)^2 = \left(\frac{10}{5}\right)^2 = 4 倍$$

$$u_2 = 4u_1 = 4 \times 0.51 = 2.04\text{m/s}$$

1.2.4 伯努利方程

伯努利方程　在流体作一维流动的系统中，若不发生或不考虑内能的变化、无传热过程、无外功加入、不计黏性摩擦、流体不可压缩等，此时机械能是主要的能量形式。伯努利方程是管内流体机械能衡算式，机械能通常包括位能和动能，但在流体流动中静压强做功普遍存在，对管内进行机械能衡算，可以得到流体流动过程中压力、速度和液位等参数之间的关系。

通常把无黏性的流体称为理想流体，建立管内流体机械能衡算式，可通过理想流体运动方程，在一定条件下积分或由热力学第一定律推得，也可直接应用物理学原理——外力对物体所做的功等于物体能量的增量得到，下面采用后者进行推导。

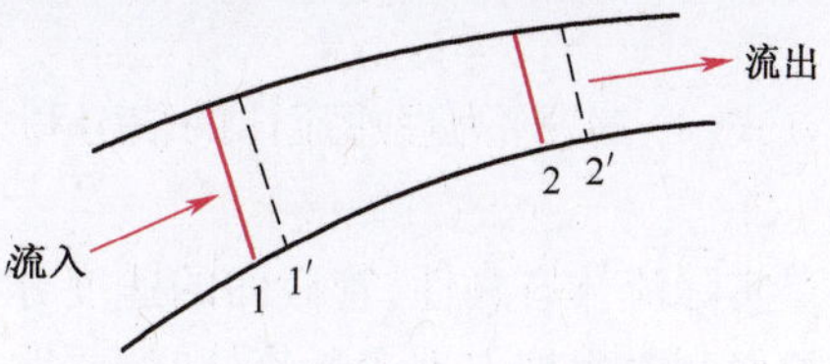

图 1-12　能量衡算系统示意图

1. 理想流体的伯努利方程

如图 1-12 所示，取任意一段管道 1-2，压力、速度、截面积和距离基准面高度分别为 p、u、A、Z。经历瞬时 dt，该段流体流动至新的位置 1′-2′，由于时间间隔很小，流动距离很短，1 与 1′、2 与 2′处的速度、压力、截面积变化均可忽略不计。

1-2 段流体分别受到旁侧流体的推力 F_1 和阻力 F_2，前者与运动方向相同，后者相反，且

$$F_1 = p_1A_1, F_2 = p_2A_2$$

这一对力在流体段 1-2 运动至 1′-2′过程中所做的功为

$$W = F_1u_1t - F_2u_2t = p_1A_1u_1t - p_2A_2u_2t$$

由连续性方程

$$V_s = A_1u_1 = A_2u_2$$

时间 dt 内流过的流体体积

$$\overline{V} = V_st = A_1u_1t = A_2u_2t$$

因此

$$W = p_1\overline{V} - p_2\overline{V} \tag{1-22}$$

式中：$p\overline{V}$ 称为流动功，也称静压能。

该段流体的流动过程相当于将流体从 1-1′移至 2-2′，由于这两部分流体的速度和高度不等，动能和位能也不相等。1-1′和 2-2′处的位能和动能之和分别为

$$E_1 = mgZ_1 + \frac{1}{2}mu_1^2$$

$$E_2 = mgZ_2 + \frac{1}{2}mu_2^2$$

能量的变化

$$\Delta E = E_2 - E_1 = \left(mgZ_2 + \frac{1}{2}mu_2^2\right) - \left(mgZ_1 + \frac{1}{2}mu_1^2\right) \tag{1-23a}$$

式中：m 为质量。根据系统内能的增量等于外力所做的功，即 $\Delta E = W$

$$\left(mgZ_2 + \frac{1}{2}mu_2^2\right) - \left(mgZ_1 + \frac{1}{2}mu_1^2\right) = p_1\overline{V} - p_2\overline{V}$$

$$\frac{1}{2}mu_1^2 + mgZ_1 + p_1\overline{V} = mgZ_2 + \frac{1}{2}mu_2^2 + p_2\overline{V}$$

由于 1、2 两个截面是任意选取的，因此，对管段任一截面的一般式为

$$mgZ + \frac{1}{2}mu^2 + p\overline{V} = 常数 \tag{1-23b}$$

对不可压缩流体，ρ 为常数，将 $m=\rho\overline{V}$ 代入式(1-23b)得

$$gZ + \frac{1}{2}u^2 + \frac{p}{\rho} = 常数 \tag{1-24}$$

式(1-24)称为理想流体的伯努利方程。

2. 实际流体的机械能衡算

实际流体有黏性，管截面的速度分布是不均匀的，近壁处速度小，管中心处速度最大，因此将伯努利方程推广到实际流体时，要取管截面上的平均流速。实际流体在管道内流动时会使一部分机械能转化为热能，引起机械能的损失，称为能量损失，能量损失是由流体的内摩擦引起的，也常称阻力损失。因此必须在机械能衡算时加入能量损失项。外界也常向流体输送机械功，以补偿两截面处的总能量之差以及流体流动时的能量损失。这样，对截面 1-1 与 2-2 间做机械能衡算可得

$$gZ_1 + \frac{p_1}{\rho} + \frac{{u_1}^2}{2} + W_e = gZ_2 + \frac{p_2}{\rho} + \frac{{u_2}^2}{2} + \sum h_f \tag{1-25a}$$

式中：W_e为截面 1 至截面 2 之间输送设备对单位质量流体所作的有效功(J/kg)；$\sum h_f$ 为单位质量流体由截面 1 流至截面 2 的能量损失(J/kg)。

3. 伯努利方程的物理意义

伯努利方程的物理意义

(1) 式(1-24)表示理想流体在管道内作稳定流动而又没有外功加入时，在任一截面上的单位质量流体所具有的位能、动能、静压能之和为一常数，称为总机械能，其单位为 J/kg。即单位质量流体在各截面上所具有的总机械能相等，但每一种形式的机械能不一定相等，这意味着各种形式的机械能可以相互转换，但其和保持不变。

(2) 如果系统的流体是静止的，则 $u=0$，没有运动，就无阻力，也无外功，即$\sum h_f=0$，$W_e=0$，于是式(1-24)变为

$$gZ_1 + \frac{p_1}{\rho} = gZ_2 + \frac{p_2}{\rho}$$

上式即为流体静力学基本方程。

(3) 式(1-25a)中各项单位为 J/kg，表示单位质量流体所具有的能量。应注意 gZ、$\frac{u^2}{2}$、$\frac{p}{\rho}$ 与 W_e、$\sum h_f$ 的区别。前三项是指在某截面上流体本身所具有的能量，后两项是指流体在两截面之间所获得和所消耗的能量。

其中 W_e是决定流体输送设备的重要数据。单位时间输送设备所作的有效功称为有效功率，以 N_e表示，即

$$N_e = W_e w_s$$

式中：w_s 为流体的质量流量，所以 N_e 的单位为 J/s 或 W。

(4) 对于可压缩流体的流动，若两截面间的绝对压强变化小于原来绝对压强的 20% $\left(\text{即}\dfrac{p_1 - p_2}{p_1} < 20\%\right)$ 时，伯努利方程仍适用，计算时流体密度 ρ 应采用两截面间流体的平均密度 ρ_m。

对于非定态流动系统的任一瞬间，伯努利方程式仍成立。

(5) 如果流体的衡算基准不同，式(1-25a)可写成不同形式。

① 以单位重量流体为衡算基准。将式(1-25a)各项除以 g，则得

$$Z_1 + \frac{u_1^2}{2g} + \frac{p_1}{\rho g} + \frac{W_e}{g} = Z_2 + \frac{u_2^2}{2g} + \frac{p_2}{\rho g} + \frac{\Sigma h_f}{g}$$

令

$$H_e = \frac{W_e}{g} \quad H_f = \frac{\Sigma h_f}{g}$$

则

$$Z_1 + \frac{u_1^2}{2g} + \frac{p_1}{\rho g} + H_e = Z_2 + \frac{u_2^2}{2g} + \frac{p_2}{\rho g} + H_f \tag{1-25b}$$

上式各项的单位为 $\dfrac{\text{N}\cdot\text{m}}{\text{kg}\cdot\dfrac{\text{m}}{\text{s}^2}} = \text{N}\cdot\text{m/N} = \text{m}$，表示单位重量的流体所具有的能量。常把 Z、$\dfrac{u^2}{2g}$、$\dfrac{p}{\rho g}$ 与 H_f 分别称为位压头、动压头、静压头与压头损失，H_e 则称为输送设备对流体所提供的有效压头。

② 以单位体积流体为衡算基准。将式(1-25a)各项乘以流体密度 ρ，则

$$Z_1\rho g + \frac{u_1^2}{2}\rho + p_1 + W_e\rho = Z_2\rho g + \frac{u_2^2}{2}\rho + p_2 + \rho\Sigma h_f \tag{1-25c}$$

上式各项的单位为 $\dfrac{\text{N}\cdot\text{m}}{\text{kg}}\cdot\dfrac{\text{kg}}{\text{m}^3} = \text{N}\cdot\text{m/m}^2 = \text{Pa}$，表示单位体积流体所具有的能量，简化后即为压强的单位。

采用不同衡算基准的伯努利方程式(1-25b)与式(1-25c)，对后面的“流体输送机械”章节中的计算很重要。

1.2.5 伯努利方程式的应用

伯努利方程是流体流动的基本方程，结合连续性方程，可用于计算流体流动过程中流体的流速、流量、流体输送所需功率等问题。

应用伯努利方程解题时，需要注意以下几点：

(1) 作图与确定衡算范围。根据题意画出流动系统的示意图，并指明流体的流动方向。定出上、下游截面，以明确流动系统的衡算范围。

(2) 截面的选取。两截面均应与流动方向相垂直，并且在两截面间的流体必须是连续的。所求的未知量应在截面上或在两截面之间，且截面上的 Z、u、p 等有关物理量，除所需求取的未知量外，都应该是已知的或能通过其他关系计算出来的。

两截面上的 u、p、Z 与两截面间的 Σh_f 都应相互对应一致。

(3) 基准水平面的选取。选取基准水平面的目的是为了确定流体位能的大小，实际上在伯努利方程式中所反映的是位能差（$\Delta Z=Z_2-Z_1$）的数值。所以，基准水平面可以任意选取，但必须与地面平行。Z 值是指截面中心点与基准水平面间的垂直距离。为了计算方便，通常取基准水平面通过衡算范围的两个截面中的任一个截面。如该截面与地面平行，则基准水平面与该截面重合，$Z=0$；如衡算系统为水平管道，则基准水平面通过管道的中心线，$\Delta Z=0$。

(4) 单位必须一致。在用伯努利方程式之前，应把有关物理量换算成一致的单位。两截面的压强除要求单位一致外，还要求表示基准一致。即只能同时用表压强表示，或同时使用绝对压强表示，不能混合使用。

下面举例说明伯努利方程的应用。

1. 确定设备间的相对位置

【例 1-7】 将高位槽内料液向塔内加料。高位槽和塔内的压力均为大气压。要求料液在管内以 0.5m/s 的速度流动。设料液在管内压头损失为 1.2m（不包括出口压头损失），试求高位槽的液面应该比塔入口处高出多少米？

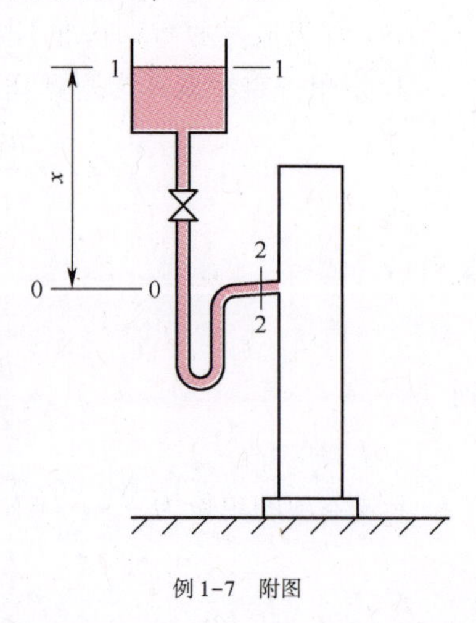

例 1-7 附图

解：取管出口高度的 0-0 为基准面，高位槽的液面为1-1截面，因要求计算高位槽的液面比塔入口处高出多少米，所以把 1-1 截面选在此就可以直接算出所求的高度 x，同时在此液面处的 u_1 及 p_1 均为已知值。2-2截面选在管出口处。在 1-1 及 2-2 截面间列伯努利方程：

$$gZ_1+\frac{p_1}{\rho}+\frac{u_1^2}{2}=gZ_2+\frac{p_2}{\rho}+\frac{u_2^2}{2}+\Sigma h_f$$

式中：$p_1=0$（表压），高位槽截面与管截面相差很大，故高位槽截面的流速与管内流速相比，其值很小，即 $u_1\approx 0$。$Z_1=x$，$p_2=0$（表压），$u_2=0.5\text{m/s}$，$Z_2=0$，$\sum h_f/g=1.2\text{m}$。

将上述各项数值代入，则

$$9.81x=\frac{(0.5)^2}{2}+1.2\times 9.81$$

$$x=1.2\text{m}$$

计算结果表明，动能项数值很小，流体位能的降低主要用于克服管路阻力。

2. 确定管道中流体的流量

【例 1-8】 20℃的空气在直径为 80mm 的水平管流过。现于管路中接一文丘里管，如本题附图所示。文丘里管的上游接一水银 U 管压差计，在直径为 20mm 的喉颈处接一细管，其下部插入水槽中。空气流过文丘里管的能量损失可忽略不计。当 U 管压差计读数 $R=25\text{mm}$、$h=0.5\text{m}$ 时，试求此时空气的流量为若干 m^3/h。当地大气压强为 101.33kPa。

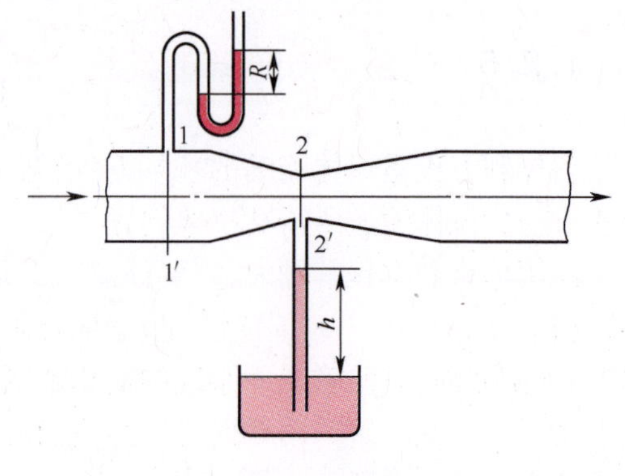

例 1-8 附图

解：文丘里管上游测压口处的压强为

$$p_1 = \rho_{Hg} gR = 13600 \times 9.81 \times 0.025$$
$$= 3335\text{Pa}(\text{表压})$$

喉颈处的压强为

$$p_2 = -\rho gh = -1000 \times 9.81 \times 0.5 = -4905\text{Pa}(\text{表压})$$

空气流经截面 1-1′与 2-2′的压强变化为

$$\frac{p_1 - p_2}{p_1} = \frac{(101330 + 3335) - (101330 - 4905)}{101330 + 3335} = 0.079 = 7.9\% < 20\%$$

故可按不可压缩流体来处理。

两截面间的空气平均密度为

$$\rho = \rho_m = \frac{M}{22.4}\frac{T_0 p_m}{T p_0} = \frac{29}{22.4} \times \frac{273\left[101330 + \frac{1}{2}(3335 - 4905)\right]}{293 \times 101330} = 1.20\text{kg/m}^3$$

在截面 1-1′与 2-2′之间列伯努利方程式，以管道中心线作基准水平面。两截面间无外功加入，即 $W_e = 0$；能量损失可忽略，即 $\sum h_f = 0$。据此，伯努利方程式可写为

$$gZ_1 + \frac{u_1^2}{2} + \frac{p_1}{\rho} = gZ_2 + \frac{u_2^2}{2} + \frac{p_2}{\rho}$$

式中

$$Z_1 = Z_2 = 0$$

所以

$$\frac{u_1^2}{2} + \frac{3335}{1.2} = \frac{u_2^2}{2} - \frac{4905}{1.2}$$

简化得

$$u_2^2 - u_1^2 = 13733 \tag{a}$$

据连续性方程

$$u_1 A_1 = u_2 A_2$$

得

$$u_2 = u_1 \frac{A_1}{A_2} = u_1 \left(\frac{d_1}{d_2}\right)^2 = u_1 \left(\frac{0.08}{0.02}\right)^2$$

$$u_2 = 16u_1 \tag{b}$$

以式(b)代入式(a)，即 $(16u_1)^2 - u_1^2 = 13733$

解得　$u_1 = 7.34\text{m/s}$

空气的流量为

$$V_h = 3600 \times \frac{\pi}{4} d_1^2 u_1 = 3600 \times \frac{\pi}{4} \times 0.08^2 \times 7.34 = 132.8\text{m}^3/\text{h}$$

3. 确定管路中流体的压强

【例 1-9】 水在本题附图所示的虹吸管内作定态流动，管路直径没有变化，水流经管路的能量损失可以忽略不计，试计算管内截面 2-2′、3-3′、4-4′和 5-5′处的压强。大气压强为 101.33kPa。图中所标注的尺寸均以 mm计。

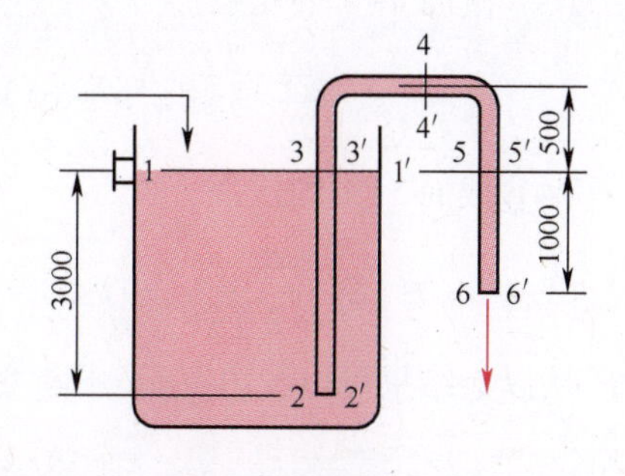

例 1-9　附图

解： 为计算管内各截面的压强，应首先计算管内水的流速。先在贮槽水面 1-1′及管子出口内侧截面 6-6′间列伯努利方程式，并以截面 6-6′为基准水平面。由于管路的能量损失忽略不计，即 $\sum h_f = 0$，故伯努利方程式可写为

$$gZ_1+\frac{u_1^2}{2}+\frac{p_1}{\rho}=gZ_2+\frac{u_2^2}{2}+\frac{p_2}{\rho}$$

式中：$Z_1=1\text{m}, Z_6=0, p_1=0$（表压），$p_6=0$（表压），$u_1\approx 0$。

将上列数值代入上式，并简化得

$$9.81\times 1=\frac{u_6^2}{2}$$

解得

$$u_6=4.43\text{m/s}$$

由于管路直径无变化，则管路各截面积相等。根据连续性方程式知 $V_s=Au=$常数，故管内各截面的流速不变，即

$$u_2=u_3=u_4=u_5=u_6=4.43\text{m/s}$$

则

$$\frac{u_2^2}{2}=\frac{u_3^2}{2}=\frac{u_4^2}{2}=\frac{u_5^2}{2}=\frac{u_6^2}{2}=9.81\text{J/kg}$$

因流动系统的能量损失可忽略不计，故水可视为理想流体，则系统内各截面上流体的总机械能 E 相等，即

$$E=gZ+\frac{u^2}{2}+\frac{p}{\rho}=\text{常数}$$

总机械能可以用系统内任何截面去计算，但根据本题条件，以贮槽水面 1-1′处的总机械能计算较为简便。现取截面 2-2′为基准水平面，则上式中 $Z=2\text{m}, p=101.33\text{kPa}, u\approx 0$，所以总机械能为

$$E=9.81\times 3+\frac{101330}{1000}=130.8\text{J/kg}$$

计算各截面的压强时，亦应以截面 2-2′为基准水平面，则 $Z_2=0, Z_3=3\text{m}, Z_4=3.5\text{m}, Z_5=3\text{m}$。

（1）截面 2-2′的压强

$$p_2=\left(E-\frac{u_2^2}{2}-gZ_2\right)\rho=(130.8-9.81)\times 1000=120.99\text{kPa}$$

（2）截面 3-3′的压强

$$p_3=\left(E-\frac{u_3^2}{2}-gZ_3\right)\rho=(130.8-9.81-9.81\times 3)\times 1000=91.56\text{kPa}$$

（3）截面 4-4′的压强

$$p_4=\left(E-\frac{u_4^2}{2}-gZ_4\right)\rho=(130.8-9.81-9.81\times 3.5)\times 1000=86.66\text{kPa}$$

（4）截面 5-5′的压强

$$p_5=\left(E-\frac{u_5^2}{2}-gZ_5\right)\rho=(130.8-9.81-9.81\times 3)\times 1000=91.56\text{kPa}$$

从以上结果可以看出，压强不断变化，这是位能与静压强反复转换的结果。

4. 确定输送设备的有效功率

【例 1-10】 用泵将贮槽中密度为 1200kg/m^3 的溶液送到蒸发器内，贮槽内液面维持恒定，其上方压强为 101.33kPa，蒸发器上部的蒸发室内操作压强为 26.67kPa（真空度），蒸发器进料口高于贮槽内液面 15m，进料量为 $20\text{m}^3/\text{h}$，溶液流经全部管路的能量损失为 120J/kg，求泵的有

效功率。管路直径为60mm。

解:取贮槽液面为1-1截面,管路出口内侧为2-2截面,并以1-1截面为基准水平面,在两截面间列伯努利方程。

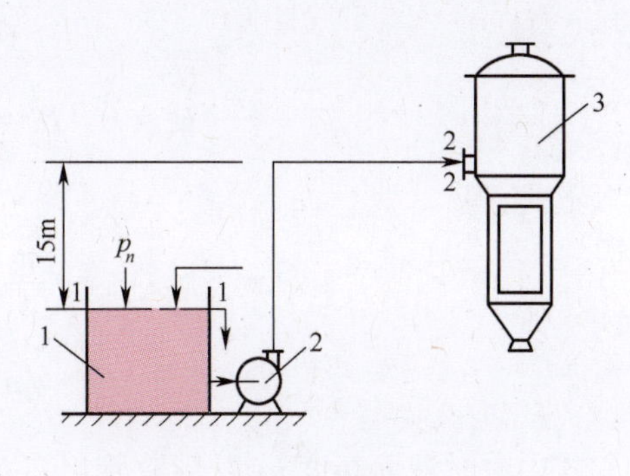

例1-10 附图

1—贮槽;2—泵;3—蒸发器。

$$gZ_1+\frac{u_1^2}{2}+\frac{p_1}{\rho}+W_e=gZ_2+\frac{u_2^2}{2}+\frac{p_2}{\rho}+\sum h_f$$

式中:$Z_1=0$,$Z_2=15\text{m}$,$p_1=0$(表压),$p_2=-26670\text{Pa}$(表压),$u_1=0$。

$$u_2=\frac{\frac{20}{3600}}{0.785\times(0.06)^2}=1.97\text{m/s}$$

$$\Sigma h_f=120\text{J/kg}$$

将上述各项数值代入,则

$$W_e=15\times 9.81+\frac{(1.97)^2}{2}+120-\frac{26670}{1200}=246.9\text{J/kg}$$

泵的有效功率N_e为

$$N_e=W_e\cdot w_s$$

式中

$$w_s=V_s\cdot\rho=\frac{20\times 1200}{3600}=6.67\text{kg/s}$$

$$N_e=246.9\times 6.67=1647W=1.65\text{kW}$$

实际上泵所做的功并不是全部有效的,故要考虑泵的效率η,实际上泵所消耗的功率(称轴功率)N为

$$N=\frac{N_e}{\eta}$$

设本题泵的效率为0.65,则泵的轴功率为

$$N=\frac{1.65}{0.65}=2.54\text{kW}$$

5. 非稳定流动系统的计算

【例1-11】 如图所示,敞口贮槽液面与排液管出口的垂直距离$h_1=9\text{m}$,贮槽内径$D=3\text{m}$,排液管内径$d_0=0.04\text{m}$,液体流过系统的能量损失可按$\Sigma h_f=40u^2$计算,式中u为流体内管内的流速。试求经4h后,贮槽液面下降的高度。

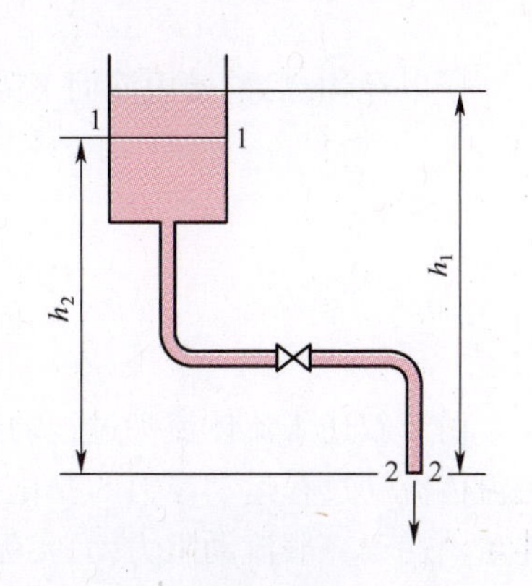

例1-11 附图

解:本题属不稳定流动。经4h后贮槽内液面下降的高度可通过微分时间内的物料衡算和瞬间的伯努利方程求解。

在$d\theta$时间内对系统作物料衡算。设F'、D'分别为瞬时进、出料率,dA'为$d\theta$时间内的积累量,则$d\theta$时间内的物料衡算为

$$F'd\theta-D'\,d\theta=dA'$$

又设在$d\theta$时间内,槽内液面下降dh,液体在管内瞬间流

速为 u,故

$$F'=0 \quad D'=\frac{\pi}{4}d_0^2u \quad dA'=\frac{\pi}{4}D^2dh$$

代入上式,得

$$-\frac{\pi}{4}d_0^2u\,d\theta=\frac{\pi}{4}D^2\,dh$$

$$d\theta=-\left(\frac{D}{d_0}\right)^2\frac{dh}{u} \tag{a}$$

式中瞬时液面高度 h(以排液管出口为基准)与瞬时流速 u 的关系,可由瞬时伯努利方程求得。

在瞬间液面 1-1 与管出口内侧截面 2-2 间列伯努利方程,并以 2-2 截面为基准水平面得

$$gZ_1+\frac{p_1}{\rho}+\frac{u_1^2}{2}=gZ_2+\frac{p_2}{\rho}+\frac{u_2^2}{2}+\sum h_f$$

式中:$Z_1=h, Z_2=0, p_1=p_2, u_1\approx 0, u_2=u, \sum h_f=40u^2$。

将上述各项数值代入,得

$$9.81h=40.5u^2 \qquad u=0.492\sqrt{h} \tag{b}$$

将式(b)代入式(a),得

$$d\theta=-\left(\frac{D}{d_o}\right)^2\frac{dh}{0.492\sqrt{h}}=-\left(\frac{3}{0.04}\right)^2\frac{dh}{0.492\sqrt{h}}$$

$$=-11433\frac{dh}{\sqrt{h}}$$

将上式积分

$$\theta_1=0, h_1=9\text{m}$$

$$\theta_2=4\times3600\text{s}, h_2=h\text{m}$$

$$\int_{\theta_1}^{\theta_2}d\theta=-11433\int_{h_1}^{h_2}\frac{dh}{\sqrt{h}}$$

$$4\times3600=-11433\times2\left|\sqrt{h_2}-\sqrt{h_1}\right|_{h_1=9}^{h_2=h}$$

$$=-11433\times2(\sqrt{h}-\sqrt{9})$$

$$h=5.62\text{m}$$

所以经 4h 后贮槽内液面下降高度为

$$9-5.62=3.38\text{m}$$

1.3 管内流体流动现象

前节叙述了流体流动过程的连续性方程与伯努利方程。应用这些方程可以预测和计算有关流体流动过程运动参数的变化规律。但是没有叙述能量损失 $\sum h_f$。流体在流动过程中,部分能量消耗于克服流动阻力,而实际流体流动时的阻力以及在传热、传质过程中的阻力都与流动的内部结构密切相关。因此流动的内部结构是流体流动规律的一个重要方面。本节主要讨论流体流动阻力的产生及影响因素。

1.3.1 黏度

1. 内摩擦力

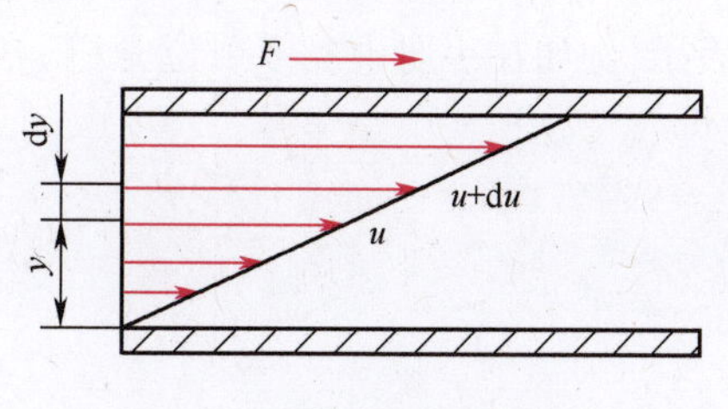

图 1-13 平板间流体速度分布

设有上下两块平行放置、面积很大而相距很近的平板，两板间充满静止的液体，如图 1-13 所示。若将下板固定，对上板施加一恒定的外力，使上板作平行于下板的等速直线运动。此时，紧靠上层平板的液体，因附着在板面上，具有与平板相同的速度。而紧靠下层板面的液体，也因附着于下板面而静止不动。在两平板间的液体可看成为许多平行于平板的流体层，层与层之间存在着速度差，即各液体层之间存在着相对运动。速度快的液体层对其相邻的速度较慢的液体层发生了一个推动其向运动方向前进的力，而同时速度慢的液体层对速度快的液体层也作用着一个大小相等、方向相反的力，从而阻碍较快液体层向前运动。这种运动着的流体内部相邻两流体层之间的相互作用力，称为流体的内摩擦力或黏滞力。流体运动时内摩擦力的大小，体现了流体黏性的大小。

2. 牛顿黏性定律

实验证明，对于一定的液体，内摩擦力 F 与两流体层的速度差 Δu 成正比，与两层之间的垂直距离 Δy 成反比，与两层间的接触面积 S 成正比，即

引入比例系数 μ，把以上关系写成等式：$F=\mu\dfrac{\Delta u}{\Delta y}S$

单位面积上的内摩擦力称剪应力，以 τ 表示；当流体在管内流动，径向速度变化不是直线关系时，则

$$\tau=\frac{F}{S}=\mu\frac{\mathrm{d}u}{\mathrm{d}y} \tag{1-27}$$

式中：$\dfrac{\mathrm{d}u}{\mathrm{d}y}$ 为速度梯度，即在流动方向相垂直的 y 方向上流体速度的变化率；μ 为比例系数，称黏性系数或动力黏度，简称黏度（Viscosity）。

此式所显示的关系，称牛顿黏性定律。

将式(1-27)改写为

$$\mu=\frac{\tau}{\dfrac{\mathrm{d}u}{\mathrm{d}y}}$$

黏度的物理意义是促使流体流动产生单位速度梯度时剪应力的大小。黏度总是与速度梯度相联系，只有在运动时才显现出来。

黏度是流体物理性质之一，其值由实验测定。温度升高，液体的黏度减小，气体的黏度增大。气体的黏度通常比液体的黏度小两个数量级。压力对液体黏度的影响很小，可忽略不计，气体的黏度，除非在极高或极低的压力下，可以认为与压力无关。

黏度的单位

$$[\mu]=\left[\frac{\tau}{\frac{du}{dy}}\right]=\frac{N/m^2}{\frac{m/s}{m}}=\frac{N\cdot s}{m^2}=Pa\cdot s$$

某些常用流体的黏度，可以从本教材附录或有关手册中查得，但查到的数据常用其他单位制表示，例如在手册中黏度单位常用 cP（厘泊）表示。P（泊）是黏度在物理单位制中的导出单位，即

$$[\mu]=\left[\frac{\tau}{\frac{du}{dy}}\right]=\frac{dyn/cm^2}{\frac{cm/s}{cm}}=\frac{dyn\cdot s}{cm^2}=\frac{g}{cm\cdot s}=P(泊)$$

黏度单位的换算关系为 $1cP=0.01P=0.001Pa\cdot s$。

运动黏度 流体的黏性还可用黏度 μ 与密度 ρ 的比值来表示。这个比值称为运动黏度，以 υ 表示，即

$$\upsilon=\frac{\mu}{\rho} \tag{1-28}$$

运动黏度在法定单位制中的单位为 m^2/s；在物理制中的单位为 cm^2/s，称为斯托克斯，简称为沲，以 St 表示，$1St=100cSt(厘沲)=10^{-4}m^2/s$。

在工业生产中常遇到各种流体的混合物。对混合物的黏度，如缺乏实验数据时，可参阅有关资料，选用适当的经验公式进行估算。

3. 牛顿型流体

服从牛顿黏性定律的流体，称为牛顿型流体，所有气体和大多数液体都属于这一类。不服从牛顿黏性定律的流体称为非牛顿流体，接下来先讨论牛顿型流体。

1.3.2 流动类型与雷诺数

流体流动存在两种不同型态，是1883年雷诺提出的，实验装置如图1-14所示。在一个水箱内，水面下安装一个带喇叭形进口的玻璃管。管下游装有一个阀门，利用阀门的开度调节流量。在喇叭形进口处中心有一根针形小管，自此小管流出一丝有色水流，其密度与水几乎相同。

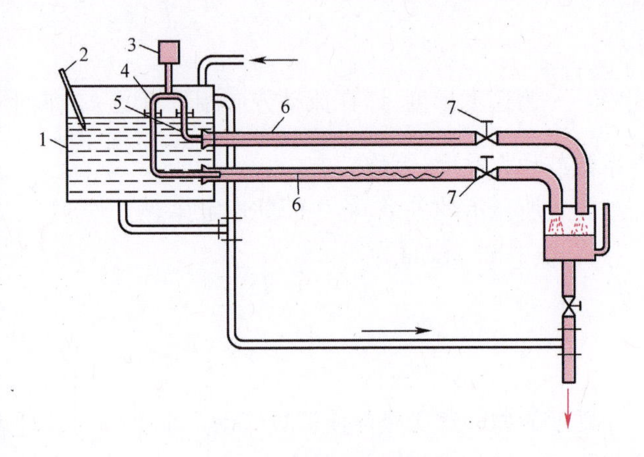

图1-14 雷诺实验装置

1—水箱；2—温度计；3—有色液；4—阀门；5—针形小管；6—玻璃管；7—阀门。

当水的流量较小时，玻璃管水流中出现一丝稳定而明显的着色直线。随着流速逐渐增加，起先着色线仍然保持平直光滑，当流量增大到某临界值时，着色线开始抖动、弯曲，继而断裂，最后完全与水流主体混在一起，无法分辨，而整个水流也就染上了颜色。

雷诺实验虽然简单,但却揭示出一个极为重要的事实,即流体流动存在着两种截然不同的流型。在前一种流型中,流体质点作直线运动,即流体分层流动,层次分明,彼此互不混杂,故才能使着色线流保持着线形。这种流型被称为层流或滞流。在后一种流型中流体在总体上沿管道向前运动,同时还在各个方向作随机的脉动,正是这种混乱运动使着色线抖动、弯曲以至断裂冲散。这种流型称为湍流或紊流。

不同的流型对流体中的质量传递、热量传递将产生不同的影响。为此,工程设计上需事先判定流型。对管内流动而言,实验表明流动的几何尺寸(管径 d)、流动的平均速度 u 及流体性质(密度 ρ 和黏度 μ)对流型的转变有影响。雷诺发现,可以将这些影响因素综合成一个无因次数群 $\rho du/\mu$ 作为流型的判据,此数群被称为雷诺数,以符号 Re 表示。

雷诺指出:

(1) 当 $Re \leqslant 2000$ 时,必定出现层流,此为层流区。

(2) 当 $2000 < Re < 4000$ 时,有时出现层流,有时出现湍流,依赖于环境。此为过渡区。

(3) 当 $Re \geqslant 4000$ 时,一般都出现湍流,此为湍流区。

当 $Re \leqslant 2000$ 时,任何扰动只能暂时地使之偏离层流,一旦扰动消失,层流状态必将恢复,因此 $Re \leqslant 2000$ 时,层流是稳定的(注意这里的稳定与 1.2.2 小节所指稳定流动的区别)。

当 Re 超过 2000 时,层流不再是稳定的,但是否出现湍流,决定于外界的扰动。如果扰动很小,不足以使流型转变,则层流仍然能够存在。

$Re \geqslant 4000$ 时,则微小的扰动就可以触发流型的转变,因而一般情况下总出现湍流。

根据 Re 的数值将流动划为三个区:层流区、过渡区及湍流区,但只有两种流型。过渡区不是一种过渡的流型,它只表示在此区内可能出现层流也可能出现湍流。工程上一般按照湍流处理。

1.3.3 圆管内层流流动速度分布及压降

在充分发展的水平管内对不可压缩流体的稳态流动做力的平衡计算,得到管内流动的剪应力和速度的分布规律。

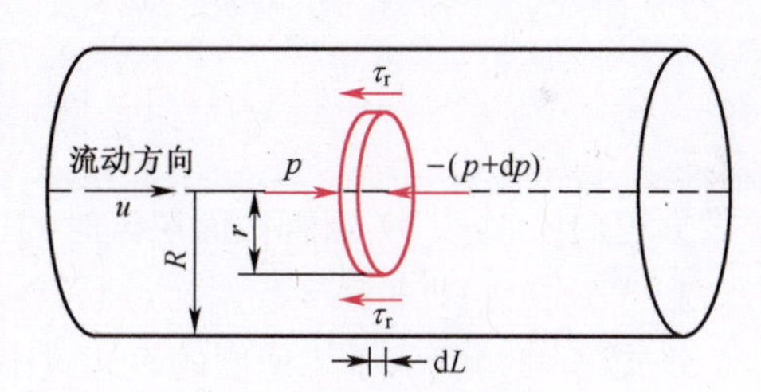

图 1-15 管内流动微元

1. 剪应力分布

由于圆管的轴对称性,圆管内各点速度只取决于径向位置。以管轴为中心,任取一半径为 r,长度为 dL 的圆盘微元,如图 1-15 所示,上下游圆盘端面处的压强分别为 p 和 $(p+dp)$。

在流动方向上,微元所受各力分别为

圆盘端面上的压力分别为 $F_1 = \pi r^2 p$, $F_2 = \pi r^2(p + dp)$

外表面上的剪力为 $F = (2\pi r dL)\tau_r$

由于流体在均匀直管内沿水平方向做匀速运动,各外力之和必为零。

即
$$\pi r^2 p - \pi r^2(p + dp) - (2\pi r dL)\tau_r = 0$$

简化此方程可得
$$\frac{dp}{dL} + \frac{2\tau_r}{r} = 0 \tag{1-29}$$

对于稳态流动无论是层流还是湍流,任何管截面间的压差与 r 无关。当 $r = R$ 时,有

$$\frac{\mathrm{d}p}{\mathrm{d}L}+\frac{2\tau_{\mathrm{w}}}{R}=0 \tag{1-30}$$

其中，τ_{w} 为管内壁处的剪应力，由方程式(1-29)、式(1-30)可得

$$\tau_{\mathrm{r}}=\frac{\tau_{\mathrm{w}}}{R}r \tag{1-31}$$

当 $r=0$，即管中心处由于轴对称，不存在速度梯度，所以 $\tau_{\mathrm{r}}=0$。

因此，剪应力 τ_{r} 和 r 成正比关系，在管中心 $r=0$ 处，$\tau_{\mathrm{r}}=0$；在管壁 $r=R$ 处，τ_{r} 达到最大值 τ_{w}，如图 1-16 所示。由推导过程可知，剪应力分布与流体种类、层流和湍流无关，对于层流流动、湍流流动以及牛顿与非牛顿流体都适用。

2. 速度分布

对于牛顿型流体，层流流动时剪应力和速度梯度的关系服从牛顿黏性定律，将黏度的定义式 $\tau_{\mathrm{r}}=-\mu\frac{\mathrm{d}u_{\mathrm{r}}}{\mathrm{d}r}$ 代入方程(1-31)，可得

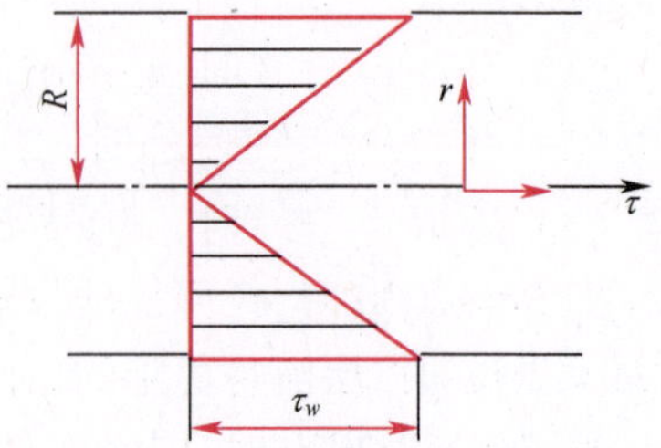

$$\mathrm{d}u_{\mathrm{r}}=-\frac{\tau_{\mathrm{w}}}{\mu R}r\mathrm{d}r$$

图 1-16　圆管内的剪应力分布受力

利用管壁处流体速度为零的边界条件($r=R,u_{\mathrm{r}}=0$)，积分上式，可得圆管内层流速度分布为

$$u_{\mathrm{r}}=\frac{\tau_{\mathrm{w}}}{2\mu R}(R^2-r^2) \tag{1-32}$$

将管中心处 $r=0,u_{\mathrm{r}}=u_{\max}$ 代入上式，可得最大流速为

$$u_{\max}=\frac{\tau_{\mathrm{w}}}{2\mu R}R^2=\frac{\tau_{\mathrm{w}}R}{2\mu} \tag{1-33}$$

式(1-32)与式(1-33)相比可得

$$\frac{u_{\mathrm{r}}}{u_{\max}}=1-\left(\frac{r}{R}\right)^2 \tag{1-34}$$

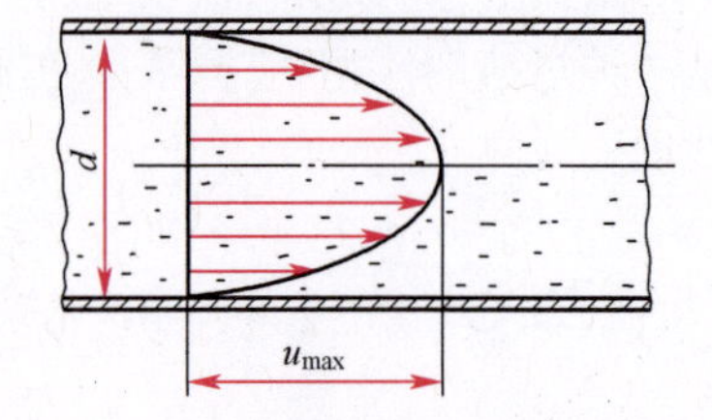

图 1-17　圆管内层流速度分布

方程(1-34)表明，圆管截面层流时的速度分布为顶点在管中心的抛物线，如图 1-17 所示。

3. 平均速度

将式(1-34)代入平均速度的表达式中，可得

$$u=\frac{\int_A u_{\mathrm{r}}\mathrm{d}A}{A}=\frac{u_{\max}\int_0^R\left[1-\left(\frac{r}{R}\right)^2\right]2\pi r\mathrm{d}r}{\pi R^2}=\frac{1}{2}u_{\max} \tag{1-35}$$

即管内做层流流动时，平均速度为管中心最大速度的一半。

4. 压降

实际流体在流动过程中截面压强会发生变化，上、下游截面间的压强差常称为压降，对式(1-30)进行积分，可得长度为 l 的水平直管段的压降为

$$\Delta p=\frac{2\tau_{\mathrm{w}}l}{R} \tag{1-36}$$

由式(1-33)可得最大剪应力的表达式

$$\tau_w = \frac{2\mu u_{max}}{R} \tag{1-37}$$

将其代入式(1-36)中,并利用 $u = 0.5u_{max}$、$d = 2R$ 可得

$$\Delta p = \frac{32\mu lu}{d^2} \tag{1-38}$$

式(1-38)称为哈根-泊谡叶(Hagon-Poiseuille)公式。

1.3.4 圆管内湍流流动的速度分布及流动阻力

1. 湍流的基本特征

湍流的基本特征是出现了速度的脉动。流体在管内作湍流流动时,流体质点在沿管轴流动的同时还作着随机的脉动,空间任一点的速度(包括方向及大小)都随时变化。如果测定管内某一点流速在 x 方向随时间的变化,可得如图 1-18 所示的波形。此波形表明在时间间隔 T 内,该点的瞬时流速 u_x 总在平均值 $\overline{u_x}$ 上下变动。平均值 $\overline{u_x}$ 是指在时间间隔 T 内流体质点经过点 i 的瞬时速度的平均值,称为时均速度,即

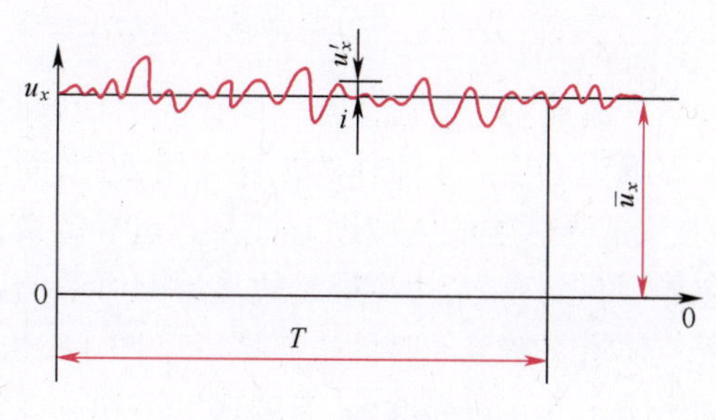

图 1-18 速度脉动曲线

$$\overline{u_x} = \frac{1}{T}\int_0^T u_x \mathrm{d}t \tag{1-39}$$

在稳定流动系统中,这一时均速度不随时间而改变。由图 1-18 可知,实际的湍流流动是在一个时均流动上迭加一个随机的脉动量。

层流时,流体只有轴向速度而无径向速度;然而在湍流时出现了径向的脉动速度,虽然其时间平均值为零,但加速了径向的动量、热量和质量的传递。

2. 速度分布

湍流时的速度分布目前还不能完全利用理论推导求得。经实验方法得出湍流时圆管内速度分布曲线如图 1-19 所示。由于流体质点的径向脉动和混合,导致截面上速度趋于均匀,当 Re 数值越大,速度分布曲线顶部越平坦,但靠管壁处的速度骤然下降,曲线较陡。

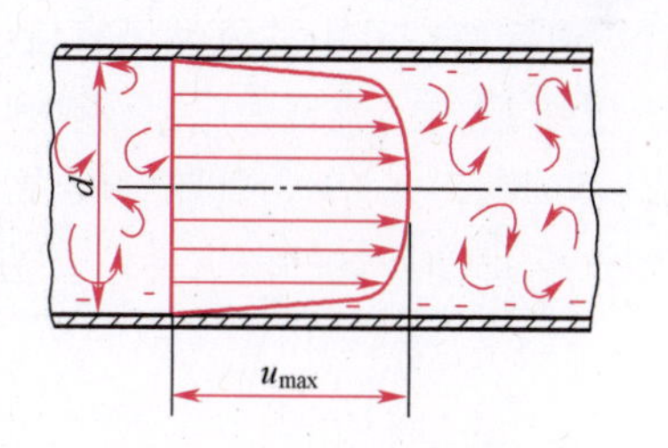

图 1-19 圆管内湍流速度分布

由于湍流时截面速度分布比层流时均匀得多,因此平均流速比层流更接近于管中心最大流速,约为最大流速的 0.8 倍,即 $u \approx 0.8u_{max}$。

即使湍流时,管壁处的流体速度也等于零,而靠近管壁的流体仍作层流流动,这一流体薄层称层流底层,管内流速越大,层流底层就越薄,流体黏度越大,层流底层就越厚。湍流主体与层流底层之间存在着过渡层。

3. 流体在直管内的流动阻力

流体在直管内流动时,流型不同,流动阻力所遵循的规律也不相同。层流时,流动阻力是内

摩擦力引起的。对牛顿型流体,内摩擦力大小服从牛顿黏性定律。湍流时,流动阻力除了内摩擦力外,还由于流体质点的脉动产生了附加的阻力。因此总的摩擦应力不再服从牛顿黏性定律,如仍希望用牛顿黏性定律的形式来表示,则应写成:

$$\tau = (\mu + \mu_e)\frac{du}{dy} \tag{1-40}$$

式中:μ_e称涡流黏度,其单位与黏度μ的单位一致。涡流黏度不是流体的物理性质,而是与流体流动状况有关的系数。

1.3.5 边界层及边界层分离

1. 边界层

当一流速均匀的流体与一固体界面接触时,由于壁面的阻滞,与壁面直接接触的流体其速度立即降为零。由于流体的黏性作用,近壁面的流体将相继受阻而降速,随着流体沿壁面向前流动,流速受影响的区域逐渐扩大。通常定义,流速降至未受边壁影响流速的99%以内的区域为边界层。简言之,边界层是边界影响所及的区域。

流体沿平壁流动时的边界层示于图1-20。在边界层内存在着速度梯度,因而必须考虑黏度的影响。而在边界层外,速度梯度小到可以忽略,则无需考虑黏度的影响。这样,我们在研究实际流体沿着固体界面流动的问题时,只要集中于边界层内的流动即可。

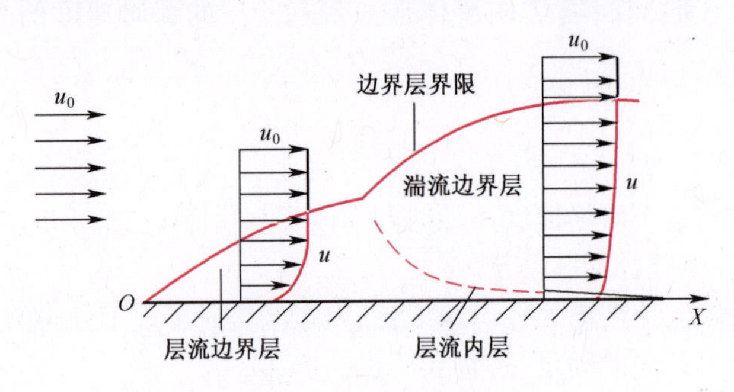

图1-20 平壁上的边界层

边界层按其中的流型仍有层流边界层与湍流边界层之分。如图1-20所示,在壁面的前一段,边界层内的流型为层流,称为层流边界层。离平壁前缘若干距离后,边界层内的流型转为湍流,称为湍流边界层,其厚度较快地扩展。即使在湍流边界层内,近壁处仍有一薄层,其流型仍为层流,即前所述的层流底层。边界层内流型的变化与Re有关,此时Re定义为

$$Re = \frac{\rho u_0 x}{\mu} \tag{1-41}$$

式中:x为离平壁前缘的距离。

对于管流来说,只在进口附近一段距离内(入口段)有边界层内外之分。经此段距离后,边界层扩大到管中心,如图1-21所示。在汇合处,若边界层内流动是层流,则以后的管流为层流,若在汇合点之前边界层流动已发展成湍流,则以后的管流为湍流。在入口段L_0内,速度分布沿管长不断变化,至汇合点处速度分布才发展为管流的速度分布。入口段中因未形成确定的速度分布,若进行传热、传质时,其规律与一般管流有所不同。

边界层的划分对许多工程问题有重要的意义。虽然对管流来说,由于整个截面都属边界

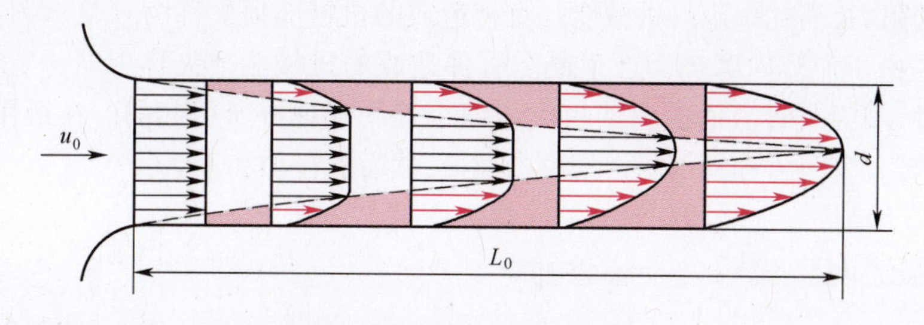

图1-21 圆管入口段中边界层的发展

层,没有划分边界层的必要,但是当流体在大空间中对某个物体作绕流时,边界层的划分就显示出它的重要性。

2. 边界层的分离现象

如果在流速均匀的流体中放置的不是平板,而是其他具有大曲率的物体,如球体或圆柱体,则边界层的情况有显著的不同。作为一个典型的实例,考察流体对一圆柱体的绕流,见图1-22。

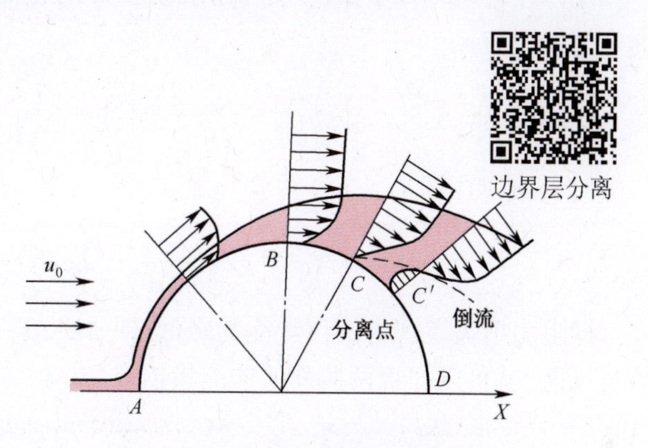

图1-22 流体对圆柱体的绕流

当均速流体绕过圆柱体时,首先在前缘A点形成驻点,动能全部转化为静压能,该处压强最大。当流体自驻点向两侧流去时,由于圆柱面的阻滞作用,便形成了边界层。随着流动距离的增加,阻滞作用不断向垂直于流动的方向传播,因此边界层不断的增厚。液体自点A流至点B,即流经圆柱前半部分时,流道逐渐缩小,在流动方向上的压强梯度为负(或称顺压强梯度),边界层中流体处于加速减压状态。但流过B点以后,由于流道逐渐扩大,边界层内流体便处在减速加压之下。此时,在剪应力消耗动能和逆压强梯度的阻碍双重作用下,壁面附近的流体速度将迅速下降,最终在C点处流速降为零。离壁稍远的流体质点因具有较大的速度和动能,故可流过较长的途径至C'点处速度才降为零。若将流体中速度为零的各点连成一线,如图中$C-C'$所示,该线与边界层上缘之间的区域即成为脱离了物体的边界层。这一现象称为边界层的分离或脱体。

在$C-C'$线以下,流体在逆压强梯度推动下倒流。在柱体的后部产生大量旋涡(亦称尾流),造成机械能耗损,表现为流体的阻力损失增大。由上述可知:

(1) 流道扩大时必造成逆压强梯度;

(2) 逆压强梯度易造成边界层的分离;

(3) 边界层分离造成大量旋涡,大大增加机械能消耗。

这种能量损失是因固体表面的形状以及压力在其表面分布不均造成的,故称为形体阻力。工程上为减小边界层分离造成的流体能量损失,常常将物体做成流线型,如飞机的机翼、轮船的船体等均为流线型。

1.4 流体流动的阻力损失

管路系统主要由直管和管件组成。管件包括弯头、三通、短管、阀门等。无论直管和管件都对流动有一定的阻力，消耗一定的机械能。直管造成的机械能损失称为直管阻力损失（或称沿程阻力损失），是由于流体内摩擦而产生的。管件造成的机械能损失称为局部阻力损失，主要是流体流经管件、阀门及管截面的突然扩大或缩小等局部地方所引起的。在运用伯努利方程时，应先分别计算直管阻力和局部阻力损失的数值，然后进行加和。

1.4.1 层流时直管阻力损失计算

流体在均匀直管中作稳定流动时，若1、2两截面间未加入机械能，由伯努利方程可知，流体的能量损失为

$$h_f = (gZ_1 - gZ_2) + \frac{p_1 - p_2}{\rho} + \left(\frac{u_1^2 - u_2^2}{2}\right) \tag{1-42}$$

对于均匀直管 $u_1 = u_2$，可知

$$h_f = \left(gZ_1 + \frac{p_1}{\rho}\right) - \left(gZ_2 + \frac{p_2}{\rho}\right) = \frac{E_{p1} - E_{p2}}{\rho} \tag{1-43}$$

即阻力损失表现为流体势能的降低，即 $\Delta E_p/\rho$。若为水平管路 $Z_1 = Z_2$，只要测出两截面上的静压能，就可以知道两截面间的能量损失。

$$h_f = \frac{p_1 - p_2}{\rho}$$

将哈根-泊谡叶(Hagon-Poiseuille)公式(1-38)代入上式，则能量损失为

$$h_f = \frac{\Delta p}{\rho} = \frac{32\mu lu}{\rho d^2} \tag{1-44}$$

将式(1-44)改写为直管能量损失计算的一般方程式：

$$h_f = \left[\frac{64}{\dfrac{du\rho}{\mu}}\right]\left(\frac{l}{d}\right)\left(\frac{u^2}{2}\right)$$

令

$$\lambda = \frac{64}{Re} \tag{1-45}$$

则

$$h_f = \lambda \frac{l}{d}\frac{u^2}{2} \tag{1-46}$$

式(1-46)称为直管阻力损失的计算通式，称为范宁(Fanning)公式，对于层流和湍流均适用。其中 λ 称为摩擦系数，层流时 $\lambda = \dfrac{64}{Re}$。

1.4.2 湍流时直管阻力损失计算

湍流时由于情况复杂得多，未能得出摩擦系数 λ 的理论计算式，但可以通过实验研究，获得经验的计算式。这种实验研究方法是化工中常用的方法。

1. 管壁粗糙度对 λ 的影响

管壁粗糙面凸出部分的平均高度，称绝对粗糙度，以 ε 表示。绝对粗糙度与管内径 d 之比值 ε/d 称相对粗糙度。表1-1列出某些工业管道的绝对粗糙度。

表1-1 某些工业管的绝对粗糙度

	管道类别	绝对粗糙度 ε/mm
金属管	无缝黄铜管、铜管及铝管	0.01~0.05
	新的无缝钢管或镀锌铁管	0.1~0.2
	新的铸铁管	0.3
	只有轻度腐蚀的无缝钢管	0.2~0.3
	只有显著腐蚀的无缝钢管	0.5以上
	旧的铸铁管	0.85以上
非金属管	干净玻璃管	0.0015~0.01
	橡皮软管	0.01~0.03
	木管道	0.25~1.25
	陶土排水管	0.45~6.0
	很好整平的水泥管	0.33
	石棉水泥管	0.03~0.8

层流流动时，管壁上凹凸不平的地方都被平稳流动着的流体层所覆盖，由于流体流速较慢，对管壁凸出部分没有什么碰撞作用，所以粗糙度对 λ 值无影响。

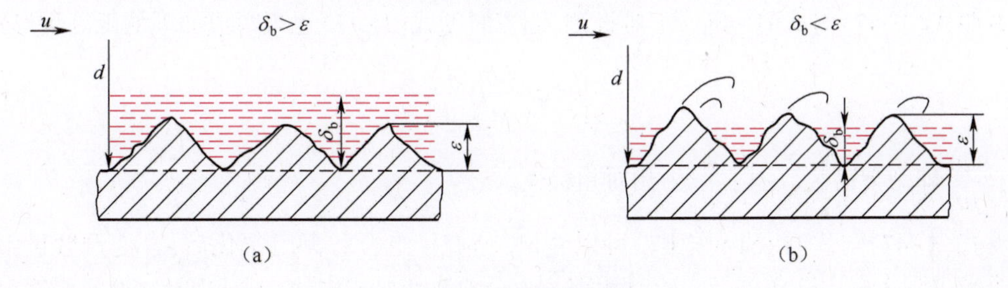

图1-23 流体流过管壁面的情况

湍流流动时，靠近壁面处存在着一厚度为 δ_b 的层流底层，当 Re 较小时，层流底层的厚度 δ_b 大于壁面的绝对粗糙度 ε，粗糙度对 λ 值也无影响，流体如同流过光滑管壁（$\varepsilon=0$），这种情况称为光滑管流动，如图1-23(a)所示。随着 Re 值增加，层流底层的厚度变薄，当管壁凸出处部分地暴露在层流底层之外的湍流区域时，如图1-23(b)所示，流动的流体冲击凸起处时，引起旋涡，使能量损失增大。Re 一定时，管壁粗糙度越大，能量损失也越大。当 Re 增大到一定程度，层流底层薄得足以使表面的凸起完全暴露在湍流主体中，则流动称为完全湍流。

实验研究的基本步骤如下：

(1) 析因实验——寻找影响过程的主要因素。

对所研究的过程作初步的实验和经验的归纳，尽可能地列出影响过程的主要因素。

对于湍流时直管阻力损失 h_f，经分析和初步实验获知诸影响因素为：

流体性质：密度 ρ、黏度 μ；

流动的几何尺寸：管径 d、管长 l、管壁粗糙度 ε（管内壁表面高低不平）；

流动条件：流速 u。

于是待求的关系式应为

$$h_f = f(d, l, \mu, \rho, u, \varepsilon) \tag{1-47}$$

（2）规划实验——减少实验工作量。

依靠实验方法求取上述关系时需要多次改变一个自变量的数值，测取 h_f的值而其他自变量保持不变。这样，自变量个数越多，所需的实验次数急剧增加。为减少实验工作量，需要在实验前进行规划，包括应用正交设计法、因次分析法等，以尽可能减少实验次数。因次分析法是通过将变量组合成无因次数群，从而减少实验自变量的个数，大幅度地减少实验次数，因此在化工上广为应用。

因次分析法的基础是：任何物理方程的等式两边或方程中的每一项均具有相同的因次，此称为因次和谐或因次一致性。从这一基本点出发，任何物理方程都可以转化成无因次形式。

以层流时的阻力损失计算式为例，结合式（1-44），不难看出，式（1-47）可以写成如下形式

$$\left(\frac{h_f}{u^2}\right) = 32\left(\frac{l}{d}\right)\left(\frac{\mu}{du\rho}\right) \tag{1-48}$$

式中每一项都为无因次项，称为无因次数群。

换言之，未作无因次处理前，层流时阻力的函数形式为

$$h_f = f(d, l, \mu, \rho, u) \tag{1-49}$$

作无因次处理后，可写成

$$\left(\frac{h_f}{u^2}\right) = \varphi\left(\frac{du\rho}{\mu}, \frac{l}{d}\right) \tag{1-50}$$

对照式（1-47）与式（1-48），不难推测，湍流时的式（1-47）也可写成如下的无因次形式

$$\left(\frac{h_f}{u^2}\right) = \varphi\left(\frac{du\rho}{\mu}, \frac{l}{d}, \frac{\varepsilon}{d}\right) \tag{1-51}$$

式中：$\frac{du\rho}{\mu}$ 即为雷诺数（Re）；$\frac{\varepsilon}{d}$ 为相对粗糙度。

将式（1-47）与式（1-51）作比较可以看出，经变量组合和无因次化后，自变量数目由原来的 6 个减少到 3 个。这样进行实验时无需一个个地改变原式中的 6 个自变量，而只要逐个地改变 Re、l/d 和 ε/d 即可。显然，所需实验次数将大大减少，避免了大量的实验工作。

尤其重要的是，若按式（1-47）进行实验时，为改变 ρ 和 μ，实验中必须换多种液体；为改变 d，必须改变实验装置。而应用因次分析所得的式（1-51）指导实验时，要改变 $du\rho/\mu$ 只需改变流速；要改变 l/d，只需改变测量段的距离，即两测压点的距离。这是一个极为重要的特性，从而可以将水、空气等的实验结果推广应用于其他流体，将小尺寸模型的实验结果应用于大型装置。

（3）数据处理。化学工程中通常以幂函数逼近待求函数，如式（1-51）可写成如下形式：

$$\left(\frac{h_f}{u^2}\right) = K\left(\frac{du\rho}{\mu}\right)^{n_1}\left(\frac{\varepsilon}{d}\right)^{n_2}\left(\frac{l}{d}\right)^{n_3} \tag{1-52}$$

写成上式后，实验的任务就简化为确定参数 K、n_1、n_2 和 n_3。

（4）采用线性方法确定参数。幂函数很容易转化成线性。将式（1-52）两端取对数，得

$$\lg\left(\frac{h_f}{u^2}\right) = \lg K + n_1\lg\left(\frac{du\rho}{\mu}\right) + n_2\lg\left(\frac{\varepsilon}{d}\right) + n_3\lg\left(\frac{l}{d}\right) \tag{1-53}$$

在 ε/d 和 l/d 固定的条件下，将 h_f/u^2 和 $du\rho/\mu$ 的实验值在双对数坐标纸上标绘，若所得为一直线，则证明待求函数可以用幂函数逼近，该直线的斜率即为 n_1。同样，可以确定 n_2 和 n_3 的数值。常数 K 可由直线的截距求出。

如果所标绘的不是一条直线，表明在实验的范围内幂函数不适用。但是仍然可以分段近似地取为直线，即以一条折线近似地代替曲线。对于每一个折线段，幂函数仍可适用。

因此，对于无法用理论解析方法解决的问题，可以通过上述四个步骤利用实验予以解决。

2. 因次分析法

因次分析法的基本定理是 π 定理：设影响该现象的物理量数为 n 个，这些物理量的基本因次数为 m 个，则该物理现象可用 $N=n-m$ 个独立的无因次数群关系式表示，这类无因次数群称为准数。

由式(1-47)可知湍流时直管内的摩擦阻力的关系式为

$$\Delta p = f(d, l, u, \rho, \mu, \varepsilon)$$

这 7 个物理量的因次分别为

$$[p] = M\theta^{-2}L^{-1}, \qquad [\varepsilon] = L$$
$$[d] = L, \qquad [\rho] = ML^{-3}$$
$$[l] = L, \qquad [\mu] = M\theta^{-1}L^{-1}$$
$$[u] = L\theta^{-1},$$

其中共有 M、θ 和 L 三个基本因次。根据 π 定理，无因次数群 $N=7-3=4$。

将式(1-47)写成幂函数形式

$$\Delta p = K\, d^a l^b u^c \rho^d \mu^e \varepsilon^f \tag{1-54}$$

式中：系数 K 及各指数 a、b、…都待决定。

将各物理量的因次代入式(1-47)，得

$$ML^{-1}\theta^{-2} = L^a L^b (L\theta^{-1})^c (ML^{-3})^d (ML^{-1}\theta^{-1})^e L^f$$

即

$$ML^{-1}\theta^{-2} = M^{d+e} L^{a+b+c-3d-e+f} \theta^{-c-e}$$

根据因次一致性原则，得

对于 M，$d + e = 1$

对于 L，$a + b + c - 3d - e + f = -1$

对于 θ，$-c - e = -2$

上面三个方程，却有 6 个未知数，自然不可能解出各未知数。为此，只能把其中 3 个表示为另 3 个的函数，将 a、c、d 表示为 b、e、f 的函数，则联立解得

$$a = -b - e - f$$
$$c = 2 - e$$
$$d = 1 - e$$

将 a、c、d 值代入式(1-54)，得

$$\Delta p = Kd^{-b-e-f} l^b u^{2-e} \rho^{1-e} \mu^e \varepsilon^f$$

将指数相同的物理量合并，即得

$$\frac{\Delta p}{\rho u^2} = K\left(\frac{l}{d}\right)^b \left(\frac{du\rho}{\mu}\right)^{-e} \left(\frac{\varepsilon}{d}\right)^f \tag{1-55}$$

此即式(1-46)。

通过因次分析法，由函数式(1-47)变成无因次数群式(1-55)时，变量数减少了三个，从而可简化实验。$\Delta p/\rho u^2$称为欧拉数 Eu，它是机械能损失和动能之比。

3. 湍流直管阻力损失的经验式

对均匀水平直管，从实验得知 Δp 与 l 成正比，故式(1-55)可写成如下形式：

$$\frac{\Delta p}{\rho}=2K\varphi\left(Re,\frac{\varepsilon}{d}\right)\left(\frac{l}{d}\right)\left(\frac{u^2}{2}\right) \tag{1-56}$$

或

$$h_f=\frac{\Delta p}{\rho}=\varphi\left(Re,\frac{\varepsilon}{d}\right)\left(\frac{l}{d}\right)\frac{u^2}{2}=\lambda\ \frac{l}{d}\ \frac{u^2}{2} \tag{1-57}$$

上式即式(1-46)，对于湍流

$$\lambda=\varphi\left(Re,\frac{\varepsilon}{d}\right) \tag{1-58}$$

λ 与 Re 和 ε/d 的关系由实验确定，其结果可绘制成图或表示成函数的形式。有了摩擦系数 λ 的值，湍流流动直管阻力损失也可以通过式(1-57)范宁公式进行计算。

4. 摩擦系数 λ

摩擦系数 λ 与 Re 和 ε/d 的关系如图 1-24 莫狄(Moody)图所示，该图为双对数坐标。为使用方便，层流时的 $\lambda=64/Re$ 一并绘在图中。图 1-24 可以分为四个区域：

(1) 层流区：$Re\leqslant 2000$。λ 与管壁粗糙度无关，表达式为 $\lambda=64/Re$，在图中 λ 随 Re 直线下降。

(2) 过渡区：$2000<Re<4000$。流动类型不稳定，摩擦系数波动，为安全计，一般将湍流时的曲线延伸来查取 λ。

(3) 湍流区：$Re\geqslant 4000$ 及虚线以下的区域。λ 与 Re 及 ε/d 都有关。当 ε/d 一定时，λ 随 Re 增大而减小，Re 增至某一数值后 λ 值下降缓慢，当 Re 一定时，λ 随 ε/d 增加而增大。

(4) 完全湍流区：图中虚线以上的区域。此区内各 $\lambda-Re$ 曲线趋于水平，即 λ 只与 ε/d 有关，而与 Re 无关。对一定的管路中，ε/d 和 l/d 是确定的，λ 是常数，由式(1-57)可知 h_f与 u^2成正比，所以此区又称阻力平方区。相对粗糙度 ε/d 越大的管道，达到阻力平方区的 Re 值越低。

图中最下面一条曲线为光滑管的 $\lambda - Re$ 关系，在 $Re=3\times10^3\sim10^5$ 的范围内，也可采用 Blasius 公式计算。

$$\lambda=\frac{0.3164}{Re^{0.25}} \tag{1-59}$$

对光滑管及无严重腐蚀的工业管道，该图误差范围约在±10%。

5. 流体在非圆形直管内的流动阻力

前面讨论的都是圆管内的阻力损失，实验证明，对于非圆形管(如方形管、套管环隙等)内的湍流流动，如采用下面定义的当量直径 d_e来代替圆管直径，其阻力损失仍可按式(1-57)和图 1-24进行计算。

当量直径是流体流经管路截面积 A 的 4 倍除以湿润周边长度(管壁与流体接触的周边长度) Π，即

$$d_e=\frac{4A}{\Pi} \tag{1-60}$$

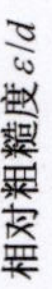

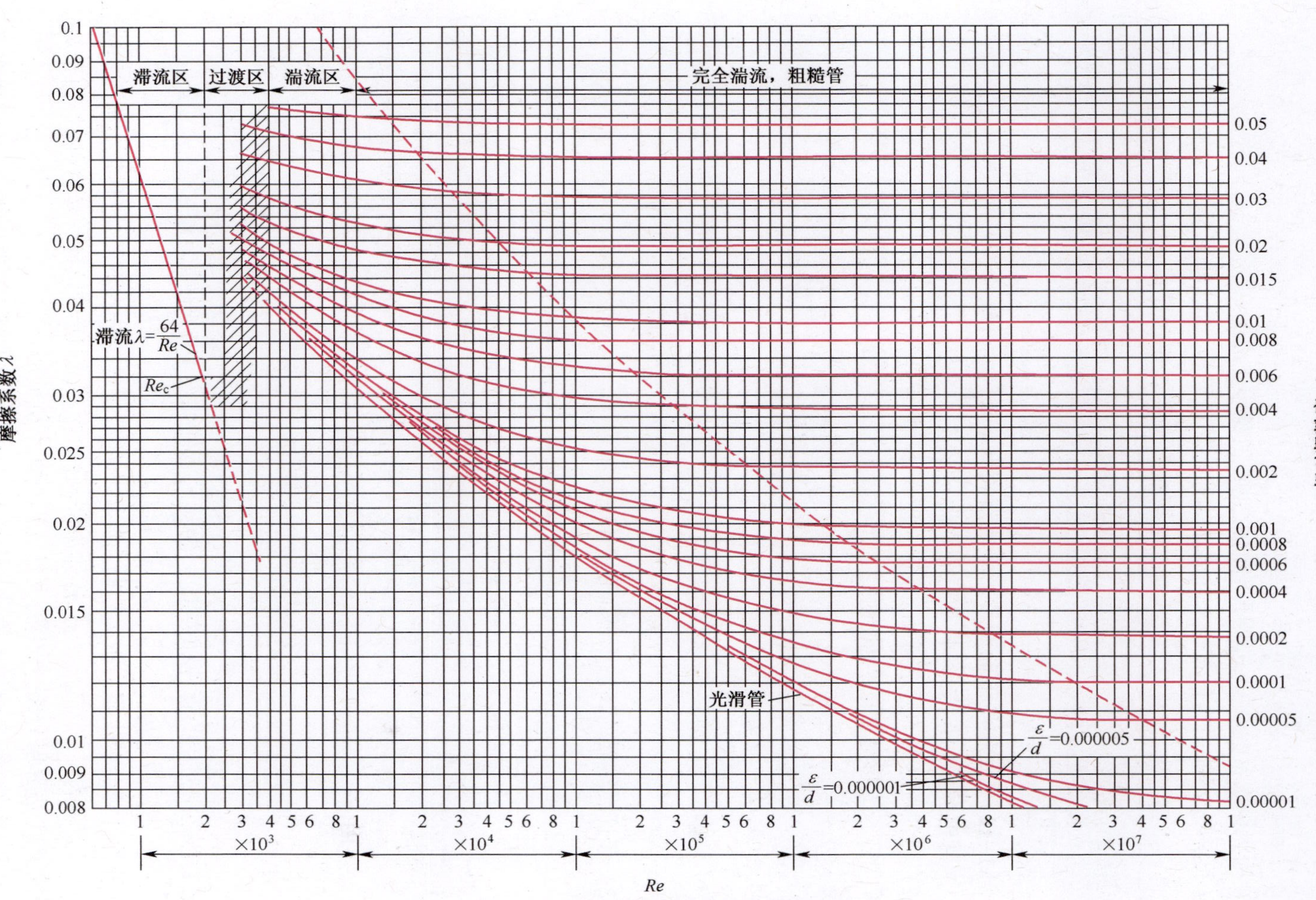

图1-24 摩擦系数与雷诺准数及相对粗糙度的关系

在层流情况下，采用当量直径计算阻力时，应将 $\lambda = 64/Re$ 的关系加以修正为

$$\lambda = \frac{C}{Re} \tag{1-61}$$

式中：C 为无因次常数，一些非圆形管的常数 C 值见表 1-2。

应予指出，不能用当量直径来计算流体通过的截面积、流速和流量。

表 1-2 某些非圆形管的常数 C 值

非圆形管的截面形状	正方形	等边三角形	环 形	长方形 长：宽 = 2：1	长方形 长：宽 = 4：1
常数 C	57	53	96	62	73

【例 1-12】 试推导下面两种形状截面的当量直径的计算式。

(1) 管道截面为长方形，长和宽分别为 a、b；

(2) 套管换热器的环形截面，外管内径为 d_1，内管外径为 d_2。

解：(1) 长方形截面的当量直径

$$d_e = \frac{4A}{\Pi}$$

式中：$A = ab$，$\Pi = 2(a+b)$

故

$$d_e = \frac{4ab}{2(a+b)} = \frac{2ab}{(a+b)}$$

(2) 套管换热器的环隙形截面的当量直径

$$A = \frac{\pi}{4}d_1^2 - \frac{\pi}{4}d_2^2 = \frac{\pi}{4}(d_1^2 - d_2^2)$$

$$\Pi = \pi d_1 + \pi d_2 = \pi(d_1 + d_2)$$

故

$$d_e = \frac{4 \times \frac{\pi}{4}(d_1^2 - d_2^2)}{\pi(d_1 + d_2)} = d_1 - d_2$$

1.4.3 局部阻力损失

化工管路中使用的管件种类繁多，常见的管件如表 1-3 所列。

1. 局部阻力损失

各种管件都会产生阻力损失。与直管阻力的沿程均匀分布不同，这种阻力损失集中在管件所在处，因而称为局部阻力损失。流体流经阀门、弯头、三通和异径管等管件时，由于流道的急剧变化而产生边界层分离，产生的大量旋涡消耗了机械能。

下面以管路直径突然扩大或缩小来说明。流道突然扩大，下游压强上升，流体在逆压强梯度下流动，极易发生边界层分离而产生旋涡，如图 1-25(a)所示。流道突然缩小时，如图 1-25(b)所示，流体在顺压强梯度下流动，不会发生边界层脱体现象。因此，在收缩部分不发生明显的阻力损失。但流体有惯性，流道将继续收缩至 $A-A$ 面，然后流道重又扩大。这时，流体转而在逆压强梯度下流动，也就产生边界层分离和旋涡。

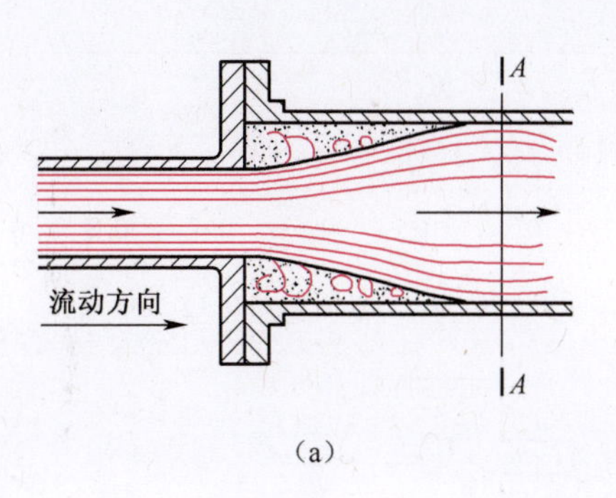

(a)

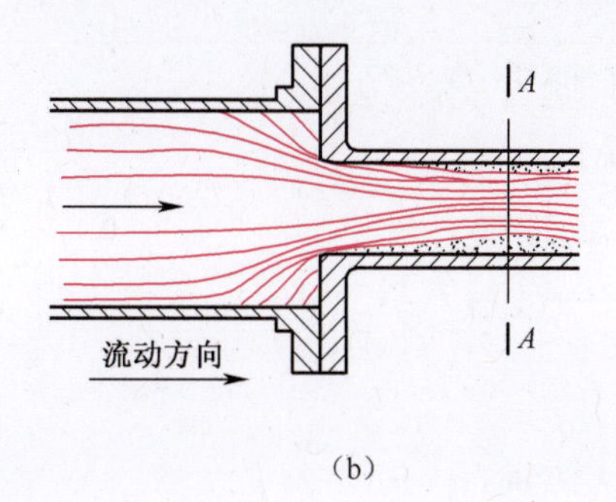

(b)

图 1-25 突然扩大和突然缩小
(a)突然扩大;(b)突然缩小。

其他管件,如各种阀门都会由于流道的急剧改变而发生类似现象,造成局部阻力损失。

局部阻力损失的计算有两种近似的方法:阻力系数法及当量长度法。

2. 阻力系数法

近似认为局部阻力损失服从平方定律,即

$$h_{\mathrm{f}} = \zeta \frac{u^2}{2} \tag{1-62}$$

式中:常用管件的 ζ 值可在表 1-3 中查得。

3. 当量长度法

近似认为局部阻力损失可以相当于某个长度的直管的损失,即

$$h_{\mathrm{f}} = \lambda \frac{l_{\mathrm{e}}}{d} \frac{u^2}{2} \tag{1-63}$$

式中:l_{e}为管件及阀件的当量长度,由实验测得。常用管件及阀件的 l_{e}值可在图 1-26 中查得。

必须注意,对于扩大和缩小,式(1-62)、式(1-63)中的 u 是用小管截面计算得到的平均速度。

表 1-3 管件和阀件的局部阻力系数 ζ 值

<table>
<tr><td>管件和阀件名称</td><td colspan="11">ζ 值</td></tr>
<tr><td>标准弯头</td><td colspan="5">45°, ζ=0.35</td><td colspan="6">90°, ζ=0.75</td></tr>
<tr><td>90°方形弯头</td><td colspan="11">1.3</td></tr>
<tr><td>180°回弯头</td><td colspan="11">1.5</td></tr>
<tr><td>活管接</td><td colspan="11">0.4</td></tr>
<tr><td rowspan="3">弯管 (R, d, φ)</td><td colspan="4">φ / R/d</td><td>30°</td><td>45°</td><td>60°</td><td>75°</td><td>90°</td><td>105°</td><td>120°</td></tr>
<tr><td colspan="4">1.5</td><td>0.08</td><td>0.11</td><td>0.14</td><td>0.16</td><td>0.175</td><td>0.19</td><td>0.20</td></tr>
<tr><td colspan="4">2.0</td><td>0.07</td><td>0.10</td><td>0.12</td><td>0.14</td><td>0.15</td><td>0.16</td><td>0.17</td></tr>
<tr><td rowspan="3">突然扩大 ($A_1 u_1$, $A_2 u_2$)</td><td colspan="11">$\zeta = (1 - A_1/A_2)^2 \quad h_{\mathrm{f}} = \zeta \cdot u_1^2/2$</td></tr>
<tr><td>A_1/A_2</td><td>0</td><td>0.1</td><td>0.2</td><td>0.3</td><td>0.4</td><td>0.5</td><td>0.6</td><td>0.7</td><td>0.8</td><td>0.9</td><td>1.0</td></tr>
<tr><td>ζ</td><td>1</td><td>0.81</td><td>0.64</td><td>0.49</td><td>0.36</td><td>0.25</td><td>0.16</td><td>0.09</td><td>0.04</td><td>0.01</td><td>0</td></tr>
</table>

（续）

管件和阀件名称	ζ 值											
突然缩小	$\zeta=0.5(1-A_2/A_1)\quad h_f=\zeta\cdot u_2^2/2$											
	A_2/A_1	0	0.1	0.2	0.3	0.4	0.5	0.6	0.7	0.8	0.9	1.0
	ζ	0.5	0.45	0.40	0.35	0.30	0.25	0.20	0.15	0.10	0.05	0
流入大容器的出口	ζ=1(用管中流速)											
入管口(容器→管)	ζ=0.5											
水泵进口	没有底阀	2~3										
	有底阀	d/mm	40	50	75	100	150	200	250	300		
		ζ	12	10	8.5	7.0	6.0	5.2	4.4	3.7		
闸　阀	全开	3/4 开	1/2 开	1/4 开								
	0.17	0.9	4.5	24								
标准截止阀(球心阀)	全开 $\zeta=6.4$	1/2 开 $\zeta=9.5$										

显然,式(1-62)与式(1-63)两种计算方法所得结果不会一致,它们都是近似的估算值。实际应用时,长距离输送以直管阻力损失为主,车间管路则往往以局部阻力损失为主。

【例 1-13】 料液自高位槽流入精馏塔,如附图所示。塔内压强为 19.6kPa(表压),输送管道为 $\phi 36\times2$mm 无缝钢管,管长 8m。管路中装有 90°标准弯头两个,180°回弯头一个,球心阀(全开)一个。为使料液以 $3m^3/h$ 的流量流入塔中,问高位槽应安置多高?(即位差 Z 应为多少米)。料液在操作温度下的物性:密度 $\rho=861kg/m^3$;黏度 $\mu=0.643\times10^{-3}Pa\cdot s$。

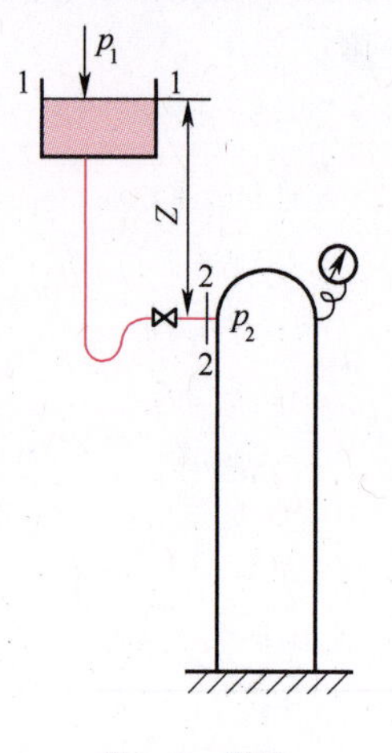

例 1-13　附图

解:取管出口处的水平面作为基准面。在高位槽液面 1-1 与管出口内侧截面 2-2 间列伯努利方程

$$gZ_1+\frac{p_1}{\rho}+\frac{u_1^2}{2}=gZ_2+\frac{p_2}{\rho}+\frac{u_2^2}{2}+\sum h_f$$

式中:$Z_1=Z$, $Z_2=0$, $p_1=0$(表压),

$u_1\approx0$, $p_2=1.96\times10^4$Pa,

$$u_2=V_s/\frac{\pi}{4}d^2=\frac{\frac{3}{3600}}{0.785\times(0.032)^2}=1.04m/s$$

阻力损失

$$\sum h_{\mathrm{f}}=\left(\lambda\ \frac{l}{d}+\zeta\right)\frac{u^2}{2}$$

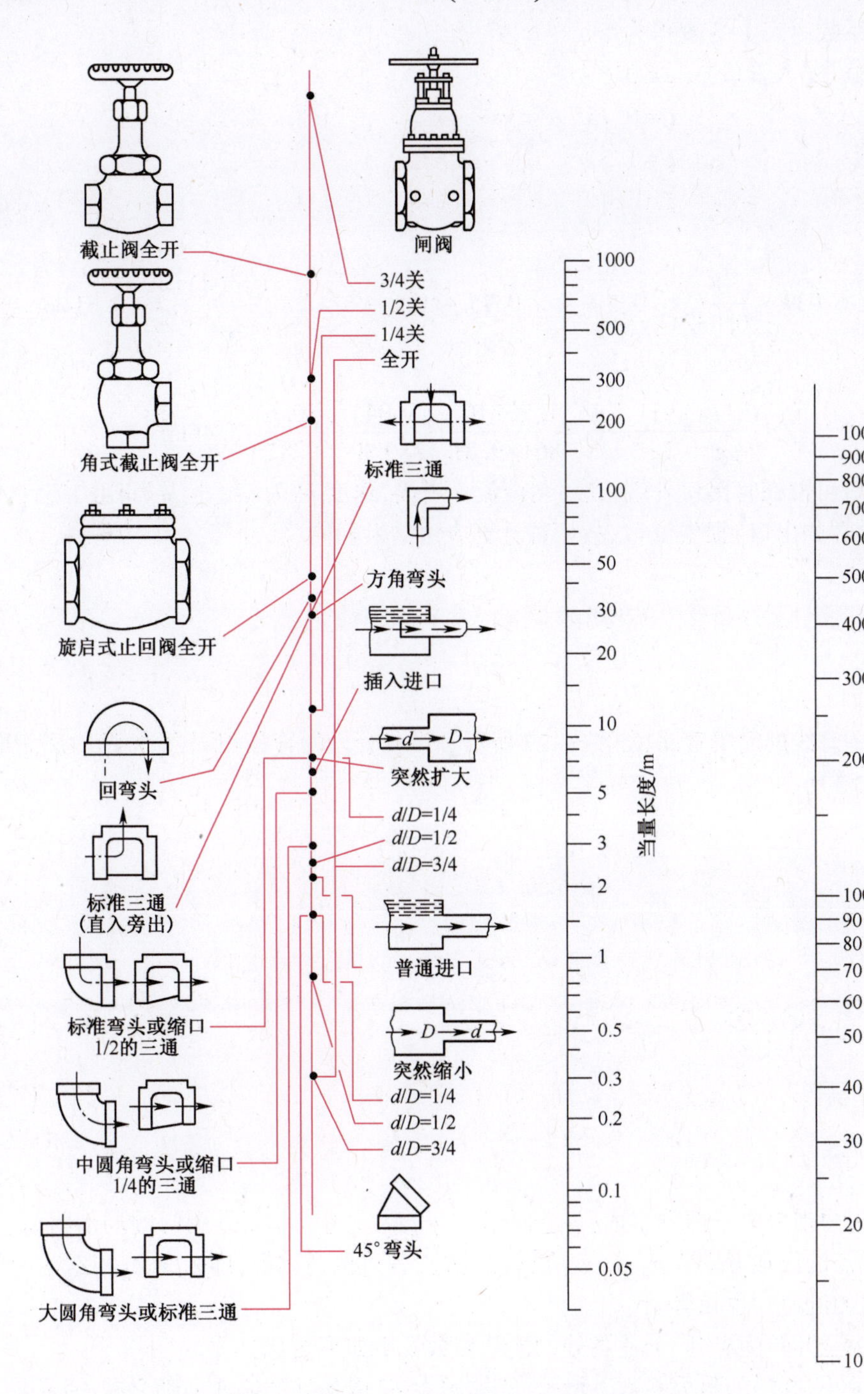

图1-26 管件和阀件的当量长度共线图

取管壁绝对粗糙度 $\varepsilon=0.3\mathrm{mm}$,则

$$\frac{\varepsilon}{d}=\frac{0.3}{32}=0.00938$$

$$Re=\frac{du\rho}{\mu}=\frac{0.032\times 1.04\times 861}{0.643\times 10^{-3}}=4.46\times 10^{4}(\text{湍流})$$

由图 1-24 查得 $\lambda=0.039$

局部阻力系数由表 1-3 查得为

进口突然缩小(入管口) $\zeta=0.5$

90°标准弯头 $\zeta=0.75$

180°回弯头 $\zeta=1.5$

球心阀(全开) $\zeta=6.4$

故

$$\Sigma h_{\mathrm{f}}=\left(0.039\times\frac{8}{0.032}+0.5+2\times 0.75+1.5+6.4\right)\times\frac{(1.04)^2}{2}=10.6\mathrm{J/kg}$$

所求位差

$$Z=\frac{p_2-p_1}{\rho g}+\frac{u_2^2}{2g}+\frac{\Sigma h_{\mathrm{f}}}{g}=\frac{1.96\times 10^4}{861\times 9.81}+\frac{(1.04)^2}{2\times 9.81}+\frac{10.6}{9.81}=3.46\mathrm{m}$$

截面 2-2 也可取在管出口外端,此时料液流入塔内,速度 u_2 为零。但局部阻力应计入突然扩大(流入大容器的出口)损失 $\zeta=1$,故两种计算方法结果相同。

1.4.4 管路阻力对管内流动的影响

1. 简单管路

对只有单一管线的简单管路,如图 1-27 所示。设各管段的管径相同,高位槽内液面维持恒定,液体作稳定流动。

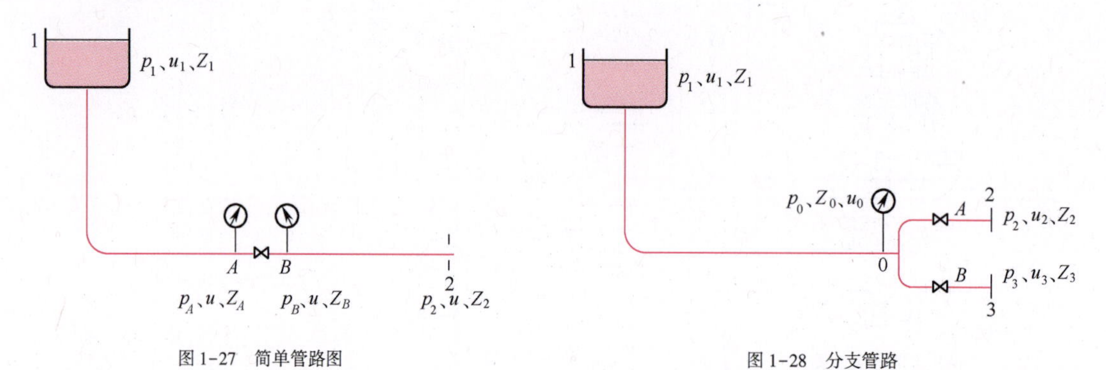

图 1-27 简单管路图

图 1-28 分支管路

此管路的阻力损失由三部分组成：$h_{\mathrm{f}1-A}$、$h_{\mathrm{f}A-B}$、$h_{\mathrm{f}B-2}$,其中 $h_{\mathrm{f}A-B}$ 是阀门的局部阻力。设初始阀门全开,各点的压强分别为 p_1、p_A、p_B 及 p_2,A、B、2 各点位高相等,即 $Z_A=Z_B=Z_2$,又因管径相同,各管段内的流速 u 也相等。

现将阀门由全开转为半开,上述各处的流动参数发生如下变化：

(1) 阀门关小,阀门的阻力系数 ζ 增大,$h_{\mathrm{f}A-B}$ 增大,管内各处的流速 u 随之减小;

(2) 观察管段 $1-A$ 之间,流速 u 降低,使直管阻力 $h_{\mathrm{f}1-A}$ 变小,因 A 点高度未变,从伯努利方程可知压强 p_A 会升高;

(3) 考察管段 $B-2$ 之间,流速降低使 $h_{\mathrm{f}B-2}$ 变小,同理,p_B 会降低。

由此可引出如下结论：

(1) 任何局部阻力系数的增加将使管内各处的流速下降；

(2) 下游阻力增大将使上游压强上升；

(3) 上游阻力增大将使下游压强下降。

2. 分支管路

考察流体由一条总管分流至两支管的分支管路的情况，在阀门全开时各处的流动参数如图1-28 所示。

现将某一支管的阀门(例如阀门 A)关小，ζ_A增大，则

(1) 在截面 0-0 与 2-2 之间，h_{f0-2} 增大，u_2 下降，Z_0 不变，而 p_0 上升；

(2) 在截面 0-0 与 3-3 之间，p_0的上升使 u_3增加；

(3) 在截面 1-1 与 0-0 之间，由于 p_0的上升使 u_0下降。

由此可知，关小某支管阀门，使该支管流量下降，与之平行的其他支管内流量则上升，但总的流量还是减少了。

上述为一般情况，但须注意下列两种极端情况：

(1) 总管阻力可以忽略，以支管阻力为主。

此时 u_0 很小，故 $h_{f1-0} \approx 0$，$(p_1 + \rho g Z_1) \approx (p_0 + \rho g Z_0)$，即 p_0 接近于一常数，关小阀 A 仅使该支管的流量发生变化，而对支管 B 的流量几乎没有影响，即任一支管情况的改变不致影响其他支管的流量。显然，城市供水、煤气管线的铺设应尽可能属于这种情况。

(2) 总管阻力为主，支管阻力可以忽略。

此时 p_0与 p_2、p_3相近，总管中的总流量将不因支管情况而变。阀门 A 的启闭不影响总流量仅改变了各支管间的流量分配。显然这是城市供水管路不希望出现的情况。

3. 汇合管路

设下游阀门全开时，两高位槽中的流体流至 0 点汇合，如图 1-29 所示。关小阀门，u_3 下降，0 点的压强 p_0 升高，虚拟压强 E_{p0} 升高，因为 1、2 截面的虚拟压强一定，这样 u_1 与 u_2 同时下降。又因 $E_{p1} > E_{p2}$，故 u_2 下降得更快。当阀门继续关小至一定程度，p_0 升高至 $E_{p0}(p_0 + \rho g Z_0)$ 等于 $E_{p2}(p_2 + \rho g Z_2)$，使 u_2 降至零，继续关小阀门则 $E_{p0} > E_{p2}$，u_2 将作反向流动。

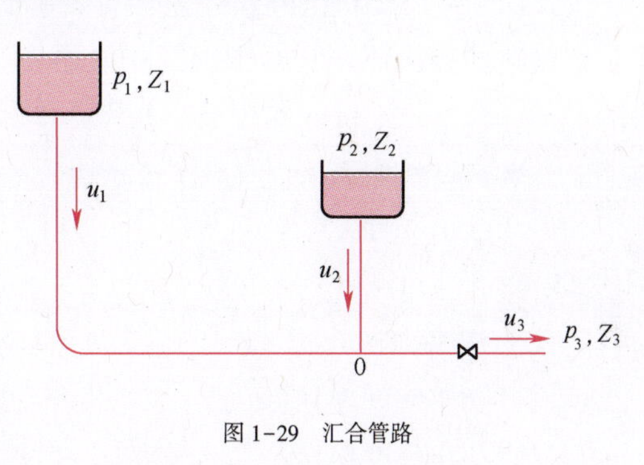

图 1-29 汇合管路

综上所述，管路应视作一个整体。流体在沿程各处的压强或势能有着确定的分布，即在管路中存在着能量的平衡。任一管段或局部条件的变化都会使整个管路原有的能量平衡遭到破坏，须根据新的条件建立新的能量平衡关系。管路中流速及压强的变化正是这种能量平衡关系发生变化的反映。

1.5 流体输送管路的计算

管路计算是连续性方程、伯努利方程及阻力损失计算式的具体应用。管路按其配置情况不同，可分为简单管路和复杂管路。下面分别进行介绍。

1.5.1 简单管路

简单管路通常是指直径相同的管路或不同直径组成的串联管路。由于已知量与未知量情况不同，计算方法也随之改变。常遇到的管路计算问题归纳起来有以下三种情况：

（1）已知管径、管长、管件和阀门的设置及流体的输送量，求流体通过管路系统的能量损失，以便进一步确定输送设备所加入的外功、设备内的压强或设备间的相对位置等。这一类计算比较容易。例 1-13 属此种情况。

（2）设计型计算，即管路尚未存在时，给定输送任务并给定管长、管件和阀门的当量长度及允许的阻力损失，要求设计经济上合理的管路。

流体输送管路的直径可根据流量及流速进行计算。一般管道的截面均为圆形，若以 d 表示管道内径，由于

$$V_s = u\frac{\pi d^2}{4}$$

于是

$$d = \sqrt{\frac{4V_s}{\pi u}} \tag{1-64}$$

流量一般为生产任务所决定，而合理的流速则应在操作费与基建费之间通过经济权衡来决定，存在着选择和优化的问题。最经济合理的管径或流速的选择应使每年的操作费与按使用年限计的设备折旧费之和为最小。某些流体在管路中的常用流速范围列于表 1-4 中。从表 1-4 可以看出，流体在管道中适宜流速的大小与流体的性质及操作条件有关。

按式(1-64)算出管径后，还需从有关手册或本教材附录中选用标准管径来圆整，然后按标准管径重新计算流体在管路中的实际流速。

表 1-4 某些流体在管路中的常用流速范围

流体的类别及状态	流速范围/($m \cdot s^{-1}$)	流体的类别及状态	流速范围/($m \cdot s^{-1}$)
自来水(3.04×10^5Pa 左右)	1~1.5	过热蒸气	30~50
水及低黏度液体($1.013\sim10.13\times10^5$Pa)	1.5~3.0	蛇管、螺旋管内的冷却水	>1.0
高黏度液体	0.5~1.0	低压空气	12~15
工业供水(8.106×10^5Pa 以下)	1.5~3.0	高压空气	15~25
工业供水(8.106×10^5Pa 以下)	>3.0	一般气体(常压)	10~20
饱和蒸气	20~40	真空操作下气体	<10

【例 1-14】 某厂要求安装一根输水量为 $30m^3/h$ 的管路，试选择合适的管径。

解：根据式(1-64)计算管径

$$d = \sqrt{\frac{4V_s}{\pi u}}$$

式中：$V_s = \frac{30}{3600} m^3/s$

参考表 1-4 选取水的流速 $u = 1.8m/s$。

$$d = \sqrt{\frac{\frac{30}{3600}}{0.785 \times 1.8}} = 0.077\text{m} = 77\text{mm}$$

查附录管子规格，确定选用 $\phi 89 \times 4$（外径 89mm，壁厚 4mm）的管子，其内径为

$$d = 89 - (4 \times 2) = 81\text{mm} = 0.081\text{m}$$

因此，水在输送管内的实际流速为

$$u = \frac{\frac{30}{3600}}{0.785 \times (0.081)^2} = 1.62\text{m/s}$$

实际流速在流体的适宜流速范围内。

（3）操作型计算，即管路已定，管径、管长、管件和阀门的设置及允许的能量损失都已定，要求核算在某给定条件下的输送能力或某项技术指标。

对于操作型计算存在一个困难，即因流速未知，不能计算 Re 值，无法判断流体的流型，亦就不能确定摩擦系数 λ。在这种情况下，工程计算中常采用试差法和其他方法来求解。

【例 1-15】 用试差法进行流量计算。

将水从水塔引至车间，管路为 $\phi 114 \times 4$mm 的钢管。长 150m（包括管件及阀门的当量长度，但不包括进、出口损失）。水塔内水面维持恒定，高于排水口 12m，水温为 12℃时，求管路的输水量为若干 m^3/h。

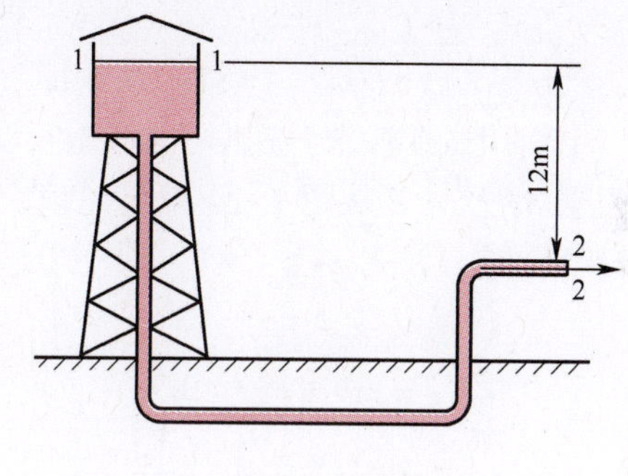

例 1-15 附图

解：以水塔水面 1-1 及排水管出口内侧 2-2 截面列伯努利方程。排水管出口中心作基准水平面

$$gZ_1 + \frac{p_1}{\rho} + \frac{u_1^2}{2} = gZ_2 + \frac{p_2}{\rho} + \frac{u_2^2}{2} + \Sigma h_f$$

式中：$Z_1 = 12\text{m}, Z_2 = 0, p_1 = p_2, u_1 \approx 0, u_2 = u$

$$\Sigma h_f = \left(\lambda \frac{l + l_e}{d} + \zeta_c\right)\frac{u^2}{2}$$

$$= \left(\lambda \frac{150}{0.106} + 0.5\right)\frac{u^2}{2}$$

将以上各值代入伯努利方程，整理得

$$u = \sqrt{\frac{2 \times 9.81 \times 12}{\lambda \frac{150}{0.106} + 1.5}} = \sqrt{\frac{235.4}{1415\lambda + 1.5}} \tag{a}$$

其中

$$\lambda = f\left(Re, \frac{\varepsilon}{d}\right) = \varphi(u) \tag{b}$$

由于 u 未知，故不能计算 Re 值，也就不能求出 λ 值，从式（a）求不出 u，故可采用试差法求 u。

由于 λ 的变化范围不大，试差计算时，可将摩擦系数 λ 作试差变量。通常可取流动已进入阻力平方区的 λ 作为计算初值。先假设一个 λ 值代入式（a）算出 u 值。利用 u 值计算 Re 值。根据算出的 Re 值与 ε/d 值从图 1-24 查出 λ 值。若查得的 λ 值与假设值相符或接近，则假设

值可接受。否则需另设一 λ 值,重复上面计算,直至所设 λ 值与查出 λ 值相符或接近为止。

设 $\lambda=0.02$,代入式(a)得

$$u=\sqrt{\frac{235.4}{1415\times0.02+1.5}}=2.81\text{m/s}$$

从本附录查得 12℃时水的黏度为 1.236mPa·s。

$$Re=\frac{du\rho}{\mu}=\frac{0.106\times2.81\times1000}{1.236\times10^{-3}}=2.4\times10^5$$

取 $\varepsilon=0.2$mm

$$\varepsilon/d=0.2/106=0.00189$$

根据 Re 及 ε/d 从图 1-24 查得 $\lambda=0.024$。查出的 λ 值与假设的 λ 值不相符,故应进行第二次试算。重设 $\lambda=0.024$,代入式(a),解得 $u=2.58$m/s。由此 u 值计算 $Re=2.2\times10^5$,在图 1-24 中查得 $\lambda=0.0241$,查出的 λ 值与假设的 λ 值基本相符,故 $u=2.58$m/s。

管路的输水量为

$$V_h=3600\times\frac{\pi}{4}d^2u=3600\times\frac{\pi}{4}\times(0.106)^2\times2.58$$
$$=81.92\text{m}^3/\text{h}$$

上面用试差法求流速时,也可先假设 u 值而由式(a)算出 λ 值。再以所设的 u 算出 Re 值,并根据 Re 及 ε/d 从图 1-24 查出 λ 值。此值与由式(a)解出的 λ 值相比较,从而判断所设的 u 值是否合适。

1.5.2 复杂管路

1. 并联管路

并联管路如图 1-30 所示,总管在 A 点分成几根分支管路流动,然后又在 B 点汇合成一根总管路。此类管路的特点是:

(1) 总管中的流量等于并联各支管流量之和,对不可压缩流体,则

$$V_s=V_{s1}+V_{s2}+V_{s3} \tag{1-65}$$

(2) 图中 $A-A$ 与 $B-B$ 截面间的压强降是由流体在各个分支管路中克服流动阻力而造成的。因此,在并联管路中,单位质量流体无论通过哪根支管,阻力损失都应该相等,即

$$h_{f1}=h_{f2}=h_{f3}=h_{fA-B} \tag{1-66}$$

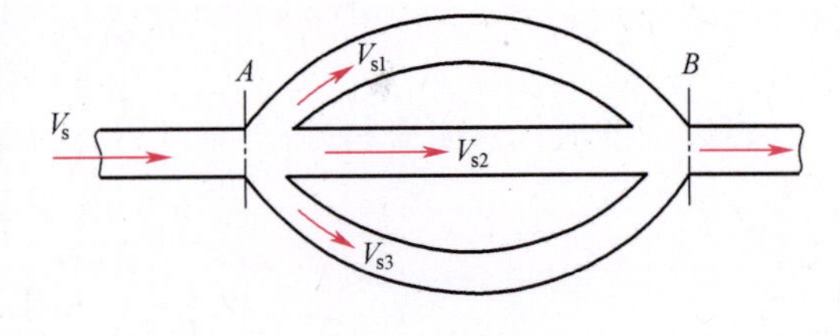

图 1-30 并联管路

因而在计算并联管路的能量损失时,只需计算一根支管的能量损失,绝不能将并联的各管段的阻力全部加在一起作为并联管路的阻力。若忽略 A、B 两处的局部阻力损失,各管的阻力损失可按下式计算:

$$h_{fi}=\lambda_i\frac{l_i}{d_i}\frac{u_i^2}{2} \tag{1-67}$$

式中:l_i为支管总长,包括各局部阻力的当量长度(m)。

在一般情况下,各支管的长度、直径、粗糙度均不相同,但各支管的流动推动力是相同的,故各支管的流速也不同。将 $u_i=4V_{si}/\pi d_i^2$ 代入式(1-67),整理后得

$$V_{si} = \frac{\pi\sqrt{2}}{4}\sqrt{\frac{d_i^5 h_{fi}}{\lambda_i l_i}} \tag{1-68}$$

由此式可求出各支管的流量分配。如只有三根支管,则

$$V_{s1} : V_{s2} : V_{s3} = \sqrt{\frac{d_1^5}{\lambda_1 l_1}} : \sqrt{\frac{d_2^5}{\lambda_2 l_2}} : \sqrt{\frac{d_3^5}{\lambda_3 l_3}} \tag{1-69}$$

如总流量 V_s、各支管的 l_i、d_i、λ_i 均已知,由式(1-69)和式(1-65)可联立求解得到 V_{s1}、V_{s2}、V_{s3} 三个未知数,任选一支管用式(1-67)算出 h_{fi},即 A、B 两点间的阻力损失 h_{fA-B}。

【例 1-16】 计算并联管路的流量。

在图 1-31 所示的输水管路中,已知水的总流量为 $3m^3/s$,水温为 20℃,各支管总长度分别为 $l_1 = 1200m$,$l_2 = 1500m$,$l_3 = 800m$;管径 $d_1 = 600mm$,$d_2 = 500mm$,$d_3 = 800mm$;求 A、B 间的阻力损失及各管的流量。已知输水管为铸铁管,$\varepsilon = 0.3mm$。

解: 各支管的流量可由式(1-69)和式(1-65)联立求解得出。但因 λ_1、λ_2、λ_3 均未知,须用试差法求解。

设各支管的流动皆进入阻力平方区,由

$$\frac{\varepsilon_1}{d_1} = \frac{0.3}{600} = 0.0005$$

$$\frac{\varepsilon_2}{d_2} = \frac{0.3}{500} = 0.0006$$

$$\frac{\varepsilon_3}{d_3} = \frac{0.3}{800} = 0.000375$$

从图 1-24 分别查得摩擦系数为

$$\lambda_1 = 0.017; \lambda_2 = 0.0177; \lambda_3 = 0.0156$$

由式(1-69)

$$V_{s1} : V_{s2} : V_{s3} = \sqrt{\frac{(0.6)^5}{0.017 \times 1200}} : \sqrt{\frac{(0.5)^5}{0.0177 \times 1500}} : \sqrt{\frac{(0.8)^5}{0.0156 \times 800}}$$
$$= 0.0617 : 0.0343 : 0.162$$

又

$$V_{s1} + V_{s2} + V_{s3} = 3m^3/s$$

故

$$V_{s1} = \frac{0.0617 \times 3}{(0.0617 + 0.0343 + 0.162)} = 0.72m^3/s$$

$$V_{s2} = \frac{0.0343 \times 3}{(0.0617 + 0.0343 + 0.162)} = 0.40m^3/s$$

$$V_{s3} = \frac{0.162 \times 3}{(0.0617 + 0.0343 + 0.162)} = 1.88m^3/s$$

校核 λ 值:

$$Re = \frac{du\rho}{\mu} = \frac{d\rho}{\mu} \cdot \frac{V_s}{\frac{\pi}{4}d^2} = \frac{4\rho V_s}{\pi\mu d}$$

已知 $\mu=1\times10^{-3}\text{Pa}\cdot\text{s}$ $\rho=1000\text{kg/m}^3$

$$Re=\frac{4\times1000\times V_s}{\pi\times10^{-3}d}=1.27\times10^5\frac{V_s}{d}$$

故

$$Re_1=1.27\times10^6\times\frac{0.72}{0.6}=1.52\times10^6$$

$$Re_2=1.27\times10^6\times\frac{0.4}{0.5}=1.02\times10^6$$

$$Re_3=1.27\times10^6\times\frac{1.88}{0.8}=2.98\times10^6$$

由 Re_1、Re_2、Re_3 从图 1-24 可以看出，各支管进入或十分接近阻力平方区，故假设成立，以上计算正确。

A、B 间的阻力损失 h_f 可由式(1-67)求出：

$$h_f=\frac{8\lambda_1 l_1 V_{s1}^2}{\pi^2 d_1^5}=\frac{8\times0.017\times1200\times(0.72)^2}{\pi^2(0.6)^5}=110\text{J/kg}$$

2. 分支管路

化工管路常设有分支管路，以便流体可从一根总管分送到几处。在此情况下各支管内的流量彼此影响，相互制约。分支管路内的流动规律主要有两条：

(1) 总管流量等于各支管流量之和，即

$$V_{sA}=V_{sB}+V_{sC} \tag{1-70}$$

(2) 尽管各分支管路的长度、直径不同，但分支处（图 1-31 中 O 点）的总压头为一固定值，不论流体流向哪一支管，每千克流体所具有的总机械能必相等，即

$$gZ_B+\frac{p_B}{\rho}+\frac{u_B^2}{2}+h_{fO-B}=gZ_C+\frac{p_C}{\rho}+\frac{u_C^2}{2}+h_{fO-C} \tag{1-71}$$

【例 1-17】 用泵输送密度为 710kg/m³的油品，如附图所示，从贮槽经泵出口后分为两路：一路送到 A 塔顶部，最大流量为 10800kg/h，塔内表压强为 0.9807MPa；另一路送到 B 塔中部，最大流量为 6400kg/h，塔内表压强为 1.18MPa。贮槽 C 内液面维持恒定，液面上方的表压强为 49kPa。

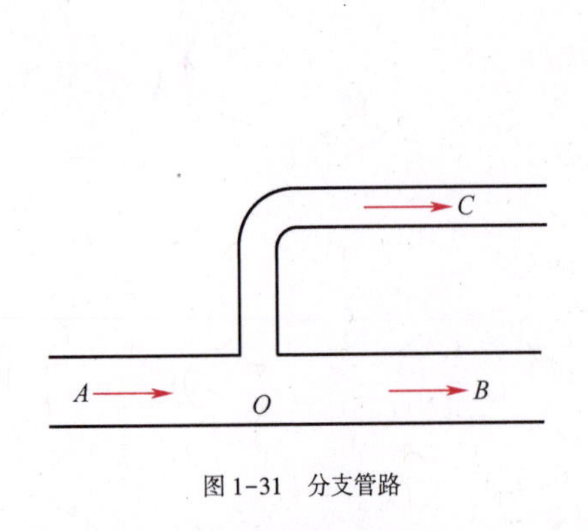

图 1-31 分支管路

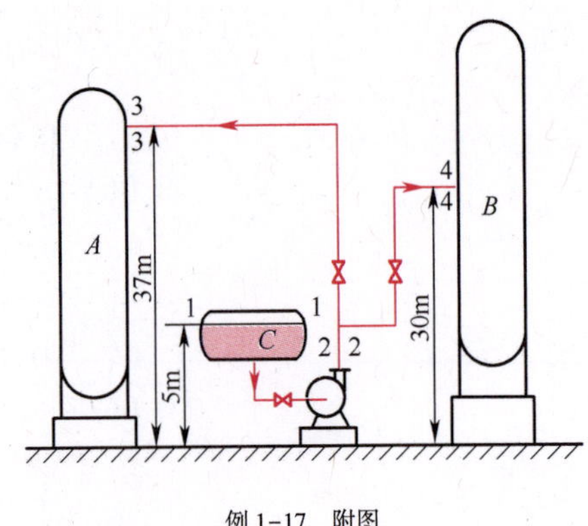

例 1-17 附图

现已估算出当管路上的阀门全开，且流量达到规定的最大值时油品流经各段管路的阻力损

失是:由截面1-1至2-2为201J/kg;由截面2-2至3-3为60J/kg;由截面2-2至4-4为50J/kg。油品在管内流动时的动能很小,可以忽略。各截面离地面的垂直距离见本题附图。

已知泵的效率为60%,求此情况下泵的轴功率。

解:在1-1与2-2截面间列伯努利方程,以地面为基准水平面。

$$gZ_1 + \frac{p_1}{\rho} + \frac{u_1^2}{2} + W_e = gZ_2 + \frac{p_2}{\rho} + \frac{u_2^2}{2} + \sum h_{f1-2}$$

式中:$Z_1 = 5\text{m}, p_1 = 49\times 10^3\text{Pa}, u_1 \approx 0$,

Z_2、p_2、u_2均未知,$\sum h_{f1-2} = 20\text{J/kg}$。

设E为任一截面上三项机械能之和,则截面2-2上的$E_2 = gZ_2 + p_2/\rho + u_2^2/2$代入伯努利方程得

$$W_e = E_2 + 20 - 5 \times 9.81 - \frac{49\times 10^3}{710} = E_2 - 98.06 \tag{a}$$

由上式可知,需找出分支2-2处的E_2,才能求出W_e。根据分支管路的流动规律E_2可由E_3或E_4算出。但每千克油品从截面2-2到截面3-3与自截面2-2到截面4-4所需的能量不一定相等。为了保证同时完成两支管的输送任务,泵所提供的能量应同时满足两支管所需的能量。因此,应分别计算出两支管所需能量,选取能量要求较大的支管来决定E_2的值。

仍以地面为基准水平面,各截面的压强均以表压计,且忽略动能,列截面2-2与3-3间的伯努利方程,求E_2。

$$E_2 = gZ_3 + \frac{p_3}{\rho} + h_{f2-3} = 37 \times 9.81 + \frac{0.9807\times 10^6}{710} + 60$$
$$= 1804\text{J/kg}$$

列截面2-2与4-4之间的伯努利方程求E_2

$$E_2 = gZ_4 + \frac{p_4}{\rho} + h_{f2-4} = 30 \times 9.81 + \frac{1.18\times 10^6}{710} + 50$$
$$= 2006\text{J/kg}$$

比较结果,当$E_2 = 2006\text{J/kg}$时才能保证输送任务。将E_2值代入式(a),得

$$W_e = 2006 - 98.06 = 1908\text{J/kg}$$

通过泵的质量流量为

$$w_s = \frac{10800 + 6400}{3600} = 4.78\text{kg/s}$$

泵的有效功率为

$$N_e = W_e w_s = 1908 \times 4.78 = 9120\text{W} = 9.12\text{kW}$$

泵的轴功率为

$$N = \frac{N_e}{\eta} = \frac{9.12}{0.6} = 15.2\text{kW}$$

最后须指出,由于泵的轴功率是按所需能量较大的支管来计算的,当油品从截面2-2到4-4的流量正好达到6400kg/h的要求时,油品从截面2-2到3-3的流量在管路阀全开时便大于10800kg/h。所以操作时要把泵到3-3截面的支管的调节阀关小到某一程度,以提高这一支管的能量损失,使流量降到所要求的数值。

1.5.3 可压缩流体的管路计算

气体的密度与气体的压力密切相关，当可压缩流体在管道中作稳态流动时，由于克服流动阻力而引起的压力降将导致流体沿管程密度的改变，这样沿管程流体的质量流量相等而体积流量不等，导致流速相应改变。前面关于管路计算的讨论，都是针对不可压缩流体，即液体或进出口压力或密度变化不大的气体。若所取两截面间气体压力变化较大时，如长距离的气体输送，或真空下气体的流动，可压缩效应必须考虑。

在长度为 l 的等径直管中取一长度为 $\mathrm{d}l$ 的微元段，对此微元段列机械能衡算式，得

$$g\mathrm{d}z + \mathrm{d}\left(\frac{u^2}{2}\right) + \frac{\mathrm{d}p}{\rho} = -\mathrm{d}(\Sigma h_{\mathrm{f}}) \tag{1-72}$$

式中直管阻力损失

$$d(\Sigma h_{\mathrm{f}}) = \lambda \frac{\mathrm{d}l}{d}\frac{u^2}{2} \tag{1-73}$$

式中流速 u 和密度 ρ 均随管长 l 变化，而两者之间的关系为

$$u = \frac{G}{\rho} = Gv \tag{1-74}$$

式中：G 为流体的质量流速（$\mathrm{kg/(m^2 \cdot s)}$）；$v$ 为流体的比体积（$\mathrm{m^3/kg}$），$v = \dfrac{1}{\rho}$。

摩擦系数 λ 是雷诺数 Re 和相对粗糙度 ε/d 的函数

$$Re = \frac{\rho u d}{\mu} = \frac{dG}{\mu} \tag{1-75}$$

等管径输送时，管径 d 和质量流速 G 沿管长为常数，在等温或温度变化不大的情况下，黏度 μ 也基本为常数，因此 Re 和 ε/d 均为常数，因此摩擦系数 λ 沿管长可视为不变。在此条件下，将式(1-73)、式(1-74)代入式(1-72)，各项均除以 v^2 整理得

$$\frac{g\mathrm{d}z}{v^2} + G^2\frac{\mathrm{d}v}{v} + \frac{\mathrm{d}p}{v} + \left(\lambda\frac{G^2}{2d}\right)\mathrm{d}l = 0 \tag{1-76}$$

由于气体的比体积大（密度小），位能项和其他各项相比小得多，可将位能项忽略掉，这样上式积分可得

$$G^2\ln\frac{v_2}{v_1} + \int_{p_1}^{p_2}\frac{\mathrm{d}p}{v} + \lambda\frac{G^2}{2d}l = 0 \tag{1-77}$$

积分项取决于气体 p-v 的关系。按理想气体处理时，有

等温过程　　$pv =$ 常数

绝热过程　　$pv^{\gamma} =$ 常数

多变过程　　$pv^{\kappa} =$ 常数

将适合过程特征的相应表达式代入上式并积分，即可得可压缩流体管路计算的机械能衡算方程。

对于等温流动 $pv =$ 常数，代入等式可得

$$G^2\ln\frac{v_2}{v_1} + \frac{p_2^2 - p_1^2}{2p_1v_1} + \lambda\frac{G^2}{2d}l = 0 \tag{1-78a}$$

或

$$G^2\ln\frac{p_2}{p_1} + \frac{p_2^2 - p_1^2}{2RT/M} + \lambda\frac{G^2}{2d}l = 0 \tag{1-78b}$$

将与平均压强 $p_m = \frac{p_1 + p_2}{2}$ 下的平均密度 $\rho_m = \frac{\rho_1 + \rho_2}{2} = \frac{p_1 + p_2}{2} \frac{M}{RT}$ 代入上整理得

$$\frac{p_1 - p_2}{\rho_m} = \frac{G^2}{\rho_m^2}\left(\ln \frac{p_1}{p_2} + \frac{\lambda l}{2d}\right) \tag{1-79}$$

式(1-79)也称为可压缩流体在直管内流动时的压降计算式,右端第一项反映动能的变化,第二项反映流动摩擦阻力。可见,可压缩流体在等径直管内流动时的静压能下降,一部分用于流体膨胀引起的动能的增加,另一部分用于克服摩擦阻力损失。若管内压降很小(流体膨胀不大),则动能变化项可忽略不计,这时

$$\frac{p_1 - p_2}{\rho_m} = \lambda \frac{l}{d} \frac{G^2}{2\rho_m^2} = \lambda \frac{l}{d} \frac{u_m^2}{2} \tag{1-80}$$

式中:$u_m = G/\rho_m$,与不可压缩流体水平直管中流体的伯努力方程相一致。

气体在输送过程中,因压强降低和体积膨胀,温度往往要下降。对非等温条件下,将 pv^{κ} = 常数代入经积分可得

$$G^2 \ln \frac{p_2}{p_1} + \frac{k}{k+1}\left(\frac{p_1}{v_1}\right)\left[\left(\frac{p_2}{p_1}\right)^{\frac{k+1}{k}} - 1\right] + \lambda \frac{G^2}{2d} l = 0 \tag{1-81}$$

【例 1-18】 流量为 $124m^3/h$(标准状况)的燃烧天然气(以甲烷计),在 25℃ 下流经长 100m(包括局部阻力的当量长度),管内径为 20mm 的水平钢管后,要求压力仍保持有 0.05MPa(表压)。取管路的摩擦系数 $\lambda = 0.036$,大气压为 0.1MPa。如视为等温流动,求天然气流动所需要的推动力。

解:本题属可压缩流体在管内作等温流动的情况。根据题意

$$p_2 = 1.5 \times 10^5 \text{Pa}$$

$$G = \frac{124/3600}{22.4 \times 0.785 \times 0.02^2} \times 16 = 78.35\text{kg/(m}^2 \cdot \text{s)}$$

$$\rho_m = \frac{p_m M}{RT} = \frac{p_1 + 1.5 \times 10^5}{2} \times \frac{16}{8314 \times 298} = (3.23 \times 10^{-6} p_1 + 0.484)\text{kg/m}^3$$

由式(1-79)

$$p_1 - 1.5 \times 10^5 = \frac{78.35^2}{3.23 \times 10^{-6} p_1 + 0.484}\left(\ln \frac{p_1}{1.5 \times 10^5} + \frac{0.036 \times 100}{2 \times 0.02}\right)$$

即

$$p_1 - 1.5 \times 10^5 = \frac{6138.7}{3.23 \times 10^{-6} p_1 + 0.484}\left(\ln \frac{p_1}{1.5 \times 10^5} + 90\right)$$

试差求解上式,得 $p_1 = 4.42 \times 10^5$Pa(绝对压力)。

天然气流动所需推动力为 $p_1 - p_2 = (4.42 - 1.5) \times 10^5 = 2.92 \times 10^5$Pa。

1.6 流速和流量的测量

流体的流速和流量是化工生产操作中经常要测量的重要参数。测量的装置种类很多,本节仅介绍以流体运动规律为基础的测量装置。

1.6.1 测速管

测速管又名皮托管（Pitot tube），其结构如图 1-32 所示。皮托管由两根同心圆管组成，内管前端敞开，管口截面（A 点截面）垂直于流动方向并正对流体流动方向。外管前端封闭，但管侧壁在距前端一定距离处四周开有一些小孔，流体在小孔旁流过（B）。内、外管的另一端分别与 U 形压差计的接口相连，并引至被测管路的管外。

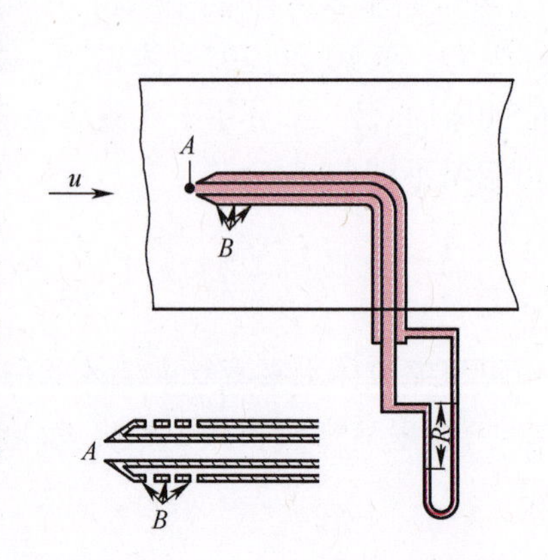

图 1-32 测速管

皮托管 A 点应为驻点，驻点 A 的势能与 B 点势能差等于流体的动能，即

$$\frac{p_A}{\rho}+gZ_A-\frac{p_B}{\rho}-gZ_B=\frac{u^2}{2}$$

由于 Z_A 几乎等于 Z_B，则

$$u=\sqrt{2(p_A-p_B)/\rho} \tag{1-82}$$

用 U 形压差计指示液液面差 R 表示，则式（1-79）可写为

$$u=\sqrt{2R(\rho'-\rho)g/\rho} \tag{1-83}$$

式中：u 为管路截面某点轴向速度，简称点速度（m/s）；ρ'、ρ 分别为指示液与流体的密度（kg/m^3）；R 为 U 形压差计指示液液面差（m）；g 为重力加速度（m/s^2）。

显然，由皮托管测得的是点速度。因此用皮托管可以测定截面的速度分布。管内流体流量则可根据截面速度分布用积分法求得。对于圆管，速度分布规律已知，因此，可测量管中心的最大流速 u_{max}，然后根据图 1-33 所示的平均流速与最大流速的关系，求出截面的平均流速，进而求出流量。

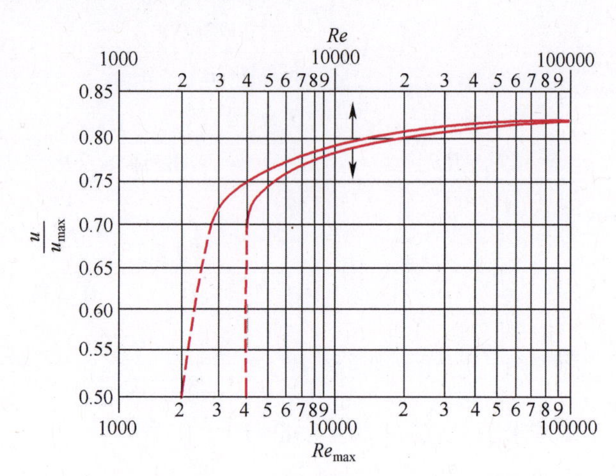

图 1-33 u/u_{max} 与 Re_{max} 和 Re 关系

为保证皮托管测量的精确性，安装时要注意：

（1）要求测量点前、后段有一约等于管路直径 50 倍长度的直管距离，最少也应在 8~12 倍；

（2）必须保证管口截面（图 1-32 中 A 处）严格垂直于流动方向；

（3）皮托管直径应小于管径的 1/50，最少也应小于 1/15。

皮托管的优点是阻力小，适用于测量大直径气体管路内的流速，缺点是不能直接测出平均速度，且 U 形压差计压差读数较小。

1.6.2 孔板流量计

1. 孔板流量计的结构

在管路里垂直插入一片中央开有圆孔的板，圆孔中心位于管路中心线上，如图 1-34 所示，即构成孔板流量计。板上圆孔经精致加工，其侧边与管轴成45°角，称锐孔，板称为孔板。

2. 测量原理

由图 1-34 可见，流体流到锐孔时，流动截面收缩，流过孔口后，由于惯性作用，流动截面还继续收缩一定距离后才逐渐扩大到整个管截面。流动截面最小处(图中2-2截面)称为缩脉。流体在缩脉处的流速最大，即动能最大，而相应的静压能就最低。因此，当流体以一定流量流过小孔时，就产生一定的压强差，流量越大，所产生的压强差也就越大。所以可利用压强差的方法来度量流体的流量。

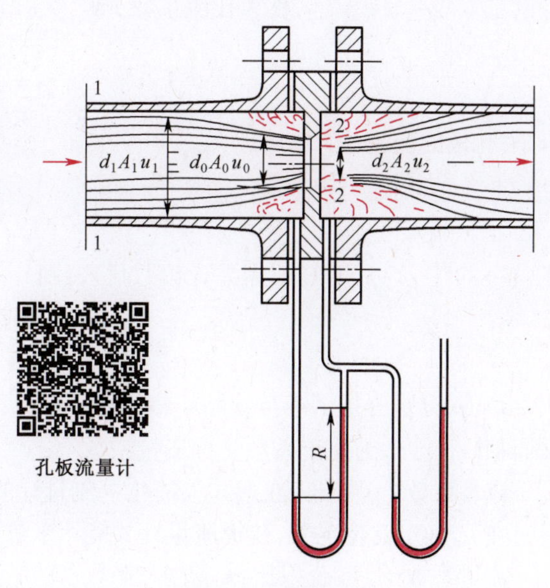

图 1-34 孔板流量计

设不可压缩流体在水平管内流动，取孔板上游流动截面尚未收缩处为截面 1-1，下游取缩脉处为截面 2-2。在截面 1-1 与 2-2 间暂时不计阻力损失，列伯努利方程：

$$\frac{p_1}{\rho} + gZ_1 + \frac{u_1^2}{2} = \frac{p_2}{\rho} + gZ_2 + \frac{u_2^2}{2}$$

因水平管 $Z_1 = Z_2$，则整理得

$$\sqrt{u_2^2 - u_1^2} = \sqrt{\frac{2(p_1 - p_2)}{\rho}} \tag{1-84}$$

由于缩脉的面积无法测得，工程上以孔口(截面 0-0)流速 u_0 代替 u_2，同时，实际流体流过孔口有阻力损失；而且，测得的压强差又不恰好等于 $p_1 - p_2$。由于上述原因，引入一校正系数 C，于是式(1-84)改写为

$$\sqrt{u_0^2 - u_1^2} = C\sqrt{\frac{2(p_1 - p_2)}{\rho}} \tag{1-85}$$

以 A_1、A_0 分别代表管路与锐孔的截面积，根据连续性方程，对不可压缩流体有

$$u_1 A_1 = u_0 A_0$$

则

$$u_1^2 = u_0^2 \left(\frac{A_0}{A_1}\right)^2$$

设 $\frac{A_0}{A_1} = m$，上式改写为

$$u_1^2 = u_0^2 m^2 \tag{1-86}$$

将式(1-86)代入式(1-85)，并整理得

$$u_0 = \frac{C}{\sqrt{1 - m^2}}\sqrt{\frac{2(p_1 - p_2)}{\rho}}$$

再设 $C/\sqrt{1 - m^2} = C_0$，称为孔流系数，则

$$u_0 = C_0\sqrt{\frac{2(p_1 - p_2)}{\rho}} \tag{1-87}$$

于是，孔板的流量计算式为

$$V_s = C_0 A_0\sqrt{\frac{2(p_1 - p_2)}{\rho}} \tag{1-88}$$

式(1-88)中 $p_1 - p_2$ 用 U 形压差计读数代入，则

$$V_s = C_0 A_0\sqrt{\frac{2Rg(\rho' - \rho)}{\rho}} \tag{1-89}$$

式中：ρ'、ρ 分别为指示液与管路流体密度(kg/m^3)；R 为 U 形压差计液面差(m)；A_0 为孔板小孔截面积(m^2)；C_0 为孔流系数又称流量系数。

流量系数 C_0 的引入在形式上简化了流量计的计算公式，但实际上并未改变问题的复杂性。只有在 C_0 确定的情况下，孔板流量计才能用来进行流量测定。

流量系数 C_0 与面积比 m、收缩、阻力等因素有关，所以只能通过实验求取。C_0 除与 Re、m 有关外，还与测定压强所取的点、孔口形状、加工粗糙度、孔板厚度、管壁粗糙度等有关。这样影响因素太多，C_0 较难确定，工程上对于测压方式、结构尺寸、加工状况均作规定，规定的标准孔板的流量系数 C_0 就可以表示为

$$C_0 = f(Re, m) \tag{1-90}$$

实验所得 C_0 示于图 1-35。

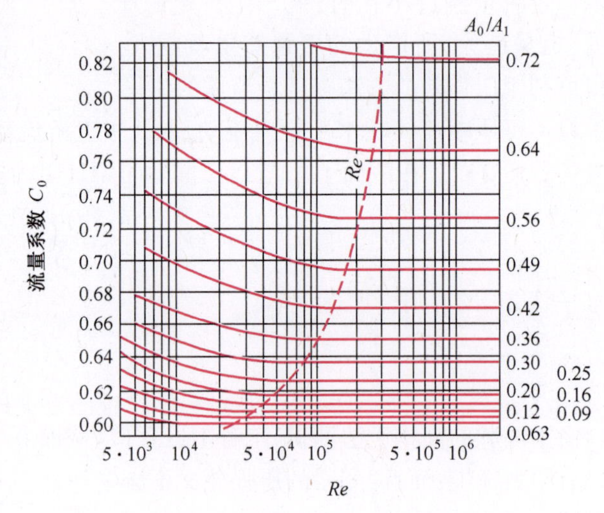

图 1-35 孔板流量计 C_0 与 Re、$\frac{A_0}{A_1}$ 的关系

由图 1-35 可见，当 Re 增大到一定值后，C_0 不再随 Re 而变，而是仅由 $\left(\frac{A_0}{A_1}\right) = m$ 决定的常数。孔板流量计应尽量设计在 C_0 = 常数的范围内。

从孔板流量计的测量原理可知，孔板流量计只能用于测定流量，不能测定速度分布。

3. 安装

在安装位置的上、下游都要有一段内径不变的直管。通常要求上游直管长度为管径的 50 倍，下游直管长度为管径的 10 倍。若 A_0/A_1 较小时，则这段长度可缩短至 5 倍。

4. 阻力损失

孔板流量计的阻力损失 h_f，可用阻力公式写为

$$h_f = \zeta \cdot \frac{u_0^2}{2} = \zeta C_0^2 \frac{Rg(\rho' - \rho)}{\rho} \tag{1-91}$$

式中:ζ 为局部阻力系数,一般在0.8左右。

式(1-91)表明阻力损失正比于压差计读数 R。缩口越小,孔口流速 u_0越大,R 越大,阻力损失也越大。

5. 测量范围

由式(1-89)可知,当孔流系数 C_0为常数时,

$$V_s \propto \sqrt{R}$$

上式表明,孔板流量计的U形压差计液面差 R 和 V_s平方成正比。因此,流量的少量变化将导致 R 较大的变化。

U形压差计液面差 R 越小,由于视差常使相对误差增大,因此在允许误差下,R 有一最小值 R_{min}。同样,由于U形压差计的长度限制,也有一个最大值 R_{max}。于是,流量的可测范围为

$$\frac{V_{smax}}{V_{smin}} = \sqrt{\frac{R_{max}}{R_{min}}} \tag{1-92}$$

即,可测流量的最大值与最小值之比与 R_{max}、R_{min}有关,也就是与U形压差计的长度有关。

孔板流量计是一种简便且易于制造的装置,在工业上广泛使用,其系列规格可查阅有关手册。其主要缺点是流体经过孔板的阻力损失较大,且孔口边缘容易摩损和摩蚀,因此对孔板流量计需定期进行校正。

1.6.3 文丘里流量计

为了减少流体流经上述孔板的阻力损失,可以用一段渐缩管、一段渐扩管来代替孔板,这样构成的流量计称为文丘里(Venturi)流量计,如图1-36所示。

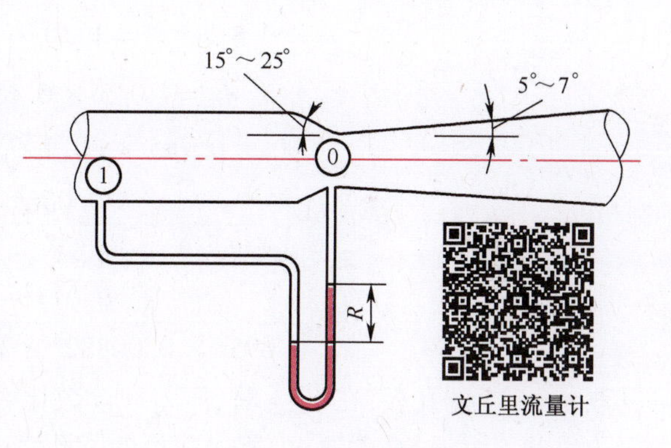

图1-36 文丘里流量计

文丘里流量计的收缩管一般制成收缩角为15°~25°;扩大管的扩大角为5°~7°。其流量仍可用式(1-89)计算,只是用 C_v 代替 C_0。文丘里流量计的流量系数 C_v 一般取0.98~0.99,阻力损失为

$$h_f = 0.1u_0^2 \tag{1-93}$$

式中:u_0为文丘里流量计最小截面(称喉孔)处的流速(m/s)。

文丘里流量计的主要优点是能耗少,大多用于低压气体的输送。

【例1-20】 用 ϕ159×4.5mm的钢管输送20℃的水,已知流量范围为50~200m³/h。采用水银压差计,并假定读数误差为1mm。试设计一孔板流量计,要求在最低流量时,由读数造成的误差不大于5%且阻力损失应尽可能少。

解:已知 $d_1 = 0.15\text{m}$,$\mu = 0.001\text{Pa}\cdot\text{s}$,$\rho = 1000\text{kg/m}^3$,$\rho' = 13600\text{kg/m}^3$

$$V_{smax} = \frac{200}{3600} = 0.056\text{m}^3/\text{s}$$

$$V_{smin}=\frac{50}{3600}=0.014\text{m}^3/\text{s}$$

$$Re_{min}=\frac{V_{smin}}{\frac{\pi}{4}d^2}\times\frac{\rho d}{\mu}=\frac{4\times1000\times0.014}{3.14\times0.15\times0.001}=1.19\times10^5$$

选 $m=0.3$，由图 1-35 查得

$$C_0=0.632$$

根据 $\frac{A_0}{A_1}=m$，得

$$d_0=\sqrt{m}\,d_1=\sqrt{0.3}\times0.15=0.082\text{m}$$

$$A_0=\frac{\pi}{4}d_0^2=0.785\times0.082^2=0.00528\text{m}^2$$

由式(1-89)可求得最大流量的 R_{max}：

$$R_{max}=\frac{V_{smax}^2}{C_0^2A_0^2 2g\left(\frac{\rho'-\rho}{\rho}\right)}$$

$$=\frac{0.056^2}{(0.632)^2\ (0.00528)^2 19.62\times12.6}=1.14\text{m}$$

由 R_{max} 可知，U 形压差计需要很高，很不方便，必须重选 m。

从图 1-35 查得在 $Re_{min}=1.19\times10^5$ 条件下，C_0 为常数的最大 m 值为 0.5。故取 $m=0.5$ 进行检验，步骤同上。

$$m=0.5,Re_{min}=1.19\times10^5\text{ 时},C_0=0.695$$

$$d_0=\sqrt{0.5}\times0.15=0.106\text{m}$$

$$A_0=0.785\times(0.106)^2=0.00883\text{m}^2$$

$$R_{max}=\frac{0.056^2}{0.695^2\times0.00882^2\times19.62\times12.6}=0.34\text{m}$$

$$R_{min}=\frac{0.014^2}{0.695^2\times0.00882^2\times19.62\times12.6}=0.021\text{m}$$

可见取 $m=0.5$ 的孔板，在 V_{smax} 时，压差计读数比较合适，而在 V_{smin} 时，压差计读数又能满足题中所给误差不大于 5%的要求，所以孔板的圆孔直径为 0.106m。

1.6.4 转子流量计

1. 转子流量计的结构

转子流量计的构造如图 1-37 所示，在一根截面积自下而上逐渐扩大的垂直锥形玻璃管内，装有一个能够旋转自如的由金属或其他材质制成的转子(或称浮子)。被测流体从玻璃管底部进入，从顶部流出。

2. 测量原理

当流体自下而上流过垂直的锥形管时，转子受到两个力的作用：一是垂直向上的推动力，它

等于流体流经转子与锥管间的形环截面所产生的压力差；另一是垂直向下的净重力，它等于转子所受的重力减去流体对转子的浮力。当流量加大使压力差大于转子的净重力时，转子就上升；当流量减小使压力差小于转子的净重力时，转子就下沉；当压力差与转子的净重力相等时，转子处于平衡状态，即停留在一定位置上。在玻璃管外表面上刻有读数，根据转子的停留位置，即可读出被测流体的流量。

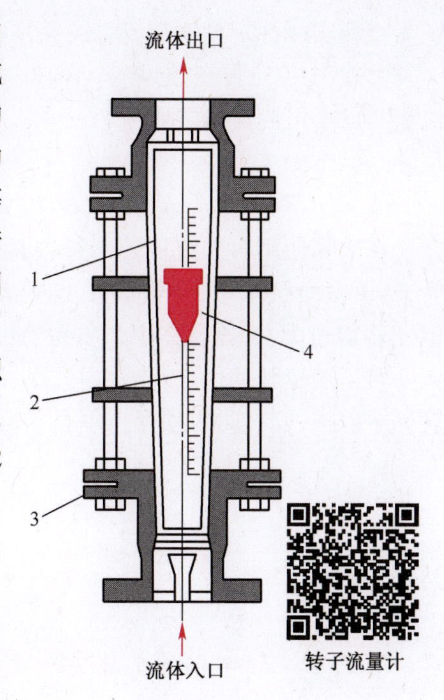

图1-37　转子流量计
1—锥形玻璃管；2—刻度
3—突缘填函盖板；4—转子。

设 V_f 为转子的体积（m^3）；A_f 为转子最大部分截面积（m^2）；ρ_f、ρ 分别为转子材质与被测流体密度（kg/m^3）。流体流经环形截面所产生的压强差（转子下方1与上方2之差）为 p_1-p_2，当转子处于平衡状态时，即

$$(p_1 - p_2)A_f = V_f\rho_f g - V_f\rho g$$

于是

$$p_1 - p_2 = \frac{V_f g(\rho_f - \rho)}{A_f} \tag{1-94}$$

若 V_f、A_f、ρ_f、ρ 均为定值，p_1-p_2 对固定的转子流量计测定某流体时应恒定，而与流量无关。

当转子停留在某固定位置时，转子与玻璃管之间的环形面积就是某一固定值。此时流体流经该环形截面的流量和压强差的关系与孔板流量计的相类似，因此可将式（1-94）代入式（1-89）（符号稍作修正）得

$$V_s = C_R A_R \sqrt{\frac{2gV_f(\rho_f - \rho)}{A_f\rho}} \tag{1-95}$$

式中：C_R 为转子流量计的流量系数，由实验测定或从有关仪表手册中查得；A_R 为转子与玻璃管之间的环隙面积（m^2）；V_s 为流过转子流量计的体积流量（m^3/s）。

由式（1-95）可知，流量系数 C_R 为常数时，流量与 A_R 成正比。由于玻璃管是一倒锥形，所以环隙面积 A_R 的大小与转子所在位置有关，因而可用转子所处位置的高低来反映流量的大小。

3. 刻度换算和测量范围

通常转子流量计出厂前，均用20℃的水或20℃、1.013×10^5 Pa 的空气进行标定，直接将流量值刻于玻璃管上。当被测流体与上述条件不符时，应作刻度换算。在同一刻度下，假定 C_R 不变，并忽略黏度变化的影响，则被测流体与标定流体的流量关系为

$$\frac{V_{s2}}{V_{s1}} = \sqrt{\frac{\rho_1(\rho_f - \rho)}{\rho_2(\rho_f - \rho_1)}} \tag{1-96a}$$

式中：下标1表示出厂标定时所用流体；下标2表示实际工作流体。对于气体，因转子材质的密度 ρ_f 比任何气体的密度要大得多，式（1-96a）可简化为

$$\frac{V_{s2}}{V_{s1}} = \sqrt{\frac{\rho_1}{\rho_2}} \tag{1-96b}$$

必须注意：上述换算公式是假定 C_R 不变的情况下推出的，当使用条件与标定条件相差较大时，

则需重新实际标定刻度与流量的关系曲线。

由式(1-95)可知，通常 V_f、ρ_f、A_f、ρ 与 C_R 为定值，则 V_s 正比于 A_R。转子流量计的最大可测流量与最小可测流量之比为

$$\frac{V_{s\ max}}{V_{s\ min}}=\frac{A_{Rmax}}{A_{Rmin}} \tag{1-97}$$

在实际使用时如流量计不符合具体测量范围的要求，可以更换或车削转子。对同一玻璃管，转子截面积 A_f 小，环隙面积 A_R 则大，最大可测流量大而比值 V_{smax}/V_{smin} 较小，反之则相反。但 A_f 不能过大，否则流体中杂质易于将转子卡住。

转子流量计的优点：能量损失小，读数方便，测量范围宽，能用于腐蚀性流体；其缺点：玻璃管易于破损，安装时必须保持垂直并需安装支路以便于检修。

1.7 非牛顿流体的流动

1.7.1 非牛顿流体的基本特性

实际上大多数液体不符合牛顿定律，如高分子溶液、胶体溶液、乳剂、混悬剂、软膏以及固-液的不均匀体系的流动均不遵循牛顿定律，这些流体统称为非牛顿流体。非牛顿流体的流动行为特征与牛顿流体有很大差异，主要特点是黏度高、具有黏弹性，图 1-38 显示了非牛顿性流体的三种典型黏弹性现象。有些非牛顿性流体剪应力与剪切速率（亦称速度梯度）的关系随剪应力作用时间而改变，称为触变性或依时性。下面讨论的是非触变性流体。在受到外力作用时并不立即流动而要待外力增大到某一程度时才开始流动的流体，具有屈服值及触变性的特性。

在定态剪切流动时，非牛顿流体所受剪应力 τ 与产生的剪切速率 du/dy 之间存在着复杂关系。根据剪应力与速度梯度关系的不同，可将非牛顿型流体区分为若干类型。图 1-39 表示出了几种常见类型。假塑性流体在剪切速率很低的范围内，黏度为一常数，其值相对较大，而后随着剪切速率增高，黏度下降，称为剪切稀化现象，或称为假塑性。大多数非牛顿型流体属于假塑性流体，包括高分子溶液或熔融体、涂料、油漆、油脂、淀粉溶液等。

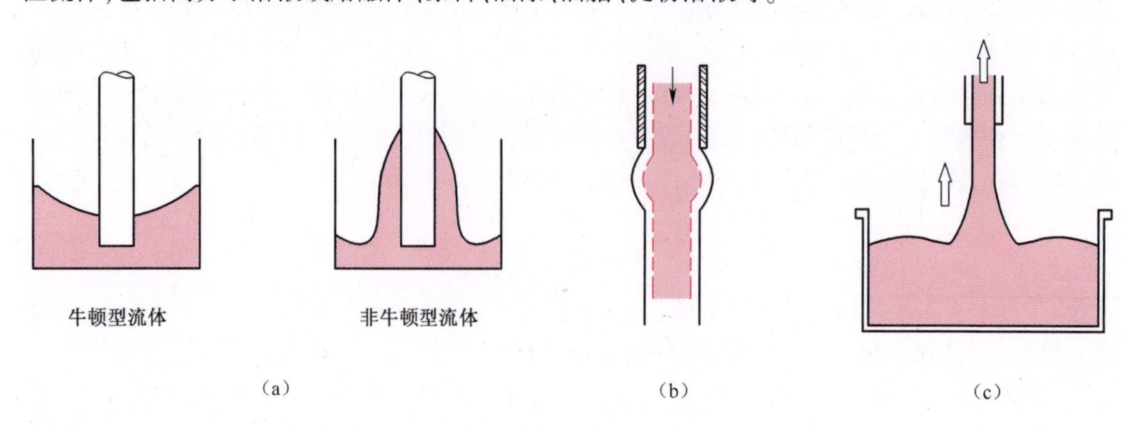

图 1-38 非牛顿流体粘弹性的表现
(a)爬杆现象；(b)挤出涨大；(c)无管虹吸。

涨塑性流体在某一剪切速率范围内表现出剪切增稠的涨塑性，即黏度随着剪切速率增大而升高。某些湿沙，含有硅酸钾、阿拉伯树胶等的水溶液属于涨塑性流体。

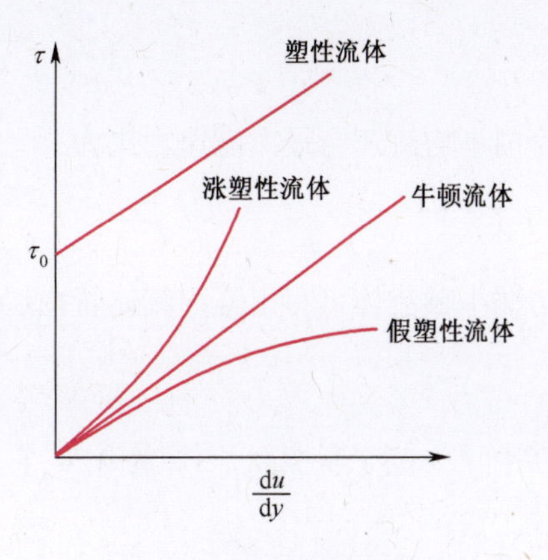

图1-39 流体的流动性质

流变学(研究流体变形)中将描述剪应力与剪切速率之间关系的方程称为本构方程，非牛顿型流体种类很多，特性各异，几乎不可能找到一个通用的本构方程对所有的非牛顿性流体进行描述。然而对许多非牛顿型流体，在很大的剪切速率范围内，本构方程可表述为如下幂函数形式：

$$\tau = K\left(\frac{\mathrm{d}u}{\mathrm{d}y}\right)^n \tag{1-98}$$

式中：K 称为稠度系数($\mathrm{Pa\cdot s^n}$)；n 称为流动特性指数(流变指数)，无因次。服从上式的流体称为幂律流体。牛顿型流体作为其中的一个特例，$n=1$，$K=\mu$。

若将式(1-98)写成如下形式

$$\tau = K\left(\frac{\mathrm{d}u}{\mathrm{d}y}\right)^{n-1}\frac{\mathrm{d}u}{\mathrm{d}y} \tag{1-99}$$

则得

$$\eta = K\left(\frac{\mathrm{d}u}{\mathrm{d}y}\right)^{n-1} \tag{1-100}$$

η 称为表观黏度。对于假塑性流体，$n<1$，表观黏度随剪切速率的增加而减小。涨塑性流体的 $n>1$，表观黏度随剪切速率的增大而增大。

某些液体，如润滑脂、牙膏、纸浆、污泥、泥浆等，流动时存在着一个极限剪应力或屈服剪应力 τ_0，在剪应力值小于 τ_0 时，液体根本不流动；只有当剪应力大于 τ_0 时，液体才开始流动。这类流体称为宾汉塑性(Bingham Plastic)流体。对于宾汉塑性流体的这种行为，通常的解释是：在静止时，这种流体具有三维结构，其坚固性足以经受某一数值的剪应力。当应力超出此值后，此结构即被破坏，而显示出牛顿型流体的行为，其 τ 与 $\mathrm{d}u/\mathrm{d}y$ 的关系可用下式表示

$$\tau = \tau_0 + K\frac{\mathrm{d}u}{\mathrm{d}y} \tag{1-101}$$

式中：K 为塑性黏度，也称为宾汉黏度($\mathrm{Pa\cdot s}$)；τ_0 为屈服应力(Pa)。与牛顿黏性定律相比，剪应力与速度梯度的线性关系不过原点。

1.7.2 幂律流体在管内的定态流动

1. 层流流动

根据幂律流体的本构方程、压差推动力以及管内流速分布特点可以推导出管内层流时的速度分布为

$$u_r = \left(\frac{\Delta p}{2Kl}\right)^{\frac{1}{n}}\left(\frac{n}{n+1}\right)R^{\frac{n+1}{n}}\left[1-\left(\frac{r}{R}\right)^{\frac{n+1}{n}}\right] \tag{1-102}$$

根据流速分布可推导出半径为 R 的圆管内流体稳定层流时的体积流量 V_s 为

$$V_s = \int_0^R u_r 2\pi r \mathrm{d}r = \frac{\pi n}{3n+1}\left(\frac{\Delta p}{2Kl}\right)^{\frac{1}{n}} R^{\frac{3n+1}{n}} \tag{1-103}$$

管内平均流速与最大流速之比为

$$\frac{u}{u_{\max}} = \frac{1+n}{1+3n} \tag{1-104}$$

仿照牛顿流体可写出幂律流体管内层流流动时的阻力损失为

$$h_f = \frac{\Delta p}{\rho} = 4f\frac{l}{d}\frac{u^2}{2} \tag{1-105}$$

其中，f 为范宁摩擦因子，即为 $\lambda/4$，它与雷诺准数有关。在层流流动时

$$f = \frac{16}{Re_{MR}} \tag{1-106}$$

式中：Re_{MR} 为非牛顿流体的广义雷诺数（Metzner Reed 雷诺数），对幂律流体

$$Re_{MR} = \frac{\rho d^n u^{2-n}}{K}\left(\frac{4n}{1+3n}\right)^n 8^{1-n} \tag{1-107}$$

2. 湍流流动

在 $n=0.2\sim1.0$ 范围内，幂律流体由层流向湍流过渡的临界雷诺数为 2100~2400。幂律流体在光滑管中作湍流流动时范宁摩擦因子为

$$\frac{1}{\sqrt{f}} = \frac{4.0}{n^{0.75}}\lg[Re_{MR} f^{1-n/2}] - \frac{0.4}{n^{1.2}} \tag{1-108}$$

在 $n=0.36\sim1.0$，$Re_{MR}=2900\sim36000$ 范围内，式（1-108）的计算结果与实验能很好符合，为了便于计算，式（1-108）也可绘成图线，如图 1-40 所示。

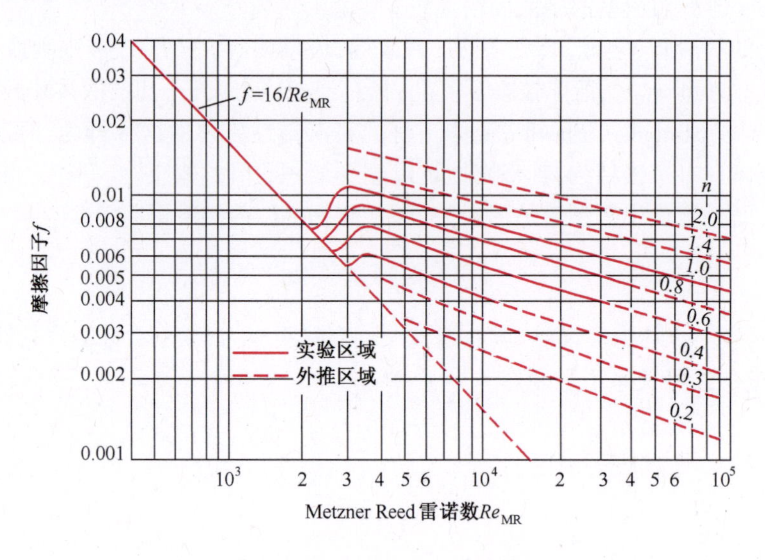

图 1-40 非牛顿流体的范宁摩擦因子

习题

1. 燃烧重油所得的燃烧气，经分析测知其中含 8.5% CO_2，7.5% O_2，76% N_2，8% H_2O（体

积%)。试求温度为500℃、压强为101.33kPa时,该混合气体的密度。

2. 在大气压为101.33kPa的地区,某真空蒸馏塔塔顶真空表读数为98.4kPa。若在大气压为87.3kPa的地区使塔内绝对压强维持相同的数值,则真空表读数应为多少?

3. 敞口容器底部有一层深0.52m的水,其上部为深3.46m的油。求器底的压强,以Pa表示。此压强是绝对压强还是表压强? 水的密度为$1000kg/m^3$,油的密度为$916kg/m^3$。

4. 为测量腐蚀性液体贮槽内的存液量,采用图1-7所示的装置。控制调节阀使压缩空气缓慢地鼓泡通过观察瓶进入贮槽。今测得U形压差计读数$R=130mmHg$,通气管距贮槽底部$h=20cm$,贮槽直径为2m,液体密度为$980kg/m^3$。试求贮槽内液体的储存量为多少吨?

5. 一敞口贮槽内盛20℃的苯,苯的密度为$880kg/m^3$。液面距槽底9m,槽底侧面有一直径为500mm的人孔,其中心距槽底600mm,人孔覆以孔盖,试求:

(1) 人孔盖所受静压力,以N表示;

(2) 槽底面所受的压强。

6. 为了放大所测气体压差的读数,采用如本题附图所示的斜管式压差计,一臂垂直,一臂与水平成20°角。若U形管内装密度为$804kg/m^3$的95%乙醇溶液,求读数R为29mm时的压强差。

7. 用双液体U形压差计测定两点间空气的压差,测得$R=320mm$。由于两侧的小室不够大,致使小室内两液面产生4mm的位差。试求实际的压差为多少Pa。若计算时忽略两小室内的液面的位差,会产生多少的误差? 两液体密度值见图。

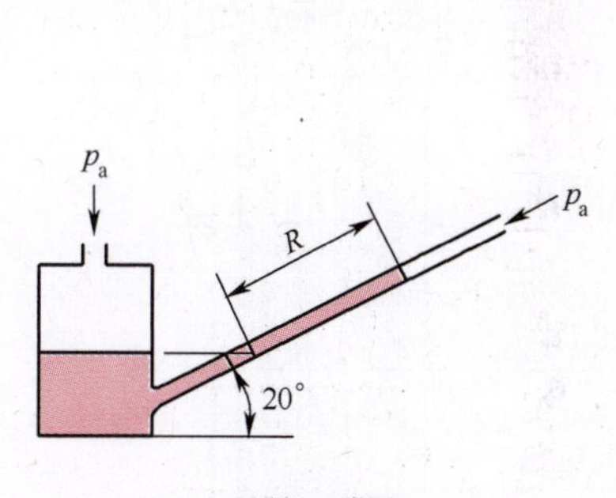

习题6 附图

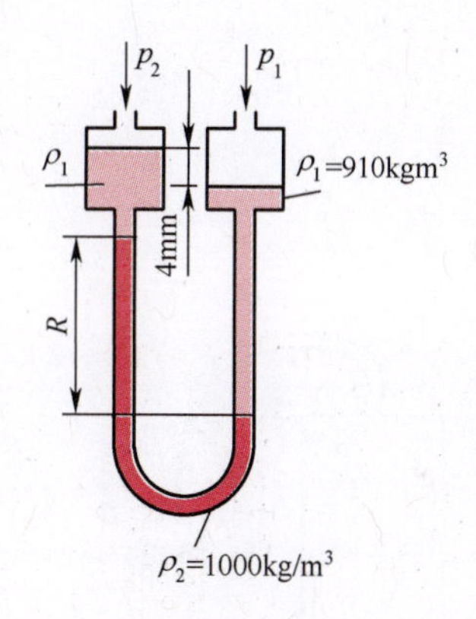

习题7 附图

8. 为了排除煤气管中的少量积水,用如本题附图所示的水封设备,水由煤气管路上的垂直支管排出,已知煤气压强为0.1MPa(绝对压强)。问水封管插入液面下的深度h应为若干? 当地大气压强$Pa=98kPa$,水的密度$\rho=1000kg/m^3$。

9. 如本题附图所示某精馏塔的回流装置中,由塔顶蒸出的蒸气经冷凝器冷凝,部分冷凝液将流回塔内。已知冷凝器内压强$p_1=0.104MPa$(绝压),塔顶蒸气压强$p_2=0.108MPa$(绝压),为使冷凝器中液体能顺利地流回塔内,问冷凝器液面至少要比回流液入塔处高出多少? 冷凝液密度为$810kg/m^3$。

10. 为测量气罐中的压强p_B,采用如图所示的双液杯式微差压计。两杯中放有密度为ρ_1的液体,U形管下部指示液密度为ρ_2。管与杯的直径之比d/D。试证:

$$p_B=p_a-hg(\rho_2-\rho_1)-hg\rho_1\frac{d^2}{D^2}$$

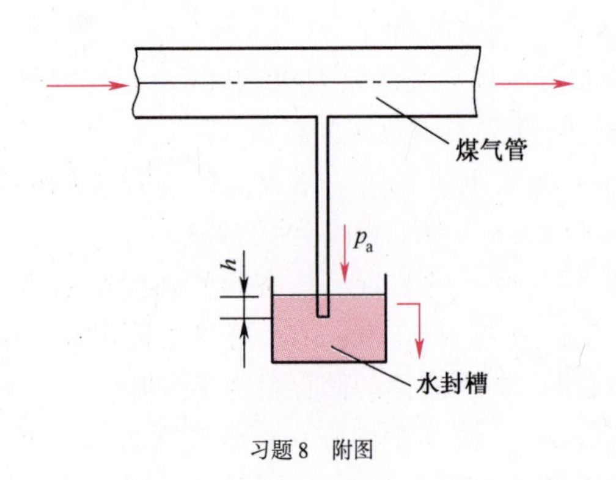

习题 8　附图

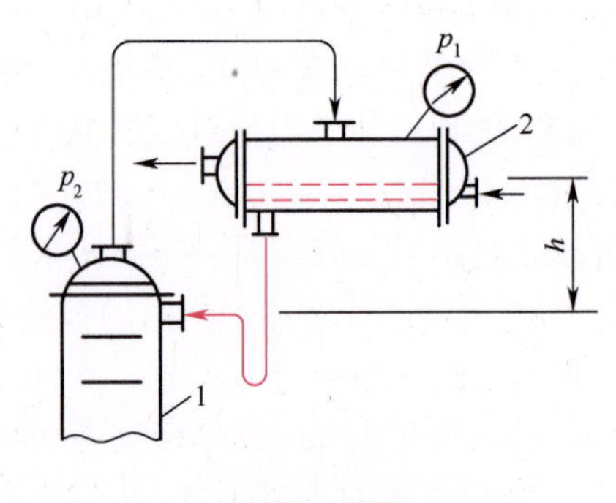

习题 9　附图

1—精馏塔；2—冷凝器。

11. 列管换热器的管束由 121 根 $\phi25\times2.5$mm 的钢管组成，空气以 9m/s 的速度在列管内流动。空气在管内的平均温度为 50℃，压强为 196kPa（表压），当地大气压为 98.7kPa。试求：

（1）空气的质量流量；

（2）操作条件下空气的体积流量；

（3）将（2）的计算结果换算为标准状态下空气的体积流量。

注：$\phi25\times2.5$mm 钢管外径为 25mm，壁厚为 2.5mm，内径为 20mm。

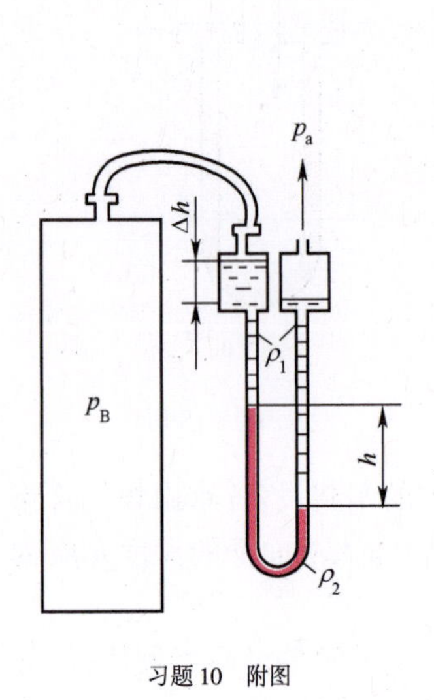

习题 10　附图

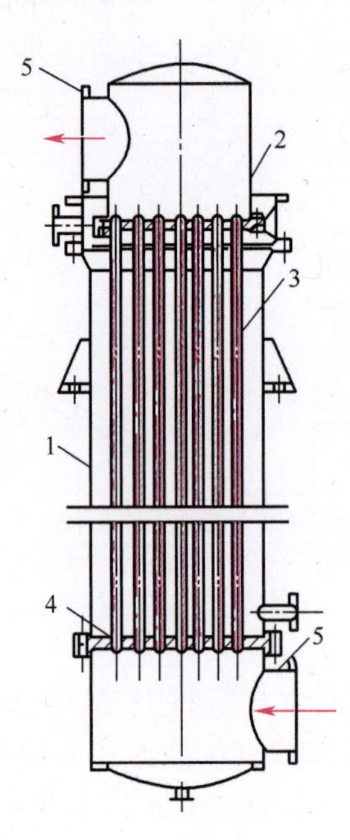

习题 11　附图

1—壳体；2—顶盖；3—管束；4—管板；5—空气进出口。

12. 高位槽内的水面高于地面 8m，水从 $\phi108\times4$mm 的管路中流出，管路出口高于地面 2m。在本题中，水流经系统的能量损失可按 $h_f=6.5u^2$ 计算，其中 u 为水在管内的流速，试计算：

（1）$A-A$ 截面处水的流速；

（2）出口水的流量，以 m^3/h 计。

13. 在本题附图装置中，水管直径为 $\phi57\times3.5$mm。当阀门全闭时，压力表读数为 30.4kPa。当阀门开启后，压力表读数降至 20.3kPa，设流体流至压力表处的压头损失为 0.5m。求水的流量为若干 m^3/h？水密度 $\rho=1000kg/m^3$。

14. 某鼓风机吸入管直径为 200mm，在喇叭形进口处测得 U 形压差计读数 $R=25$mm，指示液为水。若不计阻力损失，空气的密度为 1.2kg/m³，试求管路内空气的流量。

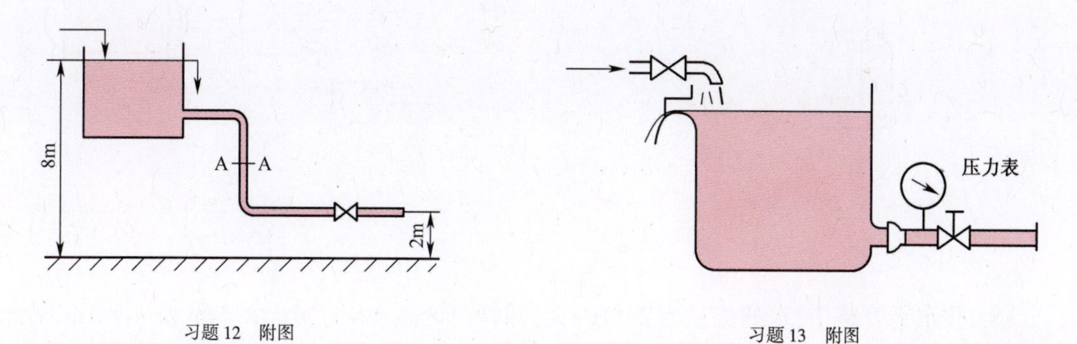

习题 12 附图　　习题 13 附图

15. 用离心泵把 20℃的水从贮槽送至水洗塔顶部，槽内水位维持恒定。各部分相对位置如本题附图所示。管路的直径均为 $\phi76\times2.5$mm，在操作条件下，泵入口处真空表读数为 24.66kPa，水流经吸入管与排出管（不包括喷头）的阻力损失可分别按 $h_{f1}=2u^2$ 与 $h_{f2}=10u^2$ 计算。式中 u 为吸入管或排出管的流速。排出管与喷头连接处的压强为 98.07kPa（表压）。试求泵的有效功率。

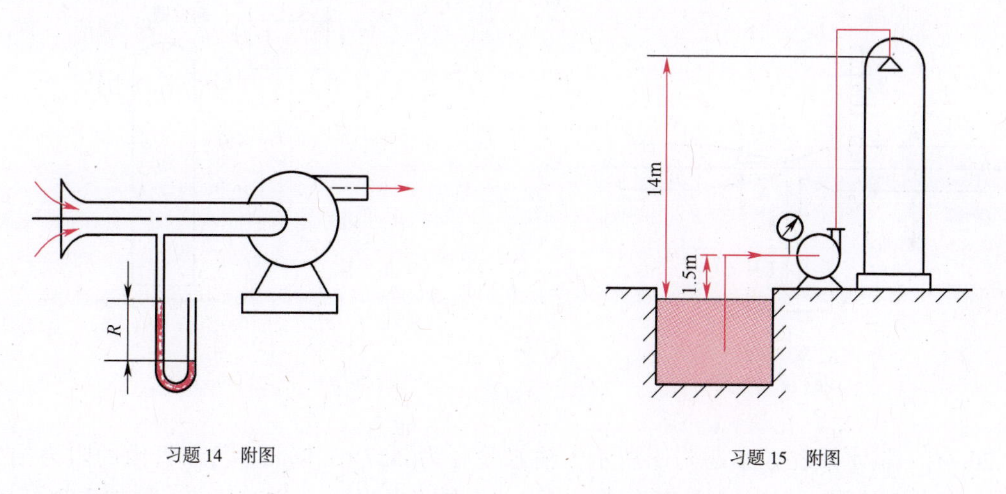

习题 14 附图　　习题 15 附图

16. 如附图所示为 30℃的水由高位槽流经直径不等的两段管路。上部细管直径为 20mm，下部粗管直径为 36mm。不计所有阻力损失，管路中何处压强最低？该处的水是否会发生汽化现象？

17. 如附图所示一冷冻盐水的循环系统。盐水的循环量为 45m³/h，管径相同。流体流经管路的压头损失自 A 至 B 的一段为 9m，自 B 至 A 的一段为 12m。盐水的密度为 1100kg/m³，试求：

(1)泵的功率，设其效率为 0.65；

(2)若 A 的压力表读数为 14.7×10^4Pa，则 B 处的压力表读数应为多少 Pa？

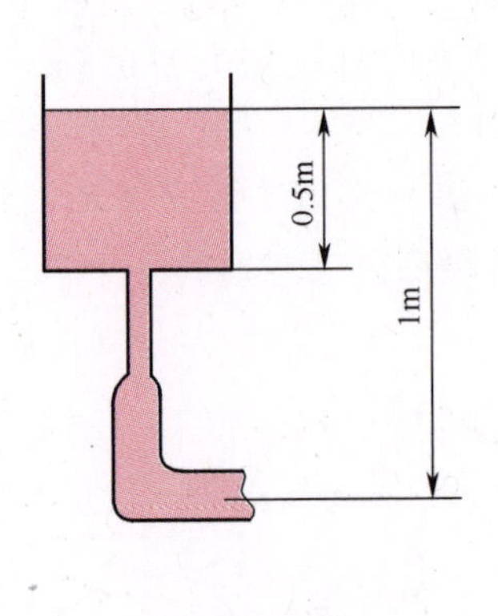

习题 16 附图

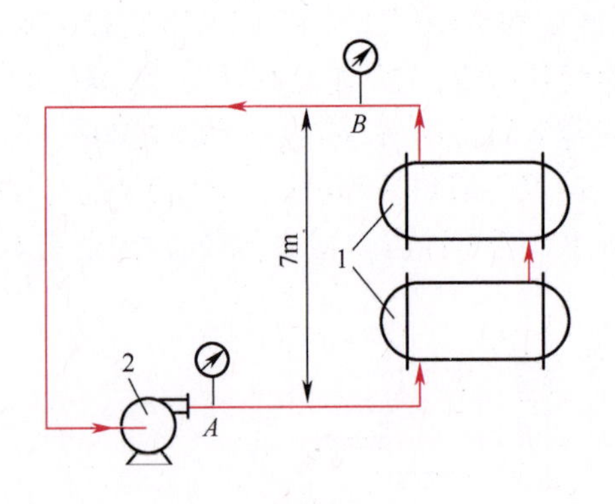

习题 17 附图

1—换热器；2—泵。

18. 在水平管路中，水的流量为 2.5L/s，已知管内径 $d_1=5\mathrm{cm}$，$d_2=2.5\mathrm{cm}$ 及 $h_1=1\mathrm{m}$，若忽略能量损失，问连接于该管收缩面上的水管，可将水自容器内吸上高度 h_2 为多少？水密度 $\rho=1000\mathrm{kg/m^3}$。

19. 密度 $850\mathrm{kg/m^3}$ 的料液从高位槽送入塔中，如本题附图所示。高位槽液面维持恒定。塔内表压为 9.807kPa，进料量为 $5\mathrm{m^3/h}$。进料管为 $\phi38\times2.5\mathrm{mm}$ 的钢管，管内流动的阻力损失为 30J/kg。问高位槽内液面应比塔的进料口高出多少？

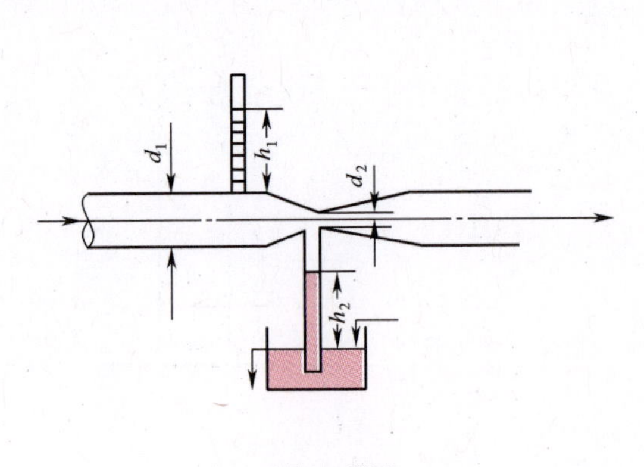

习题 18 附图

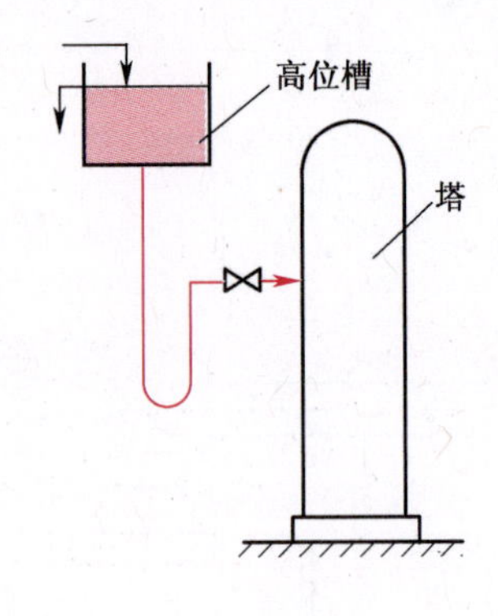

习题 19 附图

20. 有一输水系统如本题附图所示。输水管径为 $\phi57\times3.5\mathrm{mm}$。已知管内的阻力损失按 $h_f=45\times u^2/2$ 计算，式中 u 为管内流速。求水的流量为多少 $\mathrm{m^3/s}$？欲使水量增加 20%，应将水槽的水面升高多少？

21. 水以 $3.77\times10^{-3}\ \mathrm{m^3/s}$ 的流量流经一扩大管段。细管直径 $d=40\mathrm{mm}$，粗管直径 $D=80\mathrm{mm}$，倒 U 形压差计中水位差 $R=170\mathrm{mm}$，求水流经该扩大管段的阻力损失 H_f，以 $\mathrm{mH_2O}$ 表示。

22. 贮槽内径 D 为 2m，槽底与内径 d_0 为 32mm 的钢管相连，如本题附图所示。槽内无液体补充，液面高度 $h_1=2\mathrm{m}$。管内的流动阻力损失按 $h_\mathrm{f}=20u^2$ 计算。式中 u 为管内液体流速。试求当槽内液面下降 1m 所需的时间。

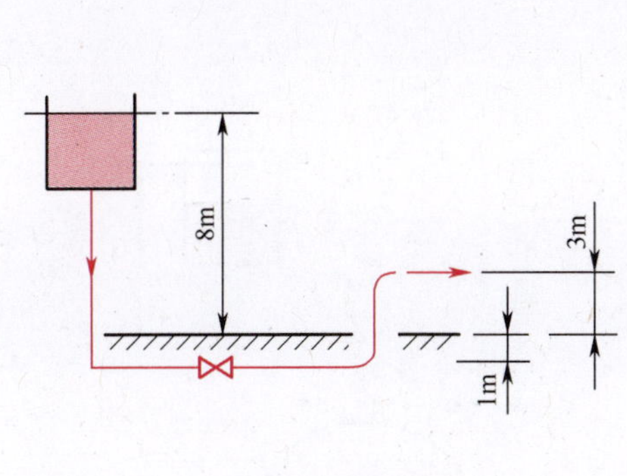

习题 20 附图

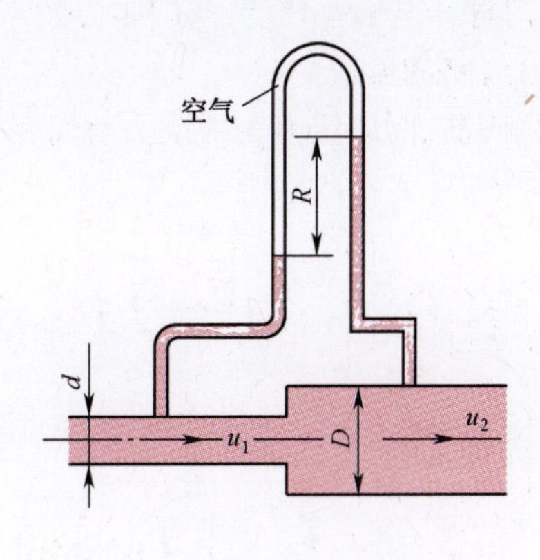

习题 21 附图

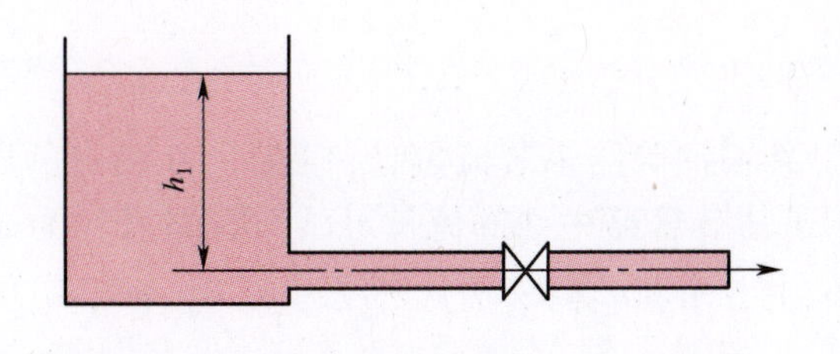

习题 22 附图

23. 90℃的水流入内径为 20mm 的管内，欲使流动呈层流状态，水的流速不可超过哪一数值？若管内流动的是 90℃的空气，则这一数值又为多少？

24. 由实验得知，单个球形颗粒在流体中的沉降速度 u_i 与以下诸量有关：

颗粒直径 d；流体密度 ρ 与黏度 μ，颗粒与流体的密度差（$\rho_a-\rho$）；重力加速度 g。试通过因次分析方法导出颗粒沉降速度的无因次函数式。

25. 用 ϕ168×9mm 的钢管输送原油，管线总长 100km，油量为 60000kg/h，油管最大抗压能力为 15.7MPa。已知 50℃时油的密度为 890kg/m^3，油的黏度为 0.181Pa·s。假定输油管水平放置，其局部阻力忽略不计，试问为完成上述输送任务，中途需几个加压站？

（油管最大抗压能力系指管内输送的流体压强不能大于此值，否则管子损坏。）

26. 每小时将 2×10^{4}kg 的溶液用泵从反应器输送到高位槽（见本题附图）。反应器液面上方保持 26.7kPa 的真空度，高位槽液面上方为大气压。管路为 ϕ76×4mm 钢管，总长 50m，管线上有两个全开的闸阀，一个孔板流量计（$\zeta=4$）、五个标准弯头。反应器内液面与管出口的距离为 15m。若泵的效率为 0.7，求泵的轴功率。溶液 ρ = 1073kg/m^3，μ = 6.3 × 10^{-4} Pa · s，ε=0.3mm。

27. 用压缩空气将密闭容器（酸蛋）中的硫酸压送到敞口高位槽。输送流量为 0.1m^3/min，输送管路为 ϕ38×3mm 无缝钢管。酸蛋中的液面离压出管口的位差为 10m，在压送过程中设位差不变。管路总长 20m，设有一个闸阀（全开），8 个标准 90°弯头。求压缩空气所需的压强为多少（表压）？硫酸 ρ 为 1830kg/m^3，μ 为 0.012Pa·s，钢管的 ε 为 0.3mm。

28. 黏度为 0.03Pa·s、密度为 900kg/m^{3}的液体自容器 A 流过内径 40mm 的管路进入容器 B。两容器均为敞口，液面视作不变。管路中有一阀门，阀前管长 50m，阀后管长 20m（均包括局部阻力的当量长度）。当阀全关时，阀前、后的压力表读数分别为 8.82×10^{4}Pa 和 4.41×10^{4}Pa。

现将阀门打开至 1/4 开度，阀门阻力的当量长度为 30m。试求：

（1）管路的流量；

（2）阀前、阀后压力表的读数有何变化？

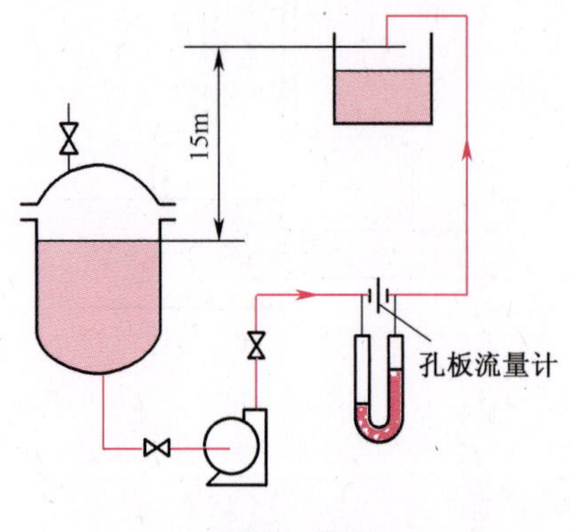

习题 26　附图

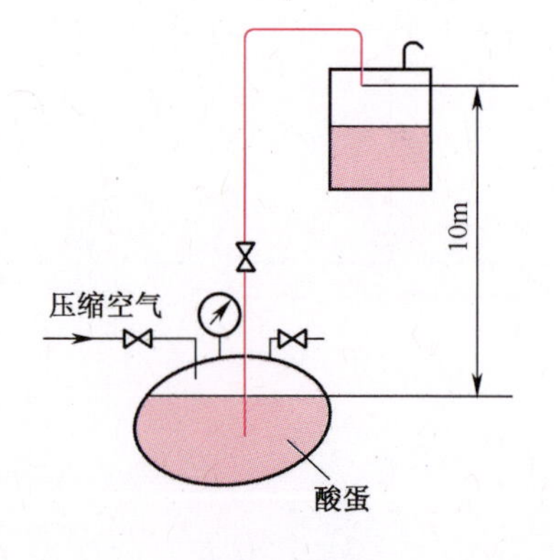

习题 27　附图

29. 如本题附图所示，某输油管路未装流量计，但在 A、B 两点的压力表读数分别为 p_A = 1.47MPa，p_B = 1.43MPa。试估计管路中油的流量。已知管路尺寸为 ϕ89×4mm 的无缝钢管。A、B 两点间的长度为 40m，有 6 个 90°弯头，油的密度为 820kg/m^3，黏度为 0.121Pa·s。

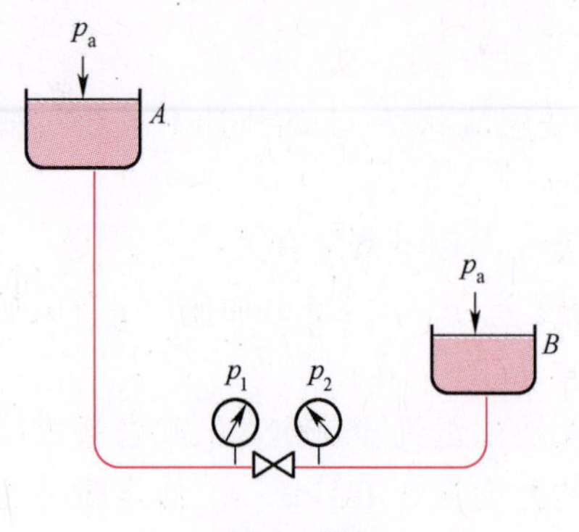

习题 28　附图

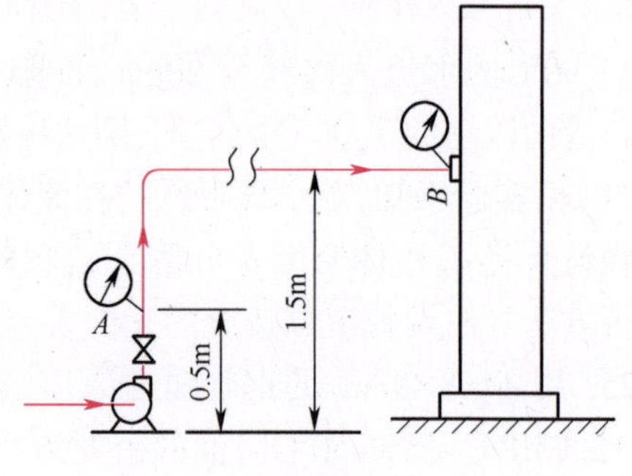

习题 29　附图

30. 欲将 5000kg/h 的煤气输送 100km，管内径为 300mm，管路末端压强为 14.7×10^{4}Pa（绝压），试求管路起点需要多大的压强？

设整个管路中煤气的温度为 20℃，λ 为 0.016，标准状态下煤气的密度为 0.85kg/m^3。

31. 一酸贮槽通过管路向其下方的反应器送酸，槽内液面在管出口以上 2.5m。管路由 ϕ38×2.5mm 无缝钢管组成，全长（包括管件的当量长度）为 25m。由于使用已久，粗糙度应取为 0.15mm。贮槽及反应器均为大气压。求每分钟可送酸量（m^3/min）多少？酸的密度 ρ = 1650kg/m^3，黏度 μ = 0.012Pa·s。（提示：用试差法时可先设 λ = 0.04）。

32. 水位恒定的高位槽从 C、D 两支管同时放水。AB 段管长 6m，内径 41mm。BC 段长 15m，内径 25mm。BD 长 24m，内径 25mm。上述管长均包括阀门及其他局部阻力的当量长度，但不包括出口动能项，分支点 B 的能量损失可忽略。试求：

（1）D、C 两支管的流量及水槽的总排水量；

（2）当 D 阀关闭，求水槽由 C 支管流出的水量。设全部管路的摩擦系数 λ 均可取 0.03，且不变化，出口损失应另行考虑。

33. 用内径为300mm的钢管输送20℃的水，为了测量管内水的流量，采用了如本题附图所示的安排。在2m长的一段主管路上并联了一根直径为$\phi 60\times 3.5mm$的支管，其总长与所有局部阻力的当量长度之和为10m。支管上装有转子流量计，由流量计上的读数知支管内水的流量为$2.72m^3/h$。试求水在主管路中的流量及总流量。设主管路的摩擦系数λ为0.018，支管路的摩擦系数λ为0.03。

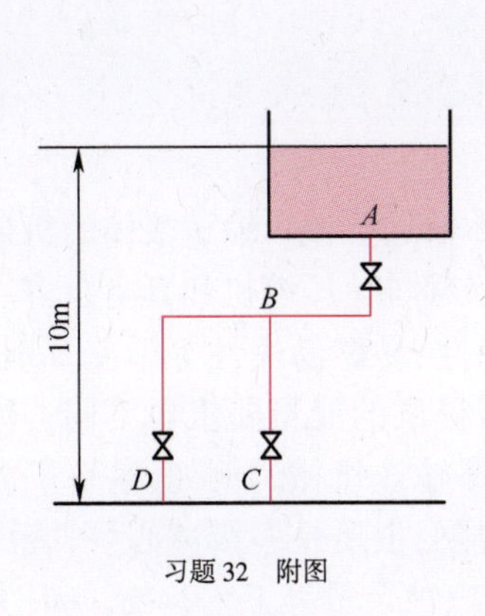

习题32 附图

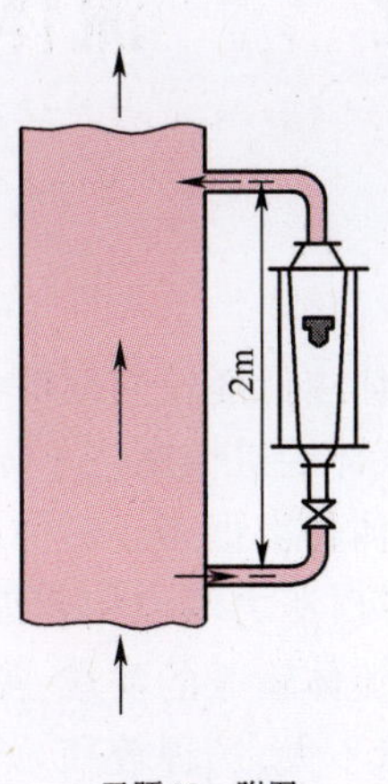

习题33 附图

第2章 流体输送机械 Fluid Machinery

为了将流体由低能位向高能位输送，必须使用各种流体输送机械。输送液体的机械通称为泵，用来输送气体的机械则按不同的情况分别称为通风机、鼓风机、压缩机和真空泵等。化工生产中输送的流体种类很多。流体的性质如密度、腐蚀性、毒性、易燃易爆性等千差万别；流体的操作条件如温度、压力等也相差很大；流体的输送量及所需提供的能量要求也不同。为适应各种不同情况对流体输送的要求，需要不同结构和特性的流体输送机械。例如，某炼厂需要输送直馏汽油，流量不大、扬程较高。可以满足这种工况要求的泵，主要是多级离心泵、旋涡泵和往复泵等。考虑输送介质的物理化学性质、流量、扬程和装置汽蚀余量等工艺参数，同时考虑安装位置和环境温度等现场条件，并对比泵特性曲线发现，在要求的流量和扬程下，多级离心泵的效率最高，且多级离心泵运行平稳、噪声低，最终选择多级离心泵。可见掌握流体输送机械的结构特性、工作原理并根据不同装置和工况进行选用十分重要。

流体输送机械按其工作原理分为：

(1) 动力式(叶轮式)：包括离心式、轴流式输送机械，它们是借助高速旋转的叶轮使流体获得能量的。

(2) 容积式(正位移式)：包括往复式、旋转式输送机械，它们是利用活塞或转子的挤压使流体升压以获得能量的。

(3) 其他类型：指不属于上述两类的其他形式，如喷射式等。

本章主要介绍常用流体输送机械的基本结构、工作原理和特性，以恰当地选择和使用流体输送机械。

气体的密度及压缩性与液体有显著区别，从而导致了气体和液体输送机械在结构和特性上的差异。本章首先讨论常用的几种液体输送机械，然后扼要叙述各类气体输送机械的特性。

2.1 离 心 泵

2.1.1 离心泵的工作原理

1. 离心泵

离心泵的种类很多，但工作原理相同，构造大同小异。其主要工作部件是旋转叶轮和固定的泵壳(图 2-1)。叶轮是离心泵直接对液体做功的部件，其上有若干后弯叶片，一般为 4~8 片。离心泵工作时，叶轮由电机驱动作高速旋转运动(1000~3000r/min)，迫使叶片间的液体也随之作旋转运动。同时因离心力的作用,液体由叶轮中心向外缘作径向运动。液体在流经叶轮的运动过程中获得能量,并以高速离开叶轮外缘进入蜗形泵壳。在蜗壳内,由于流道的逐渐扩大而减速,又将部分动能转化为静压能,达到较高的压强,最后沿切向流入压出管道。

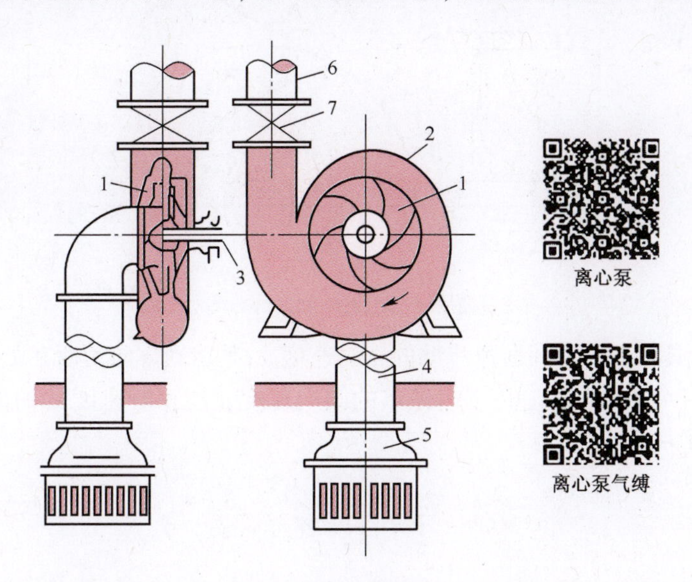

图 2-1 离心泵装置简图

1—叶轮;2—泵壳;3—泵轴;4—吸入管;5—底阀;6—压出管;7—出口阀。

在液体受迫由叶轮中心流向外缘的同时,在叶轮中心处形成真空。泵的吸入管路一端与叶轮中心处相通,另一端则浸没在输送的液体内,在液面压力(常为大气压)与泵内压力(负压)的压差作用下,液体经吸入管路进入泵内,只要叶轮的转动不停,离心泵便不断地吸入和排出液体。由此可见,离心泵主要依靠高速旋转的叶轮所产生的离心力来输送液体,故名离心泵。

2. 气缚

离心泵若在启动前未充满液体,则泵内存在空气,由于空气密度很小,所产生的离心力也很小。吸入口处所形成的真空不足以将液体吸入泵内,虽启动离心泵,但不能输送液体,此现象称为“气缚”。为防止发生“气缚”,离心泵启动前必须向壳体内灌满液体,在吸入管底部安装带滤网的底阀。底阀为止逆阀,防止启动前灌入的液体从泵内漏失。滤网防止固体物质进入泵内。靠近泵出口处的压出管道上装有调节阀,供调节流量时使用。

2.1.2 离心泵的理论压头

离心泵的理论压头 从离心泵工作原理可知,液体从离心泵叶轮获得了能量,提高了压强。单位质量液体从旋转的叶轮获得多少能量以及影响获得能量的因素,可以从理论上来分析。由于液体在叶轮内的运动比较复杂,故作如下假设:

(1) 叶轮内叶片的数目无限多,叶片的厚度为无限薄,液体完全沿着叶片的弯曲表面而流动,无任何倒流现象;

(2) 液体为黏度等于零的理想流体,没有流动阻力。

液体从叶轮中央入口沿叶片流到叶轮外缘的流动情况如图 2-2 所示。叶轮旋转角速度为 ω(弧度/s),叶轮带动液体一起作旋转运动时,液体具有一个随叶轮旋转的圆周速度 $u=\omega r$,其运动方向为所处圆周的切线方向。

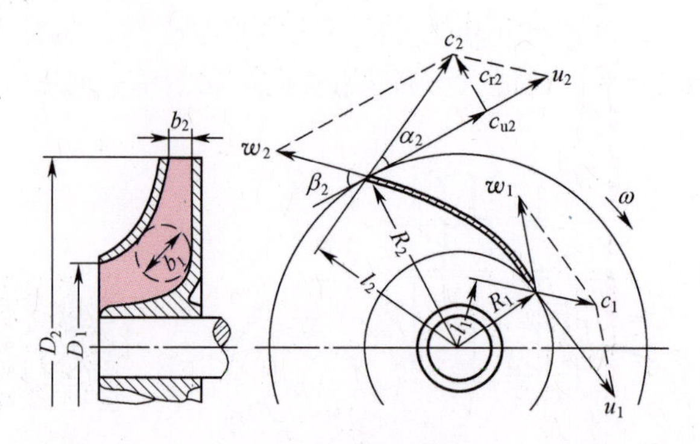

图 2-2 液体在离心泵中的流动

同时，液体又具有沿叶片间通道流动的相对速度 w，其运动方向为所在处叶片的切线方向；液体在叶片之间任一点的绝对速度 c 为该点的圆周速度 u 与相对速度 w 的向量和。由图 2-2 可导出三者之间的关系：

叶轮进口处

$$w_1^2 = c_1^2 + u_1^2 - 2c_1u_1\cos\alpha_1 \tag{2-1}$$

叶轮出口处

$$w_2^2 = c_2^2 + u_2^2 - 2c_2u_2\cos\alpha_2 \tag{2-2}$$

泵的理论压头可从叶轮进出口之间列伯努利方程求得

$$\frac{p_1}{\rho g} + \frac{c_1^2}{2g} + H_\infty = \frac{p_2}{\rho g} + \frac{c_2^2}{2g} \tag{2-3}$$

即

$$H_\infty = H_P + H_C = \frac{p_2 - p_1}{\rho g} + \frac{c_2^2 - c_1^2}{2g} \tag{2-4}$$

式中：H_∞ 为具有无穷多叶片的离心泵对理想液体所提供的理论压头(m)；H_P 为理想液体经理想叶轮后静压头的增量(m)；H_C 为理想液体经理想叶轮后动压头的增量(m)。

式(2-4)没有考虑进、出口两点高度不同，因叶轮每转一周，两点高低互换两次，按时均计此高差可视为零。

液体从进口运动到出口，静压头增加的原因有二：

(1) 离心力作功。液体在叶轮内受离心力作用，接受了外功。质量为 m 的液体旋转时受到的离心力为 $m\omega^2 r$。

单位重量液体从进口到出口，因受离心力作用而接受的外功为

$$\int_{R_1}^{R_2} \frac{F_c \mathrm{d}r}{g} = \int_{R_1}^{R_2} \frac{r\omega^2 \mathrm{d}r}{g} = \frac{\omega^2}{2g}(R_2^2 - R_1^2) = \frac{u_2^2 - u_1^2}{2g}$$

(2) 能量转换。相邻两叶片所构成的通道截面积由内而外逐渐扩大，液体通过时速度逐渐变小，一部分动能转变为静压能。单位重量液体静压能增加的量等于其动能减小的量，即

$$\frac{w_1^2 - w_2^2}{2g}$$

因此，单位重量液体通过叶轮后其静压能的增加量应为上述两项之和，即

$$H_P = \frac{p_2 - p_1}{\rho g} = \frac{u_2^2 - u_1^2}{2g} + \frac{w_1^2 - w_2^2}{2g} \tag{2-5}$$

将式(2-5)代入式(2-4),得

$$H_\infty = \frac{u_2^2 - u_1^2}{2g} + \frac{w_1^2 - w_2^2}{2g} + \frac{c_2^2 - c_1^2}{2g} \tag{2-6}$$

将式(2-1)、式(2-2)代入式(2-6),整理得

$$H_\infty = \frac{u_2 c_2 \cos\alpha_2 - u_1 c_1 \cos\alpha_1}{g} \tag{2-7}$$

由式(2-7)看出,当 $\cos\alpha_1 = 0$ 时,得到的压头最大。故离心泵设计时,一般都使 $\alpha_1 = 90°$,于是式(2-7)成为

$$H_\infty = \frac{u_2 c_2 \cos\alpha_2}{g} \tag{2-8}$$

式(2-8)即为离心泵理论压头的表达式,称为离心泵基本方程式。

从图 2-2 可知

$$c_2 \cos\alpha_2 = u_2 - c_{r2} \cot\beta_2 \tag{2-9}$$

如不计叶片的厚度,离心泵的理论流量 Q_T 可表示为

$$Q_T = c_{r2} \pi D_2 b_2 \tag{2-10}$$

式中:c_{r2} 为叶轮在出口处绝对速度的径向分量(m/s);D_2 为叶轮外径(m);b_2 为叶轮出口宽度(m)。

将式(2-9)及式(2-10)代入式(2-8),可得泵的理论压头 H_∞ 与泵的理论流量之间的关系为:

$$H_\infty = \frac{u_2^2}{g} - \frac{u_2 \cot\beta_2}{g \pi D_2 b_2} Q_T \tag{2-11}$$

式(2-11)为离心泵基本方程式的又一表达形式,表示离心泵的理论压头与流量、叶轮的转速和直径、叶片的几何形状之间的关系,离心泵理论压头影响因素主要归纳为如下三点。

(1) 叶轮的转速和直径。由式(2-11)可看出,当叶片几何尺寸(b,β)与流量一定时,离心泵的理论压头随叶轮的转速或直径的增加而增大。

(2) 叶片形状。根据式(2-11),当叶轮的速度、直径、叶片的宽度及流量一定时,离心泵的理论压头随叶片的形状而改变。叶片形状可分为三种,如图 2-3 所示。

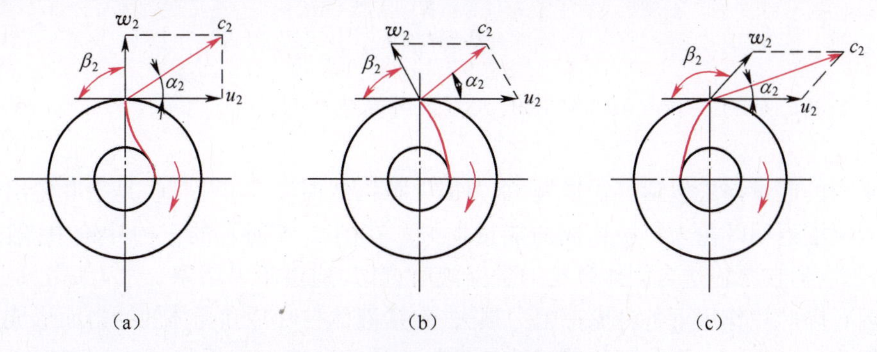

图 2-3 叶片形状对理论压头的影响

(a)径向;(b)后弯;(c)前弯。

后弯叶片　$\beta_2<90°$，　$\cot\beta_2>0$，　$H_\infty<\dfrac{u_2^2}{g}$　(a)

径向叶片　$\beta_2=90°$，　$\cot\beta_2=0$，　$H_\infty=\dfrac{u_2^2}{g}$　(b)

前弯叶片　$\beta_2>90°$，　$\cot\beta_2<0$，　$H_\infty>\dfrac{u_2^2}{g}$　(c)

在所有三种形式的叶片中，前弯叶片产生的理论压头最高。但是，理论压头包括势能的提高和动能的提高两部分。由图2-3可见，相同流量下，前弯叶片的动能 $C_2^2/2g$ 较大，而后弯叶片的动能 $C_2^2/2g$ 较小。液体动能虽可经蜗壳部分地转化为势能，但在此转化过程中导致较多的能量损失。因此，为获得较高的能量利用率，离心泵总是采用后弯叶片。

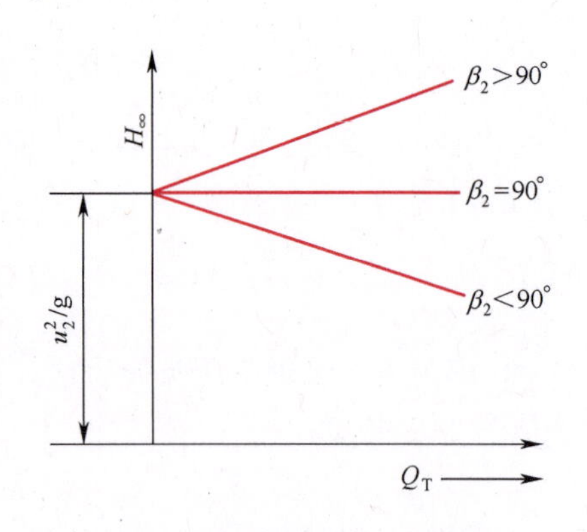

图2-4　离心泵的 H_∞ 与 Q_T 的关系

(3) 理论流量。从式(2-11)可以看出，$\beta_2>90°$时，H_∞ 随流量 Q_T 增大而加大，如图2-4所示。

$\beta_2=90°$时，H_∞ 与流量 Q_T 无关；

$\beta_2<90°$时，H_∞ 随流量 Q_T 增大而减小。

2.1.3　离心泵的功率与效率

1. 泵的有效功率和效率

泵在运转过程中由于存在种种能量损失，使泵的有效(实际)压头和流量均较理论值低，即由原动机提供给泵轴的能量不能全部被液体所获得，设 H 为泵的有效压头，也称为扬程，即单位重量液体从泵处获得的能量(m)；Q 为泵的实际流量(m^3/s)；ρ 为液体密度(kg/m^3)；N_e 为泵的有效功率，即单位时间内液体从泵处获得的机械能(W)。

有效功率可写成

$$N_e=QH\rho g \tag{2-12}$$

由电机输入离心泵的功率称为泵的轴功率，以 N 表示。有效功率与轴功率之比定义为泵的总效率 η，即

$$\eta=\frac{N_e}{N} \tag{2-13}$$

一般小型离心泵的效率为50%~70%，大型泵可高达90%。

2. 泵内能量损失

离心泵内的能量损失包括容积损失、水力损失和机械损失。容积损失是指叶轮出口处高压液体因机械泄漏返回叶轮入口所造成的能量损失。在图2-5所示的三种叶轮中，敞式叶轮的容积损失较大，但在泵输送含固体颗粒的悬浮液时，叶片通道不易堵塞。水力损失是由于实际流体在泵内有限叶片作用下各种摩擦阻力损失，包括液体与叶片和壳体的冲击而形成旋涡造成的机械能损失。机械损失则包括旋转叶轮盘面与液体间的摩擦以及轴承机械摩擦所造成的能量损失。

离心泵的效率反映上述三项能量损失的总和。

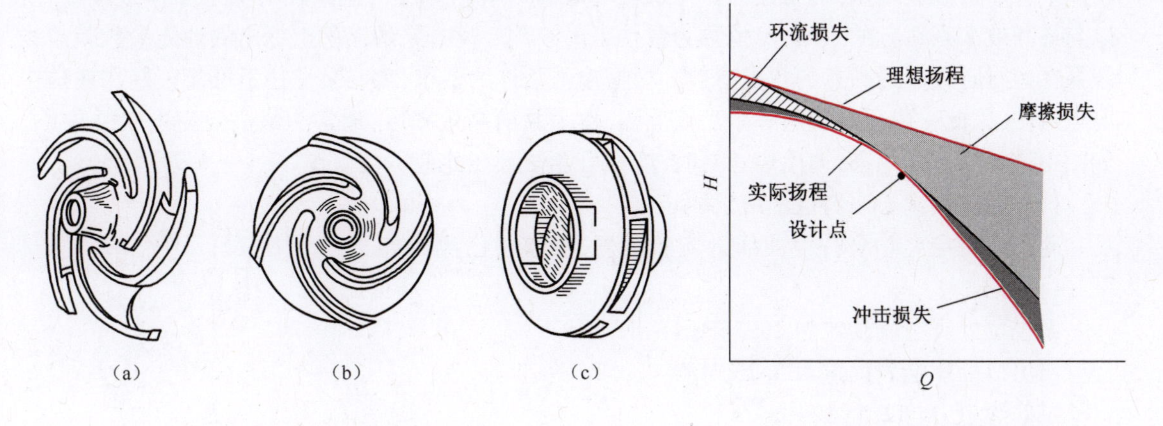

图 2-5 叶轮的类型

(a)敞式;(b)半蔽式;(c)蔽式。

图 2-6 理论与实际的扬程-流量曲线对比

由于泵内的能量损失导致泵的实际扬程明显低于理论扬程,理论与实际的“扬-流量”曲线对比如图 2-6 所示。

2.1.4 离心泵的特性曲线

1. 离心泵的特性曲线

离心泵的有效压头 H,轴功率 N 及效率 η 均与输液流量 Q 有关,都是离心泵的主要性能参数。虽然离心泵的理论压头 H_∞ 与理论流量 Q_T 的关系已如式(2-11)所示,但由于泵的水力损失难以定量计算,因而泵的这些参数之间的关系只能通过实验测定。离心泵出厂前均由泵制造厂测定 H-Q,N-Q,η-Q 三条曲线,列于产品样本中以供用户参考。

图 2-7 为国产 IS100-80-125 型离心泵的特性曲线。各种型号的泵各有其特性曲线,形状基本上相同,它们都具有以下的共同点:

(1) H-Q 曲线:表示泵的压头与流量的关系。离心泵的压头一般是随流量的增大而降低。

(2) N-Q 曲线:表示泵的轴功率与流量的关系。离心泵的轴功率随流量增大而上升,流量为零时轴功率最小。所以离心泵启动时,应关闭泵的出口阀门,使起动电流减小,保护电机。

(3) η-Q 曲线:表示泵的效率与流量的关系。从图 2-7 的特性曲线看出,当 $Q=0$ 时,$\eta=0$;随着流量的

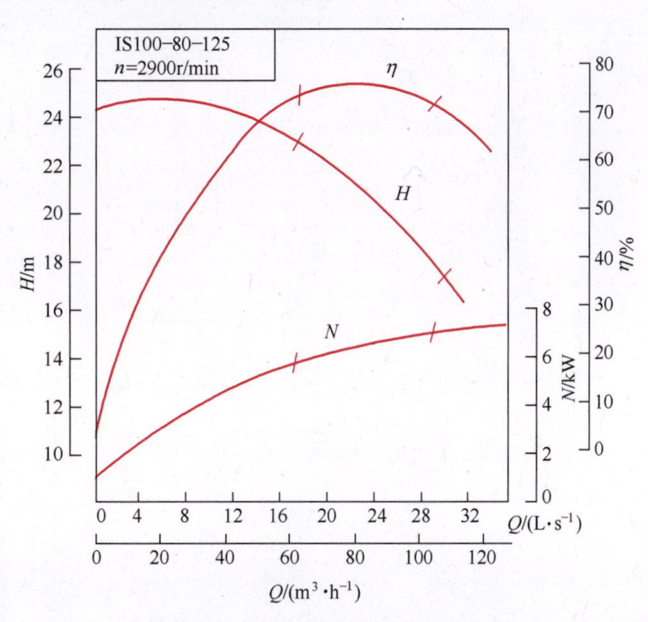

图 2-7 IS100-80-125 型离心水泵的特性曲线

增大，泵的效率随之上升，并达到一最大值。以后流量再增大，效率就下降。说明离心泵在一定转速下有一最高效率点，称为设计点。泵在与最高效率相对应的流量及压头下工作最经济，所以与最高效率点对应的 Q、H、N 值称为最佳工况参数。离心泵的铭牌上标出的性能参数就是指该泵在运行时效率最高点的状况参数。根据输送条件的要求，离心泵往往不可能正好在最佳工况点运转，因此一般只能规定一个工作范围，称为泵的高效率区，通常为最高效率的 92%左右，如图中波折号所示范围，选用离心泵时，应尽可能使泵在此范围内工作。

【例 2-1】 离心泵特性曲线的测定

附图为测定离心泵特性曲线的实验装置，实验中已测出如下一组数据：

泵进口处真空表读数为 26.7kPa

泵出口处压强表读数为 0.255MPa

泵的流量 $Q=12.5\times10^{-3}\text{m}^3/\text{s}$

功率表测得电动机所消耗功率为 6.2kW

吸入管直径 $d_1=80\text{mm}$

压出管直径 $d_2=60\text{mm}$

两测压点间垂直距离 $Z_2-Z_1=0.5\text{m}$

泵由电动机直接带动，传动效率可视为 1，电动机的效率为 0.93。

实验介质为 20℃的清水。

试计算在此流量下泵的压头 H、轴功率 N 和效率 η。

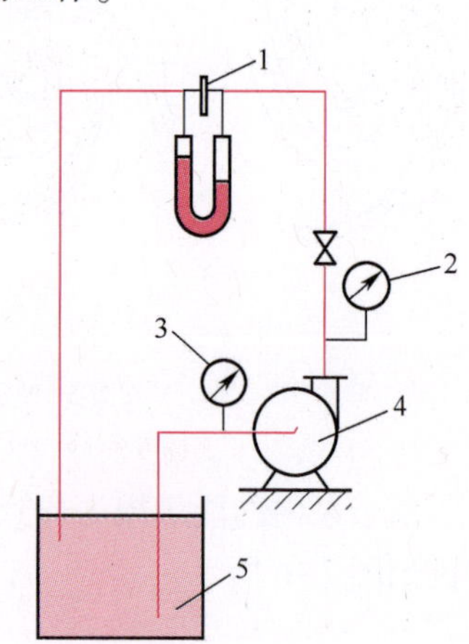

例 2-1 附图

1—流量计；2—压强表；

3—真空计；4—离心泵；5—贮槽。

解：(1) 泵的压头。在真空表及压强表所在截面 1-1 与 2-2 间列伯努利方程：

$$Z_1+\frac{p_1}{\rho g}+\frac{u_1^2}{2g}+H=Z_2+\frac{p_2}{\rho g}+\frac{u_2^2}{2g}+H_{\mathrm{f}}$$

式中 $Z_2-Z_1=0.5\text{m}$

$p_1=-2.67\times10^4\text{Pa}$(表压)

$p_2=2.55\times10^5\text{Pa}$(表压)

$$u_1=\frac{4Q}{\pi d_1^2}=\frac{4\times12.5\times10^{-3}}{\pi\times(0.08)^2}=2.49\text{m/s}$$

$$u_2=\frac{4Q}{\pi d_2^2}=\frac{4\times12.5\times10^{-3}}{\pi\times(0.06)^2}=4.42\text{m/s}$$

两测压口间的管路很短，其间阻力损失可忽略不计，故

$$H=0.5+\frac{2.55\times10^5+2.67\times10^4}{1000\times9.81}+\frac{(4.42)^2-(2.49)^2}{2\times9.81}$$

$$=29.88\text{mH}_2\text{O}$$

(2) 泵的轴功率。功率表测得功率为电动机的输入功率，电动机本身消耗一部分功率，其效率为 0.93，于是电动机的输出功率(等于泵的轴功率)为

$$N=6.2\times0.93=5.77\text{kW}$$

（3）泵的效率。

$$\eta=\frac{N_e}{N}=\frac{QH\rho g}{N}=\frac{12.5\times10^{-3}\times29.88\times1000\times9.81}{5.77\times1000}$$
$$=\frac{3.66}{5.77}=0.63$$

在实验中，如果改变出口阀门的开度，测出不同流量下的有关数据，计算出相应的 H、N 和 η 值，并将这些数据绘于坐标纸上，即得该泵在固定转速下的特性曲线。

2. 液体物理性质的影响

泵生产部门所提供的特性曲线是用 20℃时的清水做实验求得。当所输送的液体性质与水相差较大时，要考虑黏度及密度对特性曲线的影响。

（1）密度的影响。由离心泵的基本方程式可以看出，离心泵的压头、流量均与液体的密度无关，所以泵的效率也不随液体的密度而改变，故 $H-Q$ 与 $\eta-Q$ 曲线保持不变。但泵的轴功率随液体密度而改变。因此，当被输送液体的密度与水不同时，该泵所提供的 $N-Q$ 曲线不再适用，泵的轴功率需重新计算。

（2）黏度的影响。所输送的液体黏度越大，泵内能量损失越多，泵的压头、流量都要减小，效率下降，而轴功率则要增大，所以特性曲线将发生改变。

3. 离心泵转速的影响

离心泵的特性曲线是在一定转速下测定的，当转速由 n_1 改变为 n_2 时，流量、压头及功率也发生变化，它们与转速的近似关系为

$$\frac{Q_2}{Q_1}=\frac{n_2}{n_1},\ \frac{H_2}{H_1}=\left(\frac{n_2}{n_1}\right)^2,\ \frac{N_2}{N_1}=\left(\frac{n_2}{n_1}\right)^3 \tag{2-14}$$

式(2-14)称为离心泵的比例定律。

当转速变化小于 20%时，可认为效率不变，用上式计算误差不大。

4. 叶轮直径的影响

当叶轮直径变化不大，转速不变时，叶轮直径与流量、压头及功率之间的近似关系为

$$\frac{Q_2}{Q_1}=\frac{D_2}{D_1},\ \frac{H_2}{H_1}=\left(\frac{D_2}{D_1}\right)^2,\ \frac{N_2}{N_1}=\left(\frac{D_2}{D_1}\right)^3 \tag{2-15}$$

式(2-15)称为离心泵的切割定律。

2.1.5 离心泵的工作点与流量调节

1. 管路特性曲线

当离心泵安装在特定的管路系统中工作时，实际的工作压头和流量不仅与离心泵本身的性能有关，还与管路特性有关，即在输送液体的过程中，泵和管路是互相制约的。所以，在讨论泵的工作情况之前，应先了解与之相联系的管路状况。

在图 2-8 所示的输送系统中，为完成从低能位 1 处向高能位 2 处输送，单位重量流体所需要的能量为 H_e，则由伯努利方程可得

$$H_e=\Delta Z+\frac{\Delta p}{\rho g}+\frac{\Delta u^2}{2g}+\Sigma H_{f_{1-2}} \tag{2-16}$$

一般情况下，动能差 $\Delta u^2/2g$ 项可以忽略，阻力损失

$$\Sigma H_{f_{1-2}} = \Sigma\left[\left(\lambda \frac{l}{d} + \zeta\right)\frac{u^2}{2g}\right] \tag{2-17}$$

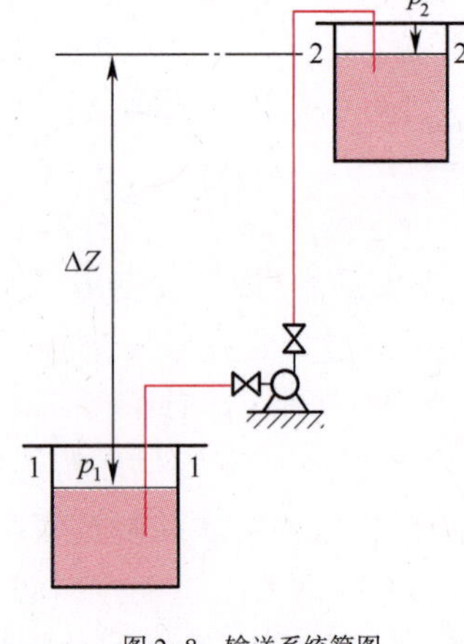

图 2-8 输送系统简图

其中

$$u = \frac{Q_e}{\frac{\pi}{4}d^2}$$

式中：Q_e为管路系统的输送量（m^3/h）。

故

$$\Sigma H_{f_{1-2}} = \Sigma\left[\frac{8\left(\lambda \frac{l}{d} + \zeta\right)}{\pi^2 d^4 g}\right] Q_e^2$$

或

$$\Sigma H_{f_{1-2}} = KQ_e^2 \tag{2-18}$$

式中系数

$$K = \Sigma \frac{8\left(\lambda \frac{l}{d} + \zeta\right)}{\pi^2 d^4 g}$$

其数值由管路特性所决定。当管内流动已进入阻力平方区，系数 K 是一个与管内流量无关的常数。将式（2-18）代入式（2-16），得

$$H_e = \Delta Z + \frac{\Delta p}{\rho g} + KQ_e^2 \tag{2-19}$$

对于特定的管路系统，在一定的条件下操作时，ΔZ 与 $\Delta p/\rho g$ 均为定值，上式可写成

$$H_e = A + KQ_e{}^2 \tag{2-20}$$

由式（2-20）可以看出，在特定管路中输送液体时，管路所需压头 H_e 随液体流量 Q_e 的平方而变化。将此关系描绘在坐标纸上，即为图 2-9 中的管路特性曲线 H_e-Q_e。此线形状与管路布置及操作条件有关，而与泵的性能无关。

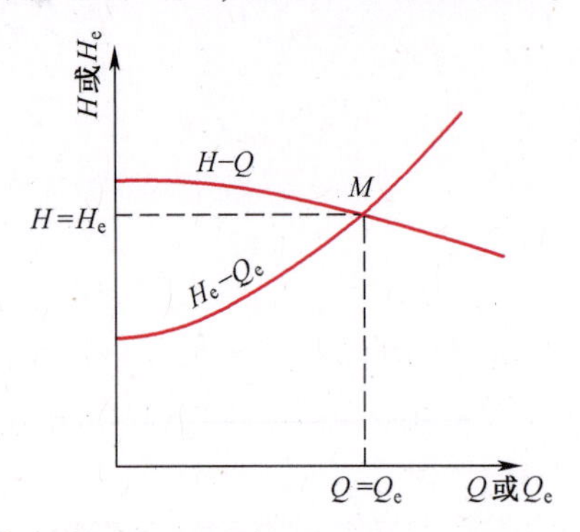

图 2-9 管路特性曲线与泵的工作点图

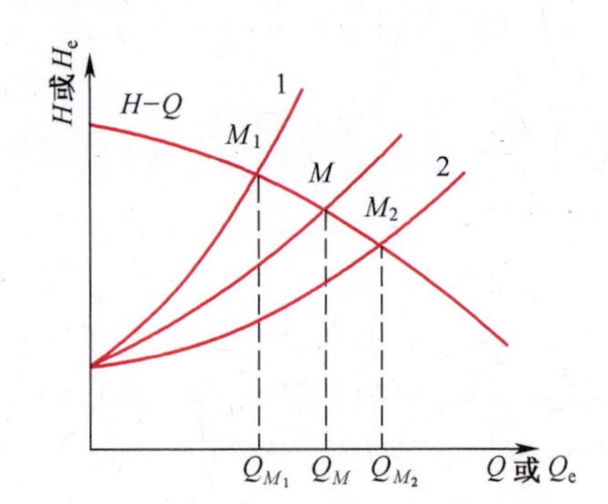

图 2-10 改变阀门开度调节流量示意图

2. 泵的工作点

离心泵安装在管路中工作时，泵的输液量 Q 即管路的流量 Q_e，在该流量下泵提供的压头必

恰等于管路所要求的压头。因此,泵的实际工作情况是由泵特性曲线和管路特性曲线共同决定的。

若将离心泵特性曲线 $H-Q$ 与其所在管路特性曲线 H_e-Q_e 绘于同一坐标纸上,如图 2-9 所示,此两线交点 M 称为泵的工作点。对所选定的离心泵在此特定管路系统运转时,只能在这一点工作。选泵时,要求工作点所对应的流量和压头既能满足管路系统的要求,又正好是离心泵所提供的,即 $Q=Q_e, H=H_e$。

3. 离心泵的流量调节

如果工作点的流量大于或小于所需要的输送量,应设法改变工作点的位置,即进行流量调节。离心泵的流量调节方法主要有以下几种。

(1) 改变阀门的开度。改变离心泵出口管线上的阀门开度,实质是改变管路特性曲线。当阀门关小时,管路的局部阻力加大,管路特性曲线变陡,如图 2-10 中曲线 1 所示,工作点由 M 移至 M_1,流量由 Q_M减小到 Q_{M_1}。当阀门开大时,管路阻力减小,管路特性曲线变得平坦一些,如图中曲线 2 所示,工作点移至 M_2,流量加大到 Q_{M_2}。用阀门调节流量迅速方便,且流量可以连续变化,适合化工连续生产的特点。所以应用十分广泛。缺点是阀门关小时,阻力损失加大,能量消耗增多,不很经济。

(2) 改变泵的转速。改变泵的转速实质上是改变泵的特性曲线。泵原来转速为 n,工作点为 M,如图 2-11 所示,若把泵的转速提高到 n_1,泵的特性曲线 $H-Q$ 往上移,工作点由 M 移至 M_1,流量由 Q_M加大到 Q_{M_1}。若把泵的转速降至 n_2,工作点移至 M_2,流量降至 Q_{M_2}。这种调节方法能保持管路特性曲线不变。当流量随转速下降而减小时,阻力损失也相应降低,看来比较合理。但需要变速装置或价格昂贵的变速原动机,且难以做到连续调节流量,故化工生产中很少采用。

此外,减小叶轮直径也可改变泵的特性曲线,使泵的流量减小,但可调节的范围不大,且直径减小不当还会降低泵的效率,故实际上很少采用。

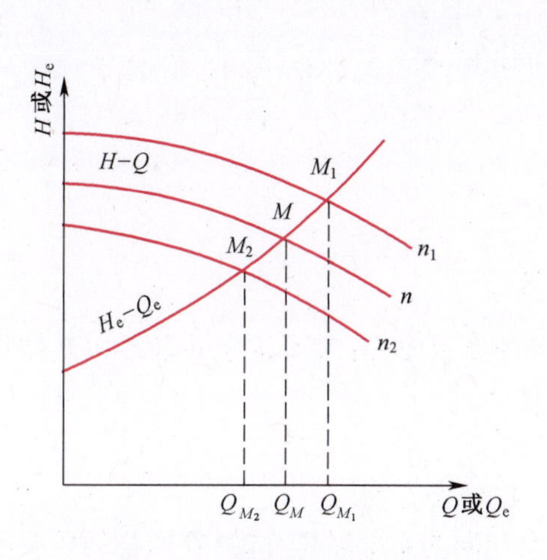

图 2-11 改变转速调节流量示意图

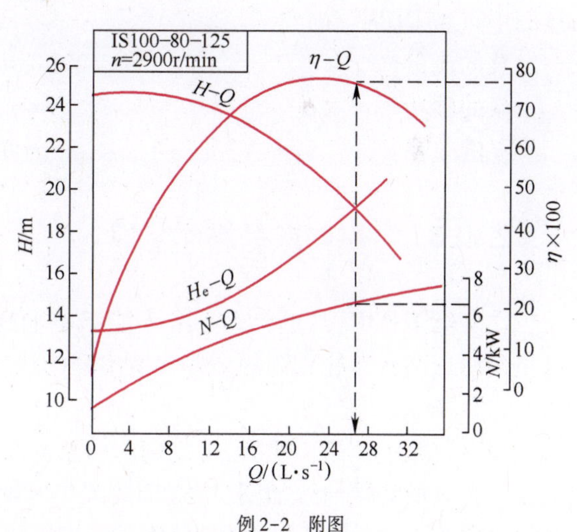

例 2-2 附图

【例 2-2】 将 20℃的清水从贮水池送至水塔,已知塔内水面高于贮水池水面 13m。水塔及贮水池水面恒定不变,且均与大气相通。输水管为 $\phi140\times4.5$mm 的钢管,总长为 200m(包括局部阻力的当量长度)。现拟选用 IS100-80-125 型水泵,当转速为 2900r/min 时,其特性曲线见附图,试分别求泵在运转时的流量、轴功率及效率。摩擦系数 λ 可按 0.02 计算。

解：求泵运转时的流量、轴功率及效率，实际上是求泵的工作点。即应先根据本题的管路特性在附图上标绘出管路特性曲线。

（1）管路特性曲线方程。在贮水池水面与水塔水面间列伯努利方程

$$H_e = \Delta Z + \frac{\Delta p}{\rho g} + \sum H_f$$

式中：$\Delta Z = 13\text{m}, \Delta p = 0$。

由于离心泵特性曲线中 Q 的单位为 L/s，故输送流量 Q_e 的单位也为 L/s，输送管内流速为

$$u = \frac{Q_e}{\frac{\pi}{4}d^2 \times 1000} = \frac{Q_e}{1000 \times \frac{\pi}{4} \times (0.131)^2} = 0.0742Q_e$$

$$\sum H_f = \left(\lambda \frac{l + l_e}{d}\right)\frac{u^2}{2g} = 0.02 \times \frac{200}{0.131} \times \frac{(0.0742Q_e)^2}{2 \times 9.81}$$
$$= 0.00857Q_e^2$$

本题的管路特性方程为

$$H_e = 13 + 0.00857Q_e^2$$

（2）标绘管路特性曲线。根据管路特性方程，可计算不同流量所需的压头值，现将计算结果列于本题附表。

例题 2-2　附表

$Q_e/(\text{L}\cdot\text{s}^{-1})$	0	4	8	12	16	20	24	28
H_e/m	13	13.14	13.55	14.23	15.2	16.43	17.94	19.72

由表数据可在 IS100-80-125 型水泵的特性曲线图上标绘出管路特性曲线 H_e-Q_e。

（3）流量、轴功率及效率。附图中泵的特性曲线与管路特性曲线的交点就是泵的工作点，从图中点 M 读得

泵的流量：　$Q = 27\text{L/s} = 97.2\text{m}^3/\text{h}$

泵的轴功率：　$N = 6.6\text{kW}$

泵的效率：　$\eta = 77\%$

2.1.6　并联与串联操作

在实际工作中，当单台离心泵不能满足输送任务的要求时，有时可将泵并联或串联使用。这里仅讨论两台性能相同的泵并联及串联的操作情况。

1. 并联操作

当一台泵的流量不够时，可以用两台泵并联操作，以增大流量。

一台泵的特性曲线如图 2-12 中曲线 1 所示，两台相同的泵并联操作时，在同样的压头下，并联泵的流量为单台泵的 2 倍，故将单台泵特性曲线 1 的横坐标加倍，纵坐标不变，便可求得两泵并联后的合成特性曲线 2。但需注意，对于同一管路，其并联操作时泵的流量不会增大一倍，因并联后流量增大，管路阻力也增大。

2. 串联操作

当生产厂需要利用现有泵提高泵的压头时，可以考虑将泵串联使用。

相同型号的泵串联工作时,每台泵的压头和流量也是相同的。因此,在同样的流量下,串联泵的压头为单台泵的 2 倍。将单台泵的特性曲线 1 的纵坐标加倍,横坐标保持不变,可求得两台泵串联后的合成特性曲线 2,如图 2-13 所示。由图中可知,单台泵的工作点为 A,串联后移至 C 点。显然 C 点的压头 H_2 并不是 A 点的压头 H_1 的两倍。

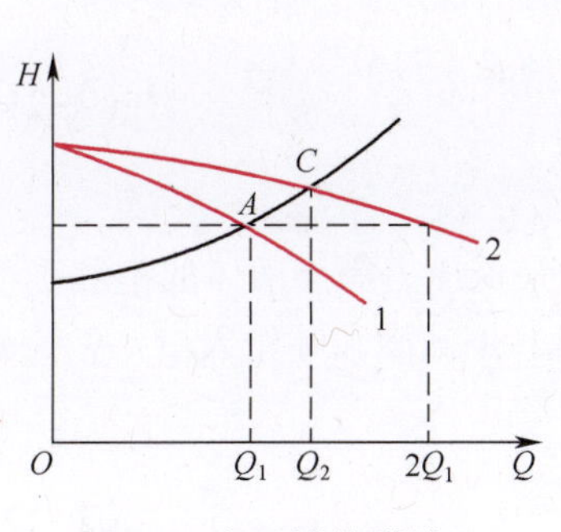

图 2-12 离心泵的并联操作

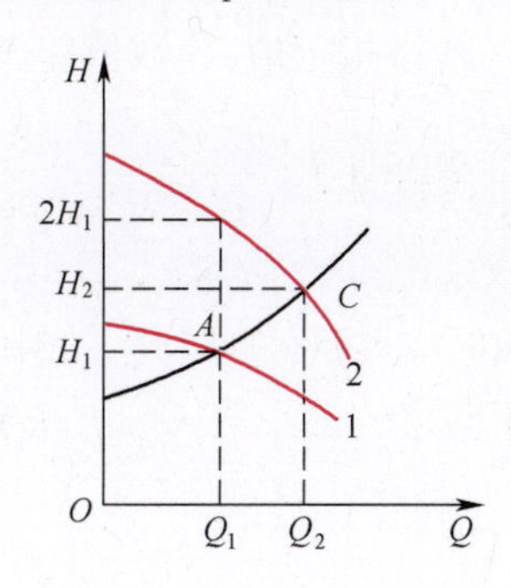

图 2-13 离心泵的串联操作

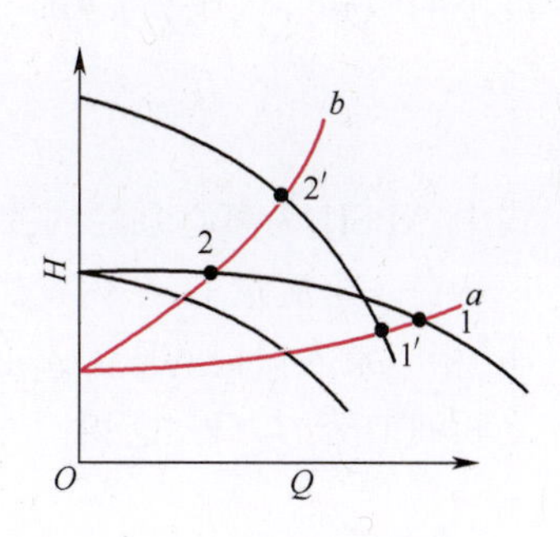

图 2-14 组合方式的选择

3. 组合方式的选择

如果管路两端势能差大于单泵所能提供的最大扬程,则必须采用串联操作。但在许多情况下,单泵可以输液,只是流量达不到指定要求。此时可针对管路的特性选择适当的组合方式,以增大流量。

由图 2-14 可见,对于低阻输送管路 a,并联组合输送的流量大于串联组合;而在高阻输送管路 b 中,则串联组合的流量大于并联组合。对于压头也有类似的情况。因此,对于低阻输送管路,并联优于串联组合;对于高阻输送管路,则采用串联组合更为适合。

2.1.7 离心泵的安装高度

1. 汽蚀现象(Cavitation)

由离心泵的工作原理可知,在离心泵叶轮中心(叶片入口)附近形成低压区。如图 2-15 所示,离心泵的安装位置越高,叶片入口处压强越低。

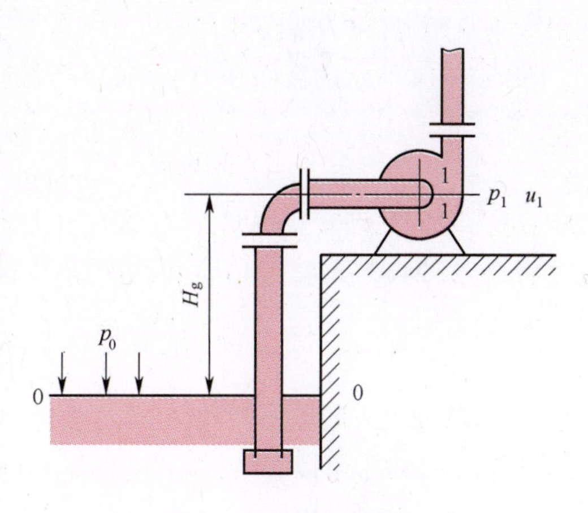

图 2-15 离心泵的安装高度

当泵的安装高度高至一定位置,叶片入口附近的压强可能降至被输送液体的饱和蒸气压,引起液体的部分汽化并产生气泡。含气泡的液体进入叶轮后,因流道扩大压强升高,气泡立即凝聚,汽泡的消失产生局部真空,周围液体以高速涌向气泡中心,造成冲击和振动。尤其是当气泡的凝聚发生在叶片表面附近时,众多液体质点尤如细小的高频水锤撞击着叶片;另外气泡中还可能带有氧气等对金属材料发生化学腐蚀作用。泵在这种状态下长期运转,将导致叶片的过早损坏,这种现象称为泵的汽蚀。

离心泵在产生汽蚀条件下运转,泵体振动并发生噪声,流量、扬程和效率都明显下降,严重时甚至吸不上液体。为避免汽蚀现象，泵的安装位置不能太高，以保证叶轮中各处的压强高于液体的饱和蒸气压。对于泵安装高度的限制，应以不发生汽蚀为依据。

2. 汽蚀余量（Net Positive Suction Head，国外称净正吸入压头简写为 NPSH）

汽蚀余量是指离心泵入口处，液体的静压头 $p_1/\rho g$ 与动压头 $u_1^2/2g$ 之和大于液体在操作温度下的饱和蒸气压头 $p_v/\rho g$ 的某一最小指定值，此数值即离心泵的汽蚀余量。定义式为

$$\mathrm{NPSH}=\left(\frac{p_1}{\rho g}+\frac{u_1^2}{2g}\right)-\frac{p_v}{\rho g} \tag{2-21}$$

式中：NPSH 为离心泵的汽蚀余量（m）。

在一定流量下，泵内发生汽蚀的临界条件是叶轮入口附近的最低压力等于液体的饱和蒸气压，相应泵入口处的压力 p_1 必等于确定的最小值 $p_{1,\min}$，在泵入口 1-1 截面和叶轮入口 k-k 截面之间列伯努力方程式，得

$$\frac{p_{1,\min}}{\rho g}+\frac{u_1^2}{2g}=\frac{p_v}{\rho g}+\frac{u_k^2}{2g}+\sum H_{f_{1-k}} \tag{2-22}$$

比较式（2-21）和式（2-22）可得

$$(\mathrm{NPSH})_c=\frac{p_{1,\min}-p_v}{\rho g}+\frac{u_1^2}{2g}=\frac{u_k^2}{2g}+\sum H_{f_{1-k}} \tag{2-23}$$

式中：$(\mathrm{NPSH})_c$ 为临界汽蚀余量（m）。它是反映离心泵汽蚀性能的重要参数，主要与泵的结构和输送的流量有关。由泵的制造厂家通过实验测定，其值随流量增大而加大。为确保泵的正常操作，将所测定的临界汽蚀余量 $(\mathrm{NPSH})_c$ 加上一定的安全量作为泵的必需汽蚀余量 $(\mathrm{NPSH})_r$，在泵样本中给出，也有将 $(\mathrm{NPSH})_r$ 关系绘于离心泵特性曲线上。标准还规定，实际汽蚀余量 NPSH 比 $(\mathrm{NPSH})_r$ 还要加大 0.5m 以上。由于大流量的 $(\mathrm{NPSH})_r$ 较大，因此在计算泵的安装高度时，应以操作中可能出现的最高流量为依据。

3. 离心泵的允许安装高度

离心泵的允许安装高度又称为允许吸上高度，是指泵的入口与吸入贮槽液面间可允许达到的最大垂直距离，以 H_g 表示。

在图 2-14 所示的截面 0-0 与泵进口附近截面 1-1 间列伯努利方程，则

$$H_g=\frac{p_0}{\rho g}-\frac{p_1}{\rho g}-\frac{u_1^2}{2g}-\Sigma H_{f_{0-1}} \tag{2-24}$$

式中：H_g 为泵的允许安装高度（m）；$\Sigma H_{f_{0-1}}$ 为液体从截面 0-0 到 1-1 的压头损失（m）。

将式（2-24）与式（2-21）合并，可得出汽蚀余量与允许安装高度之间的关系

$$H_g=\frac{p_0}{\rho g}-\frac{p_v}{\rho g}-\mathrm{NPSH}-\Sigma H_{f_{0-1}} \tag{2-25}$$

式中：p_0 为液面上方的压强，若液位槽为敞口，则 $p_0=p_a$。

从式（2-25）中可以看出，为了提高泵的允许安装高度，应该尽量减小 $u_1^2/2g$ 和 $\Sigma H_{f_{0-1}}$。为了减小 $u_1^2/2g$，在同一流量下，应选用直径稍大的吸入管路，为了减小 $\Sigma H_{f_{0-1}}$，应尽量减少阻力元件如弯头、截止阀等，吸入管路也尽可能地短。

应予指出，离心油泵的汽蚀余量用 Δh 表示。

【例 2-3】 用 IS80-65-125 型离心泵将池中 20℃ 清水送至某敞口容器，如图 2-15 所示。送水量为 $50\mathrm{m^3/h}$，已知泵吸入管路的动压头和压头损失分别为 0.5m 和 2.0m，泵的实际安装高

度为 3.5m。试计算:(1)离心泵入口真空表的读数;(2)若改送 50℃的清水,原安装高度是否能正常运转。当地大气压为 98.1kPa。

解:(1) 以池内水面为基准面,在池内水面和泵入口真空表处列伯努力方程,并整理得

$$p_a - p_1 = \rho g\left(Z_1 + \frac{u_1^2}{2g} + \Sigma H_{f_{0-1}}\right) = 1000 \times 9.81(3.5 + 2.5) = 58860\text{Pa}$$

此即真空表读数——真空度。

(2) 由附录查得,在送水量为 $50\text{m}^3/\text{h}$ 时,IS80-65-125 型离心泵的 $(NPSH)_r = 3.0\text{m}$,50℃时水的密度为 988.1kg/m^3,饱和蒸汽压为 12.34kPa,则用式(2-27)计算泵的允许安装高度,即

$$H_g = \frac{p_0}{\rho g} - \frac{p_v}{\rho g} - NPSH - \Sigma H_{f_{0-1}} = \frac{98100 - 12340}{988.1 \times 9.81} - (3 + 0.5) - 2 = 3.35\text{m}$$

泵的实际安装高度大于允许安装高度,故泵在保持原流量下运行时可能发生汽蚀现象。对于已选定型号的离心泵,为避免汽蚀可采取如下措施:降低泵的安装高度至 3m 以下或尽量减小吸入管路的压头损失,如加大吸入管径,缩短其长度,减少其他管件等。

2.1.8 离心泵的类型与选用

1. 离心泵的类型

离心泵的种类很多,化工生产中常用的离心泵有清水泵、耐腐蚀泵、油泵、液下泵、屏蔽泵、杂质泵、管道泵和低温用泵等。以下仅对几种主要类型作简要介绍。

(1) 清水泵。清水泵是应用最广的离心泵,在化工生产中用来输送各种工业用水以及物理、化学性质类似于水的其他液体。

最普通的清水泵是单级单吸式,其系列代号为"IS",结构简图如图 2-16 所示。如果要求

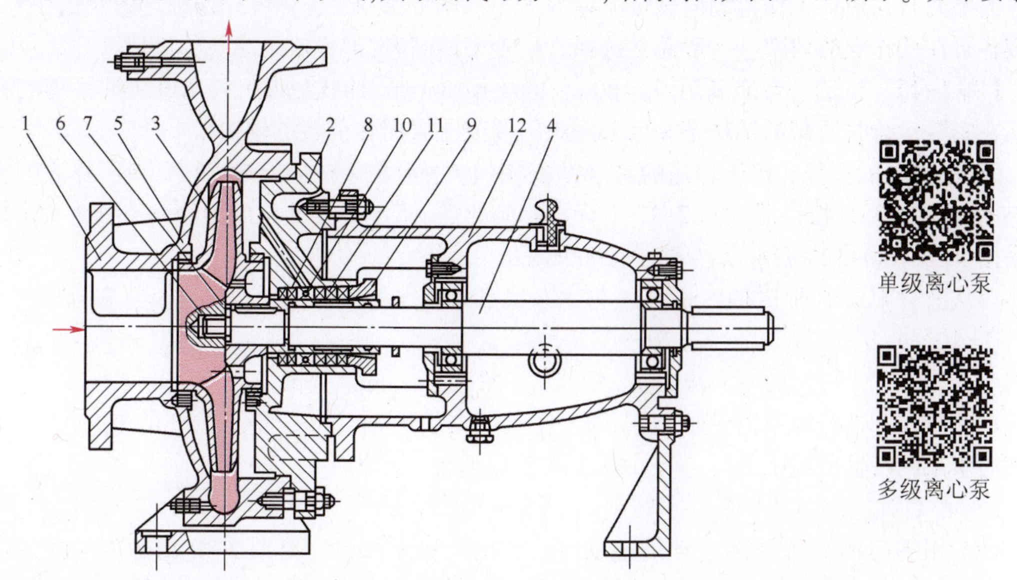

图 2-16 IS 型离心泵结构简图

1—泵体;2—泵盖;3—叶轮;4—轴;5—密封环;6—叶轮螺母;7—止动垫圈;8—轴盖;9—填料压盖;10—填料环;11—填料;12—悬架轴承部件。

压头较高，可采用多级离心泵，其系列代号为“D”。如要求的流量很大，可采用双吸式离心泵，其系列代号为“Sh”。

如型号 IS80-65-160，IS 表示单级单吸清水离心泵，80 表示吸入口直径（mm）；65 表示排出口直径（mm）；160 表示叶轮的名义直径（mm）。

（2）耐腐蚀泵。输送酸碱和浓氨水等腐蚀性液体时，必须用耐腐蚀泵。耐腐蚀泵中所有与腐蚀性液体接触的各种部件都须用耐腐蚀材料制造，如灰口铸铁、高硅铸铁、镍铬合金钢、聚四氟乙烯塑料等。其系列代号为“F”。但是用玻璃、橡胶、陶瓷等材料制造的耐腐蚀泵，多为小型泵，不属于“F”系列。

（3）油泵。输送石油产品的泵称为油泵。因油品易燃易爆，因此要求油泵必须有良好的密封性能。输送高温油品（200℃以上）的热油泵还应具有良好的冷却措施，其轴承和轴封装置都带有冷却水夹套，运转时通冷水冷却。其系列代号为“Y”，双吸式为“YS”。

（4）屏蔽泵。屏蔽泵是一种无泄漏泵，它的叶轮和电机联为一整体并密封在同一泵壳内，不需要轴封装置。近年来屏蔽泵发展很快，在化工生产中常用以输送易燃、易爆、剧毒及具有放射性的液体。其缺点是效率较低。

2. 离心泵的选用

离心泵的选用原则上可分为两步：

（1）根据被输送液体的性质和操作条件，确定泵的类型；

（2）根据具体管路布置情况对泵提出的流量、压头要求，确定泵的型号。

为选用方便，泵的生产部门对同一类型的泵绘制系列特性曲线图。把同一类型的各型号泵与较高效率范围相对应的一段 $H-Q$ 曲线绘在一个总图上。图 2-17 为 IS 型离心泵的系列特性曲线。图中扇形面的上方弧线代表基本型号，下方弧线代表叶轮直径比基本型号小一级的 A。利用此图，根据管路要求的流量 Q_e 和压头 H_e，可方便的决定泵的具体型号。有时会有几种型号的泵同时在最佳工作范围内满足流量 Q 及压头 H 的要求，这时可分别确定各泵的工作点，比较各泵在工作点的效率。一般总是选择其中效率最高者，但也应考虑泵的价格。

【例 2-4】 试选一台能满足 $Q_e=80\text{m}^3/\text{h}$、$H_e=18\text{m}$ 要求的输水泵，列出其主要性能。并求该泵在实际运行时所需的轴功率和因采用阀门调节流量而多消耗的轴功率。

解：（1）泵的型号。由于输送的是水，故选用 IS 型水泵。按 $Q_e=80\text{m}^3/\text{h}$、$H_e=18\text{m}$ 的要求在 IS 型水泵的系列特性曲线图 2-17 上标出相应的点，该点所在处泵的型号为 IS100-80-125，故采用 IS100-80-125 型水泵，转速为 2900r/min。

再从教材附录中查 IS100-80-125 型水泵最高效率点的性能数据：

$Q=100\text{m}^3/\text{h}$，　　$H=20\text{m}$，

$N=7.00\text{kW}$，　　$\eta=78\%$，　　$\text{NPSH}=4.5\text{m}$

（2）泵实际运行时所需的轴功率，即工作点所对应的轴功率。在图 2-7 的 IS100-80-125 型离心水泵的特性曲线上查得 $Q=80\text{m}^3/\text{h}$ 时所需的轴功率为

$$N=6\text{kW}$$

（3）用阀门调节流量多消耗的轴功率。当 $Q=80\text{m}^3/\text{h}$ 时，由图 2-7 查得 $H=1.2\text{m}$，$\eta=77\%$。为保证要求的输水量，可采用泵出口管线的阀门调节流量，即关小出口阀门，增大管路的阻力损失，使管路系统所需的压头 H_e 也等于 21.2m。所以用阀调节流量多消耗的压头为

$$\Delta H=21.2-18=3.2\text{m}$$

多消耗的轴功率为

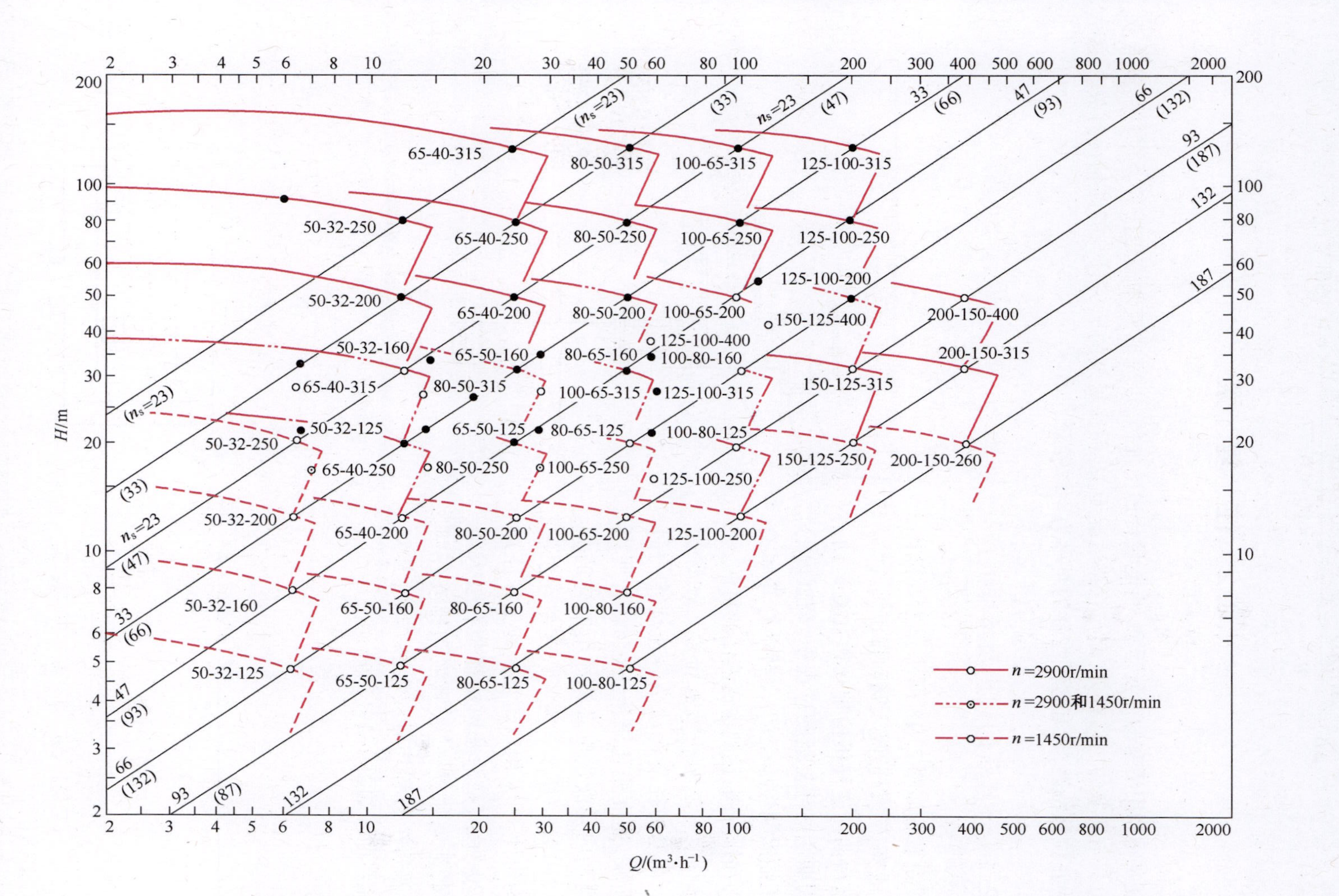

图 2-17 IS 型泵系列特性曲线

$$\Delta N=\frac{\Delta HQ\rho g}{\eta}=\frac{3.2\times 80\times 1000\times 9.81}{3600\times 0.77}=0.906\text{kW}$$

2.2 往 复 泵

往复泵是利用活塞的往复运动，将能量传递给液体，以完成液体输送任务。往复泵输送液体的流量只与活塞的位移有关，而与管路情况无关，但往复泵的压头只与管路情况有关。这种特性称为正位移特性，具有这种特性的泵称为正位移泵。

2.2.1 往复泵的构造及操作原理

往复泵装置如图 2-18 所示。主要部件有泵缸、活塞、活塞杆、吸入阀和排出阀。

活塞由曲柄连杆机构带动作往复运动，在活塞周期性的往复运动过程中，泵缸内的容积和压强周期性地变化，交替地打开和关闭吸入阀和排出阀，达到输送液体的目的。

活塞往复一次只吸液和排液一次称为单动泵。活塞的往复运动由等速旋转的曲柄转换而来，速度变化服从正弦曲线，所以在一个周期内排液量也必然经历同样的变化，如图 2-19(a)所示。为了改变单动泵流量的不均匀性，可采用双动泵。其工作原理如图 2-20 所示，在活塞两侧都装有吸入阀和排出阀，活塞往复一次，吸液和排液各两次，使活塞每个行程均有吸液和排液，其双动泵的流量曲线如图 2-19(b)所示。

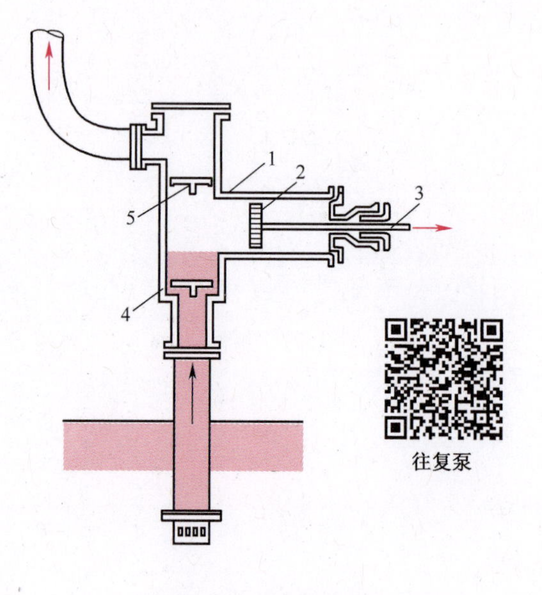

图 2-18 往复泵装置简图

1—泵缸；2—活塞；3—活塞杆；4—吸入阀；5—排出阀。

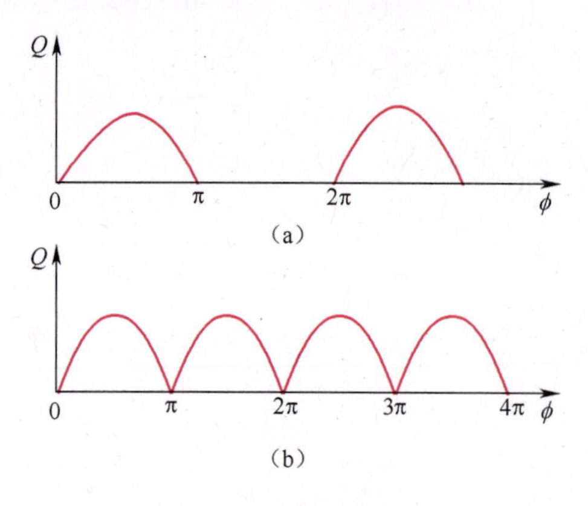

图 2-19 往复泵的流量曲线

(a)单动泵；(b)双动泵。

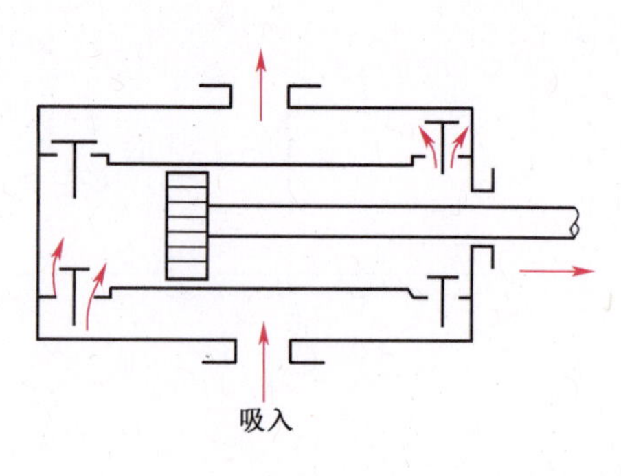

图 2-20 双动往复泵

2.2.2 往复泵的流量调节

往复泵的理论流量是由活塞所扫过的体积决定的,而与管路特性无关。往复泵提供的压头则只决定于管路情况。往复泵的工作点也是管路特性曲线和泵的特性曲线的交点,如图 2-21 所示。实际上,往复泵的流量随压头升高而略微减小,这是由于容积损失造成的。

离心泵可用出口阀门来调节流量,但对往复泵此法却不能采用。因为往复泵属于正位移泵,其流量与管路特性无关,安装调节阀非但不能改变流量,而且还会造成危险,一旦出口阀门完全关闭,泵缸内的压强将急剧上升,导致机件破损或电机烧毁。

往复泵的流量调节方法如下。

(1) 旁路调节。旁路调节如图 2-22 所示。因往复泵的流量一定,通过阀门调节旁路流量,使一部分压出流体返回吸入管路,便可以达到调节主管流量的目的。

显然,这种调节方法很不经济,只适用于变化幅度较小的经常性调节。

(2) 改变曲柄转速和活塞行程。因电动机是通过减速装置与往复泵相连接的,所以改变减速装置的传动比可以更方便地改变曲柄转速,达到流量调节的目的。因此,改变转速调节法是最常用的经济方法。

对输送易燃、易爆液体由蒸气推动的往复泵,可改变蒸气进入量使活塞往复次数改变,实现流量的调节。

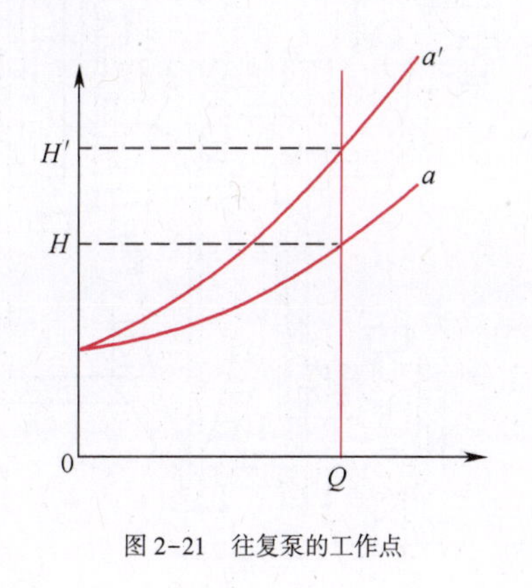

图 2-21 往复泵的工作点

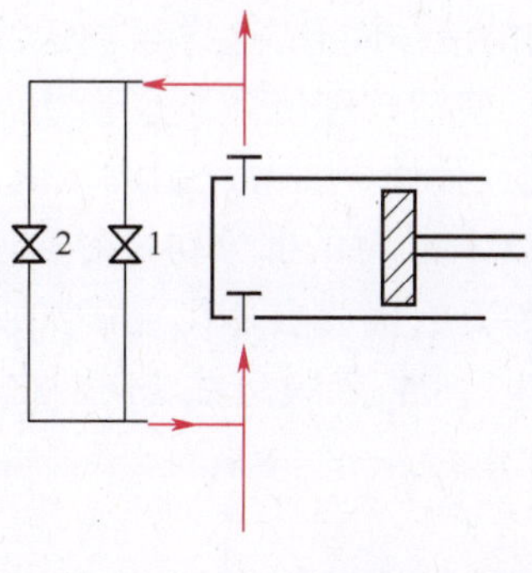

2 1

往复泵旁路调节

图 2-22 往复泵旁路调节流量示意图
1—旁路阀;2—安全阀。

2.3 其他化工用泵

2.3.1 正位移泵

1. 计量泵

计量泵又称比例泵,从操作原理看就是往复泵。如图 2-23 所示,计量泵是通过偏心轮把电机的旋转运动变成柱塞的往复运动。偏心轮的偏心距可以调整,使柱塞的冲程随之改变。若单位时间内柱塞的往复次数不变时，泵的流量与柱塞的冲程成正比，所以可通过调节冲程而达到比较严格地控制和调节流量的目的。

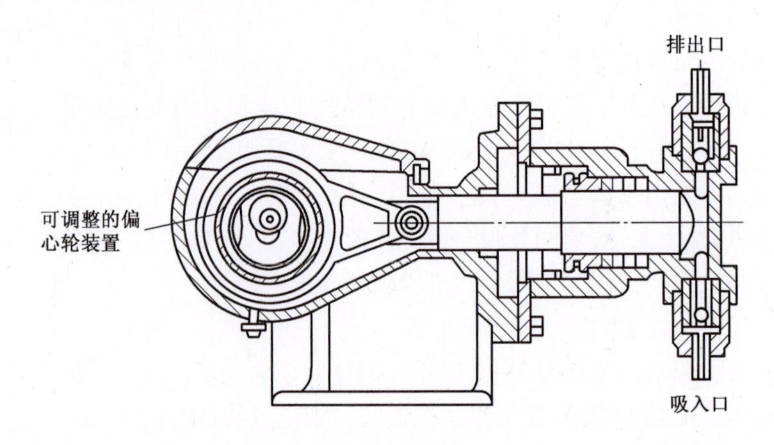

图 2-23　计量泵

计量泵适用于要求输液量十分准确而又便于调整的场合，如向化工厂的反应器输送液体。有时可通过用一台电机带动几台计量泵的方法，使每股液体流量稳定，且各股液体量的比例也固定。

2. 隔膜泵

隔膜泵实际上就是活柱往复泵，是借弹性薄膜将活柱与被输送的液体隔开，这样当输送腐蚀性液体或悬浮液时，可使活柱和缸体不受损伤。隔膜是采用耐腐蚀橡皮或弹性金属薄片制成。图 2-24 中隔膜左侧所有和液体接触的部分均由耐腐蚀材料制成或涂有耐腐蚀物质；隔膜右侧则充满油或水。当活柱作往复运动时，迫使隔膜交替地向两边弯曲，将液体吸入和排出。

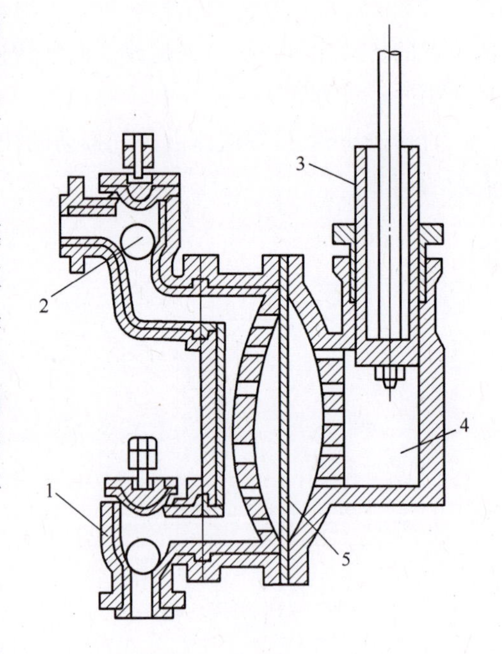

图 2-24　隔膜泵
1—吸入活门；2—压出活门；3—活柱；
4—水（或油）缸；5—隔膜。

3. 齿轮泵

齿轮泵主要是由椭圆形泵壳和两个齿轮组成，如图 2-25 所示。其中一个齿轮为主动轮，由传动机构带动；另一个为从动轮，与主动轮相啮合而随之作反向旋转。当齿轮转动时，因两齿轮的齿相互分开而形成低压将液体吸入，并沿壳壁推送至排出腔。在排出腔内，两齿轮的齿互相合拢而形成高压将液体排出。如此连续进行，以完成输送液体的任务。

齿轮泵流量较小，产生压头很高，适于输送黏度大的液体，如甘油等。

4. 螺杆泵

螺杆泵主要由泵壳与一个或几个螺杆所组成。按螺杆数目可分为单螺杆泵、双螺杆泵、三螺杆泵和五螺杆泵。单螺杆泵结构如图 2-26 所示。此泵的工作原理是靠螺杆 2 在具有内螺纹泵壳 3 中偏心转动，将液体沿轴向推进，从吸入口 1 吸入至压出口 4 排出。多螺杆泵则依靠螺杆间相互啮合的容积变化来输送液体。

螺杆泵的效率较齿轮泵高,运转时无噪声,无振动、流量均匀,特别适用于高黏度液体的输送。

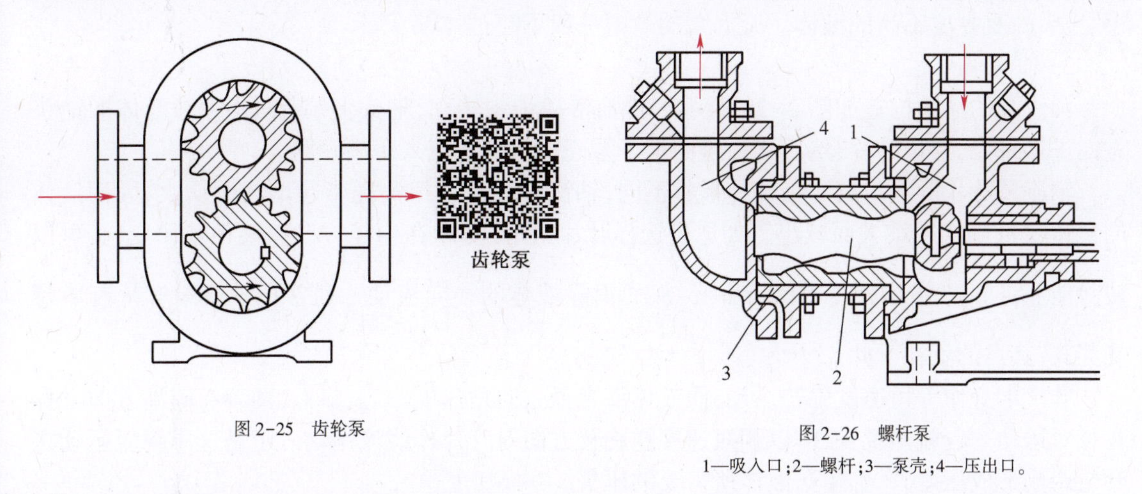

图2-25　齿轮泵

图2-26　螺杆泵

1—吸入口;2—螺杆;3—泵壳;4—压出口。

2.3.2　非正位移泵

1. 旋涡泵

旋涡泵是一种特殊类型的离心泵。泵壳是正圆形,吸入口和排出口均在泵壳的顶部。泵体内的叶轮1是一个圆盘,四周铣有凹槽,成辐射状排列,构成叶片2(图2-27)。叶轮和泵壳3之间有一定间隙,形成了流道4。吸入管接头与排出管接头之间有隔板5隔开。

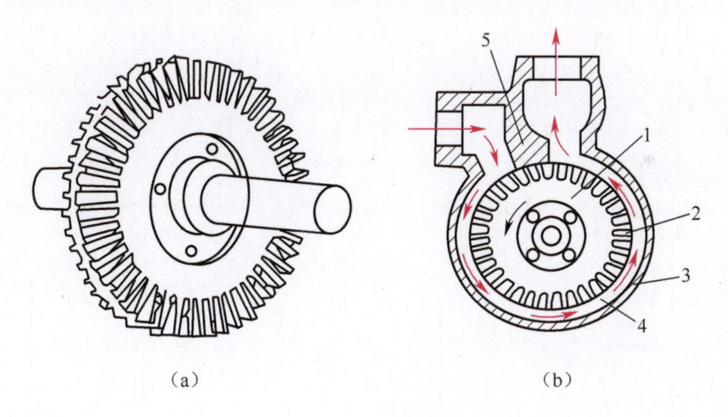

图2-27　旋涡泵简图

(a)叶轮形状;(b)内部示意图。

1—叶轮;2—叶片;3—泵壳;4—流道;5—隔板。

泵体内充满液体后,当叶轮旋转时,由于离心力作用,将叶片凹槽中的液体以一定的速度甩向流道,在截面积较宽的流道内,液体流速减慢,一部分动能变为静压能。与此同时,叶片凹槽内侧因液体被甩出而形成低压,因而流道内压力较高的液体又可重新进入叶片凹槽再度受离心力的作用继续增大压力。这样,液体由吸入口吸入,多次通过叶片凹槽和流道间的反复旋涡形运动,到达出口时,可获得较高的压头。

旋涡泵在开动前也要灌满液体。旋涡泵在流量减小时压头增加，功率也增加，所以旋涡泵在开动前不要将出口阀关闭，采用旁路回流调节流量。

旋涡泵的流量小、压头高、体积小、结构简单。它在化工生产中应用十分广泛，适宜于流量小、压头高及黏度不高的液体。旋涡泵的效率一般不超过40%。

2. 轴流泵

轴流泵的简单构造如图2-28所示。转轴带动轴头转动，轴头上装有叶片2。液体顺箭头方向进入泵壳，经过叶片，然后又经过固定于泵壳的导叶3流入压出管路。

轴流泵叶片形状与离心泵叶片形状不同，轴流泵叶片的扭角随半径增大而增大，因而液体的角速度 ω 随半径增大而减小。如适当选择叶片扭角，使 ω 在半径方向按某种规律变化，可以使势能 $\left(\frac{p}{\rho g}+z\right)$ 沿半径基本保持不变，从而消除液体的径向流动。通常把轴流泵叶片制成螺旋桨式，其目的就在于此。

叶片本身作等角速度旋转运动，而液体沿半径方向角速度不等，显然，两者在圆周方向必存在相对运动。也就是说，液体以相对速度逆旋转方向对叶片作绕流运动。正是这一绕流运动在叶轮两侧形成压差，产生输送液体所需要的压头。

轴流泵的叶轮一般都浸没在液体中。它提供的压头一般较小，但输液量却很大，特别适用于大流量、低压头的流体输送。轴流泵的特性曲线如图2-29所示。由图可以看出轴流泵的 H-Q 曲线很陡；高效区也很小。

轴流泵一般不设置出口阀，通过改变泵的特性曲线来改变流量，常用方法是改变轴的转速或改变叶片安装角度。

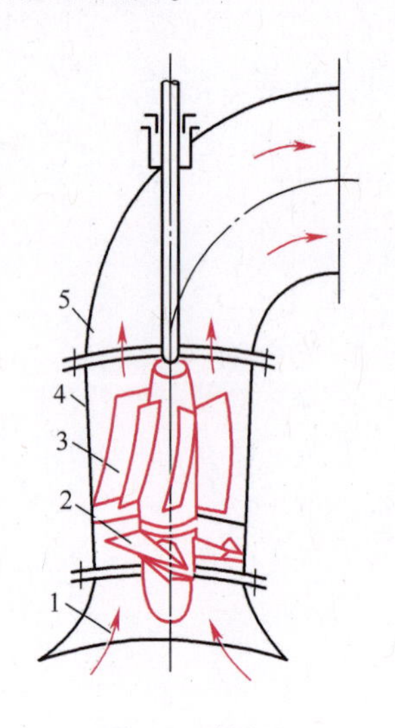

图2-28 轴流泵
1—吸入室；2—叶片；3—导叶；4—泵体；5—出水弯管。

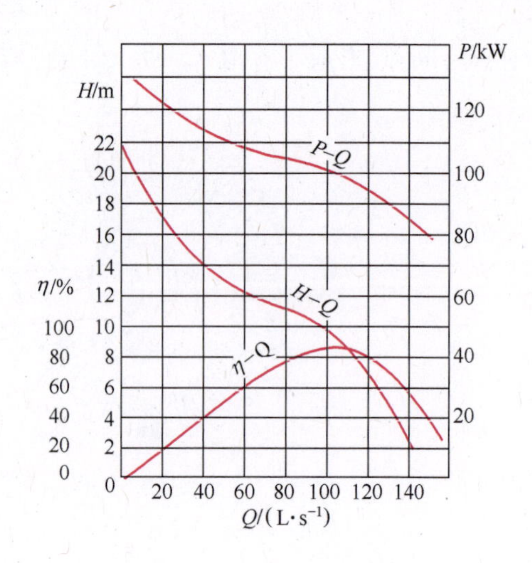

图2-29 轴流泵的特性曲线

2.4 气体输送机械

气体输送机械的结构和原理与液体输送机械大体相同。但是气体具有可压缩性，密度也比液体小得多(约为液体密度的 1/1000),从而使气体输送具有某些不同于液体输送的特点。

对一定的质量流量,气体由于密度很小,其体积流量很大。因此,气体输送管路中的流速要比液体输送管路的流速大得多。由前可知,液体在管路中的经济流速为 1~3m/s,而气体为15~25m/s,约为液体的 10 倍。若输送同样的质量流量,经相同管长后气体的阻力损失约为液体阻力损失的 10 倍。

离心式输送机械,流量虽大但经常不能提供管路所需的压头。各种正位移式输送机械虽可提供所需的高压头,但流量大时,设备十分庞大。因此在气体管路设计或工艺条件的选择中,应特别注意这个问题。

气体因具有可压缩性,故在输送机械内部气体压强发生变化的同时,体积及温度也将随之变化。这些变化对气体输送机械的结构、形状有很大的影响。因此气体输送机械根据它所能产生的进、出口压强差和压强比(称为压缩比)进行如下分类,以便于选择。

(1) 通风机:出口压强不大于 15kPa(表压),压缩比为 1~1.15;

(2) 鼓风机:出口压强为 15kPa~0.3MPa(表压),压缩比小于 4;

(3) 压缩机:出口压强为 0.3MPa(表压)以上,压缩比大于 4;

(4) 真空泵:用于减压,出口压力为 1 大气压,其压缩比由真空度决定。

此外,气体输送机械按其结构与工作原理又可分为离心式、往复式、旋转式和流体作用式。

2.4.1 通风机

工业上常用的通风机按其结构形式有轴流式和离心式两种。轴流式通风机结构与轴流泵类似,如图 2-30 所示,特点是排风量大而风压小,一般仅用于通风换气,而不用于气体输送。

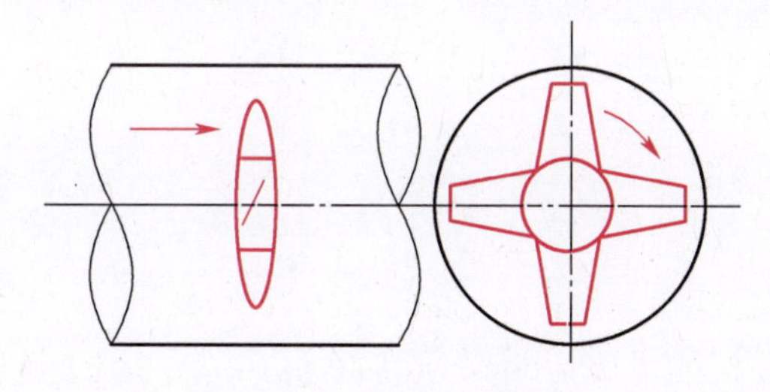

图 2-30 轴流式通风机

离心通风机的工作原理与离心泵完全相同。依靠叶轮的旋转运动使气体获得能量,从而提高了压强。对气体起输送作用。通风机都是单级的,按所产生的风压不同,可分为

低压离心通风机 出口风压 $<9.807\times10^2$ Pa;

中压离心通风机 出口风压为 $9.807\times10^2 \sim 2.942\times10^3$ Pa;

高压离心通风机 出口风压为 $2.942\times10^3 \sim 1.47\times10^4$ Pa。

1. 离心通风机的结构

为适应输送量大和压头高的要求,通风机叶轮直径一般是比较大的,叶片的数目比较多且长度较短。低压通风机的叶片常是平直的,与轴心成辐射状安装。中、高压通风机的叶片是弯曲的。它的机壳也是蜗牛形,但机壳断面有方形和圆形两种。一般低、中压通风机多是方形(图 2-31),高压多为圆形。

2. 性能参数及特性曲线

离心通风机的主要性能参数有流量(风量)、压头(风压)、轴功率和效率。由于气体通过风

机的压强变化较小，可视为不可压缩，所以离心泵基本方程也可用来分析离心通风机性能。

(1) 风量。风量是单位时间内从风机出口排出的气体体积，并以风机进口处气体的状态计，以 Q 表示，单位为 m^3/h。

离心通风机的风量取决于风机的结构、尺寸和转速。

(2) 风压。习惯上将通风机的压头表示为单位体积气体所获得的能量，其单位为 $J/m^3 = N/m^2 = Pa$，与压强单位相同，所以风机的压头又称风压。

离心通风机的风压取决于风机的结构、叶轮尺寸、转速与进入风机的气体密度。目前还不能用理论方法精确计算，而是由实验测定。一般通过测量风机进出口处气体的流速与压强的数据，按伯努利方程来计算风压。

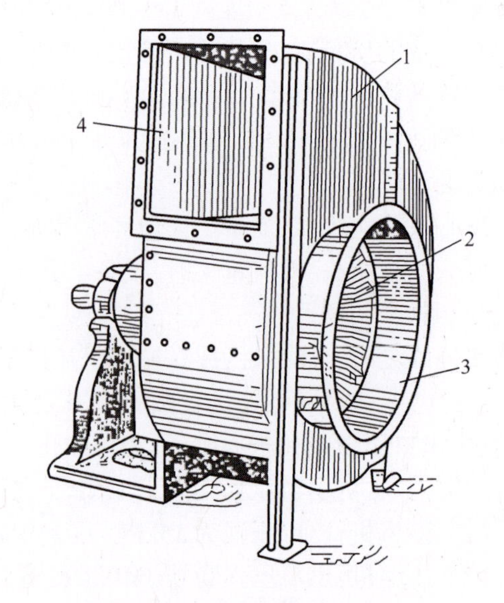

图 2-31　低压离心通风机
1—机壳；2—叶轮；3—吸入口；4—排出口。

如取 $1m^3$ 气体为基准，在风机进、出口的截面 1-1 及 2-2 间列伯努利方程，可得离心通风机的风压为

$$p_T = \rho g H = (Z_2 - Z_1)\rho g + (p_2 - p_1) + \frac{(u_2^2 - u_1^2)}{2}\rho + \rho \Sigma h_{f_{1-2}}$$

式中：$(Z_2-Z_1)\rho g$ 值比较小，可以忽略。

风机进、出口间管段很短，故 $\rho \Sigma h_{f_{1-2}}$ 也可忽略，又当空气直接由大气进入风机，u_1 也可忽略。上式可简化为

$$p_T = (p_2 - p_1) + \frac{\rho u_2^2}{2} \tag{2-26}$$

从式(2-26)看出，通风机的风压由两部分组成：(p_2-p_1) 习惯上称静风压 p_{st}；而 $\rho u_2^2/2$ 称动风压。在离心泵中，泵进、出口处的动能差很小，可以忽略，但在离心通风机中，气体出口速度很大，动能差不能忽略。因此，通风机的性能参数比离心泵多了一个动风压。离心通风机的风压为静风压与动风压之和，又称全风压。

通风机在出厂前，必须通过试验测定其特性曲线（图 2-32），试验介质是压强为 1.013×10^5 Pa，温度为 20℃ 的空气（$\rho = 1.2kg/m^3$）。若实际操作条件与上述试验条件不同时，应按下式将操作条件下的风压 p'_T 换算为实验条件下的风压 p_T，然后以 p_T 的数值来选择风机。

$$P_T = p'_T \frac{\rho}{\rho'} = p'_T \frac{1.2}{\rho'} \tag{2-27}$$

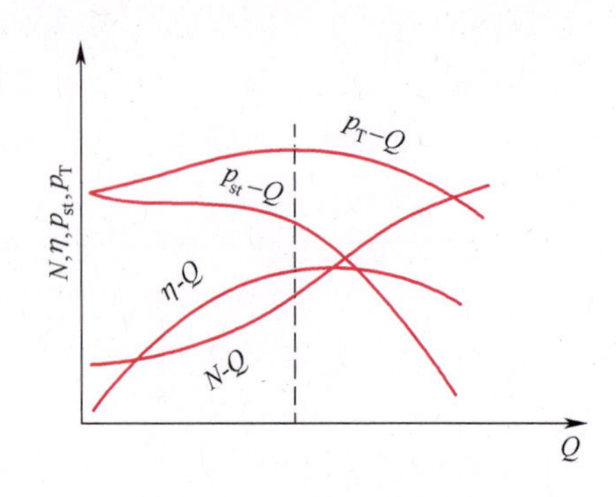

图 2-32　离心通风机特性曲线

（3）轴功率与效率。离心通风机的轴功率为

$$N = \frac{p_T Q}{1000\eta} \tag{2-28}$$

式中：N 为轴功率（kW）；Q 为风量（m^3/s）；p_T 为风压（Pa）；η 为效率，因按全风压定出，故又称为全压效率。

风机的轴功率与被输送气体的密度有关，风机性能表上列出的轴功率均为实验条件下，即空气的密度为 $1.2kg/m^3$ 时的数据。若输送的气体密度不同，可按下式进行换算：

$$N' = N \frac{\rho'}{1.2} \tag{2-29}$$

式中：N' 为气体密度为 ρ' 时的轴功率（kW）；N 为气体密度为 $1.2kg/m^3$ 时的轴功率（kW）。

【例 2-5】 已知空气的最大输送量为 14500kg/h。在最大风量下输送系统所需的风压为 1600Pa（以风机进口状态计）。风机的入口与温度为 40℃，真空度为 196Pa 的设备连接，试选合适的离心通风机。当地大气压强为 93.3×10^3Pa。

解：将系统所需的风压 p'_T 换算为实验条件下的风压 p_T，即

$$p_T = p'_T \frac{1.2}{\rho'}$$

操作条件下 ρ' 的计算：（40℃，$p = (93300-196)$Pa）

从附录中查得 1.0133×10^5Pa，40℃时的 $\rho = 1.128kg/m^3$

$$\rho' = 1.128 \times \frac{(93300 - 196)}{101330} = 1.04kg/m^3$$

所以

$$p_T = 1600 \times \frac{1.2}{1.04} = 1846Pa$$

风量按风机进口状态计

$$Q = \frac{14500}{1.04} = 13940m^3/h$$

根据风量 $Q = 13940m^3/h$ 和风压 $p_T = 1846Pa$ 从附录中查得 4-72-11NO. 6C 型离心通风机可满足要求。该机性能如下：

风压：$1941.8Pa = 198mmH_2O$

风量：$14100m^3/h$

效率：91%

轴功率：10kW

2.4.2 鼓风机

化工生产中常用的鼓风机主要有旋转式和离心式两种。旋转鼓风机与旋转泵相似，机壳内有一个或两个旋转的转子，没有活塞和阀门等装置。旋转式设备的特点是：构造简单、紧凑、体积小，排气连续均匀，适用于所需压强不高而流量较大的情况。

1. 罗茨鼓风机

罗茨鼓风机的工作原理与齿轮泵相似。如图 2-33 所示，机壳内有两个特殊形状的转子，常

为腰形或三星形，两转子之间、转子与机壳之间缝隙很小，使转子能自由转动而无过多的泄漏。两转子的旋转方向相反，可使气体从机壳一侧吸入，而从另一侧排出。如改变转子的旋转方向时，则吸入口与排出口互换。

罗茨鼓风机

图 2-33　罗茨鼓风机图

罗茨鼓风机的风量和转速成正比，而且几乎不受出口压强变化的影响。罗茨鼓风机转速一定时，风量可保持大体不变，故称为定容式鼓风机。这一类型鼓风机的输气量范围是 2~500m^3/min，出口表压强在 0.08MPa 以内，但在表压强为 0.04MPa 附近效率较高。

罗茨鼓风机的出口应安装气体稳压罐，并配置安全阀。一般采用回流支路调节流量，出口阀不能完全关闭。操作温度不能超过 85℃，否则引起转子受热膨胀，发生碰撞。

2. 离心鼓风机

离心鼓风机又称透平鼓风机，工作原理与离心通风机相同，由于压头较离心通风机高，一般都是多级的，其结构类似多级离心泵。图 2-34 所示为一台五级离心鼓风机的示意图。气体由吸气口进入后，经过第一级的叶轮和导轮，然后转入第二级叶轮入口。再依次通过以后所有的叶轮和导轮，最后由排出口排出。

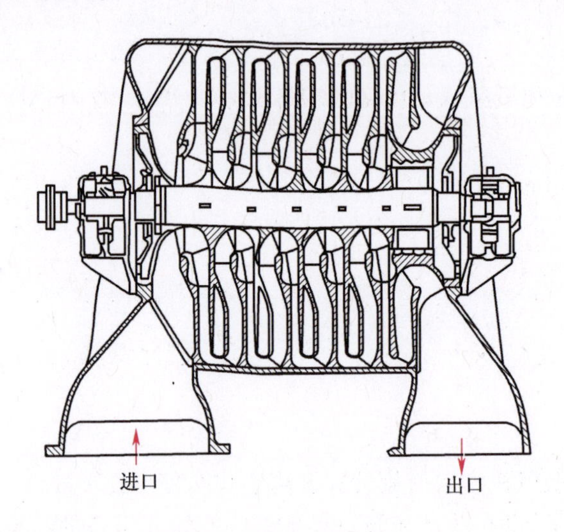

图 2-34　五级离心鼓风机示意图

离心鼓风机送气量大，但所产生风压不高，出口表压强一般不超过 2.94×10^{4}Pa。由于气体的压缩比不高，故无需冷却装置，各级叶轮的直径也大体上相等。

2.4.3 压缩机

化工生产中常用的压缩机主要有离心式和往复式两种。

1. 离心压缩机

离心压缩机常称为透平压缩机,主要结构、工作原理都与离心鼓风机相似。只是离心压缩机的叶轮级数更多,可在 10 级以上,转速较高,故能产生更高的压强。由于气体的压缩比较高,体积变化就比较大,温度升高也较显著。因此离心压缩机常分成几段,每段包括若干级。叶轮直径与宽度逐段缩小,段与段之间设置中间冷却器,以免气体温度过高。

离心压缩机流量大,供气均匀,体积小,机体内易损部件少,可连续运转,且安全可靠维修方便,机体内无润滑油污染气体,所以近年来除要求压强很高以外,离心压缩机的应用日趋广泛。

2. 往复压缩机

往复压缩机的基本结构和工作原理与往复泵相似。但因为气体的密度小,可压缩,故压缩机的吸入和排出活门必须更加灵巧和精密;为移除压缩放出的热量以降低气体的温度,必须附设冷却装置。

图 2-35 为单作用往复压缩机的工作过程。当活塞运动至汽缸的最左端(图中 A 点)压出行程结束。但因为机械结构上的原因,虽活塞已达行程的最左端,汽缸左侧还有一些容积,称为余隙容积。由于余隙的存在,吸入行程开始阶段为余隙内压强 p_2 的高压气体膨胀过程,直至气压降至吸入气压 p_1(图中 B 点)时,吸入活门才开启,压强为 p_1 的气体被吸入缸内。在整个吸气过程中,压强为 p_1 基本保持不变,直至活塞移至最右端(图中 C 点),吸入行程结束。当压缩行程开始,吸入活门关闭,缸内气体被压缩。当缸内气体的压强增大到稍高于 p_2(图中 D 点),排出活门开启,气体从缸体排出,直至活塞移至最左端,排出过程结束。

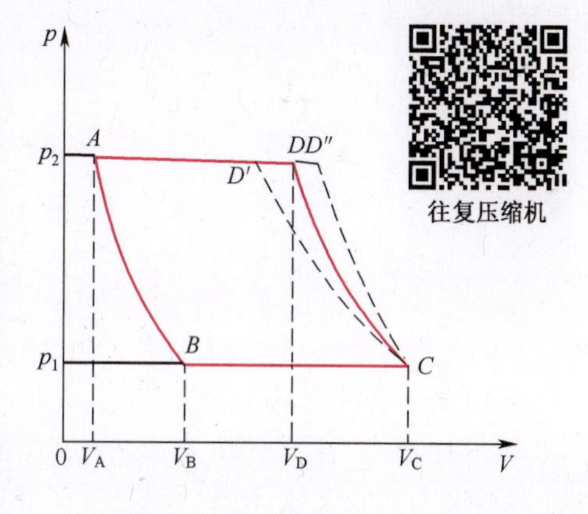

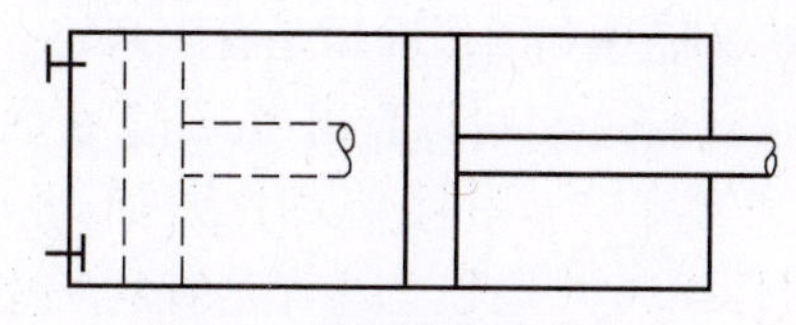

图 2-35 往复压缩机的工作过程

由此可见,压缩机的一个工作循环由膨胀、吸入、压缩和排出四个阶段组成。四边形 $ABCD$ 所包围的面积,为活塞在一个工作循环中对气体所作的功。

根据气体和外界的换热情况,压缩过程可分为等温(CD'')、绝热(CD')和多变(CD)三种情况。由图可见,等温压缩消耗的功最小,因此压缩过程中希望能较好冷却,使其接近等温压缩。实际上,等温和绝热条件都很难做到,所以压缩过程都是介于两者之间的多变过程。如不考虑余隙的影响,则多变压缩后的气体温度和一个工作循环的压缩功分别为

$$T_2 = T_1 \left(\frac{p_2}{p_1}\right)^{\frac{k-1}{k}} \tag{2-30}$$

和

$$W = p_1 V_C \frac{k}{k-1}\left[\left(\frac{p_2}{p_1}\right)^{\frac{k-1}{k}} - 1\right] \tag{2-31}$$

式中：k 为多变指数，为一实验常数；V_C 为吸入容积。

式(2-30)和式(2-31)说明，影响排气温度 T_2 和压缩功 W 的主要因素是：

(1) 压缩比 p_1/p_2 越大，T_2 和 W 亦越大；

(2) 压缩功 W 与吸入气体量(即式中的 p_1V_C)成正比；

(3) 多变指数 k 越大则 T_2 和 W 也越大。压缩过程的换热情况影响 k 值，热量及时全部移除，为等温过程，相当于 $k=1$；完全没有热交换，则为绝热过程，$k=\gamma$；部分换热则 $1<k<\gamma$。值得注意的是 γ 大的气体 k 也较大。空气、氢气等 $\gamma=1.4$，而石油气则 $\gamma\approx1.2$，因此在石油气压缩机用空气试车或用氮气置换石油气时，就必须注意超负荷及超温问题。

压缩机在工作时，余隙内的气体无益地进行着压缩膨胀循环，不仅使吸入气体量减小，还增加动力消耗。因此，压缩机的余隙应尽量减小。从图2-34可以看出，活塞在一个行程中扫过的容积为 V_C-V_A，余隙容积为 V_A，两者的比值称为余隙系数，即

$$\varepsilon=\frac{V_A}{V_C-V_A} \tag{2-32}$$

当活塞从最左端向右运动时，余隙 V_A 中的气体首先膨胀到 V_B，然后才吸入气体。因此，压缩机的容积系数 λ_0 为

$$\lambda_0=\frac{V_C-V_B}{V_C-V_A} \tag{2-33}$$

在多变压缩情况下，可以导出

$$\lambda_0=\frac{V_C}{V_C-V_A}-\frac{V_A\left(\dfrac{p_2}{p_1}\right)^{\frac{1}{k}}}{V_C-V_A}=1-\varepsilon\left[\left(\frac{p_2}{p_1}\right)^{\frac{1}{k}}-1\right] \tag{2-34}$$

由式(2-34)可知，压缩机的容积系数 λ_0 与余隙系数 ε 和压缩比 p_2/p_1 有关，对一定的余隙系数，压缩比越高，容积系数 λ_0 越小；当压缩比大到一定程度时，容积系数为零。此时，压缩机汽缸不再吸入新的气体，流量为零。$\lambda_0=0$ 时的压缩比 p_2/p_1 称为压缩极限，即对一定的 ε 值，压缩机所能达到的最高压是有限制的。

从式(2-34)可以看出，在余隙系数 ε 相同的情况下，随着压缩比 p_2/p_1 的增加，容积系数 λ_0 将严重下降。同时，压缩比太高，动力消耗显著增加，气体温升很大，甚至可能导致润滑油变质，机件损坏。因此，当生产过程的压缩比大于8时，尽管离压缩极限尚远，也应采用多级压缩。在多级压缩中，每级压缩比减小，余隙的不良影响减弱。

往复压缩机的产品有多种，除空气压缩机外，还有氨气压缩机、氢气压缩机、石油气压缩机等，以适应各种特殊需要。

往复式压缩机的选用主要依据生产能力和排出压强(或压缩比)两个指标。生产能力用 m^3/min 表示，以吸入常压空气来测定。在实际选用时，首先根据输送气体的特殊性质，决定压缩机的类型，然后再根据生产能力和排出压强，从产品样本中选用适用的压缩机。

2.4.4 真空泵

真空泵是将气体从低于大气压的状态提压至某一压力(通常为大气压)而排出的气体输送机械。用于从设备或系统中抽出气体使其中的绝对压强低于大气压，维持工艺要求的真空状

态。真空区域按其绝对压力的高低通常划分为：粗真空（0.1MPa ~ 1kPa）、低真空（1kPa ~ 1×10^{-1}Pa）、高真空（1×10^{-1} ~ 1×10^{-6}Pa）、超高真空（$<1\times10^{-6}$Pa）。化工生产所采用的真空操作一般为粗真空和低真空。

随着真空应用的发展，真空泵的种类已发展了很多种。此处仅介绍化工厂中较常用的型式。

1. 水环真空泵

水环真空泵如图 2-36 所示。外壳 1 内装有偏心叶轮，其上有辐射状的叶片 2。泵内约充有一半容积的水，当旋转时，形成水环。水环具有液封的作用，与叶片之间形成许多大小不同的密封小室。当小室逐渐增大时，气体从入口 3 吸入；当小室逐渐减小时，气体由口 4 排出。水环真空泵可以造成的最高真空度为 85kPa 左右，也可作鼓风机用，但所产生的表压强不超过 101.3kPa。当被抽吸的气体不宜与水接触时，泵内可充以其他液体，所以又称为液环真空泵。

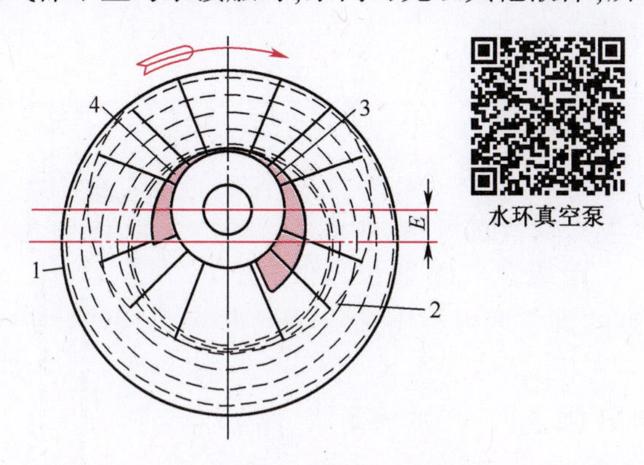

图 2-36　水环真空泵简图

1—外壳；2—叶片；3—吸入口；4—排出口。

水环真空泵结构简单、紧凑，易于制造和维修，由于旋转部分没有机械摩擦，使用寿命长，操作可靠。但效率很低，约在 30%~50%，所能造成的真空度受泵中水的温度所限制。总的说来，由于水环泵具有等温压缩和用水作封液，可以抽除易燃、易爆及腐蚀性气体，还可以抽除含有灰尘和水分的气体等突出优点，所以得到了广泛的应用。

2. 旋片真空泵

旋片真空泵是旋转式真空泵的一种，其工作原理见图2-37。当带有两个旋片 7 的偏心转子按箭头方向旋转时，旋片在弹簧 8 的压力及自身离心力的作用下，紧贴泵体 9 内壁滑动，吸气工作室不断扩大，被抽气体通过吸气口 3 经吸气管 4 进入吸气工作室，当旋片转至垂直位置时，吸气完毕，此时吸入的气体被隔离。转子继续旋转，被隔离的气体逐渐被压缩，压强升高。当压强超过排气阀片 2 上的压强时，则气体经排气管 5 顶开阀片 2，通过油液从泵排气口 1 排出。泵在工作过程中，旋片始终将泵腔分成吸气、排气两个工作室，转子每旋转一周，有两次吸气、排气过程。

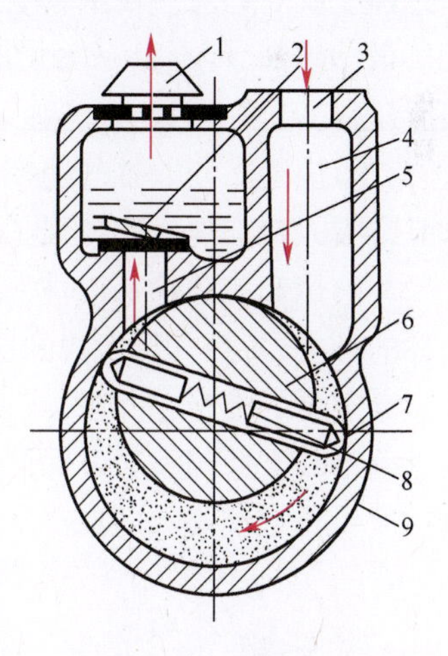

图 2-37　旋片真空泵简图

1—排气口；2—排气阀片；3—吸气口；4—吸气管；5—排气管；6—转子；7—旋片；8—弹簧；9—泵体。

旋片泵的主要部分浸没于真空油中，为的是密封各部件间隙，充填有害的余隙和得到润滑。此泵属于干式真空泵。如需抽吸含有少量可凝性气体的组合气时，泵上设有专门设计的镇气阀（能在一定的压强下打开的单向阀），把经控制的气流（通常是湿度不大的空气）引到泵的压缩腔内，以提高混合气的压强，使其中的可凝性气体在分压尚未达到泵腔温度下的饱和值时，即被排出泵外。

单级旋片泵一般极限压力只能达到 1. 3Pa（个别可达 0. 1Pa），为了提高泵的极限真空度，将两只单级泵串接起来组成双级泵。双级旋片真空泵的极限压力可达 10^{-2}Pa。旋片泵抽气速率比较小，适用于抽除干燥或含有少量可凝性蒸气的气体。不适宜用于抽除含尘和对润滑油起化学作用的气体。

3. 喷射泵

喷射泵喷射泵是利用流体流动的静压能与动能相互转换的原理来吸、送流体的，既可用于吸送气体，也可用于吸送液体。在化工生产中，喷射泵常用于抽真空，故又称为喷射式真空泵。

喷射泵的工作流体可以是水，亦可以是蒸气，分别称为水喷射泵和蒸气喷射泵。

图 2-38 所示为蒸气喷射泵。工作蒸气在高压下以很高的流速从喷嘴 3 喷出。在喷射过程中，蒸气的静压能转变为动能，产生低压，而将气体吸入。吸入的气体与蒸气混合后进入扩散管 5，速度逐渐降低，压强随之升高，而后从压出口 6 排出。单级蒸气喷射泵仅能达到 90%的真空度，为获得更高的真空度可采用多级蒸气喷射泵。

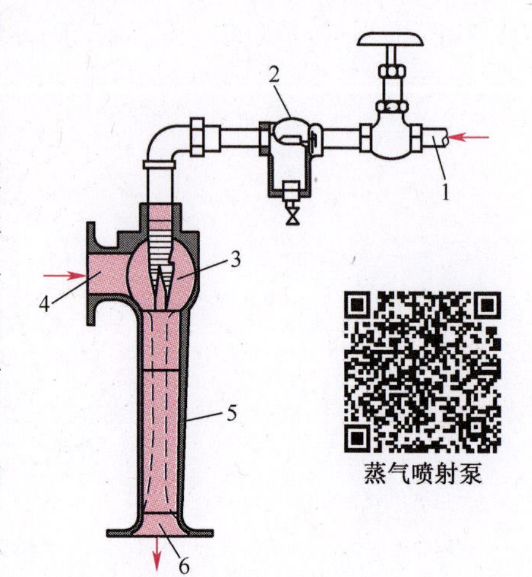

图 2-38 蒸气喷射泵

1—工作蒸气入口；2—过滤器；3—喷嘴；4—吸入口；5—扩散管；6—压出口。

喷射泵的优点是工作压强范围大，抽气量大，结构简单，适应性强。缺点是效率低。

4. 真空泵的选用

真空泵的选用真空泵的最主要特性是极限真空和抽气速率。它们是选择真空泵的主要依据。

（1）极限真空。极限真空是指真空泵所能达到的稳定的最低压强，即真空系统无泄漏时经长时间抽吸后的极限压强，习惯上以绝对压强表示，单位为 Pa。

（2）抽气速率。抽气速率也简称抽率。单位时间内真空泵吸入口吸进的气体体积。注意，这是在吸入口的温度和压强（极限真空）条件下的体积流量，常以 m^3/h 或 L/s 表示。

与液体和气体输送机械的选用类似，真空泵的选用也应先选类型，再确定规格。根据被抽气体的种类、每种气体所占的比例 、固体杂质含量、带液量以及系统对油蒸气有无限制等情况确定真空泵的类型，如湿式或干式、机械式或流体喷射式等，再根据系统对真空度和抽气速率的要求确定真空泵的型号。保证真空度选在泵的最佳抽速压强范围内。通常所选真空泵的极限真空度要比系统要求的真空度高 0. 5~1 个数量级。

习题

1. 拟用一泵将碱液由敞口碱液槽打入位差为 10m 高的塔中，塔顶压强为 58. 8kPa（表压），流量 $20m^3/h$。全部输送管均为 $\phi57\times3.5$mm 无缝钢管，管长 50m（包括局部阻力的当量长度）。

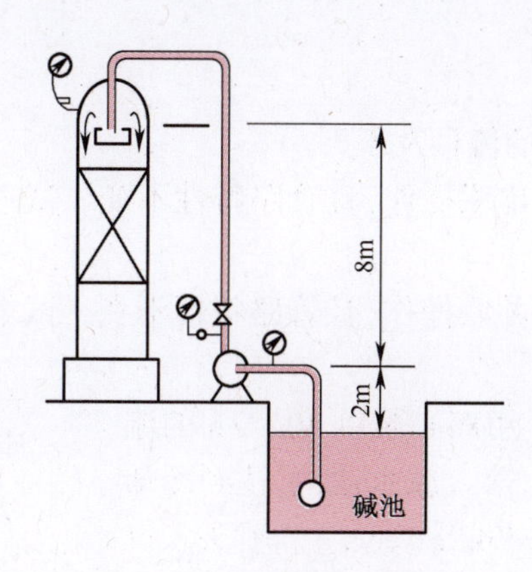

习题1 附图

碱液的密度 $\rho=1500\text{kg/m}^3$，黏度 $\mu=2\times10^{-3}\text{Pa}\cdot\text{s}$。管壁粗糙度为 0.3mm。试求：

(1) 输送单位重量液体所需提供的外功。

(2) 需向液体提供的功率。

2. 在例题 2-2 附图所示的 IS100-80-125 型离心泵特性曲线图上，任选一个流量，读出其相应的压头和功率，核算其效率是否与图中所示一致。

3. 用水对某离心泵作实验，得到下列实验数据：

习题3 附表

$Q/(\text{L}\cdot\text{min}^{-1})$	0	100	200	300	400	500
H/m	37.2	38	37	34.5	31.8	28.5

若通过 $\phi76\times4\text{mm}$、长 355m(包括局部阻力的当量长度)的导管，用该泵输送液体。已知吸入与排出的空间均为常压设备，两液面间的垂直距离为 4.8m，摩擦系数 λ 为 0.03，试求该泵在运转时的流量。若排出空间为密闭容器，其内压强为 0.129MPa(表压)，再求此时泵的流量。被输送液体的性质与水相近。

4. 某离心泵在作性能试验时以恒定转速打水。当流量为 $71\text{m}^3/\text{h}$ 时，泵吸入口处真空表读数 29.93kPa，泵压出口处压强计读数 0.314MPa。两测压点的位差不计，泵进、出口的管径相同。测得此时泵的轴功率为 10.4kW，试求泵的扬程及效率。

5. 用泵从江中取水送入一贮水池内。池中水面高出江面 30m。管路长度(包括局部阻力的当量长度在内)为 94m。要求水的流量为 $20\sim40\text{m}^3/\text{h}$。若水温为 20℃，$\varepsilon/d=0.001$，

(1) 选择适当的管径；

(2) 今有一离心泵，流量为 $45\text{m}^3/\text{h}$，扬程为 42m，效率 60%，轴功率 7kW。问该泵能否使用。

6. 用一离心泵将贮水池中的冷却水经换热器送到高位槽。已知高位槽液面比贮水池液面高出 10m，管路总长(包括局部阻力的当量长度在内)为 400m，管内径为 75mm，换热器的压头损失为 $32(u^2/2g)$，摩擦系数取 0.03，离心泵的特性参数见附表。

习题6 附表

$Q/(\text{m}\cdot\text{s}^{-1})$	0	0.001	0.002	0.003	0.004	0.005	0.006	0.007	0.008
H/m	26	25.5	24.5	23	21	18.5	15.5	12	8.5

试求：

（1）管路特性曲线；

（2）泵的工作点及其相应的流量及压头。

7. 若题6改为两个相同泵串联操作，且管路特性不变。试求泵的工作点及其相应流量及压头。

8. 若题6改为两个相同泵并联操作，且管路特性不变。试求泵的工作点及其相应流量及压头。

9. 热水池中水温为65℃。用离心泵以40m^3/h的流量送至凉水塔顶，再经喷头喷出落入凉水池中，达到冷却目的。已知水进喷头前需维持49kPa（表压）。喷头入口处较热水池水面高6m。吸入管路和排出管路的压头损失分别为1m和3m。管路中动压头可忽略不计。试选用合适的离心泵。并确定泵的安装高度。当地大气压强按101.33kPa计。

10. 将某减压精馏塔釜中的液体产品用离心泵输送至高位槽，釜中真空度为66.7kPa（其中液体处于沸腾状态，即其饱和蒸汽压等于釜中绝对压强）。泵位于地面上，吸入管总阻力为0.87m液柱（见本题附图）。液体的密度为986kg/m^3，已知该泵的必需汽蚀余量$(NPSH)_r$ = 4.2m，试问该泵的安装位置是否适宜？如不适宜应如何重新安排？

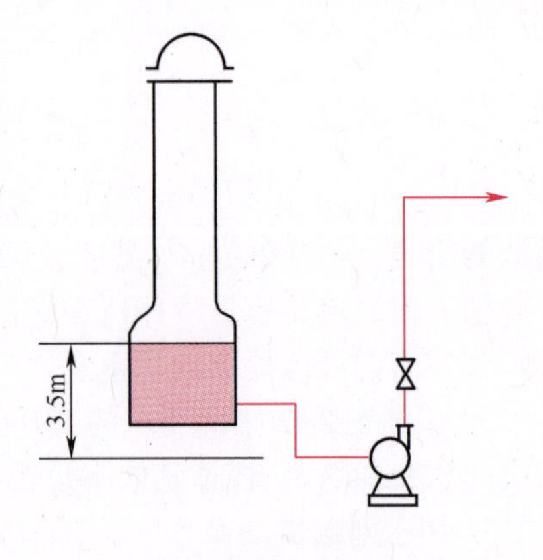

习题10 附图

11. 15℃的空气直接由大气进入风机而通过内径为800mm的水平管道送到炉底。炉底的表压为10.8kPa。空气输送量为20000m^3/h（15℃，101.33kPa），管长与管件、阀门的当量长度之和为100m，管壁绝对粗糙度取0.3mm。欲用库存一台离心通风机，其性能如下：

转速 1450r/min；风压 12650Pa；风量 21800m^3/h。

试核算此风机是否合用。

12. 在多级往复式压缩机中的某一级，将氨自0.147MPa（表压）压缩到1.08MPa（表压）。若生产能力为460m^3/h（标准状况），总效率为0.7，气体进口温度为-10℃，试计算该级压缩机所需功率及氨出口时的温度。设压缩机内进行的是绝热过程，氨的绝热指数为1.29。

第3章 机械分离 Mechanical Separation

非均相物系是指内部有隔开两相的界面，且界面两侧物料性质截然不同的混合物。如含尘气体及含雾气体属于气态非均相物系，悬浮液及乳浊液属于液态非均相物系。其中，处于分散状态的物质，如悬浮液中的固体颗粒、乳浊液中的液滴，称为分散相或分散物质；包围着分散物质的流体，则称为连续相或分散介质。

化工生产中经常涉及由固体颗粒和气体或液体等流体组成的非均相物系的分离问题，由于颗粒和流体的物理性质不同，工业上一般采用机械方法使两者间产生相对运动，从而实现非均相物系的分离，且其分离效果和采用的分离方式直接影响后续介质的处理工艺和成本。例如，某高温炉气中含尘量较大且炉气中颗粒直径分布范围较宽，其中直径超过 60μm 的颗粒约占一半；工艺要求炉气除尘率不低于 98%，且净化后气体中尘粒直径不超过 3μm。这是一个典型的除尘设备选择与设计问题。分析可知，单一的除尘设备难以满足工艺要求；炉气温度高、黏度大，因此不适合采用袋滤器。综合考虑工艺的合理性和经济性，采用了沉降室→旋风分离器→电除尘器分级处理流程的优选方案。具体除尘设备的设计还需考虑设备运行阻力、使用寿命等因素，如在此流程设计中选用了四个并联的小尺寸旋风分离器，而不是一个相对处理量大的旋风分离器，这是因为前者阻力仅为后者阻力的 40%。

非均相物系分离在实际生产中主要用于以下几个方面：

(1) 回收有价值的分散物质。例如从一些干燥器中出来的气体及从结晶机出来的晶浆中都带有一定量的固体颗粒，必须回收这些悬浮的颗粒作为产品。

(2) 净化分散介质以满足后续生产工艺的要求。例如某些发生催化反应的原料气中夹带有会影响催化剂活性的灰尘，因此，在气体进入反应器之前，必须除去其中颗粒状的杂质。

(3) 环境保护和安全生产等。例如很多含碳物质及金属细粉与空气容易形成爆炸物，必须除去这些物质以消除隐患。

化工生产过程常见的机械分离方法有沉降、过滤、离心分离和静电除尘等。本章重点讨论沉降和过滤。

3.1 沉　　降

沉降 (Settling) 是指在重力（或离心力）作用下，利用流体与固体颗粒之间密度的差异，使两相之间发生相对运动而实现分离的操作过程。

流体与颗粒之间的相对运动情况主要有以下三种：

（1）颗粒静止，流体对其做绕流运动；

（2）流体静止，颗粒在流体中做沉降运动；

（3）流体和颗粒都有一定的运动速度，两者之间存在一定的相对速度。

以第一种情况为例，当流体以一定的速度绕过颗粒流动时，流体与颗粒之间产生一对大小相等、方向相反的作用力，颗粒对流体的作用力称为阻力，流体作用于颗粒上的力称为曳力，两者是作用力和反作用力的关系。

本节主要介绍颗粒在流体中的重力沉降和离心沉降。

3.1.1 重力沉降

由于地球引力场的作用而发生的沉降过程，称为重力沉降（Gravity Settling）。工业生产中的沉降几乎都是干扰沉降，即尘粒在沉降过程中可能受到沉降空间、流体流动状况及其他尘粒的影响，因此实际沉降过程比较复杂。为简化问题，本节重点讨论自由沉降。

自由沉降是指理想条件下的重力沉降，即在沉降过程中，颗粒之间的距离足够大，任一颗粒的沉降不因其它颗粒的存在而受到干扰，且容器壁面的影响可以忽略。单个颗粒或充分分散的颗粒群在静止流体中的沉降都可视为自由沉降。

1. 自由沉降速度

颗粒的自由沉降速度通过对颗粒受力分析确定。假设一个表面光滑的球形颗粒处于静止的流体中，固体颗粒密度为 ρ_s、直径为 d，流体密度为 ρ，因为 $\rho_s>\rho$，颗粒将在流体中向下作沉降运动。此时，颗粒受到重力 F_g、浮力 F_b 及曳力 F_d 三个力的作用。重力向下、浮力向上，曳力与颗粒运动方向相反，也向上，如图 3-1 所示。其中

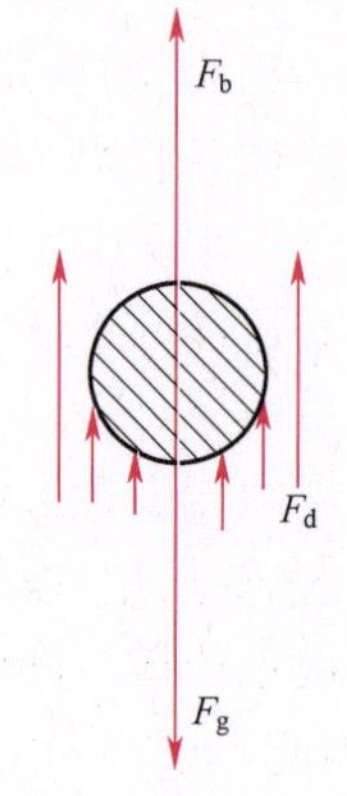

图 3-1 颗粒受力分析示意图

重力
$$F_g = \frac{\pi}{6}d^3\rho_s g \tag{3-1}$$

浮力
$$F_b = \frac{\pi}{6}d^3\rho g \tag{3-2}$$

曳力
$$F_d = \zeta\,\frac{1}{2}\rho u^2 A_p \tag{3-3}$$

平衡时
$$\frac{\pi}{6}d^3\rho_s g - \frac{\pi}{6}d^3\rho g - \zeta\,\frac{\pi}{4}d^2\left(\frac{\rho u^2}{2}\right) = ma \tag{3-4}$$

式中：A_p 为颗粒在沉降方向上的投影面积（m^2）；ζ 为曳力系数，无因次；u 为颗粒与流体间的相对速度（m/s）。

颗粒开始沉降的瞬间，$u=0$，此时加速度具有最大值，随后 u 值不断增加，直至达某一数值 u_t 时，曳力、浮力与重力三者的合力为零，加速度 $a=0$，颗粒开始作匀速沉降运动。可见，颗粒的沉降过程可分为两个阶段，起初为加速阶段，而后为等速阶段。工业上沉降操作所处理的颗粒往往很小，曳力随速度增长很快，可在短时间内达到等速运动，所以加速阶段可以忽略不计。

等速阶段时颗粒相对于流体的运动速度 u_t 称为沉降速度。

将 $u=u_t$ 代入式(3-4),可得

$$u_t=\left(\frac{4gd(\rho_s-\rho)}{3\rho\zeta}\right)^{1/2} \tag{3-5}$$

其中,曳力系数 ζ 是颗粒沉降雷诺数 Re_t 的函数,如图 3-2 所示。ϕ_s 表示颗粒形状与球形的差异程度,称为球形度。

$$\phi_s=\frac{\text{与颗粒体积相等的球形颗粒的表面积}}{\text{颗粒的表面积}} \tag{3-6}$$

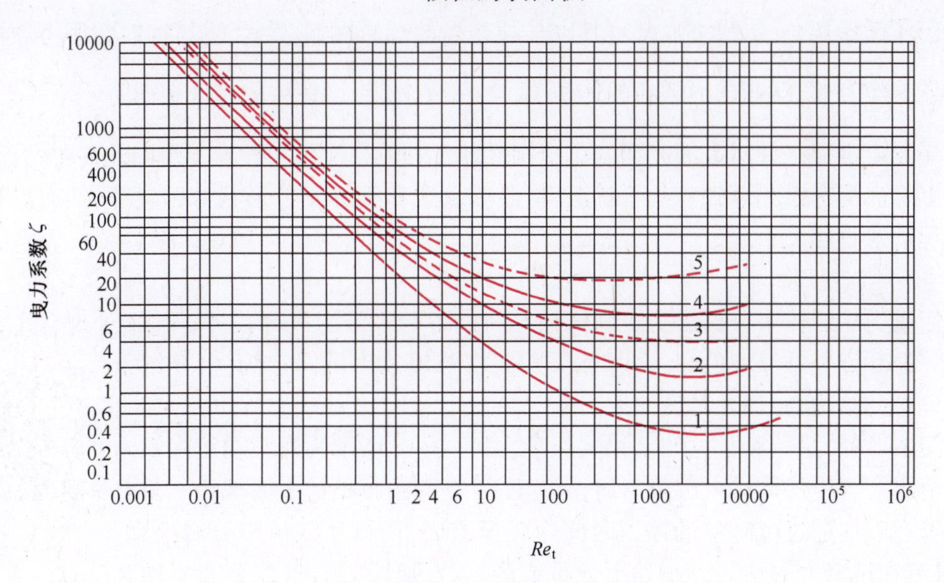

图 3-2　ζ 与 Re_t 的关系

1—$\phi_s=1$;2—$\phi_s=0.806$;3—$\phi_s=0.6$;4—$\phi_s=0.220$;5—$\phi_s=0.125$。

图 3-2 表明,颗粒的形状与圆球的差异越大,ϕ_s 越小,对应于同一 Re_t 值的曳力系数 ζ 越大,但 ϕ_s 对 ζ 的影响在 $Re_t<2$ 时不显著。

球形颗粒($\phi_s=1$)的曲线在不同的雷诺数范围内可用公式表示如下:

$Re_t<2$ 为斯托克斯(Stokes)定律区

$$\zeta=\frac{24}{Re_t} \tag{3-7}$$

$Re_t=2\sim500$ 为阿仑(Allen)区

$$\zeta=\frac{18.5}{Re_t^{0.6}} \tag{3-8}$$

$Re_t=500\sim2\times10^5$ 为牛顿(Newton)定律区

$$\zeta\approx0.44 \tag{3-9}$$

根据式(3-5)计算沉降速度 u_t 时,需要预先知道沉降雷诺数 Re_t 值才能选用相应的曳力系数 ζ 计算式。但是 u_t 为待求,Re_t 也就为未知。所以沉降速度 u_t 的计算需要采用试差法,即先假设颗粒沉降属于某一定律区,然后直接选用相应的沉降速度公式计算 u_t,再检验 $Re_t=\dfrac{\rho u_t d}{\mu}$ 值是否在假设的范围内。如果与假设的前提一致,则求得的 u_t 有效;否则,应按算出的 Re_t 值另选其他定律区公式计算,直到按求得 u_t 算出的 Re_t 值与所选用公式的 Re_t 值范围相符为止。

化工生产中涉及的沉降大多处于斯托克斯定律区，因此试差时一般先假设沉降处于斯托克斯定律区，把式(3-7)代入式(3-5)可得斯托克斯定律区沉降速度为

$$u_t = \frac{gd^2(\rho_s - \rho)}{18\mu} \tag{3-10}$$

从式(3-10)可以看出，密度差是沉降推动力，流体黏度是阻力的来源，密度差越大，μ 越小，则沉降速度 u_t 越大。沉降速度与颗粒直径的平方成正比，可见，颗粒直径是沉降分离的主要影响因素。

对于非球形颗粒，工程上通常将其以某种相当的球形颗粒表示，使其特性在所考察的范围内和球形颗粒等效，即非球形颗粒的体积 $V_P = \frac{\pi}{6}d_e^3$，d_e 为该颗粒的当量直径。

斯托克斯定律是针对表面光滑的单个刚性球形颗粒在流体中作自由沉降的简单情况，实际颗粒的沉降尚需考虑相邻颗粒的干扰沉降、器壁效应和实际颗粒形状等因素的影响，具体修正计算过程请参见相关手册。

2. 重力沉降设备

利用重力从流体中分离出所含固体颗粒的设备称为重力沉降设备。包括处理含尘气体的重力沉降室和处理悬浮液的连续式沉降槽等，本节以重力沉降室为例，介绍重力沉降设备的结构、原理及其设计方法。

连续式沉降槽工作原理

如图 3-3(a)是一种常见的重力沉降室，图 3-3(b)所示为颗粒在沉降室内的运动情况。含尘气体进入沉降室后，其速度因流道截面积扩大而减慢。只要颗粒能够在气体通过沉降室的停留时间内降至室底，便可从气体中分离出来。显然，气流在沉降室的均匀分布是十分重要的。若设计不当，气流分布不均甚至有死角存在，则必有部分气体停留时间较短，其中所含颗粒就来不及沉降而被带出室外。为使气流均匀分布，图 3-3(a)所示的重力沉降室采用锥形进出口。

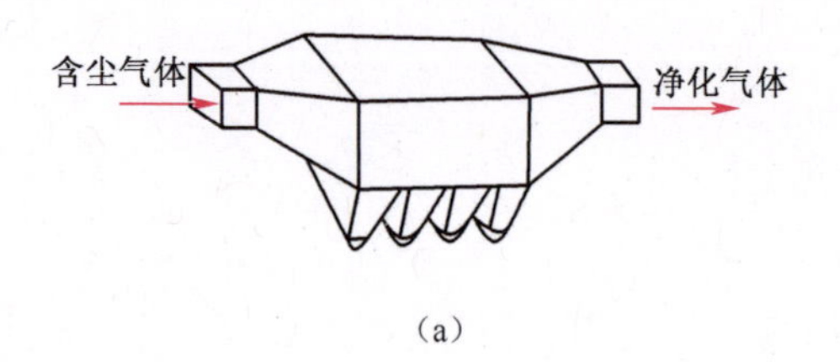

(a)

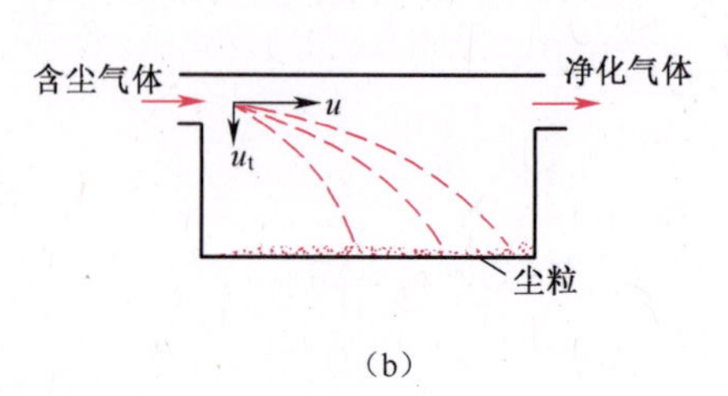

(b)

图 3-3 重力沉降室示意图

(a)重力沉降室；(b)尘粒在重力沉降室内的运动情况。

令 L 为重力沉降室的长度(m)；H 为重力沉降室的高度(m)；B 为重力沉降室的宽度(m)；A 为重力沉降室的底面积(m^2)；u 为气体在重力沉降室的水平通过速度(m/s)；V_s 为重力沉降室的生产能力(m^3/s)。

位于重力沉降室最高点的颗粒沉降至最低点需要的时间为

$$\tau_t = \frac{H}{u_t} \tag{3-11}$$

气体通过重力沉降室的停留时间为

$$\tau = \frac{L}{u} \tag{3-12}$$

为满足除尘要求,气体在重力沉降室内的停留时间应不低于颗粒的沉降时间,即

$$\tau \geqslant \tau_t \text{ 或 } \frac{L}{u} \geqslant \frac{H}{u_t} \tag{3-13}$$

气体在重力沉降室内的水平通过速度为

$$u = \frac{V_s}{HB} \tag{3-14}$$

将式(3-14)代入式(3-13)并整理得

$$V_s \leqslant BLu_t = Au_t \tag{3-15}$$

由式(3-15)可见,重力沉降室的生产能力 V_s 只与其沉降底面积 A 及颗粒的沉降速度 u_t 有关,而与其高度 H 无关。故重力沉降室应设计成扁平形,或在室内均匀设置多层水平隔板,构成多层沉降室。隔板间距一般为 40~100mm。若重力沉降室设置 n 层水平隔板,则多层沉降室的生产能力为无隔板时生产能力的(n+1)倍,即

$$V_s \leqslant (n+1)BLu_t = (n+1)Au_t \tag{3-16}$$

重力沉降室结构简单、流动阻力小,但体积庞大、分离效率低,通常只适用于分离直径大于 50μm 的粗颗粒,一般作为预除尘使用。多层沉降室虽能分离较细的颗粒且节省地面,但清灰比较麻烦。

沉降速度 u_t 应根据需要完全分离下来的最小颗粒尺寸计算。此外,气流速度 u 不宜过高,一般应保证进入重力沉降室的气体流动处于层流区,以免把已沉降下来的颗粒重新扬起。

【例 3-1】 拟采用重力沉降室回收常压炉气中所含的球形固体颗粒。重力沉降室底面积为 $10m^2$,宽和高均为 2m。操作条件下,气体的密度为 $0.75kg/m^3$,黏度为 2.6×10^{-5} Pa·s,固体的密度为 $3000kg/m^3$,重力沉降室的生产能力为 $3m^3/s$。试求:

(1) 理论上能完全捕集下来的最小颗粒直径;

(2) 粒径为 40μm 的颗粒的回收百分率;

(3) 如欲完全回收直径为 10μm 的尘粒,在原重力沉降室内需设置多少层水平隔板?

解:(1)理论上能完全捕集下来的最小颗粒直径。

由式(3-15)可知,在重力沉降室中能够完全被分离出来的最小颗粒的沉降速度为

$$u_t = \frac{V_s}{A} = \frac{3}{10} = 0.3\text{m/s}$$

假设沉降处于斯托克斯区,则可用式(3-10)求最小颗粒直径,即

$$d_{min} = \sqrt{\frac{18\mu u_t}{(\rho_s - \rho)g}} = \sqrt{\frac{18 \times 2.6 \times 10^{-5} \times 0.3}{(3000 - 0.75) \times 9.81}} = 6.91 \times 10^{-5}\text{m} = 69.1\mu\text{m}$$

验算: $$Re_t = \frac{d_{min}u_t\rho}{\mu} = \frac{6.91 \times 10^{-5} \times 0.3 \times 0.75}{2.6 \times 10^{-5}} = 0.598 < 2$$

求得的最小粒径有效。

(2) 40μm 颗粒的回收百分率。

假设颗粒在炉气中的分布是均匀的,则在气体的停留时间内颗粒的沉降高度与重力沉降室

高度之比即为该尺寸颗粒被分离下来的分率。

由于各种尺寸颗粒在重力沉降室内的停留时间均相同，故 40μm 颗粒的回收率也可用其沉降速度 u_t' 与 69.1μm 颗粒的沉降速度 u_t 之比来确定，在斯托克斯定律区则为

$$回收率 = u_t'/u_t = (d'/d_{min})^2 = (40/69.1)^2 = 0.335$$

即回收率为 33.5%。

(3) 需设置的水平隔板层数。

多层重力沉降室中需设置的水平隔板层数用式(3-16)计算。

由上面计算可知，10μm 颗粒的沉降必在斯托克斯区，可用式(3-10)计算沉降速度，即

$$u_t = \frac{d^2(\rho_s - \rho)g}{18\mu} \approx \frac{(10\times10^{-6})^2\times(3000-0.75)\times9.81}{18\times2.6\times10^{-5}} = 6.29\times10^{-3}\text{m/s}$$

所以
$$n = \frac{V_s}{Au_t} - 1 = \frac{3}{10\times6.29\times10^{-3}} - 1 = 46.69\text{，取 47 层}$$

隔板间距为
$$h = \frac{H}{n+1} = \frac{2}{47+1} = 0.042\text{m}$$

核算气体在多层重力沉降室内的流型：若忽略隔板厚度所占的空间，则气体的流速为

$$u = \frac{V_s}{BH} = \frac{3}{2\times2} = 0.75\text{m/s}$$

$$d_e = \frac{4Bh}{2(B+h)} = \frac{4\times2\times0.042}{2\times(2+0.042)} = 0.082\text{m}$$

所以
$$Re = \frac{d_e u\rho}{\mu} = \frac{0.082\times0.75\times0.75}{2.6\times10^{-5}} = 1774 < 2000$$

即气体在重力沉降室内的流动为层流，设计合理。

3.1.2 离心沉降

质量一定的固体颗粒所受的重力是恒定的，所以，一些密度或直径较小的颗粒很难用重力沉降的方法从流体中除去。此时，采用离心沉降效果要好得多，不仅分离效率提高，设备尺寸也会大大减小。离心沉降(Centrifugal Setting)是利用惯性离心力的作用而实现颗粒的沉降。

1. 离心沉降速度

设颗粒为球形，直径为 d，密度为 ρ_s，旋转半径为 R，圆周运动的线速度为 u_T，流体密度为 ρ，且 $\rho_s>\rho$。当流体围绕某一中心轴线作圆周运动时，便形成了惯性离心力场。当流体带着密度大于流体的颗粒旋转时，惯性离心力便会将颗粒沿切线方向甩出，在径向与流体发生相对运动而飞离中心。如果颗粒所在位置是一团与周围介质相同的流体，旋转时当然不会将这团流体甩出，说明此位置的流体对颗粒作用一个向心力，与颗粒在重力场中受到的浮力相似。此外，由于颗粒在径向与流体有相对运动，也会受到曳力。惯性离心力、向心力和曳力三力达到平衡时，颗粒在径向相对于流体的速度 u_r 即为颗粒在此位置的离心沉降速度。三个力大小分别为

惯性离心力
$$\frac{\pi}{6}d^3\rho_s\frac{u_T^2}{R} \tag{3-17}$$

向心力
$$\frac{\pi}{6}d^3\rho\frac{u_T^2}{R} \tag{3-18}$$

曳力

$$\zeta\frac{\pi}{4}d^2\frac{\rho u_r^2}{2} \tag{3-19}$$

平衡时

$$\frac{\pi}{6}d^3\rho_s\frac{u_T^2}{R}-\frac{\pi}{6}d^3\rho\frac{u_T^2}{R}-\zeta\frac{\pi}{4}d^2\frac{\rho u_r^2}{2}=0 \tag{3-20}$$

与重力沉降类似，在上述三个力的作用下，颗粒将沿径向发生离心沉降，在斯托克斯定律区，只要将式(3-10)中的重力加速度 g 换为离心加速度 $\frac{u_T^2}{R}$ 即可计算离心沉降速度，即

$$u_r=\frac{d^2(\rho_s-\rho)}{18\mu}\frac{u_T^2}{R} \tag{3-21}$$

2. 离心分离因数

将式(3-21)与式(3-10)相比可得，同一颗粒在同种介质中的离心沉降速度与重力沉降速度的比值为

$$K_c=\frac{u_r}{u_t}=\frac{u_T^2}{Rg} \tag{3-22}$$

比值 K_c 称为离心分离因数，是颗粒所在位置上的惯性离心力场强度与重力场强度之比。分离因数是离心分离设备的重要性能指标。例如，当旋转半径 $R=0.4\text{m}$、切向速度 $u_T=20\text{m/s}$ 时，其分离因数 K_c 为 102，即颗粒在上述条件下，离心沉降速度比重力沉降速度约大 100 倍，可见离心沉降设备的分离效果比重力沉降设备好得多。

3. 离心分离设备

利用离心力从流体中分离出所含固体颗粒的设备称为离心沉降设备。包括处理含尘气体的旋风分离器和处理悬浮液的旋液分离器和离心机等，本节以旋风除尘器为例，介绍离心沉降设备的结构、原理及其设计方法。

1）旋风分离器（Cyclone Separator）

旋风分离器又称旋风除尘器，是利用惯性离心力的作用从气体中分离出尘粒的设备。如图 3-4所示是具有代表性的结构型式，称为标准旋风分离器。其主体的上部为圆筒形，下部为圆锥形。各部件的尺寸均与圆筒直径成正比，比例均标注于图中。含尘气体由圆筒上部的进气管切向进入，受器壁的约束向下做螺旋运动。在惯性离心力作用下，颗粒被抛向器壁而与气流分离，再沿壁面落至锥底。净化后的气体在圆筒中心附近由下而上作螺旋运动，最后由顶部排气管排出。图 3-5 侧视图描绘了气体在旋风分离器内的运动情况。通常，把下行的螺旋形气流称为外旋流，上行的螺旋形气流称为内旋流（又称气芯）。内、外旋流气体的旋转方向相同。外旋流的上部是主要除尘区。

旋风分离器内的静压强在器壁附近最高，仅稍低于气体进口处的压强，往中心逐渐降低，在气芯处可降至气体出口压强以下。旋风分离器内的低压气芯由排气管入口一直延伸到底部出灰口。因此，如果出灰口密封不良，则容易漏入气体，把已收集在锥形底部的粉尘重新卷起，严重降低分离效果。

旋风分离器的应用已有近百年的历史，因其结构简单，造价低廉，没有活动部件，可用多种材料制造，操作条件范围宽广，分离效率较高，所以至今仍是化工、采矿、冶金、机械、轻工等工业部门里最常用的一种除尘、分离设备。旋风分离器一般用来除去气流中直径在 5μm 以上的尘粒。对颗粒含量高于 200g/m^3 的气体，由于颗粒聚结作用，它甚至能除去 3μm 以下的颗粒。

对于直径在200μm以上的粗大颗粒，最好先用重力沉降法除去，以减小颗粒对分离器器壁的磨损；对于直径在5μm以下的颗粒，一般旋风分离器的捕集效率已不高，需用袋滤器或湿法捕集。旋风分离器不适用于处理黏性粉尘、含湿量高的粉尘及腐蚀性粉尘。此外，气量的波动对除尘效果及设备阻力影响较大。

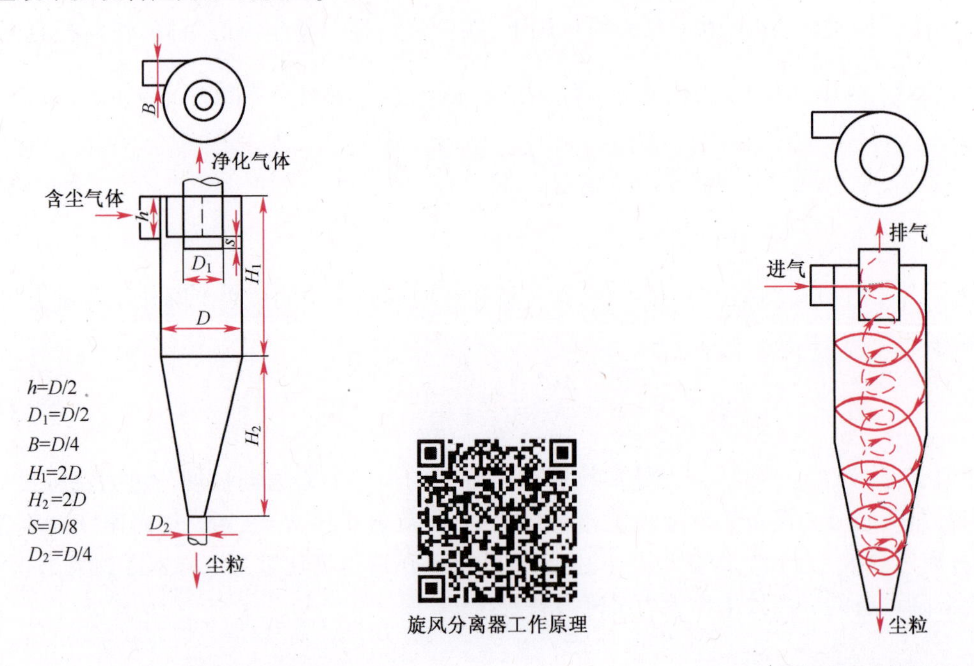

图3-4 标准旋风分离器　　图3-5 气体在旋风分离器内的运动情况

(1) 旋风分离器的性能指标

评价旋风分离器性能的主要指标包括临界粒径、分离效率及气体经过旋风分离器的压强降。

① 临界粒径（Criticle Diameter）。临界粒径是指理论上在旋风分离器中能被完全分离下来的最小颗粒直径。临界粒径是判断分离效率高低的重要依据。临界粒径越小，说明分离效果越好。

临界粒径 d_c 的大小很难精确测定，可在如下简化条件下推导出来近似计算式。

假设进入旋风分离器的气流严格按螺旋形作等速运动，其切向速度等于进口气速 u_i；颗粒向器壁沉降时，必须穿过厚度等于整个进气宽度 B 的气流层，方能到达壁面而被分离；颗粒在斯托克斯定律区下作自由沉降。旋转半径取平均值 R_m，可得

$$u_r = \frac{d^2(\rho_s - \rho)}{18\mu}\frac{u_i^2}{R} \approx \frac{d^2\rho_s}{18\mu}\frac{u_i^2}{R_m} \tag{3-23}$$

颗粒到达器壁所需的沉降时间为

$$\tau_t = \frac{B}{u_r} = \frac{18\mu R_m B}{d^2\rho_s u_i^2} \tag{3-24}$$

令气流的有效旋转圈数为 N_e（对标准旋风分离器，可近似取 $N_e = 5$），它在旋风分离器内运行的距离便是 $2\pi R_m N_e$，则停留时间为

$$\tau = \frac{2\pi R_m N_e}{u_i} \tag{3-25}$$

若某种尺寸的颗粒所需的沉降时间 τ_t 恰好等于停留时间 τ，该颗粒就是理论上能被完全分离下来的最小颗粒，即临界粒径，则

$$\frac{18\mu R_m B}{d_c^2 \rho_s u_i^2} = \frac{2\pi R_m N_e}{u_i} \tag{3-26}$$

解得

$$d_c = \sqrt{\frac{9\mu B}{\pi N_e \rho_s u_i}} \tag{3-27}$$

由式(3-27)可见，临界粒径随分离器尺寸增大而加大，因此分离效率随分离器尺寸增大而减小。所以，当气体处理量很大时，常将若干个小尺寸的旋风分离器并联使用（称为旋风分离器组），以维持较高的除尘效率。

② 分离效率。旋风分离器的分离效率有两种表示法：一种是总效率，以 η_0 代表；另一种是分效率，又称粒级效率，以 η_p 代表。

总效率是指进入旋风分离器的全部颗粒中被分离下来颗粒所占的质量分数，即

$$\eta_0 = \frac{C_1 - C_2}{C_1} \tag{3-28}$$

式中：C_1 为旋风分离器进口气体含尘浓度（g/m^3）；C_2 为旋风分离器出口气体含尘浓度（g/m^3）。

总效率是工程中最常用的，也是最易于测定的分离效率。这种表示方法的缺点是不能表明旋风分离器对各种尺寸粒子的不同分离效果。

含尘气流中的颗粒通常是大小不均的，通过旋风分离器之后，各种尺寸的颗粒被分离下来的百分率互不相同。按各种粒度分别表明其被分离下来的质量分率，称为粒级效率。通常把气流中所含颗粒的尺寸范围等分成 n 个小段，而其在第 i 个小段范围内的颗粒（平均粒径为 d_i）的粒级效率定义为

$$\eta_{p,i} = \frac{C_{1,i} - C_{2,i}}{C_{1,i}} \tag{3-29}$$

式中：$C_{1,i}$为进口气体中粒径在第 i 小段范围内的颗粒的浓度（g/m^3）；$C_{2,i}$为出口气体中粒径在第 i 小段范围内的颗粒的浓度（g/m^3）。

粒级效率 η_p 与颗粒直径 d 的对应关系可用曲线表示，称为粒级效率曲线。这种曲线可通过实测旋风分离器进、出气流中所含尘粒的浓度及粒度分布而获得。

如图3-6所示为某旋风分离器的实测粒级效率曲线。根据计算，其临界粒径 d_c 约为10μm。理论上，凡直径大于10μm的颗粒，其粒级效率都应为100%，而小于10μm的颗粒，粒级效率都应为零，即应以 d_c 为界作清晰的分离，如图中折线 $abcd$ 所示。但由图中实测的粒级效率曲线可知，对于直径小于 d_c 的颗粒，也有可观的分离效果，而直径大于 d_c 的颗粒，还有部分未被分离下来。这主要是因为：直径小于 d_c 的颗粒中，有些在旋风分离器进口处已很靠近壁面，在停留时间内能够到达壁面上，或者在器内聚结成了大的颗粒，因而具有较大的沉降速度；直径大于 d_c 的颗粒中，有些受气体涡流的影响未能到达壁面，或者沉降后又被气流重新卷起而带走。

有时也把旋风分离器的粒级效率 η_p 标绘成粒径比 $\frac{d}{d_{50}}$ 的函数曲线。d_{50}是粒级效率为50%

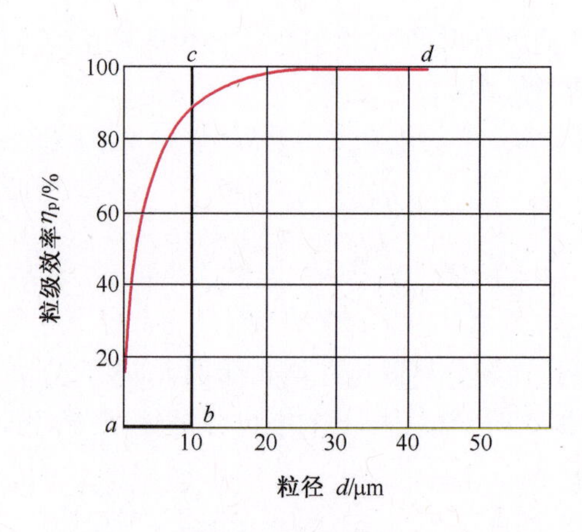

图 3-6 粒级效率曲线

的颗粒直径，称为分割粒径。标准旋风分离器的 $\eta_p - \frac{d}{d_{50}}$ 曲线见图 3-7。对于同一形式且尺寸比例相同的旋风分离器，无论大小，皆可通用同一条 $\eta_p - \frac{d}{d_{50}}$ 曲线，这给旋风分离器效率的估算带来了很大方便。

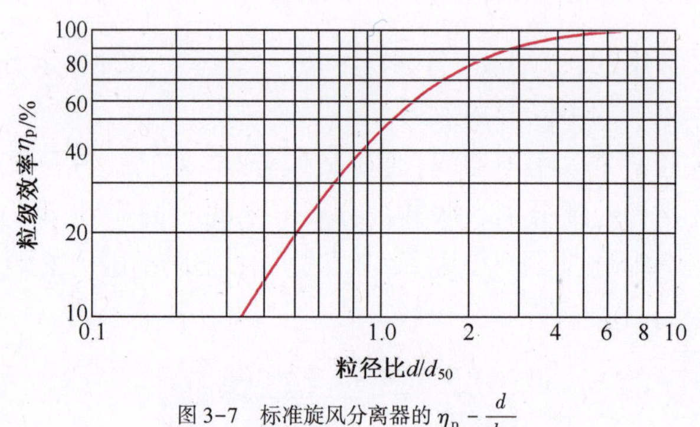

图 3-7 标准旋风分离器的 $\eta_p - \frac{d}{d_{50}}$

旋风分离器的总效率 η_0，不仅取决于各种尺寸颗粒的粒级效率，而且取决于气流中所含尘粒的粒度分布。即使同一设备处于同样操作条件下，如果气流含尘的粒度分布不同，也会得到不同的总效率。如果已知粒级效率曲线，并且已知气体含尘的粒度分布数据，则可按下式估算总效率，即

$$\eta_0 = \sum_{i=1}^{n} x_i \eta_{p,i} \tag{3-30}$$

式中：x_i 为粒径在第 i 小段范围内的颗粒占全部颗粒的质量分数；$\eta_{p,i}$ 为第 i 小段粒径范围内颗粒的粒级效率；n 为全部粒径被划分的段数。

③ 压强降。气体经旋风分离器时，由于进气管和排气管及主体器壁所引起的摩擦阻力，流动时的局部阻力以及气体旋转运动所产生的动能损失等，造成气体的压强降。可以按局部阻力计算，即

$$\Delta p = \zeta \frac{\rho u_i^2}{2} \tag{3-31}$$

式中：ζ 为阻力系数。对于同一结构形式及尺寸比例的旋风分离器，ζ 为常数，不因尺寸大小而

变。标准旋风分离器阻力系数$\zeta=8.0$,压强降一般为500~2000Pa。

影响旋风分离器性能的因素多而复杂,物系情况及操作条件是其中的重要方面。一般说来,颗粒密度大、粒径大、进口气速高及粉尘浓度高等情况均有利于分离。譬如,含尘浓度高则有利于颗粒的聚结,可以提高效率,而且颗粒浓度增大可以抑制气体涡流,从而使阻力下降,所以较高的含尘浓度对压强降与效率两个方面都是有利的。但有些因素则对这两个方面有相互矛盾的影响,譬如进口气速稍高有利于分离,但过高则导致涡流加剧,反而不利于分离,徒然增大压强降。因此,旋风分离器的进口气速保持在10~25m/s范围内为宜。

(2) 旋风分离器的结构形式与选用

旋风分离器的分离效率不仅受含尘气体的物理性质、含尘浓度、粒度分布及操作的影响,还与设备的结构尺寸密切相关。只有各部分结构尺寸恰当,才能获得较高的分离效率和较低的压强降。

为提高分离效率或降低气流阻力,可从以下几个方面进行改进:

① 采用细而长的器身。细而长的器身有利于颗粒的离心沉降,直径减小可增大惯性离心力,器身长度增加可延长气体停留时间。

② 减小涡流的影响。含尘气体自进气管进入旋风分离器后,有一小部分气体向顶部流动,然后沿排气管外侧向下流动,当达到排气管下端时汇入上升的内旋气流中,这部分气流称为上涡流。分散在这部分气流中的颗粒由于短路而逸出器外,这是造成旋风分离器低效的主要原因之一。采用带有旁路分离室或采用异形进气管的旋风分离器,可以改善上涡流的影响。

在标准旋风分离器内,内旋流旋转上升时,会将沉积在圆锥底部的部分颗粒重新扬起,这是影响分离效率的另一重要原因。为抑制这种不利因素,可采用扩散式旋风分离器。

此外,排气管和灰斗尺寸的合理设计都可使除尘效率进一步提高。

面对分离含尘气体的具体任务,决定所应采用的旋风分离器型式、尺寸与台数时,要首先根据系统的物性与任务的要求,结合各型设备的特点,选定旋风分离器的形式,而后通过计算决定尺寸与台数。

旋风分离器设计与选择的主要依据有三个方面:①含尘气的体积流量;②要求达到的分离效率;③允许的压强降。严格地按照上述三项指标计算指定型式的旋风分离器尺寸与台数,需要知道该型设备的粒级效率及气体含尘的粒度分布数据或曲线。实际往往由于缺乏相关数据,不能对分离效率作出较为确切的计算,只能在保证满足规定的生产能力及允许压强降的同时,对效率作粗略的考虑。

在选定旋风分离器的形式之后,可查阅该型旋风分离器的主要性能表,依据表中各种尺寸的该型设备在若干个压强降数值下的生产能力确定型号。

按照规定的允许压强降,一般可同时选出几种不同的型号。若选直径小的分离器,效率较高,但可能需要数台并联才能满足生产能力的要求。反之,若选直径大的,则台数可以减少,但效率相对较低。

旋风分离器常用的型号有CLT、CLP和CLK。其中C表示除尘器,L表示离心式,T为筒型,P为旁路型,K为扩散型。旋风分离器的具体设计选型问题,请参考相关设计手册。

2) 旋液分离器

旋液分离器又称水力旋流器,是利用离心沉降原理从悬浮液中分离固体颗粒的设备。它的结构与操作原理和旋风分离器相类似。设备主体也是由圆筒和圆锥两部分组成,如图3-8所示。悬浮液经入口管沿切向进入圆筒,向下作螺旋形运动,固体颗粒受惯性离心力作用被甩向器壁，随下旋流降至圆锥底部的出口，由底部排出的增浓液称为底流；清液或含有微细颗粒的液体则成为上升的内旋流，从顶部的中心管排出，称为溢流。内层旋流中心有一个处于负压的气柱。气柱中的气体是由料浆中释放出来的，或者是由溢流管口暴露于大气中时而将空气吸入器内的。

旋液分离器的结构特点是直径小而圆锥部分长。因为固体和液体间的密度差比固气间的密度差小，在一定的切线进口速度下，小直径的圆筒有利于增大惯性离心力，以提高沉降速度；同时，锥形部分加长可增大液流的行程，从而延长了悬浮液在器内的停留时间。

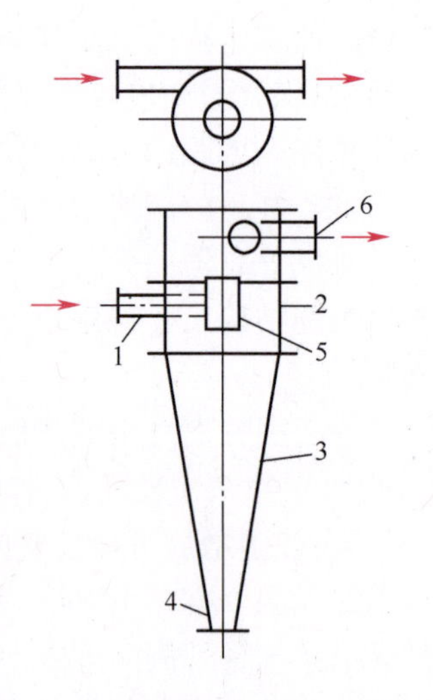

图 3-8　旋液分离器
1—悬浮液入口管；2—圆筒；3—锥形筒；4—底流出口；5—中心溢流管；6—溢流出口管。

旋液分离器不仅可用于悬浮液的增浓，在分级方面更有显著特点，而且还可用于不互溶液体的分离、气液分离以及传热、传质和雾化等操作中，因而广泛应用于多种工业领域中。

在进行旋液分离器设计或选型时，应根据工艺的不同要求，对技术指标或经济指标加以综合权衡，以确定设备的最佳结构及尺寸比例。例如，用于分级时，分割粒径通常为工艺所规定，而用于增浓时，则往往规定总收率或底流浓度。从分离角度考虑，在给定处理量时，选用若干个小直径旋液分离器并联进行，其效果要比使用一个大直径的旋液分离器好得多。正因如此，多数制造厂家都提供不同结构的旋液分离器组，使用时可单级操作，也可串联操作，以获得更高的分离效率。

近年来，世界各国对超小型（直径小于 15mm）旋液分离器积极进行开发。超小型旋液分离器特别适用于微细物料悬浮液的分离操作，颗粒直径可小到 2~5μm。

旋液分离器的粒级效率和颗粒直径的关系曲线与旋风分离器颇为相似，并且同样可根据粒级效率及粒径分布计算总效率。

在旋液分离器中，颗粒沿器壁快速运动时产生严重磨损，为了延长其使用期限，应采用耐磨材料作内衬。

3）水膜除尘器

在电厂还经常采用一种水膜除尘器，其结构与旋风除尘器类似，具有一个立式的带有锥形底的中空圆筒，布置在筒体上部的环形喷嘴喷出的水形成的水膜沿圆筒内壁自上而下均匀流动。烟气由筒体下部沿切向进入，在圆筒内旋转上升，由此产生的离心力将尘粒甩向器壁，被筒体壁流动的水膜捕获由底部灰斗排出，净化后的烟气由顶部排出。

3.2 过　　滤

过滤（Filtration）是分离悬浮液最普遍和最有效的单元操作之一。通过过滤操作可获得干净的液体或固相产品。与沉降分离相比，过滤操作可使悬浮液的分离更迅速更彻底。与蒸发、干燥等非机械操作相比，过滤操作能量消耗较低。此外，在气体净化时，若颗粒微小且含尘量很低，一般也采用过滤操作。本节主要介绍悬浮液的过滤。

3.2.1 概述

过滤是以某种多孔物质为介质，在外力作用下，使悬浮液中的液体通过介质的孔道，而固体颗粒被截留，从而实现固、液分离的一种单元操作。实现过滤操作的外力可以是重力、压强差或惯性离心力。在化工中应用最多的还是以压强差为推动力的过滤。

过滤操作采用的多孔物质称为过滤介质，所处理的悬浮液称为滤浆或料浆，通过多孔通道的液体称为滤液，被截留的固体物质称为滤饼或滤渣。

工业操作使用的过滤介质主要有以下几种：

(1) 织物介质。由天然或合成纤维、金属丝等编织而成的滤布、滤网，是工业生产中使用最广泛的过滤介质。它的价格便宜，清洗及更换方便，可截留颗粒的最小直径为5~65μm。

(2) 多孔固体介质。此类介质包括素瓷、烧结金属(或玻璃)、或由塑料细粉粘结而成的多孔性塑料管等，能截留小至1~3μm 的微小颗粒。

(3) 堆积介质。此类介质由各种固体颗粒(细砂、木炭、石棉、硅藻土)或非编织纤维等堆积而成，多用于深层过滤中。

过滤介质的选择要根据悬浮液中固体颗粒的含量及粒度范围，介质所能承受的温度和化学稳定性、机械强度等因素来考虑。

工业上过滤基本方式有两种：深层过滤和滤饼过滤。

在深层过滤操作中，颗粒尺寸比过滤介质孔径小，但过滤介质的孔道弯曲细长，当流体通过过滤介质时，颗粒随流体一起进入介质的孔道中，在惯性和扩散作用下，颗粒在运动过程中趋于孔道壁面，并在表面力和静电的作用下附着在孔道壁面上，如图3-9(a)所示。这种过滤方式的特点是过滤在过滤介质内部进行，过滤介质表面无固体颗粒层形成。由于过滤介质孔道细长，通常过滤阻力较大。这种过滤方式常用于净化颗粒尺寸甚小，且含量甚微的情况下。

在滤饼过滤操作中，流体中的固体颗粒被截留在过滤介质表面上，形成一颗粒层，称为滤饼，如图3-9(b)所示。对于这种操作，当过滤开始时，特别小的颗粒可能会通过过滤介质，得到浑浊的液体，但随着过滤的进行，较小的颗粒在过滤介质表面形成"架桥"现象，形成滤饼，其后，滤饼成为主要的"过滤介质"，从而使通过滤饼层的液体变为清液，固体颗粒得到有效的分离。

滤饼过滤适用于处理颗粒含量较高的悬浮液，是化工生产中的主要过滤方式，本章主要讨论滤饼过滤。

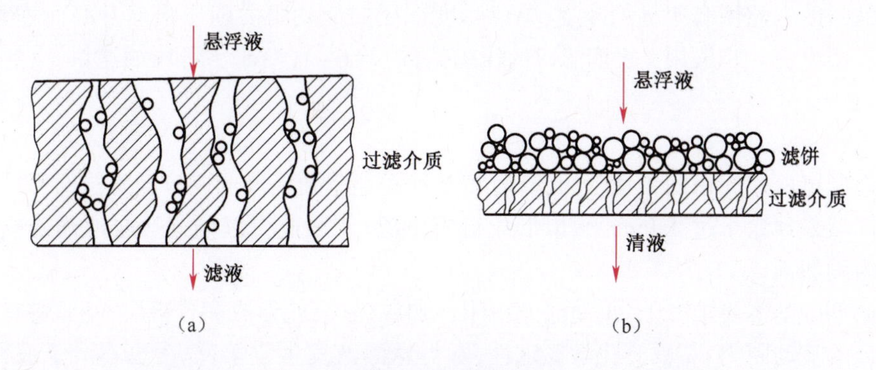

图3-9 过滤基本方式
(a)深层过滤；(b)滤饼过滤。

滤饼是由截留下的固体颗粒堆积而成的床层，随着操作的进行，滤饼的厚度与流动阻力都逐渐增加。构成滤饼的颗粒特性对流动阻力的影响很大。

1. 颗粒床层特性参数

描述颗粒床层特性的参数主要有床层空隙率、床层的平均自由截面积和床层比表面积等，下面分述如下。

（1）床层空隙率。由颗粒群堆积成的床层疏密程度可用空隙率 ε 来表示，其定义式如下：

$$\varepsilon=\frac{\text{床层体积}-\text{颗粒体积}}{\text{床层体积}} \tag{3-32}$$

影响空隙率 ε 值的因素非常复杂，诸如颗粒的大小、形状、粒度分布与充填方式等。一般乱堆床层的空隙率大致在 0.47~0.70 之间。

（2）床层的平均自由截面积。床层的平均自由截面积指流体可以自由通过的截面积。对于颗粒均匀堆积的床层而言，在床层中任一截面处的平均自由截面积 S_0 是相同的。

$$S_0=\text{床层截面积}-\text{颗粒所占的平均截面积} \tag{3-33}$$

（3）床层比表面积。单位床层体积具有的颗粒表面积称为床层的比表面积 a_b。若忽略颗粒之间接触面积的影响，则

$$a_b=\frac{\text{床层中颗粒的表面积}}{\text{床层体积}}=\frac{\text{颗粒的表面积}}{\text{颗粒的体积}}\times\frac{\text{颗粒的体积}}{\text{床层体积}}=a(1-\varepsilon) \tag{3-34}$$

工业上，小颗粒的床层用乱堆方法堆成，而非球形颗粒的定向是随机的，因而可认为床层是各向同性，即床层横截面上可供流体通过的自由截面积与床层截面积之比在数值上等于空隙率 ε。

实际上，壁面附近床层的空隙率总是大于床层内部的，因此流体容易向近壁处流过，使床层截面上流体分布不均匀，这种现象称为壁效应。当床层直径与颗粒直径之比 D/d 较小时，壁效应的影响尤为严重。

2. 滤饼特性

颗粒如果是不易变形的坚硬固体如硅藻土、碳酸钙等，则当滤饼两侧的压强差增大时，颗粒的形状和颗粒间的空隙都不发生明显变化，单位厚度床层的流动阻力可视作恒定，这类滤饼称为不可压缩滤饼。

如果滤饼是由某些类似氢氧化物的胶体物质构成，则当滤饼两侧的压强差增大时，颗粒的形状和颗粒间的空隙便有明显的改变，单位厚度饼层的流动阻力随压强差升高而增大，这种滤饼称为可压缩滤饼。一般用 s 表征滤饼的压缩指数，$s=0\sim1$，对于不可压缩滤饼 $s=0$，可压缩滤饼 $s=0.2\sim0.8$。

3. 助滤剂

为了降低可压缩滤饼的流动阻力，有时将某种质地坚硬而能形成疏松饼层的另一种固体颗粒混入悬浮液或预涂于过滤介质上，以形成疏松饼层，使滤液得以畅流。这种预混或预涂的粒状物质称为助滤剂。

对助滤剂的基本要求如下：①助滤剂由刚性颗粒组成，能形成多孔饼层，使滤饼有良好的渗透性及较低的流动阻力；②具有化学稳定性，不与悬浮液发生化学反应，也不溶于液相中；③在过滤操作的压强差范围内，具有不可压缩性，以保持滤饼有较高的空隙率。

应予注意，一般以获得清净滤液为目的时，采用助滤剂才是适宜的。

3.2.2 过滤过程计算

悬浮液过滤操作中，滤浆中的液体通过滤饼层的流动是属于流体通过颗粒床层的流动问题。液体流过颗粒床层的阻力直接影响过滤速率的大小。

流体在滤饼层内流动极慢，称为爬流。在保证单位体积表面积相等的前提下，可将颗粒层内的实际流动过程大幅度简化，以便于建立数学模型。经简化而得到的等效流动过程称为原真实流动过程的物理模型。

将颗粒床层中的不规则孔道简化成长度为 l 的一组平行细管，如图 3-10 所示，并假定：

(1) 细管的内表面积之和等于床层颗粒的总表面积；

(2) 细管的全部流动空间等于颗粒床层的空隙容积；

(3) 细管长度与床层高度成正比；

(4) 流体通过细管的流动处于层流区。

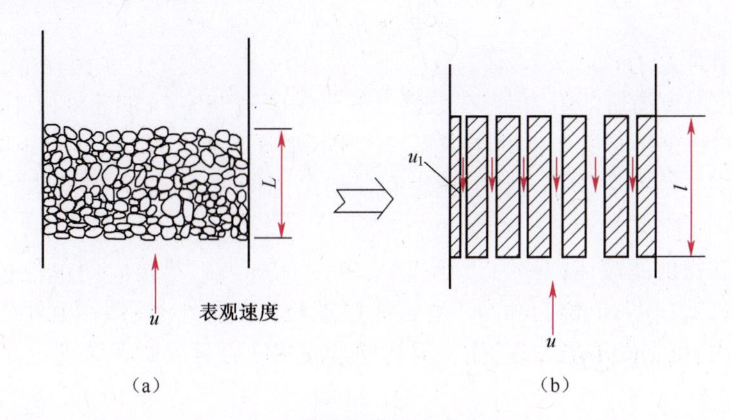

图 3-10　颗粒床层的简化物理模型

则这些虚拟细管的当量直径可表达为

$$d_e = 4 \times \frac{\text{流通截面积}}{\text{润湿周边长}} = \frac{4 \times \text{床层的空隙容积}}{\text{床层颗粒的总表面积}} = \frac{4\varepsilon}{a_b} = \frac{4\varepsilon}{a(1-\varepsilon)} \tag{3-35}$$

流体通过滤饼床层的压降 Δp_c 相当于流体通过一组当量直径为 d_e，长度为 l 的细管的压降，即

$$\Delta p_c = \lambda \frac{l}{d_e} \frac{\rho u_1^2}{2} \tag{3-36}$$

式中：u_1 为流体在细管内的流速，它与按整个床层截面计算的平均流速 u 之间的关系为

$$u_1 = \frac{u}{\varepsilon} \tag{3-37}$$

将式(3-35)和式(3-37)带入式(3-36)得

$$\frac{\Delta p_c}{L} = \lambda \frac{l}{8L} \frac{a(1-\varepsilon)}{\varepsilon^3} \rho u^2 = \lambda' \frac{a(1-\varepsilon)}{\varepsilon^3} \rho u^2 \tag{3-38}$$

式(3-38)为流体通过颗粒床层压降的数学模型，其中 $\lambda' = \dfrac{\lambda l}{8L}$ 为模型参数，由实验测定。

康采尼(Kozeny)对此进行了实验研究，发现在流速较低、床层雷诺数 $Re_b<2$ 的情况下，λ'是

床层雷诺数 Re_b 的函数，实验数据能较好地符合下式：

$$\lambda' = \frac{K}{Re_b} \tag{3-39}$$

式中：K 为康采尼常数，其值为 5.0，Re_b 可由下式计算

$$Re_b = \frac{\rho u_1 d_e}{4\mu} = \frac{\rho u}{a(1-\varepsilon)\mu} \tag{3-40}$$

将式(3-39)、式(3-40)代入式(3-38)得

$$\frac{\Delta p_c}{L} = \frac{5a^2(1-\varepsilon)^2 \mu u}{\varepsilon^3} \tag{3-41}$$

式(3-41)称为康采尼方程，仅适用于低雷诺数范围($Re_b<2$)。对于不可压缩滤饼，滤饼层的空隙率 ε 可视为常数，颗粒的形状、尺寸也不改变，因此比表面 a 亦为常数。

令
$$r = \frac{5a^2(1-\varepsilon)^2}{\varepsilon^3} \tag{3-42}$$

则
$$\Delta p_c = \mu r L u \tag{3-43}$$

式中：r 为滤饼的比阻($1/m^2$)。

比阻 r 是单位厚度滤饼的阻力，它在数值上等于黏度为 1Pa·s 的滤液以 1m/s 的平均流速通过厚度为 1m 的滤饼层时所产生的压强降。比阻反映了颗粒形状、尺寸及床层空隙率对滤液流动的影响。床层空隙率 ε 越小及颗粒比表面 a 越大，则床层越致密，对流体流动的阻力越大。

1. 过滤速率与过滤速度

单位时间内获得的滤液体积称为过滤速率，单位为 m^3/s。单位时间单位过滤面积上获得的滤液体积称为过滤速度，单位为 m/s。滤饼床层颗粒一般很小，液体在滤饼空隙中的流动处于低雷诺数范围内，根据康采尼方程，任一瞬间的过滤速度可写成如下形式：

$$u = \frac{dV}{A d\tau} = \frac{\Delta p_c}{\mu r L} \tag{3-44}$$

式中：Δp_c 为滤饼上、下游两侧的压强差，是过滤操作的推动力；$\mu r L$ 反映单位速度流体通过厚度为 L 的滤饼床层的阻力。

为方便起见，设想以一层厚度为 L_e 的滤饼来代替过滤介质，而过程仍能完全按照原来的速率进行，那么，这层设想中的滤饼就应当具有与过滤介质相同的阻力。仿照式(3-44)可以写出滤液穿过过滤介质层的速度关系式：

$$u_m = \frac{dV}{A d\tau} = \frac{\Delta p_m}{\mu r L_e} \tag{3-45}$$

式中：u_m 为滤液穿过过滤介质层的速度(m/s)；Δp_m 为过滤介质上、下游两侧的压强差(Pa)。

由于很难确定过滤介质与滤饼之间的分界面，更难测定分界面处的压强，因而过滤介质的阻力与最初所形成的滤饼层的阻力往往是无法分开的，所以过滤操作中总是把过滤介质与滤饼联合起来考虑。

通常，滤饼与过滤介质的面积相同，所以两层中的过滤速度应相等，则

$$u = u_m = \frac{dV}{A d\tau} = \frac{\Delta p_c + \Delta p_m}{\mu r(L+L_e)} = \frac{\Delta p}{\mu r(L+L_e)} \tag{3-46}$$

式中 $\Delta p = \Delta p_c + \Delta p_m$，代表滤饼与过滤介质两侧的总压强降，称为过滤压强差。在实际过滤设备上，常有一侧处于大气压下，此时 Δp 就是另一侧表压的绝对值，所以 Δp 也称为过滤的表

压强。式(3-46)表明,可用滤液通过串联的滤饼与过滤介质的总压强降来表示过滤推动力,用两层的阻力之和来表示总阻力。

L_e 代表过滤介质的当量滤饼厚度,或称虚拟滤饼厚度;在一定的操作条件下,以一定介质过滤一定悬浮液时,L_e 为定值;但同一介质在不同的过滤操作中,L_e 值不同。

2. 过滤基本方程

在滤饼过滤过程中,滤饼厚度 L 随时间增加,滤液量也不断增多。

若每获得 $1m^3$ 滤液所形成的滤饼体积为 vm^3,则任一瞬间的滤饼厚度 L 与当时已经获得的滤液体积 V 之间的关系应为

$$LA = vV$$

即

$$L = \frac{vV}{A} = vq \tag{3-47}$$

式中:v 为滤饼体积与相应的滤液体积之比(无因次,或 m^3/m^3);q 为单位过滤面积上获得的滤液体积(m^3/m^2)。

同理,如生成厚度为 L_e 的滤饼所应获得的滤液体积以 V_e 表示,则

$$L_e = \frac{vV_e}{A} = vq_e \tag{3-48}$$

式中:V_e 为过滤介质的当量滤液体积,或称虚拟滤液体积(m^3);q_e 为单位过滤面积上获得的滤液体积(m^3/m^2)。

于是,式(3-46)可以写成:

$$\frac{dV}{d\tau} = \frac{A^2 \Delta p}{\mu rv(V + V_e)} \tag{3-49a}$$

或

$$\frac{dq}{d\tau} = \frac{\Delta p}{\mu rv(q + q_e)} \tag{3-49b}$$

可压缩滤饼的情况比较复杂,它的比阻是两侧压强差的函数。考虑到滤饼的压缩性,通常可借用下面的经验公式来粗略估算压强差增大时比阻的变化,即

$$r = r'(\Delta p)^s \tag{3-50}$$

式中:r' 为单位压强差下不可压缩滤饼的比阻($1/m^2$);Δp 为过滤压强差(Pa)。

将式(3-50)代入式(3-49a),得到

$$\frac{dV}{d\tau} = \frac{A^2 \Delta p^{1-s}}{\mu r'v(V + V_e)} \tag{3-51}$$

式(3-51)称为过滤基本方程式,表示过滤进程中任一瞬间的过滤速率与各有关因素间的关系,是过滤计算及强化过滤操作的基本依据。

3. 过滤时间与滤液量的关系

过滤操作有两种典型的方式,即恒压过滤及恒速过滤。有时,为避免过滤初期因压强差过高而引起滤液浑浊或滤布堵塞,可采用先恒速后恒压的复合操作方式,过滤开始时以较低的恒定速率操作,当表压升至给定数值后,再转入恒压操作。当然,工业上也有既非恒速亦非恒压的过滤操作,如用离心泵向压滤机送料浆即属此例。

(1) 恒压过滤。若过滤操作是在恒定压强差下进行的,则称为恒压过滤。恒压过滤是最常见的过滤方式。恒压过滤时滤饼不断变厚,致使阻力逐渐增加,但推动力 Δp 恒定,因而过滤速率逐渐变小。

令
$$K = \frac{2\Delta p^{1-s}}{\mu r' v} \tag{3-52}$$

式(3-51)可变为
$$\frac{\mathrm{d}V}{\mathrm{d}\tau} = \frac{KA^2}{2(V + V_e)} \tag{3-53a}$$

或
$$\frac{\mathrm{d}q}{\mathrm{d}\tau} = \frac{K}{2(q + q_e)} \tag{3-53b}$$

对于一定的悬浮液恒压过滤时，μ、r'、s 及 v 皆可视为常数，即 K、A、V_e、q_e 都是常数，假定获得体积为 V_e 的滤液所需的虚拟过滤时间为 τ_e，则上式的积分的边界条件为

过滤时间	滤液体积
$0 \to \tau_e$	$0 \to V_e$
$\tau_e \to \tau + \tau_e$	$V_e \to V + V_e$

此处过滤时间是指虚拟的过滤时间(τ_e)与真实的过滤时间(τ)之和；滤液体积是指虚拟滤液体积(V_e)与真实的滤液体积(V)之和，于是可写出：

$$\int_0^{V_e} (V + V_e)\,\mathrm{d}(V + V_e) = \frac{KA^2}{2} \int_0^{\tau_e} \mathrm{d}(\tau + \tau_e)$$

及
$$\int_{V_e}^{V+V_e} (V + V_e)\,\mathrm{d}(V + V_e) = \frac{KA^2}{2} \int_{\tau_e}^{\tau+\tau_e} \mathrm{d}(\tau + \tau_e)$$

积分上两式得到
$$V_e^2 = KA^2 \tau_e \tag{3-54}$$

及
$$V^2 + 2V_e V = KA^2 \tau \tag{3-55}$$

上两式相加可得
$$(V + V_e)^2 = KA^2(\tau + \tau_e) \tag{3-56}$$

式(3-56)称为恒压过滤方程式，它表明恒压过滤时滤液体积与过滤时间的关系为抛物线方程，如图3-11所示。图中曲线的 Ob 段表示实际过滤时间 τ 与滤液体积 V 之间的关系，而 O_eO 段则表示与介质阻力相对应的虚拟过滤时间 τ_e 与虚拟滤液体积 V_e 之间的关系。

当过滤介质阻力可以忽略时，$V_e = 0$，$\tau_e = 0$，则式(3-56)简化为
$$V^2 = KA^2 \tau \tag{3-57}$$

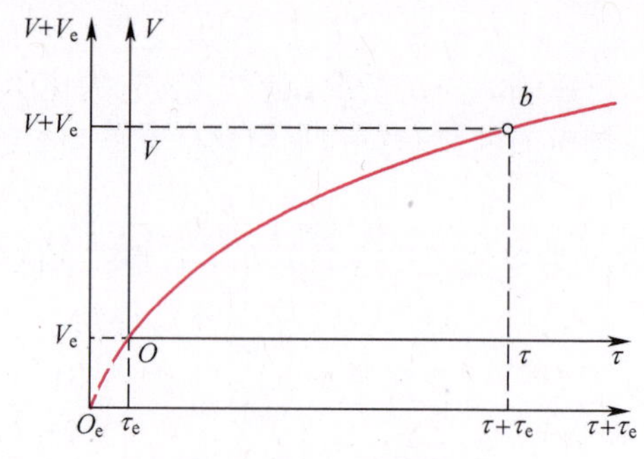

图3-11 恒压过滤的滤液体积与过滤时间关系曲线

又令 $q = \dfrac{V}{A}$ 及 $q_e = \dfrac{V_e}{A}$，分别表示通过单位过滤面积获得的真实滤液体积和虚拟滤液体积，单位为 m³/m²。则式(3-54)、式(3-55)和式(3-56)可分别写成如下形式：

$$q_e^2 = K\tau_e \tag{3-58}$$

$$q^2 + 2q_e q = K\tau \tag{3-59}$$

$$(q + q_e)^2 = K(\tau + \tau_e) \tag{3-60}$$

上式也称恒压过滤方程式。

恒压过滤方程式中的 K 是由物料特性及过滤压强差所决定的常数,其单位为 m^2/s;τ_e 与 q_e 是反映过滤介质阻力大小的常数,其单位分别为 s 及 m^3/m^2,三者总称过滤常数。

当介质阻力可以忽略时,$q_e=0,\tau_e=0$,则式(3-54)和式(3-55)可简化为

$$q^2 = K\tau \tag{3-61}$$

【例 3-2】 拟在 9.81×10^3Pa 的恒定压强差下过滤某悬浮液。已知该悬浮液由直径为 0.1mm 的球形颗粒状物质悬浮于水中组成,过滤时形成不可压缩滤饼,其空隙率为 60%,水的黏度为 1.0×10^{-3}Pa·s,过滤介质阻力可以忽略,若每获得 $1m^3$ 滤液所形成的滤饼体积为 $0.333m^3$。试求:

(1) 每平方米过滤面积上获得 $1.5m^3$ 滤液所需的过滤时间;

(2) 若将此过滤时间延长一倍,可再得滤液多少?

解:(1)求过滤时间。已知过滤介质阻力可以忽略的恒压过滤方程为 $q^2 = K\tau$

单位面积获得的滤液量 $$q = 1.5m^3/m^2$$

过滤常数 $$K = \frac{2\Delta p^{1-s}}{\mu r' v}$$

对于不可压缩滤饼,$s=0,r'=r=$常数,则

$$K = \frac{2\Delta p}{\mu r v}$$

已知 $\Delta p=9.81\times10^3$Pa,$\mu=1.0\times10^{-3}$Pa·s,$v=0.333m^3/m^3$

根据式(3-42)知 $r = \dfrac{5a^2(1-\varepsilon)^2}{\varepsilon^3}$,又已知滤饼的空隙率 $\varepsilon=0.6$

球形颗粒的比表面 $a = \dfrac{\pi d^2}{\dfrac{\pi}{6}d^3} = \dfrac{6}{d} = \dfrac{6}{0.1\times10^{-3}} = 6\times10^4\ m^2/m^3$

所以 $$r = \frac{5\times(6\times10^4)^2\times(1-0.6)^2}{0.6^3} = 1.333\times10^{10}\ 1/m^2$$

则 $$K = \frac{2\times9.81\times10^3}{(1.0\times10^{-3})\times(1.333\times10^{10})\times(0.333)} = 4.42\times10^{-3}\ m^2/s$$

所以 $$\tau = \frac{q^2}{K} = \frac{1.5^2}{4.42\times10^{-3}} = 509s$$

(2) 过滤时间加倍时增加的滤液量

$$\tau' = 2\tau = 2\times509 = 1018s$$

则 $$q' = \sqrt{K\tau'} = \sqrt{(4.42\times10^{-3})\times1018} = 2.12m^3/m^2$$

$$q' - q = 2.12 - 1.5 = 0.62m^3/m^2$$

即每平方米过滤面积上将再得 $0.62m^3$ 滤液。

(2) 恒速过滤。过滤设备(如板框压滤机)内部空间的容积是一定的,当料浆充满此空间后,供料的体积流量就等于滤液流出的体积流量,即为过滤速率。所以,当用排量固定的正位移泵向过滤机供料而未打开支路阀时,过滤速率便是恒定的。这种维持速率恒定的过滤方式称为恒速过滤。

恒速过滤时的过滤速度为

$$\frac{\mathrm{d}V}{A\mathrm{d}\tau}=\frac{V}{A\tau}=\frac{q}{\tau}=u_{\mathrm{R}}=\text{常数} \tag{3-62a}$$

即

$$q=u_{\mathrm{R}}\tau \tag{3-62b}$$

或

$$V=Au_{\mathrm{R}}\tau \tag{3-62c}$$

式中：u_{R} 为恒速阶段的过滤速度（m/s）。

上式表明，恒速过滤时，V（或 q）与 τ 的关系是通过原点的直线。

对于不可压缩滤饼，根据式（3-51）可写出

$$\frac{\mathrm{d}q}{\mathrm{d}\tau}=\frac{\Delta p}{\mu rv(q+q_{\mathrm{e}})}=u_{\mathrm{R}}=\text{常数}$$

在一定的条件下，式中的 μ、r、v、u_{R} 及 q_{e} 均为常数，仅 Δp 及 q 随 τ 而变化，结合式（3-62b），于是得到

$$\Delta p=\mu rvu_{\mathrm{R}}^{2}\tau+\mu rvu_{\mathrm{R}}q_{\mathrm{e}} \tag{3-63}$$

式（3-63）表明，对不可压缩滤饼进行恒速过滤时，其操作压强差随过滤时间成线性增加。所以，实际上很少采用把恒速过滤进行到底的操作方法，而是采用先恒速后恒压的复合式操作方法。这种复合式的装置如图 3-12 所示。

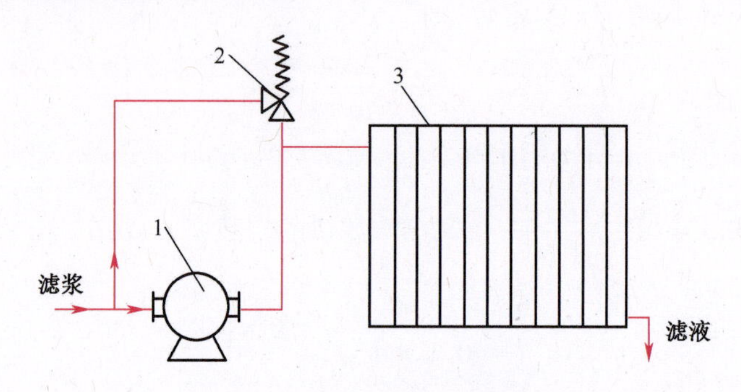

图 3-12 先恒速后恒压的过滤装置

1—正位移泵；2—支路阀；3—过滤机。

（3）先恒速后恒压。如图 3-12 所示，由于采用正位移泵，过滤初期维持恒定速率，泵出口表压强逐渐升高。经过 τ_{R} 时间后，获得体积为 V_{R} 的滤液，若此时表压强恰已升至能使支路阀自动开启的给定数值，则开始有部分料浆返回泵的入口，进入压滤机的料浆量逐渐减小，而压滤机入口表压强维持恒定，后阶段的操作即为恒压过滤。

对于恒压阶段的 V-τ 关系，仍可用恒压过滤基本方程（3-53a）求得，即

$$\frac{\mathrm{d}V}{\mathrm{d}\tau}=\frac{KA^{2}}{2(V+V_{\mathrm{e}})}$$

或

$$(V+V_{\mathrm{e}})\,\mathrm{d}V=\frac{KA^{2}}{2}\mathrm{d}\tau$$

若令 V_{R}、τ_{R} 分别代表升压阶段终了瞬间的滤液体积及过滤时间，则上式的积分形式为

$$\int_{V_{\mathrm{R}}}^{V}(V+V_{\mathrm{e}})\,\mathrm{d}V=\frac{KA^{2}}{2}\int_{\tau_{\mathrm{R}}}^{\tau}\mathrm{d}\tau$$

积分上式得

$$(V^{2}-V_{\mathrm{R}}^{2})+2V_{\mathrm{e}}(V-V_{\mathrm{R}})=KA^{2}(\tau-\tau_{\mathrm{R}}) \tag{3-64a}$$

或

$$(q^{2}-q_{\mathrm{R}}^{2})+2q_{\mathrm{e}}(q-q_{\mathrm{R}})=K(\tau-\tau_{\mathrm{R}}) \tag{3-64b}$$

式(3-64a)和式(3-64b)为恒压阶段的过滤方程,式中$(V-V_R)$、$(\tau-\tau_R)$分别代表转入恒压操作后所获得的滤液体积及所经历的过滤时间。

4. 过滤常数的测定

过滤计算要有过滤常数作依据。由不同物料形成的悬浮液,其过滤常数差别很大。即使是同一种物料,由于浓度不同,存放时发生聚结、絮凝等条件不同,其过滤常数亦不完全相等,故需要有可靠的实验数据作参考,才能进行设计计算。

试验设备可用平底漏斗进行吸滤或压滤,也可以用小型的同类过滤机进行。但由于小型设备和大型设备之间,滤饼沉积方式、滤饼的均匀程度、机械构造等有区别,故据此试验数据作出的设计,其安全系数应取1.25以上。

(1) 恒压下K、q_e、τ_e的测定。在某指定的压强差下对一定料浆进行恒压过滤时,过滤常数K、q_e、τ_e可通过恒压过滤实验测定。

恒压过滤方程式(3-60)为

$$(q+q_e)^2=K(\tau+\tau_e)$$

微分上式,得

$$2(q+q_e)\mathrm{d}q=K\mathrm{d}\tau$$

或

$$\frac{\mathrm{d}\tau}{\mathrm{d}q}=\frac{2}{K}q+\frac{2}{K}q_e \tag{3-65a}$$

上式表明$\frac{\mathrm{d}\tau}{\mathrm{d}q}$与$q$应成直线关系,直线的斜率为$\frac{2}{K}$,截距为$\frac{2}{K}q_e$。

为便于根据测定的数据计算过滤常数,上式左端的$\frac{\mathrm{d}\tau}{\mathrm{d}q}$可用增量比$\frac{\Delta\tau}{\Delta q}$代替,即

$$\frac{\Delta\tau}{\Delta q}=\frac{2}{K}q+\frac{2}{K}q_e \tag{3-65b}$$

在过滤面积A上对待测的悬浮料浆进行恒压过滤实验,测出一系列时刻τ上的累计滤液量V,并由此算出一系列q值,从而得到一系列相互对应的$\Delta\tau$与Δq之值。在直角坐标中标绘$\frac{\Delta\tau}{\Delta q}$与$q$间的函数关系,可得一条直线,由直线的斜率$\left(\frac{2}{K}\right)$及截距$\left(\frac{2}{K}q_e\right)$的数值便可求得$K$与$q_e$,再用式(3-58)求出$\tau_e$之值,这样得到的$K$、$q_e$、$\tau_e$便是此种悬浮料浆在特定的过滤介质及压强差条件下的过滤常数。

在过滤实验条件比较困难的情况下,只要能够获得指定条件下的过滤时间与滤液量的两组对应数据,也可计算出三个过滤常数,因为

$$q^2+2q_eq=K\tau$$

此式中只有K、q_e两个未知量。将已知的两组q-τ对应数据代入该式,便可解出q_e及K,再依式(3-58)算出τ_e。但是,如此求得的过滤常数,其准确性完全依赖于这仅有的两组数据,可靠程度往往较差。

(2) 压缩指数s的测定。为了求得滤饼的压缩指数s及单位压强差下滤饼的比阻r',应对该料浆进行若干不同压差下的试验,求得相应的K和压降Δp数据,再加以处理,可求得s值。

对式(3-52)两端取对数,得

$$\ln K=(1-s)\ln\Delta p+\ln\left(\frac{2}{\mu r'\upsilon}\right) \tag{3-66}$$

因 $\dfrac{2}{\mu r' v}$ 是常数，故 K 与 Δp 的关系在双对数坐标纸上标绘时应为直线，直线的斜率为 $1-s$，截距为 $\dfrac{2}{\mu r' v}$。如果测定滤液的 μ 和 v，则还可求出滤饼常数 r'。

值得注意的是，上述求压缩指数的方法是建立在 v 恒定的条件上的，这就要求在过滤压强变化范围内，滤饼的空隙率 ε 应没有显著的改变。

5. 过滤设备

各种生产工艺形成的悬浮液的性质有很大的差异，过滤的目的、原料的处理量也很不相同。长期以来，为适应各种不同要求而发展了多种形式的过滤机，这些过滤机可按产生压差的方式不同而分成两大类。

① 压滤和吸滤。如叶滤机、板框压滤机、回转真空过滤机等；

② 离心过滤。有各种间歇卸渣和连续卸渣离心机。

各种过滤机的规格及主要性能可查阅有关产品手册。

(1) 板框压滤机。板框压滤机是一种具有较长历史但仍沿用不衰的间歇式压滤机，它由多块带棱槽面的滤板和滤框交替排列组装于机架所构成，如图 3-13 所示。滤板和滤框的个数在机座长度范围内可自行调节，一般为 10～60 块不等，过滤面积约为 2 ～80m^2。

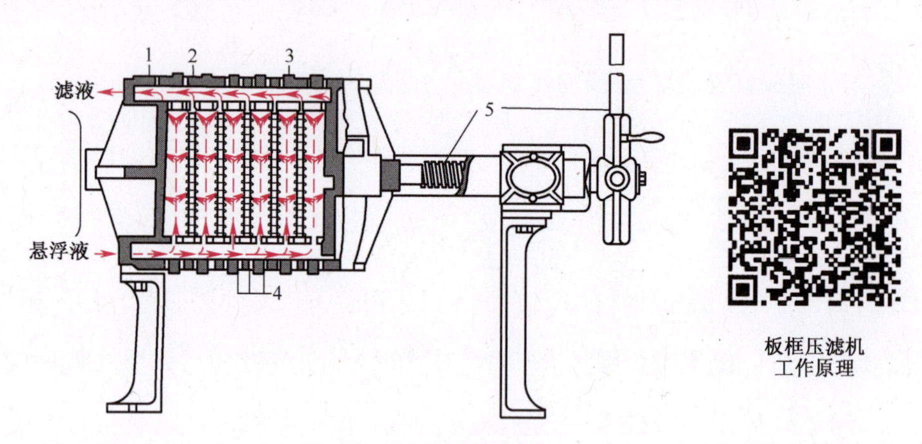

图 3-13 板框压滤机

1—固定头；2—滤板；3—滤框；4—滤布；5—压紧装置。

滤板和滤框的构造如图 3-14 所示。板和框的四角开有圆孔，组装叠合后即分别构成供滤浆、滤液、洗涤液进出的通道，如图 3-15 所示。操作开始前，先将四角开孔的滤布覆盖于板和框的交界面上，用手动、电动或液压传动使螺旋杆转动压紧板和框。悬浮液从通道 1 进入滤框，滤液穿过框两边的滤布，从每一滤板的左下角经通道 3 排出机外。待框内充满滤饼，即停止过滤。此时可根据需要，决定是否对滤饼进行洗涤，可进行洗涤的板框压滤机（可洗式板框压滤机）的滤板有两种结构：洗涤板与非洗涤板，两者应作交替排列。洗涤液由通道 2（图 3-14）进入洗涤板的两侧，穿过整块框内的滤饼，在非洗涤板的表面汇集，由右下角小孔流入通道 4 排出。洗涤完毕后，即停车松开螺旋，卸除滤饼，洗涤滤布。

板框压滤机的优点是结构紧凑，过滤面积大，主要用于过滤含固量多的悬浮液。由于它可承受较高的压差，其操作压强一般为 0.3～1.0MPa，因此可用于过滤细小颗粒或液体黏度较高的物料。它的缺点是装卸、清洗大部分都靠手工操作，劳动强度较大。近代各种自动操作板框压滤机的出现，使这一缺点在一定程度上得到克服。

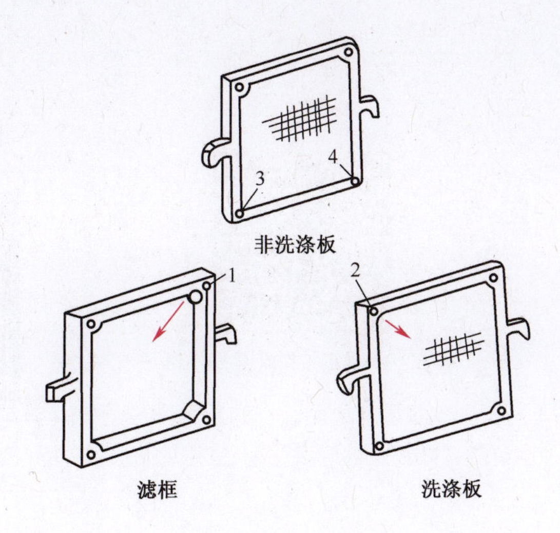

图3-14 滤板和滤框

1—悬浮液通道;2—洗涤液入口通道;3—滤液通道;4—洗涤液出口通道。

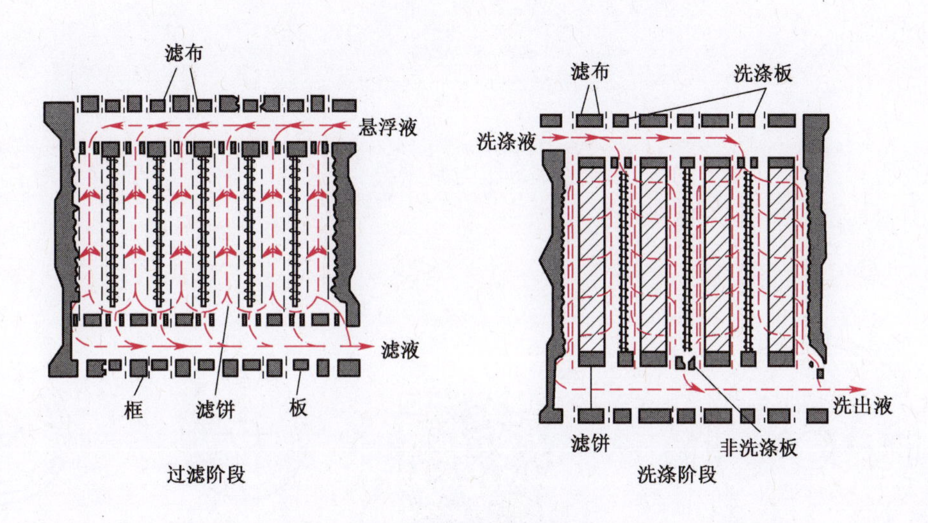

图3-15 板框压滤机操作简图

(2) 叶滤机。叶滤机的主要构件是矩形或圆形滤叶。滤叶是由金属丝网组成的框架其上覆以滤布构成,如图3-16(a)所示,多块平行排列的滤叶组装成一体并插入盛有悬浮液的滤槽中。滤槽可以是封闭的,以便加压过滤。图3-16(b)是叶滤机的示意图。

过滤时,滤液穿过滤布进入网状中空部分并汇集于下部总管中流出,滤渣沉积在滤叶外表面。根据滤饼的性质和操作压强的大小,滤饼层厚度可达2~35mm。每次过滤结束后,可向滤槽内通入洗涤水进行滤饼的洗涤,也可将带有滤饼的滤叶移入专门的洗涤槽中进行洗涤,然后用压缩空气、清水或蒸气反向吹卸滤渣。

叶滤机的操作密封,过滤面积较大(一般为20~100m^2),劳动条件较好。在需要洗涤时,洗涤液与滤液通过的途径相同,洗涤比较均匀。每次操作时,滤布不用装卸,但一旦破损,更换较困难。对密闭加压的叶滤机,因其结构比较复杂,造价较高。

(3) 回转真空过滤机。如图3-17所示为回转真空过滤机的操作示意图,它是工业上使用较广的一种连续式过滤机。在水平安装的中空转鼓表面上覆以滤布,转鼓下部浸入盛有悬浮液的滤槽中并以0.1~3r/min的转速转动。转鼓内分12个扇形格,每格与转鼓端面上的带孔圆盘

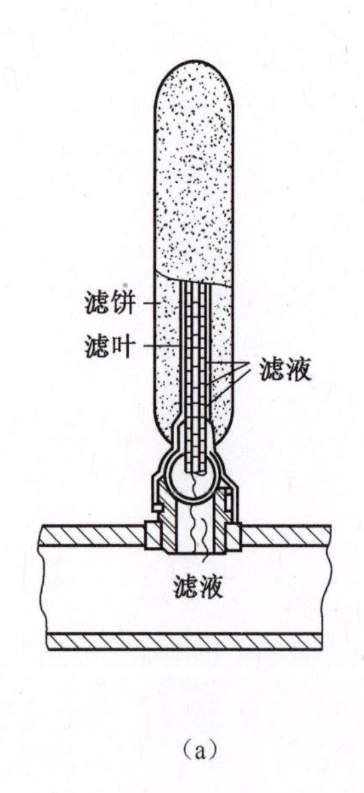

（a）

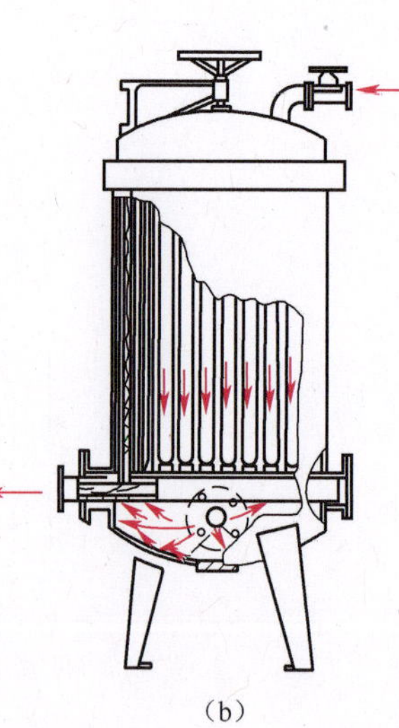

（b）

图 3-16 叶滤机
（a）滤叶结构；（b）叶滤机结构。

相通。

此转动盘与装于支架上的固定盘靠弹簧压力紧密叠合，这两个互相叠合而又相对转动的圆盘组成一付分配头，如图 3-18 所示。

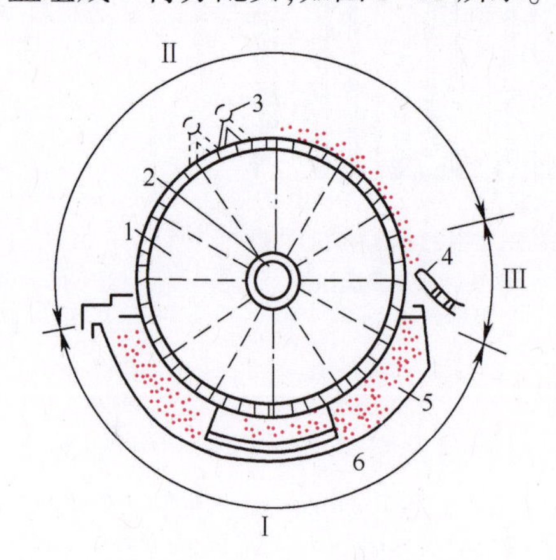

图 3-17 回转真空过滤机操作简图
1—转鼓；2—分配头；3—洗涤水喷嘴；
4—刮刀；5—悬浮液槽；6—搅拌器
Ⅰ—过滤区；Ⅱ—洗涤脱水区；
Ⅲ—卸渣区。

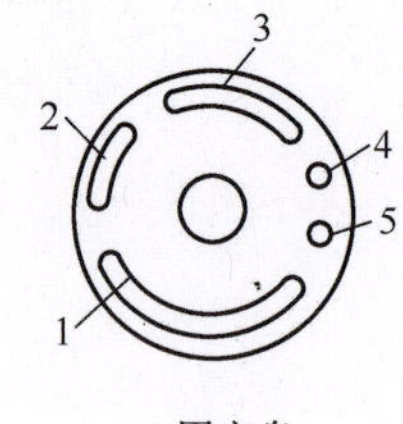

图 3-18 回转真空过滤机的分配头
1，2—与滤液贮罐相通的槽；
3—与洗液贮罐相通的槽；
4，5-通压缩空气的孔。

转鼓表面的每一格按顺时针方向旋转一周时，相继进行着过滤、脱水、洗涤、卸渣、再生等操作。例如，当转鼓的某一格转入液面下时，与此格相通的转盘上的小孔即与固定盘上的槽 1 相通，抽吸滤液。当此格离开液面时，转鼓表面与通道 2 相通，将滤饼中的液体吸干。当转鼓继续旋转时，可在转鼓表面喷洒洗涤液进行滤饼洗涤，洗涤液通过固定盘的槽 3 抽往洗液贮槽。转鼓的右边装有卸渣用的刮刀，刮刀与转鼓表面的距离可以调节，且此时该格转鼓内部与固定盘的槽 4 相通,用压缩空气吹卸滤渣。卸渣后的转鼓表面在必要时可由固定盘的槽 5 吹入压缩空气,以再生和清理滤布。

转鼓浸入悬浮液的面积约为全部转鼓面积的 30%~40%。在不需要洗涤滤饼时,浸入面积可增加至 60%,脱离吸滤区后转鼓表面形成的滤饼厚度约为 3 ~40mm。

回转真空过滤机的过滤面积不大,压差也不高,但它操作自动连续,对于处理量较大而压差不需很大的物料的过滤比较合适。在过滤细、黏物料时,采用助滤剂预涂的操作也比较方便,此时可将卸料刮刀略微离开转鼓表面一定的距离,以使转鼓表面的助滤剂层不被刮下而在较长的操作时间内发挥助滤作用。

6. 滤饼的洗涤

洗涤滤饼的目的在于回收滞留在缝隙间的滤液,或净化构成滤饼的颗粒。当滤饼需要洗涤时,单位面积洗涤液的用量 q_w 需由实验决定。然后可以按过滤机的洗涤液流经滤饼的通道不同,决定洗涤速率和洗涤时间。在洗涤过程中滤饼不再增厚,洗涤速率为一常数,从而不再有恒速和恒压的区别。

单位时间内消耗的洗水体积称为洗涤速率,以 $\left(\frac{dV}{d\tau}\right)_W$ 表示。若每次过滤终了以体积为 V_W 的洗水洗涤滤饼,则所需洗涤时间为

$$\tau_W = \frac{V_W}{\left(\frac{dV}{d\tau}\right)_W} \tag{3-67}$$

式中:V_W 为洗水用量(m^3);τ_W 为洗涤时间(s)。

影响洗涤速率的因素可根据过滤基本方程式来分析,即

$$\frac{dV}{d\tau} = \frac{A\Delta p^{1-s}}{\mu r'(L+L_e)}$$

对于一定的悬浮液,r'为常数。若洗涤推动力与过滤终了时的压强差相同,并假设洗水黏度与滤液黏度相近,则洗涤速率 $\left(\frac{dV}{d\tau}\right)_W$ 与过滤终了时的过滤速率 $\left(\frac{dV}{d\tau}\right)_E$ 有一定关系,这个关系取决于过滤设备上采用的洗涤方式。

叶滤机和转筒过滤机所采用的是置换洗涤法,洗水与过滤终了时的滤液流过的路径相同,故

$$(L+L_e)_W = (L+L_e)_E \tag{3-68}$$

(式中下标 E 表示过滤终了时刻)而且洗涤面积与过滤面积也相同,故洗涤速率大致等于过滤终了时的过滤速率,即

$$\left(\frac{dV}{d\tau}\right)_W = \left(\frac{dV}{d\tau}\right)_E = \frac{KA^2}{2(V+V_e)} \tag{3-69}$$

式中:V 为过滤终了时所得滤液体积(m^3)。

板框压滤机采用的是横穿洗涤法,洗水横穿两层滤布及整个厚度的滤饼,流径长度约为过滤终了时滤液流动路径的两倍,而供洗水流通的面积又仅为过滤面积的一半,即

$$(L+L_e)_W = 2(L+L_e)_E \tag{3-70}$$

$$A_W = \frac{1}{2}A \tag{3-71}$$

将以上关系代入过滤基本方程式，可得

$$\left(\frac{\mathrm{d}V}{\mathrm{d}\tau}\right)_{\mathrm{W}}=\frac{1}{4}\left(\frac{\mathrm{d}V}{\mathrm{d}\tau}\right)_{\mathrm{E}}=\frac{KA^2}{8(V+V_{\mathrm{e}})} \tag{3-72}$$

即板框压滤机上的洗涤速率约为过滤终了时过滤速率的1/4。

7. 过滤机的生产能力

过滤机的生产能力通常是指单位时间获得的滤液体积，少数情况下也有按滤饼的产量或滤饼中固相物质的产量来计算的。

已知过滤设备的过滤面积和指定的操作压强差，计算过滤设备的生产能力，这是典型的操作性问题。叶滤机和板框压滤机都是典型的间歇过滤机，间歇过滤机的特点是在整个过滤机上依次进行安装、过滤、洗涤、卸渣、清理等步骤的循环操作。在每一循环周期中，全部过滤面积只有部分时间在进行过滤，而过滤之外的各步操作所占用的时间也必须计入生产时间内。因此在计算生产能力时，应以整个操作周期为基准。操作周期为

$$T=\tau+\tau_{\mathrm{W}}+\tau_{\mathrm{D}} \tag{3-73}$$

式中：T为一个操作循环的时间，即操作周期(s)；τ为一个操作循环内的过滤时间(s)；τ_{W}为一个操作循环内的洗涤时间(s)；τ_{D}为一个操作循环内的安装、卸渣、清理等辅助操作所需时间(s)。

则生产能力的计算式为

$$Q=\frac{3600V}{T}=\frac{3600V}{\tau+\tau_{\mathrm{W}}+\tau_{\mathrm{D}}} \tag{3-74}$$

式中：V为一个操作循环内所获得的滤液体积(m^3)；Q为生产能力(m^3/h)。

对恒压过滤，过分延长过滤时间τ并不能提高过滤机的生产能力。由图3-19可知，过滤曲线上任何一点与原点O连线的斜率即为生产能力。显然，对一定的洗涤和辅助时间($\tau_{\mathrm{W}}+\tau_{\mathrm{D}}$)，必存在一个最佳过滤时间$\tau_{\mathrm{opt}}$，过滤至此停止，可使过滤机的生产能力$Q$（即图中切线的斜率）达最大值。

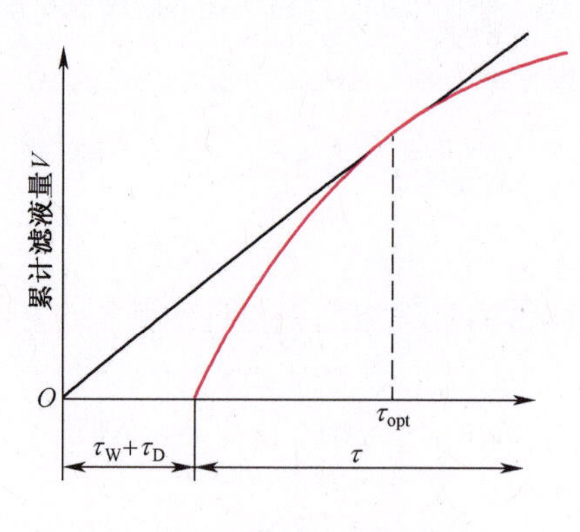

图3-19 最佳过滤时间

【例3-3】 对某悬浮液（每升水含25g颗粒）用具有26个框的BMS20/635-25板框压滤机进行过滤。在过滤机入口处滤浆的表压为3.39×10^5Pa，所用滤布与实验时的相同，浆料温度为25℃。每次过滤完毕用清水洗涤滤饼，洗水温度及表压与滤浆相同而其体积为滤液体积的8%。每次卸渣、清理、装合等辅助操作时间为15min，实验测得的恒压过滤方程为$(q+0.0217)^2=1.678\times10^{-4}(\tau+2.81)$。已知固相密度为2930kg/m³，又测得湿饼密度为1930kg/m³。求此板框

压滤机的生产能力。

解:

$$过滤面积 A=(0.635)^2\times2\times26=21\text{m}^2$$

$$滤框总容积=(0.635)^2\times0.025\times26=0.262\text{m}^3$$

已知 1m^3 滤饼的质量为1930kg,设其中含水 $x$kg,水的密度按 1000kg/m^3 考虑,则

$$\frac{1930-x}{2930}+\frac{x}{1000}=1$$

解得

$$x=518\text{kg}$$

故知 1m^3 滤饼中的固相质量为 $1930-518=1412\text{kg}$

生成 1m^3 滤饼所需的滤浆质量为

$$1412\times\frac{1000+25}{25}=57892\text{ kg}$$

则 1m^3 滤饼所对应的滤液质量为 $57892-1930=55962\text{kg}$

1m^3 滤饼所对应的滤液体积为 $\dfrac{55962}{1000}=55.962\text{m}^3$

由此可知,滤框全部充满时的滤液体积为

$$V=55.96\times0.262=14.66\text{m}^3$$

则过滤终了时的单位面积滤液量为

$$q=\frac{V}{A}=\frac{14.66}{21}=0.6982\text{m}^3/\text{m}^2$$

根据恒压过滤方程式 $(q+0.0217)^2=1.678\times10^{-4}(\tau+2.81)$

将 $q=0.6982\text{m}^3/\text{m}^2$ 代入上式,得

$$(0.6981+0.0217)^2=1.678\times10^{-4}(\tau+2.81)$$

解得过滤时间为 $\tau=3085\text{s}$。

由式(3-57)及式(3-72)可知: $\tau_W=\dfrac{V_W}{\dfrac{1}{4}\left(\dfrac{dV}{d\tau}\right)_E}$

对恒压过滤方程式(3-60)进行微分,得

$$2(q+q_e)dq=Kd\tau,即\ \frac{dq}{d\theta}=\frac{K}{2(q+q_e)}$$

已求得过滤终了时 $q=0.6982\text{m}^3/\text{m}^2$,代入上式可得过滤终了时的过滤速率为

$$\left(\frac{dV}{d\tau}\right)_E=A\frac{K}{2(q+q_e)}=21\times\frac{1.678\times10^{-4}}{2\times(0.6982+0.0217)}=2.447\times10^{-3}\text{ m}^3/\text{s}$$

已知

$$V_W=0.08V=0.08\times14.66=1.173\text{m}^3$$

则

$$\tau_W=\frac{1.173}{\frac{1}{4}\times(2.447\times10^{-3})}=1917\text{s}$$

又知

$$\tau_D=15\times60=900\text{s}$$

则生产能力为

$$Q=\frac{3600V}{T}=\frac{3600V}{\tau+\tau_W+\tau_D}=\frac{3600\times14.66}{3085+1917+900}=8.942\text{m}^3/\text{h}$$

（2）连续过滤机的生产能力。以转筒真空过滤机为例，连续过滤机的特点是过滤、洗涤、卸饼等操作在转筒表面的不同区域内同时进行。任何时刻总有一部分表面浸没在滤浆中进行过滤，任何一块表面在转筒回转一周过程中都只有部分时间进行过滤操作。

转筒表面浸入滤浆中的分数称为浸没度，以 ψ 表示，即

$$\psi=\frac{\text{浸没角度}}{360°} \tag{3-75}$$

因转筒以匀速运转，故浸没度 ψ 就是转筒表面任何一小块过滤面积每次浸入滤浆中的时间（即过滤时间）τ 与转筒回转一周所用时间 T 的比值。若转筒转速为 nr/min，则

$$T=\frac{60}{n}$$

在此时间内，整个转筒表面上任何一小块过滤面积所经历的过滤时间均为

$$\tau=\psi T=\frac{60\psi}{n}$$

所以，从生产能力的角度来看，一台总过滤面积为 A、浸没度为 ψ、转速为 n 的连续式转筒真空过滤机，与一台在同样条件下操作的过滤面积为 A、操作周期为 $T=\dfrac{60}{n}$，每次过滤时间为 $\tau=\dfrac{60\psi}{n}$ 的间歇式板框压滤机是等效的。因而，可以完全依照前面所述的间歇式过滤机生产能力的计算方法来解决连续式过滤机生产能力的计算。

恒压过滤方程式为 $(V+V_e)^2=KA^2(\tau+\tau_e)$

可知转筒每转一周所得的滤液体积为

$$V=\sqrt{KA^2(\tau+\tau_e)}-V_e=\sqrt{KA^2\left(\frac{60\psi}{n}+\tau_e\right)}-V_e$$

则每小时所得滤液体积，即生产能力为

$$Q=60nV=60\left[\sqrt{KA^2(60\psi n+\tau_e n^2)}-V_e n\right] \tag{3-76a}$$

当滤布阻力可以忽略时，$\theta_e=0$、$V_e=0$，则上式简化为

$$Q=60n\sqrt{KA^2\frac{60\psi}{n}}=465A\sqrt{Kn\psi} \tag{3-76b}$$

可见，连续过滤机的转速越高，生产能力越大。但若旋转过快，每一周期中的过滤时间便缩至很短，使滤饼太薄，难于卸除，也不利于洗涤，而且功率消耗增大。合适的转速需经实验决定。

【例 3-4】 用转筒真空过滤机过滤某种悬浮液，料浆处理量为 $20\text{m}^3/\text{h}$。已知，每得 1m^3 滤液可得滤饼 0.04m^3，要求转筒的浸没度为 0.35，过滤表面上滤饼厚度不低于 5mm。现测得过滤常数 $K=8\times10^{-4}\text{m}^2/\text{s}$，$q_e=0.01\text{m}^3/\text{m}^2$。试求过滤机的过滤面积 A 和转筒的转速 n。

解： 以 1min 为基准。由题给数据知

$$v=0.04,\ \psi=0.35$$

每分钟获得的滤液量为

$$Q=\frac{20}{(1+v)}/60=\frac{20}{(1+0.04)}/60=0.321\text{m}^3/\text{min}$$

$$\tau_e=q_e^2/K=0.01^2/(8\times10^{-4})=0.125\text{s}$$

$$\tau = \frac{60\psi}{n} = \frac{60 \times 0.35}{n} = \frac{21}{n} \tag{a}$$

滤饼体积 $0.321 \times 0.04 = 0.01284 \text{m}^3/\text{min}$

取滤饼厚度 $\delta = 5\text{mm}$，于是得到

$$n = \frac{0.01284}{\delta A} = \frac{0.01284}{0.005A} = \frac{2.568}{A} \text{ r/min} \tag{b}$$

转筒旋转一周可得到滤液体积为

$$V = \sqrt{KA^2(\tau + \tau_e)} - V_e$$

每分钟获得的滤液量为

$$Q = nV = n\left(\sqrt{KA^2(\tau + \tau_e)} - V_e\right) = 0.321 \text{m}^3/\text{min}$$

将式(a)及式(b)代入上式，得

$$\frac{2.568}{A}\left(\sqrt{8 \times 10^{-4} A^2 \left[\frac{21}{\frac{2.568}{A}} + 0.125\right]} - 0.01A\right) = 0.321$$

解得 $A = 2.771\text{m}^2$，$n = \frac{2.568}{A} = \frac{2.568}{2.771} = 0.927\text{r/min}$

3.3 机械分离方法的选择

化工生产中，常遇到气固分离、液固分离，有时也会遇到液液非均相分离。在遇到此类问题时，都需要进行分离方法和分离设备的选择。

决定分离问题难易的最关键因素是颗粒的大小，视流体不同分述如下。

1. 液固分离

最常规的方法是过滤。固体颗粒如果很小，滤饼阻力会很大，过滤速率就很低，设备就会很庞大。尤其是过滤介质内的微孔会被堵塞而形成极大的过滤阻力。覆膜滤布和微孔陶瓷膜的孔径为1~2μm，如果颗粒直径小于1~2μm，过滤过程会因过滤介质堵塞而难以进行。对于这类问题，或者采用特殊的方法，如絮凝的方法，选用合适的絮凝剂，使颗粒团聚成较大的颗粒后仍使用过滤的方法；或者放弃过滤，采用离心沉降的方法，如碟式分离机。对于更小的颗粒，需要采用管式高速离心机，但是，这些方法的处理量都不大。反之，较大的颗粒，例如大于50μm，可以采用最简单的重力沉降方法，稍小些，可以采用旋液分离器。

2. 气固分离

最常规的方法是旋风分离。旋风分离器一般能分离5~10μm的颗粒，设计良好的旋风分离器可以分离2μm的颗粒。更小的颗粒，需要采用袋滤器。袋滤器能捕集0.1~1μm的颗粒，但袋滤器的滤速不能大，在0.06~0.1m/s以下。因此，如果处理气量很大，设备将很庞大。更细的颗粒，需要采用电除尘器。电除尘效果好，但造价高。如果生产上允许进行湿法除尘，那么，气固分离问题就变得容易得多。因为气固分离的困难在于已分离出来的固体颗粒会被气流重新卷起，颗粒直径越小，这个问题越严重。但湿法分离存在二次污染问题，因此需要综合考虑其合理性和经济性，确定合适的工艺。

习题

1. 计算直径为 50μm 及 3mm 的水滴在 30℃ 常压空气中的自由沉降速度。

2. 试求直径 30μm 的球形石英粒子在 20℃ 水中与 20℃ 空气中的沉降速度各为多少？已知石英密度 $\rho_s = 2600 kg/m^3$。

3. 若石英砂粒在 20℃ 的水和空气中以同一速度沉降，并假定沉降处于斯托克斯区，试问此两种介质中沉降颗粒的直径比例是多少？已知石英密度 $\rho_s = 2600 kg/m^3$。

4. 将含有球形染料微粒的水溶液于 20℃ 下静置于量筒中 1h，然后用吸液管在液面下 5cm 处吸取少量试样。已知染料密度为 $3000 kg/m^3$，问可能存在于试样中的最大颗粒为多少 μm？

5. 气流中悬浮密度 $4000 kg/m^3$ 的球形微粒，需除掉的最小微粒直径为 10μm，沉降处于斯托克斯区。今用一多层隔板降尘室以分离此气体悬浮物。已知降尘室长 10m，宽 5m，共 21 层，每层高 100mm，气体密度为 $1.1 kg/m^3$，黏度为 0.0218mPa·s。问

(1) 为保证 10μm 微粒的沉降，可允许最大气流速度为多少？

(2) 降尘室的最大生产能力(m^3/h)为多少？

(3) 若取消室内隔板，又保证 10μm 微粒的沉降，其最大生产能力为多少？

6. 试求密度为 $2000 kg/m^3$ 的球形粒子在 15℃ 空气中自由沉降时服从斯托克斯定律的最大粒径及服从牛顿定律的最小粒径。

7. 使用标准式旋风分离器收集流化床锻烧器出口的碳酸钾粉尘，在旋风分离器入口处，空气的温度为 200℃，流量为 $3800 m^3/h$(200℃)。粉尘密度为 $2290 kg/m^3$，旋风分离器直径 D 为 650mm。求此设备能分离粉尘的临界直径 d_c。

8. 速溶咖啡粉的直径为 60μm，密度为 $1050 kg/m^3$，由 500℃ 的热空气带入旋风分离器中，进入时的切线速度为 20m/s。在器内的旋转半径为 0.5m。求其径向沉降速度。又若在静止空气中沉降时，其沉降速度应为多少？

9. 某淀粉厂的气流干燥器每小时送出 $10000 m^3$ 带有淀粉颗粒的气流。气流温度为 80℃，此时热空气的密度为 $1.0 kg/m^3$，黏度为 0.02mPa·s。颗粒密度为 $1500 kg/m^3$。采用图 3-12 所示标准型旋风分离器，器身直径 $D = 1000mm$。试估算理论上可分离的最小直径，及设备的流体阻力。

10. 某板框压滤机恒压过滤 1h，共送出滤液 $11 m^3$，停止过滤后用 $3 m^3$ 清水(其黏度与滤液相同)在同样压力下进行滤饼的横穿洗涤。设忽略滤布阻力，求洗涤时间。

11. 板框过滤机的过滤面积为 $0.4 m^2$，在表压 150kPa 恒压下，过滤某种悬浮液。4h 后得滤液 $80 m^3$。过滤介质阻力忽略不计。试求：

(1) 当其他情况不变，过滤面积加倍，可得滤液多少？

(2) 当其他情况不变，操作时间缩短为 2h，可得滤液多少？

(3) 若过滤 4h 后，再用 $5 m^3$ 性质与滤液相近的水洗涤滤饼，问需多少洗涤时间？

(4) 当表压加倍，滤饼压缩指数为 0.3 时，4h 后可得滤液多少？

12. 以总过滤面积为 $0.1 m^2$，滤框厚 25mm 的板框压滤机过滤 20℃ 下的 $CaCO_3$ 悬浮液。悬浮液含 $CaCO_3$ 质量分数为 13.9%，滤饼中含水的质量分数为 50%，纯 $CaCO_3$ 密度为 2710 kg/m^3。若恒压下测得其过滤常数 $K = 1.57 \times 10^{-5} m^2/s$，$q_e = 0.00378 m^3/m^2$。试求该板框压滤机

每次过滤(滤饼充满滤框)所需的时间。

13. 有一叶滤机,自始至终在恒压下过滤某种悬浮液时,得出过滤方程式为

$$q^2 + 20q = 250\tau$$

式中:q 的单位为 L/m^2;τ 的单位为 min。

在实际操作中,先用 5min 作恒速过滤,此时压强由零升至上述试验压强,以后维持此压强不变进行恒压过滤,全部过滤时间为 20min。试求:

(1) 每一循环中每平方米过滤面积可得滤液量;

(2) 过滤后用滤液总量 1/5 的水进行滤饼洗涤,问洗涤时间为多少?

第4章 传热

Heat Transfer

传热是指由于温度差引起的能量转移，又称热量传递过程。根据热力学第二定律，凡是存在温度差就必然导致热量自发地从高温处向低温处传递，因此传热是自然界和工程技术领域中普遍存在的一种传递现象。在化工生产中，传热过程的应用更是十分广泛，几乎所有的生产过程均伴有传热操作。例如，某反应器出来的混合气温度为110℃，需要进一步通过吸收操作以达到分离要求，而低温有利于吸收，因此需要换热设备将混合气降温至60℃后再进入吸收塔。该换热设备可以选用循环冷却水作为冷流体，由于其较易结垢，为便于清垢故选定冷却水走管程；考虑到冬季冷却水进口温度会降低，壳体和管壁温差大，故应考虑带温度补偿的固定管板换热器或浮头式列管换热器。化工生产中对传热的要求通常有以下几种情况：强化传热过程，如各种换热设备中的传热；削弱传热过程，如设备和管道的保温；以及热能的合理利用和废热的回收。可见传热过程对化工生产的正常运行具有极其重要的作用。

本章主要内容是分析影响传热速率的因素，掌握控制热量传递速率的一般规律，根据生产的要求来强化或削弱热量的传递，正确选择和设计传热设备及采取适宜的保温措施。

4.1 传热的形式与过程

4.1.1 化工生产中的传热形式

在化工生产中，根据冷热流体的接触方式，传热过程可以分为直接接触式传热、蓄热式传热和间壁式传热三种。直接接触式传热如图4-1所示，冷热流体在换热器中直接接触进行热量交换，传热面积大，设备简单，常用于热气体的水冷或热水的空气冷却；蓄热式传热如图4-2所示，将冷、热流体交替通过蓄热体壁面实现热量交换。蓄热室内填充有热容量较大的材料，设备结构较为简单，可耐高温，常用于气体的余热或冷量的利用；间壁式传热如图4-3所示，冷、热流体通过固体壁面进行热量传递。化工生产中大多采用间壁式传热。

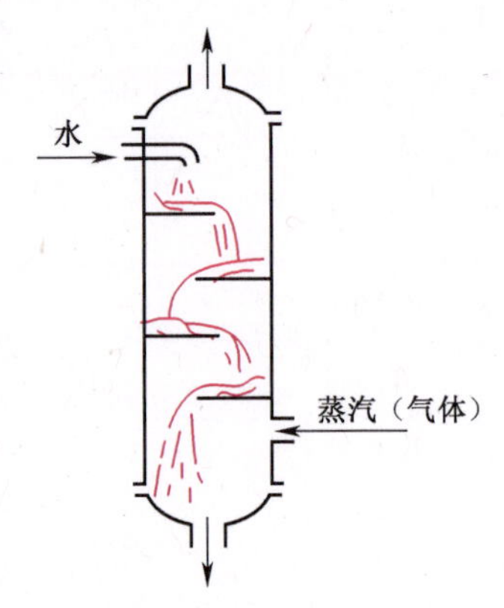

图4-1 直接接触式换热器

为了将冷流体加热或热流体冷却，必须用另一种流体供给或取走热量，此流体称为载热体。起加热作用的载热体称为加热剂，而起冷却作用的载热体称为冷却剂。

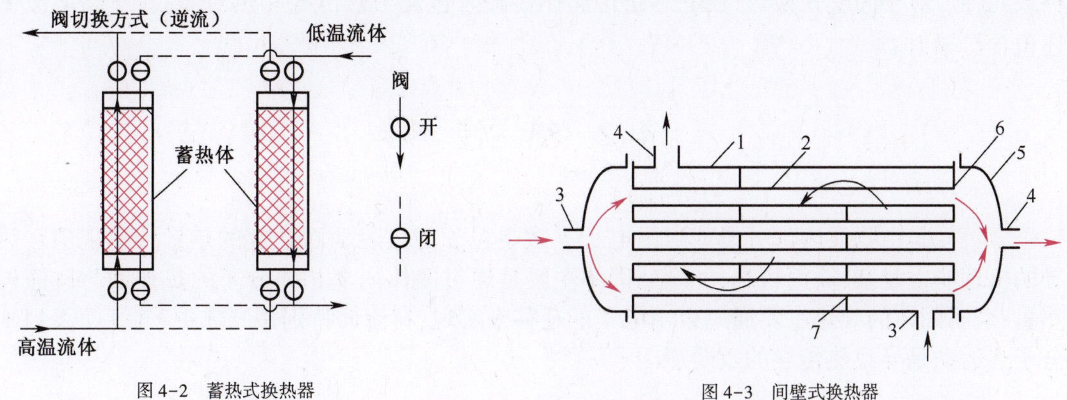

图4-2 蓄热式换热器

图4-3 间壁式换热器

1—壳体；2—管束；3、4—接管；5—封头；6—管板；7—挡板。

工业中常用的加热剂有热水（40～100℃）、饱和水蒸气（100～180℃）、矿物油（180～250℃）、联苯混合物（255～380℃）、烟道气（500～1000℃）等，此外还可用电来加热。用饱和水蒸气冷凝放热来加热物料是最常用的加热方法，因为饱和水蒸气的压强和温度一一对应，只要调节其压强就可以控制加热温度，使用方便。

工业中常用的冷却剂有水、空气、冷冻盐水、液氨等。水和空气可将物料冷却至环境温度，若要将物料冷却至更低的温度，必须采用冷冻剂，冷冻盐水是最常用的冷冻剂，可将物料冷至零下几十摄氏度的低温，此外液氨和液态乙烷蒸发可分别获得-33.4℃和-88.6℃低温，不过这些低沸点冷冻剂的制取需要消耗巨大的能量。

为提高传热过程的经济性，应根据具体情况选择适宜的载热体。通常载热体的选择应考虑以下几个方面：温度易于调节；性质稳定，加热时不会分解；使用安全，对设备基本无腐蚀作用；价格低廉且易得。通常，在温度不超过180℃时，饱和水蒸气是最适宜的加热剂，而当温度不很低时，水是最适宜的冷却剂。

4.1.2 传热过程

1. 传热速率

传热速率有两种表示方式：

（1）热流量 Q。即单位时间内通过整个换热器的传热面传递的热量，单位是W。

（2）热流密度（或热通量）q。单位时间内通过单位传热面积所传递的热量，单位是 W/m^2。

2. 稳定传热和不稳定传热

若传热系统中各点的温度仅随空间位置变化而不随时间变化，则这种传热过程称为稳定传热，连续生产传热过程多为稳定传热。对于稳定传热，热流量 Q、热流密度 q 和其他相关物理量都不随时间而发生变化。

若传热系统中各点的温度不仅随位置发生变化，而且也随时间变化，则这种传热过程称为不稳定传热，连续生产的开、停车及间歇生产的传热过程为不稳定传热，此时热流密度 q 等都随时间而发生变化。

3. 传热机理

热量的传递有三种基本方式：传导、对流和辐射，所有的传热过程都包含这三种方式中的一种或几种。对于间壁式换热过程，热量传递往往同时包含了热传导和热对流，对于高温流体则还包含热辐射。

4.2 热 传 导

热传导是由物质内部分子或自由电子等微观粒子的热运动而产生的热量传递现象。热传导的机理非常复杂，简而言之，非金属固体主要是通过固体内部相邻分子的热振动与碰撞传递热量；金属固体的导热主要通过自由电子的迁移来实现；在流体特别是气体中，连续而不规则的分子热运动是导致热传导的重要原因。

4.2.1 傅里叶定律

1. 温度场和等温面

任一瞬间物体或系统内各点温度分布的空间，称为温度场，具有相同温度的各点组成的面称为等温面。因为空间内任何一点不可能同时具有一个以上的不同温度，所以温度不同的等温面不能相交。

2. 温度梯度

自等温面上任一点出发，沿和等温面相交的任何方向移动，都有温度变化，在与该点等温面垂直的方向上温度变化率最大，称为温度梯度，其数学定义式为

$$\mathrm{grad}t = \lim \frac{\Delta t}{\Delta n} = \frac{\partial t}{\partial n} \tag{4-1}$$

温度梯度 $\frac{\partial t}{\partial n}$ 为向量，它的正方向指向温度增加的方向，如图 4-4 所示。

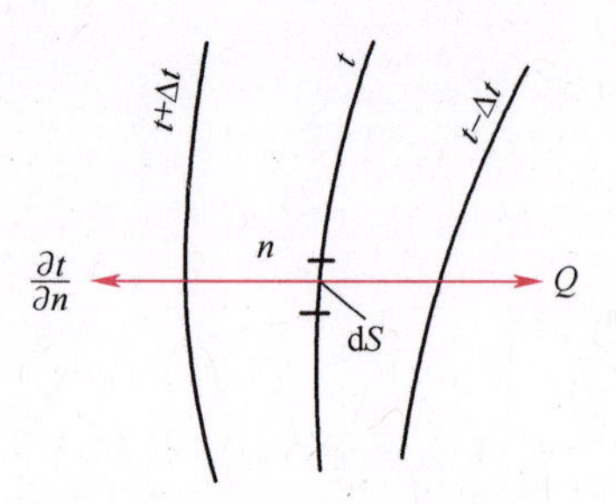

图 4-4 温度梯度与傅里叶定律

对稳定的一维温度场，温度梯度可表示为

$$\mathrm{grad}t = \frac{\mathrm{d}t}{\mathrm{d}x} \tag{4-2}$$

3. 傅里叶定律

热传导速率的基本方程由傅里叶（Fourier）在 1822 年提出，称为傅里叶定律。傅里叶定律表明，热传导的传热速率与温度梯度及传热面积成正比，见下式：

$$\mathrm{d}Q \propto \mathrm{d}S \frac{\partial t}{\partial n}$$

或
$$dQ = -\lambda dS \frac{\partial t}{\partial n} \quad (4-3)$$

式中：$\frac{\partial t}{\partial n}$ 为温度梯度，是向量，其方向指向温度增加方向（℃/m）；Q 为导热速率（W）；S 为传热等温面的面积（m^2）；λ 为比例系数，称为热导率（W/（m·℃））。

式（4-3）中的负号表示热流方向总是和温度梯度的方向相反。

热导率 λ 是表征材料导热性能的一个参数。λ 越大，表明该材料导热性能越好。和黏度一样，热导率 λ 也是分子微观运动的一种宏观表现，主要随温度变化，只有高压下的气体才需考虑压强对热导率的影响。

4.2.2 热 导 率

热导率表征物质导热能力的大小，是物质的物理性质之一。

物质的热导率与材料的组成、结构、温度、湿度、压强及聚集状态等许多因素有关。一般而言，金属的热导率最大，非金属次之，液体的较小，而气体的最小。物质的热导率通常用实验方法测定，各种物质热导率的范围如表 4-1 所列。

表 4-1 热导率的范围

物质种类	纯金属	金属合金	液态金属	非金属固体	非金属液体	绝热材料	气体
热导率/（W/（m·℃））	100~1400	50~500	30~300	0.05~50	0.5~5	0.05~1	0.005~0.5

1. 固体热导率

固体材料的热导率与温度有关，对于大多数均质固体，其 λ 值与温度近似成线性关系：

$$\lambda = \lambda_0(1 + a't) \quad (4-4)$$

式中：λ 为固体在 t℃时的热导率（W/（m·℃））；λ_0 为固体在 0℃时的热导率（W/（m·℃））；a' 为温度系数（1/℃），对大多数金属材料为负值，对大多数非金属材料为正值。

各种金属材料在不同温度下的热导率可在化工手册中查到。当温度变化范围不大时，一般采用该温度范围内的平均值计算或查取 λ，常见固体的热导率见图 4-5。

2. 液体热导率

液体分为金属液体和非金属液体两类。金属液体热导率较一般非金属液体高，而且大多数金属液体的热导率随温度的升高而减小。在非金属液体中，水的热导率最大。除水和甘油外，绝大多数液体的热导率随温度的升高而略有减小。常见液体热导率见图 4-6。

3. 气体热导率

气体的热导率比液体更小，在相当宽的压强范围内，气体的热导率与压强几乎无关，只有在压强很低（低于 2.7kPa）或很高（大于 200MPa）时，热导率才随压强的增加而增大。由于气体热导率低，因此有利于保温与绝热。工业上所用的保温材料，例如玻璃棉等，其结构呈纤维状或多孔，具有很大的空隙率，空隙中含有大量空气而使其热导率低，适用于保温隔热。各种气体的热导率见图 4-7。

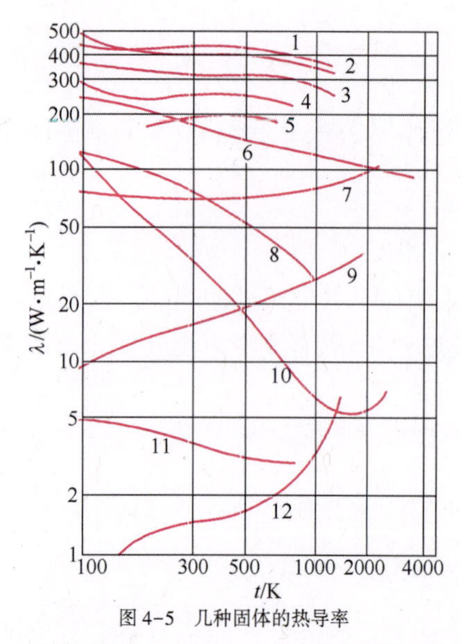

图 4-5 几种固体的热导率

1—银；2—铜；3—金；4—铝；5—铝合金；6—钨；7—铂；8—铁；9—不锈钢；10—氧化铝；11—耐高温陶瓷；12—熔凝石英。

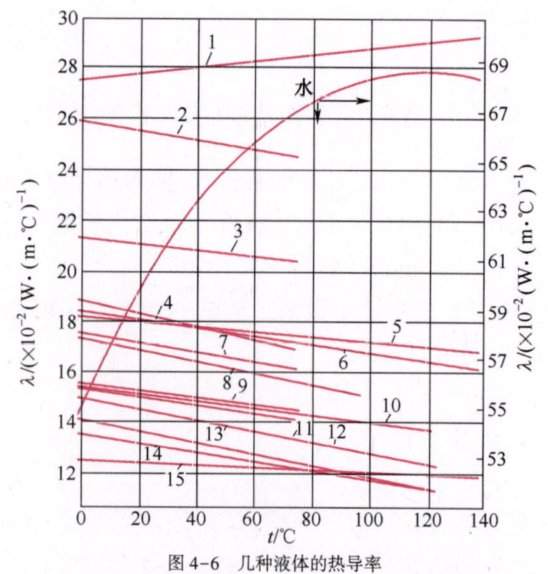

图 4-6 几种液体的热导率

1—无水甘油；2—蚁酸；3—甲醇；4—乙醇；5—蓖麻油；6—苯胺；7—醋酸；8—丙酮；9—丁醇；10—硝基苯；11—异丙醇；12—苯；13—甲苯；14—二甲苯；15—凡士林；16—水。

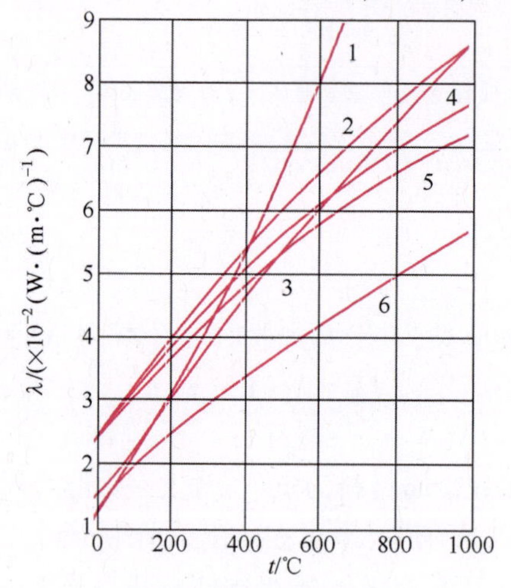

图 4-7 各种气体的热导率

1—水蒸气；2—氧；3—二氧化碳；4—空气；5—氮气；6—氩气。

4.2.3 平壁稳定热传导

1. 单层平壁热传导

设有一宽度和高度均很大的平壁，如图 4-8 所示，平壁边缘处的热损失可以忽略；平壁内的温度只沿垂直于壁面的 x 方向变化，而且温度分布不随时间而变化；平壁材料均匀，热导率 λ 可视为常数（或取平均值）。对于该种稳定的一维平壁热传导，导热速率 Q 和传热面积 S 都为常量，式（4-3）可简化为

$$Q = -\lambda S \frac{\mathrm{d}t}{\mathrm{d}x} \tag{4-5}$$

当 $x=0$ 时，$t=t_1$；$x=b$ 时，$t=t_2$，且 $t_1>t_2$。热导率 λ 为常量时，将式（4-5）积分后，可得

$$Q = \frac{\lambda}{b} S(t_1 - t_2) \tag{4-6}$$

或
$$Q = \frac{t_1 - t_2}{\dfrac{b}{\lambda S}} = \frac{\Delta t}{R} \tag{4-7}$$

式中:b 为平壁厚度(m);Δt 为温度差,导热推动力(℃);R 为导热热阻(℃/W)。

当热导率 λ 为常量时,平壁内温度分布为直线;当热导率 λ 随温度变化时,平壁内温度分布为曲线。平壁厚度越大、传热面积和热导率越小,热阻越大。应用热阻的概念,对传热过程的分析和计算是十分有用的。

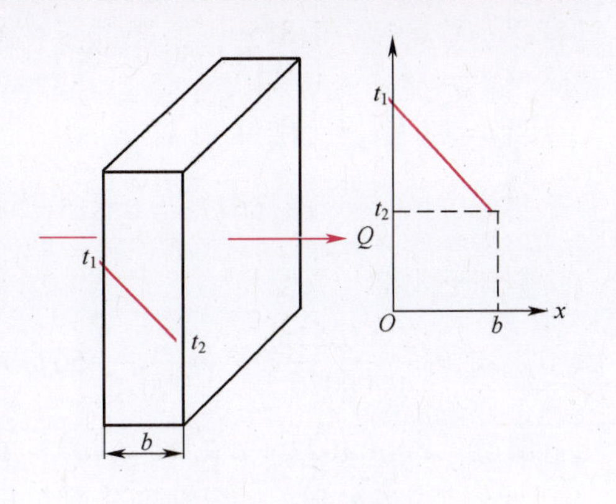

图 4-8 单层平壁的热传导

式(4-7)可归纳为自然界中传递过程的普遍关系式:

$$\text{过程传递速率} = \frac{\text{过程的推动力}}{\text{过程的阻力}}$$

【例 4-1】 某平壁厚度 $b=0.37$m,内表面温度 $t_1=1650$℃,外表面温度 $t_2=300$℃,平壁材料热导率 $\lambda=0.815+0.00076t$,W/(m·℃)。若将热导率分别按常量(取平均热导率)和变量计算,试求平壁的温度分布关系式和导热通量。

解:

(1) 热导率按常量计算

平壁的平均温度
$$t_m = \frac{t_1 + t_2}{2} = \frac{1650 + 300}{2} = 975℃$$

平壁材料的平均热导率
$$\lambda_m = 0.815 + 0.00076 \times 975 = 1.556\text{W/(m·℃)}$$

导热热通量为
$$q = \frac{\lambda_m}{b}(t_1 - t_2) = \frac{1.556}{0.37}(1650 - 300) = 5677\text{W/m}^2$$

设壁厚 x 处的温度为 t,则由式(4-6)可得
$$q = \frac{\lambda_m}{x}(t_1 - t)$$

故
$$t = t_1 - \frac{qx}{\lambda_m} = 1650 - \frac{5677}{1.556}x = 1650 - 3649x$$

上式即为平壁的温度分布关系式,该式表明平壁距离 x 和平壁表面的温度呈直线关系。

(2) 热导率按变量计算,由式(4-5)得
$$q = -\lambda \frac{dt}{dx} = -(0.815 + 0.00076t)\frac{dt}{dx}$$

或 $-q\,dx = (0.815+0.00076t)\,dt$,积分得
$$-q\int_0^b dx = \int_{t_1}^{t_2}(0.815 + 0.00076t)\,dt$$

$$-qb = 0.815(t_2 - t_1) + \frac{0.00076}{2}(t_2^2 - t_1^2) \quad (a)$$

$$q = \frac{0.815}{0.37}(1650 - 300) + \frac{0.00076}{2 \times 0.37}(1650^2 - 300^2) = 5677\text{W/m}^2$$

当 $b=x$ 时，$t_2=t$，代入式(a)，可得

$$-5677x = 0.815(t - 1650) + \frac{0.00076}{2}(t^2 - 1650^2)$$

整理上式得

$$t^2 + \frac{2 \times 0.815}{0.00076}t + \frac{2}{0.00076}\left[5677x - \left(0.815 \times 1650 + \frac{0.00076}{2} \times 1650^2\right)\right] = 0$$

解得 $t = -1072 + \sqrt{7.41 + 10^6 - 1.49 \times 10^7 x}$

上式即为当 λ 随 t 呈线性变化时单层平壁温度分布关系式，此时温度分布为曲线。该题计算结果表明，将热导率按常量或变量计算时，热流密度 q 相同但是温度分布不同，前者呈直线关系，后者则为非线性。

3. 多层平壁的热传导

工业生产过程中经常遇到多层平壁稳定热传导的情况，如平壁燃烧炉，下面以三层平壁热传导为例，说明多层平壁热传导计算过程。如图 4-9 所示，各层平壁的壁厚分别为 b_1、b_2 和 b_3，热导率分别为 λ_1、λ_2 和 λ_3。假设各层平壁之间接触良好，各接触表面温度相同，分别为 t_1、t_2、t_3 和 t_4，且 $t_1>t_2>t_3>t_4$。

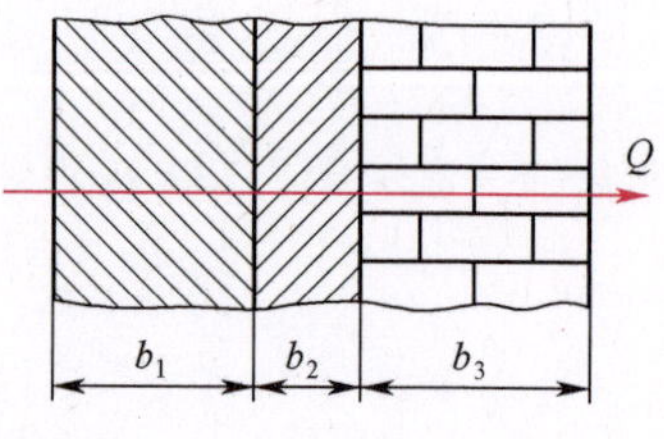

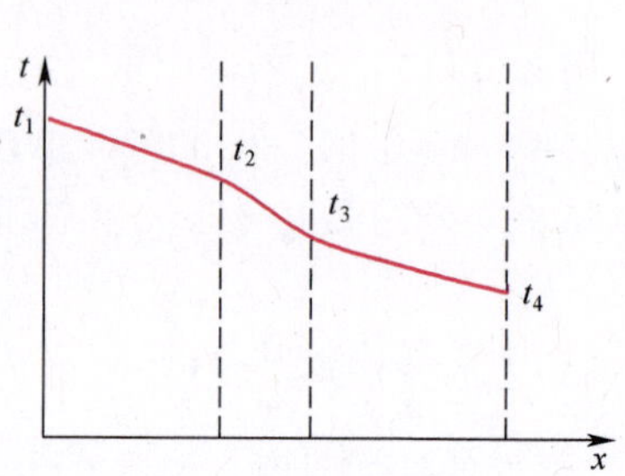

图 4-9 三层平壁的热传导

在稳定导热时，通过各层平壁的导热速率相等，即 $Q=Q_1=Q_2=Q_3$。

$$Q = \frac{\lambda_1 S(t_1 - t_2)}{b_1} = \frac{\lambda_2 S(t_2 - t_3)}{b_2} = \frac{\lambda_3 S(t_3 - t_4)}{b_3}$$

由上式可得

$$\Delta t_1 = t_1 - t_2 = Q\frac{b_1}{\lambda_1 S} \tag{4-8}$$

$$\Delta t_2 = t_2 - t_3 = Q\frac{b_2}{\lambda_2 S} \tag{4-9}$$

$$\Delta t_3 = t_3 - t_4 = Q\frac{b_3}{\lambda_3 S} \tag{4-10}$$

$$\Delta t_1 : \Delta t_2 : \Delta t_3 = \frac{b_1}{\lambda_1 S} : \frac{b_2}{\lambda_2 S} : \frac{b_3}{\lambda_3 S} = R_1 : R_2 : R_3 \tag{4-11}$$

可见，各层平壁的传热推动力与热阻成正比。

将式(4-8)、式(4-9)、式(4-10)相加，整理得

$$Q = \frac{\Delta t_1 + \Delta t_2 + \Delta t_3}{\dfrac{b_1}{\lambda_1 S} + \dfrac{b_2}{\lambda_2 S} + \dfrac{b_3}{\lambda_3 S}} = \frac{t_1 - t_4}{\dfrac{b_1}{\lambda_1 S} + \dfrac{b_2}{\lambda_2 S} + \dfrac{b_3}{\lambda_3 S}} \tag{4-12}$$

式(4-12)即为三层平壁的热传导速率方程式。

对 n 层平壁,热传导速率方程式为

$$Q=\frac{t_1-t_{n+1}}{\sum_{i=1}^{n}\frac{b_i}{\lambda_i S}}=\frac{\sum \Delta t}{\sum R}=\frac{\text{总推动力}}{\text{总热阻}} \tag{4-13}$$

可见,多层平壁热传导的总推动力为各层平壁温度差之和,即总温度差,总热阻为各层热阻之和。

对于多层平壁,各层壁之间的接触界面不可能做到理想光滑,粗糙的界面会增加热传导热阻,该附加的热阻称为接触热阻,其大小受界面粗糙度、接触面压紧力和空隙中气压的影响。

【例 4-2】 某平壁燃烧炉是由一层耐火砖与一层普通砖砌成,两层的厚度均为 100mm,其热导率分别为 0.9W/(m·℃)及 0.7W/(m·℃)。待操作稳定后,测得炉膛的内表面温度为 700℃,外表面温度为 130℃。为了减少燃烧炉的热损失,在普通砖外表面增加一层厚度为 40mm、热导率为 0.06W/(m·℃)的保温材料。操作稳定后,又测得炉膛内表面温度为 740℃,外表面温度为 90℃。设两层砖的热导率不变,试计算加保温层后炉壁的热损失比原来减少百分之几?

解: 加保温层前单位面积炉壁的热损失为 $(Q/S)_1$,此时为双层平壁的热传导,其导热速率为

$$\left(\frac{Q}{S}\right)_1=\frac{t_1-t_3}{\frac{b_1}{\lambda_1}+\frac{b_2}{\lambda_2}}=\frac{700-130}{\frac{0.1}{0.9}+\frac{0.1}{0.7}}=2244\text{W/m}^2$$

加保温层后单位面积炉壁的热损失为 $(Q/S)_2$,此时为三层平壁的热传导,其导热速率为

$$\left(\frac{Q}{S}\right)_2=\frac{t_1-t_4}{\frac{b_1}{\lambda_1}+\frac{b_2}{\lambda_2}+\frac{b_3}{\lambda_3}}=\frac{740-90}{\frac{0.1}{0.9}+\frac{0.1}{0.7}+\frac{0.04}{0.06}}=706\text{W/m}^2$$

故加保温层后热损失比原来减少的百分数为

$$\frac{\left(\frac{Q}{S}\right)_1-\left(\frac{Q}{S}\right)_2}{\left(\frac{Q}{S}\right)_1}\times 100\%=\frac{2244-706}{2244}\times 100\%=68.5\%$$

4.2.4 圆筒壁稳定热传导

化工生产中通过圆筒壁的导热十分普遍,如圆筒形容器、管道和设备的热传导。它与平壁热传导的不同之处在于圆筒壁的传热面积随半径而变,因此不同半径处的导热通量不同。

1. 单层圆筒壁的稳定热传导

如图 4-10 所示,设圆筒壁的内、外半径分别为 r_1 和 r_2,内、外表面分别维持恒定的温度 t_1 和 t_2,管长 L 足够长,则圆筒壁内的传热属一维稳定热传导。若在半径 r 处沿半径方向取一厚度为 dr 的薄壁圆筒,则其传热面积可近似视为定值,即 $2\pi rL$。根据傅里叶定律:

$$Q = -\lambda S \frac{dt}{dr} = -\lambda(2\pi rL)\frac{dt}{dr} \tag{4-14}$$

分离变量后积分，整理得

$$Q = \frac{2\pi L\lambda(t_1 - t_2)}{\ln \frac{r_2}{r_1}} \tag{4-15}$$

或

$$Q = \frac{2\pi L\lambda(t_1 - t_2)\cdot(r_2 - r_1)}{\ln \frac{r_2}{r_1}\cdot(r_2 - r_1)} = \frac{2\pi L\lambda r_m(t_1 - t_2)}{b}$$

$$= \frac{\lambda S_m(t_1 - t_2)}{b} = \frac{t_1 - t_2}{\frac{b}{\lambda S_m}} = \frac{t_1 - t_2}{R} \tag{4-16}$$

式中：$b = r_2 - r_1$ 为圆筒壁厚度（m）；$S_m = 2\pi r_m L$ 为圆筒壁的对数平均面积（m^2）；$r_m = \frac{r_2 - r_1}{\ln \frac{r_2}{r_1}}$ 为对数平均半径（m）。

对于 $\frac{r_2}{r_1} < 2$ 的圆筒壁，以算术平均值 $r_m = \frac{r_1 + r_2}{2}$ 代替对数平均值计算导致的误差<4%，此时 $S_m = (S_1 + S_2)/2$。

对于平壁稳定热传导过程，各处的 Q 和 q 均相等；而在圆筒壁稳定热传导中，不同半径 r 处传热速率 Q 相等，但热通量 q 却不相等。

2. 多层圆筒壁的稳定热传导

层与层之间接触良好的多层圆筒壁，接触面两侧温度相同，各层导热速率相等，如图 4-11 所示（以三层为例）。假设各层的热导率分别为 λ_1、λ_2 和 λ_3，厚度分别为 b_1、b_2 和 b_3。仿照多层平壁的热传导速率公式，则三层圆筒壁的导热速率方程为

$$Q = \frac{t_1 - t_4}{\frac{b_1}{\lambda_1 S_{m1}} + \frac{b_2}{\lambda_2 S_{m2}} + \frac{b_3}{\lambda_3 S_{m3}}} = \frac{t_1 - t_4}{\frac{\ln \frac{r_2}{r_1}}{2\pi L\lambda_1} + \frac{\ln \frac{r_3}{r_2}}{2\pi L\lambda_2} + \frac{\ln \frac{r_4}{r_3}}{2\pi L\lambda_3}} = \frac{t_1 - t_4}{R_1 + R_2 + R_3} \tag{4-17}$$

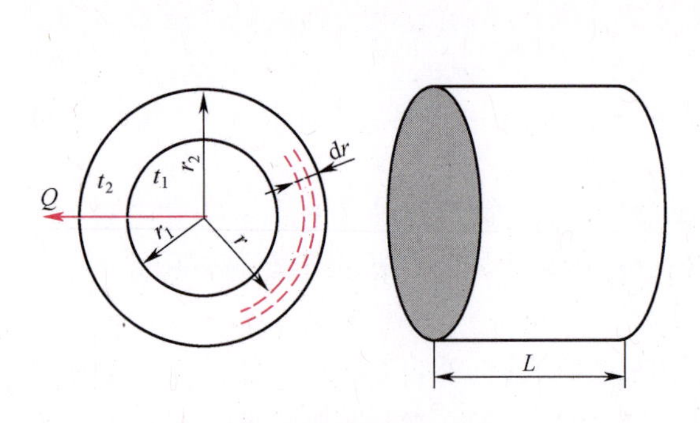

图 4-10 单层圆筒壁的热传导图

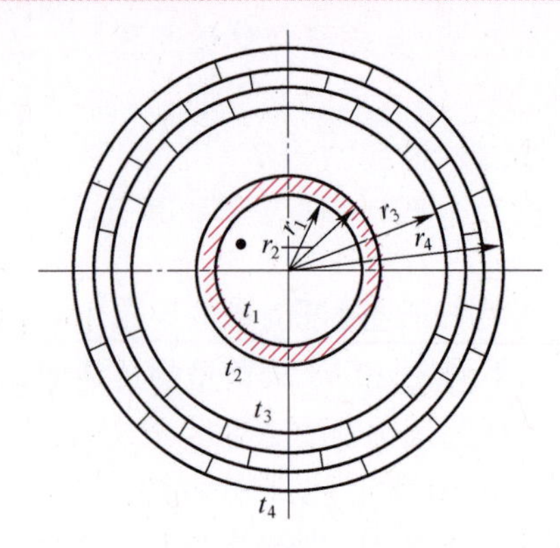

图 4-11 多层圆筒壁热传导

应当注意，在多层圆筒壁导热速率计算式中，各层热阻所用的传热面积应采用各自的对数平均面积。对于稳定热传导过程，通过各层的导热速率相同，但导热通量却并不相等。

【例 4-3】 在外径为140mm的蒸气管道外包扎保温材料，以减少热损失。蒸气管外壁温度为390℃，保温层外表面温度不高于40℃。保温材料的 λ 与 t 的关系为 $\lambda=0.1+0.0002t$（t 的单位为℃，λ 的单位为 W/(m·℃)）。若要求每米管长的热损失 Q/L 不大于450W/m，试求保温层的厚度以及保温层中温度分布。

解：此题为圆筒壁热传导问题。已知：$r_2=0.07\text{m}$，$t_2=390℃$，$t_3=40℃$。

保温层的热导率按平均温度计算，即

$$\lambda = 0.1 + 0.0002\left(\frac{390+40}{2}\right) = 0.143\text{W/(m·℃)}$$

（1）保温层厚度。将式(4-15)改写为

$$\ln\frac{r_3}{r_2} = \frac{2\pi\lambda(t_2 - t_3)}{Q/L}$$

$$\ln r_3 = \frac{2\pi \times 0.143(390-40)}{450} + \ln 0.07$$

得

$$r_3 = 0.141\text{m}$$

故保温层厚度为

$$b = r_3 - r_2 = 0.141 - 0.07 = 0.071\text{m} = 71\text{mm}$$

（2）保温层中温度分布。设保温层半径 r 处的温度为 t，代入式(4-15)可得

$$\frac{2\pi \times 0.143(390-t)}{\ln\dfrac{r}{0.07}} = 450$$

解得

$$t = -501\ln r - 942$$

计算结果表明，即使热导率为常数，圆筒壁内的温度分布也不是直线而是曲线。

4.3 对流传热

对流传热是指流体各部分发生相对位移而引起的传热现象，与流体的流动状况密切相关，是流体的热对流与热传导共同作用的结果。对流传热在化工传热过程中占有重要地位。

4.3.1 对流传热分析

当流体流过壁面被加热或被冷却时，会引起沿壁面法线方向上温度分布的变化，形成一定的温度梯度。和流动边界层相似，靠近壁面处流体温度有显著的变化（或存在温度梯度）的区域称为温度边界层或传热边界层，如图4-12所示。

对流传热发生在流体对流流动的过程中，因此它与流体流动情况密切相关。流体经过固体壁面时形成流动边界层，在边界层内存在速度梯度，即使流体达到湍流，在层流底层内流体仍作层流流动，那么在固体表面和与其接触的流体之间，或在相邻流体层之间所进行的热量交换都是以热传导的方式进行，在该层内温度变化大，形成很大的温度梯度。层流底层以外，不同温度

的流体质点发生相对位移，产生整体混合，使传热速率增大，温度梯度逐渐变小。因此，对流传热热量传递方式除热传导外，还有热对流。为了便于处理问题，假定对流传热全部阻力集中在一厚度为 δ_t 的虚拟膜内，且以热传导的方式进行热量传递，该模型为对流传热膜理论模型。

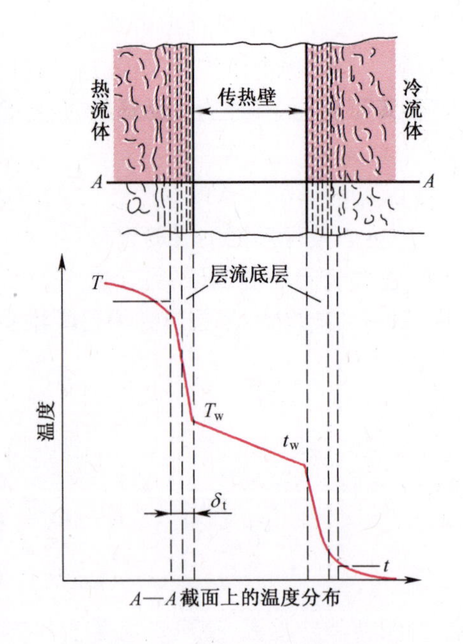

图 4-12 对流传热边界层和温度分布

工业生产中常见的对流传热大致有如下四类：

流体无相变对流传热 { 强制对流传热；自然对流传热 }

流体有相变对流传热 { 蒸气冷凝传热；液体沸腾传热 }

自然对流传热是指由于流体内部存在温差，使冷、热流体的密度不同，发生自然循环流动所引起的传热过程；**强制对流传热**指流体在外力（泵、风机、势能差等）作用下产生宏观流动引起的传热过程。根据传热过程相变化情况，分为**蒸气冷凝传热**和**液体沸腾传热**。

4.3.2 牛顿冷却定律和对流传热系数

对于对流传热，当流体被冷却时，对流传热速率方程可写成如下形式：

$$Q = \alpha S(T - T_W) \tag{4-18}$$

或

$$q = \alpha(T - T_W) \tag{4-19}$$

式中：T、T_w 分别为热流体温度和热流体侧壁温（℃）；α 为**对流传热系数**（$W/(m^2 \cdot ℃)$）。

同理，流体被加热时，对流传热速率方程可写为

$$q = \alpha(t_W - t) \tag{4-20}$$

式中：t、t_w 分别为冷流体温度和冷流体侧壁温（℃）。

式（4-19）和式（4-20）称为**牛顿冷却定律**。应当指出，牛顿冷却定律并非从理论上推导的结果，对流传热过程按牛顿冷却定律处理并不改变问题的复杂性。对流传热系数与系统的几何形状、流体性质、流动特征以及温差等因素有关。一般通过实验测定不同情况下流体的对流传热系数，并将其关联成经验表达式以供设计计算时使用。

影响对流传热效果的因素都反映在对对流传热系数的影响中，这些因素主要表现在以下几个方面：

1. **流体的种类和相变化的情况**

液体、气体和蒸气的对流传热系数各不相同，牛顿型流体和非牛顿型流体也有区别。本书只限于讨论牛顿型流体的对流传热系数。

有相变的传热有蒸汽冷凝和液体沸腾。发生相变时，由于汽化或冷凝的潜热远大于温度变化的显热，因此有相变时对流传热系数大于无相变时的对流传热系数。

2. 流体性质

影响流体对流传热系数大小的物理性质主要有比热容、热导率、密度和黏度等。流体性质不仅随流体种类变化，还与温度、压强有关。

3. 流体流动状态

流体在换热器中的流动有层流和湍流两种类型，当流体为湍流流动时，流体质点呈混杂运动，热量传递充分，随着 Re 的增大，靠近固体壁面处的层流底层厚度变薄，传热速率提高，即 α 增大。当流体为层流流动时，流体中无混杂的质点运动，所以 α 值较湍流时的小。

4. 流体对流起因

流体流动有强制对流和自然对流两种。自然对流是由于流体内部存在温差，使冷（温度 t_1）、热（温度 t_2）流体的密度 ρ 不同所引起的流动。因为 $t_2>t_1$，所以 $\rho_2<\rho_1$。若流体的体积膨胀系数为 β，则 ρ_1 与 ρ_2 的关系为：$\rho_1=\rho_2(1+\beta\Delta t)$，$\Delta t=t_2-t_1$。于是在重力场内，单位体积流体由于密度不同所产生的浮升力为 $(\rho_1-\rho_2)g=\rho_2 g\beta\Delta t/(1+\beta\Delta t)$。当 Δt 较小时，$(\rho_1-\rho_2)g\approx\rho_2 g\beta\Delta t$。通常强制对流的流速比自然对流的高，因而 α 也大。例如空气自然对流时的 α 值约为 5~25W/(m^2·℃)，而强制对流时的 α 值可达 10~250W/(m^2·℃)。

自然对流的强弱与加热面的位置密切相关。为了在一定空间内获得较为均匀的加热，换热器应置于该空间的下部，例如房间的采暖；反之应置于该空间的上部，以便造成充分的自然对流，强化传热过程。

5. 传热面的形状、相对位置与尺寸

传热面的形状（管、板、翅片等）、传热面的方向和布置（水平、旋转等）及流道尺寸（管径、管长等）都直接影响对流传热系数的大小。

4.3.3 对流传热因次分析

获得对流传热系数的方法主要有以下三种：

因次分析法　将影响对流传热的因素无因次化，通过实验确定各无因次特征数之间的关系。该方法为理论指导下的实验研究方法，在对流传热中广为使用；

边界层分析法　通过对边界层的分析建立数学模型，用实验检验、修正数学模型，并确定模型参数；

热量传递和动量传递类比法　热量传递和动量传递不仅在机理上相似，定量描述方式也相似，因此两种现象之间可进行定量类比，计算对流传热系数。

本章主要采用因次分析法计算对流传热系数。由于影响对流传热系数 α 的因素很多，为减少实验工作量，实验前可根据 π 定理，将众多因素组成 N 个无因次数群，通过实验确定无因次数群之间的关系。工业对流传热过程根据流体有无相变可分为无相变对流传热和有相变对流传热，本节讨论无相变对流传热系数的因次分析。

1. 强制对流传热过程

根据理论分析和实验研究，影响该对流传热过程的因素有：

(1) 流体的物理性质 ρ、μ、c_p、λ；

(2) 传热表面的特征尺寸 l；

(3) 强制对流的流速 u。

于是对流传热系数可表示为

$$\alpha = f(u、\rho、l、\mu、\lambda、c_p) \tag{4-21}$$

这7个物理量涉及长度L、质量M、时间θ和温度T四个基本因次，根据π定理，传热过程的无因次数群的数目N等于变量数n与基本因次数目m之差，即$N=n-m=7-4=3$。用量纲分析法将式(4-21)转化成无量纲形式

$$f(Nu,Re,Pr)=0$$

式中

$$\frac{\alpha l}{\lambda} = Nu\ (\text{努塞尔数}) \tag{4-22}$$

$$\frac{lu\rho}{\mu} = Re\ (\text{雷诺数}) \tag{4-23}$$

$$\frac{c_p\mu}{\lambda} = Pr\ (\text{普朗特数}) \tag{4-24}$$

此式即为无相变时强制对流传热的准数关系式。

2. 自然对流传热过程

对于自然对流传热过程，单位体积流体的升力($\beta\rho g\Delta t$)是直接影响α大小的因素，于是对流传热系数可表示为

$$\alpha = f(\rho,l,\mu,\lambda,c_p,\beta\rho g\Delta t) \tag{4-25}$$

同样，式中7个物理量涉及4个基本因次，所以有3个无因次准数，其准数关系式为

$$f(Nu,Pr,Gr)=0 \tag{4-26}$$

式中

$$\frac{l^3\rho^2 g\beta\Delta t}{\mu^2} = Gr\ (\text{格拉斯霍夫准数}) \tag{4-27}$$

3. 对流传热过程无因次数群的符号和物理意义

(1) 各无因次数群的物理意义如表4-2所列。

表4-2 无因次数群的符号及意义

准数名称	符号	意　义
努塞尔数 (Nusselt number)	$Nu=\frac{\alpha l}{\lambda}$	和纯导热相比，对流使传热系数增大的倍数
雷诺数 (Reynolds number)	$Re=\frac{lu\rho}{\mu}$	流体所受惯性力和黏性力之比，表征流体的流动状态和湍动程度
普朗特数 (Prandtl number)	$Pr=\frac{c_p\mu}{\lambda}$	表示流体物性对对流传热的影响
格拉斯霍夫数 (Grashof number)	$Gr=\frac{\beta g\Delta t l^3\rho^2}{\mu^2}$	表示自然对流的流动状态

(2) 定性温度。在传热过程中，流体的温度各处不同，流体的物理性质也必随之而变。因此，在计算上述各数群数值时，存在一个定性温度的确定问题，即以什么温度为基准查取所需的物性数据。

定性温度的选择，本质上是对物性取平均值的问题。流体的各种物性随温度变化的规律各不相同，一般工程上采用流体的平均温度作为定性温度来确定物性数据。

(3) 特征尺寸。指对对流传热过程产生直接影响的传热面的几何尺寸。圆管的特征尺寸

取管径 d;非圆形管通常取当量直径 d_e 作为特征尺寸;对大空间内自然对流传热,取加热(或冷却)表面的垂直高度为特征尺寸。

4.3.4 无相变对流传热系数的经验关联式

本节只讨论无相变对流传热系数的经验关联式,有相变传热过程在 4.4 节中讨论。

1. 流体在圆形直管内强制湍流传热

管内强制对流传热是重要的工业传热过程,根据流体在管内流动状态,分别按湍流和层流讨论其对流传热系数关联式。

流体在圆形直管内作强制湍流,此时自然对流的影响不计,准数关系式可表示为

$$Nu = CRe^{m}Pr^{n} \tag{4-28}$$

许多研究者对不同流体在光滑管内的传热进行了大量的实验研究,发现在下列条件下:

① $Re>10000$,即流动是充分湍流的;

② $0.7<Pr<160$;

③ 流体黏度较低(不大于水的黏度的 2 倍);

④ $L/d>60$,即进口段只占总长的很小一部分,管内流动是充分发展的。

式(4-28)中的系数 C 为 0.023,指数 m 为 0.8,指数 n 与热流方向有关:当流体被加热时,$n=0.4$;当流体被冷却时,$n=0.3$。即

$$Nu = 0.023Re^{0.8}Pr^{n} \tag{4-29}$$

或

$$\alpha = 0.023\frac{\lambda}{d_i}\left(\frac{d_i u\rho}{\mu}\right)^{0.8}\left(\frac{c_p\mu}{\lambda}\right)^{n} \tag{4-30}$$

上式中定性温度为换热器进、出口处流体主体温度的算术平均值,特征尺寸为管内径 d_i。

n 取不同数值,是为了校正热流方向的影响。由于热流方向的不同,层流底层的厚度及温度也各不相同。当液体被加热时,靠近管壁处层流底层的温度高于液体平均温度,因为液体的黏度随温度升高而降低,所以层流底层减薄。虽然大多数液体的热导率随温度升高也有所减少,但不显著,因此升高温度使液体对流传热系数增大。液体被冷却时,则情况相反。对大多数液体,$Pr>1$,即 $Pr^{0.4}>Pr^{0.3}$,故液体被加热时 n 取 0.4,冷却时 n 取 0.3。当气体被加热时,因为其黏度随温度升高而增大,所以层流底层增厚,使其对流传热系数减小;气体被冷却时,情况相反。对大多数气体,因 $Pr<1$,即 $Pr^{0.4}<Pr^{0.3}$,所以加热气体时 n 仍取 0.4,而冷却时 n 仍取 0.3。可见,利用 n 取值的不同可使 α 计算值与实际值保持一致。

如上述条件得不到满足,需对按式(4-30)计算所得的对流传热系数 α 适当加以修正。

(1) 对于高黏度液体,因黏度 μ 的绝对值较大,固体表面与流体主体之间的温度差对 α 的影响更为显著。此时利用指数 n 的取值不同进行修正的方法已得不到满意的关联式,需引入无因次的黏度比加以修正,式(4-30)变为

$$Nu = 0.027Re^{0.8}Pr^{0.33}\left(\frac{\mu}{\mu_w}\right)^{0.14} \tag{4-31}$$

式中:μ 为液体在主体平均温度下的黏度;μ_w 为液体在壁温下的黏度。

一般壁温是未知的,近似取 $\left(\frac{\mu}{\mu_w}\right)^{0.14}$ 为以下数值可满足工程要求:

液体被加热时：$\left(\dfrac{\mu}{\mu_w}\right)^{0.14}=1.05$

液体被冷却时：$\left(\dfrac{\mu}{\mu_w}\right)^{0.14}=0.95$

式(4-31)适用于 $Re>10^4$、$Pr=0.5\sim100$ 的各种液体,但不适用于液体金属。

(2) 对于 $l/d_i<60$ 的短管,因管内流动尚未充分发展,层流底层较薄,热阻小。因此用式(4-30)计算得到的 α 偏低,应再乘以大于 1 的系数 $[1+(d_i/l)^{0.7}]$ 加以校正。

(3) 流体在圆形直管内处于过渡区时,因湍流不充分,层流底层较厚,热阻大而 α 小。此时需将按式(4-30)计算的 α 乘以小于 1 的系数 f:

$$f=1-\frac{6\times10^5}{Re^{1.8}} \tag{4-32}$$

(4) 流体在圆形弯管内作强制湍流,由于离心力的作用扰动加剧,使对流传热系数增加。实验结果表明,弯管中的 α 可将按式(4-30)计算的结果乘以大于 1 的修正系数 f'

$$f'=1+1.77\frac{d_i}{R} \tag{4-33}$$

式中:d_i 为管内径(m);R 为弯管的曲率半径(m)。

(5) 流体在非圆形管中作强制湍流时,对流传热系数的计算有两个途径:一个是沿用圆形管的各相应计算公式,而将定性尺寸代之以当量直径 d_e,这种方法较简单,但计算结果的准确性欠佳;另一个是对一些常用的非圆形管,直接根据实验关联出计算对流传热系数的经验公式。例如,对套管的环隙,用空气和水做实验,在 $Re=1.2\times10^4\sim2.2\times10^5$,外管和内管直径比 $d_2/d_1=1.65\sim17.0$ 的范围内,获得如下经验关联式

$$\alpha=0.02\frac{\lambda}{d_e}Re^{0.8}Pr^{0.33}(d_2/d_1)^{0.53} \tag{4-34}$$

式中:d_1 为内管外径;d_2 为外管内径。

此式亦可用于其他流体在非圆形直管中强制湍流传热系数的计算。

以上得到的任何无因次数群的关系式都可加以变换,使每个变量在方程式中单独出现。如将式(4-30)去括号,可得(取 $n=0.4$)

$$\alpha=0.023\frac{\rho^{0.8}c_p^{0.4}\lambda^{0.6}}{\mu^{0.4}}\cdot\frac{u^{0.8}}{d_i^{\ 0.2}} \tag{4-35}$$

由上式可知,当流体的种类(即物性)和管径一定时,α 与 $u^{0.8}$ 成正比;在其他因素不变时,α 与 $d_i^{0.2}$ 成反比。流体物理性质对 α 影响的大小,只要比较各自的指数即可一目了然。可见将无因次数群展开后,易于弄清每个物理因素单独对传热的影响,便于分析问题。

2. 流体在圆形直管内作强制层流

流体作强制层流流动时,自然对流造成了径向流动,强化了传热,所以应考虑自然对流对传热的影响。此外层流流动时进口段距离较长(约为 $100d$),改变 l/d 将对全管的平均对流传热系数有明显影响。

只有当管径及流体与壁面间的温度差较小时,自然对流的影响可以忽略,这种情况的经验关联式为

$$Nu = 1.86Re^{1/3}Pr^{1/3}\left(\frac{d_i}{L}\right)^{1/3}\left(\frac{\mu}{\mu_w}\right)^{0.14} \tag{4-36}$$

应用范围：$Re<2300$，$0.6<Pr<6700$，$\left(RePr\frac{d_i}{L}\right)>10$。

特征尺寸：管内径 d_i。

定性温度：取流体进、出口温度的算术平均值。

在换热器设计中，应尽量避免在层流条件下进行传热，因为此时对流传热系数小，从而使总传热系数也很小。为了提高总传热系数，流体多呈湍流流动。

【例 4-4】 有一列管式换热器，由 38 根 $\phi25\text{mm}\times2.5\text{mm}$ 的无缝钢管组成。苯在管内流动，由 20℃被加热至 80℃，苯的流量为 8.32kg/s。外壳中通入水蒸气进行加热。试求管内苯的对流传热系数。当苯的流量提高一倍，其对流传热系数有何变化。

解：苯在平均温度 $t_m=\frac{1}{2}(20+80)=50$℃ 下的物性可由附录查得：密度 $\rho=860\text{kg/m}^3$；比热容 $c_p=1.80\text{kJ/(kg·℃)}$；黏度 $\mu=0.45\text{mPa·s}$；热导率 $\lambda=0.14\text{W/(m·℃)}$。

换热管内苯的流速为

$$u=\frac{V_S}{\frac{\pi}{4}d_i^2 n}=\frac{\frac{8.32}{860}}{0.785\times0.02^2\times38}=0.81\text{m/s}$$

$$Re=\frac{d_i u\rho}{\mu}=\frac{0.02\times0.81\times860}{0.45\times10^{-3}}=30960$$

$$Pr=\frac{c_p\mu}{\lambda}=\frac{(1.8\times10^3)\times0.45\times10^{-3}}{0.14}=5.79$$

以上计算表明本题中苯的流动情况符合式(4-30)的条件，故

$$\alpha=0.023\frac{\lambda}{d_i}Re^{0.8}Pr^{0.4}=0.023\times\frac{0.14}{0.02}\times(30960)^{0.8}\times(5.79)^{0.4}$$
$$=1272\text{W/(m}^2\text{·℃)}$$

若忽略定性温度的变化，当苯的流量增加一倍时，对流传热系数为 α'，则

$$\alpha'=\alpha\left(\frac{u'}{u}\right)^{0.8}=1272\times2^{0.8}=2215\text{W/(m}^2\text{·℃)}$$

3. 流体在管外强制对流传热

流体垂直流过单根圆管时，在圆管周围各点流动情况如图 4-13 所示。对流传热系数自驻点开始连续减小，在边界层分离后的尾流区，由于产生了漩涡，对流传热系数又逐渐增大，通常

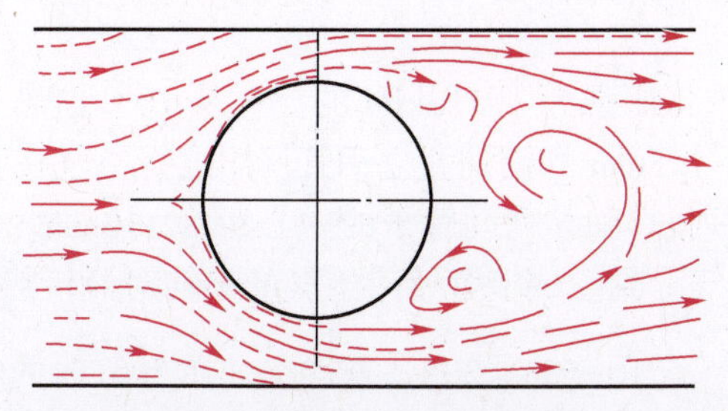

图 4-13 流体垂直单根圆管流动的情况

取整个圆周的平均对流传热系数进行计算。在一般换热器中,由许多圆管组成管束,此时传热系数还会受管子排列方式和间距大小的影响,传热过程更为复杂。

1. 流体垂直管束流动

管束的排列方式分为直列和错列两种。错列中又有正方形和等边三角形两种,如图 4-14 所示。

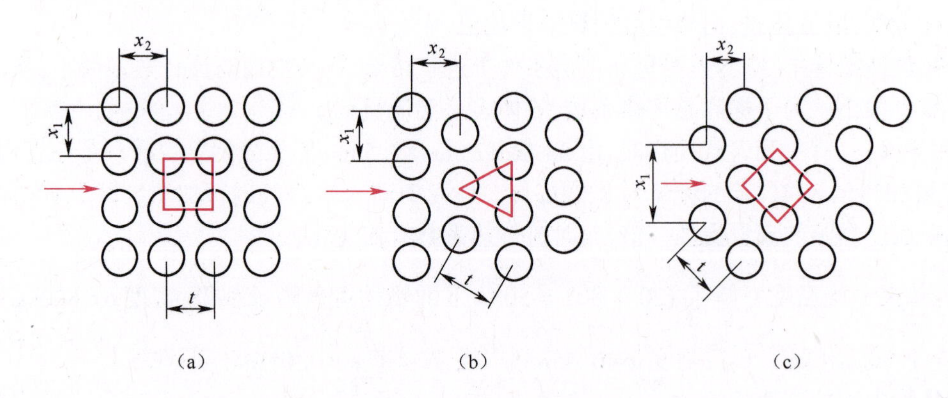

图 4-14 管子的排列方式

(a)直列;(b)正三角形错列;(c)正方形错列。

流体垂直流过管束时,对于第一排管,无论直列还是错列,和流体流过单管情况基本相同;第二排管,流体在错列管束间流动时湍动程度高于直列,对流传热系数较大;第三排管以后(直列第二排管以后),对流传热系数基本恒定。流体在管束外横向流过时,平均对流传热系数可用下式计算:

流体在错列管束外流动

$$Nu = 0.33Re^{0.6}Pr^{0.33} \tag{4-37}$$

流体在直列管束外流动

$$Nu = 0.26Re^{0.6}Pr^{0.33} \tag{4-38}$$

应用范围:

① $Re>3000$。

② 特征尺寸取管外径 d_o,流速取流体通过每排管子中最狭窄通道处的速度。其中错列管距最狭处的距离应在(x_1-d_o)和($t-d_o$)两者中取小者。

③ 管束排数应为 10,若不是 10 时,上述公式的计算结果应乘以表 4-3 的系数。

表 4-3 管束排数与修正系数

排数	1	2	3	4	5	6	7	8	9	10	12	15	18	25	35	75
错列	0.48	0.75	0.83	0.89	0.92	0.95	0.97	0.98	0.99	1.0	1.01	1.02	1.03	1.04	1.05	1.06
直列	0.64	0.80	0.83	0.90	0.92	0.94	0.96	0.98	0.99	1.0						

【例 4-5】 在预热器内将压强为 101.3kPa 的空气从 10℃ 加热到 50℃。预热器由一束长度为 1.5m,直径为 ϕ86mm×1.5mm 的错列直立钢管所组成。空气在管外垂直流过,沿流动方向共有 15 行,每行有管子 20 列,行间与列间管子的中心距为 110mm。空气通过管间最狭处的流速为 8m/s。管内有饱和蒸气冷凝。试求管壁对空气的平均对流传热系数。

解:空气的定性温度 $=\dfrac{1}{2}(10+50)=30$℃,查得空气在 30℃ 时的物性如下:

$$\mu = 1.86 \times 10^{-5} \text{Pa} \cdot \text{s}, \rho = 1.165 \text{kg/m}^3$$

$$\lambda = 2.67 \times 10^{-2} \text{W/(m} \cdot ℃), c_p = 1 \text{kJ/(kg} \cdot ℃)$$

所以
$$Re = \frac{du\rho}{\mu} = \frac{0.086 \times 8 \times 1.165}{1.86 \times 10^{-5}} = 43100$$

$$Pr = \frac{c_p \mu}{\lambda} = \frac{1 \times 10^3 \times 1.86 \times 10^{-5}}{2.67 \times 10^{-2}} = 0.7$$

空气流过 10 排错列管束的平均对流传热系数为

$$\alpha' = 0.33 \frac{\lambda}{d_0} Re^{0.6} Pr^{0.33} = 0.33 \times \frac{0.0267}{0.086} \times (43100)^{0.6} \times (0.7)^{0.33}$$

$$= 55 \text{W/(m}^2 \cdot ℃)$$

空气流过 15 排管束时,由表(4-3)查得系数为 1.02,则

$$\alpha = 1.02\alpha' = 1.02 \times 55 = 56 \text{W/(m}^2 \cdot ℃)$$

2. 流体在换热器管间流动

图 4-15、图 4-16 为常用的列管式换热器。换热器的外壳是圆筒,管束中的各列管子数目不同,一般都装有折流挡板,流体在管间流动时,流向不断变化,因而在 $Re>100$ 时即可达到湍流,所以对流传热系数较大。折流挡板的形式很多,其中以图 4-17 中的(c),即圆缺形挡板最为常用。

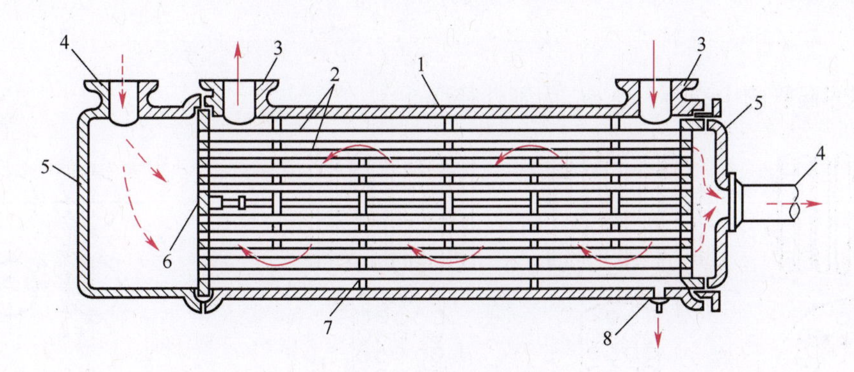

图 4-15 单程列管式换热器

1—外壳;2—管束;3、4—接管;5—封头;6—管板;7—挡板;8—泄水管。

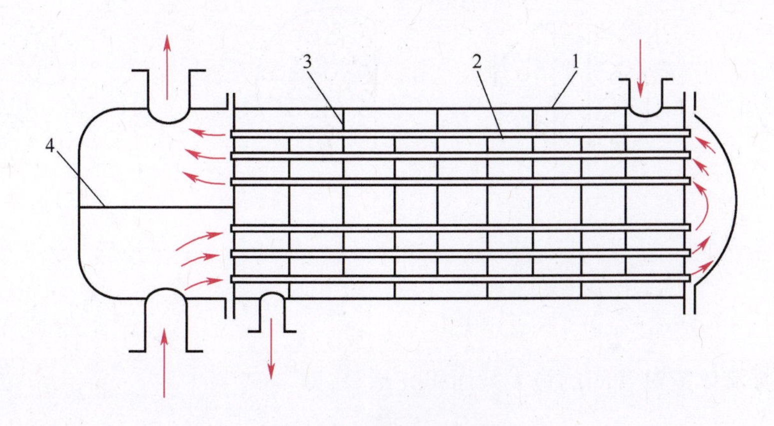

图 4-16 双程列管式换热器

1—壳体;2—管束;3—挡板;4—隔板。

在管束间安装挡板后，虽然对流传热系数增大，但是流动阻力也增大。有时因挡板与壳体、挡板与管束之间的间隙过大而产生旁流，反而使对流传热系数减小。

换热器内装有圆缺形挡板（缺口面积为25%的壳体内截面积）时，壳内流体的对流传热系数的关联式为

$$Nu = 0.36Re^{0.55}Pr^{1/3}\left(\frac{\mu}{\mu_w}\right)^{0.14} \tag{4-39}$$

或

$$\alpha = 0.36\left(\frac{\lambda}{d_e}\right)\left(\frac{d_e u\rho}{\mu}\right)^{0.55}Pr^{1/3}\left(\frac{\mu}{\mu_w}\right)^{0.14} \tag{4-39a}$$

上式的应用范围为 $2\times10^3<Re<1\times10^6$。定性温度取流体进、出口温度的算术平均值。特征尺寸取当量直径 d_e。d_e 可根据图4-18所示的管子排列情况分别用不同的式子进行计算：

若管子为正方形排列，则

$$d_e = \frac{4\left(t^2 - \frac{\pi}{4}d_o^2\right)}{\pi d_o} \tag{4-40}$$

若管子为正三角形排列，则

$$d_e = \frac{4\left(\frac{\sqrt{3}}{2}t^2 - \frac{\pi}{4}d_o^2\right)}{\pi d_o} \tag{4-41}$$

式中：t 为相邻两管的中心距（m）；d_o 为管外径（m）。

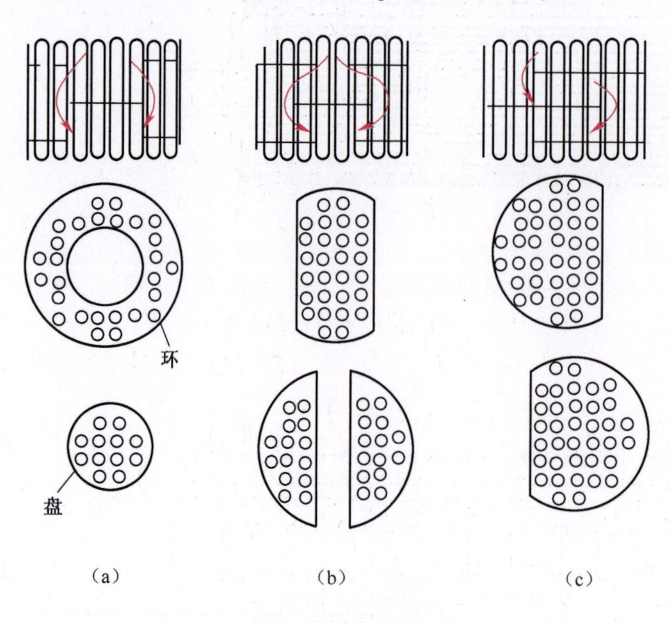

图4-17 换热器折流挡板
(a)环盘形；(b)弓形；(c)圆缺形。

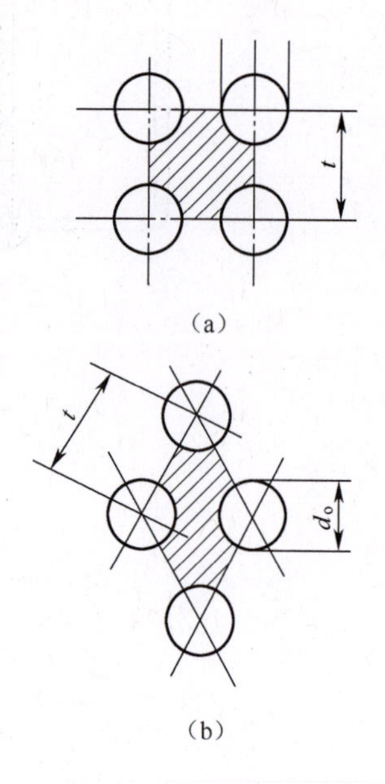

图4-18 管间当量直径推导
(a)正方形排列；(b)正三角形排列。

流速 u 根据流体流过管间的最大截面积 A 计算，即

$$A = hD\left(1 - \frac{d_o}{t}\right) \tag{4-42}$$

式中:h 为两挡板间的距离(m);D 为换热器外壳内径(m)。

由式(4-39a)可知,$\alpha \propto \dfrac{u^{0.55}}{d_e^{0.45}}$,因此减小挡板间距、提高流速或缩短中心距、减小当量直径均可提高壳程传热系数。

4. 大空间自然对流传热

当传热壁面放置在很大的空间内,由于壁面温度与周围流体的温度不同而引起自然对流。例如,管道或设备表面与周围大气之间的传热。

大空间自然对流传热系数仅与反映流体自然对流状况的 Gr 准数以及 Pr 准数有关,其准数关系式可写为

$$Nu = c(GrPr)^n \tag{4-43}$$

$$\alpha = c\frac{\lambda}{l}\left(\frac{c_p\mu}{\lambda}\cdot\frac{\beta g\Delta t l^3\rho^2}{\mu^2}\right)^n \tag{4-44}$$

式中的定性温度取传热膜的平均温度,即壁面温度和流体平均温度的算术平均值。定性尺寸与加热面的形状有关,对水平管取管外径,对垂直管或板取垂直高度。c 与 n 由实验测定,列于表4-4中。

表4-4　自然对流传热准数关系式中 c 和 n 值

加热表面形状	特征尺寸	$(GrPr)$范围	c	n
水平圆管	外径 d_o	$10^4 \sim 10^9$	0.53	1/4
		$10^9 \sim 10^{12}$	0.13	1/3
垂直管或板	高度 L	$10^4 \sim 10^9$	0.59	1/4
		$10^9 \sim 10^{12}$	0.10	1/3

【例4-6】 在一室温为20℃的大房间中,安装有直径为0.1m、水平部分长度为10m、垂直部分高度为1.0m的蒸汽管道,若管道外壁平均温度为120℃,试求该管道因自然对流的散热量。定性温度下空气的体积膨胀系数为 2.92×10^{-3}/℃。

解:大空间自然对流的 α 可由式(4-43)计算,即 $\alpha = \dfrac{\lambda}{l}c\,(GrPr)^n$。

定性温度 $= \dfrac{120+20}{2} = 70$℃,该温度下空气的有关物性由附录查得

$\lambda = 0.0296$W/(m·℃),$\mu = 2.06\times10^{-5}$Pa·s,$\rho = 1.029$kg/m^3,$Pr = 0.694$

(1)水平管道的散热量 Q_1。

$$Gr = \frac{\beta g\Delta t l^3}{v^2}$$

其中,$l = d_o = 0.1$m

$$v = \frac{\mu}{\rho} = \frac{2.06\times10^{-5}}{1.029} \approx 2\times10^{-5}\ \mathrm{m^2/s}$$

所以

$$Gr = \frac{2.92\times10^{-3}\times9.81\times(120-20)\times(0.1)^3}{(2\times10^{-5})^2} = 7.16\times10^6$$

$$GrPr = 7.16\times10^6\times0.694 = 4.97\times10^6$$

由表 4-4 查得：$c=0.53$，$n=\frac{1}{4}$，所以

$$\alpha = 0.53 \times \frac{0.0296}{0.1}(4.97 \times 10^6)^{1/4} = 7.41\ \mathrm{W/(m^2 \cdot ℃)}$$

$Q_1=\alpha(\pi d_i L)\Delta t=7.41\times\pi\times0.1\times10\times(120-20)=2330\mathrm{W}$

（2）垂直管道的散热量。

$$Gr = \frac{\beta g \Delta t L^3}{v^2} = \frac{2.92 \times 10^{-3} \times 9.81 \times (120-20) \times 1^3}{(2 \times 10^{-5})^2} = 7.16 \times 10^9$$

$$GrPr = 7.16 \times 10^9 \times 0.694 = 4.97 \times 10^9$$

由表 4-4 查得：$c=0.1$，$n=1/3$，所以

$$\alpha = 0.1 \times \frac{0.0296}{1}(4.97 \times 10^9)^{1/3} = 5.05\ \mathrm{W/(m^2 \cdot ℃)}$$

$$Q_2 = 5.05 \times \pi \times 0.1 \times 1 \times (120-20) \approx 160\mathrm{W}$$

蒸气管道总散热量为

$$Q = Q_1 + Q_2 = 2330 + 160 \approx 2500\mathrm{W}$$

4.4 有相变的对流传热

蒸气冷凝和液体沸腾都是伴有相变化的对流传热过程。这类传热过程的特点是相变流体要放出或吸收大量的潜热，对流传热系数较无相变时更大，例如水的沸腾或水蒸气冷凝。本节只讨论纯流体的沸腾和冷凝传热。

4.4.1 蒸气冷凝传热

1. 蒸气冷凝方式

当饱和蒸气与低于饱和温度的壁面接触时，蒸气放出潜热，并在壁面上冷凝成液体，并在重力作用下向下流动。蒸气冷凝有膜状冷凝和滴状冷凝两种方式。

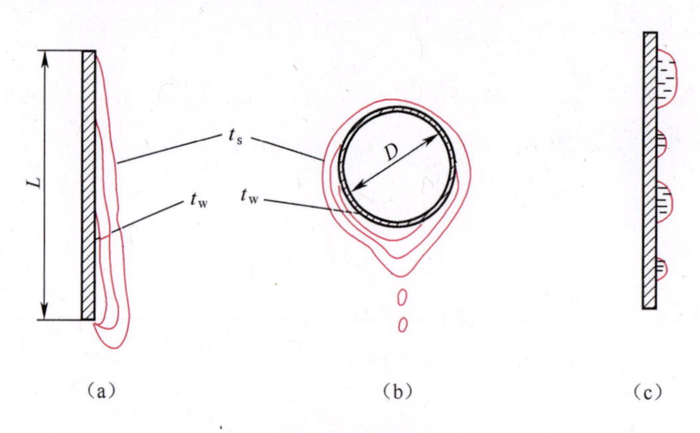

图 4-19 蒸气冷凝方式

(a)、(b) 膜状冷凝；(c) 滴状冷凝。

若在蒸气冷凝过程中，冷凝液先润湿壁面，形成一层液膜将壁面覆盖，该种冷凝方式称为膜

状冷凝，如图4-19(a)和(b)所示。对于饱和蒸气冷凝，气相不存在温度梯度，蒸气的冷凝只能在液膜的表面上进行，即蒸气冷凝时放出的潜热，必须通过液膜后才能传给壁面。由于蒸气冷凝时有相的变化，一般热阻很小，因此蒸气冷凝传热的主要热阻几乎全部集中在该层冷凝液膜内。冷凝液膜在重力作用下沿壁面向下流动，所形成的液膜也越来越厚，因此壁面越高或水平放置管的直径越大，平均对流传热系数就越小。

若在蒸气冷凝过程中，冷凝液不能润湿壁面，由于表面张力的作用，冷凝液在壁面上形成许多液滴，并沿壁面落下，这种冷凝方式称为滴状冷凝，如图4-19(c)所示。滴状冷凝通常要对壁面进行特殊处理。

滴状冷凝时，传热壁面大部分的面积直接暴露在蒸气中，可供蒸气冷凝，由于没有大面积的冷凝液膜阻碍热流，因此滴状冷凝传热系数比膜状冷凝可高几倍甚至十几倍。滴状冷凝虽然在高传热速率的应用中具有诱人的前景，目前由于很多原因限制，工业上要想获得和保持滴状冷凝是十分困难的，因此冷凝器的设计总是按膜状冷凝来处理。

如果加热介质是过热蒸气，而且冷壁温度高于蒸气饱和温度，那么在壁面上不会发生蒸气冷凝，此时蒸气和固体壁面间的传热方式仅为普通的无相变对流传热，热阻集中在近壁面处的过热蒸气层流底层内，对流传热系数远小于有相变的饱和蒸气冷凝传热系数。因此工业上常用饱和蒸气作为加热介质。

下面仅介绍纯组分饱和蒸气膜状冷凝传热系数的计算方法。

2. 膜状冷凝传热系数

(1) 蒸气在垂直管或板外冷凝。蒸气膜状冷凝对流传热系数理论公式推导中作如下假定：冷凝液膜呈层流流动，传热方式为通过液膜的热传导($Re<1800$)；蒸气静止不动，对液膜无摩擦阻力；蒸气冷凝成液体时所释放的热量仅为冷凝潜热，蒸气温度和壁面温度保持不变；冷凝液的物性可按平均液膜温度取值，且为常数。

根据上述假定，对于蒸气在垂直管外或垂直平板侧的冷凝，可用如下理论公式计算：

$$\alpha = c\left(\frac{r\rho^2 g\lambda^3}{\mu L\Delta t}\right)^{1/4} \tag{4-45}$$

特征尺寸取垂直管或板的高度。

定性温度蒸气冷凝潜热 r 取饱和温度 t_s 下的值，其余物性取液膜平均温度 $t_m=(t_w+t_s)/2$ 下的值。

C 为系数，可取0.943。

式(4-45)中各符号意义为

L 为垂直管或板的高度(m)；λ 为冷凝液的热导率(W/(m·℃))；ρ 为冷凝液的密度(kg/m^3)；μ 为冷凝液的黏度(kg/(m·s))；r 为饱和蒸气的冷凝潜热(J/kg)；Δt 为饱和蒸气温度 t_s 和壁面温度 t_w 之差(℃)。

设 b 为液膜润湿周边长度；W 为单位时间在 b 上的冷凝液量，则单位长度润湿周边上单位时间的冷凝液量 $M=W/b$，其单位为kg/(m·s)。若膜状流动时的横截面积(流通面积)为 A，则当量直径 d_e 为

$$d_e=\frac{4A}{b}$$

则
$$Re=\frac{d_e u\rho}{\mu}=\frac{4\frac{A}{b}\cdot\frac{W}{A}}{\mu}=\frac{4M}{\mu} \tag{4-46}$$

根据对流传热方程，有：

$$\alpha=\frac{Q}{S\Delta t}=\frac{Wr}{bL\Delta t}=\frac{Mr}{L\Delta t} \tag{4-47}$$

将式(4-47)代入式(4-45)，有

$$\alpha\left(\frac{\mu^2}{\lambda^3\rho^2 g}\right)^{1/3}=1.47\left(\frac{4M}{\mu}\right)^{-1/3} \tag{4-48}$$

式中：$\alpha\left(\frac{\mu^2}{\lambda^3\rho^2 g}\right)^{1/3}$ 称为无因次冷凝传热系数，常以 α^* 表示，则

$$\alpha^*=1.47R_e^{-1/3} \tag{4-49}$$

由于在推导理论公式时所做的假定不能完全成立，例如蒸气速度不为零，蒸气和液膜间有摩擦阻力等，因此大多数实验结果较理论值约大20%，故得修正公式为

$$\alpha=1.13\left(\frac{r\rho^2 g\lambda^3}{\mu L\Delta t}\right)^{1/4} \tag{4-50}$$

若用无因次冷凝传热系数来表示，可得

$$\alpha^*=1.76R_e^{-1/3} \tag{4-51}$$

若膜层为湍流($Re>1800$)，则

$$\alpha=0.0077\left(\frac{\rho^2 g\lambda^3}{\mu^2}\right)^{1/3}Re^{0.4} \tag{4-52}$$

根据式(4-51)和式(4-52)，当 Re 值增加时，若冷凝液膜层为层流，α 值减小；若冷凝液膜层为湍流，则 α 值增大。这种影响如图4-20所示。图中线 AA 和 BB 分别表示层流下 α^* 的理论值和实际值；线 CC 表示湍流下 α^* 的实际值。

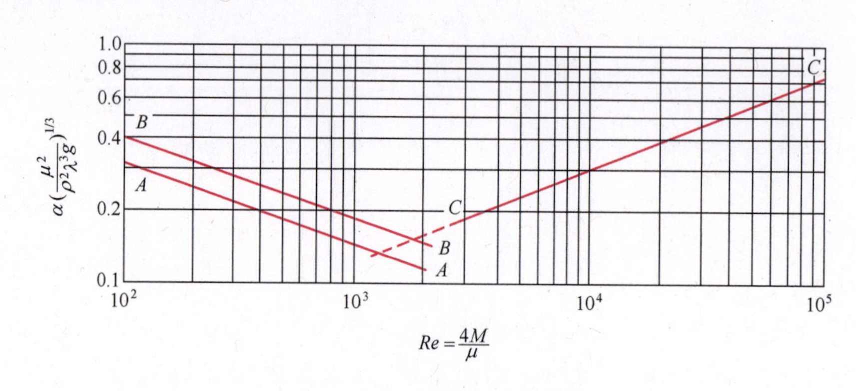

图4-20 Re 值对冷凝传热系数的影响

(2) 蒸气在水平管外冷凝。蒸气在水平单管外冷凝时，因管径较小，膜层通常呈层流流动。对于水平单管，实验结果和由理论公式求得的结果相近，即

$$\alpha=0.725\left(\frac{\lambda^3\rho^2 gr}{\mu d_o\Delta t}\right)^{1/4} \tag{4-53}$$

若蒸气在水平管束外冷凝，则

$$\alpha = 0.725\left(\frac{\lambda^3\rho^2 gr}{n^{\frac{2}{3}}d_o\mu\Delta t}\right)^{1/4} \tag{4-54}$$

式中：n 为水平管束在垂直列上的管数。

3. 影响冷凝传热的因素

饱和蒸气冷凝时，热阻集中在冷凝液膜内，因此液膜的厚度及其流动状况是影响冷凝传热的关键因素。

（1）冷凝液膜两侧的温度差 Δt。当液膜呈层流流动时，若 Δt 加大，则蒸气冷凝速率增加，因而膜层厚度增厚，使冷凝传热系数降低。

（2）流体物性。由膜状冷凝传热系数计算式可知，液膜的密度、黏度及热导率、蒸气的冷凝潜热，都影响冷凝传热系数。

（3）蒸气的流速和流向。蒸气以一定的速度运动时，其和液膜间会产生一定的摩擦力。若蒸气和液膜同向流动，则摩擦力将使液膜厚度减薄，使 α 增大；反之则 α 减小，但摩擦力若超过液膜重力，液膜会被蒸气吹离壁面，此时随蒸气流速的增加，α 急剧增大。

通常蒸气的入口设在换热器上部，以避免蒸气和冷凝液逆向流动。

（4）蒸气中不凝性气体的影响。在实际工业冷凝器中，由于蒸气中常含有微量的不凝性气体，如空气，因此当蒸气冷凝时不凝性气体会在液膜表面聚集形成气膜。这样蒸气在到达液膜表面冷凝前，必须先通过该层气膜，相当于增加了一层附加热阻，由于气体的热导率小，因此蒸气冷凝传热系数大大下降。例如，当蒸气中空气含量达 1%时，α 可下降 60%左右。因此，在通过蒸气冷凝进行传热的换热器中，都设有气体排放口，定期排放不凝性气体，减少不凝性气体对 α 的影响。

（5）冷凝壁面的影响。蒸气冷凝过程阻力主要集中于液膜内，因此减小液膜厚度是强化传热的有效措施。

对于水平管束，若沿冷凝液流动方向积存的液体增多，则液膜增厚，使传热系数下降。对于管束，为了减薄下面管上液膜的厚度，一般需减少垂直列管的数目或把管子的排列旋转一定的角度，使冷凝液沿下排管子的切向流过，如图 4-21(a)、(b)所示。

在管外或壁面安装金属丝，强化冷凝传热效果更为显著，如图 4-21(c)所示。冷凝液在表面张力作用下，向金属丝集中并流下，从而使金属丝之间壁面上液膜厚度降低，强化冷凝传热。

此外，在垂直管内安装螺旋圈等内部构件、在垂直壁面纵向开槽都可起到分散冷凝液、降低液膜厚度作用，从而强化蒸气冷凝传热。

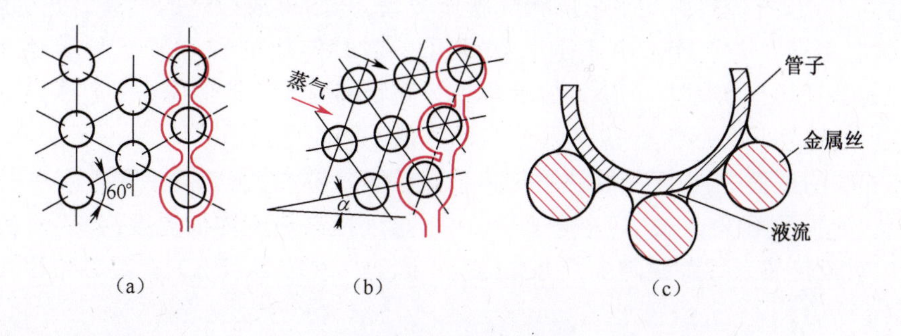

图 4-21　强化蒸气冷凝传热

4.4.2 液体沸腾传热

在液体的对流传热过程中，伴有由液相变为气相，即在液相内部产生气泡或气膜的过程，称为液体沸腾（又称沸腾传热）。工业上液体沸腾的方法有两种：一种是将加热壁面浸没在无强制对流的液体中，液体受热沸腾，液体内存在着由温差引起的自然对流和由气泡扰动引起的液体运动，称为大容积沸腾；另一种是液体在管内流动时受热沸腾，产生的气泡不能自由升浮，而是随液体一起流动，称为管内沸腾。后者沸腾机理更为复杂，下面主要讨论大容积沸腾。

1. 液体沸腾曲线

大容器内饱和液体沸腾的情况随温度差 Δt（即壁温 t_w 与操作压强下液体的饱和温度 t_s 之差）而变，出现不同的沸腾状态。下面以常压下水在大容器内沸腾传热为例，分析沸腾温度差 Δt 对沸腾传热系数 α 和传热通量 q 的影响。如图 4-22 所示，当温度差 Δt 较小（$\Delta t \leqslant 5$℃）时，加热表面上的液体轻微过热，使液体内部产生自然对流，但没有气泡从液体中逸出液面，仅在液体表面发生蒸发，此阶段 α 和 q 都较低，如图 4-22 中 AB 段所示。

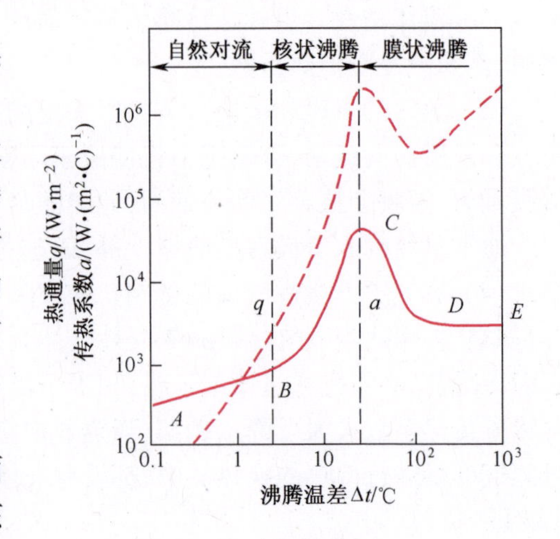

图 4-22 水的沸腾曲线

当 Δt 逐渐升高（$\Delta t = 5 \sim 25$℃）时，在加热表面的局部位置上产生气泡，该局部位置称为气化核心。气泡生成速度随 Δt 的上升而增加，而且不断离开壁面上升至蒸气空间。由于气泡的生成、脱离和上升，使液体受到剧烈的扰动，因此 α 和 q 都急剧增大，如图 4-22 中 BC 段所示，称为核状沸腾或泡状沸腾。

当 Δt 继续增大（$\Delta t > 25$℃），此时加热壁面上气泡的生成量大大增加，并且气泡的生成速度大于脱离表面的速度。这样气泡在脱离加热表面之前连接起来，形成一层不稳定的气膜，把液体和加热表面隔开。由于蒸气的导热性能差，气膜的附加热阻使 α 和 q 都急剧下降。气膜开始形成时是不稳定的，有可能形成大气泡脱离表面，此阶段称为不稳定的膜状沸腾或部分泡状沸腾，如图 4-22 中 CD 段所示。由核状沸腾向膜状沸腾过渡的转折点 C 称为临界点。临界点上的温度差、传热系数和传热通量分别称为临界温度差 Δt_c、临界沸腾传热系数 α_c 和临界传热通量 q_c。当达到 D 点时，传热面几乎全部为气膜所覆盖，开始形成稳定的气膜。此后随着 Δt 的增加，α 基本上不变。q 上升是由于随着壁温升高辐射传热的影响开始显著增加所致，如图 4-22中 DE 段所示。实际上一般将 CDE 段称为膜状沸腾。其他液体在一定压强下的大容积沸腾曲线与水的沸腾曲线形状类似，仅临界点的数值不同而已。

在液体沸腾的过程中，由于核状沸腾传热系数较膜状沸腾大，因此工业生产中一般总是设法控制在核状沸腾下操作，即 Δt 应小于临界 Δt_c。过度提高热流体的温度，会使核状沸腾转变为膜状沸腾，对流传热系数急剧降低。可见确定不同液体在临界点下的有关参数具有重要的实际意义。

2. 沸腾传热系数的计算

关于沸腾传热至今还没有可靠的经验关联式，核状沸腾传热系数可按以下函数形式进行关联。

$$\alpha = C\Delta t^{2.5}B^{t_s} \tag{4-55}$$

式中：t_s 为饱和蒸气的温度（℃）；C 和 B 为通过实验测定的两个参数。

3. 影响沸腾传热的因素

（1）液体的性质：液体的热导率、密度、黏度和表面张力等均对沸腾传热有重要的影响。一般情况下，α 随 λ、ρ 的增加而增大，而随 μ 及 σ 的增加而减小。在液体中加入少量添加剂（如乙醇、丙酮等），可降低液体的表面张力 σ，提高传热系数 α。

（2）温度差 Δt：传热温度差（t_w-t_s）是控制沸腾传热过程的重要参数。在特定实验条件（沸腾压强、壁面形状等）下，对多种液体进行核状沸腾时传热系数的测定，整理得到如下经验公式：

$$\alpha = a(\Delta t)^n \tag{4-56}$$

式中：a 和 n 是随液体种类和沸腾条件而异的常数，其值由实验测定。

（3）操作压强：提高沸腾压强相当于提高液体的饱和温度，使液体的表面张力和黏度均降低，有利于气泡的生成和脱离，强化了沸腾传热。在相同的 Δt 下，提高压强，α 和 q 都提高。

（4）加热壁面：加热壁面的材料和粗糙度对沸腾传热有重要的影响。一般新的或清洁的加热面，α 较高。当壁面被油脂沾污后，会使 α 急剧下降。壁面越粗糙，气化核心越多，有利于沸腾传热。此外，加热面的布置情况，对沸腾传热也有明显的影响。例如液体在水平管束外沸腾时，其上升气泡会覆盖上方管的一部分加热面，导致平均 α 下降。

4.5 传热过程的计算

化工生产中广泛采用间壁换热方法进行热量的传递。间壁换热过程由固体壁的导热和壁两侧流体的对流传热组合而成。导热和对流传热的规律前面已讨论过，本节在此基础上进一步讨论传热过程的计算问题。

化工原理中所涉及的传热过程计算主要有两类：一类是设计型计算，即根据生产要求的热负荷，确定换热器的传热面积和载热体的用量；另一类是校核型计算，即计算给定换热器的传热量、流体的流量或温度等。两者都是以换热器的热量衡算和传热速率方程为计算基础。

4.5.1 热量衡算

流体在间壁两侧进行稳定传热时，在不考虑热损失的情况下，单位时间热流体放出的热量应等于冷流体吸收的热量，即

$$Q = Q_c = Q_h \tag{4-57}$$

式中：Q 为换热器的热负荷，即单位时间热流体向冷流体传递的热量（W）；Q_h 为单位时间热流体放出的热量（W）；Q_c 为单位时间冷流体吸收的热量（W）。

1. 无相变时的热量衡算

换热器间壁两侧流体无相变化，且流体的比热容不随温度而变或者可取平均温度下的比热容时，式（4-57）可表示为

$$Q = W_h c_{ph}(T_1 - T_2) = W_c c_{pc}(t_2 - t_1) \tag{4-58}$$

式中：c_p 为流体的平均比热容（J/（kg·℃））；t 为冷流体的温度（℃）；T 为热流体的温度（℃）；

W 为流体的质量流量(kg/s)。

2. 有相变时的热量衡算

若换热器中的热流体有相变化，例如饱和蒸气冷凝，如果冷凝液在饱和温度下离开换热器，则

$$Q = W_h r = W_c c_{pc}(t_2 - t_1) \tag{4-59}$$

式中：W_h 为饱和蒸气(即热流体)的冷凝速率(kg/s)；r 为饱和蒸气的冷凝潜热(J/kg)。

若冷凝液的温度低于饱和液体温度，则热流体放出的热量包括两部分：一部分为饱和蒸气冷凝为饱和液体释放出的潜热，另一部分为饱和液体继续降温释放的显热，此时式(4-59)变为

$$Q = W_h[r + c_{ph}(T_s - T_W)] = W_c c_{pc}(t_2 - t_1) \tag{4-60}$$

式中：c_{ph} 为冷凝液的比热容(J/(kg·℃))；T_s 为饱和液体的温度(℃)。

4.5.2 传热速率方程

1. 传热速率微分方程

换热器中，热流体温度沿流动方向逐渐降低而冷流体温度逐渐升高，因此传热推动力在换热器不同位置处各不相同。选取逆流操作套管换热器中微元管段 dL 为研究对象，如图 4-23 所示，该管段的内、外表面积及平均传热面积分别为 dS_i、dS_o 和 dS_m，热流依次经过热流体、管壁和冷流体这三个环节，在稳定传热的情况下，通过各环节的传热速率应相等，即

$$\mathrm{d}Q = \frac{T - T_W}{\dfrac{1}{\alpha_1 \mathrm{d}S_i}} = \frac{T_W - t_W}{\dfrac{b}{\lambda \mathrm{d}S_m}} = \frac{t_W - t}{\dfrac{1}{\alpha_2 \mathrm{d}S_o}} \tag{4-61}$$

式中：t_w、T_w 分别为冷、热流体侧的壁温(℃)；α_1、α_2 分别为传热管壁内、外侧流体的对流传热系数(W/(m^2·℃))；λ 为管壁材料的热导率(W/(m·℃))；b 为管壁厚度(m)；S_i、S_o、S_m 为换热器管的内表面积、外表面积和对数平均面积(m^2)。

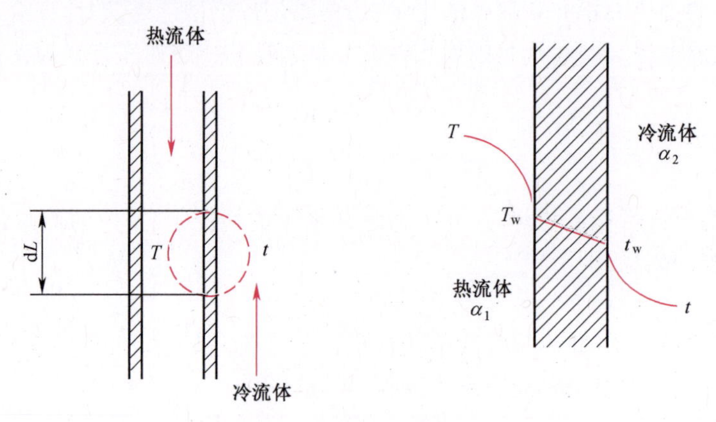

图 4-23 微元管段上的传热

式(4-61)可改写为

$$\mathrm{d}Q = \frac{T - t}{\dfrac{1}{\alpha_1 \mathrm{d}S_i} + \dfrac{b}{\lambda \mathrm{d}S_m} + \dfrac{1}{\alpha_2 \mathrm{d}S_o}} = \frac{\text{总推动力}}{\text{总阻力}} \tag{4-62}$$

式中：$\frac{1}{\alpha_1 \mathrm{d}S_\mathrm{i}}$、$\frac{1}{\lambda \mathrm{d}S_\mathrm{m}}$、$\frac{1}{\alpha_2 \mathrm{d}S_\mathrm{o}}$ 分别为各传热环节的热阻(℃/W)。

由式(4-62)可知，串联过程的推动力和阻力具有加和性。

令
$$\frac{1}{K\mathrm{d}S} = \frac{1}{\alpha_1 \mathrm{d}S_\mathrm{i}} + \frac{b}{\lambda \mathrm{d}S_\mathrm{m}} + \frac{1}{\alpha_2 \mathrm{d}S_\mathrm{o}} \tag{4-63}$$

则式(4-62)化为

$$\mathrm{d}Q = K\mathrm{d}S(T - t) \tag{4-64}$$

式(4-64)即为总传热速率方程的微分表达式。

式中：dS 为微元管段的传热面积(m^2)；K 为定义在 dS 上的总传热系数(W/(m^2 · ℃))。

式(4-64)表明，总传热系数在数值上等于单位温度差下的总传热通量，它表示了冷、热流体进行传热的一种能力，总传热系数的倒数 $1/K$ 代表间壁两侧流体传热的总热阻。

若忽略管内、外表面积差异和金属壁的热阻，则式(4-61)可写为

$$\frac{T - T_\mathrm{W}}{T_\mathrm{W} - t} = \frac{\frac{1}{\alpha_1}}{\frac{1}{\alpha_2}} \tag{4-65}$$

该式表明，传热面两侧温差与两侧热阻成正比，壁温接近热阻较小(对流传热系数大)的一侧流体的温度。

2. 总传热系数 K

总传热系数与所选择传热面积相关，选择的传热面积不同，总传热系数的数值也不同。

传热面为平壁时，$\mathrm{d}S_o = \mathrm{d}S_i = \mathrm{d}S_\mathrm{m}$，则由式(4-63)可得

$$\frac{1}{K} = \frac{1}{\alpha_1} + \frac{b}{\lambda} + \frac{1}{\alpha_2} \tag{4-66}$$

传热面为圆筒壁时，dS_o 与 dS_i 及 dS_m 三者不相等，由式(4-63)可得

$$\frac{1}{K} = \frac{\mathrm{d}S}{\alpha_1 \mathrm{d}S_\mathrm{i}} + \frac{b\mathrm{d}S}{\lambda \mathrm{d}S_\mathrm{m}} + \frac{\mathrm{d}S}{\alpha_2 \mathrm{d}S_0} \tag{4-67}$$

显然，K 的大小与 dS 取值有关，工程上通常以外表面积作为计算基准，则所得 K 值称为以外表面积为计算基准的总传热系数。式(4-67)化为

$$1/K_\mathrm{o} = \frac{\mathrm{d}S_\mathrm{o}}{\alpha_1 \mathrm{d}S_\mathrm{i}} + \frac{b\mathrm{d}S_\mathrm{o}}{\lambda \mathrm{d}S_\mathrm{m}} + \frac{1}{\alpha_2} \tag{4-68}$$

或
$$1/K_\mathrm{o} = \frac{d_\mathrm{o}}{\alpha_1 d_\mathrm{i}} + \frac{b d_\mathrm{o}}{\lambda d_\mathrm{m}} + \frac{1}{\alpha_2} \tag{4-68a}$$

式中：d_i、d_o、d_m 分别为管内径、外径和对数平均直径(m)。

同理可得

$$\frac{1}{K_\mathrm{i}} = \frac{1}{\alpha_1} + \frac{b d_\mathrm{i}}{\lambda d_\mathrm{m}} + \frac{d_\mathrm{i}}{\alpha_2 d_\mathrm{o}} \tag{4-68b}$$

$$\frac{1}{K_\mathrm{m}} = \frac{d_\mathrm{m}}{\alpha_1 d_\mathrm{i}} + \frac{b}{\lambda} + \frac{d_\mathrm{m}}{\alpha_2 d_\mathrm{o}} \tag{4-68c}$$

式中：K_i、K_m 分别为基于管内表面积和管对数平均面积的总传热系数。

换热器在实际操作中，传热表面上会有污垢积存从而产生附加热阻，使总传热系数降低。由于污垢层的厚度及其热导率难以测量，因此通常选用污垢热阻的经验值作为计算 K 值的依据。若管壁内、外侧表面上的污垢热阻分别用 R_{si} 及 R_{so} 表示，则式(4-68a)变为

$$\frac{1}{K_o}=\frac{d_o}{\alpha_1 d_i}+R_{si}\frac{d_o}{d_i}+\frac{bd_o}{\lambda d_m}+R_{so}+\frac{1}{\alpha_2} \tag{4-69}$$

式中：R_{si}、R_{so}分别为管内和管外的污垢热阻，又称污垢系数($m^2\cdot$℃/W)。

工业上常见流体的污垢热阻见表 4-5。

表 4-5　常见流体的污垢热阻

流体种类	污垢热阻/($m^2\cdot$℃/W)	流体种类	污垢热阻/($m^2\cdot$℃/W)
水(1m/s，t>50℃)		蒸气	
海水	0.0001	有机蒸气	0.00014
河水	0.0006	水蒸气(不含油)	0.000052
井水	0.00058	水蒸气废气(含油)	0.00009
蒸馏水	0.0001	制冷剂蒸气(含油)	0.0004
锅炉给水	0.00026	气体	
未处理的凉水塔用水	0.00058	空气	0.000260.00053
经处理的凉水塔用水	0.00026	压缩气体	0.0004
多泥沙的水	0.0006	天然气	0.002
盐水	0.0004	焦炉气	0.002

设计换热器时，常需预知总传热系数 K 值，此时往往先选一估值再做计算。总传热系数 K 值主要受流体的性质、传热的操作条件及换热器类型的影响，K 值的变化范围也较大。

表 4-6 中列有几种常见换热情况下的总传热系数值。

表 4-6　常见列管换热器的总传热系数 K

冷 流 体	热 流 体	K/(W/($m^2\cdot$℃))
水	水	850~1700
水	气体	17~280
水	有机溶剂	280~850
水	轻油	340~910
水	重油	60~280
有机溶剂	有机溶剂	115~340
水	水蒸气冷凝	1420~4250
气体	水蒸气冷凝	30~300
水	低沸点烃类冷凝	455~1140
水沸腾	水蒸气冷凝	2000~4250
轻油沸腾	水蒸气冷凝	455~1020

3. 提高总传热系数的途径

传热过程的总热阻 $1/K$ 是由各串联环节的热阻叠加而成，原则上减小任何环节的热阻都可

提高传热系数。但是，当各环节的热阻相差较大时，总热阻的数值将主要由其中的最大热阻所决定，此时强化传热的关键在于提高该环节的传热系数。例如，当管壁热阻和污垢热阻均可忽略时，式(4-69)可简化为

$$\frac{1}{K}=\frac{1}{\alpha_1}+\frac{1}{\alpha_2}$$

若 $\alpha_1 \gg \alpha_2$，则 $\frac{1}{K}\approx\frac{1}{\alpha_2}$，此时若要提高总传热系数 K 值，关键在于提高对流传热系数较小一侧流体的 α_2。若污垢热阻为控制因素，则必须设法减慢污垢形成速率或及时清除污垢。

【例 4-7】 热空气在冷却管管外流过，$\alpha_2=90\text{W/(m}^2\cdot℃)$，冷却水在管内流过，$\alpha_1=1000\text{W/(m}^2\cdot℃)$。冷却管外径 $d_o=16\text{mm}$，壁厚 $b=1.5\text{mm}$，管壁的 $\lambda=40\text{W/(m}\cdot℃)$。试求：

(1) 总传热系数 K_o；

(2) 管外对流传热系数 α_2 增加一倍，总传热系数有何变化？

(3) 管内对流传热系数 α_1 增加一倍，总传热系数有何变化？

解：

(1) 由式(4-68)可知

$$K_o=\frac{1}{\frac{1}{\alpha_1}\cdot\frac{d_o}{d_i}+\frac{b}{\lambda}\frac{d_o}{d_m}+\frac{1}{\alpha_2}}$$

$$=\frac{1}{\frac{1}{1000}\times\frac{16}{13}+\frac{0.0015}{40}\times\frac{16}{14.5}+\frac{1}{90}}$$

$$=\frac{1}{0.00123+0.00004+0.01111}=80.8\text{W/(m}^2\cdot℃)$$

管壁热阻为 $0.00004(℃\cdot\text{m}^2)/\text{W}$，其值很小，通常可以忽略不计。

(2)
$$K_o=\frac{1}{0.00123+\frac{1}{2\times 90}}=147.4\ \text{W/(m}^2\cdot℃)$$

传热系数增加了 82.4%。

(3)
$$K_o=\frac{1}{\frac{1}{2\times 1000}\times\frac{16}{13}+0.01111}=85.3\ \text{W/(m}^2\cdot℃)$$

传热系数只增加了 6%。该题计算结果说明，若要提高 K 值，应提高传热系数较小的流体 α_2 值。

4.5.3 传热过程基本方程

随着传热过程的进行，换热器不同截面上冷热流体的温差($T-t$)是不同的，因此若以 Δt 表示整个传热面积的平均推动力，且 K 为常量，则式(4-64)的积分式为

$$Q=KS\int\frac{\mathrm{d}T}{T-t} \tag{4-70}$$

上式称为总传热速率方程。K 在工程上通常取平均温度下流体的物性来计算，并将其视为

常数。下面讨论不同情况下传热平均推动力的计算和总传热速率方程的表达式。

1. 恒温传热

换热器间壁两侧的流体均有相变化时，例如饱和蒸气和沸腾液体间的传热，此时，冷、热流体的温度沿管长均不发生变化，为恒温传热，即 $\Delta t = T - t$，流体的流动方向对 Δt 也无影响。式(4-70)变为

$$Q = KS(T - t) = KS\Delta t \tag{4-71}$$

2. 变温传热

变温传热时，若两流体彼此流向不同，则对温度差的影响也不相同，故予以分别讨论。

(1) 逆流和并流。在换热器中，两流体若以相反的方向流动，称为逆流；若以相同的方向流动称为并流，如图 4-24 所示。由图可见，传热温差沿管长发生变化，故需求出平均温度差。下面以逆流为例，推导平均温度差的计算通式。

由换热器的热量衡算微分式知

$$dQ = - W_h c_{ph} dT = W_c c_{pc} dt$$

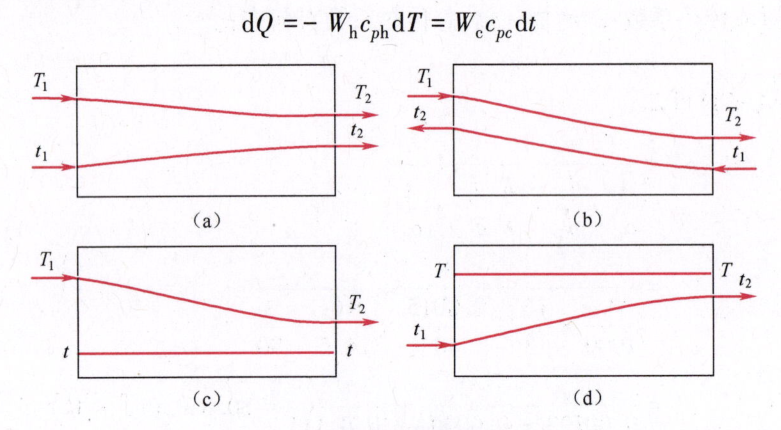

图 4-24 变温传热时的温度差变化
(a)并流；(b)逆流；(c)蒸发器；(d)冷凝器。

在稳定连续传热情况下，W_h、W_c 为常量，且认为 c_{ph}、c_{pc}是常数，则

$$dT = \frac{- dQ}{W_h c_{ph}}$$

$$dt = \frac{dQ}{W_c c_{pc}}$$

显然 $Q-T$ 和 $Q-t$ 都是直线关系，因此 $T-t=\Delta t$ 与 Q 也呈直线关系，如图 4-25 所示。

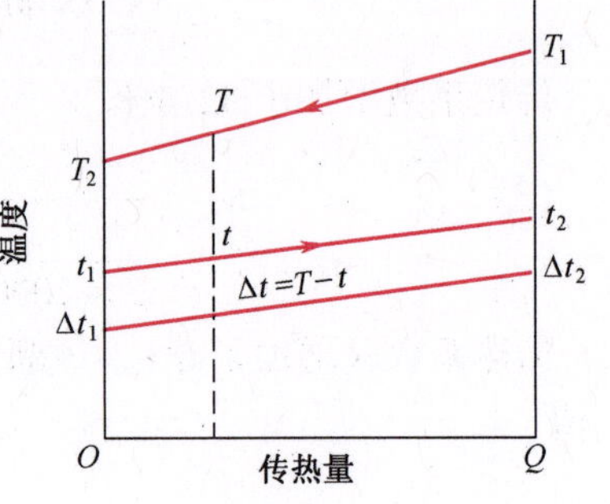

图 4-25 逆流时平均温度差的推导

由图 4-25 可以看出，直线 $\Delta t-Q$ 的斜率为

$$\frac{d(\Delta t)}{dQ} = \frac{\Delta t_2 - \Delta t_1}{Q}$$

将式(4-64)代入上式可得

$$\frac{d(\Delta t)}{K\Delta t dS} = \frac{\Delta t_2 - \Delta t_1}{Q}$$

式中：K 为常量，积分上式，有

$$\frac{1}{K}\int_{\Delta t_1}^{\Delta t_2} \frac{d(\Delta t)}{\Delta t} = \frac{\Delta t_2 - \Delta t_1}{Q}\int_0^s dS$$

得
$$\frac{1}{K}\ln\frac{\Delta t_2}{\Delta t_1}=\frac{\Delta t_2-\Delta t_1}{Q}S$$

$$Q=KS\frac{\Delta t_2-\Delta t_1}{\ln\frac{\Delta t_2}{\Delta t_1}}=KS\Delta t_{\mathrm{m}} \tag{4-72}$$

该式是传热计算的基本方程式。Δt_{m} 称为对数平均温度差，即

$$\Delta t_{\mathrm{m}}=\frac{\Delta t_2-\Delta t_1}{\ln\frac{\Delta t_2}{\Delta t_1}} \tag{4-73}$$

对并流情况，可导出同样公式。在实际计算中一般取 Δt 大者为 Δt_2，小者为 Δt_1。当 $\Delta t_2/\Delta t_1<2$ 时，可用算术平均温度差 $(\Delta t_2+\Delta t_1)/2$ 代替 Δt_{m}。

在换热器中，只有一种流体有温度变化时其并流和逆流时的对数平均温度差 Δt_{m} 是相同的。当两种流体的温度都发生变化时，由于流向的不同，逆流和并流时的对数平均温度差 Δt_{m} 不相同。

在工业生产中一般采用逆流操作，因为逆流操作有以下优点。首先，在换热器的传热速率 Q 及总传热系数 K 相同的条件下，因为逆流时的 Δt_{m} 大于并流时的 Δt_{m}，所以采用逆流操作可节省传热面积。例如，热流体的进出口温度分别为90℃和70℃，冷流体进出口温度分别为20℃和60℃，则逆流和并流的 Δt_{m} 分别为

$$\Delta t_{\mathrm{m逆}}=\frac{(90-60)-(70-20)}{\ln\frac{90-60}{70-20}}=39.2℃,\quad \Delta t_{\mathrm{m并}}=\frac{(90-20)-(70-60)}{\ln\frac{90-20}{70-60}}=30.8℃$$

其次，逆流操作可节省加热介质或冷却介质的用量。对于上例，若热流体的出口温度不作规定，那么逆流时热流体出口温度的极限可降至20℃，而并流时的极限为60℃，所以逆流比并流更能释放热、冷流体的能量。

一般只有对加热或冷却的流体有特定的温度限制时，才采用并流。

(2) 错流和折流。在大多数列管换热器中，两流体并非只作简单的并流和逆流，而是作比较复杂的多程流动，或是互相垂直的交叉流动，如图4-26所示。

在图4-26(a)中，两流体的流向互相垂直，称为错流；在图4-26(b)中，一流体只沿一个方向流动，而另一流体反复折流，称为简单折流。若两流体均作折流，或既有折流又有错流，则称为复杂折流。

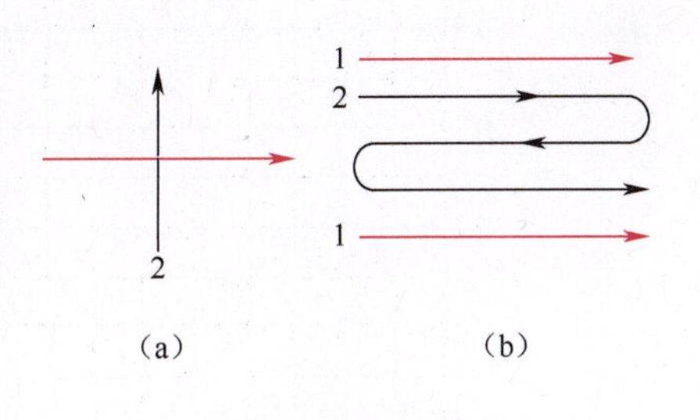

图4-26 错流和折流示意图
(a)错流；(b)折流。

对于错流和折流时的平均温度差，可先按逆流操作计算对数平均温度差，再乘以考虑流动方向的校正系数，即

$$\Delta t_{\mathrm{m}}=\varphi_{\Delta t}\Delta t'_{\mathrm{m}} \tag{4-74}$$

式中：$\Delta t'_{\mathrm{m}}$ 为按逆流计算的对数平均温度差(℃)；$\varphi_{\Delta t}$ 为温度差校正系数，无因次。

温度差校正系数 $\varphi_{\Delta t}$ 与冷、热流体的温度变化有关，是 P 和 R 两参数的函数，即

$$\varphi_{\Delta t}=f(P,R)$$

式中：

$$P=\frac{t_2-t_1}{T_1-t_1}=\frac{\text{冷流体的温升}}{\text{两流体的最初温度差}}$$

$$R=\frac{T_1-T_2}{t_2-t_1}=\frac{\text{热流体的温降}}{\text{冷流体的温升}}$$

两种管壳式换热器的温度差校正系数 $\varphi_{\Delta t}$ 值可根据 P 和 R 两参数从图 4-27 中相应的图中查得，图 4-28 适用于错流换热器。对于其他流向的 $\varphi_{\Delta t}$ 值，可通过手册或其他传热书籍查得。

由图 4-27 和图 4-28 可见，$\varphi_{\Delta t}$ 值恒小于 1，这是由于各种复杂流动中同时存在逆流和并流的缘故。因此它们的 Δt_m 比纯逆流时小。通常在换热器的设计中规定 $\varphi_{\Delta t}$ 值不应小于 0.8，否则经济上不合理，而且操作温度略有变化就会使 $\varphi_{\Delta t}$ 急剧下降，从而影响换热器操作的稳定性。

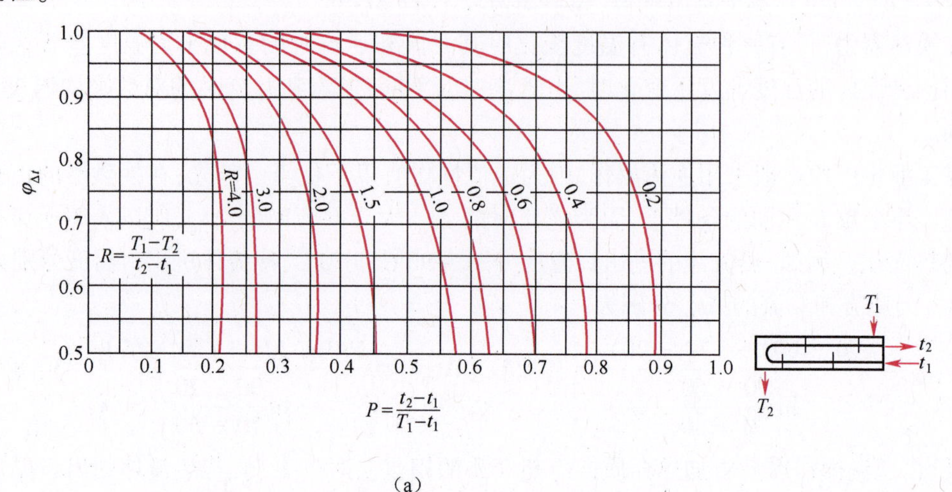

（a）

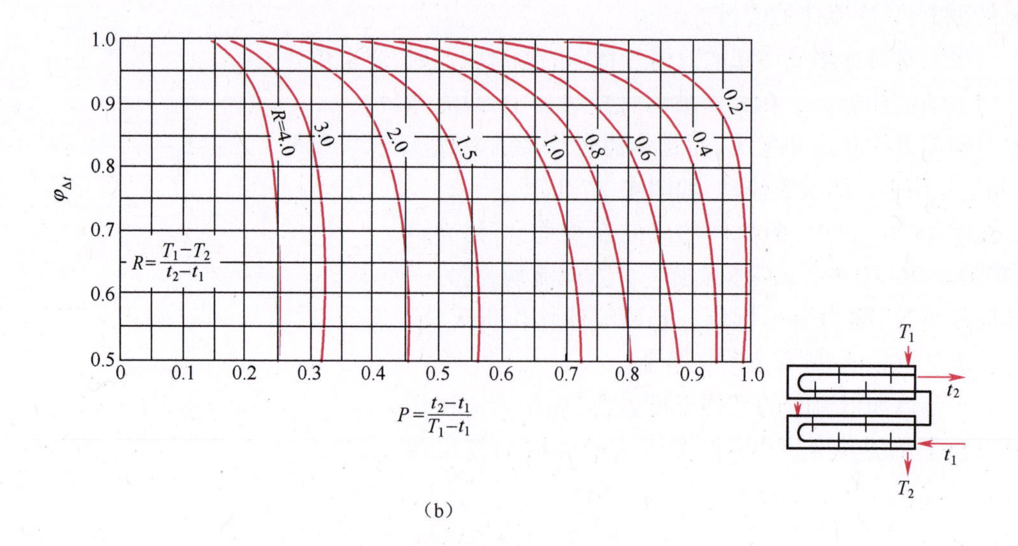

（b）

图 4-27 对数平均温度差校正系数 $\varphi_{\Delta t}$ 值

（a）单壳程，两管程或两管程以上；（b）双壳程，四管程或四管程以上。

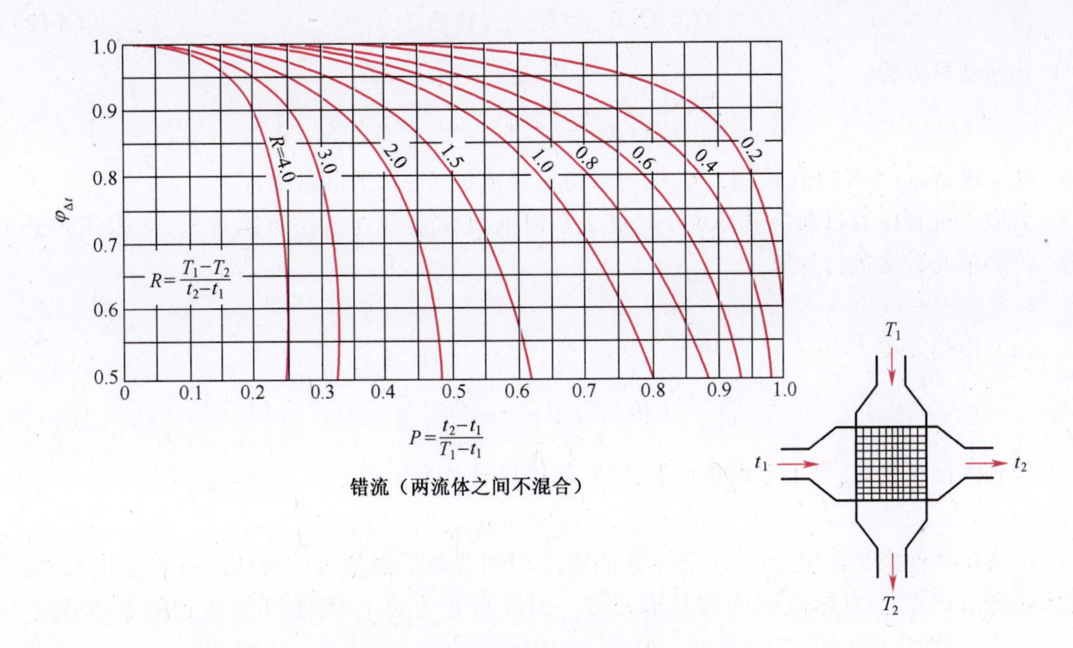

图 4-28　错流时对数平均温度差校正系数 $\varphi_{\Delta t}$ 值

4.5.4　稳定传热过程的计算

稳定传热过程计算的基本公式为

热量衡算方程：　$Q = W_h c_{ph}(T_1 - T_2) = W_c c_{pc}(t_2 - t_1)$

总传热速率方程：　$Q = KS\Delta t_m$

传热计算可分为设计型计算和操作型计算两种类型。

1. 设计型计算

以热流体的冷却为例。需要将一定流量 W_h 的热流体自给定温度 T_1 冷却至 T_2，已知冷流体进口温度 t_1，计算传热面积及换热器其他尺寸。计算方法为

$$Q = W_h c_{ph}(T_1 - T_2)$$

(1) 计算换热器的热负荷(传热速率)Q；

(2) 选择流动方向和冷却介质出口温度 t_2，计算 Δt_m；

(3) 选定污垢热阻的大小和计算总传热系数 K；

(4) 由总传热速率方程 $Q=KS\Delta t_m$ 计算传热面积。

2. 操作型计算

操作型计算通常有以下两种类型：

(1) 已知换热器的传热面积和有关尺寸，冷、热流体的物理性质、流量、进口温度及流体流动方式，求冷、热流体的出口温度。

(2) 已知换热器的传热面积和有关尺寸，冷、热流体的物理性质，热流体的流量和进出口温度，冷流体的进口温度和流体流动方式，求冷流体的流量和出口温度。

操作型问题的计算方法为

总传热速率方程：

$$Q = KS\Delta t_m = W_h c_{ph}(T_1 - T_2) \tag{4-75}$$

热量衡算方程：

$$W_h c_{ph}(T_1 - T_2) = W_c c_{pc}(t_2 - t_1) \tag{4-76}$$

联立求解式(4-75)和式(4-76)即可求得流体流量 W_c 和出口温度 t_2。

类型 1 可直接通过解方程求得，类型 2 则需通过试差或迭代法逐次逼近，或采用传热效率—传热单元数法进行计算。

3. 传热效率—传热单元数法(ε-NTU)

(1) 传热效率

$$\text{传热效率 } \varepsilon = \frac{Q}{Q_{max}} \tag{4-77}$$

若流体无相变化，且不考虑热损失，则实际传热量

$$Q = W_c c_{pc}(t_2 - t_1) = W_h c_{ph}(T_1 - T_2)$$

不论在哪种换热器中，理论上热流体能被冷却到的最低温度为冷流体的进口温度 t_1，而冷流体最高出口温度为热流体的进口温度 T_1，因此理论上两种流体可能达到的最大温差为(T_1-t_1)。根据热量衡算式，只有 Wc_p 值较小的流体才可能达到(T_1-t_1)，因此

$$Q_{max} = (Wc_p)_{min}(T_1 - t_1) \tag{4-78}$$

式中：Wc_p 为流体的热容量流率，用 C 表示。若冷流体热容量流率较小，则

$$\varepsilon_c = \frac{W_c c_{pc}(t_2 - t_1)}{W_c c_{pc}(T_1 - t_1)} = \frac{t_2 - t_1}{T_1 - t_1} \tag{4-79}$$

若热流体的热容量流率较小，则

$$\varepsilon_h = \frac{W_h c_{ph}(T_1 - T_2)}{W_h c_{ph}(T_1 - t_1)} = \frac{T_1 - T_2}{T_1 - t_1} \tag{4-80}$$

(2) 传热单元数 NTU。根据热衡量式和传热速率微分方程

$$dQ = -W_h c_{ph} dT = W_c c_{pc} dt = K(T - t) dS \tag{4-81}$$

式(4-81)可变化为

$$\frac{dt}{T - t} = \frac{KdS}{W_c c_{pc}} \tag{4-82}$$

$$\frac{-dT}{T - t} = \frac{KdS}{W_h c_{ph}} \tag{4-83}$$

上两式的积分式分别称为冷流体的传热单元数和热流体的传热单元数，用$(NTU)_c$ 和$(NTU)_h$ 表示，则

$$(NTU)_c = \int_{t_1}^{t_2} \frac{dt}{T - t} = \int_0^S \frac{KdS}{W_c c_{pc}} = \frac{KS}{W_c c_{pc}} \tag{4-84}$$

$$(NTU)_h = \int_{T_1}^{T_2} \frac{-dT}{T - t} = \int_0^S \frac{KdS}{W_h c_{ph}} = \frac{KS}{W_h c_{ph}} \tag{4-85}$$

对一定形式的换热器(以单程并流换热器为例)，传热效率和传热单元数的关系可以推导如下：

根据传热速率方程，有

$$Q = KS\Delta t_{\mathrm{m}} = KS\frac{(T_1 - t_1) - (T_2 - t_2)}{\ln\dfrac{T_1 - t_1}{T_2 - t_2}}$$

整理,得

$$\frac{T_2 - t_2}{T_1 - t_1} = \exp\left[-KS\left(\frac{T_1 - T_2}{Q} + \frac{t_2 - t_1}{Q}\right)\right] \tag{4-86}$$

将 $Q = W_{\mathrm{c}}c_{pc}(t_2 - t_1) = W_{\mathrm{h}}c_{ph}(T_1 - T_2)$ 代入式(4-86),得

$$\frac{T_2 - t_2}{T_1 - t_1} = \exp\left[-\frac{KS}{W_{\mathrm{c}}c_{pc}}\left(1 + \frac{W_{\mathrm{c}}c_{pc}}{W_{\mathrm{h}}c_{ph}}\right)\right] \tag{4-87}$$

若冷流体热容量流率小,并令

$$C_{\min} = W_{\mathrm{c}}c_{pc}, C_{\max} = W_{\mathrm{h}}c_{ph}$$

则

$$(\mathrm{NTU})_{\min} = \frac{KS}{C_{\min}}$$

于是,式(4-87)可写为

$$\frac{T_2 - t_2}{T_1 - t_1} = \exp\left[-(\mathrm{NTU})_{\min}\left(1 + \frac{C_{\min}}{C_{\max}}\right)\right] \tag{4-87a}$$

因

$$T_2 = T_1 - \frac{W_{\mathrm{c}}c_{pc}}{W_{\mathrm{h}}c_{ph}}(t_2 - t_1) = T_1 - \frac{C_{\min}}{C_{\max}}(t_2 - t_1)$$

所以

$$\frac{T_2 - t_2}{T_1 - t_1} = \frac{T_1 - \dfrac{C_{\min}}{C_{\max}}(t_2 - t_1) - t_2}{T_1 - t_1} = \frac{(T_1 - t_1) - \dfrac{C_{\min}}{C_{\max}}(t_2 - t_1) - (t_2 - t_1)}{T_1 - t_1}$$

$$= 1 - \left(1 + \frac{C_{\min}}{C_{\max}}\right)\left(\frac{t_2 - t_1}{T_1 - t_1}\right) = 1 - \varepsilon\left(1 + \frac{C_{\min}}{C_{\max}}\right)$$

将上式代入式(4-87a)得

$$\varepsilon = \frac{1 - \exp\left[-(\mathrm{NTU})_{\min}\left(1 + \dfrac{C_{\min}}{C_{\max}}\right)\right]}{1 + \dfrac{C_{\min}}{C_{\max}}} \tag{4-88}$$

若热流体为最小热容量流率流体,只要令

$$(\mathrm{NTU})_{\min} = \frac{KS}{W_{\mathrm{h}}c_{ph}}, C_{\min} = W_{\mathrm{h}}c_{ph}, C_{\max} = W_{\mathrm{c}}c_{pc}$$

则可推导出与式(4-88)相同的结果。

同理,可推导得到逆流时传热效率和传热单元数的关系为

$$\varepsilon = \frac{1 - \exp\left[(\mathrm{NTU})_{\min}\left(1 - \dfrac{C_{\min}}{C_{\max}}\right)\right]}{\dfrac{C_{\min}}{C_{\max}} - \exp\left[(\mathrm{NTU})_{\min}\left(1 - \dfrac{C_{\min}}{C_{\max}}\right)\right]} \tag{4-89}$$

针对各种传热情况,其传热效率和传热单元数均有相应的公式,并绘制成图,可供设计时直接使用。图 4-29~图 4-31 分别为并流、逆流和折流时的 ε -NTU 关系图。

当两流体之一有相变化时，$(Wc_p)_{max}$ 趋于无穷大，故式(4-88)和式(4-89)可简化为

$$\varepsilon = 1 - \exp[-(\mathrm{NTU})_{min}] \tag{4-90}$$

当两流体的 Wc_p 相等时，式(4-88)和式(4-89)可分别简化为

$$\varepsilon = \frac{1 - \exp[-2(\mathrm{NTU})]}{2} \tag{4-91}$$

及

$$\varepsilon = \frac{\mathrm{NTU}}{1 + \mathrm{NTU}} \tag{4-92}$$

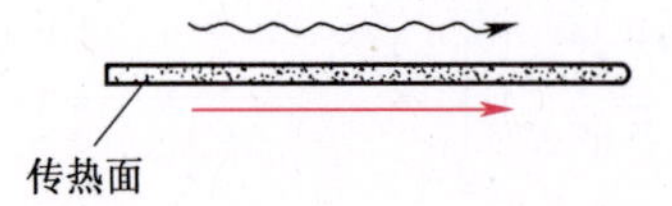

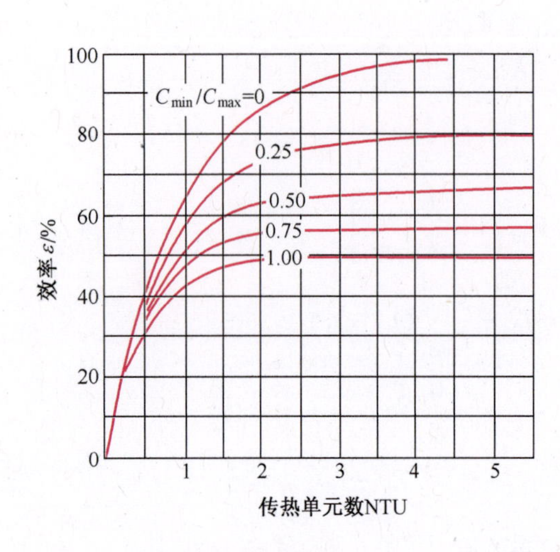

图 4-29 并流换热器的 ε-NTU 关系

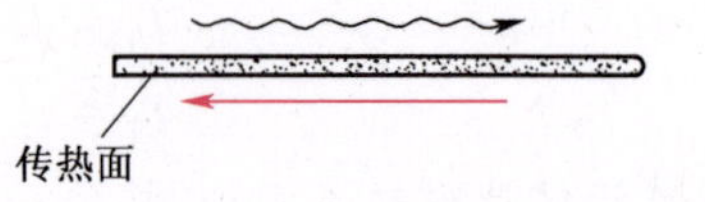

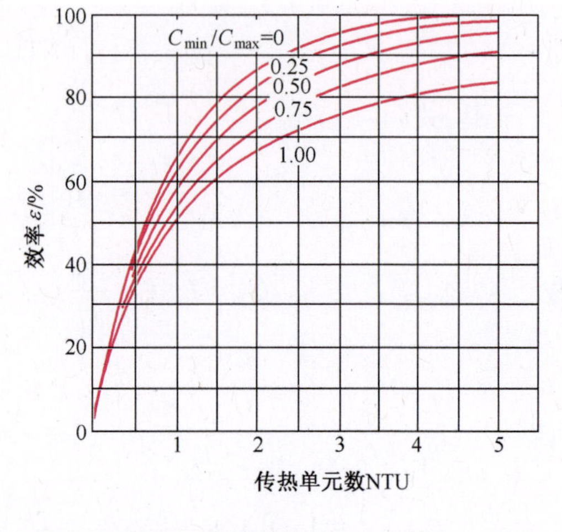

图 4-30 逆流换热器的 ε - NTU 关系

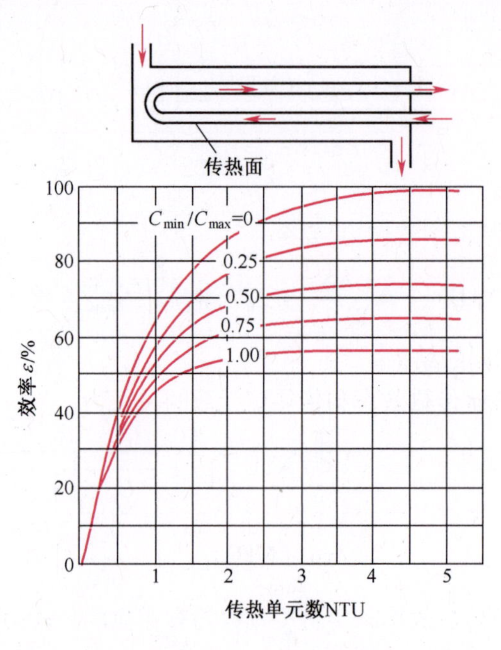

图 4-31 折流换热器的 ε - NTU 关系(单壳程,2、4、6 管程)

【例 4-8】 有一碳钢制造的套管换热器,内管直径为 $\phi 89\text{mm}\times 3.5\text{mm}$,流量为 2000kg/h 的苯在内管中从 80℃ 冷却到 50℃。冷却水在环隙从 15℃ 升到 35℃。苯的对流传热系数 $\alpha_h = 230\text{W}/(\text{m}^2\cdot\text{K})$,水的对流传热系数 $\alpha_c = 290\text{W}/(\text{m}^2\cdot\text{K})$。忽略污垢热阻。试求:

(1) 冷却水消耗量;

(2) 并流和逆流操作时所需传热面积;

(3) 如果逆流操作时所采用的传热面积与并流时的相同,计算冷却水出口温度与消耗量,假设总传热系数随温度的变化忽略不计。

解:(1) 苯的平均温度 $T = \dfrac{80 + 50}{2} = 65℃$,比热容 $c_{ph} = 1.86\times 10^3 \text{J}/(\text{kg}\cdot\text{K})$

苯的流量 $W_h = 2000\text{kg/h}$,水的平均温度 $t = \dfrac{15 + 35}{2} = 25℃$,比热容 $c_{pc} = 4.178\times 10^3 \text{J}/(\text{kg}\cdot\text{K})$。热量衡算式为

$$Q = W_c c_{pc}(t_2 - t_1) = W_h c_{ph}(T_1 - T_2)\ (\text{忽略热损失})$$

热负荷

$$Q = \frac{2000}{3600}\times 1.86\times 10^3\times (80 - 50) = 3.1\times 10^4 \text{W}$$

冷却水消耗量 $W_c = \dfrac{Q}{c_{pc}(t_2 - t_1)} = \dfrac{3.1\times 10^4\times 3600}{4.178\times 10^3\times (35 - 15)} = 1335\text{kg/h}$

(2) 碳钢的热导率 $\lambda = 45\text{W}/(\text{m}\cdot\text{K})$,则以内表面积 S_i 为基准的总传热系数为 K_i,

$$\frac{1}{K_i} = \frac{1}{\alpha_h} + \frac{bd_i}{\lambda d_m} + \frac{d_i}{\alpha_c d_o} = \frac{1}{230} + \frac{0.0035\times 0.082}{45\times 0.0855} + \frac{0.082}{290\times 0.089}$$

$$= 4.35\times 10^{-3} + 7.46\times 10^{-5} + 3.18\times 10^{-3}$$

$$= 7.54\times 10^{-3} \text{m}^2\cdot\text{K/W}$$

所以 $K_i = 133\text{W}/(\text{m}^2\cdot\text{K})$,本题管壁热阻与其它传热阻力相比很小,可忽略不计。

并流操作

$$\begin{array}{ccc} 80 & \longrightarrow & 50 \\ \dfrac{15}{65} & \longrightarrow & \dfrac{35}{15} \end{array} \qquad \Delta t_{m并} = \frac{65 - 15}{\ln\dfrac{65}{15}} = 34.2℃$$

传热面积

$$S_{i并} = \frac{Q}{K_i \Delta t_{m并}} = \frac{3.1\times 10^4}{133\times 34.2} = 6.81\ \text{m}^2$$

逆流操作

$$\begin{array}{ccc} 80 & \longrightarrow & 50 \\ \dfrac{35}{45} & \longrightarrow & \dfrac{15}{35} \end{array} \qquad \Delta t_{m逆} = \frac{45 + 35}{2} = 40℃$$

传热面积

$$S_{i逆} = \frac{Q}{K_i \Delta t_{m逆}} = \frac{3.1\times 10^4}{133\times 40} = 5.83\text{m}^2$$

因 $\Delta t_{m并} < \Delta t_{m逆}$,故 $S_{i并} > S_{i逆}$。 $\dfrac{S_{i并}}{S_{i逆}} = \dfrac{\Delta t_{m逆}}{\Delta t_{m并}} = 1.17$

(3) 逆流操作 $S_i = 6.81\text{m}^2$,$\Delta t_m = \dfrac{Q}{K_i S_i} = \dfrac{3.1\times 10^4}{133\times 6.81} = 34.2℃$

设冷却水出口温度为 t_2'，则

$$80 \longrightarrow 50 \qquad \Delta t_m = \frac{\Delta t' + 35}{2} = 34.2,\ \Delta t' = 33.4℃,$$

$$\frac{t_2'}{\Delta t'} \longrightarrow \frac{15}{35} \qquad t_2' = 80 - 33.4 = 46.6℃$$

水的平均温度　$t' = (15 + 46.6)/2 = 30.8℃$，$c_{pc}' = 4.174 \times 10^3 J/(kg \cdot ℃)$

冷却水消耗量　$W_c = \dfrac{Q}{c_{pc}'(t_2' - t_1)} = \dfrac{3.1 \times 10^4 \times 3600}{4.174 \times 10^3 \times (46.6 - 15)} = 846kg/h$

逆流操作比并流操作可节省冷却水：　$\dfrac{1335 - 846}{1335} \times 100 = 36.6\%$

若使逆流与并流操作时的传热面积相同，则逆流时冷却水出口温度由原来的35℃变为46.6℃，在热负荷相同条件下，冷却水消耗量减少了36.6%。

【例4-9】 有一台运转中的单程逆流列管式换热器，热空气在管程由120℃降至80℃，其对流传热系数 $\alpha_1 = 50W/(m^2 \cdot K)$。壳程的冷却水从15℃升至90℃，其对流传热系数 $\alpha_2 = 2000W/(m^2 \cdot K)$，管壁热阻及污垢热阻皆可不计。当冷却水量增加一倍时，试求：

(1) 水和空气的出口温度 t_2' 和 T_2'，忽略流体物性参数随温度的变化；

(2) 传热速率 Q' 比原来增加了多少？

解：(1) 水量增加前，$T_1 = 120℃$，$T_2 = 80℃$，$t_1 = 15℃$，$t_2 = 90℃$，$\alpha_1 = 50W/(m^2 \cdot K)$，$\alpha_2 = 2000W/(m^2 \cdot K)$，

$$K = \frac{1}{\dfrac{1}{\alpha_1} + \dfrac{1}{\alpha_2}} = \frac{1}{\dfrac{1}{50} + \dfrac{1}{2000}} = 48.8\ W/(m^2 \cdot K)$$

$$\Delta t_m = \frac{(T_1 - t_2) - (T_2 - t_1)}{\ln\dfrac{T_1 - t_2}{T_2 - t_1}} = \frac{(120 - 90) - (80 - 15)}{\ln\dfrac{120 - 90}{80 - 15}} = 45.3℃$$

$$Q = W_h c_{ph}(T_1 - T_2) = W_c c_{pc}(t_2 - t_1) = KS\Delta t_m$$

$$40W_h c_{ph} = 75W_c c_{pc} = 48.8 \times 45.3S \tag{a}$$

水量增加后，$\alpha_2' = 2^{0.8}\alpha_2$

$$K' = \frac{1}{\dfrac{1}{\alpha_1} + \dfrac{1}{2^{0.8}\alpha_2}} = \frac{1}{\dfrac{1}{50} + \dfrac{1}{2^{0.8} \times 2000}} = 49.3\ W/(m^2 \cdot K)$$

$$\Delta t_m' = \frac{(T_1 - t_2') - (T_2' - t_1)}{\ln\dfrac{T_1 - t'}{T_2' - t_1}} = \frac{(120 - t_2') - (T_2' - 15)}{\ln\dfrac{120 - t_2'}{T_2' - 15}}$$

$$Q = W_h c_{ph}(T_1 - T_2') = 2W_c c_{pc}(t_2' - t_1) = K'S\Delta t'_m$$

$$W_c c_{pc}(120 - T_2') = 2W_c c_{pc}(t_2' - 15) = 49.3S \cdot \frac{120 - t_2' - T_2' + 15}{\ln\dfrac{120 - t_2'}{T_2' - 15}} \tag{b}$$

由式(a)和式(b)可得

$$\frac{40}{120-T_2'}=\frac{75}{2(t_2'-15)} \text{ 或 } t_2'-15=\frac{75}{80}(120-T_2') \tag{c}$$

$$\frac{40}{120-T_2'}=\frac{48.8\times 45.3}{49.3\times\dfrac{120-T_2'-(t_2'-15)}{\ln\dfrac{120-t_2'}{T_2'-15}}} \tag{d}$$

式(c)代入式(d),得 $$\ln\frac{120-t_2'}{T_2'-15}=0.0558 \tag{e}$$

由式(c)与式(e)可得 $t_2'=61.9℃$, $T_2'=69.9℃$

(2) $\dfrac{Q'}{Q}=\dfrac{T_1-T_2'}{T_1-T_2}=\dfrac{120-69.9}{120-80}=1.25$,即传热速率增加了 25%。

【例 4-10】 在一传热面积为 $15.8m^2$ 的逆流套管换热器中,用油加热冷水。油的流量为 2.85kg/s,进口温度为 110℃;水的流量为 0.667kg/s,进口温度为 35℃。油和水的平均比热容分别为 1.9kJ/(kg·℃)及 4.18 kJ/(kg·℃)。换热器的总传热系数为 $320W/(m^2·℃)$试求水的出口温度及传热量。

解:本题用 ε-NTU 法计算。

$$W_h c_{ph}=2.85\times 1900=5415W/℃$$
$$W_c c_{pc}=0.667\times 4180=2788W/℃$$

故水(冷流体)为最小热容量流体。

$$\frac{C_{min}}{C_{max}}=\frac{2788}{5415}=0.515$$

$$(NTU)_{min}=\frac{KS}{C_{min}}=\frac{320\times 15.8}{2788}=1.8$$

查图 4-30 得 $\varepsilon=0.73$。

因冷流体为最小热容量流率流体,故由传热效率定义式得

$$\varepsilon=\frac{t_2-t_1}{T_1-t_1}=0.73$$

解得水的出口温度为

$$t_2=0.73\times(110-35)+35=89.8℃$$

换热器的传热量为

$$Q=W_c c_{pc}(t_2-t_1)=0.667\times 4180(89.8-35)=152.8kW$$

4.5.5 不稳定传热过程计算

在工业上成批物料的加热或冷却有时是在不稳定状态下进行的,即通常所说的间歇传热,此时流体温度不但在换热器内各处不同,而且还随时间而变。解决此类问题的基本方程仍然是热量衡算式和总传热速率方程。工程中的间歇传热计算主要解决两方面的问题:一方面是将液体加热(或冷却)到指定温度所需的时间;另一方面是保证传热所需的传热面积。与稳定传热相比,因多了传热时间这一变量,求解自然更为复杂。

现以夹套或蛇管中通以饱和蒸气加热容器内的液体为例,如图 4-32 和图 4-33 所示,说明

不稳定传热的计算方法。

这类传热的特点是加热蒸气温度保持恒定，而容器内液体温度随时间变化。设容器中液体的质量为 m(kg)，液体的平均定压比热容为 c_p(J/kg·℃)，最初温度为 t_1(℃)，在任一时刻 θ 液体的温度为 t，经过 $d\theta$ 时间后，容器内液体温度改变 dt，则容器内液体获得的热量为 dQ。

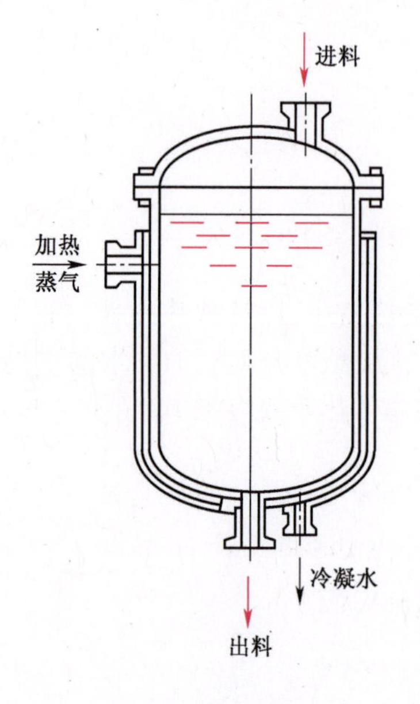

图 4-32　夹套式换热器

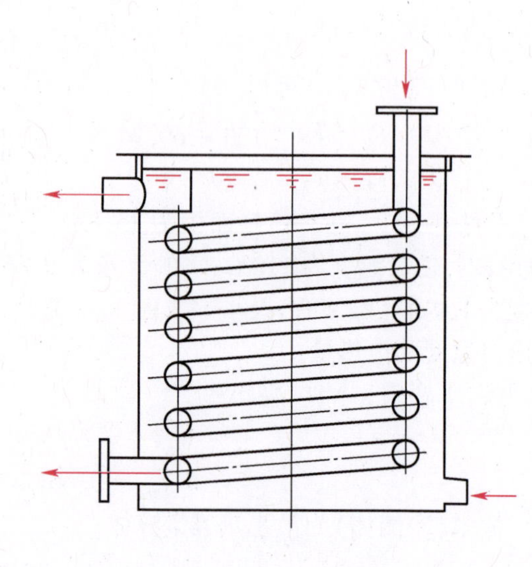

图 4-33　沉浸式蛇管换热器

$$dQ = mc_p dt$$

在 $d\theta$ 内通过传热面传给液体的热量为

$$dQ = KS(T - t)d\theta \tag{4-93}$$

式中：T 为加热蒸气温度(℃)；K 为总传热系数(W/(m^2·℃))；S 为传热面积(m^2)。

若忽略热损失，根据热平衡关系有

$$mc_p dt = KS(T - t)d\theta$$

或

$$\frac{dt}{T - t} = \frac{KS}{mc_p}d\theta \tag{4-94}$$

代入初始条件

$$\theta = 0, t = t_1$$

$$\theta = \theta, t = t_2$$

积分上式得到

$$\ln\frac{T - t_1}{T - t_2} = \frac{KS}{mc_p}\theta$$

或

$$Q = mc_p(t_2 - t_1) = \frac{KS(t_2 - t_1)}{\ln\dfrac{T - t_1}{T - t_2}}\cdot\theta = KS\Delta t_m\theta \tag{4-95}$$

将不同的条件代入上式即可求出 S 或 θ。

4.6 辐射传热

4.6.1 基本概念和定律

1. 基本概念

物体以电磁波的形式传递能量的过程称为辐射，被传递的能量为辐射能。当物体因热的原因而引起电磁波的辐射即称热辐射。电磁波的波长范围很广，但能被物体吸收转变成热能的辐射线主要是可见光线和红外光线，也即波长在 0.4～20μm 的部分，此部分称为热射线。波长在 0.4～0.8μm 的可见光线的辐射能仅占很小一部分，对热辐射起决定作用的是红外光线。

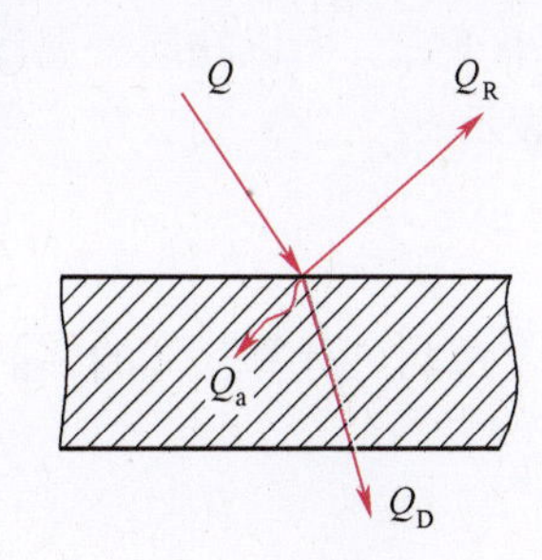

图 4-34 辐射能的吸收、反射和透过

热射线的可见光线一样，服从反射和折射定律，能在均一介质中作直线传播。在真空中和绝大多数气体中，热射线可完全透过，但不能透过工业上常见的大多数液体和固体。

如图 4-35 所示，投射在某一物体表面上的总辐射能为 Q，其中有一部分能量 Q_a 被吸收，一部分能量 Q_R 被反射，余下的能量 Q_D 透过物体。根据能量守恒定律得：

$$Q_a + Q_R + Q_D = Q$$

即

$$\frac{Q_a}{Q} + \frac{Q_R}{Q} + \frac{Q_D}{Q} = 1 \tag{4-96}$$

或

$$a + R + D = 1$$

式中：$a = \dfrac{Q_a}{Q}$ 为物体的吸收率，无因次；$R = \dfrac{Q_R}{Q}$ 为物体的反射率，无因次；$D = \dfrac{Q_D}{Q}$ 为物体的透过率，无因次。

当 $a=1$，称为黑体或绝对黑体，表示物体能全部吸收辐射能。

当 $R=1$，称为镜体或绝对白体，表示物体能全部反射辐射能。

当 $D=1$，称为透射体，表示物体能全部透过辐射能。

实际上绝对黑体和绝对白体并不存在，只能是接近于黑体或镜体。吸收率 a、反射率 R 和透过率 D 的大小取决于物体的性质、表面状况及辐射的波长等。能以相同的吸收率且部分地吸收由 0 到∞所有波长范围的辐射能的物体定义为灰体，灰体也是理想物体，但大多数工业上常见的固体材料可视为灰体。

2. 斯蒂芬—波尔兹曼定律

理论研究表明，黑体的辐射能力为单位时间单位黑体表面向外界辐射的全部波长的总能量，服从斯蒂芬—波尔兹曼定律：

$$\psi_b = \sigma_0 T^4 \tag{4-97}$$

式中：ψ_b 为黑体的辐射能力（W/m^2）；σ_0 为黑体的辐射常数（$5.67\times10^{-8}W/(m^2\cdot K^4)$）；$T$ 为黑体的绝对温度（K）。

通常将上式写成：

$$\psi_{\mathrm{b}} = c_0\left(\frac{T}{100}\right)^4 \tag{4-97a}$$

式中：c_0 为黑体的辐射系数（5.67 W/（m^2 · K^4））。

由此看出辐射传热与对流传热及热传导不同，并且辐射传热对温度特别敏感。对灰体其辐射能力也可表示为

$$\psi = c\left(\frac{T}{100}\right)^4 \tag{4-97b}$$

式中：c 为灰体的辐射系数，不同物体的 c 值不同，并且和物质的性质、表面情况及温度有关，其值小于 c_0。所以在同一温度下灰体的辐射能力总是小于黑体的辐射能力，其比值称为黑度，用 ε 表示。

$$\varepsilon = \frac{\psi}{\psi_{\mathrm{b}}} \tag{4-98}$$

由此可计算灰体的辐射能力：

$$\psi = \varepsilon\psi_{\mathrm{b}} = \varepsilon c_0\left(\frac{T}{100}\right)^4 \tag{4-98a}$$

物体的黑度只与辐射物体本身情况有关，它是物体的一种性质，而和外界无关。

3. 克希霍夫定律

该定律揭示了物体的辐射能力 ψ 与吸收率 a 之间的关系。设有彼此非常接近的两平行平板，一块板上的辐射能可以全部投射到另一块板上，如图 4-35 所示。若板 1 为灰体，板 2 为黑体。设 ψ_1、a_1、T_1 和 ψ_2、a_2、T_2 表示板 1、2 的辐射能力、吸收率和表面温度，且 $T_1>T_2$。现讨论两块板之间的热量平衡情况。以单位时间单位面积为基准。由于是黑体，板 1 辐射出的 ψ_1 能被板 2 全部吸收，而板 2 辐射的 ψ_2 被板 1 吸收了 $a_1\psi_1$，余下的 $(1-a_1)\psi_2$ 被反射回板 2，并被全部吸收。对板 1 来说，辐射传热的结果是：

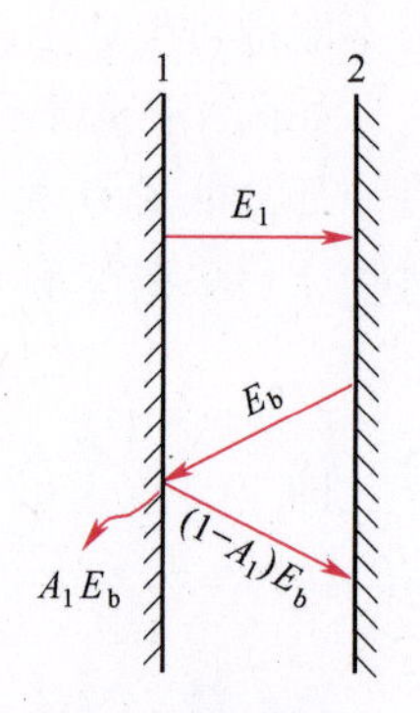

图 4-35 平行平板间辐射传热

$$q = \psi_1 - a_1\psi_2$$

式中：q 为两板间辐射传热的热流密度（W/m^2）。

当两板达到热平衡，即 $T_1=T_2$ 时，$q=0$，也即 $\psi_1=a_1\psi_2$。表明板 1 辐射和吸收的能量相等。

或

$$\frac{\psi_1}{a_1} = \psi_2 = \psi_b \tag{4-99}$$

若用任何板代替板 1，则可写成下式：

$$\frac{\psi_1}{a_1} = \frac{\psi_2}{a_2} = \cdots = \frac{\psi}{a} = f(T) = \psi_{\mathrm{b}} \tag{4-100}$$

此式为克希霍夫定律。它说明任何物体的辐射能力和吸收率的比值均相等，并且等于黑体的辐射能力，即仅和物体的绝对温度有关。

将式（4-98a）代入此式得

$$\psi = ac_0\left(\frac{T}{100}\right)^4 = c\left(\frac{T}{100}\right)^4 \tag{4-101}$$

式中：$c=ac_0$ 为灰体的辐射系数（$W/(m^2 \cdot K^4)$）。

对于实际物体 $a<1$，所以 $c<c_0$。由式（4-98）和式（4-100）可见，在同一温度下物体的吸收率和黑度在数值上相等，但物理意义不同。

4.6.2 两固体间的辐射传热

工业上遇到的两固体间的辐射传热多在灰体中进行。两灰体间的辐射能相互进行着多次的吸收和反射过程，因此在计算传热时，要考虑到它们的吸收率、反射率、形状和大小以及两者间的距离及相互位置。

图 4-36 所示为两面积很大的相互平行的两灰体。两板间的介质为透热体。因两板很大又很近，故认为从板发射出的辐射能可全部投到另一板上，并且 $D=0, a+R=1$。

从板 1 发射的辐射能力为 ψ_1，被板 2 吸收了 $a_2\psi_1$，被板 2 反射回 $R_2\psi_1$，这部分又被板 1 吸收和反射……，如此进行到 ψ_1 被完全吸收为止。从板 2 发射的辐射能 ψ_2 也有类同的吸收和反射过程。

两平行板间单位时间内，单位面积上净的辐射传热量即两板间辐射能的总能量差为

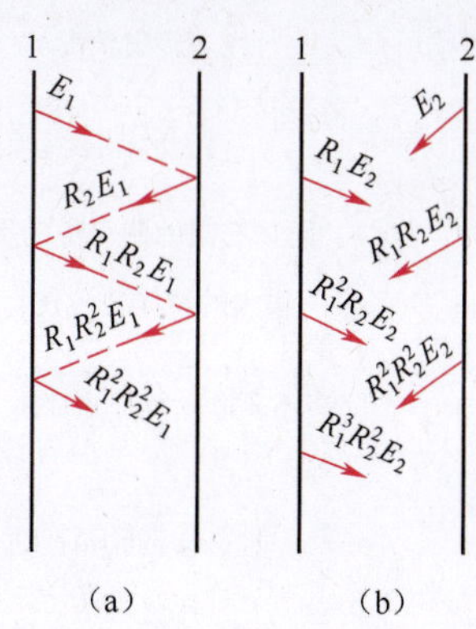

图 4-36 平行灰体平板间的辐射过程

$$q_{1-2}=\psi_1 a_2(1+R_1R_2+R_1^2R_2^2+\cdots)-\psi_2 a_1(1+R_1R_2+R_1^2R_2^2+\cdots)$$

等号右边中的（$1+R_1R_2+R_1^2R_2^1+\cdots$）为无穷级数，它等于 $1/(1-R_1R_2)$，代入上式得

$$q_{1-2}=\frac{\psi_1 a_2}{1-R_1R_2}-\frac{\psi_2 a_1}{1-R_1R_2}=\frac{\psi_1 a_2-\psi_2 a_1}{1-R_1R_2}$$

$$=\frac{\psi_1 a_2-\psi_2 a_1}{1-(1-a_1)(1-a_2)}=\frac{\psi_1 a_2-\psi_2 a_1}{a_1+a_2-a_1a_2} \tag{4-102}$$

以 $\psi_1=\varepsilon_1 c_0(T_1/100)^4$，$\psi_2=\varepsilon_2 c_2(T_2/100)^4$，及 $a_1=\varepsilon_1, a_2=\varepsilon_2$，代入整理得

$$q_{1-2}=\frac{c_0}{\dfrac{1}{\varepsilon_1}+\dfrac{1}{\varepsilon_2}-1}\left[\left(\frac{T_1}{100}\right)^4-\left(\frac{T_2}{100}\right)^4\right] \tag{4-102a}$$

或

$$q_{1-2}=c_{1-2}\left[\left(\frac{T_1}{100}\right)^4-\left(\frac{T_2}{100}\right)^4\right] \tag{4-102b}$$

式中：c_{1-2} 为总辐射系数。

并且有

$$c_{1-2}=\frac{c_0}{\dfrac{1}{\varepsilon_1}+\dfrac{1}{\varepsilon_2}-1}=\frac{1}{\dfrac{1}{c_1}+\dfrac{1}{c_2}-\dfrac{1}{c_0}} \tag{4-103}$$

若两平行板的面积均为 A 时则有

$$\Phi_{1-2}=Ac_{1-2}\left[\left(\frac{T_1}{100}\right)^4-\left(\frac{T_2}{100}\right)^4\right] \tag{4-104}$$

若两板间的大小与其距离之比不够大时，一个板面发射的辐射能力只有一部分到达另一面，此份数用角系数 φ 表示，为此得普遍式为

$$\Phi_{1-2}=Ac_{1-2}\varphi\left[\left(\frac{T_1}{100}\right)^4-\left(\frac{T_2}{100}\right)^4\right] \tag{4-105}$$

式中：Φ_{1-2} 为净的辐射传热速率（W）；A 为辐射面积（m^2）；T_1、T_2 为高温和低温物体表面的绝对温度（K）；φ 为角系数。

角系数的大小不仅和两物体的几何排列有关，还要和选定的辐射面积 A 相对应。几种简单情况的 φ 值见表 4-7 和图 4-37。

表 4-7　φ 值与 c_{1-2} 的计算式

序号	辐射情况	面积 A	角系数 φ	总辐射系数 c_{1-2}
1	极大的两平行面	A_1 或 A_2	1	$c_0\Big/\left(\frac{1}{\varepsilon_1}+\frac{1}{\varepsilon_2}-1\right)$
2	面积有限的两相等的平行面	A_1	<1①	$\varepsilon_1\cdot\varepsilon_2\cdot c_0$
3	很大的物体 2 包住物体 1	A_1	1	$\varepsilon_1 c_0$
4	物体 2 恰好包住物体 1，$A_1\approx A_2$	A_1	1	$c_0\Big/\left(\frac{1}{\varepsilon_1}+\frac{1}{\varepsilon_2}-1\right)$
5	在 3、4 两种情况之间	A_1	1	$c_0\Big/\left[\frac{1}{\varepsilon_1}+\frac{A_1}{A_2}\left(\frac{1}{\varepsilon_2}-1\right)\right]$

①此种情况的 φ 值由图 4-35 查得

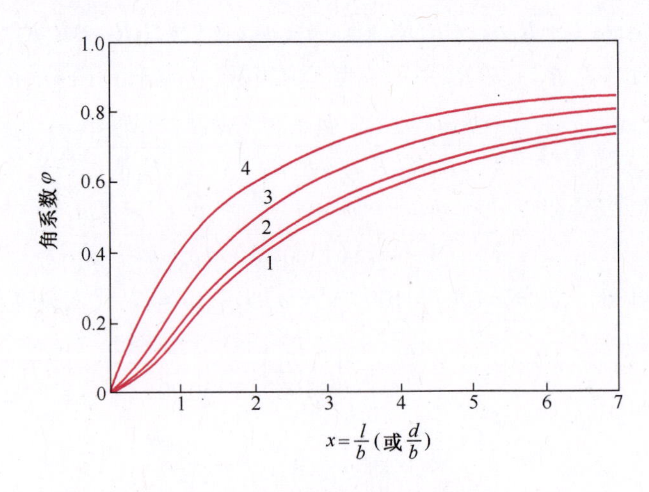

图 4-37　平行面间辐射传热的角系数

1—圆盘形；2—正方形；3—长方形（边长之比为 2∶1）；4—长方形（狭长）。

$$\frac{d}{b}\text{或}\frac{L}{b}=\frac{\text{边长(长方形用短边)或直径}}{\text{辐射面的间距}}$$

【例 4-11】　车间内有一高和宽各为 3m 的铸铁铁炉门，温度为 227℃，室内温度为 27℃。为了减少热损失，在炉门前 50mm 处放置一块尺寸和炉门相同而黑度为 0.11 的铝板，试求放置铝板前、后因辐射而损失的热量。

解：(1) 放置铝板前因辐射损失的热量，由式(4-105)知

$$\Phi_{1-2}=c_{1-2}\varphi A\left[\left(\frac{T_1}{100}\right)^4-\left(\frac{T_2}{100}\right)^4\right]$$

取铸铁的黑度 $\varepsilon_1=0.78$

本题为很大物体2包住物体1的情况，故

$$\varphi = 1$$

$$A = A_1 = 3 \times 3 = 9\text{m}^2$$

$$c_{1-2} = c_0\varepsilon_1 = 5.67 \times 0.78 = 4.423\text{W/(m}^2 \cdot \text{K}^4)$$

所以 $$\Phi_{1-2} = 4.423 \times 1 \times 9 \times \left[\left(\frac{227+273}{100}\right)^4 - \left(\frac{27+273}{100}\right)^4\right]$$

$$=2.166 \times 10^4\text{W}$$

(2) 放置铝板后因辐射损失的热量。以下标1、2和i分别表示炉门、房间和铝板。假定铝板的温度为 T_i，则铝板向房间辐射的热量为

$$\Phi_{i-2} = Ac_{i-2}\varphi\left[\left(\frac{T_i}{100}\right)^4 - \left(\frac{T_2}{100}\right)^4\right]$$

式中：$A_i = 3 \times 3 = 9\text{m}^2$

$$c_{i-2} = \varepsilon_i c_0 = 0.11 \times 5.67 = 0.624\text{W/(m}^2 \cdot \text{K}^4)$$

所以 $$\Phi_{i-2} = 0.624 \times 9 \times \left[\left(\frac{T_i}{100}\right)^4 - 81\right] \tag{a}$$

炉门对铝板的辐射传热可视为两无限大平板之间的传热，故放置铝板后因辐射损失的热量为

$$\Phi_{i-1} = c_{1-i}\varphi A_1\left[\left(\frac{T_1}{100}\right)^4 - \left(\frac{T_i}{100}\right)^4\right]$$

式中：$\varphi = 1$

$$c_{1-i} = \frac{c_0}{\frac{1}{\varepsilon_1} + \frac{1}{\varepsilon_2} - 1} = \frac{5.67}{\frac{1}{0.78} + \frac{1}{0.11} - 1} = 0.605\text{W/(m}^2 \cdot \text{K}^4)$$

所以 $$\Phi_{1-i} = 0.605 \times 1 \times 9 \times \left[625 - \left(\frac{T_i}{100}\right)^4\right] \tag{b}$$

当传热到达稳定时， $$\Phi_{1-i} = \Phi_{i-2}$$

即 $$0.605 \times 9 \times \left[625 - \left(\frac{T_i}{100}\right)^4\right] = 0.624 \times 9 \times \left[\left(\frac{T_i}{100}\right)^4 - 81\right]$$

解得 $$T_i = 432\text{K}$$

将 T_i 值代入式(b)得

$$\Phi_{1-i} = 0.605 \times 9 \times \left[625 - \left(\frac{432}{100}\right)^4\right] = 1510\text{ W}$$

放置铝板后辐射热损失减少的百分率为

$$\frac{\Phi_{1-2} - \Phi_{1-i}}{\Phi_{1-2}} \times 100\% = \frac{21650 - 1510}{21650} \times 100\% = 93\%$$

由以上结果可知，设置隔热挡板是减少辐射散热的有效方法，而且挡板材料的黑度越低，挡板的层数越多，热损失越少。

4.7 换 热 器

换热器是化工、石油、动力等许多工业部门的通用设备，在生产中占有重要地位。根据冷、热流体热量交换的原理和方式换热器基本上可分为三大类，即间壁式、混和式和蓄热式。其中间壁式换热器应用最多，以下仅讨论此类换热器。

4.7.1 间壁式换热器的类型和选用

传统的间壁式换热器以夹套式和管式换热器为主，随着工业的发展，出现了一些高效紧凑的换热器，如板式换热器和强化管式换热器。

1. 沉浸式蛇管换热器

这种换热器是将金属管弯绕成各种与容器相适应的形状（图4-38）并沉浸在容器内的液体中。蛇管换热器的优点是结构简单，能承受高压，可用耐腐蚀材料制造；其缺点是容器内液体湍动程度低，管外对流传热系数小。为提高总传热系数，容器内可安装搅拌器。

2. 喷淋式换热器

这种换热器是将换热管成排地固定在钢架上，如图4-39，热流体在管内流动，冷却水从上方喷淋装置均匀淋下，故也称喷淋式冷却器。喷淋式换热器的管外是一层湍动程度较高的液膜，管外对流传热系数较沉浸式增大很多。另外，这种换热器大多放置在空气流通之处，冷却水的蒸发亦可带走一部分热量，可起到降低冷却水温度、增大传热推动力的作用。因此，和沉浸式相比，喷淋式换热器的传热效果大为改善。

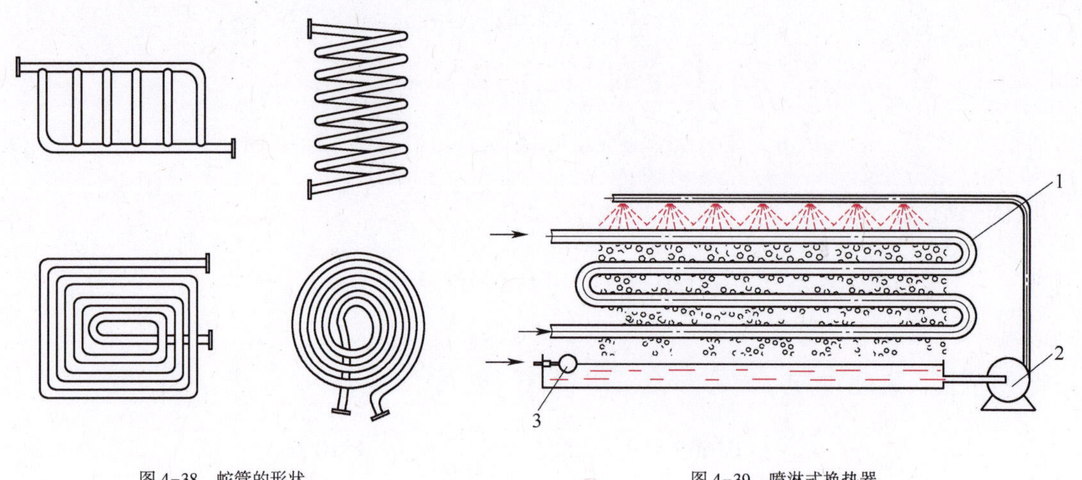

图4-38 蛇管的形状

图4-39 喷淋式换热器
1—弯管；2—循环泵；3—控制阀。

3. 套管式换热器

套管式换热器由两种尺寸不同的直管制成同心套管，并用U形弯头将多段套管串联而成，如图4-40所示。每一段套管称为一程，程数可根据传热要求而增减，每程的有效长度为4~6m。套管换热器结构简单，能承受高压，应用方便（可根据需要增减管段数目）。特别是由于套管换热器同时具备总传热系数大、传热推动力大及能够承受高压的优点，在超高压生产过程

(例如操作压力为 300MPa 的高压聚乙烯生产过程)中所用的换热器几乎全部是套管式。

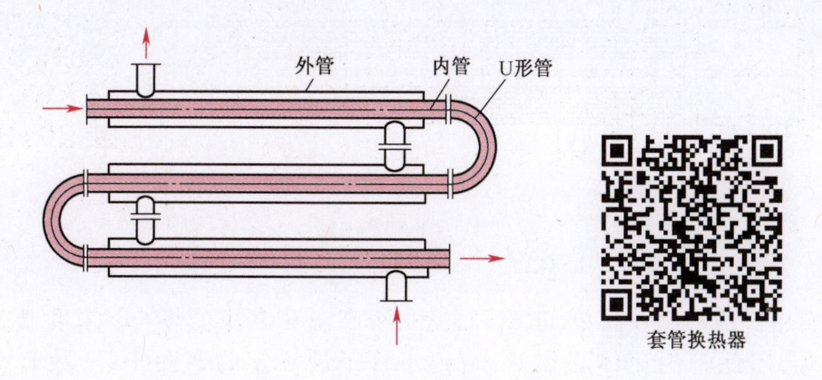

图 4-40　套管式换热器

4. 管壳式换热器

管壳式(又称列管式)换热器是最典型的间壁式换热器,它在工业上的应用有着悠久的历史,而且至今仍在所有换热器中占据主导地位。

管壳式换热器主要由壳体、管束、管板和封头等组成,流体在管内每通过管束一次称为一个管程,每通过壳体一次称为一个壳程。为提高管外流体对流传热系数,通常在壳体内安装一定数量的横向折流挡板。折流挡板不仅可防止流体短路、使流体速度增加,还迫使流体按规定路径多次错流通过管束,使湍动程度大为增加。

列管换热器中,由于两流体的温度不同,使管束和壳体的温度也不相同,因此它们的热膨胀程度也有差别。若两流体的温度差较大(50℃以上)时,就可能由于热应力而引起设备的变形,甚至弯曲或破裂,因此必须考虑这种热膨胀的影响。根据热补偿方法的不同,管壳式换热器有下面几种形式。

(1) 固定管板式。固定管板式换热器两端的管板和壳体连接成一体,具有结构简单和造价低廉的优点。但是由于壳程不易检修和清洗,因此壳程流体应是较洁净且不易结垢的物料。当两流体的温度差较大时,应考虑热补偿。图 4-41 为具有补偿圈(或称膨胀节)的固定板式换热器,即在外壳的适当部位焊上一个补偿圈,当外壳和管束热膨胀不同时,补偿圈发生弹性变形(拉伸或压缩),以适应外壳和管束的不同的热膨胀程度。这种热补偿方法简单,但不宜用于两流体的温度差太大(不大于 70℃)和壳程流体压强过高(一般不高于 600kPa)的场合。

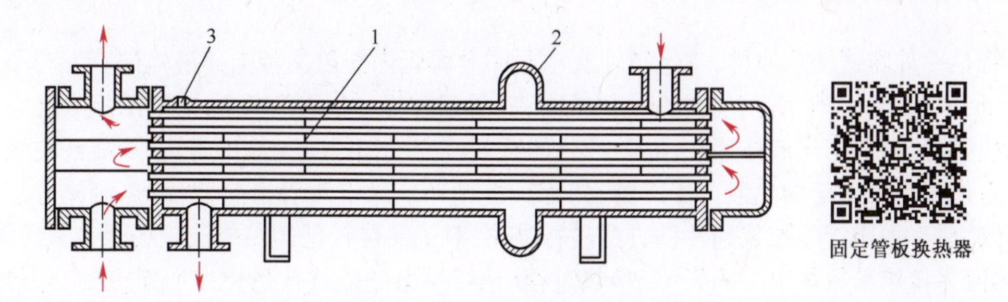

图 4-41　具有补偿圈的固定管板式换热器

1—挡板;2—补偿圈;3—放气嘴。

(2) U 形管换热器。U 形管换热器如图 4-42 所示。U 形管式换热器的每根换热管都弯成 U 形,进出口分别安装在同一管板的两侧,每根管子皆可自由伸缩,而与外壳及其他管子无关。

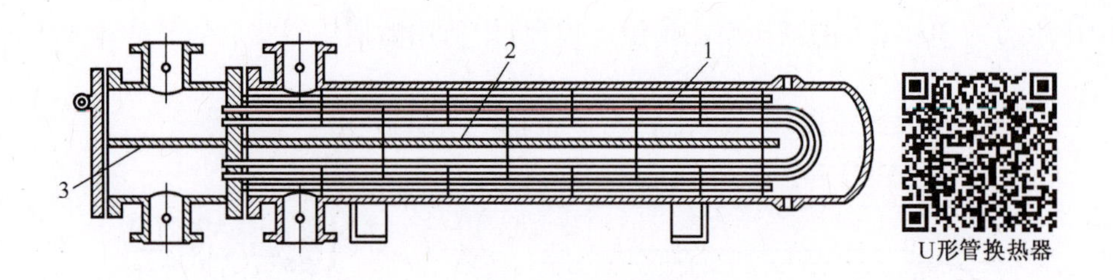

图 4-42 U 形管换热器

1—U 形管；2—壳程隔板；3—管程隔板。

U 形管换热器结构比较简单，重量轻，适用于高温和高压的场合。其主要缺点是管内清洗比较困难，因此管内流体必须洁净；由于管子需一定的弯曲半径，故管板的利用率较差。

(3) 浮头式换热器。浮头式换热器两端管板有一端不与外壳固定连接，该端称为浮头，如图 4-43所示。当管子受热（或受冷）时，管束连同浮头可以自由伸缩，而与外壳的膨胀无关。浮头式换热器不但可以补偿热膨胀，而且由于固定端的管板是以法兰与壳体相连接的，因此管束可从壳体中抽出，便于清洗和检修，故浮头式换热器应用较为普遍。但该种热换器结构较复杂，金属耗量较多，造价也较高。

以上几种类型的列管换热器都有系列标准，可供选用。规格型号中通常标明形式、壳体直径、传热面积、承受的压强和管程数等。

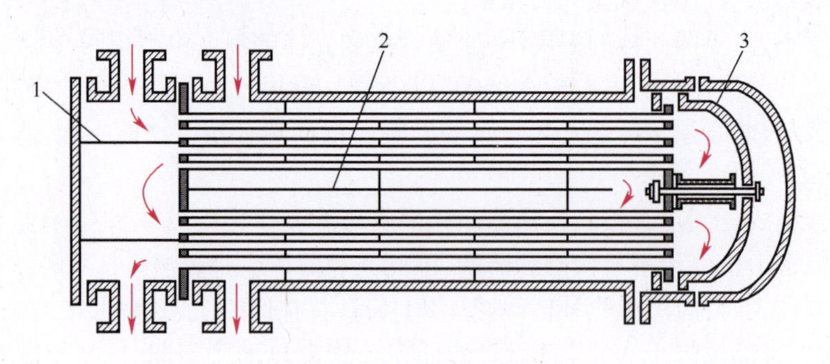

图 4-43 浮头式换热器

1—管程隔板；2—壳程隔板；3—浮头。

5. 热管式换热器

热管是一种新型传热原件，它通过在真空封闭金属管内充以某种工作液体的蒸发与凝结来传递热量，如图 4-44 所示，具有具有传热能力高、等温性好、结构简单、应用范围广等优点。当热管加热段受热时，工作液体遇热沸腾，产生的蒸气流至冷却段凝结放出潜热，冷凝液在吸液芯毛细管力作用下回流至加热段再次沸腾，如此反复循环。对于热管换热器，冷热流体皆在管外进行换热，易于采用管外加装翅片的方法进行强化，对于品位较低的热能回收场合非常经济，如对冷、热流体传热系数都很小的气-气换热过程（锅炉排出的废气预热燃烧所需空气）。热管换热器可通过中隔板使冷热流体完全分开，在运行过程中单根热管因为磨损、腐蚀、超温等原因发生破坏时基本不影响换热器运行；在热管内部，热量通过沸腾、冷凝过程进行传递，由于有相变的传热系数很大，蒸气流动阻力损失又很小，管壁温度分布相当均匀。热管换热器尤为适用于对于某些等温性要求高的换热场合。

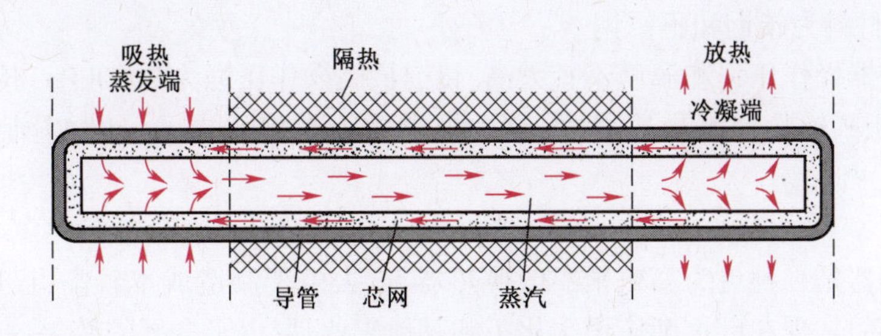

图4-44 热管结构

6. 板式换热器

板式换热器最初用于食品工业,20世纪50年代逐渐推广到化工等其他工业部门,现在已发展成为高效紧凑的换热设备。板式换热器是由一组金属薄板、相邻薄板之间衬以垫片并用框架夹紧组装而成。图4-45所示为矩形板片,其上四角开有圆孔,形成流体通道。冷热流体交替在板片两侧流过,通过板片进行换热。板片厚度为0.5~3mm,通常压制成各种波纹形状,既增加刚度又使流体分布均匀,加强湍动,提高传热系数。

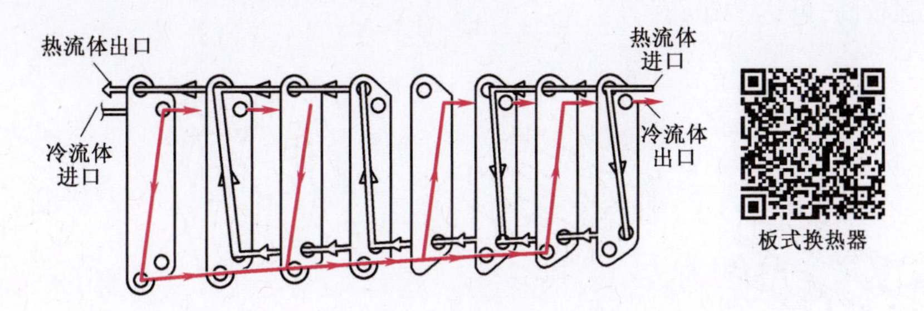

图4-45 板式换热器

7. 螺旋板换热器

螺旋板式换热器是由两块薄金属板焊接在一块分隔挡板(图中心的短板)上并卷成螺旋形而制成。如图4-46所示,两块薄金属板在器内形成两条螺旋形通道,在顶、底部上分别焊有盖板或封头。进行换热时,冷、热流体分别进入两条通道,在器内作严格的逆流流动。

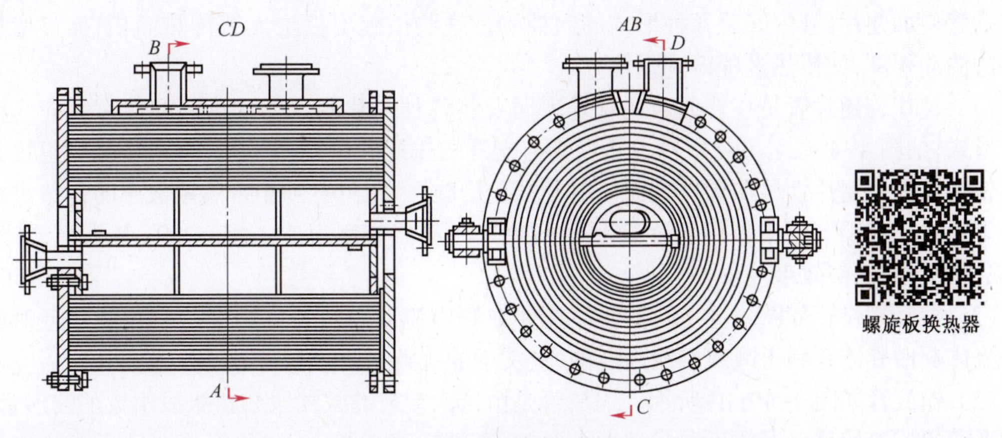

图4-46 螺旋板式换热器

螺旋板换热器的直径一般在1.6m以内,板宽200~1200mm,板厚2~4mm,两板间的距离为

5~25mm。常用材料为碳钢和不锈钢。

螺旋板换热器操作压强和温度不宜太高,目前最高操作压强为2000kPa,温度约在400℃以下。此外,螺旋板式换热器不易检修,因整个换热器为卷制而成,一旦发生泄漏,内部修理很困难。

8. 板翅式换热器

板翅式换热器是一种更为高效紧凑的换热器,过去由于制造成本较高,仅用于宇航、电子、原子能等少数部门。现在已逐渐应用于化工和其他工业,取得了良好的效果。

板翅式换热器的结构形式很多,但其基本结构元件相同,即在两块平行的薄金属板(平隔板)间,夹入波纹状的金属翅片,两边以侧条密封,组成一个单元体。将各单元体进行不同的叠积和适当地排列,再用钎焊给予固定,即可得到常用的逆、并流和错流的板翅式换热器的组装件,称为芯部或板束,如图4-47所示。将带有流体进、出口的集流箱焊到板束上,就成为板翅式换热器。目前常用的翅片形式有光直型翅片、锯齿形翅片和多孔型翅片,如图4-48所示。

板翅式换热器的结构高度紧凑,单位容积可提供的传热面高达$2500 \sim 4000 m^2/m^3$。所用翅片的形状可以促进流体的湍动,因此传热系数大。因翅片对隔板有支撑作用,板翅式换热器的允许操作压强较高,可达5MPa。

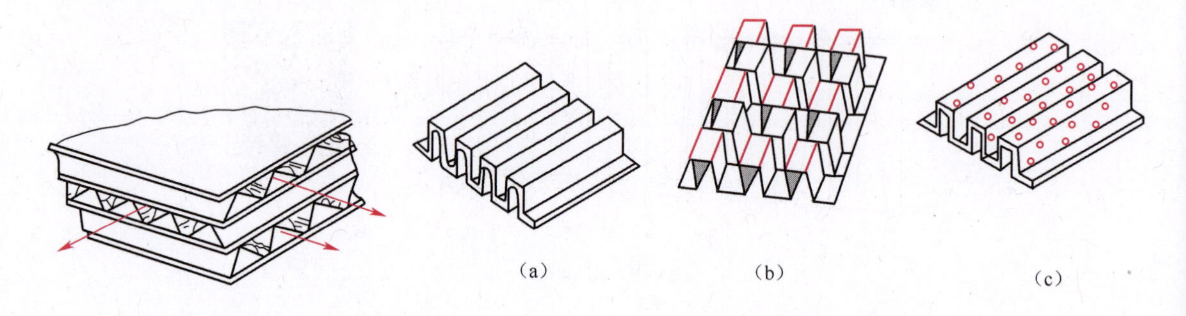

图4-47 板翅式换热器的板束

图4-48 板翅式换热器的翅片形式
(a)光直翅片;(b)锯齿翅片;(c)多孔翅片。

9. 强化管式换热器

这一类换热器是在管式换热器的基础上,采取某些强化措施,提高传热效果。强化的措施主要是管外加翅片,管内安装各种形式的内插物。这些措施不仅增大了传热面积,而且增加了流体的湍动程度,使传热过程得到强化。

(1) 翅片管翅片管是在普通金属管外表面安装各种翅片制成。常见的翅片有纵向与横向两种形式,如图4-49(a)、(b)所示。翅片管与光管的连接处应紧密无间,否则接触热阻很大而影响传热效果。翅片管尽在管外表面采取了强化措施,因此只对外侧传热系数小的传热过程才起显著的强化效果。近年来用翅片管制成的空气冷却器应用很广。用空冷代替水冷,节约用水,取得较大的经济效果。

(2) 螺旋槽纹管如图4-49(c)所示。流体在管内流动时受螺旋槽纹的引导使靠近壁面的部分流体顺槽旋流有利于减薄层流内层的厚度,增加扰动,强化传热。

(3) 缩放管如图4-49(d)所示。缩放管是由依次交替的收缩段和扩张段组成的波形管道,由此形成的流道使流动流体径向扰动大大增加,在同样流动阻力下,此管具有比光滑管更好的传热性能。

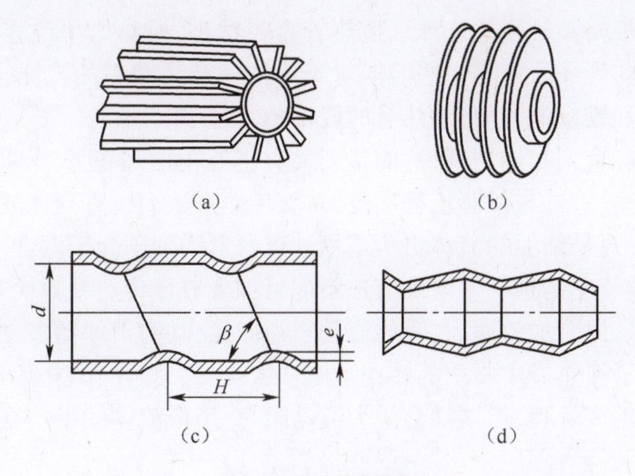

图4-49 强化管式换热器

(a)纵向翅片管;(b)横向翅片管;(c)螺旋槽纹管;(d)缩放管。

4.7.2 换热器的选用

1. 列管换热器的选用

在选用列管换热器时,流体的处理量和物性是已知的,其进、出口温度给定或由工艺要求确定。然而,冷、热两流体的流动通道,即哪一种走管外,哪一种走管内,以及管径、管长和管子根数等尚待确定,而这些因素又直接影响对流传热系数、总传热系数和平均推动力的数值,所以设计时总是根据生产实际情况,选定一些参数,通过试算初步确定换热器的大致尺寸,然后再进一步校核计算,直到符合工艺要求。然后参考国家系列化标准,尽可能选用已有的定型产品。列管换热器选用时应考虑以下问题:

(1) 冷、热流体流动通道的选择。在列管式换热器内,冷、热流体流动通道可根据以下原则进行选择:

不洁净和易结垢的液体宜走管程,因管内清洗方便;

腐蚀性流体宜走管程,以免管束和壳体同时受腐蚀;

压强高的流体宜走管内,以免壳体承受压力;

饱和蒸气宜走壳程,因饱和蒸汽比较清净,对流传热系数与流速无关而且冷凝液容易排出;

被冷却的流体宜走壳程,便于散热;

若两流体温差较大,对于刚性结构的换热器,宜将对流传热系数大的流体通入壳程,可减少热应力;

流量小而黏度大的流体一般以走壳程为宜,因在壳程 $Re>100$ 即可达到湍流。但这不是绝对的,如流动阻力损失允许,将这种流体通入管内并采用多管程结构,反而能得到更高的对流传热系数。

以上各点不可能同时满足,有时会产生矛盾,因此需根据具体情况而作恰当的选择。

(2) 流体进出口温度的确定。如果换热器以冷却为目的,热流体的进出口温度已由工艺条件确定,而冷却介质的出口温度需要选择。若选择较高的出口温度,可选小换热器,但冷却介质的流量要加大;反之若选择低的出口温度,冷却介质流量减小了,但要选大的换热器。因此冷却介质出口温度要权衡操作费用与投资费用后以总费用最低的原则来确定。

（3）换热器内管规格和排列的选择。换热管直径越小，换热器单位容积的传热面积越大。因此，对于洁净的流体，管径可取得小些。但对于不洁净及易结垢的流体，管径应取得大些，以免堵塞。考虑到制造和维修的方便，加热管的规格不宜过多。

管子的排列方式有直列和错列两种，而错列又有正三角形和正方形两种，如图4-12所示。正三角形错列比较紧凑，管外流体湍流程度高，对流传热系数大。直列比较松散，传热效果也较差，但管外清洗方便。对易结垢的流体更为适用。正方形错列则介于两者之间。

（4）管、壳程流体流速的选择。增加流速不但可加大对流传热系数而且能降低污垢热阻从而使总传热系数加大。但增加流速后，流体流动阻力增大，动力消耗增多，此外还要从结构上考虑对传热的影响。列管换热器中常用的流速范围在表4-8～表4-10中列出。

为提高流速可采用多管程，但这样会增大流动阻力，降低流体的平均温度差。采用多程时，每程管数应大致相等。

表4-8　列管换热器中常用的流速范围

流体种类		一般液体	易结垢液体	气体
流速/(m/s)	管程	0.5～3	>1	5～30
	壳程	0.2～1.5	>0.5	3～15

表4-9　列管换热器中易燃、易爆液体的安全允许速度

液体名称	乙醚、二氧化碳、苯	甲醇、乙醇、汽油	丙酮
安全允许速度/(m/s)	<1	<23	<10

表4-10　列管换热器中不同黏度液体的常用流速

液体黏度/(Pa·s)	>1.5	1.5～0.5	0.5～0.1	0.1～0.035	0.035～0.001	<0.001
最大流速/(m/s)	0.6	0.75	1.1	1.5	1.8	2.4

（5）折流挡板的选择。安装折流挡板的目的是为了提高管外对流传热系数，为取得良好效果，挡板的形状和间距必须适当。

对圆缺形挡板而言，弓形缺口的大小对壳程流体的流动情况有重要影响。由图4-50可以看出，弓形缺口太大或太小都会产生“死区”，既不利于传热又往往增加流体流动阻力。一般说来，弓形缺口的高度可取为壳体内径的10%～40%，最常见的是20%和25%两种。

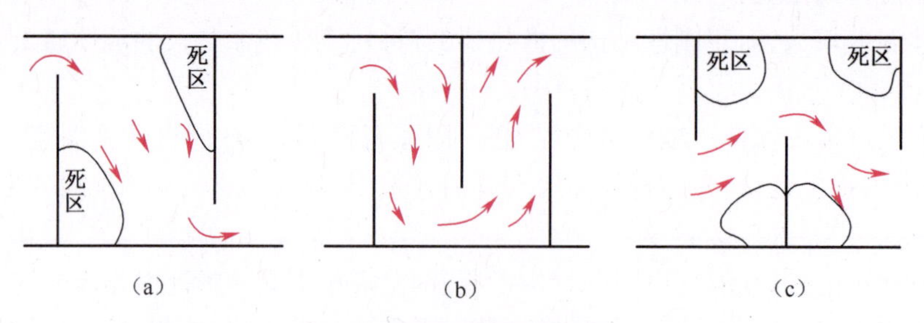

图4-50　挡板切除对流动的影响

(a)切除过少；(b)切除适当；(c)切除过多。

挡板的间距对壳程流体的流动亦有重要的影响。间距太大，不能保证流体垂直流过管束，使管外对流传热系数下降；间距太小，不便制造和检修，阻力损失亦大。一般取挡板间距为壳体

内径的 0.2~1.0。

(6) 壳径的确定壳体的内径应等于或稍大于管板的直径。可按计算的实际管数、管径、管中心距及管子的排列方法用作图法确定内径。

2. 间壁式换热器强化传热的途径

强化传热过程,就是采取措施提高单位面积的传热量或减小单位热负荷所需的传热面积,并通过改进换热器结构以增大单位换热器体积提供的传热面积。增大总传热系数 K、传热面积 S 和平均温度差 Δt_m 都可提高传热速率 Q。在换热器的设计和生产操作中,或换热器的改进中,大多从这三方面来考虑强化传热过程。

习题

1. 红砖平壁墙,厚度为 500mm,一侧温度为 200℃,另一侧为 30℃。设红砖的平均热导率取 0.57W/(m·℃),试求:

(1) 单位时间、单位面积导过的热量;

(2) 距离高温侧 350mm 处的温度。

2. 某燃烧炉的平壁由下列三种砖依次砌成;

耐火砖:热导率 λ_1=1.05 W/(m·℃);厚度 b_1=0.23m;

绝热砖:热导率 λ_2=0.151 W/(m·℃);每块厚度 b_2=0.23m;

普通砖:热导率 λ_3=0.93 W/(m·℃);每块厚度 b_3=0.24m;

若已知耐火砖内侧温度为 1000℃,耐火砖与绝热砖接触处温度为 940℃,而绝热砖与普通砖接触处的温度不得超过 138℃,试问:

(1) 绝热层需几块绝热砖?

(2) 此时普通砖外侧温度为多少?

3. ϕ60×3mm 铝合金管,外包一层厚 30mm 石棉后,又包一层 30mm 软木。石棉和软木的热导率分别为 0.16W/(m·℃)和 0.04W/(m·℃)。又已知管内壁温度为-110℃,软木外侧温度为 10℃,求每米管长所损失的冷量。若将两保温材料互换,互换后假设石棉外侧的温度仍为 10℃不变,则此时每米管长上损失的冷量为多少?(铝合金管热导率取 13.28W/m·℃)

4. 在长为 3m,内径为 53mm 的管内加热苯溶液。苯的质量流速为 172kg/(s·m^2)。苯在定性温度下的物性数据如下:μ = 49 × 10^{-5} Pa·s;λ = 0.14W/(m·℃);c_p = 1.8kJ/(kg·℃)。

试求苯的对流传热系数。

5. 有一套管换热器,内管为 ϕ25mm×1mm,外管为 ϕ38mm×1.5mm。冷水在环隙内流过,用以冷却内管中的高温气体,水的流速为 0.3m/s,水的入口温度为 20℃,出口温度为 40℃。试求环隙内水的对流传热系数。

6. 某无相变的流体,通过内径为 50mm 的圆形直管时的对流传热系数为 120W/(m^2·℃),流体的 Re=2×10^4。假如改用周长与圆管相等,高与宽之比等于 1∶2 的矩形管,而流体的流速增加 0.5 倍,试问对流传热系数有何变化?

7. 饱和温度为 100℃的水蒸气在长 3m、外径为 0.03m 的单根黄铜管表面上冷凝。铜管垂直放置,管外壁的温度维持 96℃,试求每小时蒸气的冷凝量。

又若将管子水平放置,蒸气的冷凝量又为多少?

8. 求直径 $d=70\text{mm}$、长 $L=3\text{m}$ 的钢管（其表面温度 $t_1=227℃$）的辐射热损失。假定此管被置于：(a)很大的红砖里，砖壁温度 $t_2=27℃$；(b)截面为 $0.3×0.3\text{m}^2$ 的砖槽里，$t_2=27℃$，两端面的辐射损失可以忽略不计。

9. 用175℃的油将300kg/h的水由25℃加热至90℃，已知油的比热容为2.61kJ/(kg·℃)，其流量为360kg/h，今有以下两个换热器，传热面积为 0.8m^2。

换热器1：$K_1=625\ \text{W/(m}^2\cdot℃)$，单壳程双管程。

换热器2：$K_2=500\ \text{W/(m}^2\cdot℃)$，单壳程单管程。

为满足所需的传热量应选用那一个换热器。

10. 在一套管换热器中，用冷却水将1.25kg/s的苯由350K冷却至300K，冷却水在 $\phi25\text{mm}×2.5\text{mm}$ 的管内中流动，其进出口温度分别为290K和320K。已知水和苯的对流传热系数分别为 $0.85\ \text{kW/(m}^2\cdot℃)$ 和 $1.7\ \text{kW/(m}^2\cdot℃)$，又两侧污垢热阻忽略不计，试求所需的管长和冷却水消耗量。

11. 在一列管换热器中，用初温为30℃的原油将重油由180℃冷却到120℃，已知重油和原油的流量分别为 $1×10^4\text{kg/h}$ 和 $1.4×10^4\text{kg/h}$。比热容分别为0.52kcal/(kg·℃)和0.46kcal/(kg·℃)，传热系数 $K=100\text{kcal/(m}^2\cdot\text{h}\cdot℃)$。试分别计算并流和逆流时换热器所需的传热面积。

12. 在并流换热器中，用水冷却油。水的进出口温度分别为15℃和40℃，油的进出口温度分别为150℃和100℃。现因生产任务要求油的出口温度降至80℃，设油和水的流量、进口温度及物性均不变，若原换热器的管长为1m，试求将此换热器的管长增至多少米才能满足要求？设换热器的热损失可忽略。

13. 一传热面积为 15m^2 的列管换热器，壳程用110℃饱和水蒸气将管程某溶液由20℃加热至80℃，溶液的处理量为 $2.5×10^4\text{kg/h}$，比热容为4kJ/(kg·℃)，试求此操作条件下的总传热系数。又该换热器使用一年后，由于污垢热阻增加，溶液出口温度降至72℃，若要出口温度仍为80℃，加热蒸气温度至少要多高？

14. 用20.26kPa（表压）的饱和水蒸气将20℃的水预热至80℃，水在列管换热器管程以0.6m/s的流速流过，管子的尺寸为 $\phi25\text{mm}×2.5\text{mm}$。水蒸气冷凝传热系数为 $10^4\text{W/(m}^2\cdot℃)$，水侧污垢热阻为 $6×10^{-4}(\text{m}^2\cdot℃)/\text{W}$，蒸汽侧污垢热阻和管壁热阻可忽略不计，试求：

(1) 此换热器的总传热系数；

(2) 设备操作一年后，由于水垢积累，换热能力下降，出口温度只能升至70℃，试求此时的总传热系数及水侧的污垢热阻。

15. 一传热面积为 10m^2 的逆流换热器，用流量为0.9kg/s的油将0.6kg/s的水加热，已知油的比热容为2.1kJ/(kg·℃)，水和油的进口温度分别为35℃和175℃，该换热器的传热系数为 $425\text{W/(m}^2\cdot℃)$，试求此换热器的效率。又若水量增加20%，传热系数认为不变，此时水的出口温度为多少？

16. 有一套管换热器，内管为 $\phi19×3\text{mm}$，管长为2m，管隙的油与管内的水的流向相反。油的流量为270kg/h，进口温度为100℃，水的流量为360kg/h，入口温度为10℃。若忽略热损失。且知以管外表面积为基准的总传热系数 $K=374\text{W/(m}^2\cdot℃)$，油的比热容为1.88 kJ/(kg·℃)。试求油和水的出口温度分别为多少？

17. 今有一套管换热器，冷、热流体的进口温度分别为40℃和100℃。已知并流操作时冷流体出口温度为60℃，热流体为80℃。试问逆流操作时热流体、冷流体的出口温度各为多少？设

总传热系数 K 均为定值。

18. 某夹套加热釜中盛有 W kg 的油品，用 120℃ 的饱和蒸气将油品自 25℃ 加热到 110℃ 需要时间为 θ_1，今将加热时间延长一倍，试问最终的油温为多少？设传热面积 S 及总传热系数 K 均给定且为常数。

19. 有一单壳程双管程列管换热器，管外用 120℃ 饱和蒸气加热，干空气以 12m/s 的流速在管内流过，管径为 ϕ38mm×2.5mm，总管数为 200 根，已知总传热系数为 150 W/(m^2·℃)，空气进口温度为 26℃，要求空气出口温度为 86℃，试求：

(1) 该换热器的管长应多少？

(2) 若气体处理量、进口温度、管长均保持不变，而将管径增大为 ϕ54mm×2mm，总管数减少 20%，此时的出口温度为多少？(不计出口温度变化对物性的影响，忽略热损失)。

第5章 蒸馏

Distillation

化工生产中所处理的原料、中间产物和粗产品等几乎都是混合物,而且大部分是均相物系。为进一步加工和使用,常需要将这些混合物分离为较纯净或几乎纯态的物质。对于均相物系必须要造成一个两相物系,利用原物系中各组分间某种物性的差异,而使其中某个组分(或某些组分)从一相转移到另一相,以达到分离的目的。物质在相间的转移过程称为质量传递过程。化学工业中常见的传质过程有蒸馏、吸收、萃取和吸附等单元操作。

蒸馏是分离液体混合物的典型单元操作,利用液体混合物中各组分挥发度不同的特性而实现分离的目的。例如,加热乙醇水溶液,使之部分汽化,由于乙醇的沸点较水低,即其挥发度较水高,故汽化出来的蒸气中,乙醇的组成(即浓度)必然比原来溶液的要高。若将汽化的蒸气全部冷凝,则可得到乙醇含量较高的冷凝液,从而使乙醇和水得到初步分离。通常,将沸点低的组分称为易挥发组分,沸点高的组分称为难挥发组分。多次进行部分汽化或部分冷凝以后,最终可以在气相中得到较纯的易挥发组分,而在液相中得到较纯的难挥发组分,这种分离过程就是精馏。

化工生产中经常遇到液态均相混合物的分离问题,精馏是最常用的一种分离方法。例如,氯苯生产中,苯与氯气在 $FeCl_3$ 催化下连续氯化获得的氯苯溶液中还含有苯、二氯苯和多氯苯等副产物,需要进一步分离方能得到氯苯产品。氯苯精制分两步精馏完成,先通过初馏塔在塔顶蒸出大量苯,塔釜液(主要含有氯苯和多氯苯)再经进一步减压精馏获得高纯度氯苯。

精馏是在塔设备中进行的,可用板式塔也可用填料塔。气相和液相在塔板上或填料表面上进行着传质过程。为了节省篇幅,本章将以板式塔为例介绍精馏单元操作。

蒸馏按操作是否连续可分为连续蒸馏和间歇蒸馏,生产中多以前者为主。间歇蒸馏主要用于小规模生产或某些有特殊要求的场合。按蒸馏方法可分为简单蒸馏、平衡蒸馏、精馏和特殊精馏等。对一般较易分离的物系或分离要求不高的场合,可采用简单蒸馏或平衡蒸馏;较难分离的可采用精馏;很难分离的或用普通精馏方法不能分离的可采用特殊精馏。生产中以精馏的应用最为广泛。按操作压强可分为常压、加压和减压精馏,在一般情况下,多采用常压精馏,若在常压下不能进行分离或达不到分离要求的,例如,在常压下为气体混合物,则可采用加压精馏,又如沸点较高且又是热敏性混合物,则可采用减压精馏。按待分离混合物中组分的数目可分为双组分和多组分精馏,在工业生产中以多组分精馏为最多。但多组分和双组分精馏的基本原理、计算方法均无本质区别,而双组分精馏计算较为简单,故常以双组分溶液的精馏原理为计算基础,然后引伸到多组分精馏中。所以本章重点讨论常压双组分连续精馏,对其他精馏只作简略介绍。

气液相平衡是分析精馏原理和进行设备计算的理论依据。下面首先讨论气液相平衡。

5.1 双组分理想物系的气液平衡

理想物系是指液相和气相应符合以下条件：

(1) 根据溶液中同分子间和异分子间作用力的差异分为理想溶液和非理想溶液。理想溶液遵循拉乌尔定律。对于性质极为相似、分子结构相似的组分所组成的溶液,例如苯-甲苯、甲醇-乙醇、烃类的同系物等均可视为理想溶液。

(2) 当总压不太高(一般不高于 10MPa)时,气相可视为理想气体。理想气体遵循道尔顿分压定律。

1. 双组分理想物系的相律

相律是研究相平衡的基本规律。相律表示平衡物系中的自由度数、相数及独立组分数间的关系,即

$$F = C - \phi + 2 \tag{5-1}$$

式中:F 为自由度数;C 为独立组分数;ϕ 为相数;数字 2 表示外界只有温度和压强这两个条件可以影响物系的平衡状态。

对双组分的气液平衡,组分数为 2,相数为 2,故由相律可知该平衡物系的自由度数为 2。由于气液平衡中可以变化的参数有四个,即温度 t、压强 P、一组分在液相和气相中的组成 x 和 y(另一组分的组成不独立),因此在 t、P、x 和 y 四个变量中,任意规定其中两个变量,此平衡物系的状态也就被唯一地确定了。又若再固定某个变量(例如压强,通常蒸馏可视为恒压下操作),则该物系仅有一个独立变量,其他变量都是它的函数。所以双组分的气液平衡可以用一定压强下的温度-组成及相平衡关系表示。

气液平衡数据可由实验室测定,也可由热力学公式计算得到。

2. 气液相平衡关系

气液相平衡关系可用饱和蒸气压、相平衡常数和相对挥发度表示,具体介绍如下。

(1) 用饱和蒸气压表示。根据拉乌尔定律,理想溶液上方的平衡分压为

$$p_A = p_A^o x_A \tag{5-2a}$$

$$p_B = p_B^o x_B = p_B^o(1 - x_A) \tag{5-2b}$$

式中:p 为溶液上方组分的平衡分压(Pa);p^o 为在溶液温度下纯组成的饱和蒸气压(Pa);x 为溶液中组分的摩尔分数;下标 A 表示易挥发组分;B 表示难挥发组分。

为简单起见,常略去上式中的下标,习惯上以 x 表示液相中易挥发组分的摩尔分数,以 $(1-x)$ 表示难挥发组分的摩尔分数;以 y 表示气相中易挥发组分的摩尔分数,以 $(1-y)$ 表示难挥发组分的摩尔分数。

当溶液沸腾时,溶液上方的总压 P 等于各组分的平衡分压之和,即

$$P = p_A + p_B \tag{5-3}$$

联立式(5-2a)、式(5-2b)和式(5-3),可得

$$x = \frac{P - p_B^o}{p_A^o - p_B^o} \tag{5-4}$$

式(5-4)表示气液平衡时液相中易挥发组分组成与饱和蒸气压间的关系。

当总压不太高时，平衡的气相可视为理想气体，遵循道尔顿分压定律，即

$$y=\frac{p_A}{P}=\frac{p_A^o}{P}x \tag{5-5}$$

将式(5-4)代入式(5-5)，可得

$$y=\frac{p_A^o}{P}\frac{(P-p_B^o)}{(p_A^o-p_B^o)} \tag{5-6}$$

式(5-6)表示气液平衡时气相中易挥发组分组成与饱和蒸气压间的关系。对任意的双组分理想溶液，若已知恒压下某一温度下各组分的饱和蒸气压数据，就可求得平衡的气液相组成。反之，若已知总压和其中一相组成，也可求得与之平衡的另一相组成和平衡温度，但一般需用试差法计算。

(2) 用相平衡常数表示。引入相平衡常数 K，式(5-5)可写为

$$y=Kx \tag{5-7a}$$

其中

$$K=\frac{p_A^o}{P} \tag{5-7b}$$

式(5-7a)即为用相平衡常数表示的气液平衡关系。在多组分精馏中多采用此种平衡方程。

由式(5-7b)可知，在蒸馏过程中，相平衡常数 K 值并非常数，当总压不变时，K 随温度而变。当混合液组成改变时，平衡温度与相平衡常数也随之变化。

对任意的双组分理想溶液，恒压下若已知某一温度下的各组分饱和蒸气压数据，就可求得平衡的气液相组成。反之，若已知总压和一相组成，也可求得与之平衡的另一相组成和平衡温度，但一般需用试差法计算。

纯组分的饱和蒸气压 p^o 和温度 t 的关系通常可用安托因(Antoine)方程表示，即

$$\lg p^o=A-\frac{B}{t+C} \tag{5-8}$$

式中：A、B、C 为组分的安托因常数，可由有关手册查得，其值因 p^o、t 的单位而异。

(3) 用相对挥发度表示。实际精馏操作中，除了压强特别高的场合外，大部分情况气相都可以视为理想气体。实际物系主要指液相不服从拉乌尔定律的物系。这类物系不能用式(5-4)和式(5-6)计算气液相平衡组成，一般通过实验测定或采用相对挥发度计算。

3. 挥发度

挥发度是溶液中组分挥发能力大小的标志，定义为组分在气相中的平衡分压和与之平衡的液相中的摩尔分数之比，即

$$v_A=\frac{p_A}{x_A} \tag{5-9a}$$

$$v_B=\frac{p_B}{x_B} \tag{5-9b}$$

式中：v_A 和 v_B 分别为溶液中 A、B 两组分的挥发度。

对于理想溶液，根据拉乌尔定律可得

$$v_A=p_A^o, v_B=p_B^o$$

可见，溶液中组分的挥发度是随温度而变的，在使用上不太方便，故引出相对挥发度的概

念。习惯上将溶液中易挥发组分的挥发度与难挥发组分的挥发度之比，称为相对挥发度，以 α_{AB} 表示，即

$$\alpha_{AB}=\frac{v_A}{v_B}=\frac{p_A/x_A}{p_B/x_B} \tag{5-10}$$

若操作压强不高，气相遵循道尔顿分压定律，上式可改写为

$$\alpha_{AB}=\frac{Py_A/x_A}{Py_B/x_B}=\frac{y_Ax_B}{y_Bx_A} \tag{5-11}$$

相对挥发度的数值可由实验测得。对理想溶液，则有

$$\alpha_{AB}=\frac{p_A^o}{p_B^o} \tag{5-12}$$

式(5-12)表明，理想溶液中组分的相对挥发度等于同温度下两纯组分的饱和蒸气压之比。由于 p_A^o 和 p_B^o 均随温度沿相同方向变化，因而两者的比值变化不大，故一般可将 α_{AB} 视为常数，计算时可取操作温度范围内的平均值。

对于两组分溶液，当总压不高时，由式(5-11)可得

$$\frac{y_A}{y_B}=\alpha_{AB}\frac{x_A}{x_B} \text{ 或 } \frac{y_A}{1-y_A}=\alpha_{AB}\frac{x_A}{(1-x_A)}$$

由上式解出 y_A，并略去下标，可得

$$y=\frac{\alpha x}{1+(\alpha-1)x} \tag{5-13}$$

式(5-13)是用相对挥发度表示的相平衡关系，也称为气液平衡方程。既可用于实际物系，也可用于理想物系。不同相对挥发度的理想溶液的相平衡曲线如图 5-1 所示。

从式(5-13)和图 5-1 可以看出，当 $\alpha=1$ 时，$y=x$，即易挥发组分在两相中的组成相同，此时两组分没有挥发度差异，不能用普通精馏方法分离该混合液；当若 $\alpha>1$，表示组分 A 较 B 容易挥发，可以用精馏方法分离；α 越大，挥发度差异越显著，分离更容易。因此，用相对挥发度可以判定物系是否能用精馏方法分离以及分离的难易程度。

从上面的定义可以看出，相对挥发度 α 是温度和压强的函数。对同一物系而言，混合液的平衡温度越高，各组分间挥发度差异越小，即相对挥发度 α 越小。因此精馏压强越高，平衡温度随之升高，相对挥发度 α 减小，分离变难，反之亦然。图 5-2 表示总压对相平衡曲线的影响，其中 $p_1<p_2<p_3<p_4<p_5$。

从图 5-2 可以看出，当总压低于两纯组分的临界压强时，精馏可在全浓度范围($x=0\sim1.0$)内操作；当压强高于易挥发组分的临界压强时，气液两相共存区缩小，精馏分离只能在一定浓度范围内进行，即不可能得到易挥发组分的高纯度产物。但实验也表明，在总压变化范围为 20%～30%下，$y-x$ 平衡曲线变动不超过 2%，因此在总压变化不大时，外压对平衡曲线的影响可忽略。

精馏通常是在一定压强下进行的，在操作温度变化范围内，α 变化不大。因此在精馏计算时，常把相对挥发度视为常数。

气液相平衡用相图来表达比较直观、清晰，应用于两组分精馏中更为方便，而且影响精馏操作的因素可在相图上直接反映出来。精馏中常用的相图为恒压下的温度-组成图($t-x-y$)和气-液相($y-x$)平衡图。

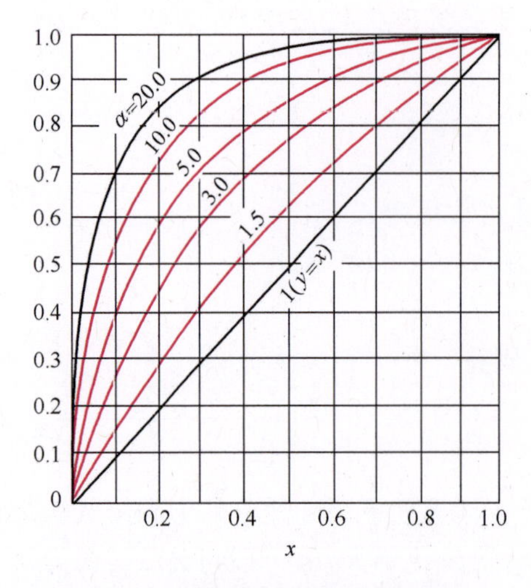

图 5-1 不同相对挥发度的溶液的相平衡曲线

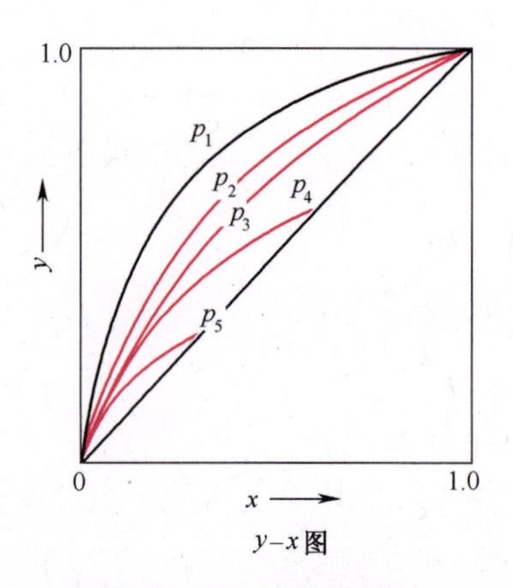

图 5-2 总压对相平衡的影响

4. 温度-组成(t-x-y)图

精馏操作压强一定条件下，溶液的平衡温度随组成而变。溶液的平衡温度-组成图(t-x-y)是分析精馏原理的理论基础。

在总压为 101.33kPa 下，苯-甲苯混合液的平衡温度-组成关系如图 5-3(a)所示。图中以 t 为纵坐标，以 x 或 y 为横坐标。图 5-3(a)中有两条曲线，上曲线为 t-y 线，表示混合液的平衡温度 t 和气相组成 y 之间的关系，此曲线称为饱和蒸气线。下曲线为 t-x 线，表示混合液的平衡温度 t 和液相组成 x 之间的关系，此曲线称为饱和液体线。上述两条曲线将 t-x-y 图分成三个区域：t-x 线以下的区域代表未沸腾的液体，称为液相区；t-y 线上方的区域代表过热蒸气，称为过热蒸气区；二曲线包围的区域表示气液两相同时存在，称为气液共存区。

若将温度为 t_1、组成为 x_1(图中点 A 表示)的混合液加热，当温度升高到 t_2(点 J)时，溶液开始沸腾，此时产生第一个气泡，相应的温度称为泡点温度，因此饱和液体线又称泡点线。同样，若将温度为 t_4、组成为 y_1(点 B)的过热蒸气冷却，当温度降到 t_3(点 H)时，混合气开始冷凝产生第一滴液体，相应的温度称为露点温度，因此饱和蒸气线又称露点线。

由图 5-3(a)可见，气、液两相呈平衡状态时，气、液两相的温度相同，但气相组成大于液相组成。若气、液两相组成相同，则气相露点温度总是大于液相的泡点温度。

5. 气液相平衡(y-x)图

蒸馏计算中，还经常应用气液相平衡图，即一定外压下的 y-x 图。图 5-3(b)为苯-甲苯混合液在 P=101.33kPa 下的 y-x 图。图中以 x 为横坐标，y 为纵坐标，曲线表示液相组成和与之平衡的气相组成间的关系。例如，图中曲线上任意点 D 表示组成为 x_1 的液相与组成为 y_1 的气相互成平衡，且表示点 D 有一确定的状态。图中对角线 $y=x$ 的直线，作查图时参考用。对于大多数溶液，两相达到平衡时，y 总是大于 x，故平衡线位于对角线上方，平衡线偏离对角线越远，表示该溶液越易分离。

许多常见的双组分溶液在常压下实测出的 y-x 平衡数据，可从物理化学或化工手册中查取。图 5-3(b)是依据图 5-3(a)相对应的 x 和 y 的数据标绘而成的。

【例 5-1】 苯(A)与甲苯(B)的饱和蒸气压和温度的关系数据如本题附表 1 所列。试利用拉乌尔定律和相对挥发度，分别计算苯-甲苯混合液在总压 P 为 101.33kPa 下的气液平衡数

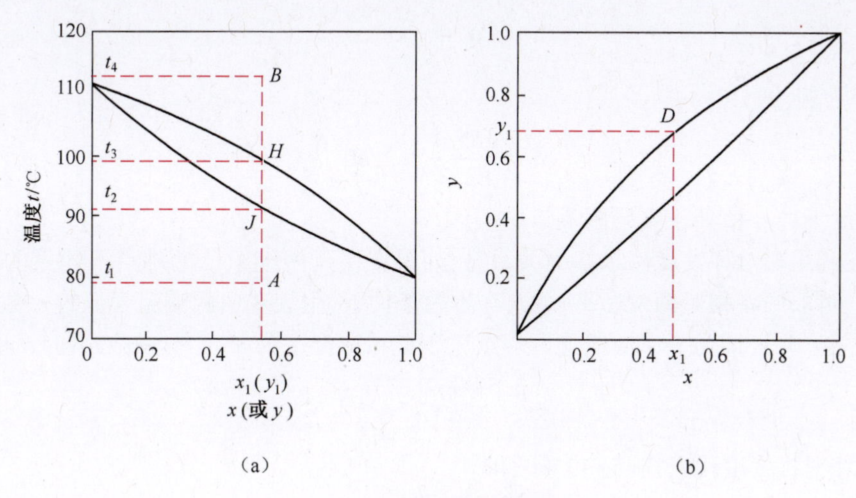

图 5-3　苯-甲苯物系的相平衡图

(a)t-x-y 图;(b)y-x 图。

据,并作出温度-组成图。该溶液可视为理想溶液。

例 5-1　附表 1

t/℃	80.1	85	90	95	100	105	110.6
p_A^o/kPa	101.33	116.9	135.5	155.7	179.2	204.2	240.0
p_B^o/kPa	40.0	46.0	54.0	63.3	74.3	86.0	101.33

解:(1)利用拉乌尔定律计算气液平衡数据,在某一温度下由本题附表 1 可查得该温度下纯组分苯与甲苯的饱和蒸气压 p_A^o 与 p_B^o;由于总压 P 为定值,即 P=101.33kPa,则应用式(5-4)求液相组成 x,再应用式(5-5)求平衡的气相组成 y,即可得到一组标绘平衡温度—组成(t-x-y)图的数据。

以 t=95℃为例,计算过程如下:

$$x=\frac{P-p_B^o}{p_A^o-p_B^o}=\frac{101.33-63.3}{155.7-63.3}=0.412$$

和

$$y=\frac{p_A^o}{P}x=\frac{155.7}{101.33}\times 0.412=0.633$$

其他温度下的计算结果列于本题附表 2 中。

例 5-1　附表 2

t/℃	80.1	85	90	95	100	105	110.6
x	1.000	0.780	0.581	0.412	0.258	0.130	0
y	1.000	0.900	0.777	0.633	0.456	0.262	0

根据以上数据,即可标绘得到如图 5-3(a)所示的 t-x-y 图。

(2) 利用相对挥发度计算气液平衡数据。因苯-甲苯混合液为理想溶液,故其相对挥发度可用式(5-12)计算,即

$$\alpha = \frac{p_A^o}{p_B^o}$$

以95℃为例，则

$$\alpha = \frac{155.7}{63.3} = 2.46$$

其他温度下的 α 值列于本题附表3中。

通常，在利用相对挥发度法求 $y-x$ 关系时，如果在接近两纯组分的沸点下物系的相对挥发度差别不大，可取两者相对挥发度平均值，在本题条件下，附表3中两端温度下的 α 数据应除外（因对应的是纯组分，即为 $y-x$ 曲线上两端点），因此可取温度为85℃和105℃下的 α 平均值，即

$$\alpha_m = \frac{2.54 + 2.37}{2} = 2.46$$

将平均相对挥发度代入式(5-13)中，即

$$y = \frac{\alpha x}{1 + (\alpha - 1)x} = \frac{2.46x}{1 + 1.46x}$$

按附表2中的各 x 值，由上式即可算出气相平衡组成 y，计算结果也列于附表3中。

例5-1 附表3

t/℃	80.1	85	90	95	100	105	110.6
α		2.54	2.51	2.46	2.41	2.37	
x	1.000	0.780	0.581	0.412	0.258	0.130	0
y	1.000	0.897	0.773	0.633	0.461	0.269	0

比较本题附表2和附表3，可以看出两种方法求得的 $y-x$ 数据基本一致。对两组分溶液，利用平均相对挥发度表示气液平衡关系比较简单。

5.2 简单蒸馏和平衡蒸馏

简单蒸馏是间歇操作过程。如图5-4所示，将一批物料加入蒸馏釜中，在恒压下加热使液体部分汽化，产生的蒸气随即进入冷凝器中冷凝，冷凝液不断流入接受器中，即为馏出液产品。由于气相中易挥发组分组成高于液相组成，因此随着过程的进行，釜液中易挥发组分组成不断下降，与之平衡的气相组成（即馏出液组成）也随之降低，釜液的沸点逐渐升高。通常当馏出液平均组成或釜残液组成降至某规定值后，即停止蒸馏操作。通常分批收集顶部产物，以得到不同组成的馏出液。

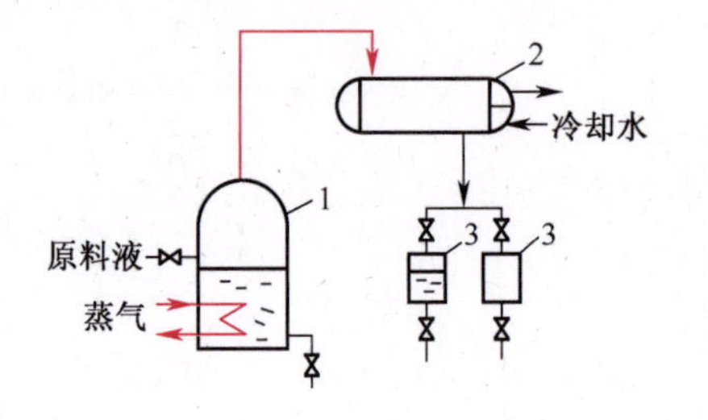

图5-4 简单蒸馏装置
1—蒸馏釜；2—冷凝器；3—接受器。

简单蒸馏装置

简单蒸馏是非稳态过程，虽然瞬间形成的蒸气与液体可视为互相平衡，但形成的全部蒸气并不与剩余的液体相平衡。因此简单蒸馏的计算应该做微分衡算，简单蒸馏又称为微分蒸馏。

平衡蒸馏又称闪蒸,是连续稳态过程。化工生产中多采用如图 5-5 所示的平衡蒸馏装置。原料先经加热器升温,使液体温度高于分离器操作压强下液体的泡点,然后通过减压阀使其降压后进入分离器中,此时过热的液体混合物被部分汽化,平衡的气液两相在分离器中得到分离。

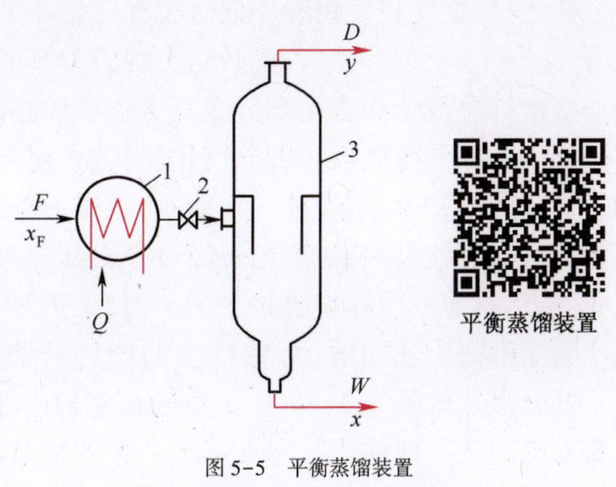

图 5-5 平衡蒸馏装置
1—加热器;2—减压阀;3—分离器。

简单蒸馏和平衡蒸馏只对原料液进行一次部分汽化和冷凝,因此分离不彻底,一般用于混合液的初步分离。要使混合液得到较为完全的分离,则需要采用精馏的方法。精馏实际上是多次简单蒸馏的组合。

5.3 精馏原理和流程

1. 精馏原理

如图 5-6 为精馏过程典型 $t-x-y$ 图。设原始混合物中易挥发组分的组成为 x,物系点的位置为 O 点,此时物系温度为 t_4,气液两相的组成分别为 y_4 和 x_4。将气液两相分开,如果把组成为 y_4 的气相冷却到 t_3,此时物系点的位置为 M_3,气相中沸点较高的组分部分冷凝为液体,得到组成为 x_3 的液相和组成为 y_3 的气相。再将气液两相分开,使组成为 y_3 的气相冷却到 t_2,此时物系点的位置为 M_2,则气相中沸点较高的组分将部分冷凝为液体,得到组成为 x_2 的液相和组成为 y_2 的气相。以此类推。从图 5-6 可以看出:$y_4 < y_3 < y_2 < y_1$。如此反复把获得的气相部分冷凝,最后所得到的蒸气的组成接近纯 A,冷凝后可获得高纯度液体 A。

同理,将组成为 x_4 的液相加热到 t_5,此时物系点的位置为 M_5,液相中沸点较低的组分部分汽化,得到组成为 x_5 的液相和组成为 y_5 的气相。再将气液两相分开,使组成为 x_5 的液相升温到 t_6 再部分汽化,此时物系点的位置为 M_6,得到组成为 x_6 的液相和组成为 y_6 的气相。以此类推。显然,$x_6 < x_5 < x_4 < x_3$,最后所得到的液体即为高纯度液体 B。

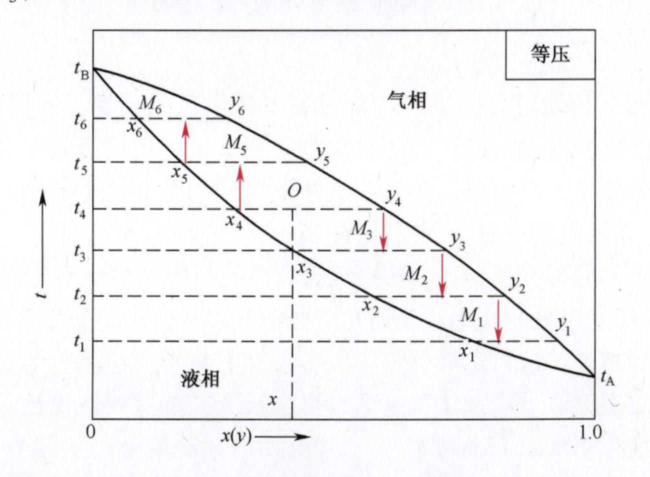

图 5-6 精馏过程 $t-x-y$ 示意图

总之，精馏就是利用液体混合物在一定压力下各组分挥发度不同的性质，在塔内经过多次部分汽化和多次部分冷凝，使各组分得以分离的过程。

多次部分汽化和多次部分冷凝方法虽然能使混合物分离为几乎纯净的两个组分，但是过程需要很多的部分冷凝器和部分汽化器，流程庞杂且设备繁多；同时需要很多的冷却剂和加热剂，消耗大量能源；气相每经过一次冷凝，就有一部分蒸气变成液体，多次地部分冷凝，最后所剩蒸气浓度虽高但收量甚微；液相每经过一次部分汽化，就有一部分液体变为蒸气，多次地进行部分汽化，最后所剩的液体量也很少了。因此，工业上采用这样的流程并不现实。

为了解决上述问题，可将产生的中间产物引回到分离过程中，即将部分冷凝的液体 L_1、L_2…部分汽化的蒸气 V_1'、V_2'…分别送回它们的前一分离器中，如图 5-7 所示。如果能保证每一级都有来自下一级的蒸气和来自上一级的液体，即在图 5-7 上半部最上一级设置部分冷凝器，下半部最下一级设置部分加热器。这样，任一分离器都有来自下一级的蒸气和来自上一级的液体相互接触传热传质，既可以省去大量中间换热器，减少大量设备投资，又可以保证获得的高纯度产品量。工业上用若干块塔板取代中间各级，形成图 5-8 所示的板式精馏塔。

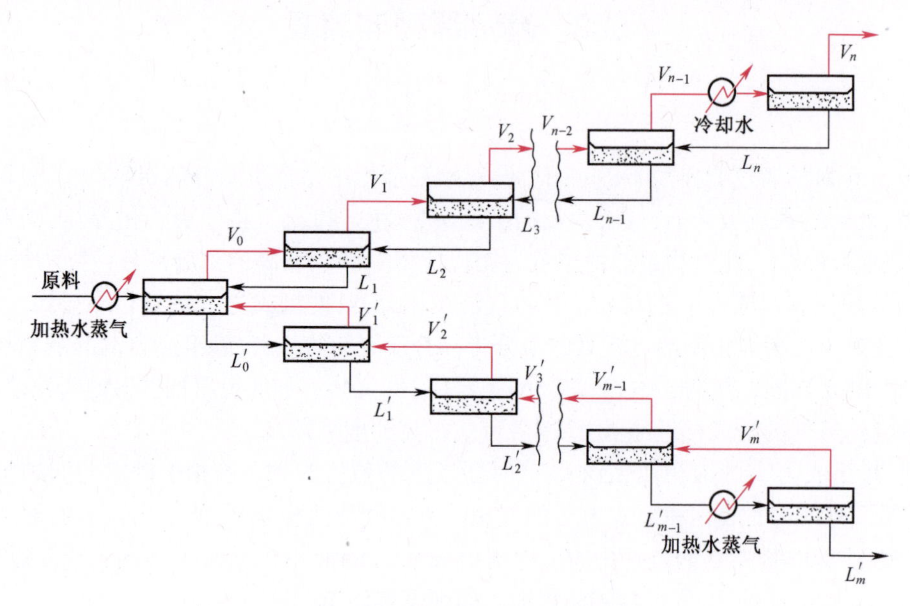

图 5-7　有回流的多次部分汽化、冷凝示意图

2. 板式精馏塔

如图 5-8 所示，板式精馏塔是一个在内部设置多块塔板的装置。最简单的塔板结构是在圆板上开有许多小孔作为蒸气的通道，液体在重力作用下由上层塔板沿降液管流下，横向流过本层塔板，再由降液管流至下层塔板。蒸气在压差作用下由小孔穿过板上液层。当某块塔板上的浓度与原料的浓度相近或相等时，料液就由此板引入，该板称为加料板。其上的部分称为精馏段，加料板及其以下部分称为提馏段。精馏段起着使原料中易挥发组分增浓的作用。提馏段则起着回收原料中易挥发组分的作用。精馏是组分在气相和液相间的传质过程，任一块塔板若缺少气相或液相，过程将无法进行。塔顶第一层板有其下第二层板上升的蒸气，但缺少下降液体，回流正是为第一层板提供下降液体。由第二层塔板上升的蒸气浓度已相当高了，依相平衡原理，与气相接触的液相浓度也应很高才行。显然，用塔顶冷凝液的一部分作为回流液是最为简便的方法。塔底最下一块塔板虽有其上一块塔板下降的液体，为保证操作进行还要有上升蒸

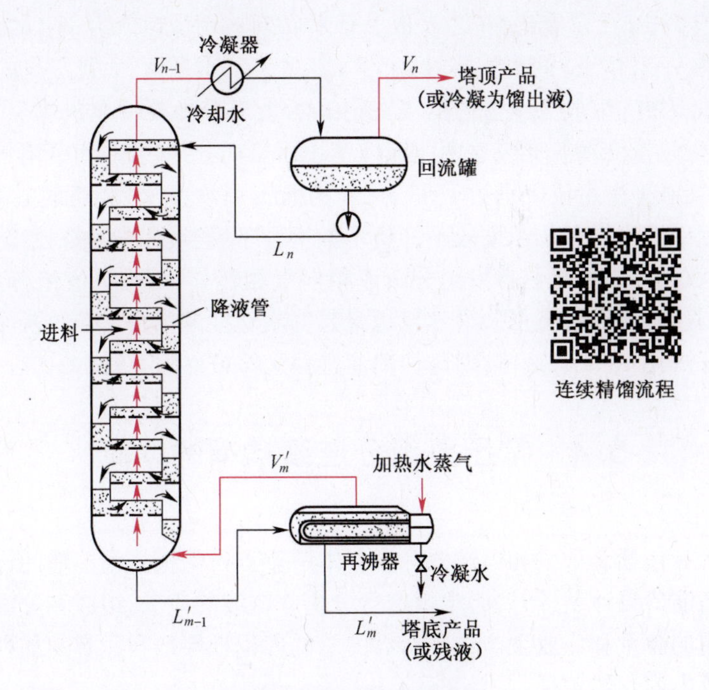

图5-8　连续精馏流程示意图

气,根据相平衡原理要求与塔板上液体接触的蒸气浓度亦应很低。因此将再沸器部分汽化蒸气引入最下一层塔板,为塔底最下一块塔板提供上升蒸气。塔顶液体回流、塔底气体回流是保证精馏过程连续、稳定操作的充分必要条件。

故连续操作的精馏装置包括精馏塔本身以及冷凝器和再沸器等部分。

3. 塔板的作用

板式精馏塔内气液两相主要在塔板上接触而进行传热传质。如图5-9所示,在精馏塔内任取相邻三块塔板,中间一层为第 n 板,其上为 n-1 板,其下为 n+1 板,其中第 n 层塔板组成如图5-10所示。

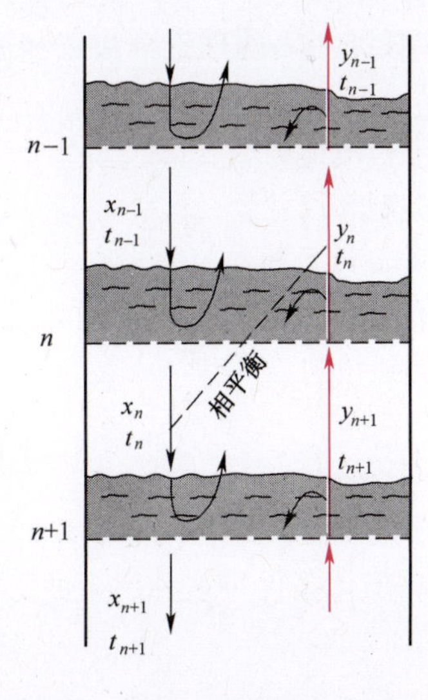

图5-9　相邻塔板上物料温度与组成

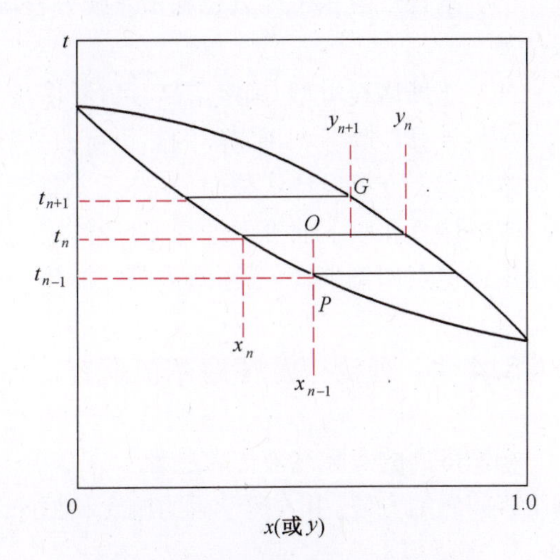

图5-10　第 n 层塔板组成在 t-x-y 图上的表示

从图 5-9 和图 5-10 可以看出，在第 n 板上有来自第 $n-1$ 板组成为 x_{n-1} 的液体（P 点）与来自第 $n+1$ 板组成为 y_{n+1}（G 点）的蒸气接触，由于 x_{n-1} 和 y_{n+1} 不平衡，而且蒸气的温度（t_{n+1}）比液体的温度（t_{n-1}）高，因此，组成为 y_{n+1} 的蒸气在第 n 板上部分冷凝使组成为 x_{n-1} 的液体部分汽化，在第 n 板上发生热量交换。如果这两股流体密切而又充分地接触，离开塔板的气-液两相在 O 点达到平衡，其气液平衡组成分别为 y_n 和 x_n，气相组成 $y_n>y_{n+1}$，液相组成 $x_n<x_{n-1}$。即每一块塔板所产生的气相中挥发组分的浓度较下一板增加，所产生的液相中易挥发组分的浓度较上一板减少。换言之，在任一塔板上易挥发组分由液相向气相转移，而难挥发组分从气相向液相转移，故塔板上发生着物质传递的过程，显然塔板又是物质交换的场所。若该板上冷凝 1mol 的蒸气放出的热量正好汽化 1mol 的液体，则这种精馏过程又常被称为等摩尔逆向扩散过程。

5.4 常压双组分连续精馏的计算

精馏过程的计算包括设计型和操作型两类。本节重点讨论板式精馏塔的设计型计算。

双组分连续精馏的设计型计算，通常规定待分离原料液的流量、组成和分离要求，设计任务是计算塔顶底产品的流量和完成生产任务所需的总的理论板层数和适宜的加料位置。

具体设计计算内容一般包括：

（1）根据物系和操作压强查取气、液平衡数据，并绘制 $y-x$ 图。

压强选择一般应考虑以下因素：

① 降低压强有利于增加组分间相对挥发度，可降低釜液泡点温度，减少加热剂用量。但减压（真空）精馏系统的设备和操作费用均高于常压精馏。

② 若物系在常压下呈气态，一般通过加压降温先使气体液化再通过精馏操作分离。本节以常压精馏为例介绍相关设计计算。

（2）由全塔物料衡算式计算塔顶底产品的流量。

（3）由精馏（或提馏）段物料衡算式确定精馏（或提馏）段操作线方程。

（4）通过对加料板物料衡算和热量衡算确定进料热状况参数。

（5）结合气液相平衡方程和操作线方程确定完成生产任务所需的理论塔板数和适宜加料板位置。

（6）选择塔板类型，确定塔高、塔径、塔板结构尺寸及塔板流体力学验算。

（7）计算冷凝器和再沸器的热负荷，并确定换热器的类型和尺寸。

本节重点介绍设计步骤（1）~（5），其他部分请参见相关设计手册。

本节计算在以下前提下进行：假设精馏过程是稳态操作，全塔保温良好，塔顶采用全凝器，塔顶液体泡点回流，塔底采用间接蒸气加热，单股进料，无侧线出料。

5.4.1 理论板及恒摩尔流假定

精馏塔内的实际气液传质过程十分复杂，受设备结构和操作条件等多种因素的影响，为处理工程问题的方便，引入理论板的概念和恒摩尔流假定。

1. 理论板

理论板是指塔板上的液相组成可视为均匀，且离开塔板的气液两相传质传热达到平衡。例如,对任意第 n 层理论板而言,离开该板的液相组成 x_n 与气相组成 y_n 符合平衡关系,且离开该板的液相与气相温度相等。

实际上,由于塔板上气液间接触面积和接触时间是有限的,在任何形式的塔板上气液两相都难以达到平衡状态,也就是说理论板是不存在的。理论板仅作为衡量实际板分离效率的依据和标准,它是一种理想板。通常,在设计中先求得理论板层数,然后用塔板效率予以校正,即可求得实际板层数。

2. 恒摩尔流假定

由于精馏过程是既涉及传热又涉及传质的过程,相互影响的因素较多,为了简化计算,通常假定塔内为恒摩尔流动,即

(1) 恒摩尔气流。精馏操作时,在精馏塔的精馏段内,每层板的上升蒸气摩尔流量都是相等的,在提馏段内也是如此,但两段的上升蒸气摩尔流量却不一定相等。即

$$V_1 = V_2 = \cdots = V_n = V \qquad V'_1 = V'_2 = \cdots = V'_m = V' \tag{5-14}$$

式中:V 为精馏段中上升蒸气摩尔流量(kmol/h);V' 为提馏段中上升蒸气摩尔流量(kmol/h);下标表示塔板序号。

(2) 恒摩尔液流。精馏操作时,在塔的精馏段内,每层板下降的液体摩尔流量都是相等的,在提馏段内也是如此,但两段的液体摩尔流量却不一定相等。即

$$L_1 = L_2 = \cdots = L_n = L \qquad L'_1 = L'_2 = \cdots = L'_m = L' \tag{5-15}$$

式中:L 为精馏段中下降液体的摩尔流量(kmol/h);L' 为提馏段中下降液体的摩尔流量(kmol/h)。

若在精馏塔塔板上气、液两相接触时有 $n$kmol 的蒸气冷凝,相应就有 $n$kmol 的液体汽化,这样恒摩尔流的假定才能成立。为此,必须满足的条件是:①各组分的摩尔汽化潜热相等;②气液接触时因温度不同而交换的显热可以忽略;③塔设备保温良好,热损失可以忽略。

精馏操作时,恒摩尔流虽是一项假设,但某些系统能基本上符合上述条件。因此,可将这些系统在精馏塔内的气液两相视为恒摩尔流动。

5.4.2 物料衡算和操作线方程

1. 全塔物料衡算

对如图 5-11 所示的连续精馏塔作全塔物料衡算,并以单位时间为基准,虚线框为选定的衡算范围。

总物料
$$F = D + W \tag{5-16}$$

易挥发组分
$$Fx_F = Dx_D + Wx_W \tag{5-17}$$

式中:F 为原料液的摩尔流量(kmol/h);D 为塔顶产品(馏出液)的摩尔流量(kmol/h);W 为塔底产品(釜残液)的摩尔流量(kmol/h);x_F 为原料液中易挥发组分的摩尔分数;x_D 为馏出液中易挥发组分的摩尔分数;x_W 为釜残液中易挥发组分的摩尔分数。

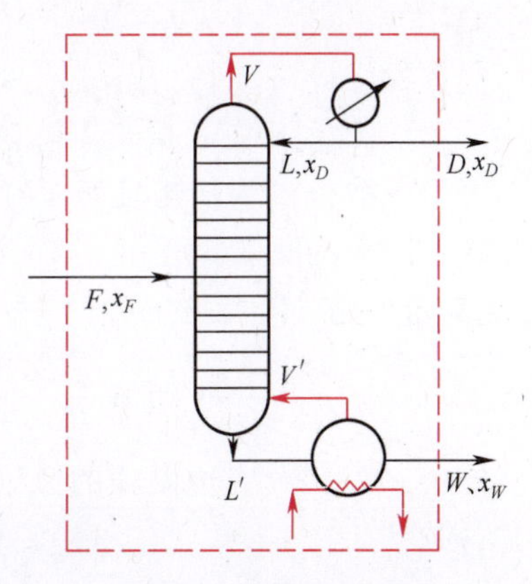

图 5-11 精馏塔的物料衡算

精馏分离程度除用产品的摩尔分数表示外,有时还用回收率表示,即

塔顶易挥发组分的回收率

$$\eta_D = \frac{Dx_D}{Fx_F} \times 100\% \tag{5-18}$$

塔底难挥发组分的回收率

$$\eta_W = \frac{W(1 - x_W)}{F(1 - x_F)} \times 100\% \tag{5-19}$$

【例 5-2】 每小时将 15000kg 含苯 40%（质量%，下同）和甲苯 60%的溶液在连续精馏塔中进行分离，要求釜残液中含苯不高于 2%，塔顶馏出液中苯的回收率为 97.1%。试求馏出液和釜残液的流量及组成，以摩尔流量和摩尔分数表示。

解：苯的分子量为 78；甲苯的分子量为 92。

进料组成 $$x_F = \frac{40/78}{40/78 + 60/92} = 0.44$$

釜残液组成 $$x_W = \frac{2/78}{2/78 + 98/92} = 0.0235$$

原料液的平均分子量 $M_F = 0.44 \times 78 + 0.56 \times 92 = 85.84\text{kg/kmol}$

原料液流量 $F = 15000/85.84 = 175.0\text{kmol/h}$

依题意知 $$Dx_D = Fx_F \times 0.971 \tag{a}$$

所以 $$Dx_D = 0.971 \times 175 \times 0.44 \tag{b}$$

全塔物料衡算 $$D + W = F = 175$$

$$Dx_D + Wx_W = Fx_F$$

或 $$Dx_D + 0.0235W = 175 \times 0.44 \tag{c}$$

联立式(a)，式(b)和式(c)，解得

$$D = 80.0\ \text{kmol/h},\ W = 95.0\ \text{kmol/h},\ x_D = 0.935$$

在连续精馏塔中，因原料液不断地进入塔内，故精馏段和提馏段的操作关系是不相同的，应分别予以讨论。

2. 精馏段操作线方程

按图 5-12 虚线范围（包括精馏段的第 n+1 层板以上塔段及冷凝器）作物料衡算，以单位时间为基准，即

总物料 $$V = L + D \tag{5-20}$$

易挥发组分 $$Vy_{n+1} = Lx_n + Dx_D \tag{5-21}$$

式中：x_n 为精馏段中第 n 层板下降液体中易挥发组分的摩尔分数；y_{n+1} 为精馏段第 n+1 层板上升蒸气中易挥发组分的摩尔分数。

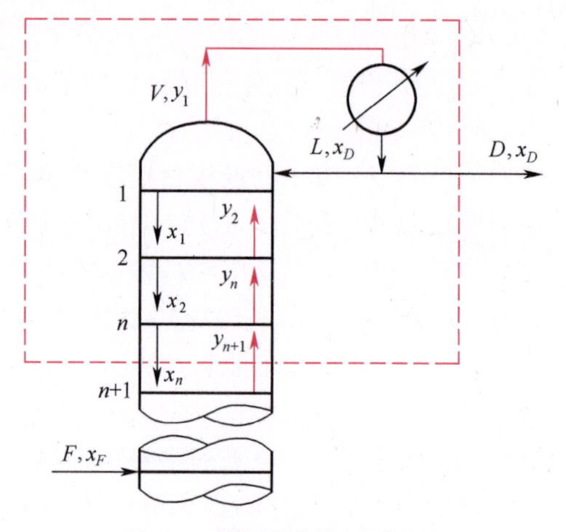

图 5-12 精馏段操作线方程的推导

将式(5-20)代入式(5-21)，并整理得

$$y_{n+1} = \frac{L}{L + D}x_n + \frac{D}{L + D}x_D \tag{5-22}$$

式(5-22)等号右边两项的分子及分母同时除以 D，则

$$y_{n+1} = \frac{L/D}{L/D + 1}x_n + \frac{1}{L/D + 1}x_D$$

令 $R = \frac{L}{D}$，代入上式得

$$y_{n+1} = \frac{R}{R+1}x_n + \frac{1}{R+1}x_D \tag{5-23}$$

式中：R 为回流比。根据恒摩尔流假定，L 为定值，且在稳定操作时 D 及 x_D 为定值，故 R 也是常量，其值一般由设计者选定。R 值的确定将在后面讨论。

式(5-22)与式(5-23)均称为精馏段操作线方程。此二式表示在一定操作条件下，精馏段内自任意第 n 层板下降的液体组成 x_n 与其相邻的下一层板(如第 n+1 层板)上升蒸气组成 y_{n+1} 之间的关系。该式在 $y-x$ 图中为一条斜率为 $R/(R+1)$、截距为 $x_D/(R+1)$ 的直线。

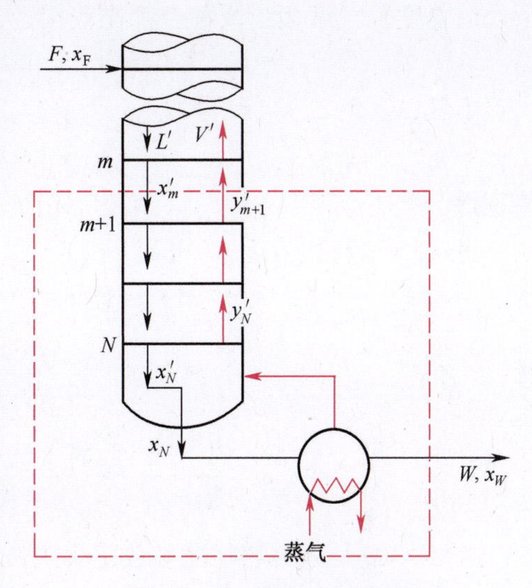

图 5-13 提馏段操作线方程的推导

3. 提馏段操作线方程

按图 5-13 虚线范围(包括提馏段第 m 层板以下塔段及再沸器)作物料衡算，以单位时间为基准，即

总物料 $$L' = V' + W \tag{5-24}$$

易挥发组分 $$L'x'_m = V'y_{m+1}' + Wx_W \tag{5-25}$$

式中：x'_m 为提馏段第 m 层板下降液体中易挥发组分的摩尔分数；y_{m+1}' 为提馏段第 m+1 层板上升蒸气中易挥发组分的摩尔分数。

将式(5-24)代入式(5-25)，并整理可得

$$y'_{m+1} = \frac{L'}{L'-W}x'_m - \frac{W}{L'-W}x_W \tag{5-26}$$

式(5-26)称为提馏段操作线方程。此式表示在一定操作条件下，提馏段内自任意第 m 层板下降液体组成 x'_m 与其相邻的下层板(第 m+1 层)上升蒸气组成 y'_{m+1} 之间的关系。根据恒摩尔流的假定，L' 为定值，且在定态操作时，W 和 x_W 也为定值，故式(5-26)在 $y-x$ 图中也是一条直线。

其中，提馏段的液体流量 L' 除与 L 有关外，还受进料量及进料热状况的影响。在实际生产中，加入精馏塔中的原料液可能有五种热状况：①温度低于泡点的冷液体；②泡点下的饱和液体；③温度介于泡点和露点之间的气液混合物；④露点下的饱和蒸气；⑤温度高于露点的过热蒸气。

为分析问题方便，通过引入参数 q 表征实际进料热状况。

5.4.3 进料热状况参数

1. 进料热状况参数

对图 5-14 所示的加料板进行物料衡算和热量衡算确定进料热状况参数。

物料衡算式 $$F + V' + L = V + L' \tag{5-27}$$

热量衡算式 $FI_F + V'I_{V'} + LI_L = VI_V + L'I_{L'}$ (5-28)

式中：I_F为原料液的焓(kJ/kmol)；I_V,$I_{V'}$分别为进料板上下处饱和蒸气的焓(kJ/kmol)；I_L,$I_{L'}$分别为进料板上下处饱和液体的焓(kJ/kmol)。

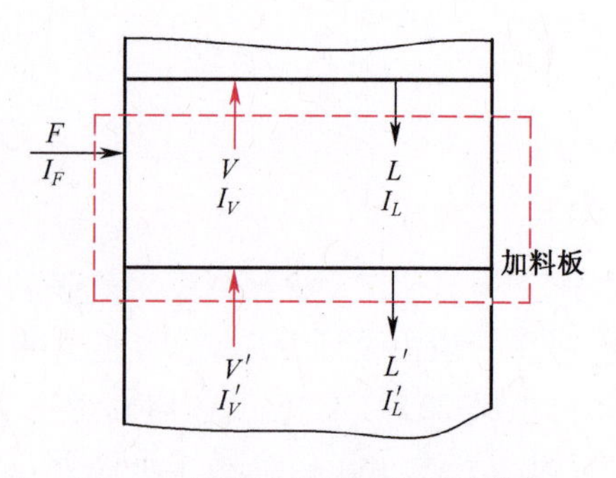

图 5-14 进料板上的物料衡算和热量衡算

由于塔中液体和蒸气都呈饱和状态，且进料板上、下处的温度及气液相组成各自都比较相近，故

$$I_V \approx I_{V'} \text{ 及 } I_L \approx I_{L'}$$

于是，式(5-28)可改写为

$$FI_F + V'I_V + LI_L = VI_V + L'I_L$$

整理得

$$(V - V')I_V = FI_F - (L' - L)I_L$$

将式(5-27)代入上式，可得

$$[F - (L' - L)]I_V = FI_F - (L' - L)I_L$$

或

$$\frac{I_V - I_F}{I_V - I_L} = \frac{L' - L}{F} \tag{5-29}$$

令

$$q = \frac{I_V - I_F}{I_V - I_L} \approx \frac{\text{将 1kmol 进料变为饱和蒸气所需热量}}{\text{原料液的千摩尔汽化潜热}} \tag{5-30}$$

式(5-30)是进料热状况参数定义式，式中q为进料热状况参数。q值大小可直接表征实际进料热状况。

2. q与L'、L、V'和V的关系

由式(5-29)和式(5-30)可得

$$L' = L + qF \tag{5-31}$$

由式(5-31)还可从另一方面说明q的意义，即以 1kmol/h 进料为基准时，提馏段中的液体流量L'较精馏段中液体流量L增大的 kmol/h 数，即为q值。对于饱和液体、气液混合物及饱和蒸气三种进料而言，q值就等于进料中的液相分率。

将式(5-27)代入式(5-31)，可得

$$V' = V - (1 - q)F \tag{5-32}$$

由于不同进料热状况的影响，使进料板上升蒸气量及下降液体量发生变化，即上升到精馏段的蒸气量及下降到提馏段的液体量发生了变化。图 5-15 定性地表示在不同的进料热状况下，由进料板上升的蒸气及由该板下降的液体的摩尔流量变化情况，下面分别讨论。

(1) 冷液进料。如图 5-15(a)所示，提馏段内下降液体量L'包括三部分：①精馏段的回流液流量L；②原料液流量F；③为将原料液加热到板上温度，必然会有一部分自提馏段上升的蒸气被冷凝下来，冷凝液量也成为L'的一部分。由于这部分蒸气的冷凝，故上升到精馏段的蒸气量V比提馏段的V'要少，其差额即为冷凝的蒸气量。

(2) 泡点进料。如图 5-15(b)所示，由于原料液的温度与板上液体的温度相近，因此原料液全部进入提馏段，作为提馏段下降的液体，而两段的上升蒸气流量则相等，即

$$L' = L + F,\ V' = V$$

(3) 气液混合物进料。如图 5-15(c)所示，进料中液相部分成为L'的一部分，而蒸气部分

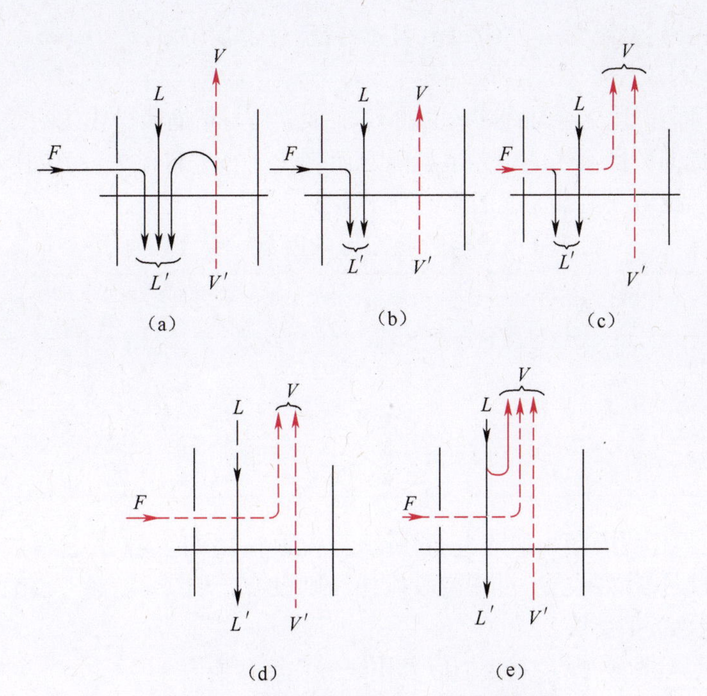

图 5-15 进料热状况对进料板上、下各流股的影响

(a)冷液进料;(b)泡点进料;(c)气液混合物进料;(d)饱和蒸气进料;(e)过热蒸气进料。

则成为 V 的一部分。

(4) 饱和蒸气进料。如图 5-15(d)所示,整个进料变为 V 的一部分,而两段的液体流量则相等,即

$$L = L', V = V' + F$$

(5) 过热蒸气进料。如图 5-15(e)所示,此种情况与冷液进料的恰好相反,精馏段上升蒸气流量 V 包括以下三部分:①提馏段上升蒸气流量 V';②原料液流量 F;③为将进料温度降至板上温度,必然会有一部分来自精馏段的回流液体被汽化,汽化的蒸气量也成为 V 中的一部分。由于这部分液体的汽化,故下降到提馏段中的液体量 L' 将比精馏段的 L 少,其差额即为汽化的那部分液体量。

3. 进料方程

精馏段和提馏段易挥发组分量可通过物料衡算分别用式(5-21)和式(5-25)表示,因在交点处两式中的变量相同,故可略去式中变量的上下标,即

$$Vy = Lx + Dx_D, V'y = L'x - Wx_W$$

两式相减,可得

$$(V' - V)y = (L' - L)x - (Dx_D + Wx_W) \tag{5-33}$$

由式(5-17)、式(5-31)及式(5-32)知

$$Dx_D + Wx_W = Fx_F, \quad L' - L = qF, \quad V' - V = (q - 1)F$$

将上三式代入式(5-33),并整理可得

$$y = \frac{q}{q-1}x - \frac{x_F}{q-1} \tag{5-34}$$

式(5-34)称为 q 线方程或进料方程,为代表两操作线交点的轨迹方程。该式也是直线方

程，其斜率为 $q/(q-1)$，截距为 $-x_F/(q-1)$，且过特征点 (x_F, x_F)。

4. 进料热状况对 q 线及操作线的影响

进料热状况不同，q 值及 q 线的斜率也就不同，故 q 线与精馏段操作线的交点因进料热状况不同而变动，从而提馏段操作线的位置也就随之而变化。当进料组成、回流比及分离要求一定时，不同的进料热状况对 q 值及 q 线的影响列于表 5-1 中。

表 5-1　进料热状况对 q 值及 q 线的影响

进料热状况	进料的焓 I_F	q 值	$\frac{q}{q-1}$	q 线在 x-y 图上位置
冷液体	$I_F<I_L$	>1	+	ef_1(↗)
饱和液体	$I_F=I_L$	1	∞	ef_2(↑)
气液混合物	$I_L<I_F<I_V$	$0<q<1$	—	ef_3(↖)
饱和蒸气	$I_F=I_V$	0	0	ef_4(←)
过热蒸气	$I_F>I_V$	<0	+	ef_5(↙)

进料热状况对操作线的影响如图 5-16 所示。从图 5-16 可以看出，进料热状况即 q 值的变化主要改变了提馏段操作线位置，对精馏段操作线则没有影响。q 值越小，精馏段操作线与提馏段操作线交点越靠近平衡线。

将式(5-31)代入式(5-26)，则提馏段操作线方程可写为

$$y = \frac{L + qF}{L + qF - W}x - \frac{W}{L + qF - W}x_W \tag{5-35}$$

对一定的操作条件而言，式(5-35)中的 L、F、W、x_W 及 q 为已知值或易于求算的值。

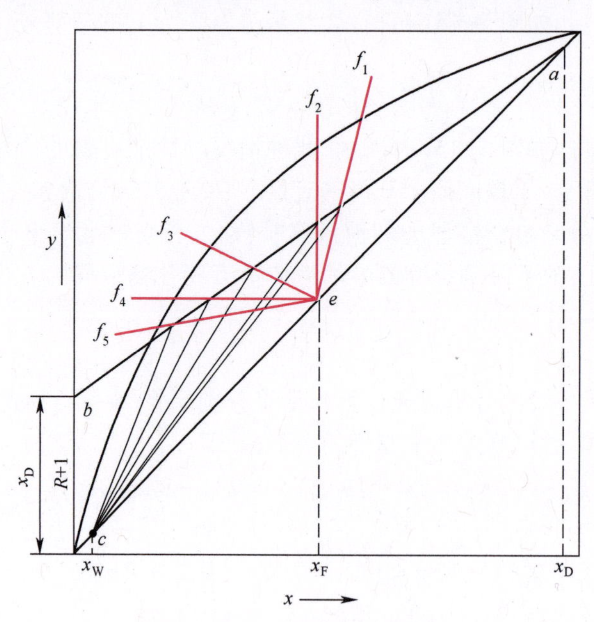

图 5-16　进料热状况对操作线的影响

【例 5-3】　分离例 5-2 中的溶液时，若进料为饱和液体，选用的回流比 $R=2.0$，试求提馏段操作线方程式，并说明操作线的斜率和截距的数值。

解：由例 5-2 知 $x_W=0.0235$，$W=95\text{kmol/h}$，$F=175\text{kmol/h}$，$D=80\text{kmol/h}$

而
$$L=RD=2.0\times80=160\text{kmol/h}$$

因泡点进料，故 $q=1$

将以上数值代入式(5-35),即可求得提馏段操作线方程式

$$y'_{m+1}=\frac{160+1\times175}{160+175-95}x'_m-\frac{95}{160+175-95}\times0.0235$$

或

$$y'_{m+1}=1.40x'_m-0.0093$$

该操作线的斜率为 1.4,在 y 轴上的截距为-0.0093。由计算结果可看出,本题提馏段操作线的截距值是很小的,一般情况下也是如此。

5.4.4 理论板数的求法

通常,采用逐板计算法或图解法确定精馏塔的理论板数。求算理论板数时,必须已知原料液组成、进料热状况、操作回流比和分离程度,并结合气液平衡关系和操作线方程方可求解。

1. 逐板计算法

参见图 5-17,若塔顶采用全凝器,从塔顶第一块板(塔板序号为 1,以此类推)上升的蒸气在冷凝器中被全部冷凝,因此塔顶馏出液组成及回流液组成均与塔顶第一块板上升的蒸气组成(y_1)相同,即

$$y_1=x_D=\text{已知值}$$

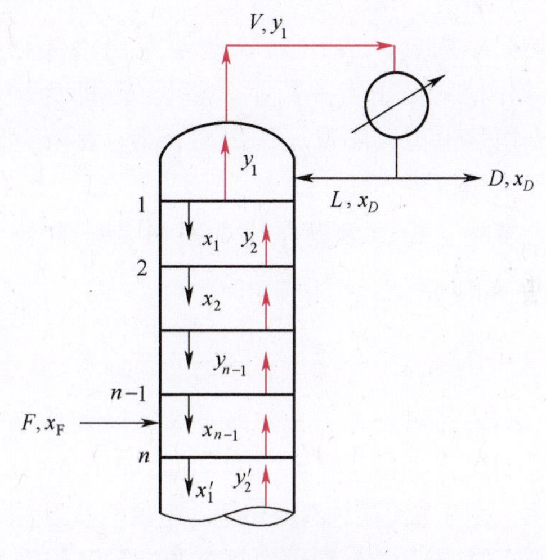

图 5-17 逐板计算法示意图

由于离开每块理论板的气液两相是互成平衡的,故可由 y_1 用气液平衡方程求得 x_1。由于从第二块板的上升蒸气组成 y_2 与 x_1 符合精馏段操作关系,故用精馏段操作线方程可由 x_1 求得 y_2,即

$$y_2=\frac{R}{R+1}x_1+\frac{x_D}{R+1}$$

同理,y_2 与 x_2 互成平衡,即可用平衡方程由 y_2 求得 x_2,以及再用精馏段操作线方程由 x_2 求得 y_3,如此重复计算,直至计算到 $x_n\leqslant x_F$(仅指泡点液体进料情况)时,说明第 n 块理论板是加料板,因此精馏段所需理论板数为 $n-1$。应予注意,在计算过程中,每使用一次平衡关系,表示需要一块理论板。对其他进料状况,应计算到 $x_n\leqslant x_q$(x_q 为两操作线交点横坐标)。

此后,可改用提馏段操作线方程,继续用与上述相同的方法求提馏段的理论板层数。因 $x'_1=x_n=$ 已知值,故可用提馏段操作线方程求 y'_2,即

$$y'_2=\frac{L'}{L'-W}x'_1-\frac{W}{L'-W}x_W$$

然后利用平衡方程由 y'_2 求 x'_2,如此重复计算,直至计算到 $x'_m\leqslant x_W$ 为止。因一般再沸器内气液两相视为平衡,再沸器相当于一块理论板,故提馏段所需理论板数为 $m-1$。

逐板计算法是求算理论板数的基本方法,计算结果准确,且可同时求得每一块板上的气液相组成。但该法比较繁琐,尤其当理论板数较多时更甚,故一般在双组分精馏计算中较少采用。

2. 图解法

图解法求理论板数的基本原理与逐板计算法的完全相同,只不过是用平衡线和操作线分别

代替平衡方程和操作线方程，用简便的图解法代替繁杂的计算而已。虽然图解法的准确性较差，但因其简便，目前在双组分精馏计算中仍被广泛采用。

（1）操作线的作法。如前所述，精馏段和提馏段操作线方程在 $y-x$ 图上均为直线。根据已知条件分别求出两条线的截距和斜率，便可绘出这两条操作线。但实际作图还可简化，即分别找出该两直线上的固定点，例如，操作线与对角线的交点及两操作线的交点等，然后由这些点及各线的截距或斜率就可以分别作出两条操作线。

若略去精馏段操作线方程式中变量的下标，则精馏段操作线可写为

$$y = \frac{R}{R+1}x + \frac{1}{R+1}x_D$$

对角线方程为 $$y=x$$

上两式联立求解，可得到精馏段操作线与对角线的交点，即交点的坐标为 $x=x_D$ 和 $y=x_D$，如图 5-18 中的点 a 所示。根据已知的 R 及 x_D，可算出精馏段操作线的截距为 $x_D/(R+1)$，依此值定出该线在 y 轴的截距，如图 5-18 上点 b 所示。直线 ab 即为精馏段操作线。当然也可以从点 a 作斜率为 $R/(R+1)$ 的直线 ab，得到精馏段操作线。

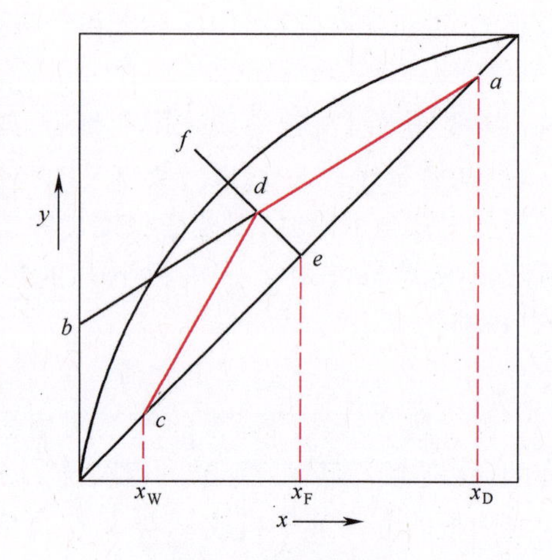

图 5-18　操作线的作法

若略去提馏段操作线方程中变量的上、下标，则提馏段方程式可写为

$$y = \frac{L'}{L'-W}x - \frac{W}{L'-W}x_W$$

上式与对角线方程联解，得到提馏段操作线与对角线的交点坐标为 $x=x_W$、$y=x_W$，如图 5-18 上的点 c 所示。由于提馏段操作线截距的数值往往很小，交点 $c(x_W, x_W)$ 与代表截距的点可能离得很近，作图不易准确。若利用斜率作图，不仅较麻烦，且在图上不能直接反映出进料热状况的影响。故通常先根据进料情况做出 q 线，再得到提馏段操作线。

将式(5-34)与对角线方程联立，解得交点坐标为 $x=x_F$ 和 $y=x_F$，如图 5-18 上点 e 所示。再从点 e 作斜率为 $q/(q-1)$ 的直线，如图上的 ef 线，该线与 ab 线交于点 d，点 d 即为两操作线的交点。连接 cd，cd 线即为提馏段操作线。

（2）图解方法。理论板数的图解方法如图 5-19 所示。首先在 $x-y$ 图上作平衡曲线和对角线，并依上述方法作精馏段操作线 ab、q 线 ef 和提馏段操作线 cd。然后从点 a 开始，在精馏段操作线与平衡线之间绘由水平线和铅垂线构成的梯级。当梯级跨过两操作线交点 d 点时，则改在提馏段操作线与平衡线之间绘直角梯级，直至梯级的铅垂线

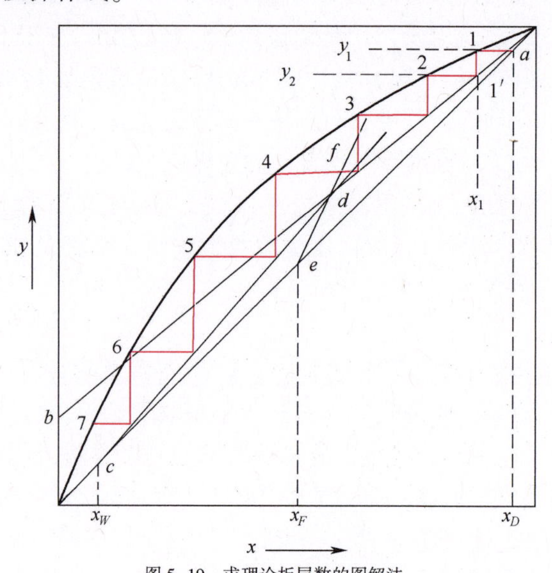

图 5-19　求理论板层数的图解法

达到或越过点 $c(x_w, x_w)$ 为止。每一个梯级代表一块理论板。在图 5-19 中,梯级总数为 7,第 4 级跨过点 d,即第 4 级为加料板,故精馏段理论板数为 3;因再沸器相当于一块理论板,故提馏段理论板数为 3。该过程共需 6 块理论板(不包括再沸器)。应予指出,图解时也可从点 c 开始绘梯级,所得结果相同。这种图解理论板数的方法称为麦克布-蒂利(McCabe-Thiele)法,简称 M- T法。

有时从塔顶出来的蒸气先在分凝器中部分冷凝,冷凝液作为回流,未冷凝的蒸气再用全凝器冷凝,凝液作为塔顶产品。因为离开分凝器的气相与液相可视为互相平衡,故分凝器也相当于一层理论板。此时精馏段的理论板层数应比相应的梯级数少一。

(3) 直角梯级物理意义。如图 5-20 所示,三角形 ABC 代表图 5-19 中在平衡线和操作线间绘制的任一直角梯级。A 点在平衡线上,AB 的水平距离($x_{n-1}-x_n$)表示经过第 n 块理论板的分离,液相易挥发组分组成增加的浓度,同理,AC 的垂直距离(y_n-y_{n+1})表示经过第 n 块理论板的分离,气相易挥发组分组成增加的程度。显然,AB 与 AC 距离越大,也就是操作线与平衡线距离越远,每块理论板的分离能力越强,通过图中操作线和平衡线的相对位置可直观看出塔板的分离能力大小。

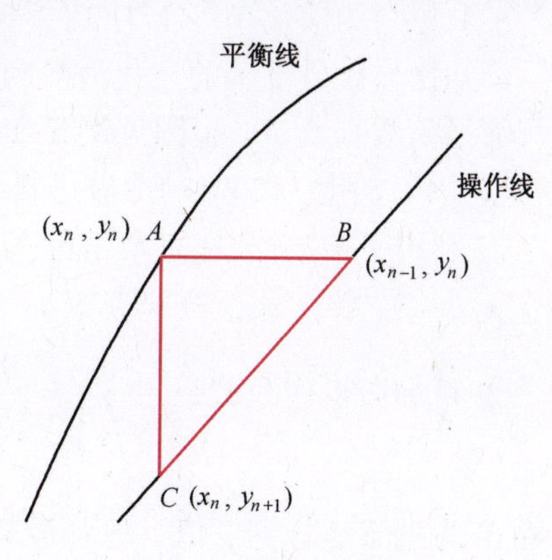

图 5-20 直角梯级的物理意义

应予指出,上述求理论板层数的方法,都是基于塔内恒摩尔流的假设。这个假设能够成立的主要条件是混合液中各组分的摩尔汽化潜热相等或相近。对偏离这个条件较远的物系就不能采用上述方法,具体处理方法参见相关教材或手册。

5.4.5 理论板层数的影响因素

前面介绍的理论板数是在一定的操作条件下计算的,实际理论板数受进料热状况、回流比和进料位置等多种因素的影响而变化。下面分别讨论。

1. 进料位置的影响

如前所述,图解法计算理论板层数过程中当某梯级跨过两操作线交点时,应更换操作线。跨过交点的梯级即代表适宜的加料板,这是因为对一定的分离任务而言,此时所需的理论板层数为最少。

如图 5-21(a)所示,若梯级已跨过两操作线的交点 e,而仍在精馏段操作线和平衡线之间绘梯级,由于交点 e 以后精馏段操作线与平衡线之间的距离更为接近,故所需理论板层数增多。反之,如没有跨过交点而过早更换操作线,也同样会使理论板层数增加,如图 5-21(b)所示。由此可见,当梯级跨过两操作线交点后便更换操作线作图,如图 5-21(c)所示,所定出的加料板为适宜的加料位置。

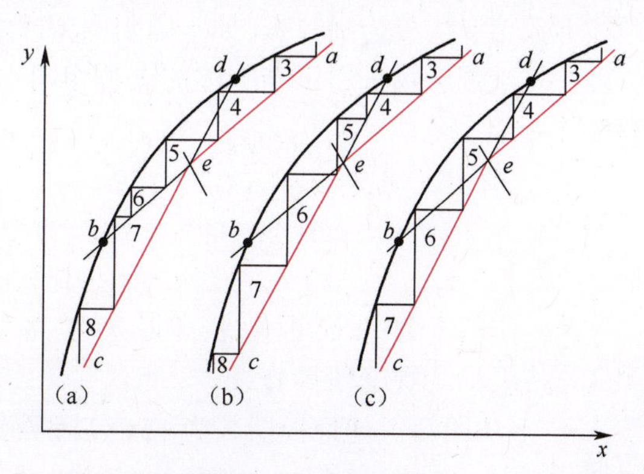

图 5-21 适宜的加料位置

2. 进料热状况的影响

从图 5-16 可以看出，相同组成物系进料热状况不同对应的 q 线斜率也不同，q 值越小，精馏段操作线与提馏段操作线交点越靠近平衡线，相应理论板分离能力越差，为达到相同的分离要求所需要的理论板数就越多，下面通过例 5-4 进一步说明。

【例 5-4】 用一常压操作的连续精馏塔，分离含苯为 0.44（摩尔分数，以下同）的苯—甲苯混合液，要求塔顶产品中含苯不低于 0.975，塔底产品中含苯不高于 0.0235。操作回流比为 3.5。试用图解法求以下两种进料情况时的理论板层数及加料板位置。

（1）原料液为 20℃的冷液体。

（2）原料为液化率等于 1/3 的气液混合物。

已知操作条件下苯的汽化潜热为 389kJ/kg；甲苯的汽化潜热为 360kJ/kg。苯-甲苯混合液的气液平衡数据及 t-x-y 图见例 5-1 和图 5-3(a)。

解：（1）温度为 20℃的冷液进料

① 利用平衡数据，在直角坐标图上绘平衡曲线及对角线，如本例附图 1 所示。在图上定出点 $a(x_D, x_D)$、点 $e(x_F, x_F)$ 和点 $c(x_W, x_W)$ 三点。

② 精馏段操作线截距 $\dfrac{x_D}{R+1} = \dfrac{0.975}{3.5+1} = 0.217$，在 y 轴上定出点 b。连 ab，即得到精馏段操作线。

③ 先按下法计算 q 值。原料液的汽化热为

$$r_m = 0.44 \times 389 \times 78 + 0.56 \times 360 \times 92 = 31898\text{kJ/kmol}$$

由图 5-3(a) 查出进料组成 $x_F = 0.44$ 时溶液的泡点为 93℃，平均温度为 $\dfrac{93+20}{2} = 56.5$℃。由附录查得在 56.5℃下苯和甲苯的比热容为 1.84kJ/(kg·℃)，故原料液的平均比热容为

$$c_p = 1.84 \times 78 \times 0.44 + 1.84 \times 92 \times 0.56 = 158\text{kJ/(kmol·℃)}$$

所以

$$q = \frac{c_p \Delta t + r}{r} = \frac{158 \times (93-20) + 31898}{31898} = 1.362$$

q 线斜率

$$\frac{q}{q-1} = \frac{1.362}{1.362-1} = 3.76$$

再从点 e 作斜率为 3.76 的直线，即得 q 线。q 线与精馏段操作线交于点 d。

④ 连 cd，即为提馏段操作线。

⑤ 自点 a 开始在操作线和平衡线之间绘梯级，图解得理论板层数为 11（包括再沸器），自塔顶往下数第 5 块板为加料板，如本题附图 1 所示。

（2）气液混合物进料①与上述的①项相同；②与上述的②项相同；①和②两项的结果如本题附图 2 所示。

③ 由 q 值定义知，$q = 1/3$，故

q 线斜率

$$\frac{q}{q-1} = \frac{1/3}{1/3-1} = -0.5$$

过点 e 作斜率为 -0.5 的直线，即得 q 线。q 线与精馏段操作线交于点 d。

④ 连 cd，即为提馏段操作线。

⑤ 按上法图解得理论板层数为 13（包括再沸器），自塔顶往下的第 7 块板为加料板，如附图 2 所示。

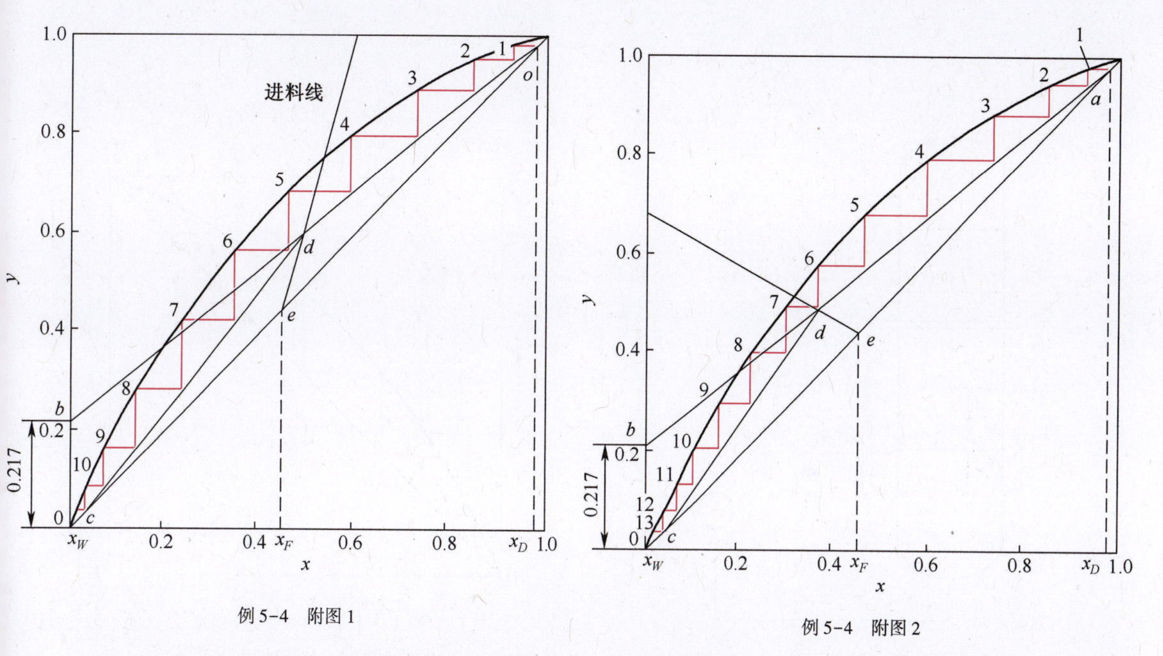

例5-4 附图1

例5-4 附图2

由计算结果可知,对一定的分离任务和要求,若进料热状况不同,所需的理论板数和加料板的位置均不相同,冷液进料比气液混合进料所需的理论板数少,因为精馏段和提馏段内循环量增大,使每块板的分离程度提高,所需的理论板数减少。

3. 回流比的影响与选择

精馏过程与简单蒸馏的主要区别于在于它有回流,回流对精馏塔的操作与设计都有重要影响。增大回流比,精馏段操作线的截距减小,操作线离平衡线越远,每一梯级的垂直线段及水平线段都增大,说明每层理论板的分离程度加大,为完成一定分离任务所需的理论板数就会减少。但是增大回流比又导致冷凝器、再沸器负荷增大,操作费用增加,因而回流比的大小涉及经济问题。既应考虑工艺上的要求,又应考虑设备费用(板数多少及冷凝器、再沸器传热面积大小)和操作费用,来选择适宜回流比。

以下所涉及回流是指塔顶蒸气冷凝为泡点下的液体回流至塔内,常称为泡点回流。泡点回流时由冷凝器到精馏塔的外回流与塔内的内回流是相等的。

(1) 全回流与最少理论板数。若塔顶上升的蒸气冷凝后全部回流至塔内称为全回流,流程如图5-22所示。

由图5-22可以看出:全回流时塔顶产品 $D=0$,不向塔内进料,$F=0$,也不取出塔底产品,$W=0$。因此无精馏段和提馏段之分。

全回流时回流比 $R=L/D=L/0\to\infty$。

此时,精馏段操作线(亦即全塔操作线)的斜率 $\dfrac{R}{R+1}=1$,在 y 轴上的截距 $\dfrac{x_D}{R+1}=0$,操作线与 y-x 图上的对角线重合。即 $y_{n+1}=x_n$。

如图5-23所示,在全回流操作线与平衡线间绘直角梯级,其跨度最大,所需的理论板数最少,以 $N_{\min}$ 表示。

全回流时的理论板数可按前述逐板计算或图解法确定,对于理想溶液,也可从下述芬斯克方程计算而得,其公式推导如下:

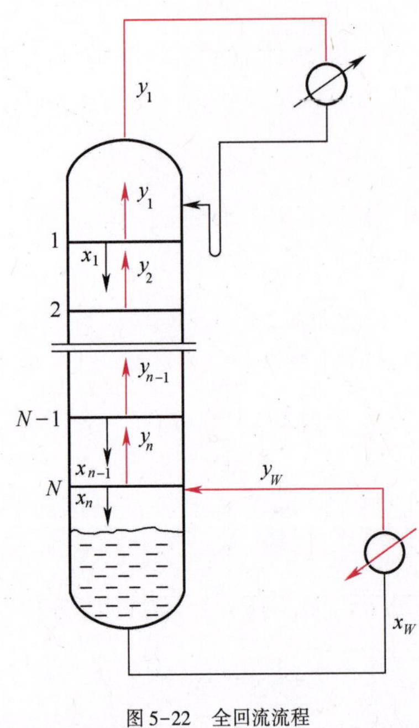

图 5-22　全回流流程

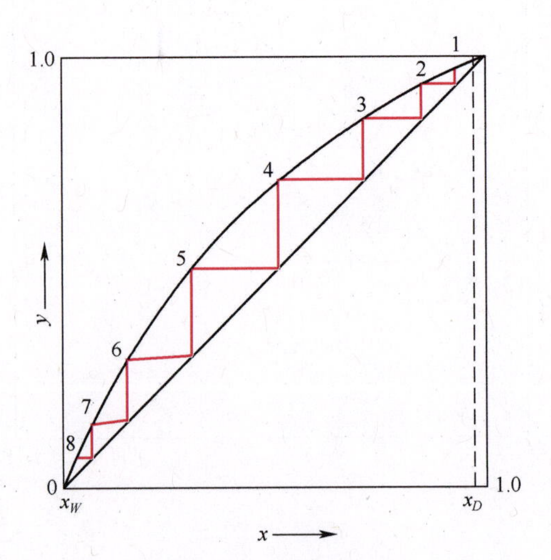

图 5-23　全回流时理论板数

离开任意第 n 层理论板的气液平衡关系可用相对挥发度 α_N 来表示为

$$\frac{y_n}{1-y_n}=\alpha_N\frac{x_n}{1-x_n}$$

全回流时，操作线与对角线重合，有

$$y_{n+1}=x_n$$

用以上两式可求得下列全回流时的关系式。

$$\frac{x_D}{1-x_D}=\frac{y_1}{1-y_1}=\alpha_1\frac{x_1}{1-x_1}=\alpha_1\frac{y_2}{1-y_2}=\alpha_1\left(\alpha_2\frac{x_2}{1-x_2}\right)=\alpha_1\alpha_2\frac{x_2}{1-x_2}=\cdots$$

$$=\alpha_1\alpha_2\cdots\alpha_N\alpha_{N+1}\frac{x_{N+1}}{1-x_{N+1}} \tag{a}$$

再沸器为第 $N+1$ 层理论板，则有 $x_{N+1}=x_W$，$\alpha_{N+1}=\alpha_W$。相对挥发度随溶液组成有变化，若取平均相对挥发度代替各板上的相对挥发度，则

$$\bar{\alpha}=\sqrt[N+1]{a_1a_2\cdots a_Na_W}$$

当塔顶、塔底的相对挥发度相差不大时，可近似取 α_1 与 α_W 的几何平均值。

$$\bar{\alpha}=\sqrt{\alpha_1\alpha_W} \tag{b}$$

则式(a)可写成

$$\frac{x_D}{1-x_D}=\bar{\alpha}^{N+1}\left(\frac{x_W}{1-x_W}\right)$$

用 $N_{\min}$ 表示全回流时所需最少理论板数（不包括再沸器），并将上式两边取对数，整理得

$$N_{\min}+1=\frac{\lg\left[\left(\frac{x_D}{1-x_D}\right)\left(\frac{1-x_W}{x_W}\right)\right]}{\lg\bar{\alpha}} \tag{5-36}$$

式中:$N_{\min}$为全回流时所需的最少理论板数(不包括再沸器);$\bar{\alpha}$为全塔平均相对挥发度。

式(5-36)称为芬斯克(Fenske)方程,用来计算全回流时的最少理论板数。若将式中的x_W换成进料组成x_F,α取为塔顶和进料处的平均值,则该式也可用以计算精馏段的最少理论板数及加料板位置。

全回流操作只用于精馏塔的开工、调试和实验研究中。

(2) 最小回流比。回流比减小,两操作线向平衡线移动,达到指定分离程度x_D、x_W所需的理论板数增多。如图 5-24(a)所示,当回流比减到某一数值时,两操作线交点d点落在平衡线上,在平衡线与操作线间绘梯级,需要无穷多的梯级才能达到d点。相应的回流比称为最小回流比,以$R_{\min}$表示。对于一定的分离要求,$R_{\min}$是回流比的最小值。

在d点上下各板(进料板上下区域)气液两相组成基本不变化,即无增浓作用,此时点d称为夹紧点。这个区域称为恒浓区(或称为夹紧区)。

设d点的坐标为(x_q,y_q),最小回流比可依图 5-24(a)中三角形ahd的几何关系求算。ad线的斜率为

$$\frac{R_{\min}}{R_{\min}+1}=\frac{x_D-y_q}{x_D-x_q}$$

整理得

$$R_{\min}=\frac{x_D-y_q}{y_q-x_q} \tag{5-37}$$

其中

$$y_q=\frac{\alpha x_q}{1+(\alpha-1)x_q} \tag{5-38}$$

最小回流比$R_{\min}$与平衡线的形状有关。如乙醇水溶液的平衡线如图 5-24(b)所示,当精馏段操作线与下凹部分曲线相切于g点时,在g点处已出现恒浓区,相应的回流比即为最小回流比$R_{\min}$。用式(5-37)计算$R_{\min}$时,d点不在平衡线上,是切线与q线的交点,x_q、y_q不是气液两相的平衡浓度。

设g点的坐标为(x_g,y_g),此时最小回流比可用下式计算

$$R_{\min}=\frac{x_D-y_g}{y_g-x_g} \tag{5-39}$$

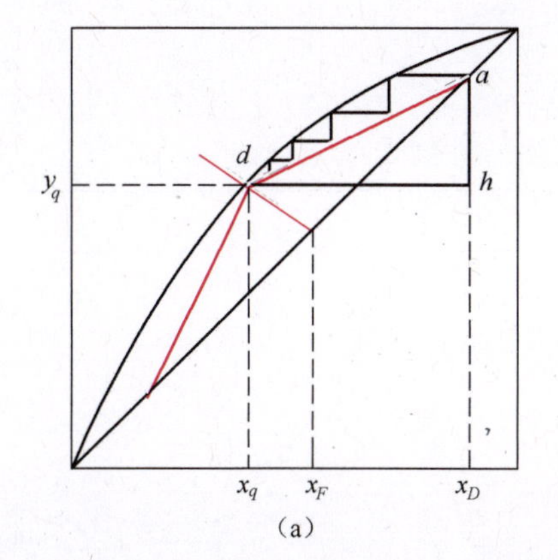

(a)

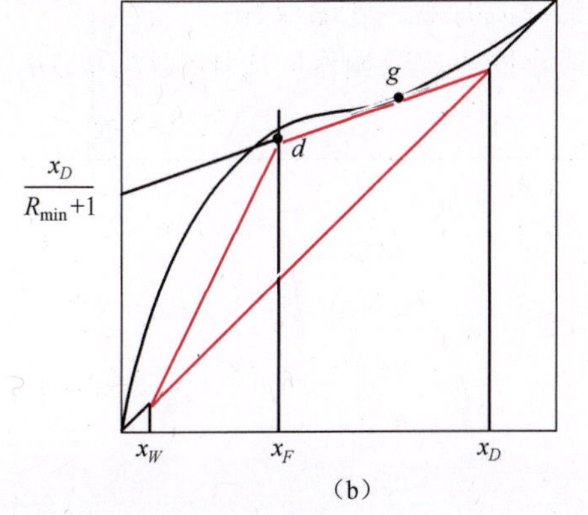

(b)

图 5-24 最小回流比

（3）适宜回流比。前面介绍了全回流时的回流比 $R=\infty$ 是回流比的最大值，最小回流比 R_{min} 为回流比的最小值。那么，在实际设计时，回流比 R 在 R_{min} 与 $R=\infty$ 之间取多大为适宜呢？这要从精馏过程的设备费用与操作费用两方面考虑来确定。设备费用与操作费用之和为最低时的回流比，称为适宜回流比。

精馏操作设备主要包括精馏塔、再沸器和冷凝器。

当回流比达到最小回流比时，塔板数为无穷大，故设备费也为无穷大。当 R 稍大于 R_{min} 时，塔板数便从无穷多锐减到某一值，塔的设备费随之锐减。当 R 继续增加时，塔板数仍随之减少，但已明显减慢。另一方面，由于 R 的增加，上升蒸气量随之增加，从而使精馏塔塔径、蒸馏釜和冷凝器等尺寸相应增大，故 R 增加到某一数值以后，设备费用有回升，如图 5-25 中曲线 1 所示。

精馏过程的操作费用主要包括再沸器加热介质和冷凝器冷却介质的费用。当回流比增加时，加热介质和冷却介质消耗量随之增加，使操作费用相应增加，如图 5-25 中曲线 2 所示。

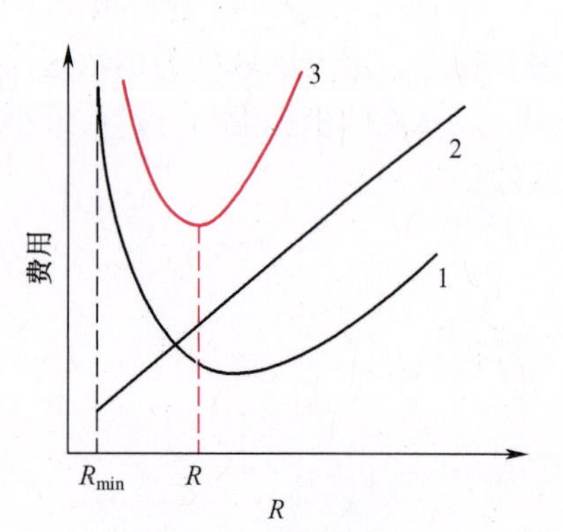

图 5-25　适宜回流比的确定

1—设备费用；2—操作费用；3—总费用。

总费用是设备费用与操作费用之和，它与 R 的大致关系如图 5-25 中曲线 3 所示。曲线 3 的最低点对应的 R，即为适宜回流比。

在精馏设计中，通常采用由实践总结出来的适宜回流比范围为

$$R=(1.2\sim2.0)R_{min}$$

对于难分离的物系，R 应取得更大些。

以上分析主要是从设计角度考虑的。生产中却是另一种情况，设备都已安装好，即理论塔板数固定。若原料的组成、热状态均为定值，加大回流比，这时操作线更接近对角线，所需理论板数减少，而塔内理论板数显得比需要的多了，因而产品纯度会有所提高。反之，减少回流比操作，情形正好与上述相反，产品纯度会有所降低。所以在生产中把调节回流比当作保持产品纯度的一种手段。

【例 5-5】　分离正庚烷与正辛烷的混合液。要求馏出液组成为 0.95（摩尔分数，下同），釜液组成不高于 0.02。原料液组成为 0.45。泡点进料。气液平衡数据列于附表中。求

（1）全回流时最少理论板数；

（2）最小回流比及操作回流比（取为 $1.5R_{min}$）。

例 5-5 附表　气液平衡数据

x	y
1.0	1.0
0.656	0.81
0.487	0.673
0.311	0.491
0.157	0.280
0.000	0.000

解:(1) 全回流时操作线方程为 $y_{n+1}=x_n$,在 $y-x$ 图上为对角线,如附图所示。自 a 点(x_D,x_D)开始在平衡线与对角线间作直角梯级,直至 $x_W=0.02$,得最少理论板数为9块。不包括再沸器时 $N_{\min}=9-1=8$。

(2) 进料为泡点下的饱和液体,故 q 线为过 e 点的垂直线 ef。由 $x_F=0.45$ 作垂直线交对角线上得 e 点,过 e 点作 q 线。由 $y-x$ 图读得 $x_q=x_F=0.45$,$y_q=0.64$。

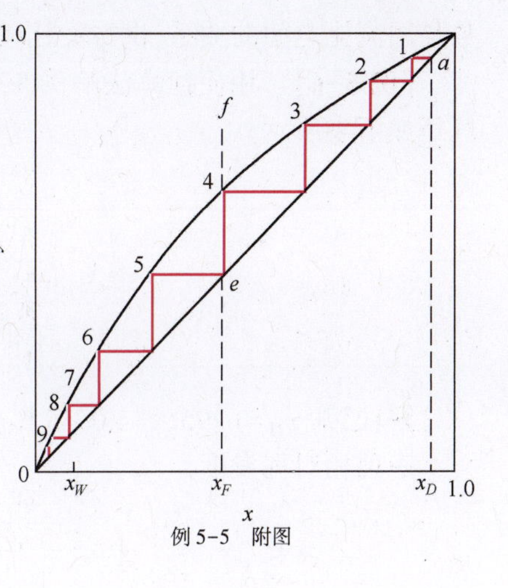

例5-5 附图

根据式(5-37) $R_{\min}=\dfrac{x_D-y_q}{y_q-x_q}=\dfrac{0.95-0.64}{0.64-0.45}=1.63$

$$R=1.5R_{\min}=1.5\times1.63=2.45$$

5.4.6 理论板数的简捷计算

精馏塔的理论板数除用前述的逐板法和图解法求算外,还可用简捷法计算。下面介绍一种应用最为广泛的经验关联图的简捷算法。

人们曾对操作回流比 R、最小回流比 $R_{\min}$、理论板数 N 及最少理论板数 $N_{\min}$ 四者之间的关系作过广泛研究,图5-26是最常用的关联图,称为吉利兰(Gilliland)关联图。图中 N 和 $N_{\min}$ 为不包括再沸器的理论板数。

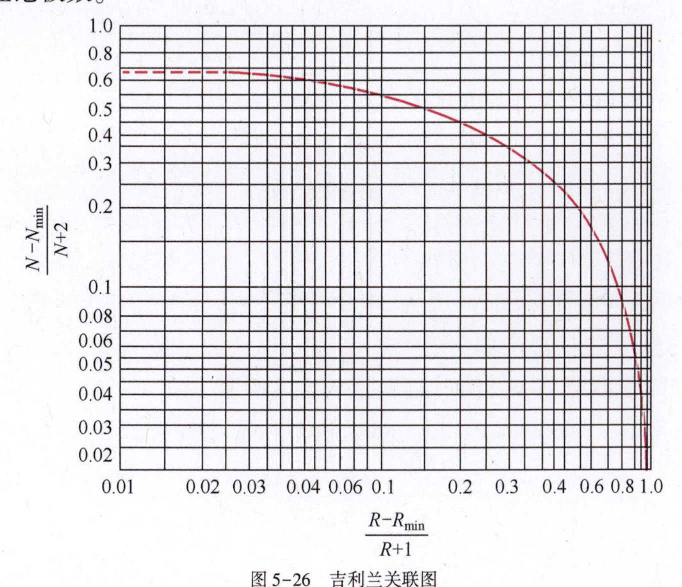

图5-26 吉利兰关联图

吉利兰关联图是用8种不同物系,在不同精馏条件下算得结果绘制而成的。这些条件是:组分数目由2~11;进料热状态包括冷液到过热蒸气等5种;$R_{\min}$ 为0.53~7.0;相对挥发度为1.26~4.05;理论板数为2.4~43.1。

应用吉利兰关联图可以简便地得出精馏所需的理论板数,这种方法又称简捷法。它的另一个优点是也可以用于多组分精馏的计算。这种方法的误差较大,一般只能对所需理论板数作大致的估计,在初步设计或进行粗略估算时使用。可快速地算出理论塔板数,或粗略地寻求塔板数与回流比之间的关系，供方案比较之用。

【例 5-6】 用简捷算法解例 5-5。并与图解法相比较。塔顶、塔底条件下纯组分的饱和蒸气压如下表所示。

例 5-6 附表

	塔顶	塔釜	进料
正庚烷	101.325kPa	205.3kPa	145.7kPa
正辛烷	44.4kPa	101.325kPa	66.18kPa

解：已知 $x_D=0.95$，$x_F=0.45$，$x_W=0.02$，$R_{\min}=1.63$，$R=2.45$

塔顶相对挥发度

$$\alpha_D=\frac{p_A^o}{p_B^o}=\frac{101.325}{44.44}=2.28$$

塔釜相对挥发度

$$\alpha_W=\frac{p_A^o}{p_B^o}=\frac{205.3}{101.325}=2.03$$

全塔平均相对挥发度

$$\bar{\alpha}=\sqrt{2.28\times 2.03}=2.15$$

最少理论板数为

$$N_{\min}=\frac{\lg\left[\left(\frac{x_D}{1-x_D}\right)\left(\frac{1-x_W}{x_W}\right)\right]}{\lg\bar{\alpha}}-1=\frac{\lg\left[\left(\frac{0.95}{1-0.95}\right)\left(\frac{1-0.02}{0.02}\right)\right]}{\lg 2.15}-1=7.93$$

此值与例 5-5 图解所求得的 $N_{\min}$ 为 8 十分接近。

$$\frac{R-R_{\min}}{R+1}=\frac{2.45-1.63}{2.45+1}=0.24$$

查图 5-26 得

$$\frac{N-N_{\min}}{N+2}=0.4$$

解得 $N=14.55$（不包括再沸器）

将式（5-37）中的釜液组成 x_W，换成进料组成 x_F，则为

$$N_{\min}=\frac{\lg\left[\left(\frac{x_D}{1-x_D}\right)\left(\frac{1-x_F}{x_F}\right)\right]}{\lg\bar{\alpha}}-1$$

进料的相对挥发度

$$\alpha_F=\frac{145.7}{66.18}=2.20$$

塔顶与进料的平均相对挥发度

$$\bar{\alpha}=\sqrt{\alpha_D\cdot\alpha_F}=\sqrt{2.28\times 2.20}=2.24$$

$$N_{\min}=\frac{\lg\left[\left(\frac{0.95}{1-0.95}\right)\left(\frac{1-0.45}{0.45}\right)\right]}{\lg 2.24}-1=2.9$$

将N_{min}代入
$$\frac{N-N_{min}}{N+2}=0.4$$

解得
$$N=6.17$$

取整数,精馏段理论板数为6块。加料板位置为从塔顶数的第7层理论板。与用图解(见例5-5附图)结果十分接近。

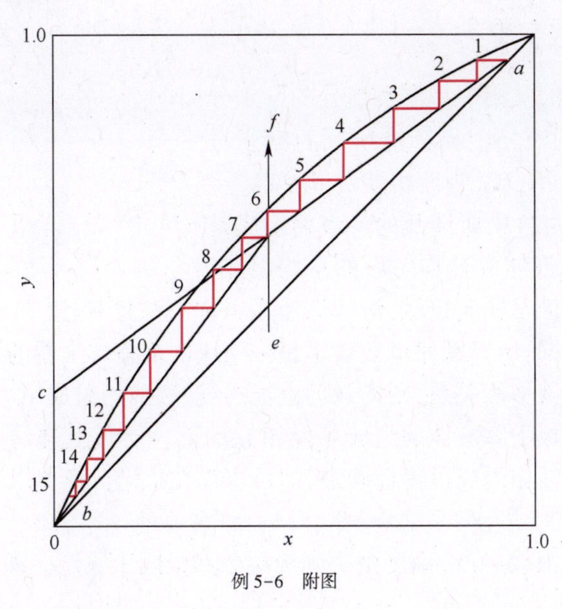

例5-6 附图

5.4.7 塔高和塔径的计算

对于板式精馏塔,应先利用塔板效率将理论板层数折算为实际板层数,然后再由实际板层数和板间距(指相邻两层实际板之间的距离,可取经验值,参见《化学工程》手册)来计算塔高。

1. 塔板效率

塔板效率主要包括全塔效率和单板效率。

(1) 全塔效率。理论板层数与实际板层数之比称为全塔效率。

$$E=\frac{N_T}{N_P}\times 100\% \tag{5-40}$$

式中:E为全塔效率;N_T为理论板层数;N_P为实际板层数。

全塔效率值恒小于1。若已知一定结构的板式塔在一定操作条件下的全塔效率,便可按式(5-40)求实际板数。

影响塔板效率的因素很复杂,有系统的物性、塔板的结构、操作条件等。目前尚未得到一个较为满意的求全塔效率的关联式。比较可靠的数据来自生产及中间实验的测定,并将全塔效率与相关影响因素回归、整理成曲线或计算式可供工程估算参考。有关全塔效率的经验曲线将在第7章中介绍。

(2) 单板效率。单板效率又称默费里(Murphree)板效率。它是以气相(或液相)经过实际塔板的组成变化值与经过理论塔板时的组成变化值之比表示的,如图5-27所示。单板效率通常由实验测定。

对任意的第 n 层塔板，单板效率可分别按气相组成及液相组成的变化来表示，即

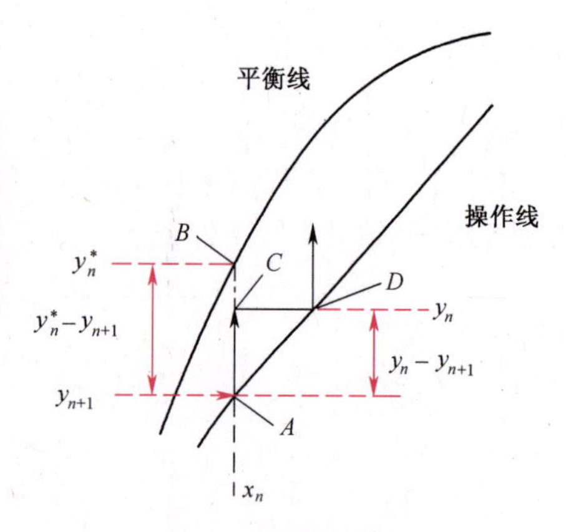

图 5-27 单板效率示意图

$$E_{MV}=\frac{y_n-y_{n+1}}{y_n^*-y_{n+1}} \tag{5-41}$$

$$E_{ML}=\frac{x_{n-1}-x_n}{x_{n-1}-x_n^*} \tag{5-42}$$

式中：y_n^* 为与 x_n 成平衡的气相中易挥发组分的摩尔分数；x_n^* 为与 y_n 成平衡的液相中易挥发组分的摩尔分数；E_{MV} 为气相默费里效率；E_{ML} 为液相默费里效率。

式(5-41)和式(5-42)中所涉及的气液相组成是指塔板上各处的气体或液体混合均匀后的平均组成。实际上，由于塔板上气、液是错流接触，液体沿流动方向有浓度梯度，与此相对应板上各处上升的气体组成也会有所不同，所以默弗里板效率是按一块塔板整体来看的平均效率。

若已知某系统的气液平衡关系，则离开理论板的气、液两相组成 y_n 与 x_n 之间的关系即已确定。若能再知道由任意板下降液体的组成 x_n 及由它的下一层板上升的蒸气组成 y_{n+1} 之间的关系，从而塔内各板的气、液相组成可逐板确定，即可求得在指定分离要求下的理论板层数。

2. 塔高的计算

板式塔有效段（气、液接触段）高度由实际板层数和板间距决定。即

$$Z=(N_P-1)\cdot H_T \tag{5-43}$$

式中：Z 为塔的有效段高度(m)；H_T 为板间距(m)。

板间距的数值大都是经验值，请参看本教材第 7 章。

全塔高度应为有效段、塔顶及塔釜三部分高度之和。

3. 塔径的计算

精馏塔的直径，可由塔内上升蒸气的体积流量及其通过塔横截面的空塔速度求出。即

$$V=\frac{\pi}{4}D^2u$$

或

$$D=\sqrt{\frac{4V}{\pi u}} \tag{5-44}$$

式中：D 为精馏塔的内径(m)；u 为空塔速度(m/s)；V 为塔内上升蒸气的体积流量(m^3/s)。

空塔速度是影响精馏操作的重要因素，适宜的空塔速度的计算请参看《化学工程手册》。

精馏段和提馏段内的上升蒸气的体积流量可能不同，因此两段的直径应分别计算。但若两段的上升蒸气体积流量相差不太大时，为使塔的结构简化，两段宜采用相同的塔径。

【例 5-7】 在常压连续精馏塔中分离两组分理想溶液。该物系的平均相对挥发度为 2.5。原料液组成为 0.35（易挥发组分摩尔分数，下同），饱和蒸气加料。塔顶采出率 $\frac{D}{F}$ 为 40%，且已知精馏段操作线方程为 $y=0.75x+0.20$，试求：

(1) 提馏段操作线方程；

(2) 若塔顶第一板下降的液相组成为 0.7，求该板的气相默费里效率 E_{mv1}。

解:先由精馏段操作线方程求得 R 和 x_D,再任意假设原料液流量 F,通过全塔物料衡算求得 D、W 及 x_W,而后即可求出提馏段操作线方程。

E_{mv1} 可由默费里效率定义式求得。

(1) 提馏段操作线方程。由精馏段操作线方程知

$$\frac{R}{R+1}=0.75$$

解得

$$R=3.0$$

$$\frac{x_D}{R+1}=0.20$$

解得

$$x_D=0.8$$

设原料液流量 $F=100\text{kmol/h}$

则

$$D=0.4\times100=40\text{kmol/h}$$

$$W=60\text{kmol/h}$$

$$x_W=\frac{Fx_F-Dx_D}{F-D}=\frac{100\times0.35-40\times0.8}{100-40}=0.05$$

因 $q=0$,故

$$L'=L=RD=3\times40=120\text{kmol/h}$$

$$V'=V-(1-q)F=(R+1)D-(1-q)F=4\times40-100=60\text{kmol/h}$$

提馏段操作线方程为

$$y'=\frac{L'}{V'}x'-\frac{W}{V'}x_W=\frac{120}{60}x'-\frac{60}{60}\times0.05=2x-0.05$$

(2) 气相默费里效率 E_{mv1}。由默费里板效率定义知:

$$E_{mv1}=\frac{y_1-y_2}{y_1^*-y_2}$$

其中

$$y_1=x_D=0.8$$

$$y_2=0.75x_1+0.20=0.75\times0.7+0.20=0.725$$

$$y_1^*=\frac{ax_1}{1+(a-1)x_1}=\frac{2.5\times0.7}{1+1.5\times0.7}=0.854$$

故

$$E_{mv1}=\frac{0.80-0.725}{0.854-0.725}=0.581=58.1\%$$

【例 5-8】 在常压连续提馏塔中,分离两组分理想溶液,该物系平均相对挥发度为 2.0。原料液流量为 100kmol/h,进料热状态参数 q 为 0.8,馏出液流量为 60kmol/h,釜残液组成为 0.01(易挥发组分摩尔分数),试求:

(1) 操作线方程;

(2) 由塔内最下一层理论板下降的液相组成 x_N。

解:本题为提馏塔,即原料由塔顶加入,一般无回流,因此该塔仅有提馏段。再沸器相当一层理论板。

(1) 操作线方程。此为提馏段操作线方程,即

$$y'_{m+1}=\frac{L'}{V'}x'_m-\frac{W}{V'}x_W$$

其中
$$L' = L + qF = 0 + 0.8 \times 100 = 80\text{kmol/h}$$
$$V = D = 60\text{kmol/h}$$
$$V' = V + (q-1)F = 60 + (0.8-1) \times 100 = 40\text{kmol/h}$$
$$W = F - D = 100 - 60 = 40\text{kmol/h}$$

故
$$y'_{m+1} = \frac{80}{40}x'_m - \frac{40}{40} \times 0.01 = 2x - 0.01$$

（2）塔内最下一层理论板下降的液相组成 $x_{N'}$。因再沸器相当一层理论板，故
$$y'_W = \frac{ax_W}{1+(a-1)x_W} = \frac{2.0 \times 0.01}{1+0.01} = 0.0198$$

因 $x_{N'}$ 和 $y_{W'}$ 呈提馏段操作线关系，即
$$y'_W = 2x'_N - 0.01 = 0.0198$$

解得
$$x'_N = 0.0149$$

5.4.8 双组分精馏的其他类型

实际应用中有时为了节省能源，减少设备投资，或使工艺流程安排更为合理，往往对常规的精馏流程作某些改进。常用的两组分精馏的其他形式有：①塔顶为分凝器；②直接蒸气加热；③回收塔；④多侧线进料或出料。

1. 塔顶为分凝器

在连续精馏过程中，塔顶蒸气的冷凝常采用全凝器。为了促证塔顶蒸气全部冷凝下来，一般控制冷凝的温度低于其泡点，使冷凝液以过冷状态作为塔顶产品和回流。当这些过冷液体回流入塔后，由于其温度低于塔顶蒸气的温度，势必使塔顶蒸气的一部分冷凝下来。塔顶蒸气被冷凝的多少要视回流液的过冷程度与组分的冷凝潜热大小而定。若过冷程度大，组分的冷凝潜热又小，则被冷凝的蒸气量就多。塔顶蒸气的一部分被冷凝的结果，致使塔内的回流量比从冷凝器引入的回流量要多一些（当然，塔壁保温不良也会引起逐板产生内回流），内回流发生后，精馏分离的结果及塔的操作状况与设计时预期的就有所差别。

为避免上述缺点，可在塔顶安装两个冷凝器，第一个冷凝器为分凝器，它使塔顶蒸气的一部分被冷凝，然后把冷凝液引入塔内作回流液，未冷凝的蒸气再引至全凝器中全部冷凝，作为塔顶产品。

加装分凝器后，塔顶情况与常规塔有所区别。由图 5-28 可见，塔顶产品流量 D 与分凝器中未冷凝的蒸气量 D_V 相等，产品组成与分凝器中未冷凝的蒸气组成 y_0 相等，即
$$D = D_V, x_D = y_0$$

在分凝器中离开的气液达成平衡状态，即 y_0 和 x_0 互成平衡。若在 x-y 图上表示时，点(x_0, y_0)必在平衡线上。这时精馏段操作线方程为
$$y_{n+1} = \frac{R}{R+1}x_n + \frac{1}{R+1}y_0 \tag{5-45}$$

由式(5-45)可见，精馏段操作线的斜率与常规塔

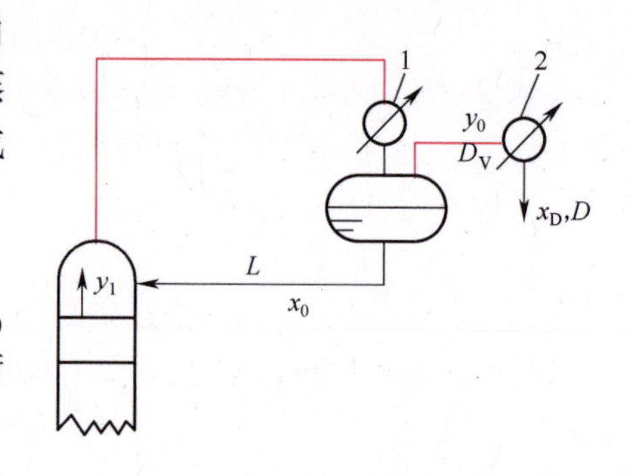

图 5-28 塔顶装分凝器示意图
1—分凝器；2—全凝器。

相同,仍为 $R/(R+1)$。而截距为 $y_0/(R+1)=x_D/(R+1)$,与常规塔相同,所不同的是分凝器相当于塔顶上的又一块理论板。加分凝器对提馏段无影响。

2. 直接蒸气加热

待分离的混合液为水溶液,且水是难挥发组分,即馏出液中主要为非水组分,釜液为近于纯水,这时可采用直接加热方式,以省掉再沸器。

直接蒸气加热时理论板层数的求法,原则上与上述的方法相同。精馏段的操作情况与常规塔的没有区别,故其操作线不变。q 线的作法也与常规塔的作法相同。但由于塔底中增多了一股蒸气,故提馏段操作线方程应予以修正。

对图 5-29 所示的虚线范围内作物料衡算,即

总物料 $$L' + V_0 = V' + W$$

易挥发组分 $$L'x'_m + V_0y_0 = V'y'_{m+1}{}' + Wx_W$$

式中:V_0 为直接加热蒸气的摩尔流量(kmol/h);y_0 为加热蒸气中易挥发组分的摩尔分数,一般 $y_0=0$。

若塔内恒摩尔流动仍能适用,即 $V'=V_0$,$L'=W$,则上式可改写为

$$Wx'_m = V_0y'_{m+1} + Wx_W$$

或

$$y'_{m+1} = \frac{W}{V_0}x'_m - \frac{W}{V_0}x_W \tag{5-46}$$

式(5-46)即为直接蒸气加热时的提馏段操作线方程。该式与间接蒸气加热时的提馏段操作线方程形式相似,它和精馏段操作线的交点轨迹方程仍然是 q 线,但与对角线的交点不在点 $c(x_W,x_W)$ 上。由式(5-46)可知,当 $y'_{m+1}=0$ 时,$x'_m=x_W$,因此提馏段操作线通过横轴上 $x=x_W$ 的点,如图 5-30 中的点 $g(x_W,0)$,连 gd,即为提馏段操作线。此后,便可从点 a 开始绘梯级,直至 $x'_m \leqslant x_W$ 为止,如图 5-30 所示。

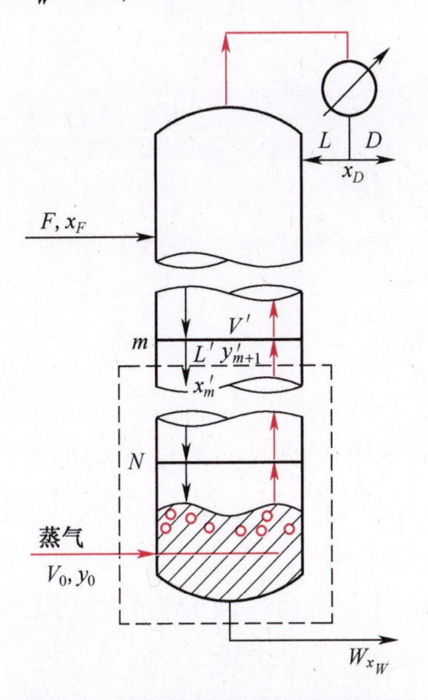

图 5-29 直接蒸气加热时提馏段物料衡算

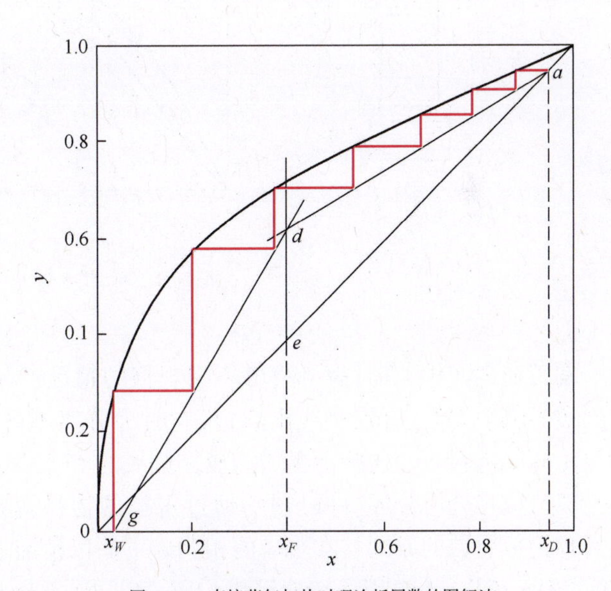

图 5-30 直接蒸气加热时理论板层数的图解法

应予指出,对于同一种进料组成、热状况及回流比,若希望得到相同的馏出液组成及回收率时,利用直接蒸气加热时所需理论板层数比用间接蒸气加热时的要稍多些,这是因为直接蒸气的稀释作用,故需增加塔板数来回收易挥发组分。

3. 回收塔

只有提馏段而没有精馏段的塔称为回收塔。当精馏的目的仅为回收稀溶液中的轻组分而对馏出液浓度要求不高；或物系在低浓度下的相对挥发度较大，不用精馏段亦可达到必要的馏出液浓度时，可用回收塔进行精馏操作。

当料液预热至泡点加入（图 5-31a），塔顶蒸气冷凝后全部作为产品，塔釜用间接加热，此为回收塔中最简单的情况。

在设计计算时，已知原料组成 x_F，规定釜液组成 x_W 及回收率，则塔顶产品的组成 x_D 及采出率 D/F 可由全塔物料衡算确定，与常规精馏塔相同。

此时的操作线方程与常规精馏塔的提馏段操作线方程相同。即

$$y_{n+1} = \frac{L'}{V'}x_n - \frac{V'}{W}x_W$$

当为泡点进料时，$L' = F, V' = D$，上式成为

$$y_{n+1} = \frac{F}{D}x_n - \frac{W}{D}x_W \tag{5-47}$$

此操作线上端通过图 5-31（b）中的 a 点（$x=x_F, y=x_D$）下端通过 b 点（$x=x_W, y=x_W$），斜率为 F/D。

欲提高馏出液组成，必须减少蒸发量，即减少气液比，增大操作线斜率 F/D，所需的理论板数将增加。当操作线上端移至 c 点，则与 x_F 成平衡的气相组成为最大可能获得的馏出液浓度。

当为冷液进料，可与常规精馏塔一样先作出 q 线，q 线与 $y=x_D$ 的交点为操作线上端，如图 5-31（c）所示。

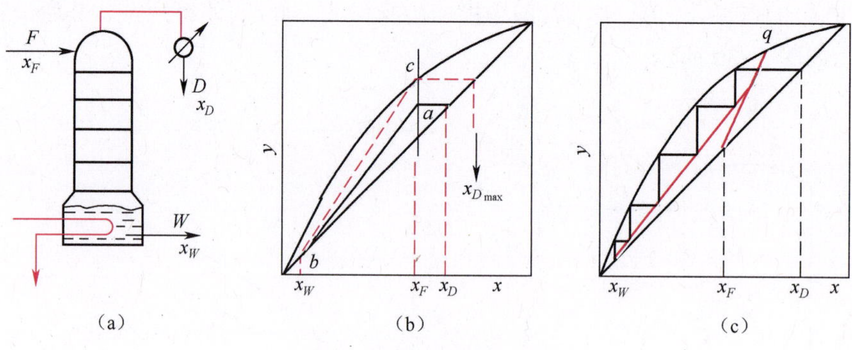

图 5-31　无回流的回收塔操作线

4. 多侧线的塔

在工业生产中，有时为了获得不同规格的精馏产品，可根据所需的产品浓度在精馏段（或提馏段）不同位置上开设侧线出料口；有时为分离不同浓度的原料液，则宜在不同塔板位置上设置不同的进料口。这些情况均构成多侧线的塔。若精馏塔中共有 i 个侧线（进料口亦计入），则计算时应将全塔分成（i+1）段。通过每段的物料衡算，可分别写出相应段的操作线方程式。图解理论板层数的原则与常规塔的相同。下面以精馏塔中有两股进料的情况为例，予以说明。

【例 5-9】　在常压连续精馏塔中，分离乙醇-水溶液，组成为 $x_{F1}=0.6$（易挥发组分摩尔分数，下同）及 $x_{F2}=0.2$ 的两股原料液分别被送到不同的塔板，进入塔内。两股原料液的流量之比 F_1/F_2 为 0.5，均为饱和液体进料。操作回流比为 2。若要求馏出液组成 x_D 为 0.8，釜残液组成 x_W 为 0.02，试求理论板层数及两股原料液的进料板位置。

常压下乙醇-水溶液的平衡数据见例5-9附表。

例5-9附表 乙醇-水气液平衡数据

液相中乙醇的摩尔分数	气相中乙醇的摩尔分数	液相中乙醇的摩尔分数	气相中乙醇的摩尔分数
0.0	0.0	0.25	0.551
0.01	0.11	0.30	0.575
0.02	0.175	0.4	0.614
0.04	0.273	0.5	0.657
0.06	0.34	0.6	0.98
0.08	0.392	0.7	0.755
0.1	0.43	0.8	0.82
0.14	0.482	0.894	0.894
0.18	0.513	0.95	0.942
0.2	0.525	1.0	1.0

解:如本题附图1所示,由于有两股进料,故全塔可分为三段。组成为 x_{F1} 的原料液从塔较上部位的某加料板引入,该加料板以上塔段的操作线方程与无侧线塔的精馏段操作线方程相同,即

$$y_{n+1}=\frac{R}{R+1}x_n+\frac{1}{R+1}x_D \tag{a}$$

该操作线在 y 轴上的截距为

$$\frac{x_D}{R+1}=\frac{0.8}{2+1}=0.267$$

两股进料板之间塔段的操作线方程,可按图中虚线范围内作物料衡算求得,即

总物料 $$V''+F_1=L''+D \tag{b}$$

易挥发组分 $$V''y_{s+1}+F_1x_{F1}=L''x_s+Dx_D \tag{c}$$

式中:V''为两股进料之间各层板的上升蒸气摩尔流量(kmol/h);L''为两股进料之间各层板的下降液体摩尔流量(kmol/h);下标 s、$s+1$ 为两股进料之间各层板的序号。

由式(c)可得

$$y_{s+1}=\frac{L''}{V''}x_s+\frac{Dx_D-F_1x_{F1}}{V''} \tag{d}$$

因进料为饱和液体,故 $V''=V=(R+1)D$,$L''=L+F_1$,则

$$y_{s+1}=\frac{L+F_1}{(R+1)D}x_s+\frac{Dx_D-F_1x_{F1}}{(R+1)D} \tag{e}$$

式(d)及式(e)为两股进料之间塔段的操作线方程,也是直线方程式,它在 y 轴上的截距为 $\frac{(Dx_D-F_1x_{F_1})}{(R+1)D}$。其中 D 可由物料衡算求得。

设 $F_1 = 100\ \text{kmol/h}$，则 $F_2 = \dfrac{100}{0.5} = 200\text{kmol/h}$

对全塔作总物料及易挥发组分的衡算，得

$$F_1 + F_2 = D + W = 300, F_1x_{F1} + F_2x_{F2} = Dx_D + Wx_W$$

或
$$0.6 \times 100 + 0.2 \times 200 = 0.8D + 0.02W$$

联立上两式解得：$D = 120\text{kmol/h}$

所以
$$\frac{Dx_D - F_1x_{F_1}}{(R+1)D} = \frac{120 \times 0.8 - 100 \times 0.6}{(2+1) \times 120} = 0.1$$

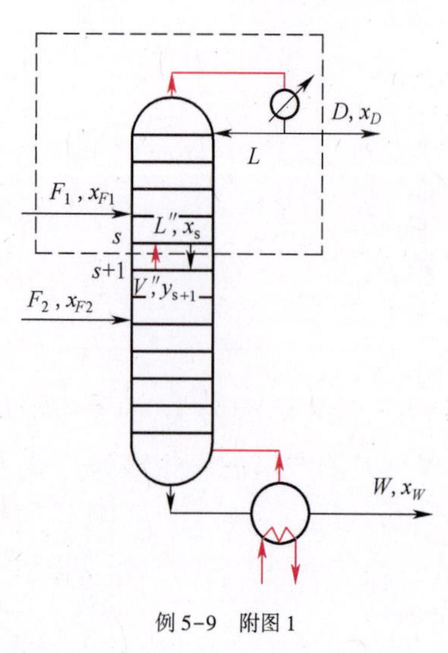

例 5-9　附图 1

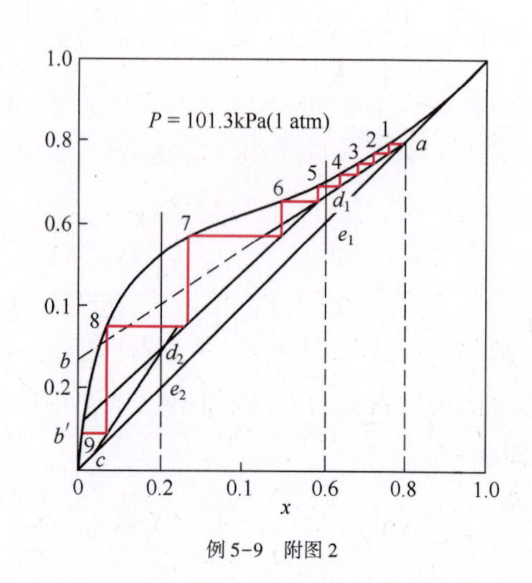

例 5-9　附图 2

对原料液组成为 x_{F2} 的下一股进料，其加料板以下塔段的操作线方程与无侧线塔的提馏段操作线方程相同。

上述各段操作线交点的轨迹方程分别为

$$y = \frac{q_1}{q_1 - 1}x - \frac{x_{F_1}}{q_1 - 1} \text{ 和 } y = \frac{q_2}{q_2 - 1}x - \frac{x_{F_2}}{q_2 - 1}$$

在 x-y 直角坐标图上绘平衡曲线和对角线，如本题附图 2 所示。依 $x_D = 0.8$，$x_{F_1} = 0.6$，$x_{F_2} = 0.2$ 及 $x_W = 0.02$ 分别作铅垂线，与对角线分别交于 a、e_1、e_2 及 c 四点，按原料 F_1 之加料口以上塔段操作线的截距（0.267），在 y 轴上定出点 b，连 ab，即为精馏段操作线。过点 e_1 作铅垂线（q_1 线）与 ab 线交于点 d_1，再按两股进料板之间塔段的操作线方程的截距（0.1），在 y 轴上定出点 b'，连 $b'd_1$，即为该段的操作线。过点 e_2 作铅垂线（q_2 线）与 $b'd_1$ 线交于点 d_2，连 cd_2 即得提馏段操作线。然后在平衡曲线和各操作线之间绘梯级，共得理论板数为 9（包括再沸器），自塔顶往下的第 5 块板为原料 F_1 的加料板，自塔顶往下的第 8 块板为原料 F_2 的加料板。

5.5　精馏塔的操作和调节

精馏塔操作的基本要求是在连续定态和最经济的条件下处理更多的原料液，达到预定的分离要求（规定的 x_D 和 x_W）或组分的回收率。

1. 影响精馏操作的主要因素

通常,对特定的精馏塔和物系,保持精馏定态操作的条件是:①塔压稳定;②进、出塔系统的物料量平衡和稳定;③进料组成和热状况稳定;④回流比恒定;⑤再沸器和冷凝器的传热条件稳定;⑥塔系统与环境间散热稳定。由此可见,影响精馏操作的因素十分复杂,以下就其中主要因素予以分析。

(1) 物料平衡的影响。保持精馏装置的物料平衡是精馏塔定态操作的必要条件。根据全塔物料衡算可知,对于一定的原料液流量 F,只要确定了分离程度 x_D 和 x_W,馏出液流量 D 和釜残液流量 W 也就被确定了。而 x_D 和 x_W 决定于气液平衡关系(α)、x_F、q、R 和理论板数 N_{T}(适宜的进料位置),因此 D 和 W 或采出率 $\dfrac{D}{F}$ 与 $\dfrac{W}{F}$ 只能根据 x_D 和 x_W 确定,而不能任意增减,否则进、出塔的两个组分的量不平衡,必然导致塔内组成变化,操作波动,使操作不能达到预期的分离要求。

(2) 回流比的影响。回流比是影响精馏塔分离效果的主要因素,生产中经常用改变回流比来调节、控制产品的质量。塔顶采出量一定的条件下,回流比增加,使塔内上升蒸气量及下降液体量均增加,若塔内气液负荷超过允许值,则应减小原料液流量。回流比变化时,再沸器和冷凝器的传热量也应相应发生变化。

应指出,在采出率 $\dfrac{D}{F}$ 一定的条件下,若以增大 R 来提高 x_D,则有以下限制:

① 受精馏塔理论板数的限制,因对一定的板数,即使 R 增到无穷大(全回流),x_D 有一最大极限值。

② 受全塔物料平衡的限制,其极限值为 $x_D = \dfrac{Fx_F}{D}$。

(3) 进料组成和进料热状况的影响。当进料状况(x_{F} 或 q)发生变化时,应适当改变进料位置。一般精馏塔常设几个进料位置,以适应生产中进料状况的变化,保证在精馏塔的适宜位置下进料。如进料状况改变而进料位置不变,必然引起馏出液和釜残液组成的变化。

对特定的精馏塔,若 x_F 减小,则将使 x_D 和 x_W 均减小,欲保持 x_D 不变,则应增大回流比。

以上对精馏过程的主要影响因素进行了定性分析,若需要定量计算(或估算)时,则所用的计算基本方程与前述的设计计算的完全相同,不同之处仅是操作型的计算更为繁杂,这是由于众多变量之间呈非线性关系,一般都要用试差计算或作图方法求得计算结果,此处不再深入讨论,这里主要介绍精馏塔操作性问题的定性分析方法。

2. 精馏塔操作型问题的定性分析方法

上述分析表明,操作条件改变所引起分离结果的变化必须同时满足全塔物料衡算和逐板组成变化关系,但两者所起的作用并不相同。分离结果的改变是由于塔板分离能力的改变引起逐板组成发生变化所致,而其变化的程度则受全塔物料衡算关系的约束。

通常操作条件的变化将引起塔内液、气流量的改变,并影响塔板效率,若这一影响很小而能忽略,便可把操作中精馏塔的理论板数视为不变,这是本章进行精馏塔操作分析时的一个前提条件。另外,在下面例题中满足以下条件:塔顶为全凝器、泡点回流,塔底为间接蒸气加热,操作压力不变且加料位置不变。

【例 5-10】 一操作中的精馏塔,若保持 F、x_F、q、D 不变,增大回流比,试分析 L、V、L'、V'、W、x_D、x_W 的变化趋势。

解:(1)L、V、L'、V'、W 的变化趋势分析。

$$L = RD, V = (R+1)D$$

因为 D 不变、R 增大,所以 L 增大、V 增大。

$$L' = L + qF \quad V' = V - (1-q)F$$

因为 F、q 不变,所以 L'增大、V'增大。

即本题 R 增大的代价是塔釜蒸气量 V'增大。

$$W = F - D$$

因为 F、D 不变,所以 W 不变。

(2) x_D、x_W的变化趋势分析。

利用 M-T 图解法可分析 x_D、x_W的变化趋势。可先假设 x_D不变,则 $x_W=(Fx_F-Dx_D)/W$ 也不变,结合 R 增大,做出新工况下的两操作线,如附图 1 所示的二虚线(原工况为实线,下同),可知要完成新工况下的分离任务所需的理论板数 N 比原来的要少,不能满足理论板数不变这个限制条件,显然若要满足 N 不变,必有 x_D增大,又从物料衡算关系得 x_W减小,其结果如例 5-10 附图 2 所示。

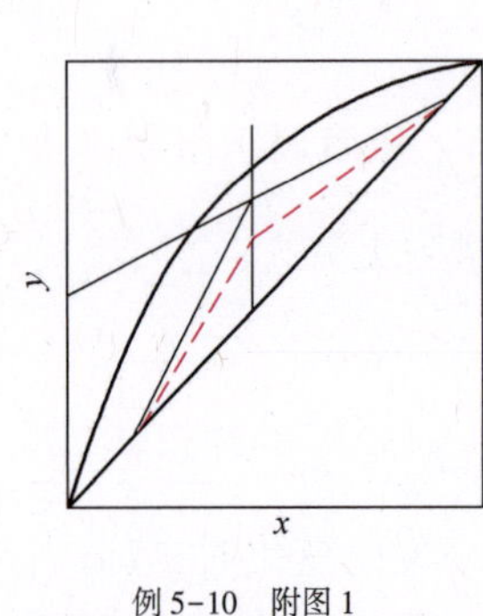

例 5-10 附图 1

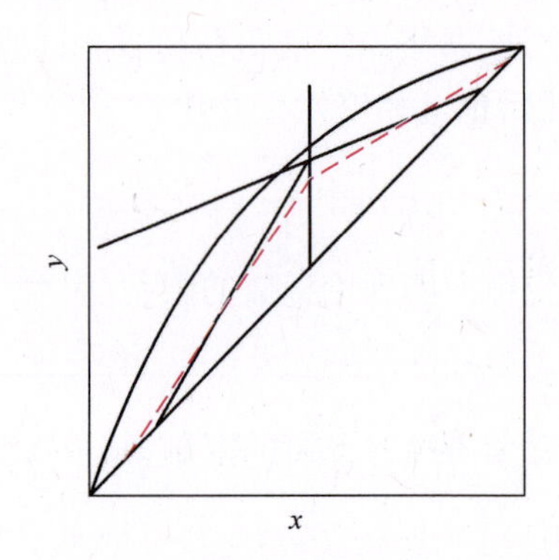

例 5-10 附图 2

【例 5-11】 某分离二元混合物的精馏塔,因操作中的问题,进料并未在设计的最佳位置,而偏下了几块板。若 F、x_F、q、R、V'均同设计值,试分析 L、V、L'、D、W、x_D、x_W的变化趋势。

解:(1) L、V、L'、D、W 的变化趋势分析。

$$V = V' + (1-q)F$$

因为 V'、F、q 不变,所以 V 不变。

$$D = V/(R+1), W = F - D, L = V - D, L' = L + qF$$

因为 R 不变,所以 D 不变、W 不变、L 不变、L'不变。

(2) x_D、x_W的变化趋势分析。本题易发生一种错觉:加料板下移使精馏段理论塔板数增大,提馏段理论塔板数减小,若每块板的分离能力不变,x_D和 x_W均应增大,但这个结论显然不符合物料衡算式。

仍设 x_D不变,则 $x_W=(Fx_F-Dx_D)/W$ 也不变,结合 R 不变,得新工况下的两操作线同原来的重合,由于进料位置比最佳位置低,则图解结果如例 5-11 附图 1 所示(为清晰起见,示意图中给出了加料位置比最佳位置低两块板的情形),可知所需理论板数增大,而实际上理论板数不变,必有 x_D减小,又从物料衡算关系得必有 x_W增大,如附图 2 所示。

由于进料位置下降,尽管精馏段理论板数增大,但 x_D反而减小。发生这种结果的原因可作如下分析:在最佳进料位置时,每一块板均能发挥其最佳分离能力,而当偏离最佳位置时,如本题加料位置偏低,则原本在提馏段的板变成精馏段的板,分离能力明显下降,从而使精馏塔的整体分离能力下降,导致 x_D减小,x_W增大。

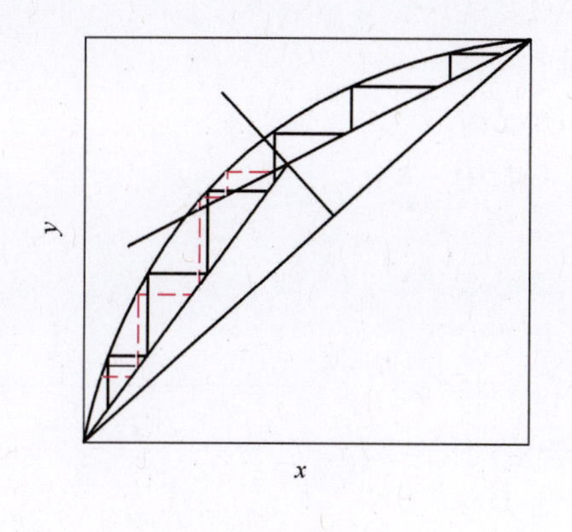

例 5-11　附图 1

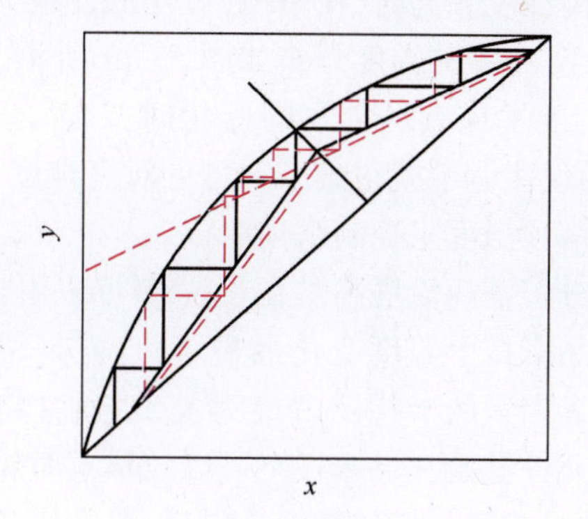

例 5-11　附图 2

3. 操作温度和压强的影响

精馏是气液相间的传质和传热过程,与相平衡密切相关。工业精馏常通过控制操作温度和压强来控制精馏过程。

(1) 操作温度的影响。在总压一定的条件下,精馏塔内各块板上物料的组成与温度一一对应。任意板上物料组成发生变化,相应位置温度也随之变化。由于在线分析工业精馏过程产品组成不方便,工业上一般用容易测量的温度来预示塔内组成尤其是塔顶馏出液组成的变化。在常压或加压精馏塔中,各板的总压差别不大,形成全塔温度分布的主要原因是各板组成不同,精馏塔典型的温度分布如图 5-32 所示,其中图 5-32(a)表示各板组成和温度的对应关系,由此可求出各板的温度分布,如图 5-32(b)所示。

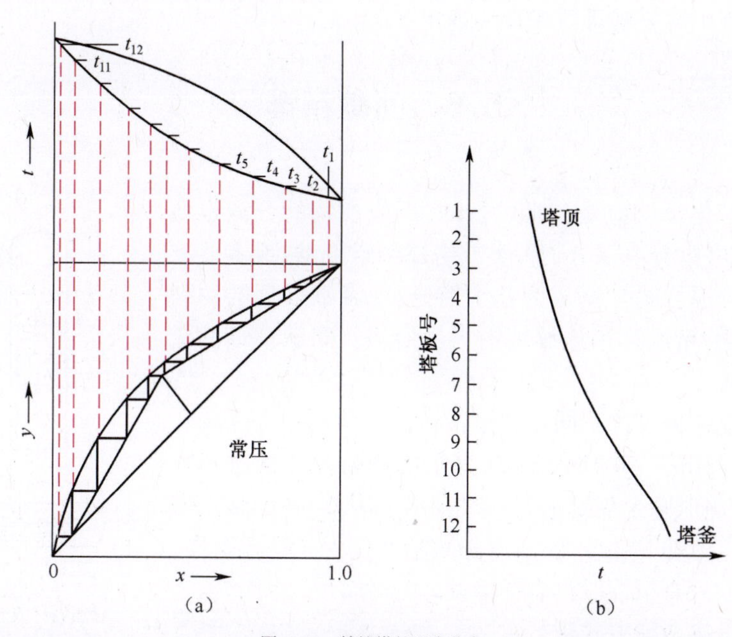

图 5-32　精馏塔的温度分布

减压精馏时,蒸气每经过一块塔板有一定压降,因此塔顶底压降相对较大。各板组成与总压的差别是影响全塔温度分布的主要原因,其中总压的影响往往更大。

精馏塔工作过程中经常受到各种因素的影响，如回流比、进料组成的波动，全塔各板的组成将发生变动，全塔的温度分布也将发生相应变化。

高纯度分离时，在塔顶（或塔底）相当一段高度内，温度变化极小，典型的温度分布如图5-33所示。因此当塔顶（或塔底）温度发现有可觉察的变化时，产品的组成可能已明显改变，再设法调节就很难了。可见对高纯度分离时，一般不能用测量塔顶温度来控制塔顶组成。

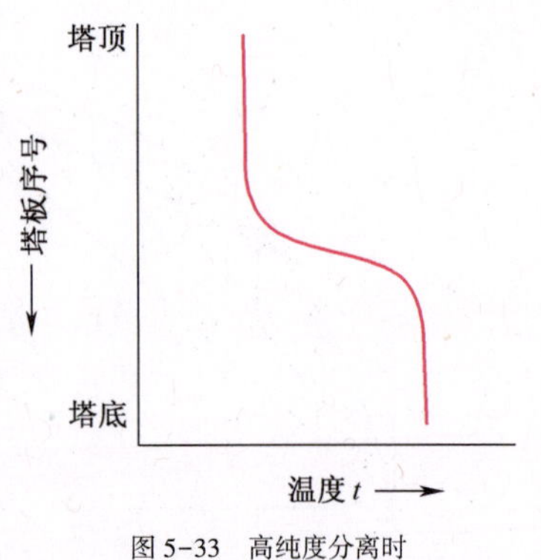

图5-33 高纯度分离时全塔的温度分布图

分析塔内沿塔高的温度分布可以看出，在精馏段或提馏段的某塔板上温度变化最显著，也就是说这些塔板的温度对于外界因素的干扰反映最为灵敏，通常将它称为灵敏板。将测温元件安装在灵敏板上可以较早察觉精馏操作所受到的干扰；而且灵敏板比较靠近进料口，可在塔顶馏出液组成尚未变化之前感受到进料参数的变动并及时采取控制手段，以稳定馏出液的组成。因此工业上常用测量和控制灵敏板的温度来保证产品的质量。

（2）操作压强的影响。精馏操作压强是根据物料性质、工艺要求和经济因素综合确定，运行过程不宜随意变动。操作压强波动的影响如下：

① 操作压强变化将引起温度和组成间对应关系变化，操作温度随之变化；压强升高，操作温度升高。

② 操作压强升高，组分间相对挥发度降低，塔板分离能力下降，分离效率下降。

③ 操作压强升高，溶液汽化困难，液相量增加，气相量减少，导致塔内气液相负荷发生了变化。

可见，精馏操作压强波动将改变整个塔的操作状况，增加操作的难度和难以预测性。因此，精馏操作运行过程中应尽量维持操作压强恒定。

5.6 间歇精馏

化工生产中若化学反应是分批进行的，反应产物的分离也要求分批进行时；或者欲分离混合物种类或组成经常变动；或者要求用一个塔把多组分混合物切割成为几个馏分；或者欲处理的物料量很小时，采用间歇精馏比用连续精馏更为恰当。间歇精馏的流程如图5-34所示。

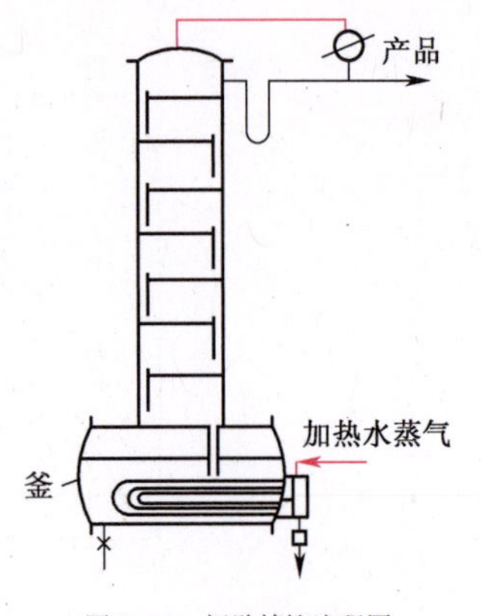

图5-34 间歇精馏流程图

间歇精馏与连续精馏的不同点在于：

（1）原料在操作前一次加入釜中，其浓度随着操作的进行而不断降低，待釜液组成降至规定值后一次排出。因此，各层板上气液相的浓度也相应地随时在改变，所以间歇精馏属于非稳态操作。

（2）间歇精馏只有精馏段没有提馏段。

间歇精馏可以按两种方式进行：

（1）保持馏出液浓度恒定而相应地不断改变回流比。

（2）保持回流比恒定，而馏出液组成逐渐降低。

5.6.1 馏出液组成维持恒定的操作

间歇精馏的釜液组成 x_W 随精馏时间加长而逐渐降低，而塔内理论板数又是固定不变的，只有采用逐渐加大回流比的办法，才能维持馏出液组成不变。操作情况如图 5-35 所示。图中是假定在四块理论板下操作，馏出液组成如维持为 x_D 时，在回流比 R_1（图中实线所示）下进行操作，釜液组成可降到 x_{W1}。随着操着时间加长，釜液组成不断下降，如降到 x_{W2}，在仍为四块理论板的条件下，要维持 x_D 不变，只有将回流比加大到 R_2（图中虚线所示），使操作线由 ac_1 移到 ac_2。这样不断加大回流比，直到釜液组成达到规定组成 x_{We}，即停止操作。

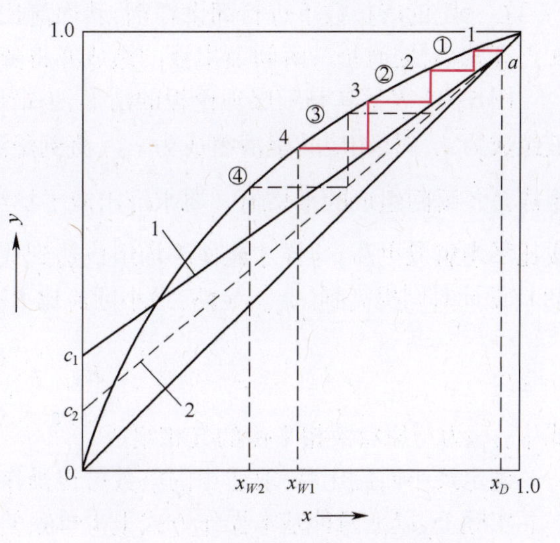

图 5-35 维持馏出液组成恒定的间歇精蒸馏

设原料组成为 x_F（亦即釜液的最初组成），要求经过分离后，釜液最终组成为 x_{We}，馏出液组成恒定为 x_D。显然分离最困难是精馏的最后阶段，故确定理论板数应以最终精馏阶段釜液组成 x_{We} 为基准计算。

如图 5-36(a) 所示，根据 x_D 确定 a 点，作 $x=x_{We}$ 的直线与平衡线交于 d_1，直线 ad_1 即为操作终了时在最小回流比下的操作线。算得 R_{min} 后，取适当倍数以求操作回流比 R，再算出操作线在 y 轴上的截距 $\dfrac{x_D}{R+1}$，就可以按一般作图法求所需的理论板数。图 5-36(b) 表示需要 6 块理论板（包括塔釜）。

$$R_{min} = \frac{x_D - y_{We}}{y_{We} - x_{We}}$$

在每批精馏操作的后期，由于釜液浓度太低，所需的回流比很大，馏出液量又很小，为了经济上更合理，常在回流比要急剧增大时终止收集原定浓度的馏分，仍保持较小回流比蒸出一部分中间馏分，直至釜液达到规定组成为止。中间馏分则加入下一批料液中再次精馏。

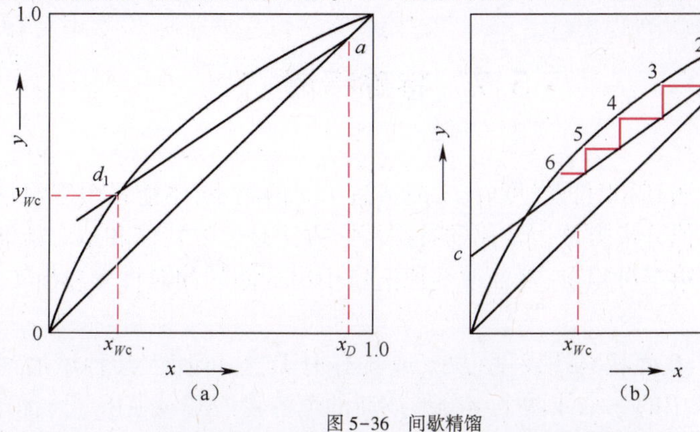

图 5-36 间歇精馏

(a) 间歇精馏最小回流比的求法；(b) 间歇精馏理论板数的图解法。

5.6.2 回流比维持恒定的操作

在一定的塔板数下进行间歇精馏，若回流比保持不变，则釜中液体的组成必随操作的进行而逐渐减小，同时每一瞬间馏出液的组成亦将随之减小。

图 5-37 表示具有三层理论板的情形，当馏出液组成为 x_{D_1} 时，相应的釜液组成为 x_{W_1}；馏出液组成为 x_{D_2} 时，相应的釜液组成为 x_{W_2}，直到釜液组成达到规定值，操作即可终止。所得馏出液组成是各瞬间组成的平均值。要求馏出液平均组成为 $\overline{x_D}$，则设计时应使操作初期的馏出液组成比平均组成更高，这样才能使平均组成达到或高于规定值。如规定的平均组成为 $\overline{x_D}$（图 5-38），设计时则提高到 x_{D_1}。显然，最小回流比 $R_{\min}$ 应根据 x_{D_1} 计算

$$R_{\min}=\frac{x_{D_1}-y_{Fe}}{y_{Fe}-x_F}$$

式中：y_{Fe} 为与原料液相平衡的气相组成。

确定最小回流比后，取适当的倍数可得操作回流比，然后按一般作图法即可求得理论板数。

实际上，以上两种基本操作方式很少单独使用，因为维持回流比恒定操作时很难得到易挥发组分组成和回收率都较高的馏出液；而维持馏出液组成恒定的操作需连续加大回流比，不仅调节困难，而且操作后期由于回流比过大导致操作费用显著增加。一般在实际生产中常将上述两种操作方式结合使用，例如，可维持回流比恒定条件下操作一段时间，当馏出液组成有明显下降时再加大回流比，即采用分段保持恒定馏出液组成，而使回流比逐级跃升的办法来进行操作。

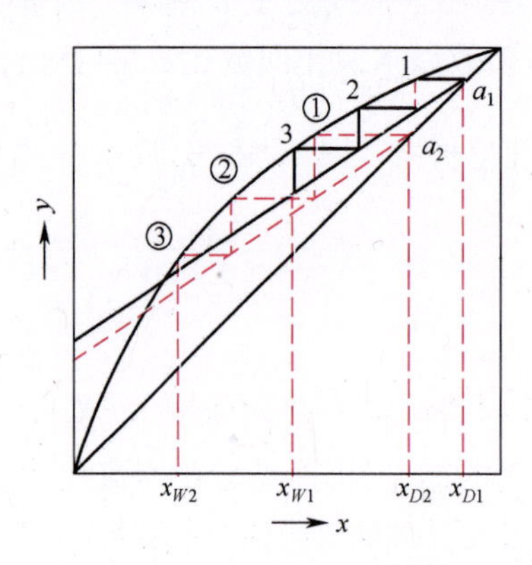

图 5-37 回流比恒定的间歇精馏

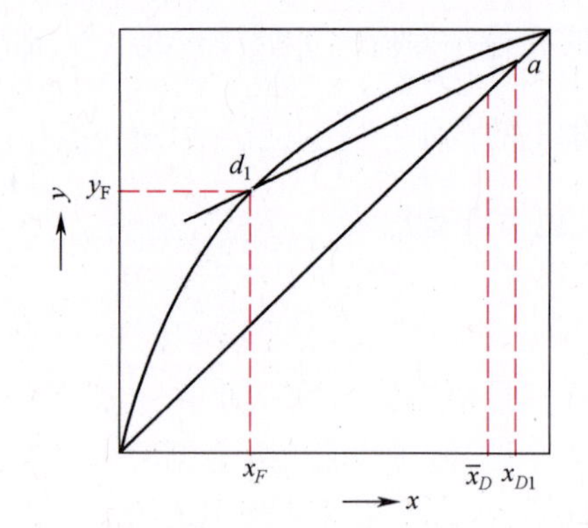

图 5-38 最小回流比的求法

5.7 特殊精馏

化工生产中常常会遇到相对挥发度 $\alpha=1$ 或接近于 1 的物系，不能采用常规精馏方法分离，需要采用特殊精馏或其他分离方法。常用的特殊精馏方法是恒沸精馏和萃取精馏，基本原理是都在双组分溶液中加入第三种组分，从而改变原溶液中组分间的相对挥发度而实现分离目的。

1. 恒沸精馏

如果双组分溶液 A、B 间相对挥发度很小，或具有恒沸物，可加入某种添加剂 C（又称夹带剂），夹带剂 C 与原溶液中的一个或两个组分形成新的恒沸物（AC 或 ABC），新恒沸物与原组分间沸点差较大，从而使原溶液易于分离，这种精馏方法称为恒沸精馏。

例如，乙醇-水溶液在1个物理大气压时有最低恒沸点78.15 ℃，恒沸物组成摩尔分数0.894(重量百分数为95.6%)，用前述普通精馏方法最多只能分离得到接近恒沸组成的酒精，即工业酒精。进一步在乙醇-水恒沸物中加入苯作为挟带剂，则可形成乙醇-水-苯三元恒沸物和乙醇，恒沸物沸点为64.85℃，各组分摩尔分数分别为苯0.539，乙醇0.228和水0.233。

如图5-39所示，分离乙醇-水恒沸物获得无水乙醇是一个典型的恒沸精馏过程，以苯为夹带剂，苯、乙醇和水能形成三元恒沸物。只要有足量的苯作为夹带剂，在精馏时水将全部集中于三元恒沸物中从恒沸精馏塔顶带出，塔底获得无水酒精产品，苯回收塔用于回收苯，乙醇回收塔用于回收乙醇。

作为夹带剂的苯在系统中循环使用，补充损失的苯量在正常情况下低于无水酒精产量的千分之一。

选择适宜的夹带剂是能否采用恒沸精馏方法分离的重要因素，对夹带剂的要求是：

(1) 能与被分离组分形成低恒沸物，且该恒沸物易于和塔底组分分离。

(2) 形成恒沸物本身应易于分离，以回收其中的夹带剂。

(3) 夹带剂无毒、无腐蚀性、热稳定，且来源容易，价格低廉。

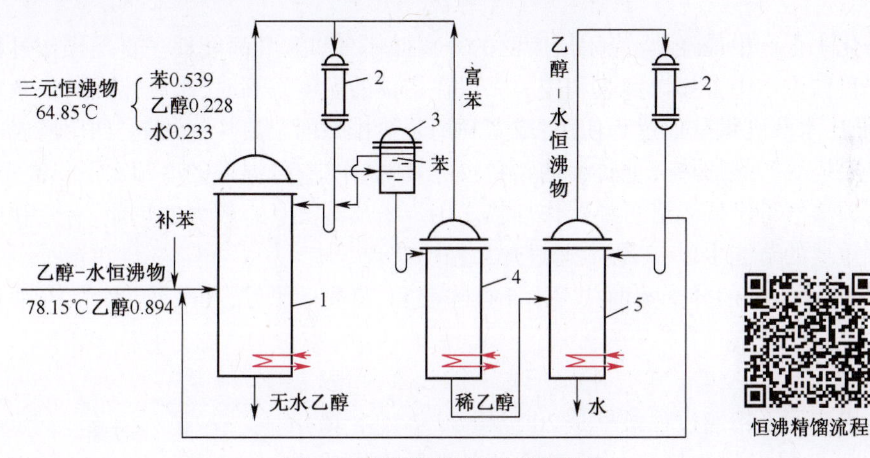

图5-39 恒沸精馏制备无水乙醇流程图

1—恒沸精馏塔；2—冷凝器；3—分层器；4—苯回收塔；5—乙醇回收塔。

2. 萃取精馏

若在原溶液中加入某种高沸点添加剂(萃取剂)能够显著改变原溶液中组分间相对挥发度，从而使原溶液易于分离，这种精馏方法称为萃取精馏。

如图5-40是分离苯-环己烷混合液的萃取精馏流程。在常压下苯的沸点为80.1℃，环己烷的沸点为80.73℃，其相对挥发度极小。可在溶液中加入糠醛(沸点161.7℃)作为萃取剂，由于糠醛与苯的结合力相对较强，使苯和环己烷的相对挥发度大大增加。

选择适宜的萃取剂是能否采用萃取精馏方法分离的重要因素，对萃取剂的要求是：

(1) 能显著改变原溶液中组分间相对挥发度。

(2) 挥发性弱，但沸点比纯组分高得多，且不形成新的恒沸物。

(3) 萃取剂无毒、无腐蚀性、热稳定，且来源容易，价格低廉。

萃取精馏和恒沸精馏相比，相同之处在于均加入第三组分，因此均属于多组分精馏。不同之处在于：①萃取剂比夹带剂易于选择；②萃取精馏时萃取剂在精馏过程中基本不汽化，耗能低；③萃取精馏中萃取剂的加入量可调范围大，比恒沸精馏易于控制，操作灵活；④恒沸精馏操作温度比萃取精馏低，更适于分离热敏性溶液。

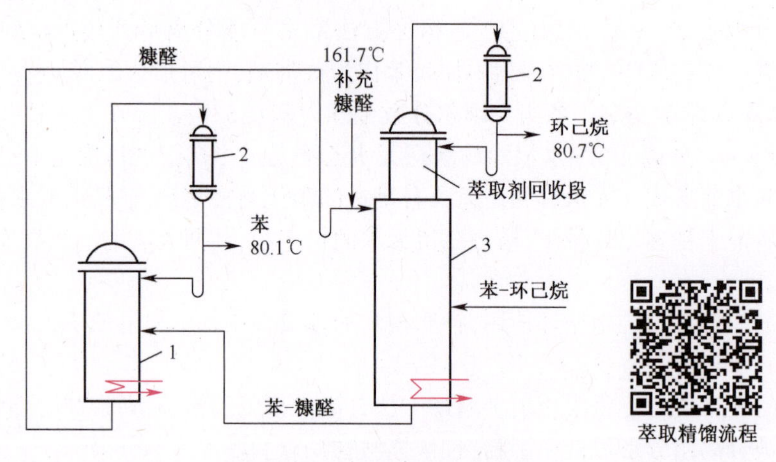

图 5-40　萃取精馏分离苯-环己烷流程图

1—苯回收塔；2—冷凝器；3—萃取精馏塔。

3. 其他蒸馏技术

精馏是化工生产中最经典、应用最广泛的分离操作，但是，其高能耗一直是操作过程不可避免的问题。目前生产中多加以回收利用。一般在塔顶的温度较高时，用废热锅炉代替塔顶冷凝器，以产生低压水蒸气供其他过程使用；或者利用装置排除的余热作加热剂，如用塔底产品预热进料，用塔顶、塔底产品加热其他过程的物料；在多塔操作中，低温塔的冷却水可供高温塔使用，高温塔的塔顶蒸气可供低温塔再沸器作加热之用。塔顶蒸气具有较大的热能，有效利用其冷凝热也是一种重要的节能手段，工程上通过热泵精馏实现。

另外，近年来兴起的分子蒸馏技术由于操作温和、分离效果好，在医药、食品、石油化工等领域广泛应用。

（1）热泵精馏。

热泵技术应用于精馏过程最早是 20 世纪 50 年代由 Robinson 和 Gilliland 提出的。热泵是以消耗一定量的机械功为代价，把热能由较低温度提高到能够被利用的较高温度的装置。将热泵用于精馏装置是用压缩机将低温蒸气增压，使其提高温度，成为过热状态，然后作为塔底热源。图 5-41 为在精馏装置中采用的一种较典型的热泵系统。在该系统中，热泵的循环介质在冷凝器中吸收塔顶蒸气的热量而蒸发为蒸气，该蒸气经过压缩后提高温度进入再沸器中冷凝放热，冷凝后的液体经节流阀减压再进入冷凝器中蒸发吸热，如此循环不已。此外，还有采用精馏本身的物料作为热泵的循环介质的。

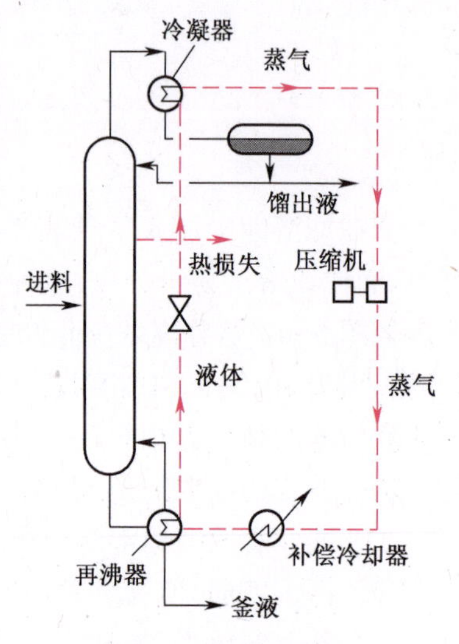

图 5-41　热泵精馏示意图

（2）分子蒸馏。

由热力学原理可知，一个分子相邻两次分子碰撞之间所经过的路程为分子运动自由程，针对单个分子来讲，在某个时间间隔内自由程的平均值为平均自由程。压力降低、温度升高有利于增加分子的运动自由程。在温度和压力相同的条件下，分子的有效直径越小，平均自由程越大。在混合溶液中，易挥发组分的平均自由程大,难挥发组分的平均自由程相对小些。如图5-42所示,混合液自上流下在加热板表面形成液膜,料液分子受热并从液膜表面逸出。与加热板平行设置一冷凝板,若冷凝板设置在离液膜的距离介于易挥发组分和难挥发组分的平均自由程之间,则逸出的轻组分分子在冷凝板上冷凝,重组分分子因达不到冷凝板而返回原来液面,从而实现轻重组分的分离。

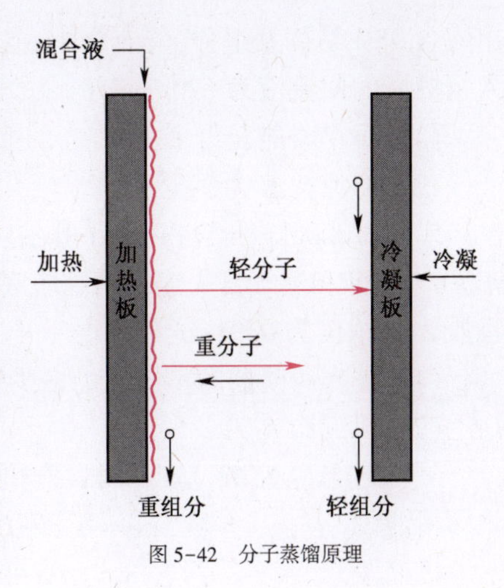

图5-42 分子蒸馏原理

与常规蒸馏相比,分子蒸馏技术主要特点如下:①分子蒸馏是在高真空条件下操作,远低于常规的减压蒸馏;②分子蒸馏技术操作温度低,混合物可以在远低于沸点的温度下挥发,不需要达到气液平衡;③组分在受热情况下停留时间很短(介于几秒到几十秒之间),减少了物料热分解的机会。

习题

1. 在101.33kPa下正庚烷和正辛烷的平衡数据如附表所列。

习题1 附表

温度/℃	液相中正庚烷摩尔分数	气相中正庚烷摩尔分数
98.4	1.0	1.0
105	0.656	0.81
110	0.487	0.673
115	0.311	0.491
120	0.157	0.280
125.6	0	0

试求:

(1) 在101.33kPa下溶液中含正庚烷为0.35(摩尔分数)时的泡点及平衡蒸气的瞬间组成。

(2) 在101.33kPa下将该溶液加热到117℃溶液处于什么状态?各相的组成如何?溶液被加热到什么温度全部汽化为饱和蒸气?

2. 甲醇和乙醇形成的混合液可认为是理想物系,20℃时乙醇的饱和蒸气压为5.93kPa,甲醇为11.83kPa。试求:

(1) 两者各用100g液体,混合而成的溶液中甲醇和乙醇的摩尔分数各为多少?

(2) 气液平衡时系统的总压和各自的分压为多少?气相组成为多少?

3. 由正庚烷和正辛烷组成的溶液在常压连续精馏塔中进行分离。混合液的质量流量为5000kg/h,其中正庚烷的含量为30%(摩尔分数,下同),要求馏出液中能回收原料中88%的正庚烷,釜液中含正庚烷不高于5%。试求馏出液的摩尔流量及摩尔分数。

4. 将含24%(摩尔分数,下同)易挥发组分的某液体混合物送入一连续精馏塔中。要求馏出液含95%易挥发组分，釜液含3%易挥发组分。送至冷凝器的蒸气摩尔流量为850kmol/h，流入精馏塔的回流液为670kmol/h。试求

(1) 每小时能获得多少kmol的馏出液？多少kmol的釜液？

(2) 回流比R为多少？

5. 有10000kg/h含物质A(摩尔质量为78)0.3(质量分数，下同)和含物质B(摩尔质量为90)0.7的饱和蒸气自一连续精馏塔底送入。若要求塔顶产品中物质A的浓度为0.95，釜液中物质A的浓度为0.01，试求：

(1) 进入冷凝器的蒸气量为多少？以摩尔流量表示之。

(2) 回流比R为多少？

6. 某连续精馏塔，泡点加料，已知操作线方程如下：

精馏段　　　$y=0.8x+0.172$

提馏段　　　$y=1.3x-0.018$

试求原料液、馏出液、釜液组成及回流比。

7. 要在常压操作的连续精馏塔中把含0.4苯及0.6甲苯溶液加以分离，以便得到含0.95苯的馏出液和0.04苯(以上均为摩尔分数)的釜液。回流比为3，泡点进料，进料摩尔流量为100kmol/h。求从冷凝器回流入塔顶的回流液的摩尔流量及自釜升入塔底的蒸气的摩尔流量。

8. 在连续精馏塔中将甲醇30%(摩尔分数，下同)的水溶液进行分离，以便得到含甲醇95%的馏出液及3%的釜液。操作压力为常压，回流比为1.0，进料为泡点液体，试求理论板数及加料板位置。常压下甲醇和水的平衡数据如附表所列。

习题8　附表

温度/℃	液相中甲醇摩尔分数	气相中甲醇摩尔分数	温度/℃	液相中甲醇摩尔分数	气相中甲醇摩尔分数
100	0.0	0.0	75.3	40.0	72.9
96.4	2.0	13.4	73.1	50.0	77.9
93.5	4.0	23.4	71.2	60.0	82.5
91.2	6.0	30.4	69.3	70.0	87.0
89.3	8.0	36.5	67.6	80.0	91.5
87.7	10.0	41.8	66.0	90.0	95.8
84.4	15.0	51.7	65.0	95.0	97.9
81.7	20.0	57.9	64.5	100.0	100.0
78.0	30.0	66.5			

9. 用一连续精馏塔分离苯-甲苯混合液，原料中含苯0.4，要求塔顶馏出液中含苯0.97，釜液中含苯0.02(以上均为摩尔分数)，若原料液温度为25℃，求进料热状态参数q为多少？若原料为气液混合物，气液比3∶4，q值为多少？

10. 用一常压连续精馏塔分离含苯0.4的苯-甲苯混合液。要求馏出液中含苯0.97，釜液中含苯0.02(以上均为质量分数)，操作回流比为2，进料参数$q=1.36$，平均相对挥发度为2.5，用简捷计算法求所需理论板数。并与图解法比较之。

11. 在连续精馏塔中分离两组分理想溶液，原料液组成为0.5(易挥发组分摩尔分数，下同)，泡点进料。塔顶采用分凝器和全凝器，如本题附图所示，分凝器向塔内提供泡点温度的回

流液,其组成为 0.88,从全凝器得到塔顶产品,其组成为 0.95,要求易挥发组分的回收率为 96%,并测得离开塔顶第一层理论板的液相组成为 0.79,试求:

(1) 操作回流比为最小回流比的倍数;

(2) 若馏出液流量为 50kmol/h,求所需的原料流量。

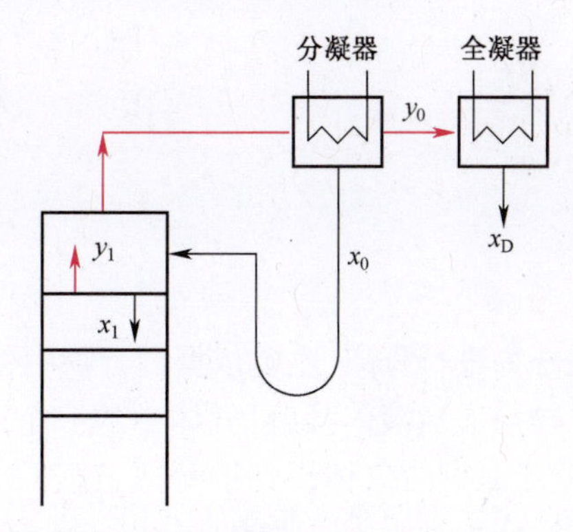

习题 11　附图

12. 在连续精馏塔中分离苯-甲苯混合液。在全回流条件下测得相邻板上液体组成分别为 0.28,0.41 和 0.57,试求三层板中下面两层的单板效率。

在操作条件下苯-甲苯的 3 组平衡数据如下:

x	0.26	0.38	0.51
y	0.45	0.60	0.72

13. 一连续精馏塔分离二元理想混合液,已知精馏段第 n 块塔板(实际板)的气液相组成分分别为 0.83 和 0.70,相邻上层塔板的液相组成为 0.77,而相邻下层塔板的气相组成为 0.78(以上均为易挥发组分的摩尔分数,下同)。塔顶为泡点回流,进料为饱和液体,其组成为 0.46。相对挥发度为 2.5。若已知塔顶与塔底产量比为 2/3,试求:

(1) 精馏段第 n 板的液相默费里板效率;

(2) 精馏段操作线方程;

(3) 提馏段操作线方程;

(4) 最小回流比;

(5) 若改用饱和蒸气进料,操作回流比不变,所需的塔板数为多少?

14. 在常压连续精馏塔内分离某理想二元混合物,泡点进料,进料量 100kmol/h,其组成为 0.4(易挥发组分的摩尔分数,下同);馏出液流量为 40kmol/h,其组成为 0.95;采用回流比为最小回流比的 1.6 倍;每层塔板的液相默费里单板效率为 0.5;本题范围内气液平衡方程 $y=0.6x+0.35$;测得进入该塔某层塔板的液相组成为 0.35。试计算:

(1) 精馏段操作线方程;

(2) 离开该层塔板的液相组成。

15. 有一 20%甲醇溶液,用一连续精馏塔加以分离,希望得到 96%及 50%的甲醇溶液各半,以饱和液体采出。釜液浓度不高于 2%(以上均为摩尔分数)。回流比为 2.2,泡点进料,试求所需理论板数及加料口、侧线采出口的位置。

第6章 吸收 Absorption

化学工业中常需对气体混合物进行分离,主要依据混合物中各组分间的某种物理或化学性质的差异而进行。将气体混合物与适当液体接触,气体中的一个或几个组分溶解于液体中,不能溶解的组分仍保留在气相中,于是混合气体得到了分离,这种利用各组分在液体中溶解度的差异使气体中不同组分分离的操作称为吸收。吸收是分离气体混合物最常见的单元操作,是一种典型的传质分离过程。吸收过程中所用的液体称为吸收剂或溶剂,气体中能被溶解的组分称为溶质或吸收质,难溶或不能溶解的组分称为惰性气体或载体。

在化工生产中常需将吸收得到的溶质气体从液体中释放出来,这种使溶质从溶液里脱除的过程称为解吸(或脱吸),解吸经常伴随吸收而构成生产上的一个完整的流程。例如工程上常用乙醇胺为溶剂吸收合成氨原料气中的 CO_2。如图 6-1 所示,将含 30% CO_2的合成氨原料气从吸收塔底部送入,乙醇胺液体从塔顶喷入,吸收 CO_2后从底部排出,塔顶排出的气体中含 CO_2可降到 0.2%~0.5%。将吸收塔底排出的含 CO_2乙醇胺溶液用泵送至加热器,加热至 130℃左右后从解吸塔顶喷淋下来,塔底通入水蒸气,CO_2在高温、低压(约 3×10^5Pa)下从溶液中解吸。解吸塔顶排出的气体经冷却、冷凝后得到可用的 CO_2。解吸塔底排出的溶液经冷却降温(约 50℃)加压(约 1.8×10^6Pa)后仍作为吸收剂。这样,吸收剂可循环使用,溶质气体也可回收再利用。

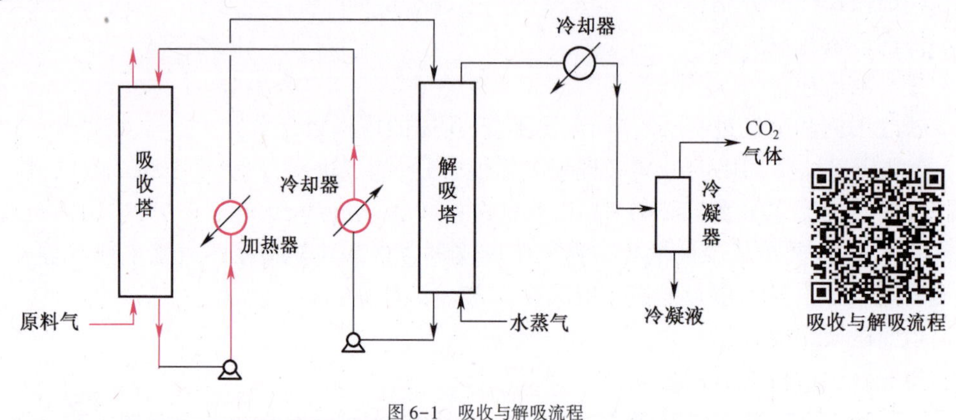

图 6-1　吸收与解吸流程

由此可知,用吸收操作来进行气体混合物的分离,必须解决三方面的问题:

(1) 选择合适的溶剂;

(2) 提供传质设备以实现气、液两相的接触,使溶质从气相转移至液相;

(3) 溶剂的再生。

因此,吸收的操作费用除输送气体、液体至吸收设备所需的能量费用之外,主要是溶剂再生的费用,因为溶剂在吸收设备与解吸设备间的循环,以及中间的加热、冷却、加压等要消耗较多的能量。若溶剂对溶质的溶解能力差,离开吸收设备的溶液中溶质的浓度就低,则所需溶剂循环量大,使能量消耗加大,同时再生时的能量消耗也加大。因此,溶剂对溶质溶解能力的大小对节约能量有重要意义。

吸收剂性能是吸收操作良好与否的关键,评价吸收剂性能优劣的依据是:

(1) 对需吸收的组分要有较大的溶解度;

(2) 对所处理的气体要有较好的选择性,即对溶质的溶解度甚大而对惰性气体几乎不溶解;

(3) 要有较低的蒸气压,以减少吸收过程中溶剂的挥发损失。要有较好的化学稳定性,以免使用过程中变质;

(4) 吸收后的溶剂应易于再生。

此外,溶剂应有较低的黏度,不易起泡,还应尽可能满足来源丰富、价格低廉、无毒、不易燃烧等经济和安全条件。实际上很难找到一种能够满足所有这些要求的溶剂,因此,对可供选用的溶剂应在经济评价后合理地选取。

在吸收过程中,按溶质与溶剂之间发生物理或化学作用的不同可分为物理吸收和化学吸收。若溶质与溶剂之间不发生显著的化学反应,而主要因溶解度大被吸收,则称为物理吸收,如用洗油(煤焦油的主要馏分之一)吸收煤气中的粗苯等。若溶质与溶剂发生显著的化学反应,则称为化学吸收,如用硫酸吸收氨,用碱液吸收 CO_2 等。物理吸收中溶质与溶剂结合力较弱,解吸较容易,化学吸收一般具有较高的选择性。按吸收组分数目的不同,可分为单组分吸收和多组分吸收。若混合气体中只有一个组分进入液相,则称为单组分吸收。如果混合气体中有两个或更多个组分进入液相,则称为多组分吸收。

气体被吸收的过程往往伴有溶解热或反应热等热效应。若热效应明显,则吸收过程进行中温度会升高,这样的吸收过程称为非等温吸收。若热效应很小,或虽热效应大但吸收剂用量大使过程进行的温度变化不大,这样的吸收过程称为等温吸收。本章只着重讨论单组分、等温的物理吸收过程。

6.1 气液相平衡

吸收(或解吸)是气、液两相之间的传质过程。溶质在两相间的传递方向、传递速率以及传递过程的极限均取决于给定条件下溶质在气液两相间的平衡关系。因此相平衡关系是研究传质过程的基础。

6.1.1 气体在液体中的溶解度

溶质气体在液体中的溶解度表示吸收过程气、液两相的平衡关系。

在恒定的温度和压力下气液两相接触时将会有溶质气体向液相转移,使其在液相中的浓度增加,当长期充分接触之后,液相中溶质浓度不再增加,气液两相达到平衡。此时,溶质在液相中的浓度称为平衡溶解度,简称溶解度。溶解度随温度和溶质气体的分压而不同,平衡时溶质在气相中的分压称为平衡分压。溶质组分在两相中的组成服从相平衡关系。平衡分压 p^* 与溶解度间的关系如图 6-2~图 6-4 所示,图中这些曲线称为溶解度曲线。

不同气体在同一溶剂中的溶解度有很大差异。从图 6-2~图 6-4 中可以看出,在相同温度下,氨在水中的溶解度很大,氧在水中的溶解度极小,二氧化硫则居中。对于同样浓度的溶液,易溶气体在溶液上方的气相平衡分压小,难溶气体在溶液上方的分压大。换言之,欲得到一定浓度的溶液,易溶气体所需的分压较低,而难溶气体所需的分压则很高。

一般情况下气体的溶解度随温度的升高而减小。

加压和降温可以提高气体的溶解度,故加压和降温有利于吸收操作。反之,升温和减压则有利于解吸过程。

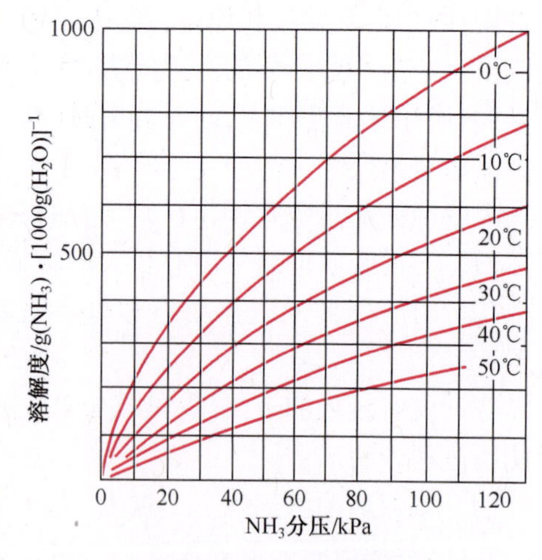

图 6-2 氨在水中的溶解度

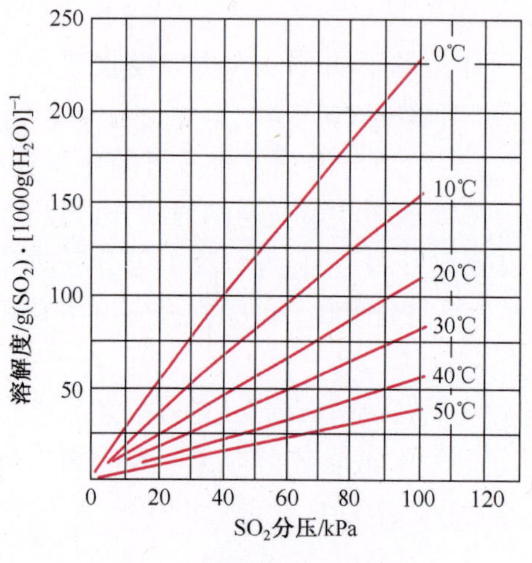

图 6-3 二氧化硫在水中的溶解度

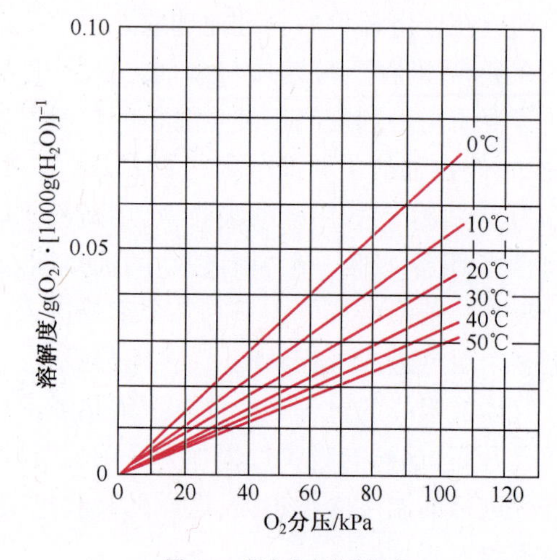

图 6-4 氧在水中的溶解度

溶质在气、液相中的组成也可用其他单位表示,如以摩尔分数 y(或 x)及物质的量浓度 c(又称体积摩尔浓度,单位 $kmol/m^3$)表示。以分压表示的溶解度曲线直接反映了相平衡的本质,可用于分析问题,而以摩尔分数 y 或 x 表示的相平衡关系则可方便地与物料衡算等其他关系式一起对整个吸收过程进行数学描述。

6.1.2 亨利定律

1. 亨利定律

当总压不高(一般约小于 500kPa)时,在一定温度下,稀溶液上方气相中溶质的平衡分压与液相中溶质的摩尔分数成正比,其表达式为

$$p_A^* = Ex \tag{6-1}$$

式中:p_A^* 为溶质 A 在气相中的平衡分压(kPa);x 为液相中溶质的摩尔分数;E 为比例系数,称为亨利系数(kPa)。

式(6-1)称为亨利(Henry)定律。溶液越稀,溶质越能较好地服从亨利定律。在严格服从亨利定律的溶液中,溶质分子周围几乎全是溶剂分子。因而溶质分子所受的作用,是溶剂分子对它的作用。

亨利系数 E 是式(6-1)直线方程的斜率。易溶气体的 E 值很小,难溶气体的 E 值很大,溶解度居中的气体 E 值介于两者之间。一般 E 值随温度升高而增大。常见气体水溶液的 E 值见表 6-1。

表 6-1 若干气体水溶液的亨利系数

气体	温度/℃															
	0	5	10	15	20	25	30	35	40	45	50	60	70	80	90	100
	$E\times10^{-6}$/kPa															
H_2	5.87	6.16	6.44	6.70	6.92	7.16	7.39	7.52	7.61	7.70	7.75	7.75	7.71	7.65	7.61	7.55
N_2	5.35	6.05	6.77	7.48	8.15	8.76	9.36	9.98	10.5	11.0	11.4	12.2	12.7	12.8	12.8	12.8
空气	4.38	4.94	5.56	6.15	6.73	7.30	7.81	8.34	8.82	9.23	9.59	10.2	10.6	10.8	10.9	10.8
CO	3.57	4.01	4.48	4.95	5.43	5.88	6.28	6.68	7.05	7.39	7.71	8.32	8.57	8.57	8.57	8.57
O_2	2.58	2.95	3.31	3.69	4.06	4.44	4.81	5.14	5.42	5.70	5.96	6.37	6.72	6.96	7.08	7.10
CH_4	2.27	2.62	3.01	3.41	3.81	4.18	4.55	4.92	5.27	5.58	5.85	6.34	6.75	6.91	7.01	7.10
NO	1.71	1.96	2.21	2.45	2.67	2.91	3.14	3.35	3.57	3.77	3.95	4.24	4.44	4.54	4.58	4.60
C_2H_6	1.28	1.57	1.92	2.90	2.66	3.06	3.47	3.88	4.29	4.69	5.07	5.72	6.31	6.70	6.96	7.01
	$E\times10^{-5}$/kPa															
C_2H_4	5.59	6.62	7.78	9.07	10.3	11.6	12.9	—	—	—	—	—	—	—	—	—
N_2O	—	1.19	1.43	1.68	2.01	2.28	2.62	3.06	—	—	—	—	—	—	—	—
CO_2	0.738	0.888	1.05	1.24	1.44	1.66	1.88	2.12	2.36	2.60	2.87	3.46	—	—	—	—
C_2H_2	0.73	0.85	0.97	1.09	1.23	1.35	1.48	—	—	—	—	—	—	—	—	—
Cl_2	0.272	0.334	0.399	0.461	0.537	0.604	0.669	0.74	0.80	0.86	0.90	0.97	0.99	0.97	0.96	—
H_2S	0.272	0.319	0.372	0.418	0.489	0.552	0.617	0.686	0.755	0.825	0.689	1.04	1.21	1.37	1.46	1.50
	$E\times10^{-4}$/kPa															
SO_2	0.167	0.203	0.245	0.294	0.355	0.413	0.485	0.567	0.661	0.763	0.871	1.11	1.39	1.70	2.01	—

因为平衡的气、液两相组成可用其他形式表达,亨利定律相应有其他几种表达形式:

(1) 气相组成用溶质 A 的分压 p_A^*,液相组成用溶质的浓度 c_A 表示时,亨利定律可表示为

$$p_A^* = \frac{c_A}{H} \tag{6-2}$$

式中:c_A 为液相中溶质的浓度(kmol/m^3);H 为溶解度系数(kmol/(m^3 · kPa))。

溶解度系数 H 可视为在一定温度下溶质气体分压为 1kPa 的平衡浓度。易溶气体 H 值很大,难溶气体 H 值很小。H 值一般随温度升高而减小。

(2) 气液两相组成分别用溶质 A 的摩尔分数 y 与 x 表示,则亨利定律可表示为

$$y^* = mx \tag{6-3}$$

式中：y^* 为溶质在气相中的平衡摩尔分数；m 为相平衡常数。与 E 相似，m 值大，溶解度小，且随温度升高而增大。

在吸收过程中常可认为惰性气体不进入液相，溶剂也没有显著的气化现象，因而在吸收塔的任一截面上惰性气体与溶剂的摩尔流量均不发生变化，故以惰性气体和溶剂的量为基准分别表示溶质在气、液两相的浓度，对吸收的计算较为简便。为此，常用摩尔比表示气相和液相的组成。摩尔比的定义为

$$X = \frac{\text{液相中溶质的摩尔数}}{\text{液相中溶剂的摩尔数}} = \frac{x}{1-x} \tag{6-4}$$

$$Y = \frac{\text{气相中溶质的摩尔数}}{\text{气相中惰性气体的摩尔数}} = \frac{y}{1-y} \tag{6-5}$$

由式(6-4)和式(6-5)可知

$$x = \frac{X}{1+X} \tag{6-6}$$

$$y = \frac{Y}{1+Y} \tag{6-7}$$

将式(6-6)及式(6-7)代入式(6-3)整理后可得

$$Y^* = \frac{mX}{1+(1-m)X} \tag{6-8}$$

当溶液浓度很低时，式(6-8)右端分母趋近于1，则得气液平衡关系表达式为

$$Y^* = mX \tag{6-9}$$

2. 亨利定律各系数间的关系

（1）H 和 E 之间的关系。

由式(6-1)和式(6-2)可得

$$H = \frac{c_A}{Ex} \tag{a}$$

而浓度 c_A 可用摩尔分数 x 表示。

设溶液的总浓度为 $c = \dfrac{\text{kmol(溶质)} + \text{kmol(溶剂)}}{\text{m}^3}$，溶质的浓度 c_A 与溶液的总浓度 c 应有如下关系：

$$c_A = c \cdot x \tag{b}$$

而

$$c = \frac{\rho_L}{\overline{M}} \tag{c}$$

式中：ρ_L 为溶液的密度（kg/m^3）；$\overline{M}$ 为溶液的平均摩尔质量（kg/kmol）。

由于溶液很稀，即溶质很少，故溶液密度 ρ_L 可近似用溶剂密度 ρ_s 代替，即 $\rho_L \approx \rho_s$。溶液的平均摩尔质量 $\overline{M}$ 用溶剂的摩尔质量 M_s 代替，则式(c)改写为

$$c \approx \frac{\rho_s}{M_s}$$

因此,式(b)近似写成

$$c_A \approx \frac{\rho_s}{M_s}x$$

代入式(a),得 H 与 E 之间的近似关系为

$$H \approx \frac{\rho_s}{EM_s} \tag{6-10}$$

(2) E 和 m 之间的关系。

由理想气体分压定律,有 $p_A^* = Py^*$,代入式(6-1),得

$$y^* = \frac{E}{P}x$$

与式(6-3)比较,得 m 与 E 的关系为

$$m = E/P \tag{6-11}$$

【例 6-1】 总压为 101.325kPa、温度为 20℃时,1000kg 水中溶解 15kgNH_3,此时溶液上方气相中 NH_3的平衡分压为 2.266kPa。试求此时之溶解度系数 H、亨利系数 E、相平衡常数 m。

解: 首先将此气液相组成换算为 y 与 x。

NH_3的摩尔质量为 17kg/kmol,溶液的量为 15kg NH_3与 1000kg 水之和。故

$$x = \frac{n_A}{n} = \frac{n_A}{n_A + n_B} = \frac{15/17}{15/17 + 1000/18} = 0.0156$$

$$y^* = \frac{p_A^*}{P} = \frac{2.266}{101.325} = 0.0224$$

$$m = \frac{y^*}{x} = \frac{0.0224}{0.0156} = 1.436$$

由式(6-11)

$$E = P \cdot m = 101.325 \times 1.436 = 145.5\text{kPa}$$

或者由式(6-1)

$$E = \frac{p_A^*}{x} = \frac{2.266}{0.0156} = 145.3\ \text{kPa}$$

溶剂水的密度 $\rho_s = 1000\text{kg/m}^3$,摩尔质量 $M_s = 18\text{kg/kmol}$,由式(6-10)计算 H

$$H \approx \frac{\rho_s}{EM_s} = \frac{1000}{145.3 \times 18} = 0.382\ \text{kmol/(m}^3 \cdot \text{kPa)}$$

H 值也可直接由式(6-2)算出,溶液中 NH_3的浓度为

$$c_A = \frac{n_A}{V} = \frac{m_A/M_A}{(m_A + m_s)/\rho_s} = \frac{15/17}{(15 + 1000)/1000} = 0.869\ \text{kmol/m}^3$$

所以

$$H = \frac{c_A}{p_A^*} = \frac{0.869}{2.266} = 0.383\ \text{kmol/(m}^3 \cdot \text{kPa)}$$

6.1.3 相平衡与吸收过程的关系

相平衡是气液两相进行传质的极限状态,将实际气液相浓度和相应条件下的平衡浓度进行比较,可判别过程进行的方向、指明过程的极限及计算过程的推动力。

1. 判别过程的方向

若某一吸收过程的气液相平衡关系为 $y^*=mx$ 或 $x^*=y/m$，则与实际液相组成 x 平衡的气相组成为 y^*（或与实际气相浓度 y 平衡的液相组成为 x^*），将实际组成与平衡组成进行比较，如果 $y>y^*$（或 $x<x^*$），则说明溶液尚未达到饱和状态，传质的方向是由气相到液相，发生吸收过程；反之发生解吸过程。

例如，在 0.1MPa，20℃下将含氨 0.1 摩尔分率的混合气体和 $x=0.05$ 氨水接触，设稀氨水的相平衡方程为 $y^*=0.94x$，因为 $y=0.1>y^*(=0.047)$ 或 $x=0.05<x^*=0.108$，两相接触时发生吸收过程，如图 6-5(a)所示。反之，若以 $y=0.05$ 含氨混合气与 $x=0.1$ 的氨水接触，如图 6-5(b)所示，则因 $y<y^*$ 或 $x>x^*$，部分氨将由液相转入气相，即发生解吸过程。

2. 指明过程的极限

将溶质浓度为 y_1 的混合气送入吸收塔的底部，溶剂自塔顶淋入作逆流吸收，如图 6-6(a)所示。

若将喷淋的溶剂量减少，则溶剂在塔底出口的浓度 x_1 必将提高。但是，即使在塔很高，吸收剂量很少的情况下，x_1 也不会无限地增大，其极限是气相浓度 y_1 的平衡浓度 x_1^*，即

$$x_{1\max}=x_1^*=\frac{y_1}{m}$$

反之，当吸收剂用量很大，而气体流量较小时，即使在无限高的塔内进行逆流吸收，如图 6-6(b)所示，出口气体的溶质浓度也不会低于吸收剂入口浓度 x_2 的平衡浓度 y_2^*，即

$$y_{2\min}=y_2^*=mx_2$$

由此可见，相平衡关系限制了吸收剂离塔时的最高浓度和气体混合物离塔时的最低浓度。

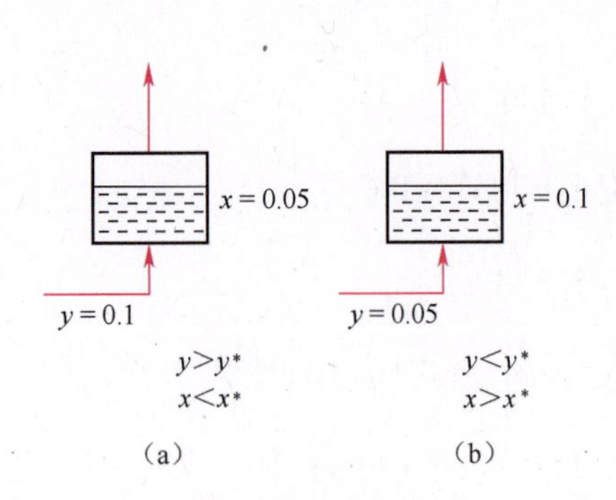

图 6-5 吸收过程的方向

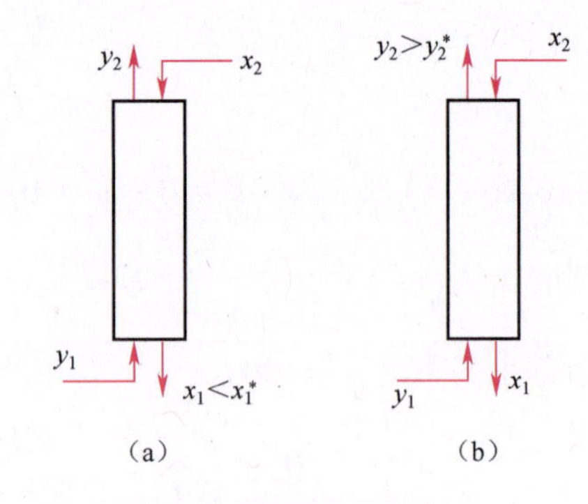

图 6-6 指明吸收过程的极限

3. 计算过程的推动力

平衡是过程的极限，只有不平衡的两相互相接触才会发生气体的吸收或解吸。实际浓度偏离平衡浓度越远，过程的推动力越大，过程的速率也越大。在吸收过程中，通常以实际浓度与平衡浓度的偏离程度来表示吸收的推动力。图 6-7 所示为吸收塔某一截面，该处气相溶质浓度为 y，液相溶质浓度为 x，在 y-x 表示的平衡溶解度曲线图上，该截面的两相实际浓度如 A 点所示。

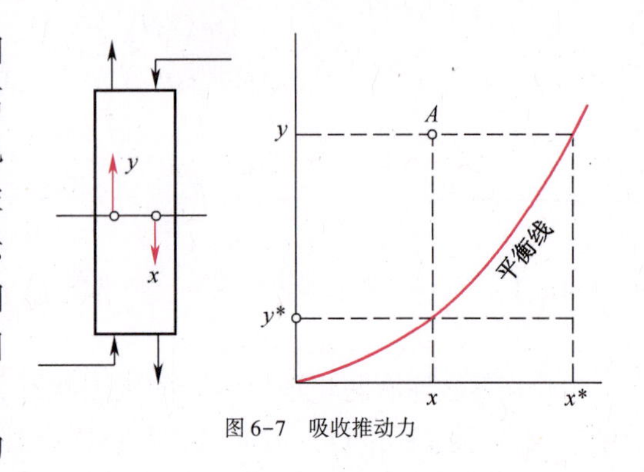

图 6-7 吸收推动力

显然，由于相平衡关系的存在，气液两相间的

吸收推动力并非为 $(y-x)$，而分别用气相或液相浓度差表示为 $(y-y^*)$ 或 (x^*-x)。其中，$(y-y^*)$ 称为以气相浓度差表示的吸收推动力；(x^*-x) 称为以液相浓度差表示的吸收推动力。

6.2 传质机理与吸收过程的速率

用液体吸收剂吸收气体中的某一组分，是该组分从气相转移到液相的传质过程。该过程的极限决定于相平衡关系，而对于物质传递过程还需要研究物质传递速率，即单位时间内从一相传递到另一相的量。本节主要讨论物质传递的机理及吸收过程的速率。

吸收过程包括三个步骤：

（1）溶质自气相主体传递到气、液两相的界面，即气相内的物质传递；

（2）溶质在相界面上溶解而进入液相；

（3）经相界面进入液相的溶质向液相主体传递，即液相内的物质传递。

对于单相内的传质，无论气相或液相，其传递机理是凭借扩散的作用，扩散可分为分子扩散和涡流扩散两种。当流体内部某一组分存在浓度差时，则因微观的分子热运动使组分从浓度高处传递至较低处，这种现象称为分子扩散，与传热中的热传导相似。当流体流动或搅拌时，由于流体质点的宏观随机运动，使组分从浓度高处向低处移动，这种凭借流体质点的湍动和漩涡来传递物质的现象称为涡流扩散。如将一勺糖加入一杯水中，一段时间后整杯水都变甜，即为分子扩散，而如果加糖后立刻用筷子搅拌，糖迅速分散到整杯水中，则主要是涡流扩散。在湍流流体中，虽然以涡流扩散为主，但在涡流的内部和涡流之间仍存在分子扩散。

分子扩散按扩散介质的不同，可分为气体中的扩散、液体中的扩散和固体中的扩散几种类型，本节主要讨论气体中的稳态扩散过程。

6.2.1 分子扩散与费克定律

在图 6-8 所示的容器中，左侧盛有气体 A，右侧装有气体 B，两侧压强相同。当抽掉其中间的隔板后，气体 A 将借分子运动通过气体 B 扩散到浓度低的右边，同理气体 B 也向浓度低的左边扩散，过程一直进行到整个容器里 A、B 两组分浓度完全均匀为止。这是一个非稳态分子扩散过程。在这个过程中因左右两侧存在组分的浓度梯度促使分子扩散进行，从而破坏了浓度梯度。而在工业生产中一般为稳态过程，通过向浓端连续补充溶质而在稀端连续取出溶质使传质过程浓度梯度维持恒定，下面讨论稳态条件下双组分物系的分子扩散。

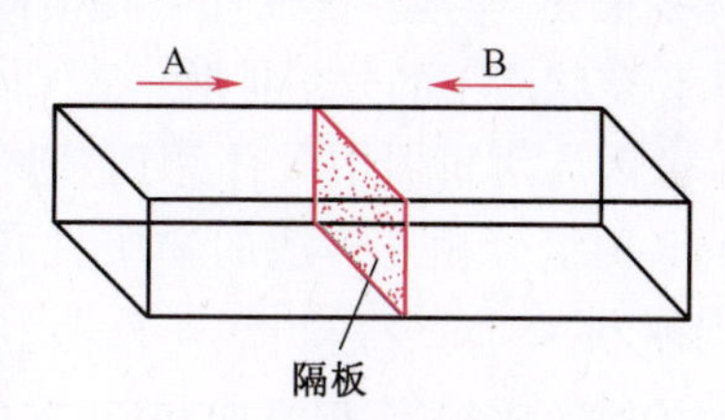

图 6-8 两种气体相互扩散

单位时间通过单位面积扩散的物质量，称为扩散速率，以符号 J 表示，对恒温恒压（指总压 P）条件下 A、B 两组分组成的混合物，若组分 A 只沿 Z 方向扩散，依据费克（Fick）定律，A 组分的分子扩散速率 J_A 与浓度梯度 dc_A/dZ 成正比，其表达式为

$$J_A = -D_{AB}\frac{dc_A}{dZ} \tag{6-12a}$$

式中：J_A 为组分 A 的扩散速率（kmol/(m^2·s)）；dc_A/dZ 为组分 A 沿 Z 方向上扩散的浓度梯度

(kmol/m^4)；D_{AB}为比例系数，称为分子扩散系数，或简称为扩散系数（m^2/s），下标 AB 表示组分 A 在组分 B 中扩散。

式中负号表示扩散沿着组分 A 浓度降低的方向进行，与浓度梯度方向相反。

费克分子扩散定律是在食盐溶解实验中发现的经验定律，只适用于双组分混合物。该定律在形式上与牛顿黏性定律、傅里叶热传导定律相类似。

对于理想气体混合物，组分 A 的浓度 c_A与其分压 p_A的关系为 $c_A = \frac{p_A}{RT}$, $dc_A = \frac{dp_A}{RT}$，代入式(6-12a)，求得费克定律另一表达式为

$$J_A = -\frac{D_{AB}}{RT}\frac{dp_A}{dZ} \tag{6-12b}$$

式中：p_A为气体混合物中组分 A 的分压（kPa）；T 为热力学温度（K）；R 为摩尔气体常数（8.314kJ/(kmol·K)）。

在化工传质单元操作过程中，分子扩散有两种形式：①双组分等摩尔相互扩散，或称等摩尔逆向扩散；②单方向扩散，或称组分 A 通过静止组分 B 的扩散。下面分别讨论这两种分子扩散。

6.2.2 等摩尔逆向扩散

如图 6-9 所示，有温度和总压均相同的两个大容器，分别装有不同浓度的 A、B 混合气体，中间用直径均匀的细管联通，两容器内装有搅拌器，各自保持气体浓度均匀。由于 $p_{A1}>p_{A2}$，$p_{B1}<p_{B2}$，在联通管内将发生分子扩散现象，因容器体积很大，连接管很细且传质很慢，因此为稳定状态下的分子扩散。

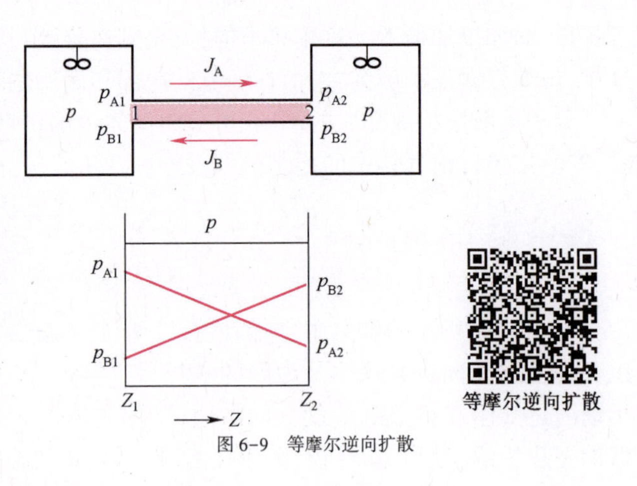

图 6-9 等摩尔逆向扩散

因为两容器中气体总压相同，所以 A、B 两组分相互扩散的物质量必相等，则称为等摩尔逆向扩散。此时，两组分的扩散速率相等，但方向相反，若以 A 的扩散方向（Z）为正，则有

$$J_A = -J_B \tag{6-13}$$

在恒温、恒压（总压 P）下，当组分 A 产生了分压梯度 dp_A/dZ 时，组分 B 也会相应产生相反方向的分压梯度 dp_B/dZ，其扩散速率表达式为

$$J_B = -\frac{D_{BA}}{RT}\frac{dp_B}{dZ} \tag{6-14}$$

式中：D_{BA}为组分 B 在组分 A 中的分子扩散系数（m^2/s）。

如图 6-9 所示，在稳态等摩尔逆向扩散过程中，物系内任一点的总压力 P 都保持不变，总压力 P 等于组分 A 的分压 p_A与组分 B 的分压 p_B之和，即

$$P = p_A + p_B = 常数$$

因此，$\dfrac{dP}{dZ}=\dfrac{dp_A}{dZ}+\dfrac{dp_B}{dZ}=0$

则

$$\frac{dp_A}{dZ}=-\frac{dp_B}{dZ} \tag{6-15}$$

由式(6-12b)~式(6-15)可得

$$D_{AB}=D_{BA}=D$$

可见，对于双组分混合物，在等摩尔逆向扩散时，组分A与组分B的分子扩散系数相等，以D表示。

根据图6-9所示的边界条件，将式(6-12b)在$Z_1=0$与$Z_2=Z$范围内积分，求得等摩尔逆向扩散时的传质速率方程式为

$$J_A=\frac{D}{RTZ}(p_{A1}-p_{A2})=\frac{D}{Z}(c_{A1}-c_{A2}) \tag{6-16}$$

可见，在等摩尔逆向扩散过程中，分压梯度为一常数。这种形式的扩散发生在蒸馏等过程中。例如，易挥发组分A与难挥发组分B的摩尔汽化热相等，冷凝1mol难挥发组分B所放出的热量正好汽化1mol易挥发组分A，这样两组分以相等的量逆向扩散。当两组分A与B的摩尔汽化热近似相等时，可近似按等摩尔逆向扩散处理。

6.2.3 单方向扩散

有A、B双组分气体混合物与液体溶剂接触，组分A溶解于液相，组分B不溶于液相，显然液相中不存在组分B。因此，吸收过程是组分A通过"静止"组分B的单方向扩散。

如图6-10所示，在气液界面附近的气相中，组分A向液相溶解，其浓度降低，分压减小。因此，在气相主体与两相界面之间产生分压梯度，则组分A从气相主体向界面扩散。同时，界面附近的气相总压力比气相主体的总压力稍微低一点，将有A、B混合气体从主体向界面移动，称为整体移动，又称主体流动，这是由分子扩散引起的自身对流，不同于分子扩散。分子扩散是分子微观运动的宏观结果，而整体移动是物质的宏观运动。

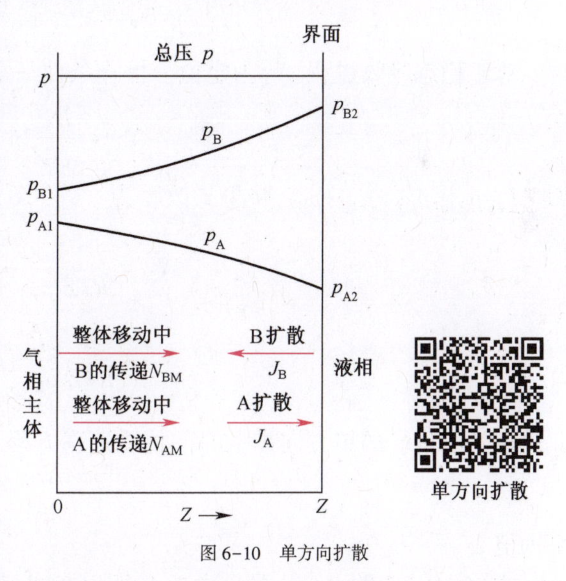

图6-10 单方向扩散

对于组分B来说，在气液界面附近不仅不被液相吸收，而且还随整体移动从气相主体向界面附近传递。因此，界面处组分B的浓度增大，即在界面与主体之间产生组分B的分压梯度，则组分B从界面向主体扩散，扩散速率用J_B表示。而从主体向界面的整体移动所携带的B组分，其传递速率以N_{BM}表示。J_B与N_{BM}两者数值相等，方向相反，表观上没有组分B的传递，表示为

$$J_B=-N_{BM} \tag{6-17a}$$

对组分 A 来说，其扩散方向与气体整体移动方向相同，所以与等摩尔逆向扩散时比较，组分 A 的传递速率较大。下面推导其传质速率计算式。

在气相的整体移动中，A 量与 B 量之比，等于它们的分压之比，即

$$\frac{N_{AM}}{N_{BM}}=\frac{p_A}{p_B}$$

式中：N_{AM}、N_{BM}分别为整体移动中组分 A 与 B 的传递速率（kmol/（m^2 · s））；p_A、p_B分别为组分 A 与 B 的分压（kPa）。

$$N_{AM}=N_{BM}\frac{p_A}{p_B} \tag{6-17b}$$

组分 A 从气相主体至界面的传递速率为分子扩散与整体移动两者速率之和，即

$$N_A=J_A+N_{AM}=J_A+\frac{p_A}{p_B}N_{BM} \tag{6-17c}$$

因气相主体与界面间的微小压差便足以造成必要的主体流动，因此气相各处的总压仍可认为基本上相等，即 $J_A=-J_B$的前提依然成立，由此 $N_{BM}=-J_B=J_A$，代入式（6-17c）得

$$N_A=\left(1+\frac{p_A}{p_B}\right)J_A$$

将式（6-12b）代入此式，求得

$$N_A=-\frac{D}{RT}\left(1+\frac{p_A}{p_B}\right)\frac{\mathrm{d}p_A}{\mathrm{d}Z}=-\frac{D}{RT}\frac{P}{P-p_A}\frac{\mathrm{d}p_A}{\mathrm{d}Z} \tag{6-17d}$$

式中的总压力 $P=p_A+p_B$。

将式（6-17d）在 $Z=0,p_A=p_{A1}$与 $Z=Z,p_A=p_{A2}$之间进行积分：

$$\int_0^Z N_A\mathrm{d}Z=-\int_{p_{A1}}^{p_{A2}}\frac{DP}{RT}\frac{\mathrm{d}p_A}{P-p_A}$$

对于稳态吸收过程，N_A为定值。操作条件一定时，D、P、T 均为常数，积分得

$$N_A=\frac{DP}{RTZ}\ln\frac{P-p_{A2}}{P-p_{A1}}$$

因　$P=p_{A1}+p_{B1}=p_{A2}+p_{B2}$，将上式改写为

$$N_A=\frac{DP}{RTZ}\frac{p_{A1}-p_{A2}}{p_{B2}-p_{B1}}\ln\frac{p_{B2}}{p_{B1}}$$

或

$$N_A=\frac{D}{RTZ}\frac{P}{p_{Bm}}(p_{A1}-p_{A2}) \tag{6-18}$$

此式即为所推导的单方向扩散时的传质速率方程式，式中 $p_{Bm}=\dfrac{p_{B2}-p_{B1}}{\ln\dfrac{p_{B2}}{p_{B1}}}$ 为组分 B 分压的对数平均值。

式（6-18）中的 P/p_{Bm}总是大于 1，所以与式（6-16）比较可知，单方向扩散的传质速率 N_A比等摩尔逆向扩散时的传质速率 J_A大。这是因为在单方向扩散时除了有分子扩散，还有混合物的整体移动所致。P/p_{Bm}值越大，表明整体移动在传质中所占分量就越大。当气相中组分 A 的浓度很小时，各处 p_B都接近于 P，即 P/p_{Bm}接近于 1，此时整体移动便可忽略不计，可看作等摩尔逆向扩散（相互扩散）。P/p_{Bm}称为“漂流因子”或“移动因子”。

根据气体混合物的浓度 c 与压力 p 的关系 $c=p/RT$，可将总浓度 $c=P/RT$、分浓度 $c_A=p_A/RT$ 与 $c_{Bm}=p_{Bm}/RT$ 代入式(6-18)，求得

$$N_A=\frac{D}{Z}\frac{c}{c_{Bm}}(c_{A1}-c_{A2}) \tag{6-19}$$

此式也适用于液相。

【例 6-2】 在20℃及101.325kPa下CO_2与空气的混合物缓慢地沿Na_2CO_3溶液液面流过，空气不溶于Na_2CO_3溶液。CO_2透过厚1mm的静止空气层扩散到Na_2CO_3溶液中。气体中CO_2的摩尔分数为0.2。在Na_2CO_3溶液面上，CO_2被迅速吸收，故相界面上CO_2的浓度极小，可忽略不计。CO_2在空气中20℃时的扩散系数D为$0.18cm^2/s$。问CO_2的扩散速率是多少？

解：此题属单方向扩散，可用式(6-18)计算。式中，扩散系数$D=0.18cm^2/s=1.8\times10^{-5}m^2/s$，扩散距离$Z=1mm=0.001m$，气相总压$P=101.325kPa$，气液界面上$CO_2$的分压$p_{A2}=0$。

气相主体中CO_2的分压 $p_{A1}=Py_{A1}=101.325\times0.2=20.27kPa$

气相主体中空气(惰性气体)的分压p_{B1}为

$$p_{B1}=P-p_{A1}=101.325-20.27=81.06kPa$$

气液界面上空气的分压 $p_{B2}=101.325kPa$

空气在气相主体和界面上分压的对数平均值为

$$p_{Bm}=\frac{p_{B2}-p_{B1}}{\ln\dfrac{p_{B2}}{p_{B1}}}=\frac{101.325-81.06}{\ln\dfrac{101.325}{81.06}}=90.8kPa$$

代入式(6-18)，得

$$N_A=\frac{D}{RTZ}\cdot\frac{P}{p_{Bm}}\cdot(p_{A1}-p_{A2})=\frac{1.8\times10^{-5}}{8.314\times293\times0.001}\times\frac{101.325}{90.8}\times(20.27-0)$$
$$=1.67\times10^{-4}\ kmol/(m^2\cdot s)$$

6.2.4 分子扩散系数

分子扩散系数是物质的物性常数之一，表示物质在介质中的扩散能力。扩散系数随介质的种类、温度、浓度及压力的不同而不同。组分在气体中的扩散，浓度的影响可以忽略。在液体中的扩散，浓度的影响不可忽略，而压力的影响不显著。扩散系数一般由实验确定。在无实验数据的条件下，可借助某些经验或半经验的公式进行估算。某些组分在空气中和在水中的扩散系数参见表6-2与表6-3。气体扩散系数一般在$0.1\sim1.0cm^2/s$之间。液体扩散系数一般比气体的小得多，约在$1\times10^{-5}\sim5\times10^{-5}cm^2/s$之间。

表6-2 组分在空气中的分子扩散系数(25℃，101.325kPa)

组分	$D/(cm^2\cdot s^{-1})$	组分	$D/(cm^2\cdot s^{-1})$
H_2	0.410	CH_3OH	0.159
H_2O	0.256	CH_3COOH	0.133
NH_3	0.236	C_2H_5OH	0.119
O_2	0.206	C_6H_6	0.088
CO_2	0.164	$C_6H_5CH_3$	0.084

表 6-3　组分在水中的分子扩散系数（20℃，稀溶液）

组分	$D/(cm^2 \cdot s^{-1})$	组分	$D/(cm^2 \cdot s^{-1})$
H_2	5.13×10^{-5}	H_2S	1.41×10^{-5}
O_2	1.80×10^{-5}	CH_3OH	1.28×10^{-5}
NH_3	1.76×10^{-5}	Cl_2	1.22×10^{-5}
N_2	1.64×10^{-5}	C_2H_5OH	1.00×10^{-5}
CO_2	1.74×10^{-5}	CH_3COOH	0.88×10^{-5}

【例 6-3】　测定甲苯蒸气在空气中的扩散系数。

如附图所示，在内径为 3mm 的垂直玻璃管中，装入约一半高度的液体甲苯，保持恒温。紧贴液面上方的甲苯蒸气分压，为该温度下甲苯的饱和蒸气压。上部水平管内有空气快速流过，带走所蒸发的甲苯蒸气。垂直管管口处空气中，甲苯蒸气的分压接近于零。随着甲苯的汽化和扩散，液面降低，扩散距离 Z 逐渐增大。记录时间 θ 与 Z 的关系，即可计算甲苯在空气中的扩散系数。在 39.4℃、101.325kPa 下，测定两次的实验结果见例 6-3 附表 1。

例 6-3　附表 1

	管上端到液面的距离 Z/cm		蒸发的时间 θ/s
	开始	终了	
第 1 次	1.9	7.9	9.6×10^5
第 2 次	2.2	6.2	5.4×10^5

用测定数据计算这个物系的扩散系数，设垂直管内的空气没有对流产生。39.4℃时，甲苯的蒸气压 $p_A^*=7.64$kPa，液体密度 $\rho=852\text{kg/m}^3$，甲苯的摩尔质量 $M=92$kg/kmol。

甲苯蒸气通过静止空气层的扩散，可用下式计算。

扩散速率

$$N_A=\frac{D}{RTZ}\cdot\frac{P}{p_{Bm}}(p_{A1}-p_{A2})$$

$$p_{A1}=p_A^*,\ p_{A2}=0;\ p_{B1}=P-p_A^*,\ p_{B2}=P$$

$$p_{Bm}=\frac{p_{B2}-p_{B1}}{\ln\dfrac{p_{B2}}{p_{B1}}}=\frac{P-(P-p_A^*)}{\ln\dfrac{P}{P-p_A^*}}=\frac{p_A^*}{\ln\dfrac{P}{P-p_A^*}}$$

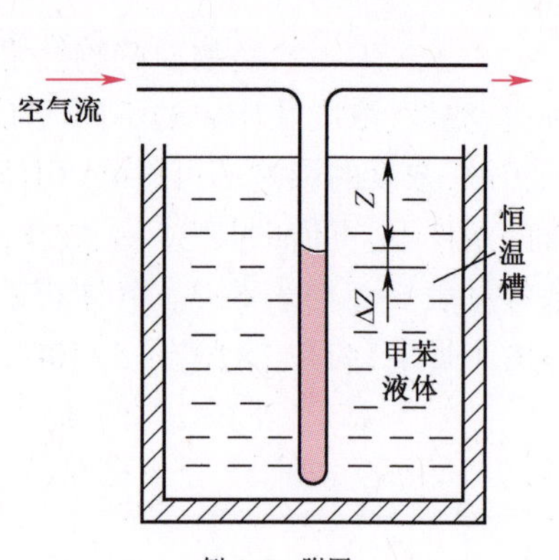

例 6-3　附图

代入式(6-18)，得

$$N_A=\frac{DP}{RTZ}\cdot\frac{p_A^*}{p_A^*/\ln\left(\dfrac{P}{P-p_A^*}\right)}=\frac{DP}{RTZ}\ln\frac{P}{P-p_A^*}\qquad(a)$$

设垂直管截面积为 A，在 $d\theta$ 时间内汽化的甲苯量应等于甲苯扩散出管口的量，即

$$N_A A d\theta=\frac{\rho}{M}AdZ\qquad 则\quad N_A=\frac{\rho}{M}\frac{dZ}{d\theta}\qquad(b)$$

由式(a)与(b)，得

$$\frac{DP}{RTZ}\ln\frac{P}{P-p_A^*}=\frac{\rho}{M}\frac{dZ}{d\theta}$$

式中等号左边除了 $d\theta$ 外,其余均为常量。在 $\theta=0, Z=Z_0$ 到 $\theta=\theta, Z=Z$ 之间积分,

$$\frac{DPM}{RT\rho}\ln\frac{P}{P-p_A^*}\int_0^{\theta}d\theta=\int_{Z_0}^{Z}ZdZ$$

得

$$\frac{DPM}{RT\rho}\ln\frac{P}{P-p_A^*}\theta=\frac{1}{2}(Z^2-Z_0^2)$$

则

$$D=\frac{RT\rho(Z^2-Z_0^2)}{2PM\theta\ln\dfrac{P}{P-p_A^*}} \tag{c}$$

已知 $T=312.53\text{K}$、总压 $P=101.325\text{kPa}$, $\ln\dfrac{P}{P-p_A^*}=\ln\dfrac{101.325}{101.325-7.64}=0.0784$

$$D=\frac{8.314\times312.53\times852}{2\times101.325\times92\times0.0784}\cdot\frac{Z^2-Z_0^2}{\theta}=1515\frac{Z^2-Z_0^2}{\theta}$$

实验1 $$D=1515\times\frac{7.9^2-1.9^2}{9.6\times10^5}=1515\times\frac{58.8}{9.6\times10^5}=0.0928\ \text{cm}^2/\text{s}$$

实验2 $$D=1515\times\frac{6.2^2-2.2^2}{5.4\times10^5}=0.0942\ \text{cm}^2/\text{s}$$

6.2.5 单相内的对流传质

前面介绍的分子扩散现象,在静止流体或层流流体中存在。但工业生产中常见的是物质在湍流流体中的对流传质现象。与对流传热类似,对流传质通常是指流体与某一界面(例如,气体吸收过程的气液两相界面)之间的传质,其中分子扩散和湍流扩散(或称涡流扩散)同时存在。下面以湿壁塔的吸收过程说明单相内的对流传质现象、传质速率方程和传质系数。

1. 单相内对流传质的有效膜模型

对流传质的有效膜模型与对流传热的有效膜模型类似。设有一直立圆管,吸收剂由上方注入,沿管内壁成液膜状流下,混合气体自下方进入,两流体作逆流流动,互相接触而传质,这种设备称为湿壁塔。把塔壁及气液接触界面的一小段表示在图6-11(a)上,分析任意截面上气相浓度的变化,在图6-11(b)上横轴表示离开相界面的扩散距离 Z,纵轴表示此截面上的分压 p_A。

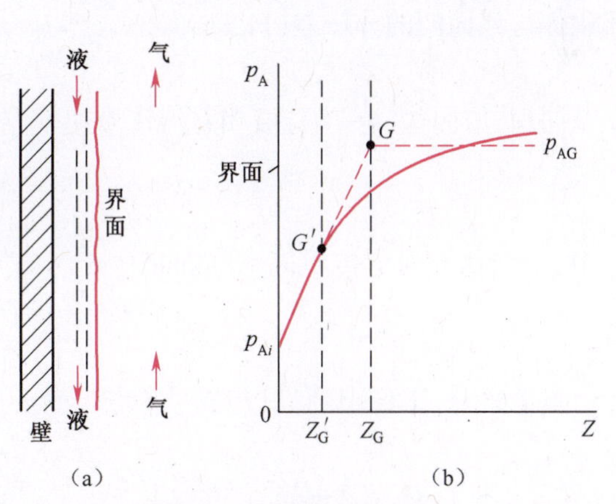

图6-11 传质的有效层流膜层

气体呈湍流流动,但靠近两相界面处仍有一层层流膜,厚度以 Z_G' 表示,湍流程度越强烈,则 Z_G' 越小,层流膜以内为分子扩散,层流膜以外为涡流扩散。

溶质A自气相主体向界面转移时,由于气体作湍流流动,大量旋涡所起的混合作用使气相

主体内溶质的分压趋于一致，分压线几乎为水平线，靠近层流膜层时才略向下弯曲。在层流膜层内，溶质只能靠分子扩散而转移，没有涡流的帮助，需要较大的分压差才能克服扩散阻力，故分压迅速下降。这种分压变化曲线与对流传热中的温度变化曲线相似，仿照对流传热的处理方法，将层流膜以外的涡流扩散折合为通过一定厚度的静止气体的分子扩散。气相主体的平均分压用 p_{AG} 表示。若将层流膜内的分压梯度线段 $\overline{p_{Ai}G'}$ 延长与分压线 p_{AG} 相交于 G 点，G 与相界面的垂直距离为 Z_G。这样，可以认为由气相主体到界面的对流扩散速率等于通过厚度为 Z_G 的膜层的分子扩散速率。厚度为 Z_G 的膜层称为有效层流膜或虚拟膜。

上述处理对流传质速率的方式，实质上是把单相内的传质阻力看作为全部都集中在一层虚拟的流体膜层内，这种处理方式是膜模型的基础。

2. 气相传质速率方程式

按如上所述的膜模型，将流体的对流传质折合成有效层流膜的分子扩散，仿照式(6-18)，将式中扩散距离写为 Z_G，p_{A1} 与 p_{A2} 分别写为 p_{AG} 与 p_{Ai}，则得气相对流传质速率方程式为

$$N_A = \frac{D}{RTZ_G} \cdot \frac{P}{p_{Bm}} \cdot (p_{AG} - p_{Ai}) \tag{6-20}$$

式中：N_A 为气相对流传质速率(kmol/(m^2·s))。

式(6-20)中有效层流膜(以下简称为气膜)厚度 Z_G 实际上不能直接计算，也难于直接测定。式中的 $\frac{D}{RTZ_G} \cdot \frac{P}{p_{Bm}}$，对于一定物系，$D$ 为定值；操作条件一定时，P、T、p_{Bm} 也为定值；在一定的流动状态下，Z_G 也是定值。若令

$$k_G = \frac{D}{RTZ_G} \cdot \frac{P}{p_{Bm}}$$

且省略 p_{AG} 下标中的 G 以及 p_{Ai} 下标中的 A，则式(6-20)可改写为下列气相传质速率方程式：

$$N_A = k_G(p_A - p_i) = \frac{p_A - p_i}{\frac{1}{k_G}} = \frac{\text{气膜传质推动力}}{\text{气膜传质阻力}} \tag{6-21}$$

式中：k_G 为气膜传质系数，或称气相传质分系数(kmol/(m^2·s·kPa))；$(p_A - p_i)$ 为溶质 A 在气相主体与界面间的分压差(kPa)。

3. 液相传质速率方程式

同理，仿照式(6-18)，液相对流传质速率方程式可写成

$$N_A = \frac{D}{Z_L} \cdot \frac{c}{c_{Bm}} \cdot (c_{Ai} - c_{AL}) \tag{6-22}$$

式中：N_A 为液相对流传质速率/(kmol/(m^2·s))。

若令

$$k_L = \frac{D}{Z_L} \cdot \frac{c}{c_{Bm}} \tag{6-23}$$

也省略 c_{AL} 下标中的 L 以及 c_{Ai} 下标中的 A，则式(6-22)可写为下列液相传质速率方程式：

$$N_A = k_L(c_i - c_A) = \frac{c_i - c_A}{\frac{1}{k_L}} = \frac{\text{液膜传质推动力}}{\text{液膜传质阻力}} \tag{6-24}$$

式中：k_L 为液膜传质系数，或称液相传质分系数/(kmol/(m^2·s·kmol/m^3)或 m/s)；$(c_i - c_A)$ 为溶质 A 在界面与液相主体间的浓度差(kmol/m^3)。

如式(6-21)和式(6-24)所示,把对流传质速率方程式写成了与对流传热方程 $q=\alpha(T-t_w)$ 相类似的形式。k_G 或 k_L 类似于对流传热系数 α,可由实验测定并整理成准数关联式。

6.2.6 两相间传质的双膜理论

气体吸收是溶质从气相主体扩散到气液界面,再从界面扩散到液相主体中的相际间的传质过程。关于两相间传质的机理应用最广泛的是惠特曼(Whitman)于1923年提出的“双膜理论”,它的基本论点是:

(1) 当气、液两相接触时,两相之间有一个相界面,在相界面两侧分别存在着呈层流流动的稳定膜层,即前述的有效层流膜层。溶质必须以分子扩散的方式连续通过这两个膜层。即使气液两相主体中呈湍流状态,这种现象依然存在。膜层的厚度主要随流速而变,流速越大厚度越小。

(2) 在相界面上气液两相互成平衡。

(3) 在膜层以外的主体内,由于充分的湍动,溶质的浓度基本上是均匀的,即认为主体中没有浓度梯度存在,换句话说,浓度梯度全部集中在两个膜层内。

通过上述三个假定把吸收简化为经气液两膜层的分子扩散,这两个膜层构成了吸收过程的主要阻力,溶质以一定的分压及浓度差克服两膜层的阻力,膜层以外几乎不存在阻力。图6-12即为双膜理论示意图。

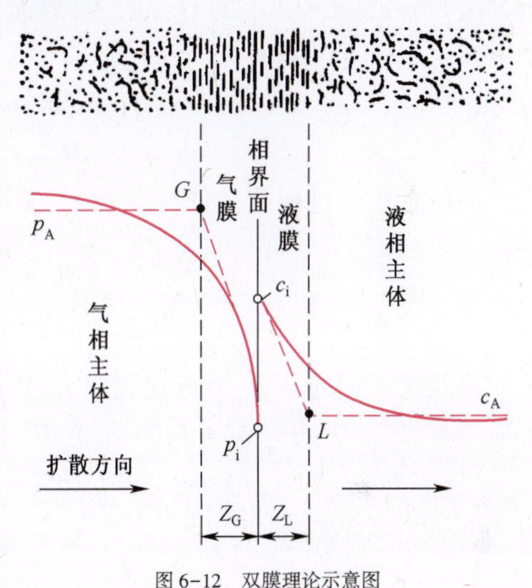

图6-12 双膜理论示意图

双膜理论对于湿壁塔、低气速填料塔等具有固定传质界面的吸收设备有实用意义。对具有自由相界面的气液系统,当流速较高时,相接触面就不再是稳定状态,在这种情况下,双膜理论与实验结果不符合。除双膜理论外,黑格比(Higbie)在1935年提出了溶质渗透理论,1951年丹克沃尔茨(Danckwerts)提出了表面更新理论,虽然这两种理论对过程本质的探讨比双膜理论更深入,但根据它们仍难以解决实际问题,所以目前可供设计应用的数据几乎都是按双膜理论整理的,这个理论仍是解释吸收机理的重要学说。

6.2.7 总传质速率方程式

对于气体吸收过程,虽然理论上可用单相内的传质速率方程式(6-21)和式(6-24)计算吸收速率,但实际上有困难,因为界面状态参数 p_i、c_i 很难确定,因而使气膜、液膜传质系数 k_G、k_L 的实验测定产生困难。通常依据两相间传质的双膜理论,以分压差 $(p_A-p_A^*)$ 或浓度差 $(c_A^*-c_A)$ 作为传质推动力,建立总传质速率方程式。

1. 总传质速率方程式

用分压差 $(p_A-p_A^*)$ 或浓度差 $(c_A^*-c_A)$ 作为吸收过程的总推动力来表示传质速率,则总传质速率方程式可写成

$$N_A = K_G(p_A - p_A^*) = \frac{p_A - p_A^*}{\frac{1}{K_G}} \tag{6-25}$$

或

$$N_A = K_L(c_A^* - c_A) = \frac{c_A^* - c_A}{\frac{1}{K_L}} \tag{6-26}$$

式中：p_A^*为与液相主体浓度c_A平衡的气相平衡分压（kPa）；c_A^*为与气相主体分压p_A平衡的液相平衡浓度（$kmol/m^3$）；K_G为以气相推动力（$p_A - p_A^*$）为基准的总传质系数，简称为气相总传质系数，或称气相传质总系数（$kmol/(m^2 \cdot s \cdot kPa)$）；$K_L$为以液相推动力（$c_A^* - c_A$）为基准的总传质系数，简称为液相总传质系数，或称液相传质总系数（$kmol/(m^2 \cdot s \cdot kmol/m^3)$，或 m/s）。

$1/K_G$或$1/K_L$为传质过程中气膜与液膜的总阻力，传质速率方程式中的K_G或K_L与传热速率方程式中的K相类似。

2. 总传质系数与气膜、液膜传质系数的关系

若吸收过程物系的气、液相平衡关系服从亨利定律$p_A^* = c_A/H$，气、液两相的主体溶质浓度（c_A, p_A）可用图6-13上的O点表示，界面处的两相浓度（c_i, p_i）用平衡线上的I点表示。从图中可知

$$\frac{1}{H} = \frac{p_A - p_i}{c_A^* - c_i} = \frac{p_i - p_A^*}{c_i - c_A} \tag{6-27a}$$

在稳态传质过程中，由式（6-21）与式（6-24）得

$$N_A = \frac{p_A - p_i}{\frac{1}{k_G}} = \frac{c_i - c_A}{\frac{1}{k_L}} \tag{6-27b}$$

将此式右端的分子、分母均除以H，并根据串联过程加和性原则，利用式（6-27a）得到

$$N_A = \frac{p_A - p_i + (c_i - c_A)/H}{1/k_G + 1/Hk_L} = \frac{(p_A - p_i) + (p_i - p_A^*)}{1/k_G + 1/Hk_L} = \frac{p_A - p_A^*}{1/k_G + 1/Hk_L}$$

与式（6-25）比较可知

$$\frac{1}{K_G} = \frac{1}{k_G} + \frac{1}{Hk_L} \tag{6-27c}$$

即　　　　相间传质总阻力=气膜阻力+液膜阻力

式（6-27c）中，k_G与k_L的单位不同，但k_L与H相乘之后，Hk_L与k_G、K_G三者单位就一致了。

同理，可将式（6-27b）中间一项的分子、分母均乘以H，并根据串联过程加和性原则，利用式（6-27a）得到

$$N_A = \frac{(p_A - p_i)H + (c_i - c_A)}{H/k_G + 1/k_L} = \frac{c_A^* - c_A}{H/k_G + 1/k_L} = K_L(c_A^* - c_A)$$

式中

$$\text{总阻力}\frac{1}{K_L} = \frac{H}{k_G} + \frac{1}{k_L} = \text{气膜阻力} + \text{液膜阻力} \tag{6-28}$$

式（6-27c）与式（6-28）相比较，可知两种总传质系数的关系为

$$K_G = HK_L$$

3. 气、液两相界面的浓度

由式(6-21)与式(6-24)可得

$$\frac{p_A - p_i}{c_i - c_A} = \frac{k_L}{k_G}$$

或

$$\frac{p_A - p_i}{c_A - c_i} = -\frac{k_L}{k_G} \tag{6-29}$$

见图 6-13，O 点坐标为(c_A,p_A)，I 点坐标为(c_i,p_i)，故 OI 连线的斜率为$-k_L/k_G$。这表明当气膜、液膜的传质系数 k_G、k_L为已知时，从点 O 出发，以$-k_L/k_G$为斜率作一直线，此直线与平衡线交点 I 的坐标(c_i,p_i)，即为所求的气液两相界面的浓度。

4. 气膜控制与液膜控制

这里对式(6-27c)与式(6-28)作进一步讨论。

(1) 当溶质的溶解度很大，即其溶解度系数 H 很大时，由式(6-27c)可知，液膜传质阻力 $1/Hk_L$比气膜传质阻力 $1/k_G$小很多，则式(6-27c)可简化为

$$K_G \approx k_G \tag{6-30}$$

此时，传质阻力集中于气膜中，称为气膜阻力控制或气膜控制。氯化氢溶解于水或稀盐酸中、氨溶解于水或稀氨水中可看成为气膜控制。

下面再作三点说明：

① 气膜控制时，液相界面浓度 $c_i \approx c_A$(为液相主体溶质 A 的浓度)，气膜推动力($p_A - p_i$)$\approx$($p_A - p_A^*$)(为气相总推动力)，如图 6-14(a)所示。

② 溶解度系数 H 很大时，平衡线斜率很小。此时，较小的气相分压 p_A(或浓度)能与较大的液相浓度 c_A^* 相平衡。

③ 气膜控制时，要提高总传质系数 K_G，应加大气相湍动程度。

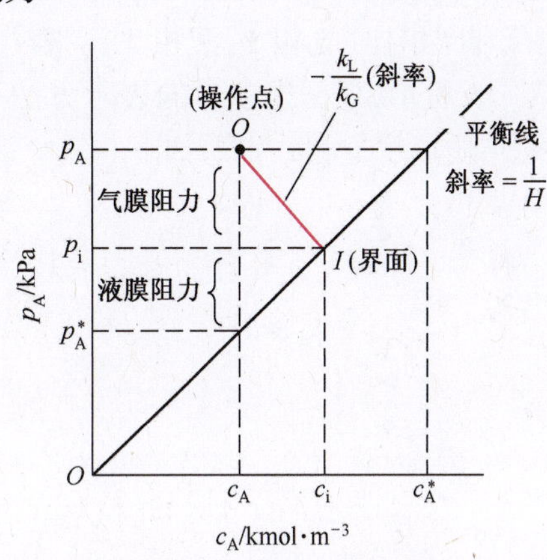

图 6-13 主体浓度与界面浓度

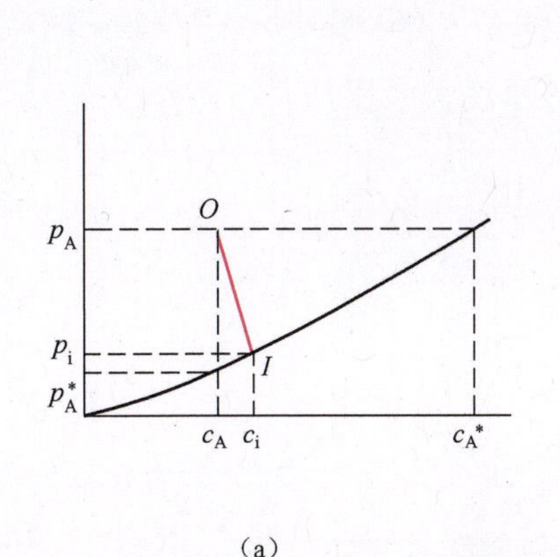

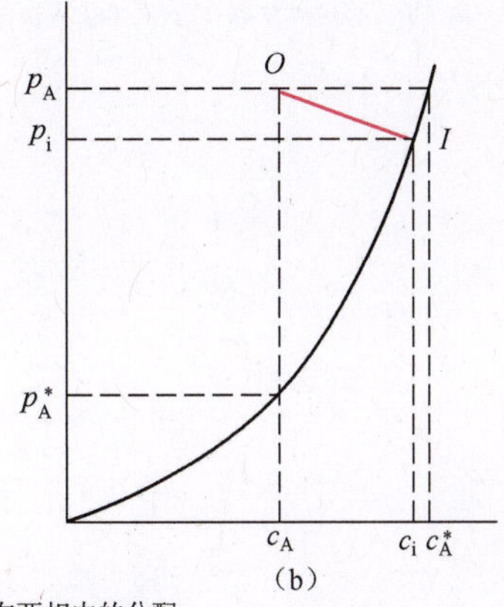

图 6-14 吸收传质阻力在两相中的分配

(a)气相阻力控制；(b)液相阻力控制。

(2) 当溶质的溶解度很小，即 H 值很小时，由式(6-28)可知，气膜阻力 H/k_G 比液膜阻力 $1/k_L$小很多，则式(6-28)可简化为

$$K_L \approx k_L \tag{6-31}$$

此时，传质阻力集中于液膜中，称为液膜阻力控制或液膜控制。用水吸收氧或氢是典型的液膜控制的例子。

液膜控制时，气相界面分压 $p_i \approx p_A$（为气相主体溶质 A 的分压），液膜推动力（$c_i - c_A$）≈（$c_A^* - c_A$）（为液相总推动力），如图 6-14(b) 所示。液膜控制时，要提高总传质系数 K_L，应增大液相湍动程度。

(3) 对于中等溶解度的溶质，在传质总阻力中气膜阻力与液膜阻力均不可忽视，要提高总传质系数，必须同时增大气相和液相的湍动程度。

6.2.8 传质速率方程式的各种表示形式

传质速率方程式，其气、液相推动力分别为分压差 Δp_A 和浓度差 Δc_A。但常用的相组成表示方法，还有摩尔分数（气相 y，液相 x）和摩尔比（气相 Y，液相 X）。若气、液两相的浓度分布，如图 6-15 所示，根据推动力的表示方法不同，单相传质速率方程和总传质速率方程式汇总如下。

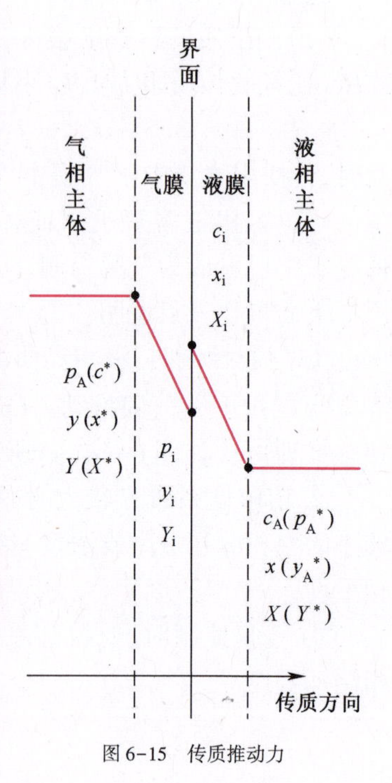

图 6-15 传质推动力

单相传质速率方程：

$$N_A = k_G(p_A - p_i) = k_L(c_i - c_A) = k_y(y - y_i) = k_x(x_i - x) = k_Y(Y - Y_i) = k_X(X_i - X) \tag{6-32}$$

总传质速率方程：

$$N_A = K_G(p_A - p_A^*) = K_L(c_A^* - c_A) = K_Y(Y - Y^*) = K_X(X^* - X) = K_y(y - y^*) = K_x(x^* - x) \tag{6-33}$$

传质系数之间的关系：

$$k_y = Pk_G、k_x = ck_L、K_y = PK_G、K_x = cK_L \tag{6-34}$$

总传质系数与单相传质系数间的关系（气液平衡关系服从亨利定律）：

$$\frac{1}{K_G} = \frac{1}{k_G} + \frac{1}{Hk_L} \qquad \frac{1}{K_L} = \frac{H}{k_G} + \frac{1}{k_L} \tag{6-35}$$

$$\frac{1}{K_y} = \frac{1}{k_y} + \frac{m}{k_x} \qquad \frac{1}{K_x} = \frac{1}{mk_y} + \frac{1}{k_x} \tag{6-36}$$

$$\frac{1}{K_Y} = \frac{1}{k_Y} + \frac{m}{k_X} \qquad \frac{1}{K_X} = \frac{1}{mk_Y} + \frac{1}{k_X} \tag{6-37}$$

式中：N_A 为传质速率（kmol/(m^2·s)）；k_G、k_y、k_Y 为气膜传质系数（kmol/(m^2·s·kPa)、kmol/(m^2·s)、kmol/(m^2·s)）；k_L、k_x、k_X 为液膜传质系数（kmol/(m^2·s·kmol/m^3)、kmol/(m^2·s)、kmol/(m^2·s)）；K_G、K_y、K_Y 为气相总传质系数，单位分别与 k_G、k_y、k_Y 相同；K_L、K_x、K_X 为液相总

传质系数,单位分别与 k_L、k_x、k_X 相同;H 为溶解度系数/(kmol/(m^3·kPa));m 为气、液相平衡常数,无因次;P 为气相总压(kPa);c 为溶液总浓度 $\left(\frac{\text{kmol(溶质 + 溶剂)}}{\text{m}^3}\right)$。

以上各节介绍的物质传递的基本概念与基础理论,不仅对吸收过程有用,而且是传质过程中各单元操作的理论基础。

【例 6-4】 含氨极少的空气于 101.33kPa,20℃被水吸收。已知气膜传质系数 $k_G = 3.15\times10^{-6}$kmol/(m^2·s·kPa),液膜传质系数 $k_L = 1.81\times10^{-4}$kmol/(m^2·s·kmol/m^3),溶解度系数 $H = 1.5$kmol/(m^3·kPa)。气液平衡关系服从亨利定律。求:气相总传质系数 K_G、K_Y;液相总传质系数 K_L、K_X。

解:因为物系的气液平衡关系服从亨利定律,故可由式(6-35)求 K_G。

$$\frac{1}{K_G} = \frac{1}{k_G} + \frac{1}{Hk_L} = \frac{1}{3.15\times10^{-6}} + \frac{1}{1.5\times1.81\times10^{-4}} = 3.24\times10^5$$

$$K_G = 3.089\times10^{-6}\text{kmol/(m}^2\cdot\text{s}\cdot\text{kPa)}$$

由计算结果可见:

$$K_G \approx k_G$$

此物系中氨极易溶于水,溶解度甚大,属"气膜控制"系统,吸收总阻力几乎全部集中于气膜,所以吸收总系数与气膜吸收分系数极为接近。

依题意此系统为低浓度气体的吸收,K_Y 可按式(6-34)来计算。

$$K_Y = PK_G = 101.33\times3.089\times10^{-6} = 3.13\times10^{-4}\text{kmol/(m}\cdot\text{s)}$$

根据式(6-35)求 K_L。

$$\frac{1}{K_L} = \frac{1}{k_L} + \frac{H}{k_G} = \frac{1}{1.81\times10^{-4}} + \frac{1.5}{3.15\times10^{-6}} = 4.815\times10^5$$

$$K_L = 2.08\times10^{-6}\ \text{kmol/(m}^2\cdot\text{s}\cdot\text{kmol/m}^3)$$

同理,对于低浓度气体的吸收,可用式(6-34)求 K_X。

$$K_X = K_L\cdot c$$

由于溶液浓度极稀,c 可按纯溶剂——水来计算。

$$c = \frac{\rho_s}{M_s} = \frac{1000}{18} = 55.6\ \text{kmol/m}^3$$

$$K_X = K_L\cdot c = 2.08\times10^{-6}\times55.6 = 1.16\times10^{-4}\text{kmol/(m}^2\cdot\text{s)}$$

6.3 吸收塔的计算

吸收过程既可采用板式塔又可采用填料塔,本章将以连续接触的填料塔进行分析。

在填料塔内气、液两相可作逆流也可作并流流动。在两相进出口浓度相同的情况下,逆流的平均推动力大于并流。同时,逆流时下降至塔底的液体与刚刚进塔的混合气接触,有利于提高出塔液体的浓度,减少吸收剂的用量;上升至塔顶的气体与刚刚进塔的新鲜吸收剂接触,有利于降低出塔气体的浓度,提高溶质的吸收率。不过,逆流操作时下流的液体受到上升气体的作用力(又称为曳力),这种曳力过大时会阻碍液体的顺利下流,因而限制了吸收塔所允许的液体和气体流量,这是逆流的缺点。设计、操作恰当,这一缺点是可以克服的,故一般吸收操作多采用逆流。

在许多工业吸收中,当进塔混合气体中的溶质浓度不高,例如摩尔分数小于5%~10%时,通常称为低浓度气体吸收。因被吸收的溶质量很少,所以,流经全塔的混合气体量与液体量变化不大。同时,由溶质的溶解热而引起的塔内液体温度升高不显著,吸收可认为是在等温下进行的,因而可以不作热量衡算。因气液两相在塔内的流量变化不大,全塔的流动状态基本相同,传质分系数 k_G、k_L 在全塔为常数。若在操作范围内平衡线斜率变化不大,传质总系数 K_G 或 K_L 也可认为是常数。这些特点使低浓度气体吸收的计算大为简化。本章中主要介绍低浓度气体的吸收计算。

吸收塔计算可分为设计型计算和操作型计算。设计型计算的内容主要是确定吸收剂的用量和塔设备的主要尺寸,包括塔径和塔的有效高度。有关塔径的计算将在6.5节中讨论。操作型计算主要是在填料高度不变的情况下,改变操作条件计算吸收剂用量、气液相出塔浓度等。本章以设计型计算为主,不论哪种计算,其基本依据都是物料衡算、相平衡关系及吸收速率方程。

6.3.1 物料衡算与操作线方程

在吸收过程中,通过吸收塔的惰性气体量和溶剂量不变化,因而在进行吸收塔的计算时气、液组成用摩尔比就显得十分方便。

溶质在气、液相中浓度沿塔高不断地变化,入塔气体中溶质的含量高,经吸收后出塔气体浓度降低。吸收剂入塔时溶质含量为零或很低,离塔时因溶质的加入浓度增高。因而吸收塔顶常被称为稀端,塔底常被称为浓端。

在稳定状态下连续逆流操作的塔内,如图6-16所示,在任一截面 $m-n$ 与塔底之间(图示的虚线范围)作溶质的物料衡算得

$$LX + VY_1 = LX_1 + VY$$

$$V(Y_1 - Y) = L(X_1 - X)$$

或

$$Y = \frac{L}{V}X + \left(Y_1 - \frac{L}{V}X_1\right) \tag{6-38a}$$

式中:V 为通过吸收塔的惰性气体流量(kmol/s);L 为通过吸收塔的溶剂流量(kmol/s);Y、Y_1 分别为 $m-n$ 截面及塔底气相中溶质的摩尔比(kmol(溶质)/kmol(惰性气体));X、X_1 分别为 $m-n$ 截面及塔底液相中溶质的摩尔比(kmol(溶质)/kmol(溶剂))。

同样,如果在任一截面 $m-n$ 与塔顶之间作溶质的物料衡算,可得

$$Y = \frac{L}{V}X + \left(Y_2 - \frac{L}{V}X_2\right) \tag{6-38b}$$

式中:Y_2 为塔顶气相中溶质的摩尔比(kmol(溶质)/kmol(惰性气体));X_2 为塔顶液相中溶质的摩尔比(kmol(溶质)/kmol(溶剂))。

式(6-38a)及(6-38b)均称为吸收操作线方程式。吸收操作线方程描述了塔内任一截面上气、液两相浓度之间的关系。如果表示在坐标图中,操作线是一条直线,其斜率为 L/V,在 $Y-X$

图上的截距为$\left(Y_1 - \frac{L}{V}X_1\right)$或$\left(Y_2 - \frac{L}{V}X_2\right)$。

式(6-38)中的X和Y如果用塔顶截面的X_2和Y_2代替,便成为全塔的物料衡算式。

$$Y_2 = \frac{L}{V}X_2 + \left(Y_1 - \frac{L}{V}X_1\right) \tag{6-39}$$

在图6-17所示的Y-X坐标图上,操作线通过点$A(X_2、Y_2)$和点$B(X_1、Y_1)$。点A代表塔顶的状态,点B代表塔底的状态。AB就是操作线,操作线上任意一点代表塔内某一截面上气、液组成的大小。

由于吸收过程气相中的溶质分压总是大于液相中溶质的平衡分压,所以吸收操作线AB总是在平衡线的上方。操作线上任一点与平衡线之间的垂直距离和水平距离分别代表以气相表示的推动力$(Y-Y^*)$和以液相表示的推动力(X^*-X)。

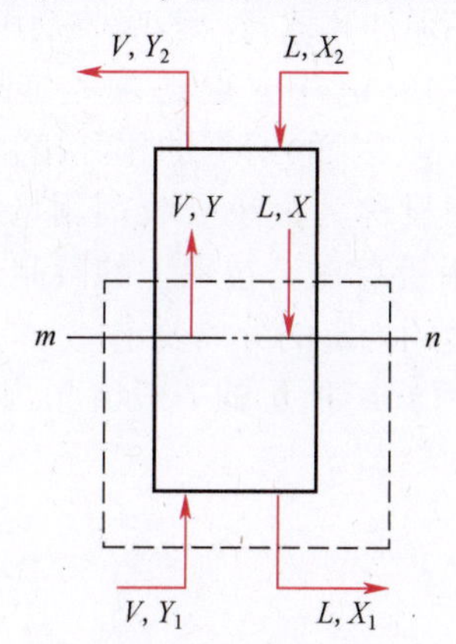

图6-16 逆流吸收塔操作示意图

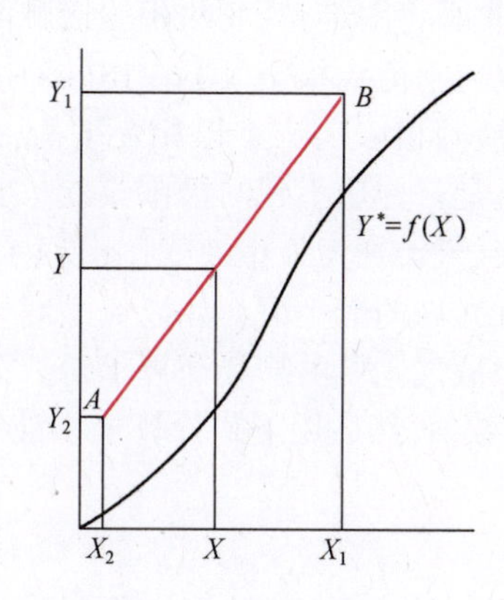

图6-17 吸收过程的操作线

若所处理的气体组成较低(低于5%~10%),所形成的溶液组成也较低,此时,$Y \approx y$,$X \approx x$,而且通过任一截面上混合气体量近似等于惰性气体量,通过任一截面上的溶液量近似等于纯溶剂量,气、液组成可用摩尔分数y和x来表示了,则式(6-38a)可写成

$$y = \frac{L}{V}x + \left(y_1 - \frac{L}{V}x_1\right) \tag{6-40}$$

式(6-40)表示对于低浓度气体的吸收,在y-x坐标上绘出的操作线基本上呈直线,其斜率为L/V。

式(6-38a)、式(6-38b)是从溶质的物料平衡关系出发而得到的关系式,它仅取决于气液两相的流量L、V,以及吸收塔内某截面上的气、液组成,而与相平衡关系、塔型(板式塔或填料塔)、相际接触情况以及操作条件无关。

6.3.2 吸收剂的选择及其用量的确定

吸收过程中确定吸收剂之后,就需要对吸收剂用量进行设计计算。如果已知气体的处理量、进塔气体的组成Y_1、吸收剂的入塔组成X_2以及分离要求等条件,即可确定吸收剂的用量。

在吸收操作中,分离要求常用两种方式表示。当吸收的目的是回收有用物质,通常规定溶质的回收率(或称为吸收率)η,回收率定义为

$$\eta=\frac{\text{被吸收的溶量}}{\text{塔气体的溶量}}=\frac{Y_1-Y_2}{Y_1}=1-\frac{Y_2}{Y_1} \tag{6-41}$$

当吸收的目的是除去气体中的有害物质，一般直接规定气体中残余有害溶质的组成 Y_2。

吸收剂用量是影响吸收操作的重要因素之一，它直接影响设备尺寸和操作费用。当气体处理量一定时，操作线的斜率 L/V 取决于吸收剂用量的多少。称 L/V 为吸收剂的单位耗用量或液气比。如图 6-18 所示，操作线从 A 点（塔顶）出发，终止于纵坐标为 Y_1 的某点（X 待定）上，若增加吸收剂用量，即操作线的斜率 L/V 增大，则操作线向远离平衡线方向偏移，如图 6-18(a) 中 AC 线所示。此时操作线与平衡线间距离加大，也就是吸收过程推动力（$Y-Y^*$）加大。如在单位时间内吸收同量溶质时，设备尺寸可以减小。但溶液浓度变稀，吸收剂再生所需解吸的设备费和操作费用增大。这里有一个经济上最优化的问题，需要对吸收、解吸作多个方案比较。若减少吸收剂用量，操作线的斜率减小，向平衡线靠近，如 AB 线所示，溶液变浓，推动力（$Y-Y^*$）减小，吸收必将困难，气液两相的接触面积必须加大，塔也必须加高才行。若吸收剂用量减小到使操作线与平衡线相交（图 6-18(a) 中 D 点）或相切（图 6-18(b) 中 g 点），在交点或切点处相遇的气、液两相浓度 Y、X 已相互平衡，此时吸收的推动力为零，因而，所需的相际接触面积为无限大。这是一种达不到的极限情况。此时所需的吸收剂用量称为最小吸收剂用量，以 $L_{\min}$ 表示。其液、气比称为最小液气比 $(L/V)_{\min}$。吸收剂的最小用量存在着技术上的限制，即存在一个技术上允许的最小值。如以最小液气比操作，便不可能达到规定的分离要求。

最小液气比可由物料衡算求得。如果平衡曲线如图 6-18(a) 所示的一般情况，则需由图读得 X_1^* 的数值，然后用下式计算最小液气比，即

$$\left(\frac{L}{V}\right)_{\min}=\frac{Y_1-Y_2}{X_1^*-X_2} \tag{6-42}$$

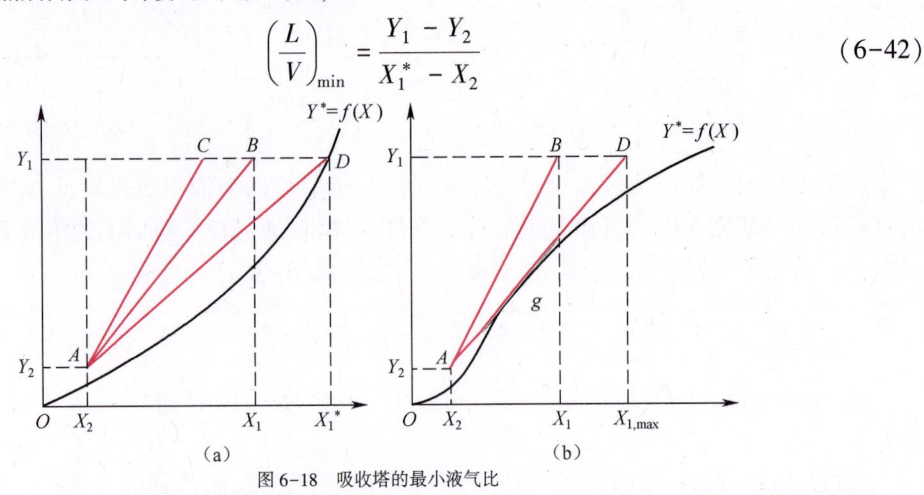

图 6-18　吸收塔的最小液气比

如果平衡曲线呈图 6-18(b) 中所示的形状，则应读得 D 点的横坐标 $X_{1,\max}$ 的数值，然后按下式计算最小液气比，即

$$\left(\frac{L}{V}\right)_{\min}=\frac{Y_1-Y_2}{X_{1,\max}-X_2} \tag{6-43}$$

若气液浓度都低，平衡关系可以用亨利定律表示时，则式(6-42)可改写为

$$\left(\frac{L}{V}\right)_{\min}=\frac{Y_1-Y_2}{\dfrac{Y_1}{m}-X_2} \tag{6-44}$$

通常作设计计算时为避免作多方案计算，可先求出最小液气比，然后乘以某一经验的倍数

作为适宜的液气比。一般取

$$\frac{L}{V}=(1.1\sim2.0)\left(\frac{L}{V}\right)_{\min}$$

【例 6-5】 由矿石焙烧炉出来的气体进入填料吸收塔中用水洗涤以除去其中的 SO_2。炉气量为 $1000m^3/h$,炉气温度为 20℃。炉气中含 9%(体积分数)SO_2,其余可视为惰性气体(其性质认为与空气相同)。要求 SO_2的回收率为 90%。吸收剂用量为最小用量的 1.3 倍。已知操作压力为 101.33kPa,温度为 20℃。在此条件下 SO_2在水中的溶解度如附图所示。试求:

(1) 当吸收剂入塔组成 $X_2=0.0003$ 时,吸收剂的用量(kg/h)及离塔溶液组成 X_1。

(2) 吸收剂若为清水,即 $X_2=0$,回收率不变。出塔溶液组成 X_1为多少?此时吸收剂用量比(1)项中的用量大还是小?

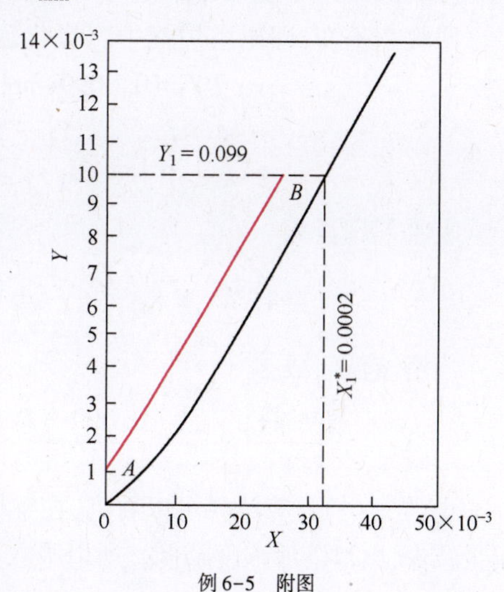

例 6-5 附图

解:将气体入塔组成(体积分数)9%换算为摩尔比

$$Y_1=\frac{y}{1-y}=\frac{0.09}{1-0.09}=0.099\text{kmol(二氧化硫)/kmol(惰性气体)}$$

根据回收率计算出塔气体浓度 Y_2

回收率 $\eta=\dfrac{Y_1-Y_2}{Y_1}=90\%$

所以 $Y_2=Y_1(1-\eta)=0.099\times(1-0.9)=0.0099\text{kmol(二氧化硫)/kmol(惰性气体)}$

惰性气体流量 V

$$V=\frac{1000}{22.4}\frac{273}{273+20}(1-0.09)=37.85\text{kmol/h}=0.0105\text{kmol/s}$$

从例 6-5 附图查得与 Y_1相平衡的液体组成

$$X_1^*=0.0032\text{kmol(二氧化硫)/kmol(水)}$$

(1) $X_2=0.0003$ 时,吸收剂用量 L。

根据式(6-42)可求得 $\left(\dfrac{L}{V}\right)_{\min}$

$$\left(\frac{L}{V}\right)_{\min}=\frac{Y_1-Y_2}{X_1^*-X_2}=\frac{0.099-0.0099}{0.0032-0.0003}=30.7$$

$$\frac{L}{V}=1.3\left(\frac{L}{V}\right)_{\min}=1.3\times30.7=39.91$$

$$L=V\times1.3\times\left(\frac{L}{V}\right)_{\min}=37.85\times39.91\times18=27155\text{kg/h}$$

因为

$$\frac{L}{V}=\frac{Y_1-Y_2}{X_1-X_2}$$

所以 $X_1 = \dfrac{Y_1 - Y_2}{L/V} + X_2 = \dfrac{0.099 - 0.0099}{39.91} + 0.0003 = 0.00253$kmol(二氧化硫)/kmol(水)

(2) $X_2=0$,回收率 η 不变时。

回收率不变,即出塔炉气中二氧化硫的组成 Y_2 不变,仍为

$$Y_2 = 0.0099\text{kmol(二氧化硫)/kmol(惰性气体)}$$

$$\left(\frac{L}{V}\right)_{\min} = \frac{Y_1 - Y_2}{X_1^* - 0} = \frac{0.099 - 0.0099}{0.0032} = 27.84$$

吸收剂用量 L

$$L = 1.3 \times V \times \left(\frac{L}{V}\right)_{\min} = 1.3 \times 37.85 \times 27.84 \times 18 = 24630\text{kg/h}$$

出塔溶液组成 X_1

$$X_1 = \frac{Y_1 - Y_2}{L/V} + X_2 = \frac{0.099 - 0.0099}{36.2} + 0 = 0.00246\text{kmol(二氧化硫)/kmol(水)}$$

由(1)、(2)计算结果可以看到,在维持相同回收率的情况下,吸收剂所含溶质浓度降低,溶剂用量减少,出口溶液浓度降低。所以吸收剂再生时应尽可能完善,但还应兼顾解吸过程的经济性。

6.3.3 填料层高度的计算

1. 填料层高度的基本计算式

就基本关系而论,填料层高度等于所需的填料层体积除以塔截面积。塔截面积已由塔径确定,填料层体积则取决于完成规定任务所需的总传质面积和每立方米填料层所能提供的气、液有效接触面积。上述总传质面积应等于塔的吸收负荷(单位时间内的传质量,kmol/s)与塔内传质速率(单位时间内单位气、液接触面积上的传质量,kmol/($m^2 \cdot s$))的比值。计算塔的吸收负荷要依据物料衡算关系,计算传质速率要依据吸收速率方程式,而吸收速率方程式中的推动力总是实际浓度与某种平衡浓度的差值,因此又要知道相平衡关系。所以,填料层高度的计算将要涉及物料衡算、传质速率与相平衡这三种关系式的应用。

前曾指明,在6.2.8节中介绍的所有吸收速率方程式,都只适用于吸收塔的任一横截面,而不能直接用于全塔。就整个填料层而言,气、液浓度沿塔高不断变化,塔内各横截面上的吸收速率并不相同。

为解决填料层高度的计算问题,先在填料吸收塔中任意截取一段高度为 dZ 的微元填料层来研究,如图6-19所示。

对此微元填料层作组分A衡算可知,单位时间内由气相转入液相的A物质量为

$$dG_A = VdY = LdX \tag{6-45}$$

在此微元填料层内,因气液浓度变化极小,故可认为吸收速率 N_A 为定值,则

$$dG_A = N_A dA = N_A(a\Omega dZ) \tag{6-46}$$

式中:dA 为微元填料层内的传质面积(m^2);a 为单位体积填料层所提供的有效接触面积(m^2/m^3);Ω 为塔截面积(m^2)。

微元填料层中的吸收速率方程式可写为

$$N_A = K_Y(Y - Y^*) \text{ 及 } N_A = K_X(X^* - X)$$

将上两式分别代入式(6-46),则得到

$$dG_A = K_Y(Y - Y^*)a\Omega dZ$$

及

$$dG_A = K_X(X^* - X)a\Omega dZ$$

再将式(6-45)代入上两式,可得

$$VdY = K_Y(Y - Y^*)a\Omega dZ$$

及

$$LdX = K_X(X^* - X)a\Omega dZ$$

整理上两式,分别得到

$$\frac{dY}{Y - Y^*} = \frac{K_Y a\Omega}{V}dZ \tag{6-47}$$

及

$$\frac{dX}{X^* - X} = \frac{K_X a\Omega}{L}dZ \tag{6-48}$$

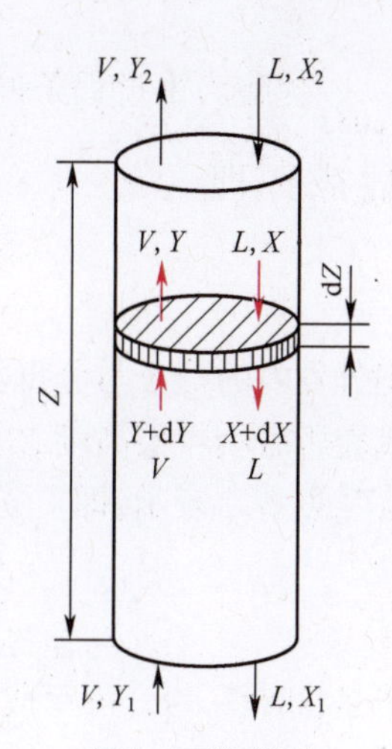

图 6-19 微元填料层的物料衡算

对于稳态操作的吸收塔,当溶质在气液两相中的浓度不高时,L、V、a 及 Ω 皆不随时间而变化,且不随截面位置而改变,K_Y 及 K_X 通常也可视为常数(气体溶质具有中等溶解度且平衡关系不为直线的情况除外)。于是,对式(6-47)及式(6-48)可在全塔范围内积分如下:

$$\int_{Y_2}^{Y_1}\frac{dY}{Y - Y^*} = \frac{K_Y a\Omega}{V}\int_0^Z dZ$$

及

$$\int_{X_2}^{X_1}\frac{dX}{X^* - X} = \frac{K_X a\Omega}{L}\int_0^Z dZ$$

由此得到低浓度气体吸收时计算填料层高度的基本关系式,即

$$Z = \frac{V}{K_Y a\Omega}\int_{Y_2}^{Y_1}\frac{dY}{Y - Y^*} \tag{6-49a}$$

及

$$Z = \frac{L}{K_X a\Omega}\int_{X_2}^{X_1}\frac{dX}{X^* - X} \tag{6-50a}$$

上两式中单位体积填料层内的有效接触面积 a(称为有效比表面积)总要小于单位体积填料层中固体表面积(称为比表面积)。这是因为,只有那些被流动的液体膜层所覆盖的填料表面,才能提供气、液接触的有效面积。所以,a 值不仅与填料的形状、尺寸及充填状况有关,而且受流体物性及流动状况的影响。a 的数值很难直接测定,为了避开难以测得的有效比表面积 a,常将它与吸收系数的乘积视为一体,作为一个完整的物理量来看待,这个乘积称为"体积吸收系数"。譬如 $K_Y a$ 及 $K_X a$ 分别称为气相总体积吸收系数及液相总体积吸收系数,其单位均为 kmol/(m^3 · s)。体积吸收系数的物理意义是在推动力为一个单位的情况下,单位时间、单位体积填料层内吸收的溶质量。

2. 传质单元高度与传质单元数

式(6-49a)及式(6-50a)是根据总吸收系数 K_Y、K_X 与相应的吸收推动力计算填料层高度的关系式。填料层高度还可根据膜系数与相应的吸收推动力来计算。但式(6-49a)及式(6-50a)反映了所有此类填料层高度计算式的共同点。现就式(6-49a)来分析它所反映的这种共同点。

$$Z = \frac{V}{K_Y a\Omega}\int_{Y_2}^{Y_1}\frac{dY}{Y - Y^*}$$

此式等号右端因式 $\frac{V}{K_Y a\Omega}$ 的单位为 $\frac{[\text{kmol/s}]}{[\text{kmol/m}^3 \times \text{s}][\text{m}^2]} = [\text{m}]$,而 m 是高度的单位,因此可将

$\dfrac{V}{K_Y a\Omega}$ 理解为由过程条件所决定的某种单元高度，此单元高度称为“气相总传质单元高度”，以 H_{OG} 表示，即

$$H_{OG} = \frac{V}{K_Y a\Omega} \tag{6-51}$$

积分号内的分子与分母具有相同的单位，因而整个积分必然得到一个无因次的数值，可认为它代表所需填料层高度 Z 相当于气相总传质单元高度 H_{OG} 的倍数，此倍数称为“气相总传质单元数”，以 N_{OG} 表示，即

$$N_{OG} = \int_{Y_2}^{Y_1} \frac{dY}{Y - Y^*} \tag{6-52}$$

于是，式(6-49a)可写成如下形式，即

$$Z = H_{OG}N_{OG} \tag{6-49b}$$

同理，式(6-50a)可写成如下形式，即

$$Z = H_{OL}N_{OL} \tag{6-50b}$$

式中：H_{OL}为液相总传质单元高度(m)；N_{OL}为液相总传质单元数，无因次。

H_{OL}及 N_{OL}的计算式分别为

$$H_{OL} = \frac{L}{K_X a\Omega} \tag{6-53}$$

$$N_{OL} = \int_{X_2}^{X_1} \frac{dX}{X^* - X} \tag{6-54}$$

依此类推，可以写出如下通式，即

填料层高度=传质单元高度×传质单元数

当式(6-49a)及式(6-50a)中的总吸收系数与总推动力分别换成膜系数及其相应的推动力时，则可分别写成

$$Z = H_G N_G \text{ 及 } Z = H_L N_L$$

式中：H_G，H_L分别为气相传质单元高度及液相传质单元高度(m)；N_G，N_L分别为气相传质单元数及液相传质单元数，无因次。

对于传质单元高度的物理意义，可通过以下分析加以理解。以气相总传质单元高度 H_{OG} 为例：

假定某吸收过程所需的填料层高度恰等于一个气相总传质单元高度，如图 6-20(a)所示，即

$$Z = H_{OG}$$

由式(6-52)可知，此情况下

$$N_{OG} = \int_{Y_2}^{Y_1} \frac{dY}{Y - Y^*} = 1$$

在整个填料层中，吸收推动力$(Y-Y^*)$虽是变量，但总可找到某一平均值$(Y-Y^*)_m$，用来代替积分式中的$(Y-Y^*)$而不改变积分值，即

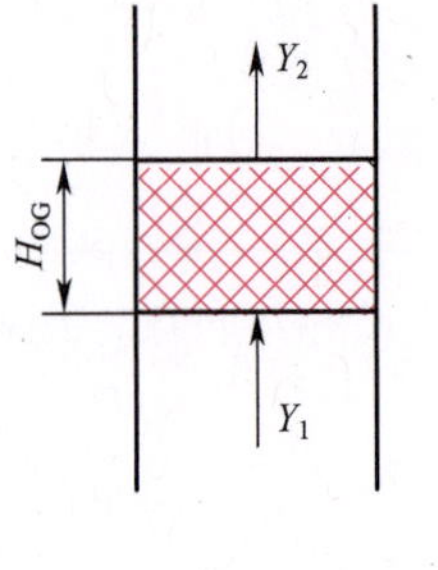

(a)

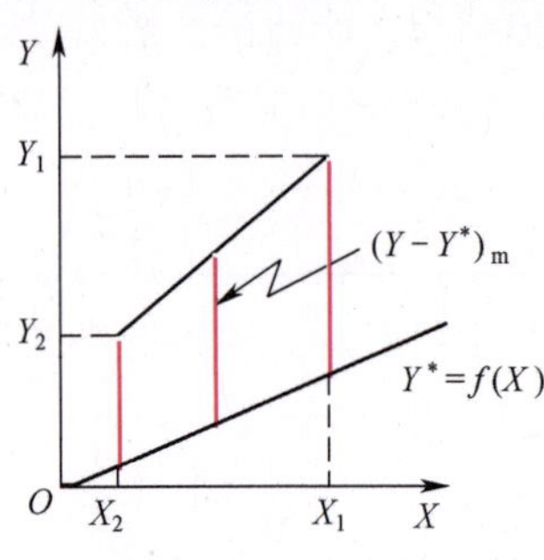

(b)

图 6-20　气相总传质单元高度

$$\int_{Y_2}^{Y_1}\frac{dY}{Y-Y^*}=\int_{Y_2}^{Y_1}\frac{dY}{(Y-Y^*)_m}=1$$

于是可将$(Y-Y^*)_m$作为常数提到积分号之外,得出

$$N_{OG}=\frac{1}{(Y-Y^*)_m}\int_{Y_2}^{Y_1}dY=\frac{Y_1-Y_2}{(Y-Y^*)_m}=1$$

即

$$(Y-Y^*)_m=Y_1-Y_2$$

由此可见,如果气体流经一段填料层前后的浓度变化(Y_1-Y_2)恰好等于此段填料层内以气相浓度差表示的总推动力的平均值$(Y-Y^*)_m$时(图6-21(b)),那么,这段填料层的高度就是一个气相总传质单元高度。

传质单元高度的大小是由过程条件所决定的。因为

$$H_{OG}=\frac{V/\Omega}{K_Y a}$$

上式中,除去单位塔截面上惰性气体的摩尔流量(V/Ω)之外,就是体积吸收系数$K_Y a$,它反映传质阻力的大小、填料性能的优劣及润湿情况的好坏。吸收过程的传质阻力越大,填料层的有效比表面积越小,每个传质单元所相当的填料层高度就越大。

传质单元数$\left(譬如\ N_{OG}=\int_{Y_2}^{Y_1}\frac{dY}{Y-Y^*}\right)$反映吸收过程的难度。任务所要求的气体浓度变化越大,过程的平均推动力越小,则意味着过程难度越大,此时所需的传质单元数也就越大。

引入传质单元的概念有助于分析和理解填料层高度的基本计算式,而且传质单元高度的单位为“米”,比传质系数的单位简单得多,同时对每种填料而言,传质单元高度的变化幅度也不像传质系数那样大。若能从有关资料中查得或根据经验公式算出传质单元高度的数据,则能比较方便地用来估算完成指定吸收任务所需的填料层高度。

3. 传质单元数的求法

下面介绍几种求传质单元数常用的方法,计算填料层高度时,可根据平衡关系的不同情况选择使用。

(1) 图解积分法和数值积分法。图解积分法是直接根据定积分的几何意义引出的一种计算传质单元数的方法。它普遍适用于平衡关系的各种情况,特别应用于平衡线为曲线的情况。

仍以气相总传质单元数N_{OG}的计算为例。由式(6-52)可以看到,等号右侧的被积函数$\frac{1}{Y-Y^*}$中有Y与Y^*两个变量,但Y^*与X之间存在着相平衡关系,而任一横截面上的X与Y之间又存在着操作关系(即物料平衡关系)。所以,只要有了相平衡方程及操作线方程,也即有了Y-X图上的平衡线及操作线,便可由任一Y值求出相应截面上的推动力$(Y-Y^*)$值,继而求出$\frac{1}{Y-Y^*}$的数值。再在直角坐标系里将$\frac{1}{Y-Y^*}$与Y的对应数值进行标绘,所得函数曲线与$Y=Y_1$、$Y=Y_2$及$\frac{1}{Y-Y^*}=0$三条直线之间所包围的面积,便是定积分$\int_{Y_2}^{Y_1}\frac{dY}{Y-Y^*}$的值,也就是气相总传质单元数$N_{OG}$,如图6-21所示。

上述方法是一种理论上严格的方法,在实际计算中,定积分值N_{OG}既可通过计量被积函数曲线下的面积来求得,也可通过适宜的近似公式算出,例如,可利用定步长辛普森(Simpson)数

值积分公式求解：

$$\int_{Y_0}^{Y_n} f(Y)\,\mathrm{d}Y \approx \frac{\Delta Y}{3}[f_0 + f_n + 4(f_1 + f_3 + \cdots + f_{n-1}) + 2(f_2 + f_4 + \cdots + f_{n-2})] \quad (6-55)$$

$$\Delta Y = \frac{Y_n - Y_0}{n} \quad (6-56)$$

式中：n 为在 Y_0 与 Y_n 间划分的区间数目，可取为任意偶数，n 值越大则计算结果越准确；ΔY 为把 (Y_0, Y_n) 分成 n 个相等的小区间，每一小区间的步长；Y_0 为出塔气相组成，$Y_0=Y_2$；Y_n 为入塔气相组成，$Y_n=Y_1$；$f_0, f_1, \cdots, f_n$ 分别为 $Y=Y_0, Y_1, \cdots, Y_n$ 所对应的纵坐标值。

至于相平衡关系，如果没有形式简单的相平衡方程来表达，也可根据过程涉及的浓度范围内所有已知数据点拟合得到相应的曲线方程。按此处理，则平衡关系为曲线时传质单元数的求取，不必经过烦琐的画图来计量积分面积，而可借助计算机进行运算。

若用图解积分法求液相总传质单元数 N_{OL} 或其他形式的传质单元数（如 N_G、N_L），其方法步骤与此相同。

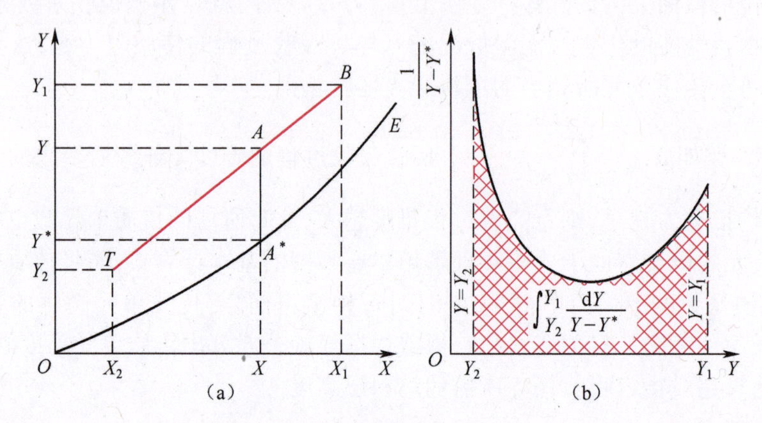

图 6-21　图解积分法求 N_{OG}

（2）解析法。

① 脱吸因数式。若在吸收过程所涉及的浓度区间内平衡关系可用直线方程 $Y^*=mX+b$ 表示，即在此浓度区间内平衡线为直线时，便可根据传质单元数的定义导出相应的解析式用来计算 N_{OG}。仍以气相总传质单元数 N_{OG} 为例。依定义式（6-52）

$$N_{OG} = \int_{Y_2}^{Y_1} \frac{\mathrm{d}Y}{Y - Y^*} = \int_{Y_2}^{Y_1} \frac{\mathrm{d}Y}{Y - (mX + b)}$$

由逆流吸收塔的操作线方程式（6-38b）可知

$$X = X_2 + \frac{V}{L}(Y - Y_2)$$

代入上式得

$$N_{OG} = \int_{Y_2}^{Y_1} \frac{\mathrm{d}Y}{Y - m\left[\dfrac{V}{L}(Y - Y_2) + X_2\right] - b}$$

$$= \int_{Y_2}^{Y_1} \frac{\mathrm{d}Y}{\left(1 - \dfrac{mV}{L}\right)Y + \left[\dfrac{mV}{L}Y_2 - (mX_2 + b)\right]}$$

令 $\frac{mV}{L}=S$，则

$$N_{OG}=\int_{Y_2}^{Y_1}\frac{dY}{(1-S)Y+(SY_2-Y_2^*)}$$

$$=\frac{1}{1-S}\int_{Y_2}^{Y_1}\frac{d[(1-S)Y+(SY_2-Y_2^*)]}{(1-S)Y+(SY_2-Y_2^*)}$$

积分上式并化简，得到

$$N_{OG}=\frac{1}{1-S}\ln\left[(1-S)\frac{Y_1-Y_2^*}{Y_2-Y_2^*}+S\right] \tag{6-57}$$

式中：$S=\frac{mV}{L}$ 称为脱吸因数，是平衡线斜率与操作线斜率的比值，无因次。

由式(6-57)可以看出，N_{OG} 的数值取决于 S 与 $\frac{Y_1-Y_2^*}{Y_2-Y_2^*}$ 这两个因素。当 S 值一定时，N_{OG} 与比值 $\frac{Y_1-Y_2^*}{Y_2-Y_2^*}$ 之间有一一对应的关系。为便利计算，在半对数坐标上以 S 为参数按式(6-57)标绘出 $N_{OG}-\frac{Y_1-Y_2^*}{Y_2-Y_2^*}$ 的函数关系，得到如图 6-22 所示的一组曲线。若已知 V、L、Y_1、Y_2、X_2 及平衡线斜率 m 时，利用此图可方便地读出 N_{OG} 的数值。

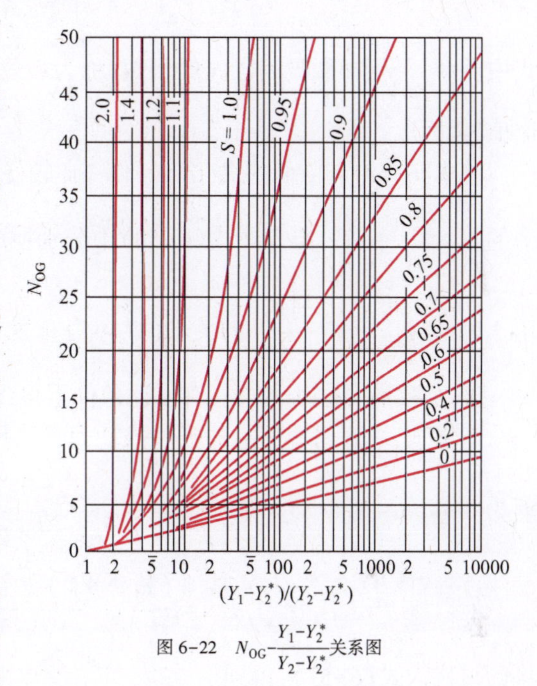

图 6-22 $N_{OG}-\frac{Y_1-Y_2^*}{Y_2-Y_2^*}$ 关系图

在图 6-22 中，横坐标 $\frac{Y_1-Y_2^*}{Y_2-Y_2^*}$ 值的大小，反映溶质吸收率的高低。在气、液进口浓度一定的情况下，要求的吸收率越高，Y_2 便越小，横坐标的数值便越大，对应于同一 S 值的 N_{OG} 值也就越大。

参数 S 反映吸收推动力的大小。在气、液进口浓度及溶质吸收率已知的条件下，横坐标 $\frac{Y_1-Y_2^*}{Y_2-Y_2^*}$ 的值便已确定，此时若增大 S 值就意味着减小液气比，其结果是使溶液出口浓度提高而塔内吸收推动力变小，N_{OG} 值必然增大。反之，若参数 S 值减小，则 N_{OG} 值变小。

为了使从混合气体中分离出溶质组分 A 而进行的吸收过程获得最高的吸收率，必然力求使出塔气体与进塔液体趋近平衡，这就必须采用较大的液体量，使操作线斜率大于平衡线斜率(即 $S<1$)才有可能。反之，若要获得最浓的吸收液，必然力求使出塔液体与进塔气体趋近平衡，这就必须采用较小的液体量，使操作线斜率小于平衡线斜率(即 $S>1$)才有可能。一般吸收操作多着眼于溶质的吸收率，故 S 值常小于 1。有时为了加大液、气比，或为达到其他目的，还采用液体循环的操作方式，这样能够有效地降低 S 值，但与此同时却又在一定程度上丧失了逆流操

作的优越之处。通常认为取 $S=0.7\sim0.8$ 是经济适宜的。

图 6-22 用于 N_{OG} 的求算及其他有关吸收过程的分析估算十分方便。但须指出，只有在 $\dfrac{Y_1-Y_2^*}{Y_2-Y_2^*}>20$ 及 $S\leqslant0.75$ 的范围内使用该图时，读数方较准确，否则误差较大。必要时仍可直接根据式（6-57）计算。

同理，当 $Y^*=mX+b$ 时，从式（6-54）出发可导出关于液相总传质单元数 N_{OL} 的如下关系式，即

$$
\begin{aligned}
N_{OL}&=\frac{1}{1-\dfrac{L}{mV}}\ln\left[\left(1-\frac{L}{mV}\right)\frac{Y_1-Y_2^*}{Y_1-Y_1^*}+\frac{L}{mV}\right]\\
&=\frac{1}{1-A}\ln\left[(1-A)\frac{Y_1-Y_2^*}{Y_1-Y_1^*}+A\right]
\end{aligned}
\tag{6-58}
$$

式中：$A=\dfrac{L}{mV}$，即脱吸因数 S 的倒数，称为吸收因数。吸收因数是操作线斜率与平衡线斜率的比值，无因次。

将式（6-58）与前面的式（6-57）作一比较便可看出，两者具有同样的函数形式，只是式（6-57）中的 N_{OG}、$\dfrac{Y_1-Y_2^*}{Y_2-Y_2^*}$ 与 S 在式（6-58）中分别换成了 N_{OL}、$\dfrac{Y_1-Y_2^*}{Y_1-Y_1^*}$ 与 A。由此可知，若将图 6-22 用于表示 $N_{OL}-\dfrac{Y_1-Y_2^*}{Y_1-Y_1^*}$ 的关系（以 A 为参数），将完全适用。

② 对数平均推动力式。对上述条件下得到的解析式（6-57）再加以分析研究，还可获得由吸收塔塔顶、塔底两端面上的吸收推动力求算传质单元数的另一种解析式。

因为
$$
S=m\left(\frac{V}{L}\right)=\frac{Y_1^*-Y_2^*}{X_1-X_2}\left(\frac{X_1-X_2}{Y_1-Y_2}\right)=\frac{Y_1^*-Y_2^*}{Y_1-Y_2}
$$

所以
$$
1-S=\frac{(Y_1-Y_1^*)-(Y_2-Y_2^*)}{Y_1-Y_2}=\frac{\Delta Y_1-\Delta Y_2}{Y_1-Y_2}
$$

将此式代入式（6-57），得到

$$
\begin{aligned}
N_{OG}&=\frac{Y_1-Y_2}{\Delta Y_1-\Delta Y_2}\ln\left[\left(\frac{\Delta Y_1-\Delta Y_2}{Y_1-Y_2}\right)\frac{Y_1-Y_2^*}{Y_2-Y_2^*}+\frac{Y_1^*-Y_2^*}{Y_1-Y_2}\right]\\
&=\frac{Y_1-Y_2}{\Delta Y_1-\Delta Y_2}\ln\left[\frac{(Y_1-Y_1^*)-(Y_2-Y_2^*)}{Y_1-Y_2}\frac{Y_1-Y_2^*}{Y_2-Y_2^*}+\frac{Y_1^*-Y_2^*}{Y_1-Y_2}\right]
\end{aligned}
$$

由上式可以推得

$$
N_{OG}=\frac{Y_1-Y_2}{\Delta Y_1-\Delta Y_2}\ln\frac{\Delta Y_1}{\Delta Y_2}
$$

或写成

$$N_{OG}=\frac{Y_1-Y_2}{\dfrac{\Delta Y_1-\Delta Y_2}{\ln\dfrac{\Delta Y_1}{\Delta Y_2}}}=\frac{Y_1-Y_2}{\Delta Y_m} \tag{6-59a}$$

式中
$$\Delta Y_m=\frac{\Delta Y_1-\Delta Y_2}{\ln\dfrac{\Delta Y_1}{\Delta Y_2}}=\frac{(Y_1-Y_1^*)-(Y_2-Y_2^*)}{\ln\dfrac{Y_1-Y_1^*}{Y_2-Y_2^*}} \tag{6-59b}$$

ΔY_m 是塔顶与塔底两截面上吸收推动力 ΔY_2 与 ΔY_1 的对数平均值,称为对数平均推动力。

同理,当 $Y^*=mX+b$ 时,从式(6-58)出发可导出关于液相总传质单元数 N_{OL} 的相应解析式:

$$N_{OL}=\frac{X_1-X_2}{\Delta X_m} \tag{6-60}$$

式中
$$\Delta X_m=\frac{\Delta X_1-\Delta X_2}{\ln\dfrac{\Delta X_1}{\Delta X_2}}=\frac{(X_1^*-X_1)-(X_2^*-X_2)}{\ln\dfrac{X_1^*-X_1}{X_2^*-X_2}} \tag{6-61}$$

由式(6-59a)及式(6-60)可知,传质单元数是全塔范围内某相浓度的变化与按该相浓度差计算的对数平均推动力的比值。

当 $\frac{1}{2}<\frac{\Delta Y_1}{\Delta Y_2}<2$ 或 $\frac{1}{2}<\frac{\Delta X_1}{\Delta X_2}<2$ 时,相应的对数平均推动力也可用算术平均推动力代替而不会带来大的误差。

【例6-6】 在填料塔中用清水吸收丙酮,塔径为1.2m,进塔混合气流量为1800m³(标准)/h,其中丙酮组成 Y_1 为0.02(摩尔比),要求吸收率为90%。吸收塔的操作压强为101.3kPa,温度为293K。气相总体积吸收系数 K_Ya 为 2.2×10^{-2} kmol/(m³·s)。操作条件下的平衡关系为 $Y^*=1.18X$,求吸收剂用量为最小吸收剂用量的1.4倍时填料层的高度。

解: 气相出塔组成 $Y_2=Y_1\times(1-\eta)=0.02\times(1-0.9)=0.002$

因 $X_2=0$,最小液气比 $\left(\frac{L}{V}\right)_{min}=\frac{Y_1-Y_2}{X_1^*-X_2}=\frac{Y_1-Y_2}{\dfrac{Y_1}{m}-X_2}=\frac{Y_1-Y_2}{\dfrac{Y_1}{m}}=\eta m=0.9\times1.18=1.062$

实际液、气比为 $\frac{L}{V}=1.4\left(\frac{L}{V}\right)_{min}=1.4\times1.062=1.487$

出塔液相组成 $X_1=\frac{V(Y_1-Y_2)}{L}+X_2=\frac{0.02-0.002}{1.487}+0=0.0121$

$$y_1=\frac{Y_1}{1+Y_1}=\frac{0.02}{1+0.02}=0.0196$$

进塔惰气流量 $V=1800\times(1-y_1)/22.4=78.78\text{kmol/h}$

塔截面积 $\Omega=\pi d^2/4=0.785\times1.2^2=1.13\text{m}^2$

$$H_{OG}=\frac{V}{K_Y a\Omega}=\frac{78.78/3600}{2.2\times10^{-2}\times1.13}=0.88\text{m}$$

因平衡线为直线,可用对数平均推动力法求传质单元数:

$$\Delta Y_m=\frac{\Delta Y_1-\Delta Y_2}{\ln\dfrac{\Delta Y_1}{\Delta Y_2}}=\frac{(Y_1-Y_1^*)-(Y_2-Y_2^*)}{\ln\dfrac{Y_1-Y_1^*}{Y_2-Y_2^*}}=\frac{(0.02-1.18\times0.0121)-(0.002-0)}{\ln\dfrac{0.02-1.18\times0.0121}{0.002-0}}$$

$$=\frac{3.722\times10^{-3}}{1.05}=0.00354$$

$$N_{OG}=\frac{Y_1-Y_2}{\Delta Y_m}=\frac{0.02-0.002}{0.00354}=5.09$$

所以填料层高度为

$$Z=H_{OG}N_{OG}=0.88\times5.09=4.48\text{m}$$

用脱吸因数法计算传质单元数:

$$S=\frac{mV}{L}=\frac{1.18}{1.487}=0.794$$

依式(6-57)计算 N_{OG}:

$$N_{OG}=\frac{1}{1-S}\ln\left[(1-S)\frac{Y_1-Y_2^*}{Y_2-Y_2^*}+S\right]$$

$$=\frac{1}{1-0.794}\ln\left[(1-0.794)\frac{0.02-0}{0.002-0}+0.794\right]=5.09$$

得到的结果与对数平均推动力法一致。

【例 6-7】 在逆流操作的填料塔中,用清水吸收焦炉气中的氨,氨的浓度为 8g/(标准)m^3,混合气体处理量为 4500(标准)m^3/h。氨的回收率为 95%,吸收剂用量为最小用量的 1.5 倍。空塔气速为 1.2m/s。气相总体积吸收系数 $K_Y a$ 为 0.06kmol/(m^3·s),且 $K_Y a$ 正比于 $V^{0.7}$。操作压强为 101.33kPa、温度为 30℃,在操作条件下气液平衡关系为 $Y^*=1.2X$。试求:

(1) 用水量(kg/h);

(2) 塔径和塔高(m);

(3) 若混合气处理量增加 25%,要求吸收率不变,试定性说明应采取何措施,假设空塔气速仍为适宜气速。

解:本题(1)、(2)项为典型的设计型计算,据题中已知条件,应注意有关物理量的单位及相应的换算方法。第(3)项为操作型计算,可以采用试差法进行准确计算,但本题只要求定性说明。

(1) 用水量 L。

最小用水量由下式计算:

$$L_{min}=V\frac{Y_1-Y_2}{X_1^*-X_2}$$

其中

$$Y_1=\frac{y_1}{1-y_1}$$

$$y_1=\frac{8/17}{1000/22.4}=0.0105$$

$$Y_1=\frac{0.0105}{1-0.0105}=0.0106$$

$$Y_2=Y_1(1-\eta)=0.0106\times(1-0.95)=0.00053$$

$$X_1^*=\frac{Y_1}{m}=\frac{0.0106}{1.2}=0.00883$$

$$X_2=0$$

$$V=\frac{4500}{3600}\times\frac{1}{22.4}\times(1-0.0105)=0.0552\text{kmol/s}$$

所以
$$L_{\min}=0.0552\times\frac{0.0106-0.00053}{0.00883}=0.0630\text{kmol/s}$$

$$L=1.5L_{\min}=1.5\times0.063=0.0945\text{kmol/s}=6120\text{kg/h}$$

(2) 塔径和塔高。

塔径 D 可由下式计算：

$$D=\sqrt{\frac{4V_s}{\pi u}}$$

其中
$$V_s=\frac{4500}{3600}\times\frac{273+30}{273}=1.387\text{m}^3/\text{s}$$

所以
$$D=\sqrt{\frac{4\times1.387}{\pi\times1.2}}=1.21\text{m}$$

填料层高度用下式计算：

$$Z=\frac{V}{K_Ya\Omega}\cdot\frac{Y_1-Y_2}{\Delta Y_m}$$

其中 $\Omega=\frac{\pi}{4}D^2=\frac{\pi}{4}\times1.21^2=1.149\text{m}^2$

$$\Delta Y_m=\frac{(Y_1-mX_1)-(Y_2-mX_2)}{\ln\frac{Y_1-mX_1}{Y_2-mX_2}}$$

而
$$X_1=\frac{V}{L}(Y_1-Y_2)+X_2=\frac{0.0552}{0.0945}\times(0.0106-0.00053)=0.00589$$

$$Y_1-mX_1=0.0106-1.2\times0.00588=0.00354$$

$$Y_2-mX_2=Y_2=0.00053$$

所以
$$\Delta Y_m=\frac{0.00354-0.00053}{\ln\frac{0.00354}{0.00053}}=0.00159$$

$$H_{OG}=\frac{V}{K_Ya\Omega}=\frac{0.0552}{0.06\times1.149}=0.8\text{m}$$

则
$$Z=0.8\times\frac{(0.0106-0.00053)}{0.00159}=5.07\text{m}\approx5.1\text{m}$$

(3) 炉气量增加25%，η 不变，可采取以下措施：

① 增加用水量。对一定高度的填料塔，Z 不变，V 提高，则 H_{OG} 和 N_{OG} 均发生变化，可由

H_{OG}正比于$V^{0.7}$求出新工况下的H'_{OG}，再求出N'_{OG}，用脱吸因数法求出L'/V'，即可得到用水量增加的百分数。

② 增加填料层高度。V'增加，H'_{OG}增大，S也增大，用脱吸因数法可得N'_{OG}增加，填料层高度增加。

③提高操作压强P或降低温度。由于炉气量V增加，使得H_{OG}和N_{OG}均增大，若要保持原吸收率，须增加填料层高度。若不加高填料层而提高总压或降低温度，也可能达到目的。但是压强提高多少才能保持原回收率，则是一较复杂的试算过程，这里从略。

讨论：上述各种措施中，增加用水量较现实，为简单可行的方法；增加填料层高度需提高塔体高度，增压降温需外加设备，存在技术上和经济上的问题。此外，改善填料性能，即采用高效填料，使K_Ya较原填料的增大，则也能提高处理量。

6.3.4 吸收塔的调节与操作计算

对一定物系和一定填料层高度Z的吸收塔，通常气相流量V及其入口组成Y_1已被生产任务所规定，控制的目标主要是气相出口组成Y_2（或溶质的吸收率$\eta=(Y_1-Y_2)/Y_1$）。可调节的操作条件有操作温度t、压力P、吸收剂流量L（或液气比L/V）及其进口组成X_2等。

在操作中要想提高吸收率η，可以增大液气比（L/V），改变操作线的位置；或降低操作温度、提高操作压力，以降低平衡常数m，使平衡线下移，平均推动力增大；或降低吸收剂进口组成X_2，使液相入口推动力增大，全塔平均推动力亦随之增大。适当调节上述四个变量，都能增大传质推动力，提高传质速率，强化吸收过程。

当吸收和再生操作联合进行时，吸收剂的入口条件将受再生操作的制约。如果再生不良，吸收剂进塔含量将上升；如果再生后的吸收剂冷却不足，吸收剂温度将升高。再生中出现的这些情况，都会给吸收操作带来不良影响。

对于填料吸收塔，不论是设计计算（求填料层高度），还是操作计算，都要用到物料衡算（操作线方程式）、气液相平衡关系（对稀溶液，用亨利定律表达式）和传质速率方程式（N_A=传质系数×传质推动力），以及由它们联立求得的填料层高度Z计算式（Z=传质单元高度×传质单元数）。

当需要求解端点组成或液气比（L/V）时，用吸收因数法比较方便。

【例6-8】 含NH_3 0.015（摩尔比）的气体通过填料塔用清水吸收其中的NH_3，气液逆流流动。平衡关系为$Y^*=0.8X$，用水量为最小用水量的1.2倍。单位塔截面的气体流量为0.024kmol/(m²·s)，总体积吸收系数K_Ya=0.06kmol/(m³·s)，填料层高为6m，试求：

(1) 出塔气体NH_3的组成；

(2) 拟用加大溶剂量以使吸收率达到99.5%，此时液气比应为多少？

解：(1) 求Y_2应用式（6-57）求解。

$$N_{OG}=\frac{1}{1-\dfrac{mV}{L}}\ln\left[\left(1-\frac{mV}{L}\right)\frac{Y_1-mX_2}{Y_2-mX_2}+\frac{mV}{L}\right]$$

已知 $V/\Omega=0.024\text{kmol/(m}^2\cdot\text{s)}$，$K_Ya=0.06\text{kmol/(m}^3\cdot\text{s)}$，$Z=6\text{m}$，

求得
$$H_{OG}=\frac{V}{K_Ya\Omega}=\frac{0.024}{0.06}=0.4\text{m}$$

$$N_{OG}=\frac{Z}{H_{OG}}=\frac{6}{0.4}=15 \tag{a}$$

已知 $Y_1=0.015, m=0.8, X_2=0, \frac{L}{V}=1.2\left(\frac{L}{V}\right)_{min}$

求得 $\left(\frac{L}{V}\right)_{min}=\frac{Y_1-Y_2}{X_1^*-X_2}=\frac{Y_1-Y_2}{\frac{Y_1}{m}-X_2}=\frac{0.015-Y_2}{\frac{0.015}{0.8}-0}=\frac{0.8(0.015-Y_2)}{0.015}$

$$\frac{mV}{L}=\frac{m}{L/V}=\frac{m}{1.2(L/V)_{min}}=\frac{0.8}{1.2\times\frac{0.8(0.015-Y_2)}{0.015}}=\frac{0.0125}{0.015-Y_2} \tag{b}$$

$$\frac{Y_1-mX_2}{Y_2-mX_2}=\frac{0.015-0}{Y_2-0}=\frac{0.015}{Y_2} \tag{c}$$

式(a)、式(b)及式(c)代入式(6-57),得

$$15=\frac{1}{1-\frac{0.0125}{0.015-Y_2}}\ln\left[\left(1-\frac{0.0125}{0.015-Y_2}\right)\left(\frac{0.015}{Y_2}\right)+\frac{0.0125}{0.015-Y_2}\right]$$

用试差法求解 Y_2,可直接先假设 Y_2,也可先假设回收率(吸收率)η,由吸收率定义式 $\eta=\frac{Y_1-Y_2}{Y_1}$ 求出 Y_2,代入上式,看符号右侧是否等于左侧的15,即 $N_{OG}=15$。若等于15,则此假定值即为出塔气体的浓度,计算见例6-8附表。

例 6-8 附表

η	Y_2	Y_1/Y_2	mV/L	N_{OG}
0.9	0.0015	10	0.926	6.9
0.95	0.00075	20	0.877	9.8
0.99	0.00015	100	0.842	17.8
0.983	0.000255	58.8	0.848	15

(2)吸收率提高到99.5%,应增大液气比。由原来液气比

$$\frac{mV}{L}=\frac{0.8}{\frac{L}{V}}=0.848$$

可得

$$\frac{L}{V}=\frac{0.8}{0.848}=0.943$$

当 η=99.5%时

$$Y_2=Y_1(1-\eta)=0.015\times(1-0.995)=7.5\times10^{-5}$$

$$\frac{Y_2-mX_2}{Y_1-mX_2}=\frac{7.5\times10^{-5}-0}{0.015-0}=0.005, N_{OG}=15$$

从图6-22查得 $L/mV=1.35$,则 $L/V=1.35\times m=1.35\times0.8=1.08$

即吸收率提高到99.5%时,液气比应由0.943增大到1.08。

6.4 解吸塔的计算

使溶液中已吸收的气体释放出来的操作过程，称为解吸，其作用是回收溶质，同时再生吸收剂（恢复其吸收溶质的能力），是构成完整吸收操作的重要环节。解吸方法有多种，常见的有气（汽）提解吸、减压解吸、加热解吸、加热-减压解吸等方法。

解吸操作常用的解吸剂（或称载体），有空气、水蒸气及其他惰性气体。采用吸收剂蒸气作解吸载体的操作，与精馏塔提馏段的操作相同。若用水蒸气作为解吸的载体，并且解吸出来的溶质不与水混合时，从解吸塔排出的混合蒸气经冷凝后分层，可把溶质分离出来。

解吸过程是与吸收相反的过程。与逆流吸收塔相比，解吸塔的塔顶为浓端，塔底为稀端。只有当液相中溶质的平衡分压 p^* 大于气相中溶质的分压 p，溶质才能解吸出来。所以解吸的推动力是 (Y^*-Y) 或 $(X-X^*)$，如图 6-23(b) 所示，操作线 AB 在平衡线的下方，与吸收相反。

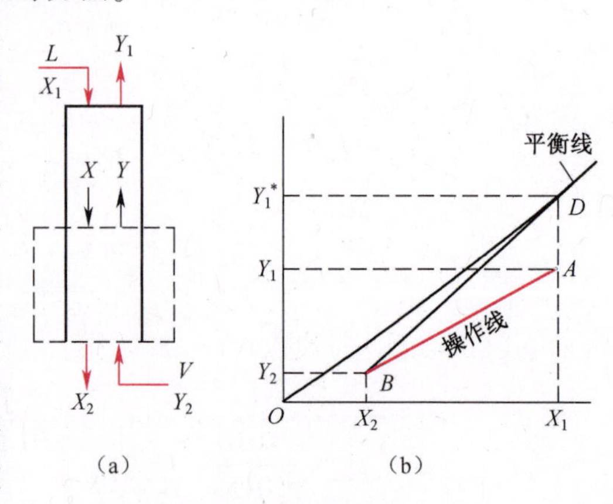

图 6-23 解吸的操作线和最小气、液比

气提解吸的主要计算内容如下。

1. 解吸用气量与最小气液比

设计计算中，如图 6-23 所示，解吸塔进、出口液体组成 X_1、X_2 以及入口气体组成 Y_2 都是规定的，多数情况下 $Y_2=0$，而出口气体组成 Y_1 则根据适宜的气液比来计算。

当解吸所用惰性气体量减少，出口气体 Y_1 增大，操作线的 A 点向平衡线靠近，但 Y_1 增大的极限为与 X_1 成平衡，即达到 D 点，此时解吸操作线斜率 L/V 最大，即气、液比为最小。

$$\left(\frac{V}{L}\right)_{\min}=\frac{X_1-X_2}{Y_1^*-Y_2} \tag{6-62}$$

实际操作时，为使塔顶有一定的推动力，气液比应大于最小气液比。

2. 解吸塔填料层高度计算

解吸塔填料层高度计算式，与吸收塔的基本相同。由于解吸的溶质量以 $L\mathrm{d}X$ 表示方便，通常用以液相组成为推动力的计算式。当气液平衡关系服从亨利定律 $Y^*=mX$，或在操作范围内平衡线可用 $Y^*=mX+b$ 表达时，计算填料层高度的计算式为

$$Z=H_{\mathrm{OL}}\cdot N_{\mathrm{OL}}=\frac{L}{K_X a\Omega}\int_{X_2}^{X_1}\frac{\mathrm{d}X}{X-X^*} \tag{6-63}$$

传质单元数的计算方法与吸收过程相同。用与吸收塔 N_{OG} 相同的推导方法，可得下列解吸塔 N_{OL} 的计算式。

(1) 对数平均推动力法。

$$N_{\mathrm{OL}}=\frac{X_1-X_2}{\Delta X_{\mathrm{m}}} \tag{6-64}$$

式中

$$\Delta X_m = \frac{(X_1 - X_1^*) - (X_2 - X_2^*)}{\ln \dfrac{X_1 - X_1^*}{X_2 - X_2^*}}$$

（2）脱吸因数法。

$$N_{OL} = \frac{1}{1 - \dfrac{L}{mV}} \ln\left[\left(1 - \frac{L}{mV}\right)\frac{X_2 - X_1^*}{X_1 - X_1^*} + \frac{L}{mV}\right] \quad (6-65)$$

式(6-65)与式(6-57)在结构上相同。因此,图 6-22 也可用于求解式(6-65),只是图中的脱吸因数 $\dfrac{mV}{L}$ 要用吸收因数 $\dfrac{L}{mV}$ 替换,横坐标的 $\dfrac{Y_1 - Y_2^*}{Y_2 - Y_2^*}$ 要用 $\dfrac{X_2 - X_1^*}{X_1 - X_1^*}$ 替换,纵坐标的 N_{OG} 用 N_{OL} 替换。由图 6-22 可知,对于解吸塔,当吸收因数 L/mV 增大,传质单元数 N_{OL} 增大。

【例 6-9】 用洗油吸收焦炉气中的芳烃,含芳烃的洗油经解吸后循环使用。已知洗油流量为 7kmol/h,入解吸塔的组成为 0.12kmol(芳烃)/kmol(洗油),解吸后的组成不高于 0.005kmol(芳烃)/kmol(洗油)。解吸塔的操作压力为 101.325kPa,温度为 120℃。解吸塔底通入过热水蒸气进行解吸,水蒸气消耗量 $V/L = 1.5(V/L)_{min}$。平衡关系为 $Y^* = 3.16X$,液相总体积传质系数 $K_X a = 30\text{kmol/(m}^3\cdot\text{h)}$。求解吸塔每小时需要多少水蒸气?若填料解吸塔的塔径为 0.7m,求填料层高度。

解:水蒸气不含芳烃,故 $Y_2 = 0$;$X_1 = 0.12$

$$\left(\frac{V}{L}\right)_{min} = \frac{X_1 - X_2}{Y_1^* - Y_2} = \frac{0.12 - 0.005}{3.16 \times 0.12 - 0} = 0.303$$

$$\frac{V}{L} = 1.5\left(\frac{V}{L}\right)_{min} = 1.5 \times 0.303 = 0.455$$

水蒸气消耗量为

$$V = 0.455L = 0.455 \times 7 = 3.185\text{kmol/h} = 3.185 \times 18 = 57.3\text{kg/h}$$

$$\frac{X_1 - Y_2/m}{X_2 - Y_2/m} = \frac{X_1}{X_2} = \frac{0.12}{0.005} = 24$$

$$\frac{L}{mV} = \frac{1}{3.16 \times 0.455} = 0.696, \quad 1 - \frac{L}{mV} = 1 - 0.696 = 0.304$$

$$N_{OL} = \frac{1}{1 - \dfrac{L}{mV}} \ln\left[\left(1 - \frac{L}{mV}\right)\frac{X_1 - Y_2/m}{X_2 - Y_2/m} + \frac{L}{mV}\right]$$

$$= \frac{1}{0.304}\ln[0.304 \times 24 + 0.696] = 6.84$$

用 $(X_1 - Y_2/m)/(X_2 - Y_2/m) = 24$、$L/mV = 0.696$,从图 6-22 查得 $N_{OL} = 6.9$,与计算值接近。

$$H_{OL} = \frac{L}{K_X a \Omega} = \frac{7}{30 \times \dfrac{\pi}{4} \times (0.7)^2} = 0.607\text{m}$$

填料层高度 $Z = H_{OL} \cdot N_{OL} = 0.607 \times 6.84 = 4.15\text{m}$

习题

1. 已知在25℃时,100g水中含1g NH_3,则此溶液上方氨的平衡蒸气压为986Pa,在此浓度以内亨利定律适用。试求在1.013×10^5Pa(绝对压力)下,下列公式中的常数H和m。

(1) $p^*=c/H$;(2) $y^*=mx$。

2. 1.013×10^5Pa、10℃时,氧气在水中的溶解度可用下式表示:

$$p = 3.27 \times 10^4 x$$

式中:p为氧在气相中的分压(atm);x为氧在液相中的摩尔分数。

试求在此温度和压强下与空气充分接触后的水中,每立方米溶有多少克氧。

3. 某混合气体中含2%(体积)CO_2,其余为空气。混合气体的温度为30℃,总压强为$5\times1.013\times10^5$Pa。从手册中查得30℃时CO_2在水中的亨利系数$E=1.41\times10^6$mmHg。试求溶解度系数H及相平衡常数m,并计算100g与该气体相平衡的水中溶有多少克CO_2。

4. 在1.013×10^5Pa、0℃下的O_2与CO混合气体中发生稳定扩散过程。已知相距0.2cm的两截面上O_2的分压分别为100Pa和50Pa,又知扩散系数为$0.18\text{cm}^2/\text{s}$,试计算下列两种情形下O_2的传递速率为多少:

(1) O_2与CO两种气体作等分子反向扩散;

(2) CO气体为停滞组分。

5. 一浅盘内存有2mm厚的水层,在20℃的恒定温度下靠分子扩散逐渐蒸发到大气中。假定扩散始终是通过一层厚度为5mm的静止空气膜层,此空气膜层以外的水蒸气分压为零。扩散系数为$2.60\times10^{-5}\text{m}^2/\text{s}$,大气压强为$1.013\times10^5$Pa。求蒸干水层所需时间。

6. 于1.013×10^5Pa、27℃下用水吸收混于空气中的甲醇蒸气。甲醇在气、液两相中的浓度很低,平衡关系服从亨利定律。已知$H=1.955\text{kmol}/(\text{m}^3\cdot\text{kPa})$,气膜吸收分系数$k_G=1.55\times10^{-5}\text{kmol}/(\text{m}^2\cdot\text{s}\cdot\text{kPa})$,液膜吸收分系数$k_L=2.08\times10^{-5}\text{kmol}/(\text{m}^2\cdot\text{s}\cdot\text{kmol}\cdot\text{m}^{-3})$。试求吸收总系数$K_G$并算出气膜阻力在总阻力中所占的百分数。

7. 在吸收塔内用水吸收混于空气中的低浓度甲醇,操作温度27℃,压强为1.013×10^5Pa。稳定操作状况下塔内某截面上的气相中甲醇分压为37.5mmHg,液相中甲醇浓度为$2.11\text{kmol}/\text{m}^3$。试根据上题中的有关数据计算出该截面的吸收速率。

8. 在逆流操作的吸收塔内,于1.013×10^5Pa、24℃下用清水吸收混合气中的H_2S,将其浓度由2%降至0.1%(体积分数)。该系统符合亨利定律,亨利系数$E=545\times1.013\times10^5$Pa。若取吸收剂用量为理论最小用量的1.2倍,试计算操作液气比L/V及出口液相组成X_1。

若操作压强改为$10\times1.013\times10^5$Pa而其他已知条件不变,再求L/V及X_1。

9. 一吸收塔于常压下操作,用清水吸收焦炉气中的氨。焦炉气处理量为5000标准m^3/h,氨的浓度为10g/标准m^3,要求氨的回收率不低于99%。水的用量为最小用量的1.5倍,焦炉气入塔温度为30℃,空塔气速为1.1m/s。操作条件下的平衡关系为$Y^*=1.2X$,气相总体积吸收系数为$K_Ya=0.0611\text{kmol}/(\text{m}^3\cdot\text{s})$。试分别用对数平均推动力法及脱吸因数法求气相总传质单元数,再求所需的填料层高度。

10. $600\text{m}^3/\text{h}$(28℃及1.013×10^5Pa)的空气-氨的混合物,用水吸收其中的氨,使其含量由

5%(体积)降低到 0.04%。今有一填料塔,塔径 $D=0.5$m,填料层高 $Z=5$m,气相总体积吸收系数 $K_Ya=300$kmol/(m^3·h),溶剂用量为最小用量的 1.2 倍。在此操作条件下,平衡关系 $Y^*=1.44X$,问这个塔是否适用?

11. 有一直径为 880mm 的填料吸收塔,所用填料为 50mm 拉西环,处理 3000m^3/h 混合气(气体体积按 25℃与 1.013×10^5Pa 计算)其中含丙酮 5%,用水作溶剂。塔顶送出的废气含 0.263% 丙酮。塔底送出的溶液含丙酮 61.2g/kg,测得气相总体积传质系数 $K_Ya=211$kmol/(m^3·h),操作条件下的平衡关系 $Y^*=2.0X$。求所需填料层高度。在上述情况下每小时可回收多少丙酮?若把填料层加高 3m,则可多回收多少丙酮?

(提示:填料层加高后,传质单元高度 H_{OG}不变。)

12. 一吸收塔,用清水吸收某易溶气体,已知其填料层高度为 6m,平衡关系 $Y^*=0.75X$,混合气体流率 $G=50$kmol/(m^2·h),清水流率 $L=40$kmol/(m^2·h),$y_1=0.10$,吸收率为 98%。求(1)传质单元高度 H_{OG};(2)若生产情况有变化,新的气体流率为 60kmol/(m^2·h),新的清水流率为 52kmol/(m^2·h),塔仍能维持正常操作。欲使其他参数 y_1,y_2,x_2保持不变,试求新情况下填料层高度应为多少?假设 $K_Ya=AG^{0.9}L^{0.39}$。

13. 在一逆流填料吸收塔中,用纯溶剂吸收混合气中的溶质组分。已知入塔气体组成为 0.015(摩尔比),吸收剂用量为最小用量的 1.2 倍,操作条件下气液平衡关系为 $Y^*=0.8X$,溶质回收率为 98.3%。现要求将溶质回收率提高到 99.5%,试问溶剂用量应为原用量的多少倍?假设该吸收过程为气膜控制。

第7章 气液传质设备

Gas Liquid Mass Transfer Equipment

蒸馏和吸收都是典型的气液传质过程,均要求气液两相能充分接触,且接触后的两相又能及时分离,以迅速有效地实现两相间的传质过程,因此可在同样的设备中完成。生产中使用的气液传质设备大多为塔设备(又称塔器),分板式塔和填料塔两大类。这两类塔既适用于蒸馏操作也适用于吸收操作,还可用于萃取操作过程中。塔设备在工业上应用广泛,传质效率高、能耗低、通量大的传质设备一直是化工分离工程领域的研究和开发热点。例如,某煤气厂油苯系统,为从煤气中回收粗苯,采用洗油(煤焦油的主要馏分之一)在吸苯塔内吸收煤气中的粗苯,然后在脱苯塔内从洗油(富油)中回收粗苯,洗油(贫油)循环使用。脱苯塔原为14层F1型浮阀塔板,为提高该塔的操作性能,改用导向浮阀塔板。改造后出口洗油含量由0.30%降至0.08%,同时也取得了明显的经济效益。

7.1 板式塔

板式塔是精馏和吸收过程中应用最早的塔设备之一,技术上较为成熟。因其结构简单、操作可靠、生产能力大、造价低及便于安装维修等,工业上一直广泛使用。

板式塔

7.1.1 板式塔结构

板式塔是由一个圆筒形壳体及其中安装的若干块水平塔板所构成的,相邻塔板间有一定距离,称为板间距。液相在重力作用下自上而下最后由塔底排出,气相在压差推动下经塔板上的开孔由下而上穿过塔板上液层最后由塔顶排出。呈错流或逆流流动的气相和液相在塔板上进行传质过程。每经过一块塔板,气液两相浓度都阶跃式地变化一次,故该类设备又称级式接触设备。显然,塔板的功能应使气液两相保持密切而又充分地接触,为传质过程提供足够大且不断更新的相际接触表面,减少传质阻力。图7-1为板式塔结构简图。按照塔板上气液两相流动通道设置的不同,塔板主要有两种形式:一种是溢流塔板(或称错流式),如图7-1(a)所示,气相通过分布在塔板上的通道穿过塔板,液相横穿过塔板,两相呈错流流动;另一种是无溢流塔板(或称穿流式),如图7-1(b)所示,其结构特征是气液两相均通过分布在塔板上的通道穿过塔板,两相呈逆流流动。这种塔板结构简单,塔板面积利用率高,但效率低,弹性小,应用少。

板式塔主要采用溢流塔板，由下述部分构成。

1. 气相通道

塔板上均匀开有一定数量供气相自下而上流动的通道。气相通道的形式很多，对塔板性能的影响极大，各种形式的塔板主要区别就在于气相通道的形式不同。结构最简单的气相通道为筛孔。

2. 溢流堰

如图 7-2 所示，在每层塔板的出口端通常装有溢流堰(Weir)，板上的液层高度主要由溢流堰决定。最常见的溢流堰为弓形平直堰，堰高为 h_w，长度为 l_w。

3. 降液管

降液管是液体自上层塔板流到本层塔板的通道。液体经上层板的降液管流下，横向经过塔板，翻越溢流堰，进入本层塔板的降液管再流向下层塔板。为充分利用塔板的面积，降液管一般为弓形。降液管的下端离下层塔板应有一定高度，称为底隙高度 h_0，如图 7-2 所示，使液体能通畅流出。为防止气相窜入降液管中，h_0应小于堰高 h_w。

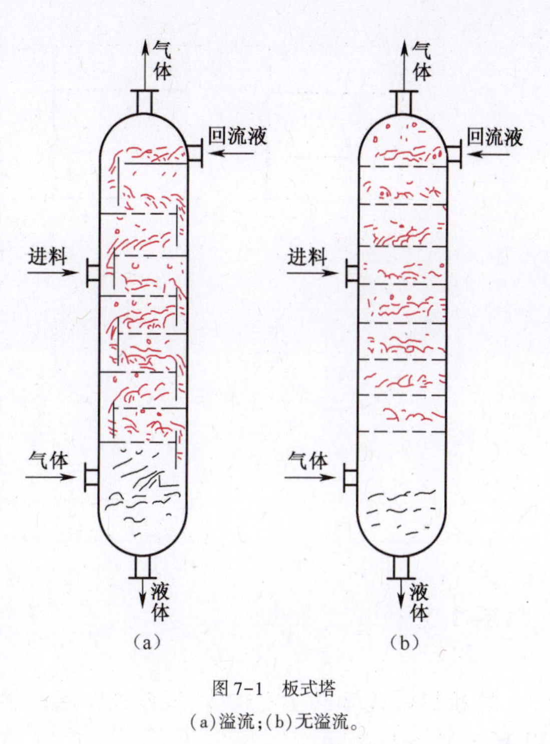

图 7-1 板式塔
(a)溢流；(b)无溢流。

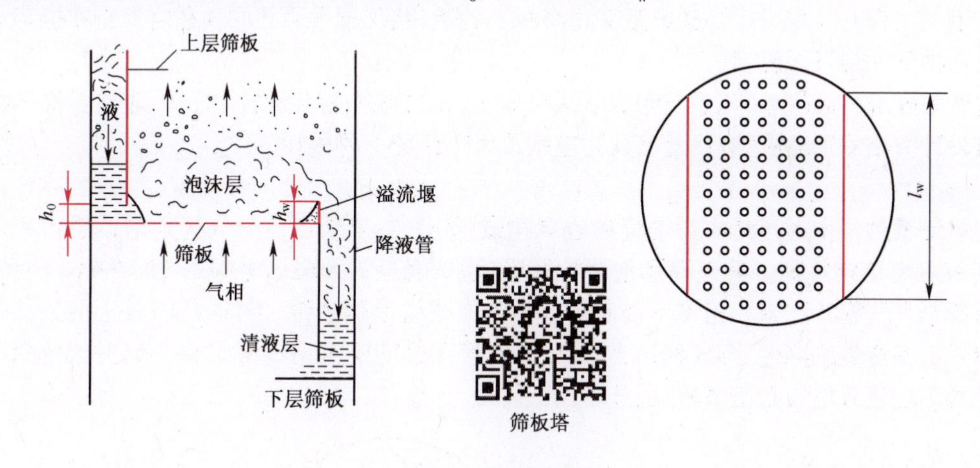

图 7-2 筛板塔示意图

只有一个降液管的塔板称为单流型塔板，如图 7-3(a)所示。当塔径或液体量很大时降液管将不止一个。双流型是将液体分成两半，设有两条溢流堰，如图 7-3(b)所示，来自上一塔板的液体分别从左右两降液管进入塔板。流经大约半径的距离后两股液体进入同一个中间降液管。下一塔板上的液体流向则正好相反，即从中间流向左右两降液管。对特别大的塔径或液体流量特别大的塔，当双流型不能满足要求时，可采用四程流型或阶梯流型。如图 7-3(c)所示，四程流型的塔板，设有四个溢流堰，液体只流经约 1/4 塔径的距离。如图 7-3(d)所示，阶梯流型塔板是做成梯级式的，在梯级之间增设溢流堰，以缩短液流长度。

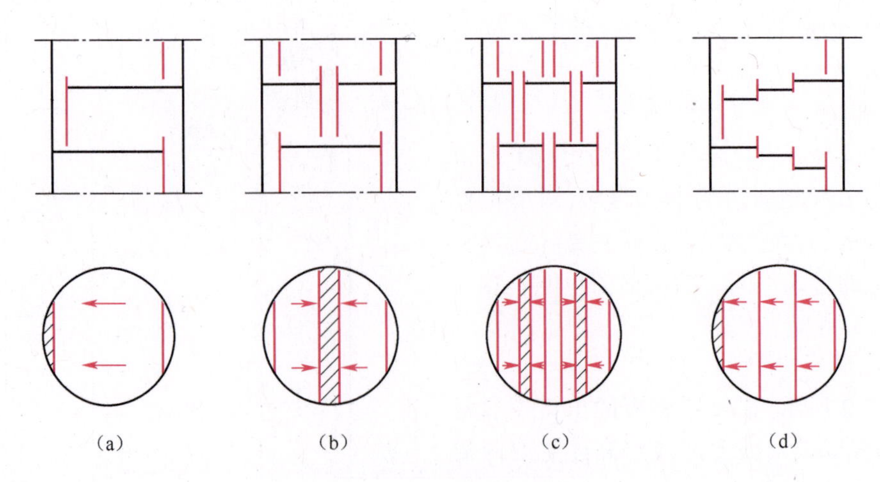

图 7-3 塔板上液流程数的安排
(a)单流型；(b)双流型；(c)四程流型；(d)阶梯流型。

7.1.2 塔板类型

塔板是板式塔的主要构件，根据气体通道的形式不同，可分为筛孔塔板、泡罩塔板、浮阀塔板、舌形塔板等多种。

1. 筛孔塔板

筛孔的直径通常是 3~8mm，称为小筛孔塔板。目前大孔径（12~25mm）筛板也得到相当普遍的应用。工作时气相通过筛孔分散穿过塔板上的液相层，通过筛孔的气速应控制在能阻止液相由筛孔向下一层塔板流动。

这种塔板结构最简单，几乎与泡罩塔同时出现，其独特的优点是结构简单，造价低廉。随着筛板塔设计方法的逐渐成熟，目前已成为应用最为广泛的一种板型。

2. 泡罩塔板

泡罩塔板的气体通道是由升气管和泡罩构成，如图 7-4 所示。升气管是泡罩塔区别于其他塔板的主要结构特征。升气管和泡罩为圆形，泡罩直径有 80mm、100mm 和 150mm 三种，此外也有条形升气管和泡罩。泡罩下沿常开有长条形或锯齿形缝隙，工作时，塔板上的液层高度高于泡罩下端缝隙的高度，形成液封，气体经升气管穿过塔板，在泡罩的顶端回转并沿泡罩底端的缝隙均匀地进入塔板上的液相层，进行两相传质。

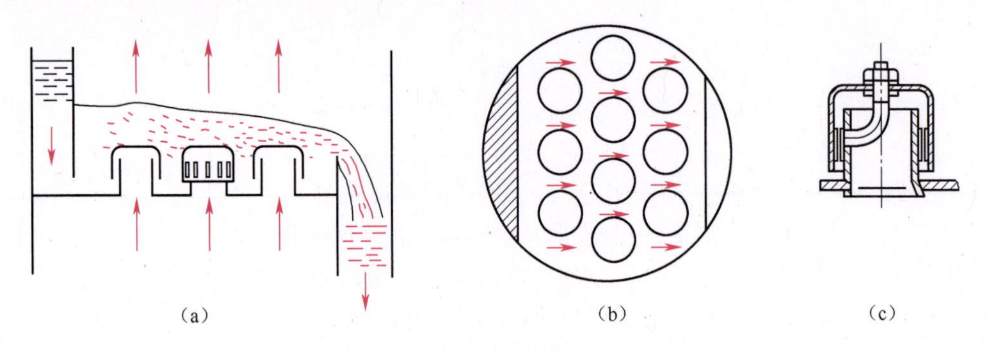

图 7-4 泡罩塔板
(a)泡罩塔板操作示意图；(b)泡罩塔板平面示意图；(c)圆形泡罩。

由于升气管高出液层不易发生漏液现象，即使在气体负荷变动较大时，泡罩塔板也有较好的操作弹性。泡罩塔不易堵塞，对物料的适应性强，自 1813 年问世以来很快地获得推广应用。但是，泡罩塔板结构复杂，制造成本高，干板压降大，安装维修较难。

3. 浮阀塔板

浮阀塔板对泡罩塔板的主要改革是取消了升气管，在塔板开孔上方安装可上下浮动的阀片称为浮阀，如图 7-5 所示。操作时气体通过阀孔上升，在阀片的阻挡作用下气流转向，经过阀片与塔板之间的间隙沿水平方向进入液体层，在液体层内实现气液相间的传质过程。浮阀可根据气体的流量自行调节开度，这样，在低气量时阀片处于低位，开度较小，气体仍以足够气速通过环隙，避免过多的漏液；在高气量时阀片自动浮起，开度增大，使气速不致过高，从而降低了高气速时的压降。因此，这种塔板操作弹性大，生产能力大，塔板效率高。

浮阀塔板的主要缺点是浮阀长期使用后易被卡住或脱落，操作失常。浮阀塔板自 20 世纪 50 年代问世以来推广应用很快，是目前新型塔板开发研究的主要方向。

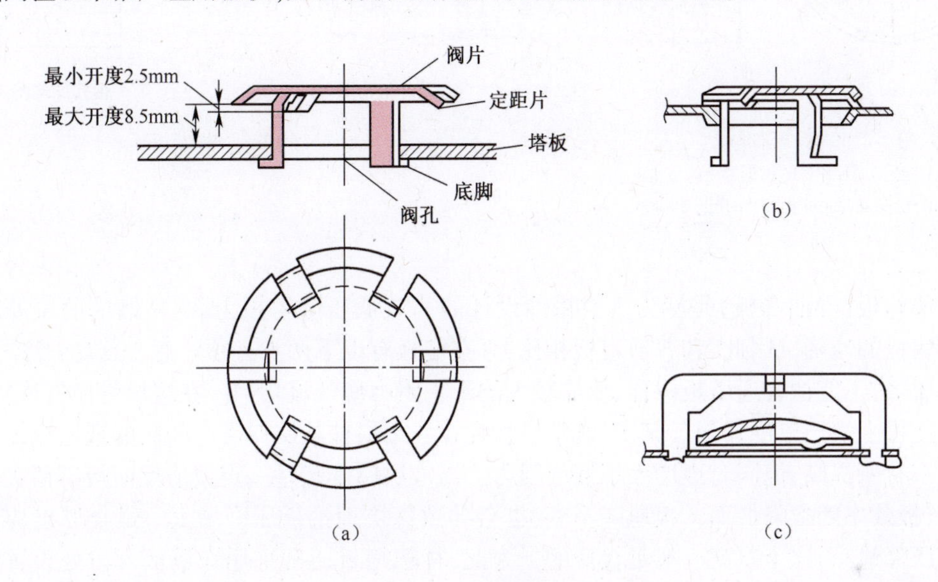

图 7-5 几种浮阀型式

(a)F-1 型阀片；(b)V-4 型浮阀；(c)T 型浮阀。

上面介绍的有关塔板有很多优点，但塔板上气速较高时易产生液沫夹带、降液管液泛等。只有防止过量的液沫夹带，才能在不严重降低板效率的情况下大幅度提高气速，为此塔板研究者提出了舌形开孔的概念。

4. 舌形塔板

舌形塔板是喷射形塔板的一种。其结构如图 7-6 所示，舌孔的张角一般为 20°左右，由舌孔喷出的气流方向近于水平，产生的液滴几乎不具有向上的初速度。因此，这种舌形塔板液沫夹带量较小，在低液气比 L/V 下，塔板生产能力较高。此外，从舌孔喷出的气流，通过动量传递推动液体流动，从而降低了板上液层厚度和板压降。板压降减少，可提高塔板的液泛速度，所以在高液气比 L/V 下，舌形塔板的生产能力也是较高的。

为使舌形塔板能够适应低负荷生产，提高其操作弹性，可采用浮动舌片。这种塔板称为浮舌塔板，如图 7-7 所示。

在舌形塔板上，所有舌孔开口方向相同，全部气体从一个方向喷出，液体被连续加速。这样，当气速较大时，板上液层太薄，会使效率显著降低。为克服这一缺点，可使舌孔的开口方向与液流垂直，相邻两排的开孔方向相反，这样既可允许较大气速，又不会使液体被连续加速。为适当控制板上液层厚度，消除液面落差，可每隔若干排布置一排开口与液流方向一致的舌孔，这种塔板称为斜孔塔板。

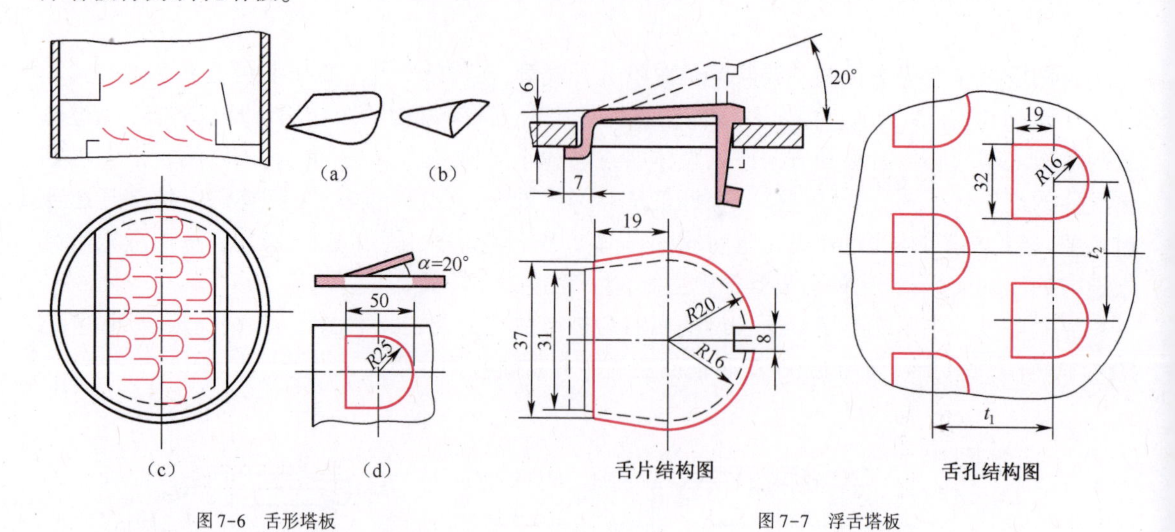

图 7-6　舌形塔板
(a)三面切口舌片；(b)拱形舌片；(c)塔板；
(d)50mm×50mm 定向舌片的尺寸和倾角。

图 7-7　浮舌塔板

5. 林德筛板

林德筛板(导向筛板)是专为真空精馏设计的高效低压降塔板，真空精馏塔的主要技术指标是每块板的压降。因此，和普通塔板相比，真空塔板有以下两点必须注意。首先，真空塔板为保证低压降，不能像普通塔板一样，依靠较大的干板阻力使气流均匀。在这里为使气流均匀，只能设法使板上液层厚度均匀。其次，真空塔板存在一个最佳液层厚度。较高的液层厚度虽然能使板效率有所提高，但同时也增大了液层阻力。当液层厚度超过一定数值反而得不偿失。若液层过低，板效率随之降低而干板压降不变，也会导致每块理论板压降增大。最佳厚度应使每块理论板压降最小，这个厚度一般是较薄的。为此，林德筛板通常采用在塔板入口处设置斜台鼓泡装置和在整个筛板上布置一定数量的导向斜孔两个措施，如图 7-8 所示。

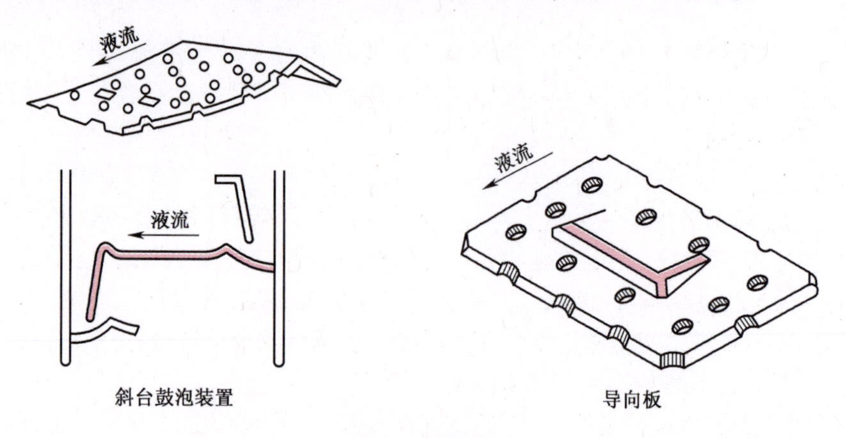

图 7-8　林德筛板

导向斜孔的作用是利用部分气体的动量推动液体流动，以降低液层厚度并保证液层均匀。同时，由于气流的推动，板上液体很少混合，在液体行程上能建立起较大的浓度差，可提高塔板效率。

斜台鼓泡装置将塔板入口处适当提高,人为减薄该处液层厚度,从而使入口处孔速适当地增加,使气流分布更加均匀。在普通筛板入口处,因液体充气程度较低,液层阻力较大而气体孔速较小。当气速较低时,由于液面落差的存在,该处漏液严重,鼓泡促进装置可以避免入口处产生倾向性漏液。

由于采用以上措施,林德筛板压降小而板效率高(一般为80%~120%),操作弹性也比普通筛板有所增加。

7.1.3 塔板的流体力学状况

尽管塔板的形式很多,但它们之间有许多共性,例如,在塔内气液流动方式、气流对液沫的夹带、降液管内的液流流动、漏液、液泛等都遵循相同的流体力学规律。通过对塔板流体力学共性的分析,可以全面了解塔板设计原理以及塔设备在操作中可能出现的一些现象。下面以筛板塔为例进行讨论,其他塔板在原理上与筛板塔有许多相同之处,就不再一一重复了。

1. 气液接触状态

气相经过筛孔时的速度(简称孔速)不同,可使气液两相在塔板上的接触状态不同。当孔速很低时,气相穿过孔口以鼓泡形式通过液层,液相层较平静,存在清晰的表面,板上汽液两相呈鼓泡接触状态,如图7-9所示。两相接触的传质面积为气泡表面。由于气泡数量不多,气泡表面的湍动程度不强,鼓泡接触状态的传质面积小效率低。

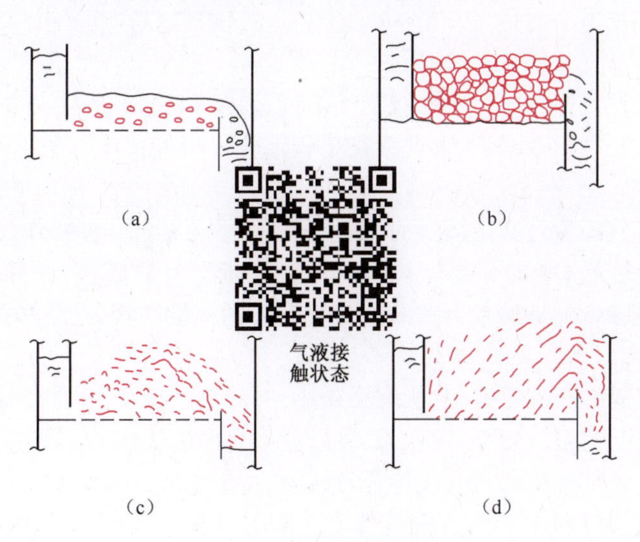

图7-9 塔板上汽液接触状态
(a)鼓泡状态;(b)蜂窝状态;(c)泡沫状态;(d)喷射状态。

在鼓泡态下进一步增大气速,气泡互相碰撞,形成相对稳定的多面体结构。气泡间以液膜相隔,呈蜂窝状。气泡之间的液膜是两相的传质界面,这种状态多发生在气速低、塔径小的塔内。若气体通过液层形成的气泡在上升过程中未发生破裂时,泡沫层具有明显的上界面。此状态下气泡层湍动程度较弱,传质效率仍较低。

随气速进一步增大,气泡数量急剧增加,蜂窝结构破裂,气泡表面连成一片并不断发生合并与破裂,板上液体大部分以高度活动的泡沫形式存在于气泡之中,仅在靠近塔板表面处才有少量清液。这种操作状态称为泡沫接触状态。这时液体仍为连续相,而气相仍为分散相。虽然传质界面仍然是气泡间的液膜,但是由于泡沫不断地破裂和再生,两相间界面不断更新,传质效率高。此外泡沫层上方泡沫破裂形成很多小液滴,其表面也成为气液传质表面,强化了传质过程。这种高度湍动的泡沫层为两相传质创造了良好的流体力学条件。因此泡沫态是工业精馏塔板上主要的气液接触状态之一。

当液相流量较小,气速更高时,动能很大的气相从孔口喷射穿过液层,将板上液体破碎成许多大小不等的液滴抛到塔板上方空间,液滴落到板上又汇集成很薄的液层并再次被破碎成液滴抛出。气液两相的这种接触状态称为喷射接触状态。这种状态下,两相传质面积是液滴的外表面,液滴的多次形成与合并使传质界面不断更新,也为两相传质创造了良好的流体力学条件。此时,由低气速时的板上气相在连续液相中分散,变成液体在连续气相中分散,即发生相转变。由泡沫状态转变为喷射状态的临界点称为转相点,转相点气速与筛孔直径、塔板开孔率以及板上滞液量等许多因素有关。

工业上实际使用的筛板,两相接触不是泡沫状态就是喷射状态,其他很少采用。

2. 板式塔的不正常操作

板式塔的不正常操作现象包括漏液、液泛和液沫夹带等,是使塔板效率降低甚至使操作无法进行的主要因素。

(1) 漏液。气相通过筛孔的气速较小时,板上部分液体就会从孔口直接落下,这种现象称为漏液。液体未与气相进行传质便由上层板落到浓度较低的下层板上,降低了传质效果。严重的漏液将使塔板上不能积液而无法操作。故正常操作时漏液量一般不允许超过液相量的10%,且将漏液量为总液相量10%时的气速称为漏液点气速,该气速对应的气相负荷是塔板操作的气相负荷下限。

造成漏液的主要原因是气速太小和板面上液面落差所引起的气流分布不均匀。在塔板液体入口处,液层较厚,往往出现漏液,为此常在塔板液体入口处留出一条不开孔的区域,称为安定区。

(2) 液沫夹带。气相穿过板上液层时,无论是喷射形还是泡沫形操作,都会产生数量甚多、大小不一的液滴,这些液滴中的一部分被上升气流夹带至上层塔板,这种现象称为液沫夹带(Entrainment)。浓度较低的下层板上的液体被气流带到上层塔板,使塔板的提浓作用变差,对传质是一不利因素。

液沫夹带量与气速和板间距有关,板间距越小,夹带量就越大。同样的板间距若气速过大,夹带量也会增加,为保证传质达到一定效果,夹带量不允许超过0.1kg液体/kg干蒸气。

(3) 气泡夹带。液体在塔板上与气体充分接触后,翻越溢流堰流入降液管时必含有大量气泡,同时,液体落入降液管时又卷入一些气体产生新的泡沫。因此,降液管内液体含有很多气泡,若液体在降液管内的停留时间太短,所含气泡来不及解脱,将被卷入下层塔板,这种现象称为气泡夹带。气泡夹带是与主流方向相反的气体流动,是不利因素。

与液沫夹带相比,气泡夹带所产生的气体夹带量与气体总流量相比很小,给传质带来的危害不大。气泡夹带的主要危害在于它降低了降液管内的泡沫层平均密度,使降液管的通过能力减小,严重时会形成液泛破坏塔的正常操作。为避免严重的气泡夹带,通常在靠近溢流堰的狭长区域上不开孔,使液体在进入降液管前有一定时间脱除所含气体,减少进入降液管的气体量。这一不开孔的狭长区域称为出口安定区。

(4) 液泛。如果板式塔操作条件不当或塔板结构参数设计不合理,可能会引起塔内气液两相流动不畅，最终导致液相充满塔板之间的空间，使塔的正常操作遭到破坏。此种现象称为液泛。液泛有夹带液泛和溢流液泛两种情况。

夹带液泛是指气相通过塔板的液沫夹带量随气速的增加而增大，因而降液管内的液面也随气速的增加而升高。气速提高至某一值时，液沫夹带量过大，使上层塔板液层迅速增厚，以致超过塔板流通能力，使上层液相流动不畅，难以流至下一层塔板。

溢流液泛是指当液体流经降液管时，降液管对液流有各种局部阻力，流量大则阻力增大，降液管内液面随之升高。故气液流量增加都使降液管内液面升高，严重时可将泡沫层升到降液管的顶部，使板上液体无法顺利流下，导致液流阻塞，造成液泛(Flooding)。为防止降液管液泛，液体在降液管内的停留时间应大于3~5s。

液泛的形成与气液两相的流量有关。对一定的液体流量，气速过大会形成液泛；反之，对一定的气体流量，液量过大也可能发生液泛。液泛时的气速称为泛点气速，正常气速应小于泛点气速。板压降很大的塔板都是比较容易发生液泛的。液泛的发生还与塔板的结构，特别是板间距等参数有关，较大的板间距可提高泛点气速。液泛是气液两相作逆向流动时的操作极限。因此，在板式塔操作中要避免发生液泛现象。

(5) 塔板上液体的返混。塔板上液体的主流方向是自入口端横向流至出口端，因气相搅动，液体在塔板上会发生反向流动，这些与主流方向相反的流动即返混(Backmixing)。只有当返混极为严重时，板上液体才能混合均匀。假若塔板上液体完全混合，这时板上各点的液体浓度都相同，则离开各点的气相浓度也相同。假若塔板上液体完全没有返混，液体在塔板上呈活塞流流动，这时塔板上液体沿液流方向上浓度梯度最大，塔板进口处液体浓度大于出口浓度，当浓度均匀的气相与塔板上各点液体接触传质后，离开塔板各点的气相浓度也不相同，液体进口处的气相浓度比出口处的浓度高。理论与实践都证明了这种情况的塔板效率比液体完全混合时的高。塔板上液体完全不混合是一种理想情况，而实际塔板上液体处于部分混合状态。

3. 气相通过塔板的阻力损失

气相通过筛孔及板上液层时必然产生阻力损失，由此造成塔板上、下空间对应位置上的压强差，称为塔板压降。通常采用加和性模型来确定塔板压降。气相通过一块塔板的压降 h_f 由气体通过干板和板上液层的压降两部分组成，即

$$h_f = h_d + h_1 \tag{7-1}$$

式中：h_f 为气相通过一块塔板的压降(m 液柱)；h_d 为气相通过一块干塔板(即板上没有液体)的压降(m 液柱)；h_1 为气相通过液层的压降(m 液柱)。

筛板塔的干板压降主要由气相通过筛孔时的突然缩小和突然扩大的局部阻力引起的。气相通过干板与通过孔板的流动情况极为相似。

气相通过液层的阻力损失有三部分，即克服板上泡沫层的静压、克服液体表面张力形成气液界面的能量消耗、通过液层的摩擦阻力损失，其中以泡沫层静压所造成的阻力损失占主要部分。板上泡沫层既含气又含液，常忽略其中气相造成的静压。因此对于一定的泡沫层，相应的有一个清液层，如以液柱高表示泡沫层静压的阻力损失，其值为该清液层高度 h_L，如图 7-10 所示。因此液体量大，板上液层

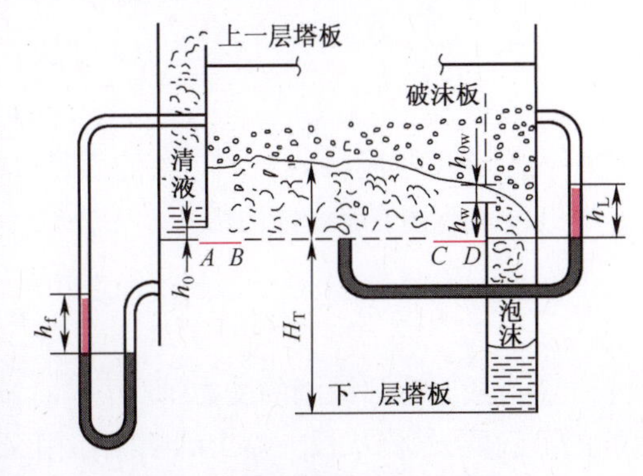

图 7-10 筛板塔上气液流动示意图

厚,气相通过液层的阻力损失也越大。同时,还与气速有关,气速增大时,泡沫层高度不会有很大变化,相应的清液层高度随之减小。因此,气相通过泡沫层的压头损失反有所降低。当然,总压头损失还是随气速增加而增大的,因为干板阻力是随气速的平方而增加的。

4. 塔板上的液面落差

液体在板上从入口端流向出口端时必须克服阻力,故板上液面将出现坡度,塔板进、出口侧的液面高度差称为液面落差(Liquid Gradient),或称为水力梯度。在液体入口侧因液层厚,故气速小。出口处液层薄,气速大,导致气流分布不均匀。在液体进口侧气相增浓程度大,而在液体出口侧气相增浓程度小,所以实际上气相的浓度分布并不是均匀一致的。为使气流分布均匀,减小液面落差,对大液流量或大塔径的情况,则需采用前述的双流型和多流型塔板。

7.1.4 气体通过塔板的流体力学计算

板上气、液两相的流动情况直接影响塔板的操作性能。如图 7-10 所示,正常操作时液体从上降液管流入塔板上,降液管与板上第一列开孔间有一小段未开孔的区域 *AB* 称为安定区。从 *B* 到 *C*,板上开孔,这个区间称为有效的鼓泡区,鼓泡区内板上充满着泡沫层。*CD* 区间不开孔,也称安定区。此区内不再鼓泡,至 *D* 处时液体已接近清液,仅仅夹带少量气泡越过溢流堰顶,流入降液管,在降液管中,液体所夹带的气泡不断逸出。

塔的流体力学计算就是根据工艺要求设计塔板,或者通过计算,了解正常的气、液负荷下塔板能否工作。下面分几个问题来讨论。

1. 塔的气相负荷

在塔板上气体向上穿过液层,气、液两相相互接触进行传质,然后气体离开液层,向上流动,通常气体在离开液层时夹带部分液滴。当气速低时,这些被夹带的液滴可在液层上的空间与气体分离,液滴下落返回液层,气体则向上进入上一块塔板。提高气速,一部分液滴被气体带到上一块塔板,随着气速进一步提高,被夹带的液滴越来越多,最终将因过量夹带而引起液泛,破坏正常操作。目前均以这一过量液沫夹带液泛作为确定气速上限的根据。过量液沫夹带引起的液泛现象,有许多人进行过研究,他们都是以颗粒在气流中沉降运动为基础来分析液沫夹带的规律。在颗粒沉降章节中已知,在向上流动的气流中的一个液滴同时受到两方面力的作用:一方面是气流对液滴的曳力;另一方面是液滴的重力与浮力。当液滴受到的重力大于曳力与浮力之和时,液滴下落;如果重力小于曳力与浮力之和时,则液滴会被气流悬浮或带走。根据液滴所受力的平衡可以导出计算沉降速度的关系式:

$$u_t = \left(\frac{4d_p(\rho_L - \rho_V)g}{3\xi\rho_V}\right)^{\frac{1}{2}} = \beta\sqrt{\frac{\rho_L - \rho_V}{\rho_V}} \tag{7-2}$$

式中:u_t为沉降速度(m/s);d_p为液滴直径(m);ρ_V为气体密度(kg/m^3);ρ_L 为液体密度(kg/m^3);ξ 为曳力系数;β 的表达式为

$$\beta = \sqrt{\frac{4d_p g}{3\xi}}$$

在塔板间悬浮液滴的受力情况与以上分析的粒子受力情况相同。由于板上液滴是大小不同的液滴群,气流从板上喷出的喷溅作用又给予液滴以大小不同的向上的初速度,而气体流动状况又十分复杂,所以塔板上液滴的沉降速度不能按上述简单关系计算。但是按沉降机理分

析,可以认为计算液泛速度的公式也应具有与式(7-2)相似的形式,即

$$u_f = c\sqrt{\frac{\rho_L - \rho_V}{\rho_V}} \tag{7-3}$$

式中:c 为气相负荷因子(m/s)。

c 值与塔板上操作条件,气、液负荷和物性以及板结构有关,目前只能用实验来确定。费尔等对文献中的许多液泛气速数据进行了关联,得到了筛板塔、浮阀塔和泡罩塔的气相负荷因子 c 与两相流动参数 $L/V(\rho_L/\rho_V)^{0.5}$ 的泛点数据,发现这些塔在满负荷或接近泛点时,具有相同的泛点参数,可用同一泛点关联式来表达,如图 7-11 所示,图中曲线上所示的参数(H_T-h_L)为沉降高度,h_L 为板上清液层高度,其值为堰高 h_w 与堰上液头高 h_{ow} 之和:

$$h_L = h_w + h_{ow} \tag{7-4}$$

在估算塔径时,h_L 的经验值可在 50~100mm 选取。H_T 为板间距,根据经验,小塔 H_T 为 0.2~0.4m,大塔 H_T 为 0.4~0.6m。

经验表明,同一塔中具有同样液沫夹带量时的气速(如无特别说明,此处气速均指按全塔截面积计算的空塔气速)与液体的表面张力 σ 有关,它们之间的关系为

$$\frac{u_1}{u_2} = \frac{c_1}{c_2} = \left(\frac{\sigma_1}{\sigma_2}\right)^{0.2} \tag{7-5}$$

式中:σ 为液体的表面张力(N/m)。

图 7-11 是按液体的表面张力为 0.02N/m,即 20dyn/cm 得到的关系曲线,所以图中纵坐标用符号 c_{20} 表示。当表面张力为其他值时,c 值应按下式进行校正:

$$\frac{c_{20}}{c} = \left(\frac{0.02}{\sigma}\right)^{0.2} \tag{7-6}$$

计算泛点气速的方法为,先根据图 7-11 求出 c_{20},然后由式(7-6)求出负荷因子 c,再按式(7-3)求泛点气速 u_f。

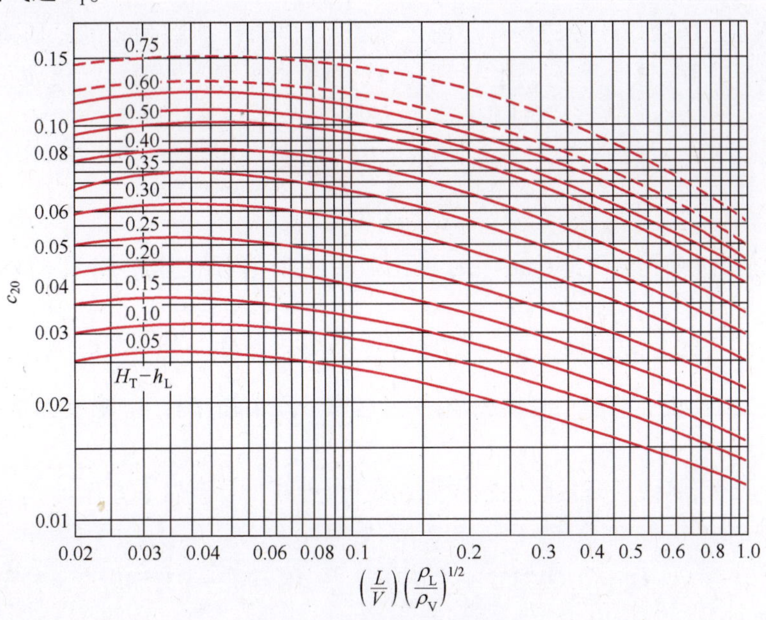

图 7-11 筛板塔的泛点关联图

塔的适宜操作气速应比泛点气速低，操作气速与泛点气速之比称为液泛分率。有许多因素影响适宜气速的选取。根据经验，适宜气速 u_{op} 为

$$u_{op} = (0.6 \sim 0.8)u_f \tag{7-7}$$

选定气速后，即可估算塔径 D

$$D = \sqrt{\frac{V_s}{0.785u_{op}}} \tag{7-8}$$

式中：V_s 为气相体积流量（m^3/s）。

2. 气体通过塔板的压降

气体通过塔板的压降是气体通过塔板流体力学的重要操作参数。压降的变化可以反映塔板操作状态的改变，压降大小对于液泛的出现有直接影响。

(1) 压降的变化与操作状态的关系。以筛板塔为例，气体通过塔板的压力降随气速变化的关系如图 7-12 所示。当塔板上没有液体（$L=0$），即气体通过干板时，压降与气速的平方成正比，如图 7-12 中斜率为 2 的直线。对于一定的液体负荷下操作的塔板（$L>0$），压降的变化可分为几个阶段：①A 点以前的虚线，塔板处于漏液状态，板上没有液层，压降很小。在 A 点开始建立液层，A 点称液封点。②AB 阶段，塔板处于鼓泡操作状态，压降随气速变化不大。在这个阶段气体通过部分筛孔鼓泡，仍有部分筛孔漏液。随着气速增加，气体通过筛孔的数目不断增加，但气体通过筛孔的速度变化并不大，所以塔板压降也基本保持不变。气体达到 B 点以后，液体基本停止泄漏，全部筛孔开始通气，B 点称为漏点。③BC 阶段，塔板处于泡沫操作状态，压降随气速增加逐渐上升。由鼓泡接触变为泡沫接触，塔板上液体存留量下降，压降上升的斜率不大。④CD 阶段，塔板处于喷射状态，压降几乎随气速的平方增加。D 点（泛点）以后发生液泛，压降垂直上升，塔的正常操作被破坏。

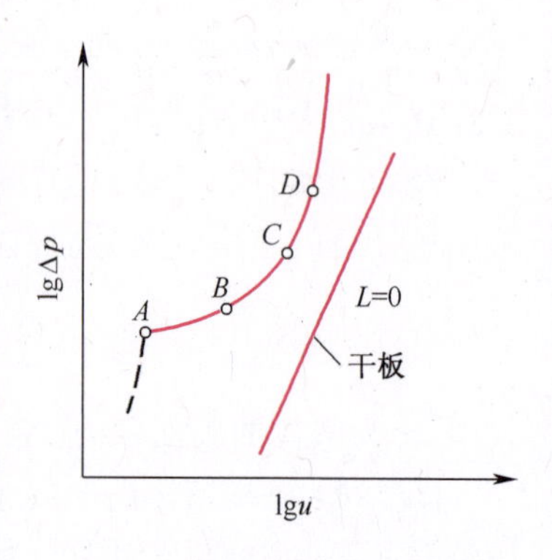

图 7-12　气体通过塔板的压力降

(2) 气体通过塔板的压降的计算。前已述及，气体通过一层筛板的总压降 h_p 为干板压降 h_d 与液层压降 h_l 之和，其计算一般用半经验公式，数值随板型不同而异，下面以筛板为例说明。

气体通过干板的压降 h_d 与通过孔板的情况类似，故采用下式计算：

$$h_d = \frac{1}{2g}\frac{\rho_V}{\rho_L}\left(\frac{u_0}{c_0}\right)^2 \tag{7-9}$$

式中：u_0 为气体通过筛孔的气速（m/s）；c_0 为孔流系数，其值可根据 d_0/δ（孔径与塔板厚度之比）从图 7-13 查出。

气体通过筛板塔上液层的压降与通过筛孔的气相动能因数 F_0（$F_0 = u_0(\rho_V)^{0.5}$，单位为 $kg^{\frac{1}{2}}/(s \cdot m^{\frac{1}{2}})$）以及板上清液层高度 h_L 有关。已知 F_0，由横坐标 h_L 根据图 7-14 即可求出液层阻力 h_l。

为了便于计算，将液层有效阻力图中的曲线进行回归，得到以下方程：

当 $F_0<17$ 时，

$$h_l = 0.005352 + 1.4776h_L - 18.6h_L^2 + 93.54h_L^3 \tag{7-10}$$

当 $F_0>17$ 时，

$$h_1 = 0.006675 + 1.2519h_L - 15.64h_L^2 + 83.45h_L^3 \tag{7-11}$$

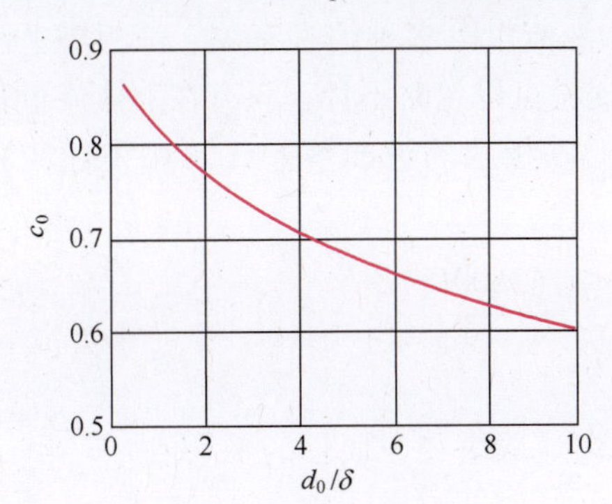

图 7-13 干筛孔的孔流系数

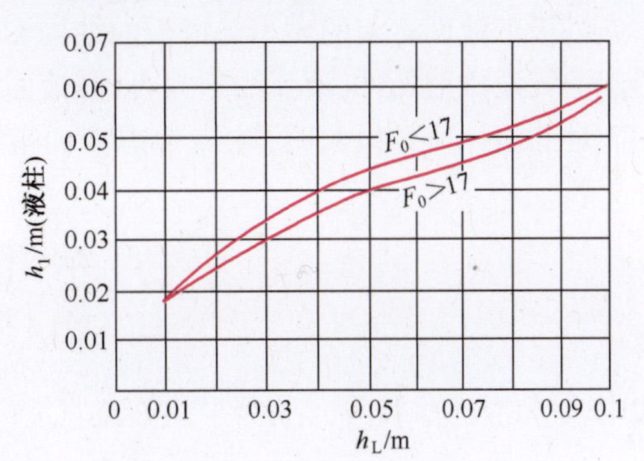

图 7-14 液层有效阻力图(1m 液柱 $=\rho_L g$Pa)

3. 堰及堰上液头高的计算

对于平堰,图 7-10 中的堰上液头高 h_{ow} 可用弗朗西斯(Francis)公式计算:

$$h_{ow} = \frac{2.84}{1000}E\left(\frac{L_h}{l_w}\right)^{\frac{2}{3}} \tag{7-12}$$

式中:h_{ow} 为堰上液头高(m);L_h 为液体体积流量(m^3/h);E 为液流收缩系数(无因数),可用图 7-15求得,一般情况下 E 可取为 1。

当平堰上液头高 h_{ow}<6mm 时,堰上溢流会不稳定,需改为齿形堰,用齿形堰时,h_{ow} 的计算公式可参看有关手册。

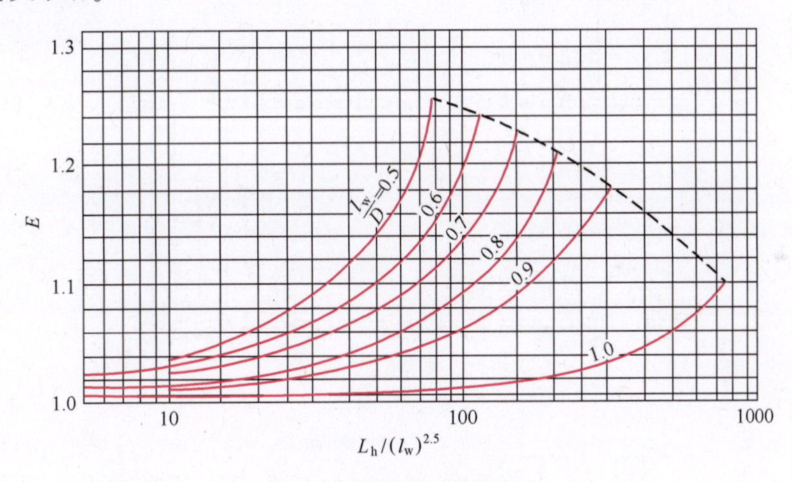

图 7-15 溢流堰的液流收缩系数

4. 液面落差 Δ

当液体横向流过塔板时,为了克服板上的摩擦阻力和克服绕过板上的部件(如浮阀、泡罩)等障碍物的形体阻力,需要一定的液位差,见图 7-16。在液体入口处板面上液层高,在液体出口处液层低,因此造成液层阻力的差异,导致气体分布不均。在液体入口处气体流量小,在液体出口处气体流量大,将使塔板效率降低。为使气体分布均匀,一般

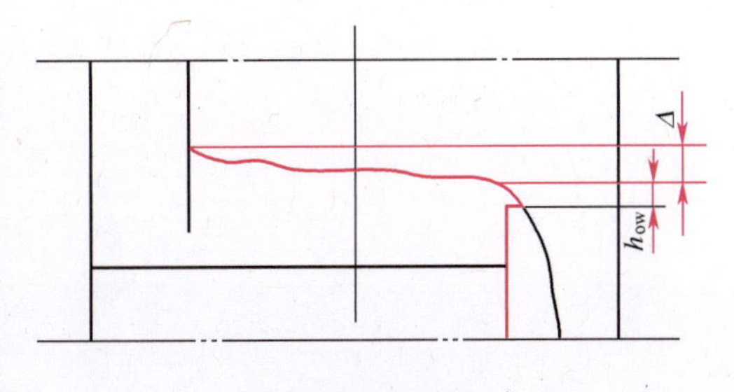

图 7-16 液面落差图

要求将板上的液面落差控制在小于板压降的一半。

塔板上液面落差的大小与塔板的结构型式、塔径、液流量等多种因素有关。筛板塔上没有突起的气液接触元件，液流的阻力小，其液面落差小，通常可以忽略不计。只有在液体流道很长的大塔和液体流量很大时，才需考虑液面落差的影响，筛板上的液面落差 Δ 可用下述经验式计算：

$$\Delta = \frac{0.215(250b + 1000h_m)^2\mu_L(3600L_s)Z}{(1000bh_m)^3\rho_L} \tag{7-13}$$

式中：Δ 为液面落差（m）；b 为平均液流宽度（m），对单溢流取塔径与堰长的平均值 $b = \frac{D + l_w}{2}$；h_m 为塔板上泡沫层高度（m），取 $h_m = 2.5h_L$；L_s 为液体体积流量（m^3/s）；Z 为液体流道长度（m）；μ_L 为液体的黏度（mPa·s）。

其他塔板的液面落差计算方法与筛板塔不同。

5. 降液管内的液面高度及降液管的液泛条件

对降液管的要求有两个：①液体能顺利地逐板往下流动；②被液体带进降液管的气泡能在降液管中分离，避免液体将气泡带入下一层塔板，因此降液管需有一定大小，过小容易引起气泡夹带与液泛，太大则浪费塔的有用截面。

为了保证操作需要的一定量液体从降液管中流到下一块塔板，降液管内清液层必须保持一定的高度，如图 7-17 所示。

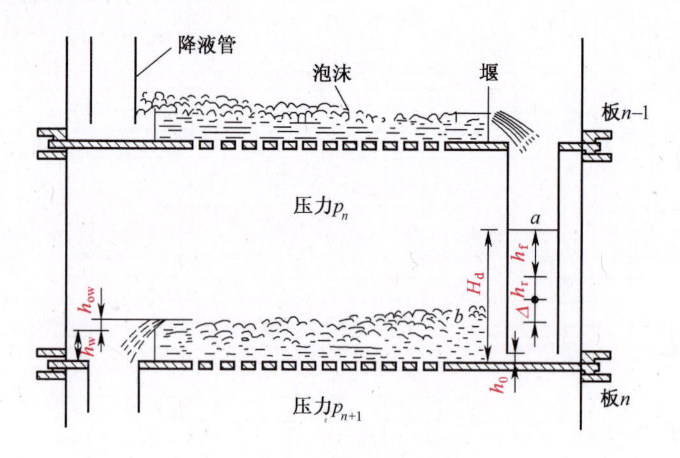

图 7-17 筛板塔操作图

根据伯努利方程，取截面 a 为上游截面，截面 b 为下游截面，忽略速度头，则可求出溢流管内清液层高 H_d：

$$H_d = h_w + h_{ow} + \Delta + h_r + h_f \tag{7-14}$$

式中各项均以清液柱高表示。h_w、h_{ow}、h_f与 Δ 的意义同前；h_r 表示与液体通过降液管的压降相当的液柱高度（m），主要是通过降液管底隙 h_o和流经进口堰的局部阻力两项之和：

$$h_r = h_{r1} + h_{r2} \tag{7-15}$$

$$h_{r1} = 0.153\left(\frac{L_s}{l_w h_0}\right)^2 \tag{7-16a}$$

$$h_{r2}=0.1\left(\frac{L_s}{A_0}\right)^2 \tag{7-16b}$$

式中：h_{r1}为与流体流经降液管底隙的压降相当的液柱高度(m)；h_{r2}为与流体流经进口堰的压降相当的液柱高度(m)；h_0为降液管底部与塔板间的缝隙高度(m)；A_0为液体流经进口堰时的最窄面积(m^2)。

h_o的值由设计者根据工艺情况确定，一般取比出口堰高低 10~20mm。有时塔板上不设进口堰。实际上，在降液管内不是清液，而是泡沫液，因此为了防止液泛，降液管的总高(H_T+h_w)应大于管内泡沫层高度，即

$$H_T+h_w\geqslant\frac{H_d}{\phi} \tag{7-17}$$

式中：ϕ 为降液管中泡沫层的相对密度，一般，泡沫层的相对密度和液体的气泡性质有关，对一般液体取 0.5~0.6，对易起泡的物系可取为 0.4。

6. 设计中的几项校核

(1) 液沫夹带校核。前已述及，气速增加，液沫夹带增加，过量液沫夹带将造成液体返混使板效率下降。故生产中必须将气速控制在一定值以下，以期将液沫夹带限制在一定的范围内。根据实验结果，正常操作时的液体夹带量 e_V 应不大于 0.1kg(液体)/kg(气体)。

亨特在直径为 150mm 的筛板塔中进行了液沫夹带试验。他采用不同的气体和液体，在液体不流动的情况下得到如图 7-18 的结果，图中直线部分可用下式表示：

$$e_v=\frac{5.7\times10^{-6}}{\sigma}\left(\frac{u_G}{H_T-h_f}\right)^{3.2} \tag{7-18}$$

式中：u_G 为按有效截面计算的气速(m/s)，$u_G=\frac{V_s}{A_T-A_f}$，其中 A_T 为塔板截面(m^2)，A_f为降液管截面(m^2)；h_f为泡沫层高度(m)，可按清液层高度的 2.5 倍计算。

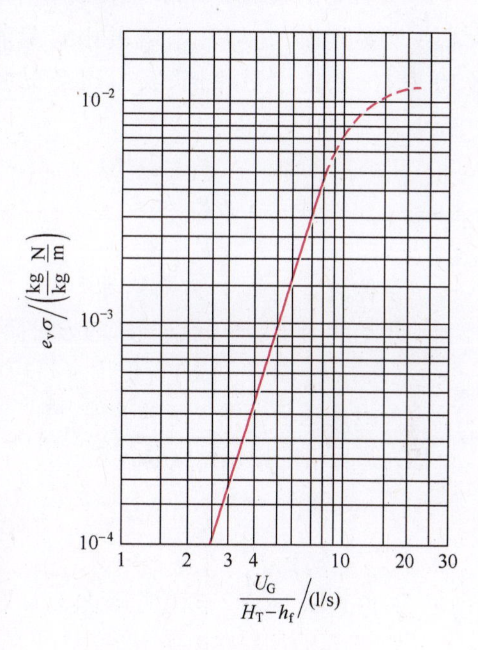

图 7-18 亨特的液沫夹带试验结果

雾沫夹带还可利用液沫夹带分率 ψ 来表示，ψ 是指每层塔板液沫夹带的量占进入该层塔板的液体流量中的分率，其与 e_v的关系如下：

$$\psi=\frac{e_v}{L/G+e_v} \tag{7-19}$$

式中：L/G 为液体、气体通过塔的质量流量(kg/h)或摩尔流量(kmol/h)之比。

费尔(Fair)等对前人在泡罩塔和筛板塔测得的液沫夹带数据进行了关联绘制了图 7-19。图中曲线上标注的数字为液泛分率，表示在同一液气比下，实际操作气速与泛点气速之比。已知塔操作时的液泛分率，即可由图估计出液沫夹带分率，正常操作时 ψ 值应小于 0.15。

用亨特法计算 e_v推理较明确，并具有较明确的物理意义，用国内一些筛板塔操作数据校核，结果也比较符合实际，所以常用它来校核雾沫夹带。

(2) 气泡夹带与停留时间校核。气泡夹带量随液体的流动速度的增大而增大，在设计计算

时以液体在降液管内的停留时间的长短来估计气泡的分离情况。根据经验 t 需大于 3~5s 才能使气泡得到较好的分离，t 的计算公式为

$$t=\frac{A_f H_T}{L_s}\geqslant 3\sim 5 \tag{7-20}$$

(3) 漏点气速的校核。有人通过实验观察，把基本不漏时的气速称为漏点。也有人根据塔板阻力降变化曲线判断。例如对于筛板，将图 7-12 上的 B 点称为漏点。塔板上漏液量过大会影响板效率。但是少量漏液在塔板操作中是难免的，而且对于板效率影响不大。根据经验，当相对漏液量（漏液量/液流量）小于 10%时对板效率影响不大，因此把它作为设计校核的依据。漏液量主要与通过塔板开孔中的气体动能有关。根据实验观察，几种常用塔板相对漏液为 10%时的动能因数不同，实验得到的数值如下：

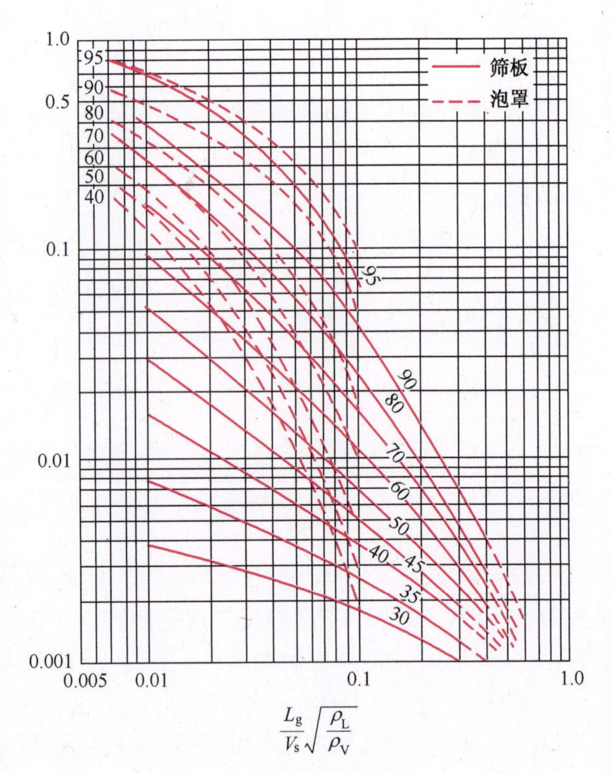

图 7-19　费尔的液沫夹带关联图

筛板　$F_0=8\sim10$

浮阀　$F_0=5$

斜孔　$F_0=8\sim10$

液体流量增大，F_0略有增加。

用动能因子计算漏点气速的方法简单，在设计和操作中有足够的准确性。此外，戴维斯和戈登（Davies and Gordon）等提出了筛板塔的漏点的计算公式，可供计算时参考。

漏点是塔板操作气速的下限，塔板设计时，筛孔气速 u_0应比漏点气速 $u_{o,漏}$高，两者的比值 K 称为筛板塔的操作稳定系数：

$$K=\frac{u_0}{u_{0,漏}} \tag{7-21}$$

K 值宜取 1.5~2，以使塔板具有良好的操作弹性。

7. 塔板的负荷性能图

当塔板类型与结构尺寸和物系确定后，气体流量和液体流量就是影响塔板正常操作的主要参数。只有当气、液流量处于适当的范围之内，塔板上才能实现良好的气、液流动与接触状态，才能得到好的分离效果。板式塔的适宜的气、液流量范围常常用负荷性能图来表示。负荷性能图是以气体的体积流量为纵坐标、以液体的体积流量为横坐标标绘而成。每一个塔的结构尺寸设计确定之后，就确定了它的操作范围。图 7-20 是筛板塔负荷性能示意图，其中各线意义如下：

(1) 漏液线（气体流量下限线 a）。漏液线是塔板在漏液点时的气体流量与液体流量的关系曲线。它可以通过筛板塔漏液点的气体通过孔的动能因子 $F_0=8\sim10$ 求出。它接近于一水

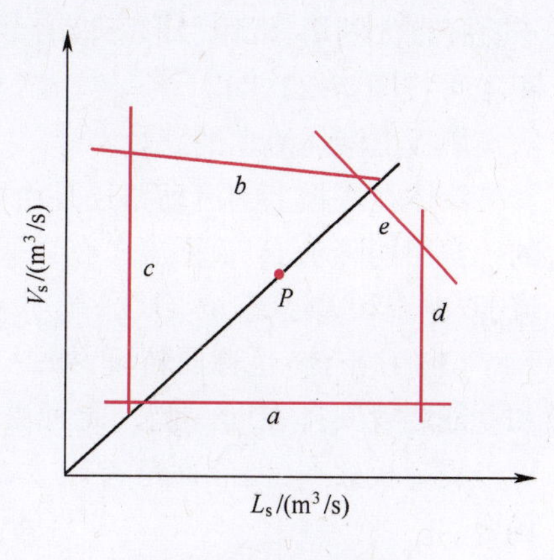

图 7-20 塔板负荷性能图

平线。也可以用手册上介绍的其他计算漏点的公式计算，得出一根斜率略大于零的直线。如果气体的流量处于漏点线以下就会发生严重漏液，这是塔的操作气速下限。

(2) 液沫夹带限制线(气体流量上限线 b)。气体流量过大，液沫夹带大，板效率严重下降。通常设计时是以 e_v = 0.1kg(液体)/kg(干气体)为限。液沫夹带限制线可根据式(7-18)计算求出。

(3) 液相流量下限线 c。液体流量过低，板上液流不易维持均匀稳定，板上气、液接触不良，易产生干吹、偏流等现象，根据经验，液体流量应使溢流堰上的液头高 h_{ow} > 6mm。液相流量下限线是根据计算堰头高的式(7-12)按 h_{ow} = 6 而确定的。

(4) 液相流量上限线 d。液相流量过大，在降液管中停留时间不足，会使泡沫液在降液管中来不及澄清而引起气泡夹带，因此，应限制液相流量。根据经验，液相在降液管内至少要停留 3~5s。液相上限线可由式(7-20)计算。

(5) 液泛线 e。当气体与液体流量均过大时，降液管被泡沫液所充满，导致降液管液泛。液泛线可按降液管液泛的关联式(7-14)和式(7-17)求出。

图 7-20 中所表示的 5 条极限线所包围的区域，称为塔板的正常操作区，如果实际的气、液负荷超出了这个范围，就会产生漏液、液沫夹带、干吹、气泡夹带或液泛等不正常操作状态，使板效率下降。代表塔的预定气、液负荷的设计点 P 如能落在该区域内的适中位置，则可望获得稳定良好的操作效果。如果操作点紧靠某一条极限线，则当负荷稍有波动时便会使效率急剧下降，甚至完全破坏塔的操作。

物系和操作条件一定时，负荷性能图中各条线的相对位置则完全取决于塔板结构尺寸。例如加大板间距，则液泛线和夹带线上移，扩大了负荷性能图的范围。改变其他塔板结构参数均可相应改变塔的负荷性能，在设计时应根据实际生产情况仔细考虑。目前仅有筛板塔、浮阀塔和泡罩塔等较为成熟的塔板可以计算出塔的负荷性能图。其他塔板尚无法计算出其负荷性能图，它们的负荷性能图只能借助实验方法测定。

7.1.5 溢流塔板结构设计

前面提到根据塔板上液体的流动方式，可分为有溢流塔板和无溢流塔板两类，一般溢流塔板操作稳定性好，塔板效率高，工业上绝大多数采用有溢流的塔板。有溢流塔板上必须设置降液管、溢流堰和受液盘，如图 7-21 所示。下面讨论有溢流塔板的主要结构部件的设计。

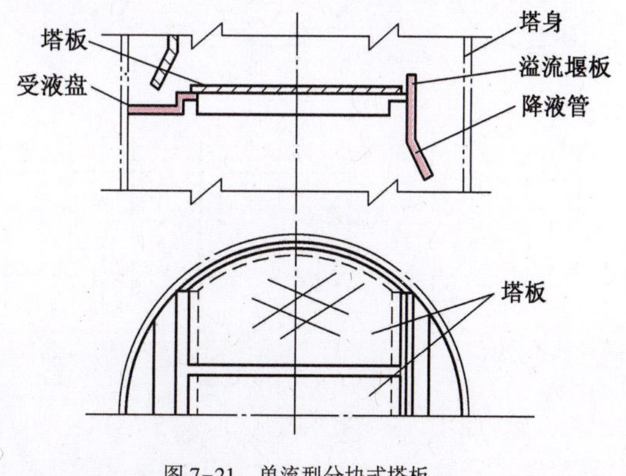

图 7-21 单流型分块式塔板

1. 降液管

降液管是塔板间液体流动的通道，也是使溢流液中夹带气体得以分离的场所。降液管有圆形和弓形之分。圆形降液管只适用于小直径塔。对于直径较大的塔，常用弓形降液管。弓形的高度 W_d 与弓形面积 A_f 可按图 7-22 求得。

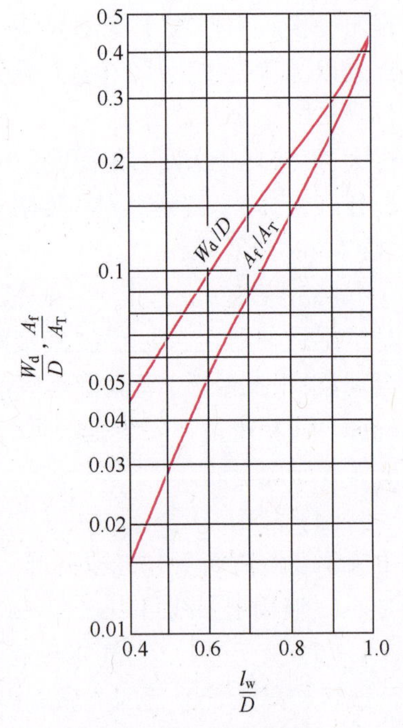

图 7-22　弓形的高度与面积

l_w—堰长(m)；D—塔径(m)；W_d—弓形高度(m)；A_f—弓形面积(m^2)；A_T—全塔截面(m^2)。

塔板上液体流动的路径：

液体在塔板上的流动路径是由降液管的布置方式所决定的。常用的降液管布置方式有以下几种形式：U 形流、单溢流、双溢流和多溢流。

(1) U 形流：也称回转流，如图 7-23(a) 所示。其中降液和受液装置安排在同一侧。此种溢流装置液体流动路程长，可以提高板效率，但液面落差较大，只适合于液、气比很小的场合。

(2) 单溢流：又称直径流，如图 7-23(b) 所示。单溢流的降液管结构简单，加工制造方便，在塔板直径小于 2.2 m 的塔中被广泛采用。

(3) 双溢流：又称半径流，这类塔板中，降液管分别设在塔截面的中部与两侧，如图 7-23(c) 所示。来自上一塔板的液体分别从两侧的降液管进入塔板，横过半块塔板而进入中间的降液管，到下一层则液体由中央向两侧流动。这种降液管结构较复杂。它的优点是液体流动的路程短，从而可降低液面落差，它适合于大型塔及液气比大的场合。

(4) 多溢流：这种塔板上有多根长条形降液管，降液管下端悬在泡沫层上方的气相空间，降液管底部是封闭的，只开若干供液体流出的小孔或槽形孔，相邻两层塔板的降液管错开 90°，如图 7-24 所示。多溢流塔板的主要特点是堰长和液流路径短，因此可以大大降低堰上的液流强度，减小液面落差，因而可使

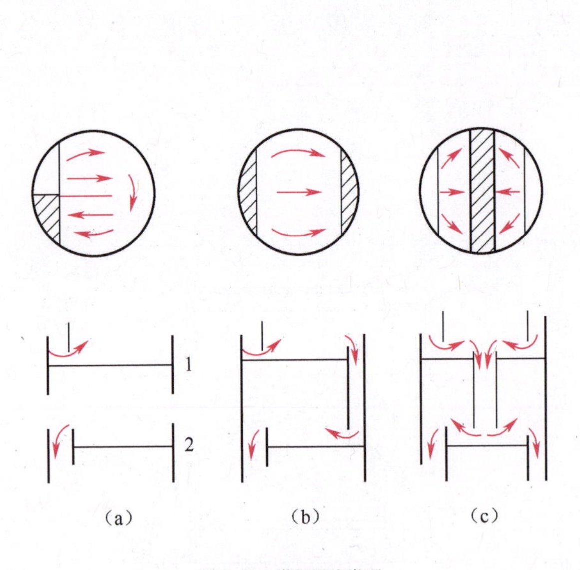

图 7-23　塔板溢流类型

(a) U 形流；(b) 单溢流；(c) 双溢流。

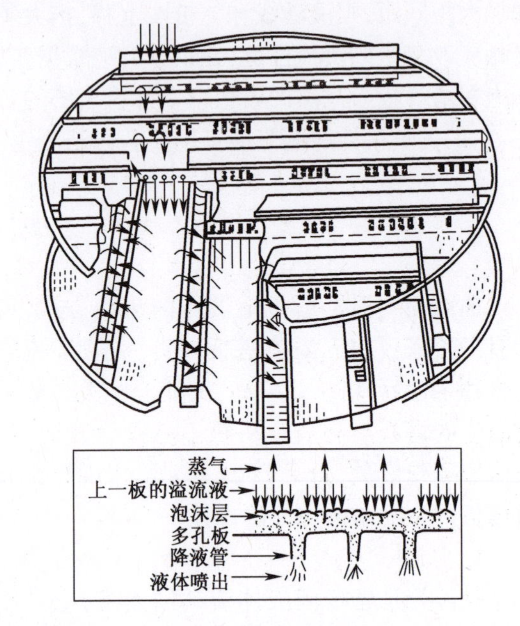

图 7-24　多降液管塔板

气、液分布均匀。此外这种塔板的压降小，允许板间距较小。对于液、气比较高的大塔，用这种塔板较为合适。

此外，还有阶梯型单溢流和双溢流降液管，这种结构复杂的降液管只在特殊的塔中采用。

从以上分析可以看出，液体在塔板上流径越长，液体与气体的接触时间越长，可提高板效率，有利于传质。但是流径越长则液面落差越大，将使气体分布不均，导致板效率下降。因此，选择什么样的降液装置要根据液体流量、塔径大小等条件综合考虑。一般，塔径大，液体流量大，宜采用双溢流或多溢流。表7-1列出了溢流类型、塔径、液体负荷之间的经验数据，可供设计选用溢流装置时参考。

表7-1 液体负荷与溢流类型的关系

塔径 D/mm	液体流量 L_h/(m^3/h)		
	U形流	单溢流	双溢流
1000	<7	<45	
1400	<9	<70	
2000	<11	<90	90~160
3000	<11	<110	110~200
4000	<11	<110	110~230
5000	<11	<110	110~250

2. 堰与受液盘

溢流堰是错流型塔板维持板上液层，使液流均匀的装置，堰有内堰与外堰。

(1) 外堰。

外堰设置在塔板上液体流出口处，常用的堰是弓形堰。堰长用 l_w 表示。根据经验，堰长取塔径的0.6~0.8倍：

$$l_w = (0.6 \sim 0.8)D \tag{7-22}$$

堰高 h_w 直接影响塔板上的液层厚度，过小则液层过低不利于传质，过高则液沫夹带量大，塔板阻力也过大。h_w 需根据工艺条件与操作要求确定，根据经验，对常压和加压塔，一般取 h_w = 40~80mm，对于减压塔或要求塔板压降小的塔堰高可取25mm左右。

(2) 内堰及受液盘。

内堰安装在塔板上流体的入口处，即受液盘的出口，常用于液流量小的场合，以使塔板上液体分布较均匀。除特殊要求外，一般很少设置内堰。

塔板上接受上一层流下的液体的地方称为受液盘，目前生产装置中常用的受液盘有两种：平受液盘和凹形受液盘。对于直径800mm以上的大塔，常采用凹形受液盘，见图7-25。这种结构便于液体的侧线采出，在低液流量时仍能保证良好的液封，且有使液体流动分布均匀的缓冲作用。凹形受液盘的深度一般为50mm。但当有悬浮固体和易聚合的物料时，凹形受液盘易堵塞而造成液泛事故，宜用平受液盘。

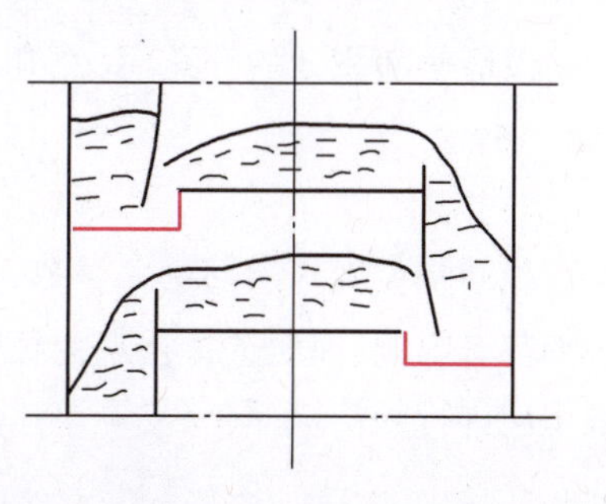

图7-25 凹形受液盘

3. 板面布置

塔板板面根据所起的作用一般可分为4个区域，下面以单溢流筛板塔为例说明，如图7-26

所示。

（1）传质鼓泡区：为板面上开筛孔的区域，是气、液接触的有效区域。

（2）溢流区：即降液管与受液盘所占的区域。

（3）安定区：在板上的传质鼓泡开孔区与内、外堰之间，各需有一个无开孔的地带，称为安定区。前者是为了使流入板面的液体均匀，后者是为了避免大量的含泡沫的液相进入降液管。安定区的经验值为

内堰侧安定区　　$W'_s = 50 \sim 100\text{mm}$

外堰侧安定区　　$W_s = 70 \sim 100\text{mm}$

小塔因塔板面积小，安定区要相应减小。

（4）边缘区：板面靠近塔壁部分，需要留出一圈边缘区 W_c(m)以便和塔壁连接。此区也不开孔，其宽度可根据机械加工与安装的需要而定，一般为 40～60mm。

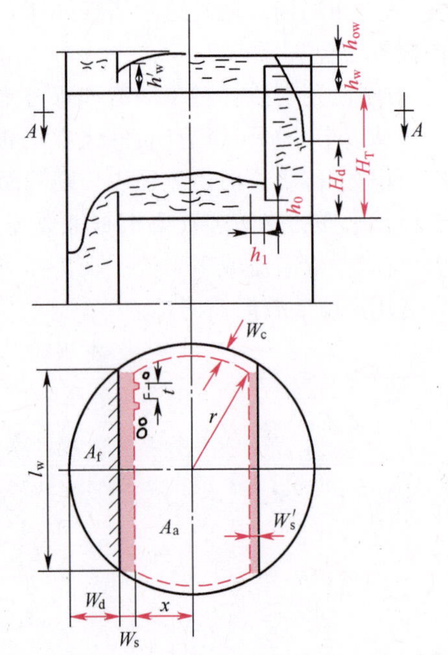

图 7-26　板面结构

鼓泡区的面积 A_a 按下式计算：

$$A_a = 2\left[x\sqrt{r^2 - x^2} + r^2 \arcsin\frac{x}{r}\right] \tag{7-23}$$

$$x = \frac{D}{2} - (W_d + W_s) \tag{7-24}$$

$$r = \frac{D}{2} - W_c \tag{7-25}$$

式中：W_d为弓形降液管宽度(m)。

筛孔直径 d_0通常为 3～8mm，也有采用 10～20mm 的大孔，孔心距 t 一般为(2.5～4)d_0。筛板塔的筛孔直径与孔心距的大小会影响板的效率。筛孔按正三角形排列，如图 7-27 所示，开孔区所开筛孔面积 A_0与开孔区整个面积 A_a之比称为开孔率，可由下式求出：

$$\frac{A_0}{A_a} = \frac{\frac{1}{2} \times \frac{\pi}{4}d_0^2}{\frac{1}{2}t^2\sin60°} = 0.907\left(\frac{d_0}{t}\right)^2 \tag{7-26}$$

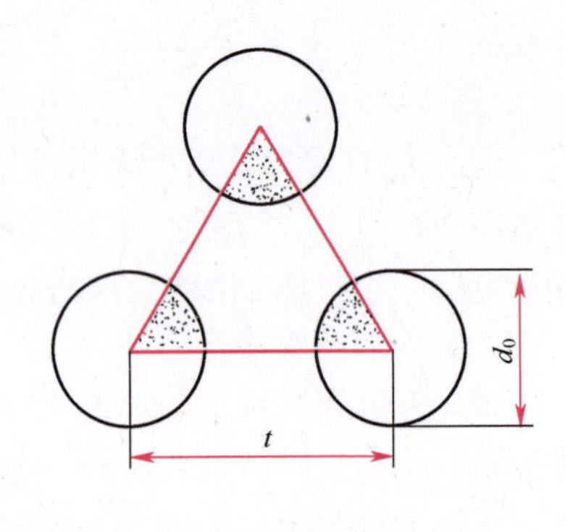

图 7-27　筛板的开孔率

以塔截面积计的开孔率（总开孔面积与塔截面之比）为 5%～10%。

4. 塔板间距

板间距是板式塔的重要参数，板间距 H_T的大小对于塔高、塔的生产能力、操作弹性、塔板效率都有影响，因而选择合理的板间距对于生产操作、检修安装均有影响。严格说来，对板间距数值应进行经济核算，反复调整比较后，才能确定。表 7-2 的经验数据可供初步设计时参考。

表 7-2　板式塔板间距参考数值

塔径 D/m	0.3～0.5	0.5～0.8	0.8～1.6	1.6～2.0	2.0～2.4	>2.4
板间距 H_T/mm	200～300	300～350	350～450	450～600	600～800	≥800

板间距应按规定选取整数,如 200、250、300、350、450、500、600、800 等,有时工艺上有特殊要求,也可选择其他尺寸的板间距。

7.1.6 筛板塔的设计

各种型式塔板(如筛板塔、斜孔塔)的设计原则都基本相同。在通过计算确定气液传质分离过程(如精馏、吸收)所需的塔板数后,塔板设计的任务是确定完成生产任务所需的塔径、板间距,液流型式及塔板结构与板面布置。下面以筛板塔为例加以说明。

板式塔的设计步骤大致可分为以下几步:

(1) 按照不发生严重液沫夹带并防止液泛的要求初估塔径;

(2) 根据初估塔径,进行板面设计计算;

(3) 对设计的塔板进行各项校核,并绘制该板的负荷性能图。

在第(3)步以后,如果校核结果认为设计不理想,则需对某些参数进行修改,重新按设计步骤进行计算,一直到满意为止。

由于设计计算时,塔底和塔顶各层塔板上的操作工况(温度、压力),气、液相流量,组成,密度等有所不同,因而各层塔板上的气、液负荷是不同的。当有多股加料或侧线采出时,各段的气、液负荷变化可能很大,故塔板设计计算通常需分段按照各段的气、液负荷平均值进行设计。例如精馏塔常需将精馏段、提馏段分别取平均的气、液负荷进行设计。下面以分离环己醇-苯酚的精馏塔的精馏段气、液负荷平均值作为已知参数进行该段塔板的设计。其他塔段的设计与此类同。

【例 7-1】 设计一常压操作的精馏塔以分离苯酚和环己醇的混合液。现按精馏段平均气、液负荷与物性参数,设计筛板塔的塔板。

解:已知条件:

气相流量 $V_s=0.772\text{m}^3/\text{s}$,液相流量 $L_s=0.00173\text{m}^3/\text{s}$,气相密度 $\rho_V=2.81\text{kg/m}^3$,液相密度 $\rho_L=940\text{kg/m}^3$,液相表面张力 $\sigma=0.032\text{N/m}$,液体黏度 $\mu=0.34\times10^{-3}\text{Pa}\cdot\text{s}$。

1) 初估塔径

取塔板间距 $H_T=0.3\text{m}$,根据经验,板上清液层高度 h_L 为 50~100mm,因是常压操作,可取 $h_L=70\text{mm}$,则

$$H_T-h_L=0.3-0.07=0.23\text{m}$$

应用图 7-11 确定 c_{20} 并进一步求出泛点气速。图上横坐标的数值:

$$\frac{L_S}{V_S}\left(\frac{\rho_L}{\rho_V}\right)^{0.5}=\frac{0.00173}{0.772}\left(\frac{940}{2.81}\right)^{0.5}=0.041$$

根据 H_T-h_L 和横坐标之值,在图上读得 $c_{20}=0.047$,按式(7-6)计算气相负荷因子 c:

$$c=c_{20}\left(\frac{\sigma}{0.02}\right)^{0.2}=0.047\left(\frac{0.032}{0.02}\right)^{0.2}=0.051$$

由式(7-3)求泛点气速 u_f:

$$u_f=c\sqrt{\frac{\rho_L-\rho_V}{\rho_V}}=0.051\sqrt{\frac{940-2.81}{2.81}}=0.93\text{m/s}$$

由式(7-7)求 u_{op}:

$$u_{op} = 0.8u_f = 0.8 \times 0.93 = 0.744\text{m/s}$$

计算塔径：

$$D' = \sqrt{\frac{V_s}{\frac{\pi}{4}u_{op}}} = \sqrt{\frac{0.772}{0.785 \times 0.744}} = 1.15\text{m}$$

确定实际塔径，对计算塔径进行圆整，取 $D=1.2\text{m}$。

2）塔板结构设计

（1）流型选择。

参照表 7-1，确定用单流程弓形降液管。

（2）堰的计算。

由式（7-22），堰长 $l_w=0.66D=0.794$ m。根据经验，板上清液层高 h_L 为 50~100mm，选堰高 $h_w=60\text{mm}$。堰上清液层高 h_{ow} 可按式（7-12）计算，式中液流收缩系数 E 的数值由图 7-15 查出。计算图 7-15 的横坐标：

$$\frac{L_h}{l_w^{2.5}} = \frac{3600 \times 0.00173}{(0.794)^{2.5}} = 11.1$$

查得 $E=1.035$，故

$$h_{ow} = 0.00284 \times 1.035 \times \left(\frac{3600 \times 0.00173}{0.794}\right)^{\frac{2}{3}} = 0.0116\text{m}$$

板上清液层高度：

$$h_L = h_w + h_{ow} = 0.060 + 0.0116 = 0.0716\text{m}$$

取降液管底部与塔板间的缝隙高度 h_o：

$$h_0 = h_w - 0.015 = 0.045\text{m}$$

（3）液面梯度 Δ。

由式（7-13）计算 Δ，首先求平均溢流宽度：

$$b = \frac{l_w + D}{2} = \frac{0.794 + 1.2}{2} = 0.997\text{m}$$

再根据 $l_w/D=0.66$，由图 7-17 得

$W_d=0.15\text{m}$

$Z=D-2W_d=1.2-2\times0.15=0.90\text{m}$

$h_f=2.5h_L=2.5\times0.0716=0.179\text{m}$

$$\Delta = \frac{0.215 \times (250b + 1000h_f)^2\mu_L(3600L_s)Z}{(1000bh_f)^3\rho_L}$$

$$= \frac{0.215 \times (250 \times 0.997 + 1000 \times 0.179)^2 \times 0.34 \times (3600 \times 0.00173) \times 0.90}{(1000 \times 0.997 \times 0.175)^3 \times 940}$$

$$= 0.0000151\text{m}$$

计算结果 Δ 很小，可略去不计。

（4）塔板布置。

取筛孔直径 $d_0=4\text{mm}$，$t/d_0=3.0$，则 $t=3\times4\text{mm}=12\text{mm}$，在塔板开孔区的开孔率为：

取塔板上安定区宽度 $W_s=0.08$ m，边缘区宽度 $W_c=0.05$ m。

用式(7-23)~式(7-25)计算开孔区面 A_a,其中

$$X=\frac{D}{2}-(W_d+W_s)=0.37$$

$$r=\frac{D}{2}-W_c=0.55$$

$$\frac{X}{r}=\frac{0.37}{0.55}=0.673$$

$$A_a=2\left[x\sqrt{r^2-x^2}+r^2\arcsin\frac{x}{r}\right]$$
$$=2\times[0.37\times\sqrt{0.55^2-0.37^2}+0.55^2\times\arcsin 0.673]=0.748\text{m}^2$$

$$\frac{开孔区面积}{筛板面积}=\frac{A_a}{A_T}=\frac{0.748}{1.13}=0.662$$

$$筛孔总面积A_0=开孔区面积\times开孔率=0.748\times0.1008=0.075\text{m}^2$$

$$筛孔数N=\frac{A_0}{a_0}=\frac{0.075}{0.785\times0.004^2}=5971$$

式中:a_0为每个筛孔的面积(m^2)。

3)对设计塔板进行各项校核,并绘制负荷性能图

(1)气流通过塔板的压降。

气流通过塔板的压降由干板压降与液层压降两部分组成。

干板压降 h_d:取板厚为 3mm,$d_0/\delta=1.33$,由图 7-13 查得 $c_0=0.84$,故

$$h_d=\frac{1}{2g}\frac{\rho_V}{\rho_L}\left(\frac{u_0}{c_0}\right)^2=\frac{1}{2\times9.81}\left(\frac{2.81}{940}\right)\left(\frac{0.772}{0.075\times0.84}\right)^2=0.0228\text{m(液柱)}$$

气流通过液层的压降 h_1:

$$F_0=u_0\sqrt{\rho_V}=\frac{0.772}{0.075}\sqrt{2.81}=17.25\text{kg}^{\frac{1}{2}}/(\text{m}^{\frac{1}{2}}\cdot\text{s})$$

$$h_L=0.0716\text{m(液柱)}$$

查图 7-14 得 $h_1=0.043$m(液柱),所以气流通过塔板的总压降:

$$h_f=h_d+h_1=0.0228+0.043=0.0658\text{m(液柱)}$$

(2)漏液点气速和操作系数计算。

$$当F_0=8\text{kg}^{\frac{1}{2}}/(\text{s}\cdot\text{m}^{\frac{1}{2}})时$$

$$u_{0,漏}=\frac{F_0}{\sqrt{\rho_V}}=\frac{8}{\sqrt{2.81}}=4.77\text{m/s}$$

实际孔速:

$$u_0=\frac{V_S}{A_0}=\frac{0.772}{0.075}=10.3\text{m/s}$$

塔的操作稳定性:

$$K=\frac{u_0}{u_{0,漏}}=\frac{10.3}{4.77}=2.16$$

（3）负荷性能图。

① 漏液线。

以 $F_0 = 8\text{kg}^{\frac{1}{2}}/(\text{s} \cdot \text{m}^{\frac{1}{2}})$ 作为气体最小负荷的标准，则

$$(V_s)_{\min} = \frac{\pi}{4} d_0^2 n \frac{8}{\sqrt{\rho_V}} = \frac{\pi}{4} \times 0.004^2 \times 5971 \times \frac{8}{\sqrt{2.81}} = 0.358\text{m}^3/\text{s}$$

因此，在图 7-28 上标绘漏液线 V_s 等于 $0.358\text{m}^3/\text{s}$ 的水平线①。

② 液体流量上限线。

以 5s 作为液体在降液管中停留时间的下限，由式(7-20)得

$$(L_s)_{\max} = \frac{A_f H_T}{t} = \frac{0.0817 \times 0.3}{5} = 0.004902\text{m}^3/\text{s}$$

因此，在图 7-28 上标绘液体流量上限线为 L 等于 $0.004902\text{m}^3/\text{s}$ 的垂直线②。

③ 液相流量下限线。

以 $h_{ow} = 0.006\text{m}$ 作为规定最小液体负荷的标准，由式(7-12)得

$$\frac{2.84}{1000} E \left[\frac{3600(L_s)_{\min}}{l_w}\right]^{\frac{2}{3}} = 0.006$$

取 $E=1$，则

$$(L_s)_{\min} = \left(\frac{0.006 \times 1000}{2.84}\right)^{\frac{2}{3}} \times \left(\frac{0.794}{3600}\right) = 0.000677\text{m}^3/\text{s}$$

因此在图 7-28 上标绘液体流量下限线为 L 等于 $0.000677\text{m}^3/\text{s}$ 的垂直线③。

④ 雾沫夹带上限线。

以 $e_v = 0.1\text{kg}$(液体)/kg(气体)为限，求 V_s-L_s 关系。

由式(7-18)：

$$e_V = \frac{5.7 \times 10^{-6}}{\sigma} \left(\frac{u_G}{H_T - h_f}\right)^{3.2}$$

其中

$$u_G = \frac{V_s}{A_T - A_f} = \frac{V_s}{1.13 - 0.0817} = \frac{V_s}{1.0483}$$

$$h_m = 2.5 h_L = 2.5(h_w + h_{ow})$$

又

$$h_w = 0.06\text{m}$$

$$h_{ow} = 0.00284 \left(\frac{3600 L_s}{0.794}\right)^{\frac{2}{3}} = 0.778 L_s^{\frac{2}{3}}$$

所以

$$h_f = 0.15 + 1.945 L_s^{\frac{2}{3}}$$

$$H_T - h_f = 0.15 - 1.945 L_s^{\frac{2}{3}}$$

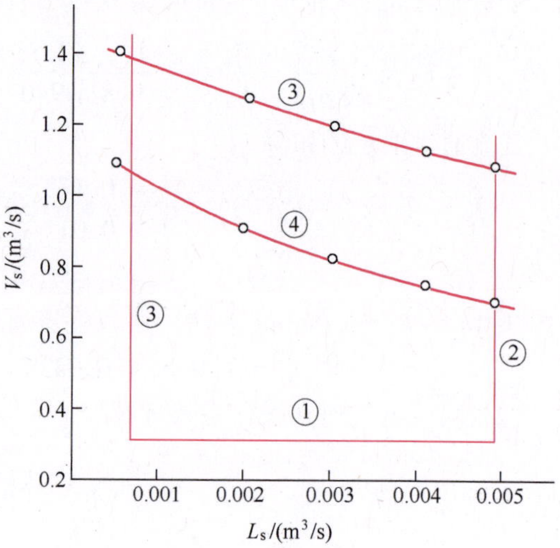

图 7-28 例 7-1 负荷性能图

由

$$e_v = \frac{5.7 \times 10^{-6}}{0.032}\left[\frac{V_s}{1.0483 \times (0.15 - 1.945L_s^{\frac{2}{3}})}\right]^{3.2} = 0.1\text{kg(液体)/kg(气体)}$$

得

$$V_s = 1.1369 - 14.74L_s^{\frac{2}{3}}$$

列表如下：

$L_S/(m^3/s)$	0.0005	0.002	0.003	0.004	0.005
$V_S/(m^3/s)$	1.044	0.903	0.830	0.766	0.706

由上表中数据可作出雾沫夹带上限线④。

⑤ 液泛线。

为了防止发生液泛现象，应满足式(7-17)：

$$H_T + h_w \geqslant \frac{H_d}{\phi}$$

ϕ 取为0.5，其中：

$$H_T = 0.30\text{m}$$

$$h_w = 0.06\text{m}$$

$$h_{ow} = 0.00284 \times \left(\frac{3600L_s}{0.794}\right)^{\frac{2}{3}} = 0.778L_s^{\frac{2}{3}}$$

$$h_{r1} = 0.153\left(\frac{L_s}{l_w h_o}\right)^2 = 119.85L_s^{\frac{2}{3}}$$

$$\Delta \approx 0$$

由式(7-9)：

$$h_d = \frac{1}{2g}\frac{\rho_v}{\rho_L}\left(\frac{u_0}{c_0}\right)^2$$

其中，$c_o = 0.84$，则有

$$h_d = \frac{1}{2 \times 9.81} \times \frac{2.81}{940} \times \left(\frac{V_s}{0.785nd_0^2 \times 0.84}\right)^2 = 0.03838V_s^2$$

$$H_d = h_w + h_{ow} + \Delta + h_e + h_p$$

$$h_f = h_d + h_l$$

由 $F_0 = 17\text{kg}^{1/2}/(\text{s} \cdot \text{m}^{1/2})$ 得

$$F_0 = \frac{V_s}{0.785nd_0^2}\sqrt{\rho_v} = 17$$

$$V_s = \frac{17 \times 0.785nd_0^2}{\sqrt{\rho_v}} = \frac{17 \times 0.785 \times 5971 \times 0.004^2}{\sqrt{2.81}} = 0.761\text{m}^3/\text{s}$$

当 $F_0 < 17\text{kg}^{1/2}/(\text{s} \cdot \text{m}^{1/2})$ 时，即 $V_s < 0.761\text{m}^3/\text{s}$ 时，应用式(7-9)得

$$h_1 = 0.005352 + 1.4776h_L - 18.60h_L^2 + 93.54h_L^3$$

将上述各式代入式(7-17)得

$$0.30 + 0.06 \geqslant \frac{1}{0.5}(0.06 + 0.778L_s^{2/3} + 119.8L_s^2 + 0.03838V_s^2$$

$$+ 0.005352 + 1.4776h_L - 18.60h_L^2 + 93.54h_L^3)$$

将 $h_L = 0.06 + 0.778L_s^{2/3}$ 代入上式并整理得

$$V_s^2 = 1.895 - 25.24L_s^{4/3} + 27.80L_s^{4/3} - 4269L_s^2$$

此式表示液泛时，V_s 与 L_s 的关系。不同的 L_s 得不同的允许 V_s 值，计算结果列表如下：

$L_s/(m^3/s)$	0.0005	0.002	0.003	0.004	0.005
$V_s/(m^3/s)$	1.318	1.218	1.158	1.099	1.036

算出的 V_s 均大于 $0.761m^3/s$，说明不能用式(7-10)计算，故舍弃这些数据。

$F_0 > 17kg^{1/2}/(s \cdot m^{1/2})$ 时，即 $K > 0.761m^3/s$ 时，应用式(7-13)得

$$h_1 = 0.006675 + 1.2419h_L - 15.64h_L^2 + 83.45h_L^3$$

同样将上述各式代入式(7-17)，并整理可得

$$V_s^2 \leqslant 2.009 - 25.67L_s^{2/3} + 9.762L_s^{4/3} - 4145L_s^2$$

算得一组 L_s 与 V_s 的数据列表如下：

$L_s/(m^3/s)$	0.0005	0.002	0.003	0.004	0.005
$V_s/(m^3/s)$	1.359	1.260	1.202	1.141	1.079

数据 V_s 均大于 $0.761m^3/s$，符合 $F_0 > 17kg^{1/2}/(s \cdot m^{1/2})$，故用这组数据作液泛线⑤。图 7-28 中，线⑤在线④之上，故此塔气速上限由雾沫夹带确定。

7.1.7 板式塔的传质与塔板效率

塔的设计除计算塔径外，还需确定塔高，为此必须求取板效率。板效率与塔板结构、塔板上流体的流动状况、体系的物性等许多因素有关。根据传质理论可知，板上气、液两相之间传质速率直接影响塔板效率，因此正确的塔板结构设计以及保持良好的气液流动状态是提高板效率的关键。板效率一般有全塔效率、单板效率和点效率三种表示方法，本章主要介绍点效率及其与板效率、传质系数的关系。

要了解塔板上各局部位置的传质情况，必须考虑塔板上各点的局部效率。现分析塔板上某一处一垂直小单元液层，见图 7-29。来自下一塔板平均组成为 y_{n+1} 的气体进入这一单元液层，液层在气流的搅动之下，假设其浓度是均匀的，用 x_0 表示。气体经过此液层接触传质后，离开时组成为 y，与液体 x_0 呈平衡的气相组成为 y_0^*，则此处点效率的定义为

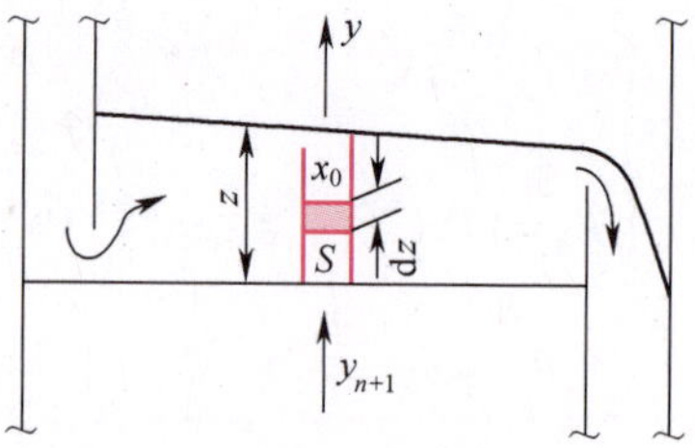

图 7-29　板效率与点效率分析图示

$$E_{OG} = \frac{y - y_{n+1}}{y_0^* - y_{n+1}} \tag{7-27}$$

点效率主要表示某一点的气、液接触状况和传质过程。显然，点效率必然小于 100%。通过

分析可得出点效率与传质系数的关系、点效率与板效率的关系，从而可用计算和实验结合的方法取得板效率的较准确的数值，供设计者使用。

1. 点效率与传质系数的关系

如图 7-29 所示，在截面为 S 的垂直小单元液层中取一高度为 dz 的液体微元，根据传质速率方程式可以得到

$$V_M dy = K_y ap(y_0^* - y)dz$$

整理得

$$\frac{K_y a}{V_M}dz = \frac{dy}{y^* - y} \tag{7-28}$$

式中：V_M 为单位面积上气体的摩尔流速（kmol/(m^2·s)）；K_y 为以摩尔浓度 y 为推动力的总传质系数（kmol/(m^2·s)）；z 为泡沫层高度（m）；a 为接触比表面积（m^2/m^3）。

根据假设，在这个垂直小单元液层中液相浓度 x_0是均一的，所以 y^* 为常数。对式(7-28)，在 $0 \sim z, y_{n+1} \sim y$ 进行积分可得

$$\frac{K_y a}{V_M}z = \int_{y_{n+1}}^{y}\frac{dy}{y^* - y} = N_{OG} = -\ln\frac{y^* - y}{y^* - y_{n+1}}$$

$$= -\ln\left(1 - \frac{y^* - y_{n+1}}{y^* - y_{n+1}}\right) = -\ln(1 - E_{OG})$$

$$= 1 - E_{OG} = \exp\left(\frac{-K_y a}{V_M}z\right)$$

$$E_{OG} = 1 - \exp\left(\frac{-K_y a}{V_M}z\right) = 1 - \exp(-N_{OG}) \tag{7-29}$$

式中：N_{OG}为塔板上某点气体通过液相传质时的气相总传质单元数。

由式(7-29)可知，点效率 E_{OG}随传质系数 K_y、接触比表面积 a 的增大而增大。如果能得到比较准确的传质系数等数据，就可以用式(7-29)求出塔板的点效率。

2. 点效率与板效率的关系

为了得到点效率与板效率的关系，必须知道液体沿其流动方向的混合情况。塔板上液体的混合是很复杂的，沿液体流动方向大致可以概括为 3 种不同的情况：完全混合、完全不混合以及部分混合。下面对上述 3 种情况进行分析。

（1）液体完全混合。完全混合指塔板上的液体混合均匀，在板上任何位置和板的进、出口处的液体组成都相同，在一些小塔中，可以把板上液体看作完全混合，因此气相默弗里效率公式和式(7-28)中的 $y=y_n, y_0^*=y_n^*$，所以 $E_{MV}=E_{OG}$，点效率可以用小塔的板效率表示。

（2）液体完全不混合。指塔板上的液体从进口到出口的流动过程中没有任何返混的情况，即为理想的活塞流动。这时，塔板上液体的组成沿流动方向逐渐从进口处的 x_{n-1}变到出口处 x_n。假设板上液层任意位置的垂直方向上无浓度变化，液层上气体完全混合，即进入塔板的气体组成均一，各处的点效率 E_{OG} 相等，则可推导出点效率与板效率的关系：

$$E_{MV} = \frac{1}{S}[\exp(SE_{OG})^{-1}] \tag{7-30}$$

式中：$S=\dfrac{mV}{L}$为解吸因子；m为平衡线斜率；V、L为气体、液体的摩尔流量(kmol/h)。

由式(7-30)，对于不同的S值可以计算出E_{MV}和E_{OG}的关系，见表7-3。

表 7-3　板效率与点效率的关系

E_{OG}	E_{MV}		
	$S=0$	$S=1.0$	$S=2.0$
0.2	0.2	0.22	0.25
0.4	0.4	0.49	0.61
0.6	0.6	0.82	1.16
0.8	0.8	1.23	1.98
1.0	1.0	1.72	3.19

默弗里单板效率大于点效率，而且可以大于1，这一点是很容易理解的，因为就精馏的过程而言，在塔板上液体入口处组成x_{n-1}高于出口组成，如图7-29所示。因此在点效率相同的条件下，从塔板入口处液层流出的气相组成y'高于塔板出口处液层流出的气相组成y''，也可能高于与x_n呈平衡的气相组成y_n^*。所以塔板上向上的气相的平均组成必然高于y_n，也可能高于y''，故板效率必然大于点效率，也可能大于1。由表7-3还可看出，点效率越高，板效率与点效率的差别越大；对于相同的点效率，解吸因子越大，板效率越高。必须指出，液体完全不混合是一种理想情况，实际塔板上总有不同程度的混合，表7-3所列数值是这种理想流动情况下的板效率。通常，实际塔板的板效率大多低于1。

(3) 液体部分混合。液体完全混合及完全不混合这两种情况极少存在，大多数塔板上液体属部分混合。图7-30有助于了解塔板上液体混合对于板效率的影响。图中两条线分别表示完全混合和完全不混合两种情况下E_{MV}/E_{OG}与SE_{OG}的关系曲线。这两条线表示两种极限情况，部分混合的情况介于两线之间。

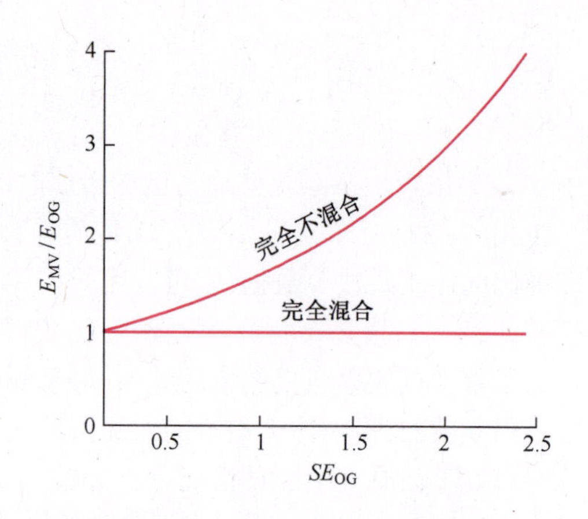

图7-30　液体完全混合和完全不混合两种情况下E_{MV}/E_{OG}与SE_{OG}的关系(停留时间均匀)

3. 影响板效率的因素

根据以上分析，可以了解到塔板效率是一个重要又复杂的问题，其计算一直是塔板设计中的难题，至今尚无完整可靠的计算方法。影响塔板效率的因素很多，归纳起来，主要有以下3个方面：

(1) 塔的操作条件，包括气流速度、液体流量、温度、压力等；

(2) 塔板结构，包括板型、塔径、板间距、堰高、开孔率等；

(3) 系统物性，包括体系的相对挥发度、黏度、扩散系数、表面张力等。

这些因素彼此联系又相互影响，所以实际上板效率是塔板结构、操作条件、物性等多因素综合影响的结果，十分复杂。目前只有一些特定条件下使用效果较好的经验关联式和经验数据可供设计者参考。

4. 塔板效率的关联式

经验证明,对于泡罩、筛板等常用的错流型塔板,只要结构设计合理,气、液两相在正常范围之内,则各种塔板的效率大致相同,影响大的是体系的物性,因此,各种估算板效率的经验关联式常表示成板效率与重要物性的关系式,常用的是奥康纳尔(O'connel)关联图。

奥康纳尔图是应用较早、较普遍的关联系统物性与总板效率的关系图,它综合了几十个泡罩筛板型工业精馏塔和小型精馏塔的实验数据,用体系的相对挥发度与液相黏度的乘积 $\alpha\mu_L$ 为横坐标,塔的总板效率 E_T 为纵坐标,总结出其相互关系,如图 7-31 所示。图中 α 也可以用多组分精馏中关键组分之间的相对挥发度值,μ_L 为液体黏度,对于多组分也可用各组分液体黏度的平均值,单位为 mPa · s。

奥康纳尔对吸收过程做了总塔效率与物性的关联,结果如图 7-32 所示,横坐标为 H_p/μ_L,其中,μ_L 为塔顶塔底液体的平均黏度(mPa · s);p 为系统总压(kPa);H 为溶解度系数(kmol/(kN · m))。以上两图也可用于估算其他错流型塔板的效率,如浮阀塔、斜孔塔等。

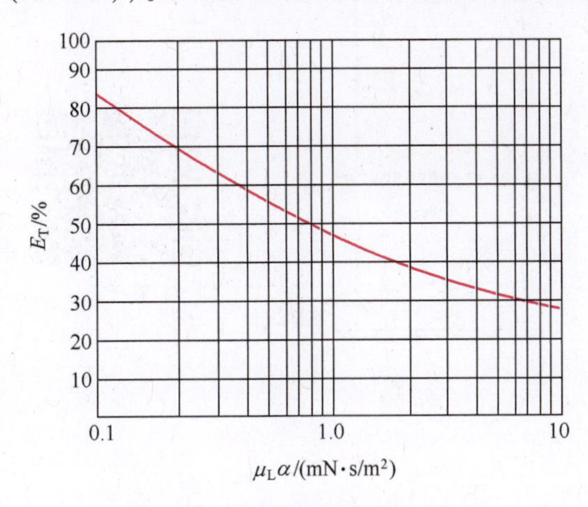

图 7-31 奥康纳尔的精馏塔效率关联图

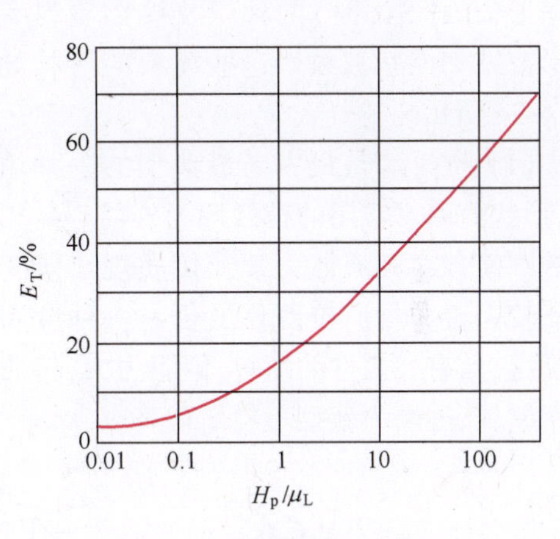

图 7-32 吸收塔效率关联图

美国化工学会组织一些大学与研究部门对板效率的计算进行研究,并提出预测板效率的 AIChE 法,可供参考使用。

7.2 填 料 塔

填料塔结构简单,压降低,是一种重要的气液传质设备。近年来国内外对填料的研究与开发进展颇快,性能优良的新型填料不断涌现。大型的填料塔目前在工业上已广泛应用。

7.2.1 填料塔的结构及填料特性

1. 填料塔的结构

如图 7-33 所示,塔体为一圆形筒体,筒内分层装有一定高度的填料。自塔上部进入的液体通过分布器均匀喷洒于塔截面上。在填料层内液体沿填料表面呈膜状流下。各层填料之间设有液体再分布器,将液体重新均匀分布于塔截面上,再进入下层填料。气体自塔下部进入,通过填料缝隙中自由空间,从塔上部排出。离开填料层的气体可能挟带少量雾状液滴,因此有时需要在塔顶安装除沫器。气液两相在填料塔内进行接触传质，沿塔高浓度不断变化，故该类设备又称为微分接触设备。

填料塔生产情况的好坏与是否正确的选用填料有很大关系，因而了解各种填料及其特性是十分必要的。

2. 填料

填料可用陶瓷、金属、塑料等不同材料制成。按形状可分为环形、鞍形和波纹形。环形填料有拉西环（Rasching Rings）、鲍尔环（Pall Rings）、阶梯环（Cascade Mini-ring）等。鞍形填料有矩鞍形（Intalox Saddle）和弧鞍形（Berl Saddle）两种。波纹形填料有板形波纹和网状波纹。这些填料的形状如图 7-34 所示。

（1）拉西环是最古老最典型的一种填料，形状简单。常用的拉西环为外径与高相等的圆筒。对其流体力学及传质规律研究得比较完善。目前拉西环虽仍是一种应用较广泛、具有代表性的填料，但阻力大，传质效率差，已逐渐为新型填料所代替。

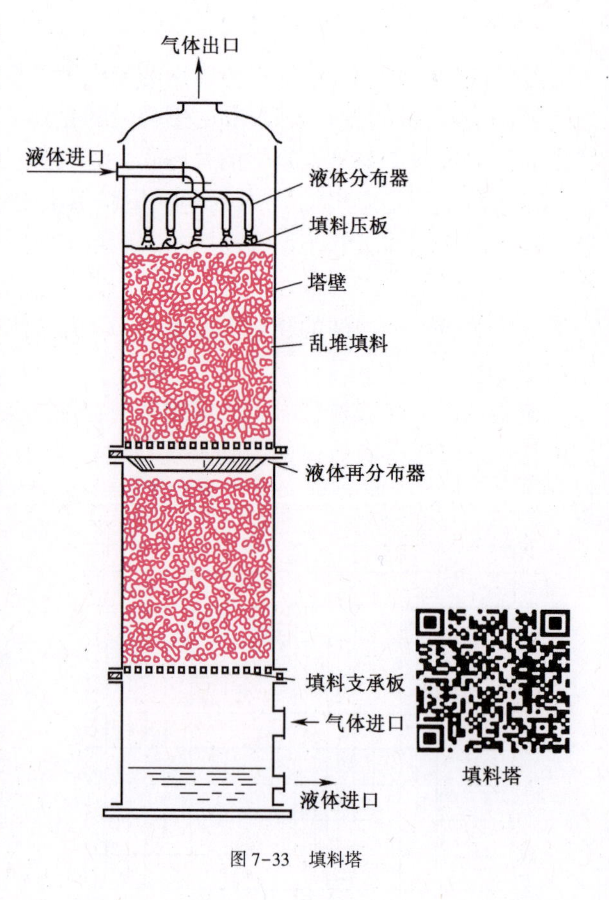

图 7-33　填料塔

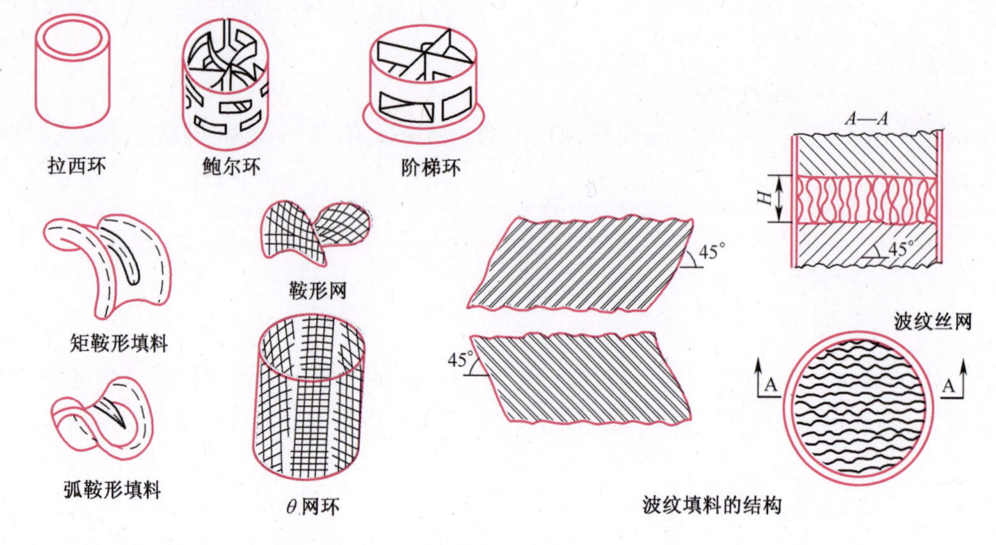

图 7-34　各种填料

（2）鲍尔环的形状是在普通拉西环的壁上开一层（直径 25mm 以下的环）或二层（直径 50mm 以上的环）长方形小窗，制造时窗孔的母材并不从环上剪下，而是向中心弯入，在中心处相搭，上下两层窗位置交错。

（3）鞍形填料是一种像马鞍形的敞开式填料。它与鲍尔环都被认为是效率高、阻力小的性能较好的工业用填料。

(4) 金属波纹网填料是20世纪60年代发展起来的一种新型规整填料,填料由平行丝网波纹片垂直排列组装而成。网片波纹的方向与塔轴成一定的倾角(一般为30°或45°),相邻两网片的波纹倾斜方向相反,使波纹片之间形成一系列相互交叉的三角形流道,相邻两盘成90°交叉安放。

填料按装填方法可分为乱堆与整砌两种。乱堆填料作无规则堆积而成,装卸较方便,但压降大。一般直径在50mm以下的填料用乱堆。整砌填料常用规整的填料整齐砌成,适用于直径在50mm以上的填料,压降小。

各种填料反映出来的性能不同,其特性数据主要有下列几种。

(1) 填料个数 n。单位体积填料中的填料个数 n,对乱堆填料来说是一个统计数字。其值用实测方法求得。

(2) 比表面积 a_t。单位体积填料中的填料表面积称为比表面积 a_t(m^2/m^3)。

$$a_t = na_0$$

式中:a_t为比表面积(m^2/m^3);a_0为一个填料的表面积(m^2/个);n 为填料个数(个/m^3)。

(3) 空隙率 ε。空隙率指干塔状态时单位体积填料所具有的空隙体积(m^3/m^3)。

$$\varepsilon = 1 - nV_0$$

式中:V_0为一个填料的体积(m^3/个)。

在操作时由于填料壁上附有一层液体,故实际的空隙率小于上述的空隙率。一般说来,填料所具有的空隙率较大时,气液阻力较小,流通能力较大,塔的操作弹性范围较宽。不能根据空隙率一项指标的大小评价填料的优劣。

(4) 干填料因子及填料因子。比表面积和空隙率两个填料特性所组成的复合量 a_t/ε^3 称为干填料因子。气体通过干填料层的流动特性往往用干填料因子来关联。在有液体喷淋的填料上,部分空隙被液体所占据,空隙率有所减小,比表面积也会发生变化,因而提出了一个相应的湿填料因子,简称为填料因子(Facking Factor)ϕ,用来关联对填料层内两相流动的影响。填料因子需由实验测定。各种填料的特性数据见表7-4。

表7-4　几种常用填料的特性数据

填料名称	规格(直径×高×厚)/(mm×mm×mm)	材质及堆积方式	比表面积/(m^2/m^3)	空隙率/(m^3/m^3)	每m^3填料个数	堆积密度/(kg/m^3)	干填料因子/m^{-1}	填料因子/m^{-1}
拉西环	10×10×1.5	瓷质乱堆	440	0.7	720×10^3	700	1280	1500
	25×25×2.5	瓷质乱堆	190	0.78	49×10^3	505	400	450
	50×50×4.5	瓷质乱堆	93	0.81	6×10^3	457	177	205
	80×80×9.5	瓷质乱堆	76	0.68	1.91×10^3	714	243	280
	25×25×0.8	钢质乱堆	220	0.92	55×10^3	640	290	260
	50×50×1	钢质乱堆	110	0.95	7×10^3	430	130	175
	76×76×1.5	钢质乱堆	68	0.95	1.87×10^3	400	80	105
	50×50×4.5	瓷质整砌	124	0.72	8.83×10^3	673	339	
鲍尔环	25×25	瓷质乱堆	220	0.76	48×10^3	565		300
	50×50×4.5	瓷质乱堆	110	0.81	6×10^3	457		130
	25×25×0.6	钢质乱堆	209	0.94	61.1×10^3	480		160
	50×50×0.9	钢质乱堆	103	0.95	6.2×10^3	355		66
	25	塑料乱堆	209	0.90	51.1×10^3	72.6		107

（续）

填料名称	规格(直径×高×厚)/(mm×mm×mm)	材质及堆积方式	比表面积/(m^2/m^3)	空隙率/(m^3/m^3)	每 m^3 填料个数	堆积密度/(kg/m^3)	干填料因子/m^{-1}	填料因子/m^{-1}
阶梯环	25×12.5×1.4	塑料乱堆	223	0.90	81.5×10^3	27.8		172
	38.5×19×1.0	塑料乱堆	132.5	0.91	27.2×10^3	57.5		115
弧鞍形	25	瓷质	252	0.69	78.1×10^3	725		360
	25	钢质	280	0.83	88.5×10^3	1400		148
	50	钢质	106	0.72	8.87×10^3	645		
矩鞍形	40×20×3.0	瓷质	258	0.775	84.6×10^3	548		320
	75×45×5.0	瓷质	120	0.79	9.4×10^3	532		130

7.2.2 填料塔内气液两相流动特性

填料塔内气液两相通常为逆流流动，气体从塔底进入，液体从塔顶进入。液体从上向下流动过程中，在填料表面上形成膜状流动。液膜与填料表面的摩擦，以及液膜与上升气体的摩擦，使液膜产生流动阻力，使部分液体停留在填料表面及其空隙中。单位体积填料层中滞留的液体体积，称为持液量。液体流量一定时，气体流速（或流量）越大，持液量也越大，则气体通过填料层的压力降也越大。为确定塔径，需要选定空塔气速；为确定动力消耗，需要知道气体的压力降。

填料塔的流体力学性能

1. 气体通过填料层的压力降

将气体的空塔速度（指气体通过塔的整个截面时的速度）u 与每米填料的压降 Δp 之间的实测数据标绘于双对数坐标上，并以液体的喷淋密度（单位面积、单位时间液体的喷淋量）L 作参变量，可得如图 7-35 所示的曲线。各种填料的曲线大致相似。

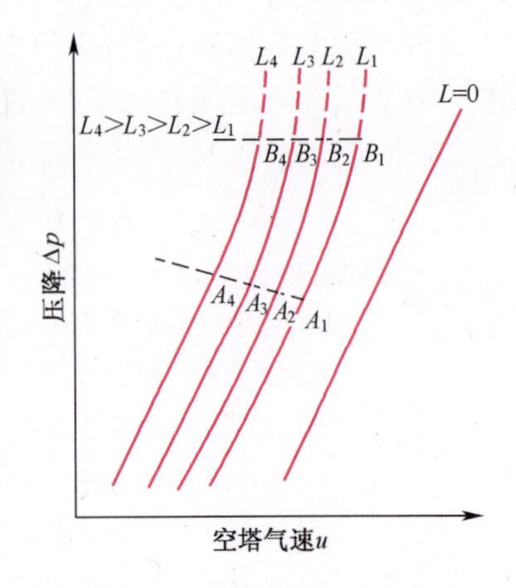

图 7-35　压降与空塔气速的示意图

$L=0$ 的曲线表示干填料层的情况。压降主要用来克服流经填料层时的形体阻力。此时压降与气速的 1.8~2 次方成比例，表明气流在实际操作中是湍流。这是因为气体在填料间穿行，通道扩大与缩小，且转向频繁，所以在相当低的气速下即可达到湍流。

当填料上有液体喷淋时，填料层内的一部分空隙为液体所占据，气流的通道截面减小了。在相同的空塔气速之下，随着液体喷淋密度的增加，填料的持液量增加，气流的通道随之减小，通过填料层的压降就增加。如图 7-35 中 L_1、L_2等曲线所示。

在一定的喷淋密度之下，例如 $L=L_1$ 时，当气速低于 A_1 点所对应的气速，液体沿填料表面的流动很少受逆向气流的牵制，持液量基本不变，压降对空塔气速的关系与干填料层的曲线几乎平行。当气速达到 A_1 点所对应的气速，液体的流动受逆向气流的阻拦开始明显起来，持液量随气速的增加而增加，气流通道截面减少，压降随空塔气速有较大增加，压降气速曲线的斜率加大。称点 A_1 以及其他喷淋密度下相应的点 A_2、A_3…为载点（loading point），表示填料塔操作中的一个转折点。当气速增加到 B_1 点时，通过填料层的压降迅速上升，并有强烈波动，称点 B_1 以及其他喷淋密度下的相应点 B_2、B_3…为液泛点（flooding point）。液泛时气体流经填料层的压降已增大到使液体受到阻塞而积聚在填料上，这时往往可以看到在填料层的顶部以及某些局部截面积较小的地方出现液体，而使气体分散在液体里鼓泡而出。有时因填料支承板上通道面积比填料层的自由截面积还小，这时鼓泡层就首先发生在塔的支承板上。液泛现象一经发生，若气速再增加，鼓泡层就迅速膨胀，进而发展到全塔，使液体不易顺畅流下。填料塔一般不能在液泛下操作。

2. 压降与液泛速度的确定

影响液泛速度的因素较多，其中包括气液流量、物性（密度、黏度）、填料特性（a_t、ε、ϕ）等。目前广泛采用图 7-36 所示的通用关联图来确定液泛速度。

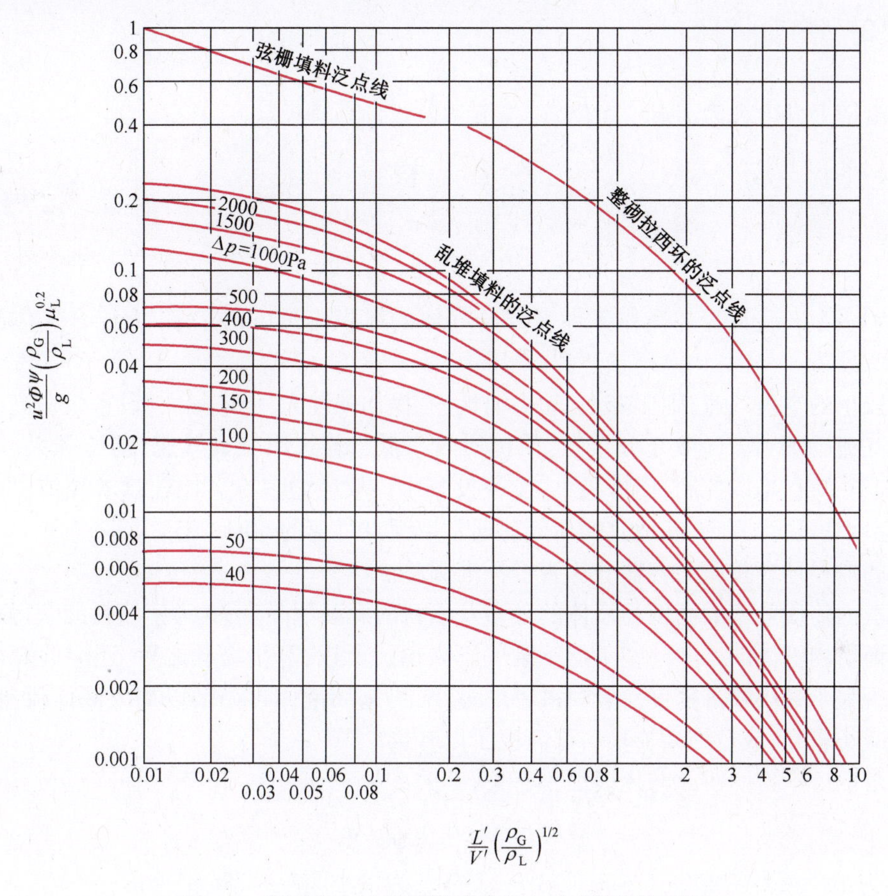

图 7-36 填料塔泛点和压降的通用关联图（Δp 为每米填料的压降）

图中横坐标为 $\frac{L'}{V'}\left(\frac{\rho_G}{\rho_L}\right)^{1/2}$，纵坐标 $\frac{u^2\phi\psi}{g}\left(\frac{\rho_G}{\rho_L}\right)\mu_L^{0.2}$

这两个坐标值的各物理量为

u——空塔气速（m/s）；L'、V'——液相及气相的质量流量（kg/s 或 kg/h）；ρ_G、ρ_L——气相及液相的密度（kg/m^3）；ϕ——填料因子（1/m）；ψ——水的密度与溶液密度之比；μ_L——溶液的黏度，（mPa·s）。

此图显示出压降与泛点、填料因子、液气比等参数的关系。适用于乱堆的拉西环、鲍尔环和鞍形填料。使用整砌拉西环和弦栅填料时的泛点线，纵坐标中 ϕ 值应改为 a_t/ε^3 值。

使用此图时，先按气液流量及密度算出横坐标 $\frac{L'}{V'}\left(\frac{\rho_G}{\rho_L}\right)^{1/2}$ 值，如使用乱堆填料，则在乱堆填料泛点线上读取与 $\frac{L'}{V'}\left(\frac{\rho_G}{\rho_L}\right)^{1/2}$ 相对应的纵坐标值 $\frac{u^2\phi\psi}{g}\left(\frac{\rho_G}{\rho_L}\right)\mu_L^{0.2}$，再由此求出泛点气速 u_f。

欲求气体通过每米填料层的压降时，可将操作气速代入 $\frac{u^2\phi\psi}{g}\left(\frac{\rho_G}{\rho_L}\right)\mu_L^{0.2}$，求出纵坐标和横坐标的交点，由图上读交点所对应的压降线，即得气流通过每米填料层压降 Δp。

在常压塔中 Δp 在 150~500Pa/m 较为合理；在真空塔中 Δp 在 80Pa/m 以下为宜。

7.2.3 塔径的计算

气体沿塔上升可视为通过一个空管，按流量公式计算塔径。

$$D_T = \sqrt{\frac{V_s}{\frac{\pi}{4}u}} \tag{7-31}$$

式中：D_T 为塔径(m)；V_s 为在操作条件下混合气体的体积流量(m^3/s)；u 为混合气体的空塔速度(m/s)。

选择较小的空塔气速，则压降小，动力消耗少，操作弹性大，但塔径大，设备投资高而生产能力低。低气速也不利于气液充分接触，使传质效率低。若选用较大气速，则压降大，动力消耗大，且操作不平稳，难以控制，但塔径小，设备投资小。故应做多方案比较以求经济上既是优化的，操作上也是可行的。一般适宜操作气速通常取泛点气速的 50%~85%。

算出的塔径还应按压力容器公称直径标准圆整。

填料塔内传质效率的高低与液体的分布及填料的润湿情况有关，为使填料能获得良好的润湿。应保证塔内液体的喷淋密度不低于某一下限值。所以，算出塔径之后，还应验算塔内的喷淋密度是否大于最小喷淋密度。若喷淋密度过小，可采用液体再循环以加大液体流量，或在许可范围内减小塔径，或适当增加填料层高度予以补偿。

填料塔的最小喷淋密度与比表面积有关，其关系为

$$L_{min} = (L_w)_{min} \cdot a_t \tag{7-32}$$

式中：L_{min} 为最小喷淋密度($m^3/(m^2 \cdot s)$)；$(L_w)_{min}$ 为最小润湿速率($m^3/(m \cdot s)$)。

润湿速率是指在塔的横截面上填料周边单位长度上液体的体积流量。对于直径不超过 75mm 的拉西环及其他填料，可取最小润湿速率 $(L_w)_{min}$ 为 $0.08m^3/(m \cdot h)$；对于直径大于 75mm 的环形填料润湿速率应取 $0.12m^3/(m \cdot h)$。

此外，为保证填料润湿均匀，还应注意使塔径与填料直径的比值在 10 以上。比值过小液体沿填料下流时常出现趋向塔壁的倾向(简称壁流现象)。对拉西环要求 $D_T/d>20$；鲍尔环 $D_T/d>10$；鞍形填料 $D_T/d>15$。

【例 7-2】 用水洗涤混合气中的 SO_2，需要处理的气体量为 $1000m^3/h$，实际用水量为 27155kg/h。已知气体的密度 $\rho_G = 1.34kg/m^3$，溶液密度认为与水的密度相同，$\rho_L = 1000kg/m^3$。

操作压力为101.325kPa，温度为20℃，试求此填料（乱堆填料）吸收塔的塔径。

解：(1) 计算泛点气速。

$$V' = \rho_G V = 1.34 \times 1000 = 1340\text{kg/h}$$

$$\frac{L'}{V'}\left(\frac{\rho_G}{\rho_L}\right)^{1/2} = \frac{27155}{1340}\left(\frac{1.34}{1000}\right)^{1/2} = 0.742$$

查图7-36，纵坐标为0.027，即

$$\frac{u^2\phi\psi}{g}\left(\frac{\rho_G}{\rho_L}\right)\mu_L^{0.2} = 0.027$$

选用25mm×25mm×2.5mm乱堆瓷拉西环，$\phi=450/\text{m}$，$\psi = \frac{\rho_{水}}{\rho_L} = 1$

20℃溶液黏度取20℃水的黏度$\mu_L = 1\text{mPa}\cdot\text{s}$

$$u_f = \sqrt{\frac{0.027g\rho_L}{\phi\psi\rho_G\mu_L^{0.2}}} = \sqrt{\frac{0.027 \times 9.81 \times 1000}{450 \times 1 \times 1.34 \times 1^{0.2}}} = 0.66\text{m/s}$$

(2) 计算塔径。

取空塔气速为$80\%u_f$，则$u=80\%u_f=0.8\times0.66=0.528\text{m/s}$

$$D_T = \sqrt{\frac{V_S}{\frac{\pi}{4}u}} = \sqrt{\frac{1000}{3600 \times 0.785 \times 0.528}} = 0.818\text{m}$$

根据压力容器公称直径标准圆整为$D_T=0.8\text{m}$。

依式(7-33)计算最小喷淋密度。因填料尺寸小于75mm，故取

$$(L_w)_{min} = 0.08\text{m}^3/(\text{m}\cdot\text{h})$$

$$L_{min} = (L_w)_{min}\cdot a_t = 0.08 \times 190 = 15.2\text{m}^3/(\text{m}^2\cdot\text{h})$$

操作条件下的喷淋密度为

$$L = \frac{27155}{\rho_L \times \frac{\pi}{4}D_T^2} = \frac{27155}{1000 \times 0.785(0.8)^2}$$

$$= 54.05\text{m}^3/(\text{m}^2\cdot\text{h}) > L_{min}$$

校核$D_T/d=800/25=32>20$，可避免壁流现象。

(3) 改用其他填料时的塔径。

选用别种填料时塔径是否变化？若另选50mm×50mm×4.5mm瓷质乱堆鲍尔环，则$\phi=130$。

气液相流量、密度不变，即$\frac{L'}{V'}\left(\frac{\rho_G}{\rho_L}\right)^{1/2}$不变，操作条件相同，则$\frac{u^2\phi\psi}{g}\left(\frac{\rho_G}{\rho_L}\right)\mu_L^{0.2}$不变，填料因子$\phi$不同，液泛速度$u_f$将改变。$u_f$与$\sqrt{\phi}$成反比关系，即

$$u_{fp} = \mu_{fr}\sqrt{\frac{\phi_r}{\phi_p}} = 0.66\sqrt{\frac{450}{130}} = 1.23\text{m/s}$$

式中：u_{fp}为填料为鲍尔环的液泛气速(m/s)；u_{fr}为拉西环填料的液泛气速(m/s)。

空塔气速为

$$u_p = 80\%u_{fr} = 80\% \times 1.23 = 0.984\text{m/s}$$

塔径为

$$D_T = \sqrt{\frac{V_S}{\frac{\pi}{4}u}} = \sqrt{\frac{1000}{3600 \times 0.785 \times 0.984}} = 0.6\text{m}$$

选用 50mm×50mm×4.5mm 瓷鲍尔环比用 25mm×25mm×2.5mm 的拉西环塔径减小了。不过应权衡塔体及填料这两方面的价格费用。

(4) 压降。

当选用瓷拉西环时，$\phi=450/\text{m}$，$u=0.528\text{m/s}$，则

$$\frac{u^2\phi\psi}{g}\left(\frac{\rho_G}{\rho_L}\right)\mu_L^{0.2} = \frac{0.528^2 \times 450 \times 1}{9.81}\left(\frac{1.34}{1000}\right) \times 1^{0.2} = 0.017$$

在图 7-36 上由纵坐标为 0.017，横坐标为 0.742 确定的交点所对应的压降为 400Pa/m。它在 150~500Pa/m 的允许范围之内，说明塔的设计是合适的。当选用瓷质鲍尔环时，$\phi=130/\text{m}$，$u=0.984\text{m/s}$，则

$$\frac{u^2\phi\psi}{g}\left(\frac{\rho_G}{\rho_L}\right)\mu_L^{0.2} = \frac{0.984^2 \times 130 \times 1}{9.81}\left(\frac{1.34}{1000}\right) \times 1^{0.2} = 0.0172$$

在图 7-36 上由纵坐标为 0.0172，横坐标为 0.742 确定的交点所对应的压降线仍为 400Pa/m。采用瓷鲍尔环为填料也是合理的。

7.2.4 填料塔的附件

1. 填料支承装置

填料在塔内无论是乱堆或整砌，均堆放在支承装置上。支承装置要有足够的强度，足以承受填料层的重量(包括持液的重量)；支承装置的气体通道面积应大于填料层的自由截面积(数值上等于空隙率)，否则不仅在支承装置处有过大的气体阻力，而且当气速增大时将首先在支承装置处出现拦液现象，因而降低塔的通量。

常用的支承装置为栅板式，它是由竖立的扁钢组成的，如图 7-37(a)所示。扁钢条之间的距离一般为填料外径的 0.6~0.8 倍。

为了克服支承装置的强度与自由截面之间的矛盾，特别是为了适应高空隙率填料的要求，可采用升气管式支承装置，如图 7-37(b)所示。气体由升气管上升，通过顶部的孔及侧面的齿缝进入填料层，而液体经底板上的许多小孔流下。

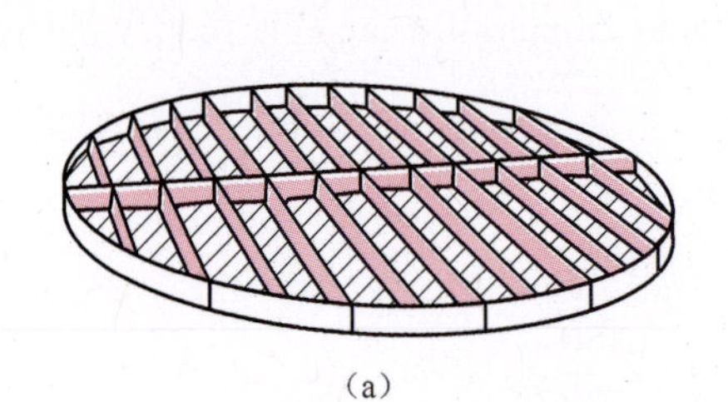

(a)

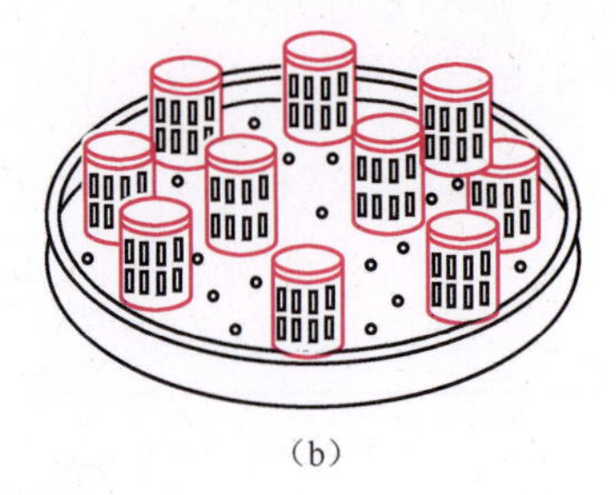

(b)

图 7-37 填料支承装置

(a)栅板式；(b)升气管式。

2. 液体分布装置

液体分布器对填料塔的性能影响极大。如液体分布不良，必将减少填料的有效润湿表面

积,使液体产生沟流,从而降低了气液两相的有效接触表面,使传质恶化。这就要求液体分布器能为填料层提供良好的液体初始分布,即能提供足够多的均匀分布的喷淋点,且各喷淋点的喷淋液量相等。液体分布装置的结构形式较多,常用的几种介绍如下。

(1) 莲蓬式喷洒器为一具有半球形外壳,在壳壁上有许多供液体喷淋的小孔,如图7-38(a)所示。这种喷洒器的优点是结构简单,缺点是小孔容易堵塞,而且液体的喷洒范围与压头密切有关。一般用于直径600mm以下的塔中。

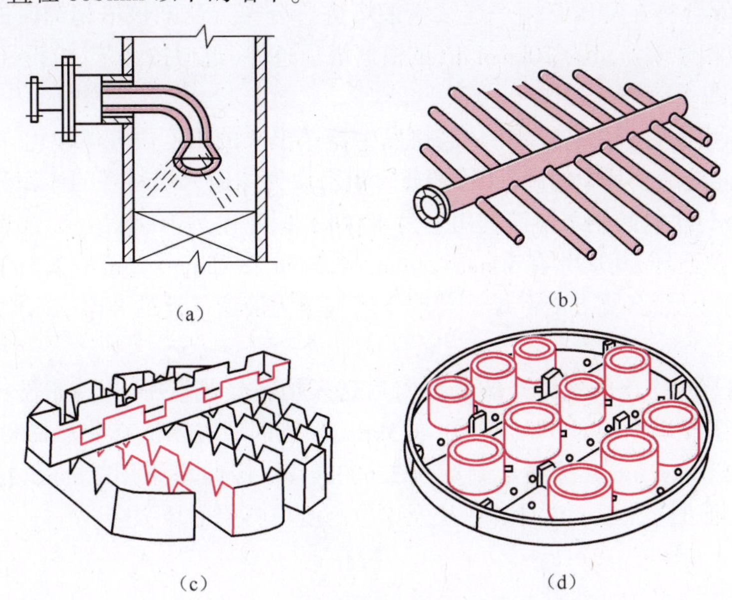

图7-38 液体分布装置

(a)莲蓬式;(b)多孔管式;(c)齿槽式;(d)筛孔盘式。

(2) 多孔管式喷淋器如图7-38(b)所示,多孔管式喷淋器一般在管底部钻有$\phi 3 \sim 6$mm的小孔,多用于直径600mm以下的塔。

(3) 齿槽式分布器如图7-38(c)所示,用于大直径塔中,对气体阻力小,但安装要求水平,以保证液体均匀地流出齿槽。

(4) 筛孔盘式分布器如图7-38(d)所示,液体加至分布盘上,再由盘上的筛孔流下,盘式分布器适用于直径800mm以上的塔中。缺点是加工较复杂。

3. 液体再分布器

除塔顶液体的分布之外,填料层中液体的再分布是填料塔中的一个重要问题。往往会发现在离填料顶面一定距离处,喷淋的液体便开始向塔壁偏流,然后沿塔壁下流,塔中心处填料得不到好的润湿,形成"干锥体"的不正常现象,减少了气液两相的有效接触面积。因此每隔一定距离必须设置液体再分布装置,以克服此种现象。

常用的截锥形再分布装置使塔壁处的液体再导至塔的中央。图7-39(a)是将截锥体焊(或搁置)在塔体中,截锥上下仍能全部放满填料,不占空间。当需分段卸出填料时,则采用图7-39(b)所示结构,截锥上加设支承板,截锥下要隔一段距离再装填料。

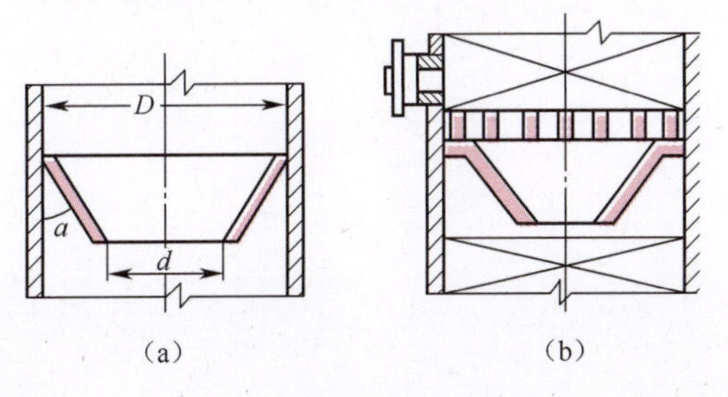

图7-39 截锥式液体再分布器

截锥式再分布器适用于直径 0.6~0.8m 以下的塔。直径 0.6m 以上的塔宜用图 7.37 所示的升气管式分布板。

习题

1. 苯-甲苯混合物在常压下用一连续精馏塔进行分离。已知该塔精馏段的气相摩尔流量为 100kmol/h,液相摩尔流量为 70kmol/h,试根据塔顶条件(近似按纯苯计)设计一筛孔塔板,并绘出其负荷性能图。

2. 聚氯乙烯生产过程中,需要将从乙炔发生器送出来的粗乙炔气体净化,办法是在填料塔中用次氯酸钠稀溶液除去其中的硫、磷等杂质。粗乙炔气体通入填料塔的体积流量为 $700m^3/h$,密度为 $1.16kg/m^3$;次氯酸钠水溶液的用量为 4000kg/h,密度为 $1050kg/m^3$,黏度为 1.06Pa·s。所用填料为陶瓷拉西环,其尺寸有 50mm×50mm×4.5mm 及 25mm×25mm×2.5mm 两种。大填料在下层,小填料在上层,各高 5m,乱堆。若取空塔气速为液泛气速的 80%,试求此填料吸收塔的直径及流体阻力。

3. 某矿石焙烧炉送出的气体冷却到 20℃后送入填料吸收塔中,用清水洗涤以除去其中的二氧化硫。已知吸收塔内绝对压强为 101.323kPa,入塔的炉气体积流量为 $1000m^3/h$,炉气的平均摩尔质量为 32.16kg/kmol,洗涤水流量为 22600kg/h。吸收塔采用 25mm×25mm×2.5mm 的陶瓷拉西环以乱堆方式充填。试计算塔径及单位高度填料层的压强降。

第8章 液液萃取

Liquid-Liquid Extraction

萃取是分离和提取物质的一种非常重要的传质单元操作，常见的萃取过程有液液萃取、固液萃取及超临界流体萃取。液液萃取是指利用液体混合物各组分在某溶剂中溶解度的差异而实现分离的过程，简称萃取或抽提。固液萃取或称浸取是指用液体溶剂溶解固体原料中可溶组分使其与不溶固体分离的过程。超临界流体萃取是采用超临界状态下的流体作为溶剂，萃取或浸取液体或固体原料中溶质的单元操作。本章主要讨论液液萃取过程。

萃取操作至少涉及三个组分，原料 F 中易溶组分称为溶质，以 A 表示；原料中另一组分为难溶组分，称稀释剂或原溶剂，以 B 表示。所引入的第三组分为溶剂，以 S 表示，S 与原溶液 F 不互溶或只是部分互溶，于是混合体系形成两个液相，如图 8-1 所示。为加快溶质 A 由原混合液向溶剂的传递，将物系搅拌，使一液相以小液滴形式分散于另一液相中，造成很大的相际接触表面。然后停止搅拌，两液相因密度差沉降分层。这样，溶剂 S 中出现了 A 和少量 B，称为萃取相，以 E 表示；被分离混合液中出现了少量溶剂 S，称为萃余相，以 R 表示。萃取相和萃余相的组成分别以质量分率 y 与 x 表示。萃取相 E 和萃余相 R 均为均相混合物，为得到产品 A 和回收溶剂 S，还需采用蒸馏等方法对这两相分别进行分离，回收溶剂，得到萃取液 E′和萃余液 R′。

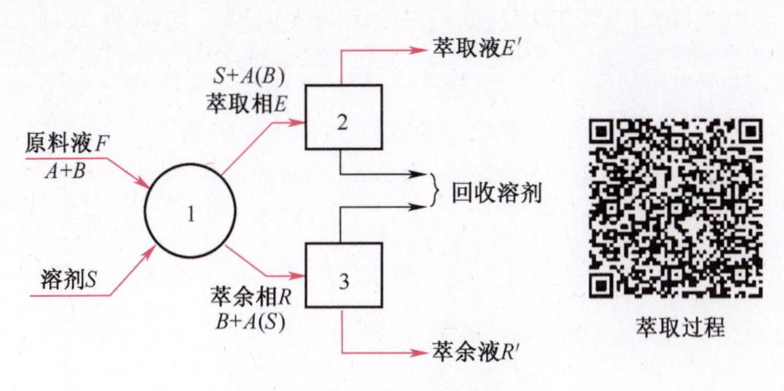

图 8-1　液液萃取操作示意图

1—混合澄清器；2、3—脱溶剂装置。

例如，在化工中经常遇到醋酸水溶液的分离问题，当浓度低时普通精馏分离能耗很高，用萃取的方法经济上更有利。比如，对质量分数为 22%（下同）的醋酸水溶液，要求分离后低于 0.05%。可用乙酸乙酯为溶剂，所得到的萃取相为轻相，萃余相为含醋酸仅 0.05% 的水溶液。该任务需要六个理论级（逆流操作）的分离度，可采用高 8.5m 塔径 1.6m 的转盘塔完成。为获得高纯度的冰醋酸以及从萃余相中回收溶剂，还需对萃取相和萃余相分别进行精馏分离。

由上，萃取过程本身并不能直接完成均相混合液的分离任务，只是将一个难以分离的混合物转变为两个易于分离的混合物。因此，萃取过程在经济上是否优越取决于后继的两个分离过程是否较原溶液的直接分离更易实现。一般说来，在下列情况下采用萃取过程较为有利。

（1）混合液的相对挥发度小或形成恒沸物，用一般精馏方法不能分离或很不经济；

（2）混合液很稀，采用精馏方法须将大量稀释剂 B 汽化，能耗过大；

（3）混合液含热敏性物质（如天然产物等），采用萃取方法精制可避免物料受热破坏。

8.1 液液相平衡

萃取过程中组分在两液相间的相平衡关系是该过程的热力学基础，决定了传质的方向、推动力和过程的极限。现讨论三元混合物液液萃取过程的平衡关系。

8.1.1 三角形坐标和杠杆定律

萃取过程涉及三组分，即溶质 A、原溶剂（稀释剂）B 和萃取剂 S。一般萃取分离得到的萃取相和萃余相都含有3个组分。对于这种三元体系的组成和平衡关系一般采用三角形相图表示。

1. 三角形坐标

三角形坐标可采用等边三角形、任意三角形、直角三角形等，通常采用等边三角形或等腰直角三角形。在三角形坐标图中一般常以质量百分数或质量分数表示混合物的组成。本章如无特别说明，即指质量分数。

如图8-2(a)所示，习惯上以顶点 A、B、S 分别表示纯溶质、原溶剂和溶剂，三条边和三角形内部分别表示二元和三元混合物的组成。此外，在三角形内平行某一边的平行线为该边对应顶点组分的组成等值线。图8-2(a)中，K 点：$x_A=|KB|=0.6$，$x_B=|AK|=0.4$。P 点：$x_A=|BC|=0.3$，$x_B=|SG|=0.2$，$x_S=|BE|=0.5$，CD 为 $x_A=0.3$ 的等值线。组成符合归一条件，即 $\sum x_i=1$。

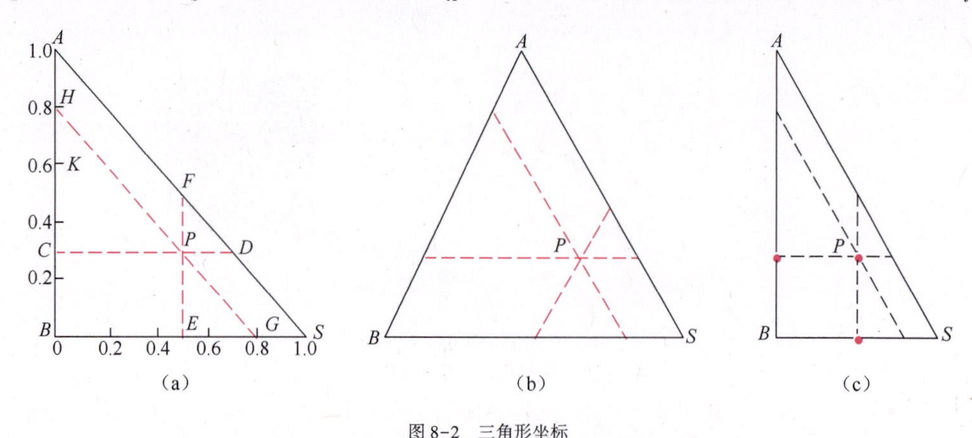

图8-2 三角形坐标

(a)等腰直角三角形；(b)等边三角形；(c)非等腰直角三角形。

上述组成点为 P 的混合物，也可表示在等边三角形或任意三角形中，如图8-2(b)和图8-2(c)所示。因一般在直角坐标纸上易于标绘、读取数据，方便进行图解计算，所以本章多以等腰直角三角形表示。

2. 杠杆定律

萃取操作计算中常用杠杆法则，其说明两个混合物与其共混物的质量与组成间的关系。如

图 8-3 所示，设有组成为 x_A、x_B 和 x_S（R 点）的溶液 R kg 及组成为 y_A、y_B 和 y_S（E 点）的溶液 E kg，若将两液相相混，混合物总质量为 M kg，组成为 z_A、z_B 和 z_S（M 点），则

$$M = R + E \tag{8-1}$$

$$Mz_A = Rx_A + Ey_A \tag{8-2}$$

$$Mz_S = Rx_S + Ey_S \tag{8-3}$$

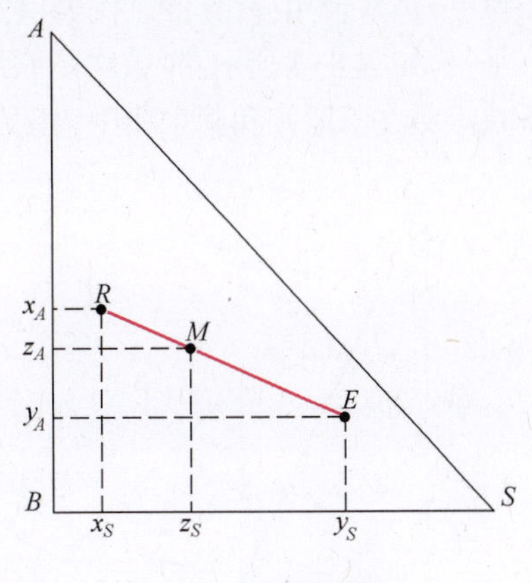

图 8-3 杠杆定律应用

由此可以导出

$$\frac{E}{R} = \frac{z_A - x_A}{y_A - z_A} = \frac{z_S - x_S}{y_S - z_S} \tag{8-4}$$

式(8-4)表明，表示混合液组成的 M 点的位置必在 R 点与 E 点的连接线上，且线段 RM 与 ME 之比与混合前两溶液的质量成反比，即

$$\frac{E}{R} = \frac{\overline{RM}}{\overline{EM}} \tag{8-5}$$

式(8-5)即为物料衡算的图解表示方法，称为杠杆定律。根据杠杆定律，可较方便地在图中定出 M 点的位置，从而确定混合液的组成。$M(z_A, z_B, z_S)$ 点代表混合液的总组成。

8.1.2 三角形相图

萃取相、萃余相的相平衡关系的数据来自实验，或由热力学关系推算。本章讨论的前提是组分间不发生化学反应。

根据萃取操作中三元混合物组分间相互溶解性的不同可分为两类物系。第Ⅰ类物系为，溶质 A 完全溶于溶剂 S 和原溶剂 B，而 B 与 S 部分互溶或完全不溶，即形成一对部分互溶的物系。第Ⅱ类物系为，溶质 A 完全溶于原溶剂 B，与溶剂 S 部分互溶，而 B、S 亦部分互溶，即形成两对部分互溶的物系。以下主要讨论第一类物系的液-液相平衡关系。

1. 溶解度曲线及联结线

在一定温度下，将三元混合物按不同配比混合均匀后静置分层，分别测得互成平衡的两液层组成，称其为共轭相，组成点分别为 R_i、E_i，在三角形相图中把不同三元组成下的共轭相组成点联结为一条光滑曲线即可得该三元组分的溶解度曲线，也可通过浊点滴定的方法得到，如图 8-4 所示。

在三角形相图中，溶解度曲线将混合物的整个组成范围分成两个区域，曲线内是两相区，曲线外是单相区或均相区，溶解度曲线上的点表示均相混合物的组成。因此，通常将溶解度曲线上的点称为混溶点。对于 B、S 完全不溶的物系，整个组成范围都是两相区。显然，只有混合物系的总组成点落在两相区内，混合物系才能形成互相平衡的两相，才可能采用萃取操作分离该物系。相图中互呈平衡的两相称为共轭相，其混溶点的连线为平衡联结线，简称联结线。由图 8-4 可以看出，在第一类物系相图中，两相区内联结线长度随 A 含量的增加而逐渐缩短，即共轭相组成逐渐接近。当联结线无穷短，两共轭相的组成无限接近某一点（图中 K 点）时，溶液是均一相，此混溶点 K 称为临界混溶点或褶点，其位置和物系性质有关，通常位于溶解度曲线的一边，而不在顶点上。临界混溶点 K 将溶解度曲线分为两支，左支各点所示混合物以原溶剂

B为主，是萃余相；右支各点代表以溶剂S为主的萃取相。大部分物系联结线的倾斜方向一致，但不平行，如图 8-4 所示；少数物系联结线的倾斜方向并不一致，如图 8-5 所示。联结线的倾斜程度反映溶质在萃取相和萃余相中浓度的相对大小，当其水平时说明溶质 A 在两相中的浓度相等。

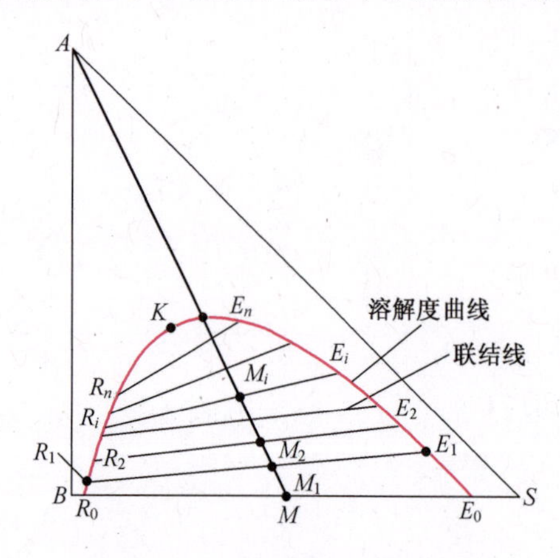

图 8-4　B、S 部分互溶物系的三角形相图

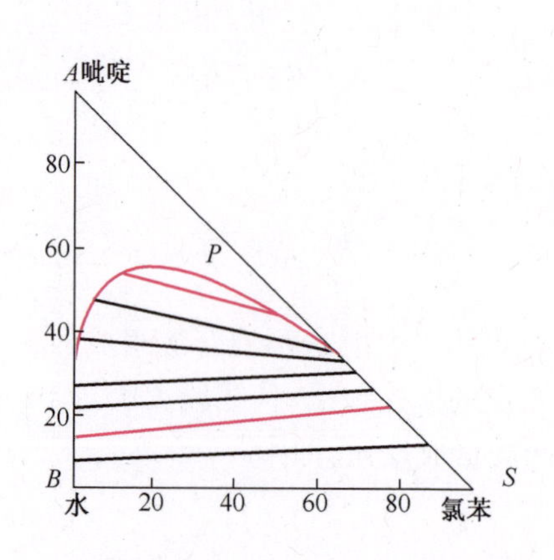

图 8-5　吡啶-水-氯苯的三角形相图

2. 辅助曲线

由于实验数据有限，当三角形相图中的有限条联结线不能满足萃取操作计算的需要时，可借助辅助曲线确定任一点的平衡关系。

如图 8-6(a)所示，在三角形相图上，从已知联结线的端点E_i作AB边的平行线，过R_i作BS边的平行线，两平行线交于C_i点(i=1.2,…,n)，由这些交点在三角形相图内标绘出一条光滑曲线，即为辅助曲线，辅助曲线也可以做在三角形相图之外，如图 8-6(b)所示。辅助曲线和溶解度曲线的交点K就是临界混溶点或褶点，临界混溶点也可以通过实验确定。绘出辅助曲线后，就可以从已知的某平衡液相组成确定其共轭相组成。

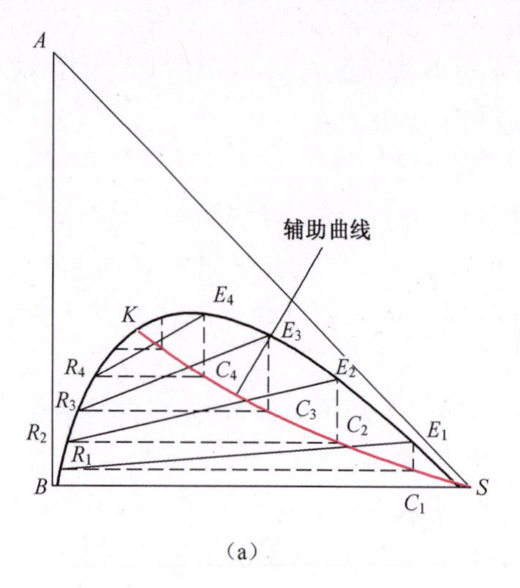

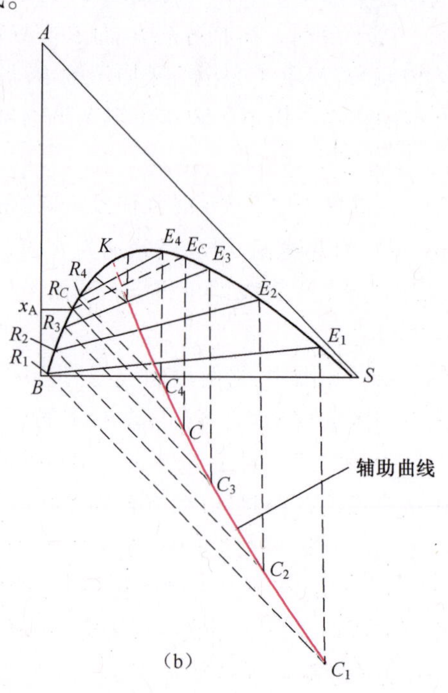

图 8-6　辅助曲线

(a)在相图内；(b)在相图外。

3. 分配曲线及分配系数

在一定温度下，当三元混合液的两个液相达到平衡时，溶质 A 在 R、E 两相的分配系数 k_A 为

$$k_A = \frac{\text{溶质}A\text{在萃取相中的质量分数}}{\text{溶质}A\text{在萃余相中的质量分数}} = \frac{y_A}{x_A} \tag{8-6}$$

或
$$y_A = k_A x_A \tag{8-7}$$

式中：k_A 为溶质 A 在 E、R 两相的分配系数，是由实验测定溶质组分 A 在两相的平衡浓度而得到的，其值与该物系在三角形相图中联结线倾斜的方向及程度有关。k_A 还与温度、压力和溶质浓度有关，压力变化不大的情况下，其影响可忽略；而温度升高，k_A 将降低；恒温、恒压下，溶质浓度较低且两相分子状态相同时，k_A 为常数，不随溶质浓度的变化而变化。大多数实际过程可能发生解离、缔合、水解、络合等，溶质在两相中以不同的分子状态存在，则 k_A 随溶质浓度增加而降低。同理，原溶剂 B 的分配系数可表示为

$$k_B = \frac{y_B}{x_B} \tag{8-8}$$

在萃取操作范围内 B、S 互溶度很小，而且溶质组分的存在对 B、S 的互溶度无明显影响时，可近似认为溶剂 S 和原溶剂 B 完全不互溶。对于 B、S 完全不互溶的物系，其浓度常用质量比 X、Y 表示：

$$X_A = \frac{m_{A_R}}{m_B}, Y_A = \frac{m_{A_E}}{m_S} \tag{8-9}$$

式中：m_{AR}、m_{AE}为溶质 A 在 R、E 相中的质量；m_B、m_S 为原溶剂和溶剂在 R、E 相中的质量。

B、S 完全不互溶物系的平衡关系可以描述为

$$y_B = k_B x_B \tag{8-10}$$

萃取操作中，将溶质 A 在共轭两相中的平衡组成间的关系直接标绘在直角坐标中，或将三角形相图中溶质 A 的平衡组成转换到直角坐标中，就能获得分配曲线，如图 8-7 所示。分配曲线实际上表达了溶质 A 在两相的平衡关系。上述三元混合物的三角形相图和分配曲线，是萃取过程设计、计算中常用的描述平衡关系的方法。此外，脱溶剂基分配曲线描述萃余液 R' 的组成 x'_A 和萃取液 E'的组成 y'_A 的关系，亦可用于描述三元混合物的平衡关系。

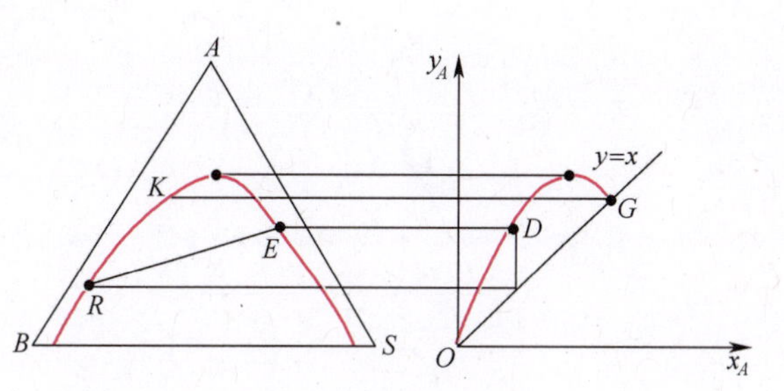

图 8-7 分配曲线图

4. 选择性系数

单级萃取中，若所用的溶剂能使萃取液与萃余液中的溶质 A 含量差别越大，则萃取效果越佳。溶质 A 在两液相中含量的差异可用选择性系数 β 表示，其定义为

$$\beta = \frac{y_A/y_B}{x_A/x_B} = \frac{k_A}{k_B} \tag{8-11}$$

式中：y、x 分别为萃取相、萃余相中组分 A（或 B）的质量分数。因萃取相中 A、B 质量分数之比（y_A/y_B）与萃取液中 A、B 的质量分数比（y'_A/y'_B）相等，萃余相中（x_A/x_B）与萃余液中（x'_A/x'_B）相

等,故有

$$\beta = \frac{y'_A / y'_B}{x'_A / x'_B} \tag{8-12}$$

在萃取液及萃余液中, $y'_B = 1 - y'_A$, $x'_B = 1 - x'_A$,式(8-12)可写成

$$y'_A = \frac{\beta x'_A}{1 + (\beta - 1)x'_A} \tag{8-13}$$

可见,选择性系数 β 相当于精馏操作中的相对挥发度 α,其值与平衡联结线的斜率有关。当某一平衡联结线延长恰好通过 S 点,此时 $\beta=1$,这一对共轭相不能用萃取方法进行分离,此种情况恰似精馏中的恒沸物。因此,萃取溶剂的选择应在操作范围内使选择性系数 $\beta>1$。当组分 B 不溶解于溶剂时,β 为无穷大。

5. 温度对相平衡的影响

双组分溶液萃取分离时涉及的是两个部分互溶的液相,其组分数为 3。根据相律,系统的自由度为 3。当温度压力确定时,任一相一个组成确定,其他各组成均可确定。操作压强一般影响不大。

温度对相平衡的影响比较显著,可以影响物系的互溶度从而影响选择性系数。一般温度升高,各组分的溶解度增大,两液相的互溶度增大,单相区扩大,两相区缩小,不利于操作。如图 8-8(a)所示。某些物系温度改变会对溶解度曲线的形状有较大的影响。如图 8-8(b)所示为甲基环己烷(A)-正己烷(B)-苯胺(S)体系在三个不同温度($T_3>T_2>T_1$)下的溶解度曲线,温度升高溶解度曲线由Ⅱ类物系变为Ⅰ类物系。一般说来,温度降低,溶剂 S 与组分 B 的互溶度减小,对萃取过程有利。当温度降低至某一程度,溶质 A 与溶剂 S 可由完全互溶而成为部分互溶,但是,温度的变化还将改变溶液与萃取操作有关的其他物理性质(如黏度、表面张力等),故萃取操作温度应作适当的选择。

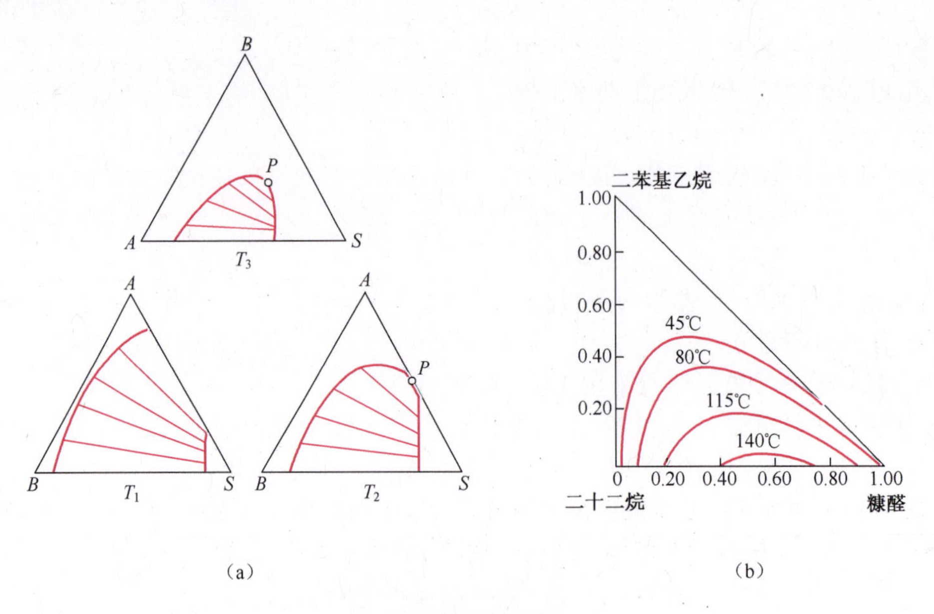

图 8-8 温度对互溶度的影响

(a)二十二烷-二苯基乙烷-糠醛;(b)甲基环己烷-正己烷-苯胺。

8.2 部分互溶物系萃取过程的计算

萃取操作设备可分为分级接触式和连续接触式两类。本节仅讨论级式接触萃取过程的计算。级式萃取过程分为单级萃取和多级萃取,多级萃取包括多级错流萃取和多级逆流萃取。无论单级还是多级,均假设各级为理论级,即离开每级的 E 相和 R 相相互平衡。萃取操作中的理论级概念和蒸馏中的理论板相当。一个实际萃取级的分离能力达不到一个理论级,两者的差异用级效率校正。级效率一般需结合具体的设备型式通过实验测定。

部分互溶物系的萃取计算中,操作条件下的平衡关系由物系性质决定,一般难以表示成简单的函数关系,应用三角形相图表示比较简便易行。因此,基于杠杆定律的图解方法常用于部分互溶物系的萃取计算。

8.2.1 单级萃取

单级萃取是指原料液 F 和溶剂 S 只进行一次接触,具有一个理论级的萃取分离过程。流程如前所述,操作可以连续,也可以间歇。间歇操作时,各股物料的量均以 kg 表示,连续操作时,用 kg/h 表示。为简便起见,萃取相组成 y 及萃余相组成 x 的下标只标注了相应流股的符号,而不标注组分符号,如没有特别指出,均是对溶质 A 而言,以后不另作说明。

单级萃取流程

在单级萃取操作中,一般需将组成为 x_F 的质量或质量流量为 F 的原料液进行分离,规定萃余相组成为 x_R,要求计算溶剂用量、萃余相及萃取相的量以及萃取相组成。根据 x_F 及 x_R 在图 8-9上确定点 F 及点 R,借助辅助曲线,采用图解做过点 R 的联结线与 FS 线交于 M 点,与溶解度曲线交于 E 点。连接 SE、SR 并延长至与 AB 边分别交于 E' 及 R' 点,即为从 E 相及 R 相中脱除全部溶剂后的萃取液及萃余液组成坐标点。各流股组成可从相应点直接读出。先对图 8-9 作总物料衡算得

$$F + S = E + R = M \tag{8-14}$$

各流股数量由杠杆定律求得

$$S = F \times \frac{\overline{MF}}{\overline{MS}} \tag{8-15}$$

$$E = M \times \frac{\overline{MR}}{\overline{RE}} \tag{8-16}$$

$$E' = F \times \frac{\overline{R'F}}{\overline{R'E'}} \tag{8-17}$$

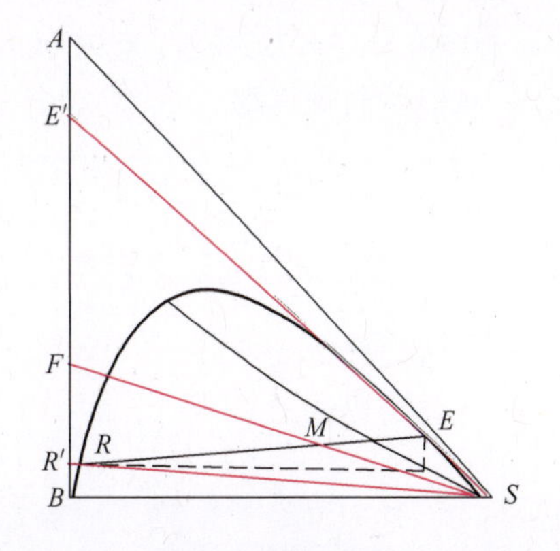

图 8-9 单级萃取图解

此外,也可随同物料衡算进行上述计算。

对单级萃取过程作溶质 A 的衡算得

$$Fx_F + Sy_S = Ey_E + Rx_R = Mx_M \tag{8-18}$$

联立式(8-14)、式(8-16)及式(8-18)并整理得

$$E = \frac{M(x_M - x_R)}{y_E - x_R}$$

同理，可得到 E' 和 R' 的量，即

$$E' = \frac{F(x_F - x'_R)}{y'_E - x'_R} \tag{8-19}$$

$$R' = F - E' \tag{8-20}$$

如果已知原料液 F 和 S 的量及组成，确定萃取相和萃余相的组成。则需在三角形相图中确定点 F 和 S，根据杠杆定律确定其和点 M。借助辅助线，采用图解试差法可以确定过 M 点的联结线 ER，直接在图上读出 y 与 x，同理可确定萃余液与萃取液的量及组成。

萃取相中溶质与原料液中溶质组分的质量之比称为单级萃取的萃取率（或回收率）ϕ。

$$\phi = \frac{Ey}{Fx_F} \tag{8-21}$$

【例 8-1】 在25℃下以水（S）为萃取剂从醋酸（A）与氯仿（B）的混合液中提取醋酸。已知原料液流量为1000kg/h，其中醋酸的质量百分率为35%，其余为氯仿。用水量为800kg/h。操作温度下，E 相和 R 相以质量百分率表示的平均数据列于本例附表中。试求：

（1）经单级萃取后 E 相和 R 相的组成及流量；

（2）若将 E 相和 R 相中的溶剂完全脱除，再求萃取液及萃余液的组成和流量；

（3）操作条件下的选择性系数 β；

（4）若组分 B、S 可视作完全不互溶，且操作条件下以质量比表示相组成的分配系数 $K=3.4$，要求原料液中溶质 A 的80%进入萃取相，则每千克稀释剂 B 需要消耗多少千克萃取剂 S？

解：根据题所给数据，在等腰直角三角形坐标图中作出溶解度曲线和辅助曲线，如本题附图所示。

（1）两相的组成和流量根据醋酸在原料液中的质量百分率为35%，在 AB 边上确定 F 点，联结点 F、S，按 F、S 的流量用杠杆定律在 FS 线上确定和点 M。

因为 E 相和 R 相的组成均未给出，需借辅助曲线用试差作图法确定通过 M 点的联结线 ER。由图读得两相的组成为

E 相　$y_A = 27\%, y_B = 1.5\%, y_S = 71.5\%$

R 相　$x_A = 7.2\%, x_B = 91.4\%, x_S = 1.4\%$

依总物料衡算得

$$M = F + S = 1000 + 800 = 1800\text{kg/h}$$

例 8-1　附表

氯仿层（R 相）		水层（E 相）	
醋酸	水	醋酸	水
0.00	0.99	0.00	99.16
6.77	1.38	25.10	73.69
17.72	2.28	44.12	48.58
25.72	4.15	50.18	34.71
27.65	5.20	50.56	31.11

（续）

氯仿层（R相）		水层（E相）	
醋酸	水	醋酸	水
32.08	7.93	49.41	25.39
34.16	10.03	47.87	23.28
42.50	16.50	42.50	16.50

由图量得 $\overline{RM}=45.5\text{mm}$ 及 $\overline{RE}=73.5\text{mm}$，根据杠杆规则求 E 相的量，即

$$E=M\times\frac{\overline{RM}}{\overline{RE}}=1800\times\frac{45.5}{73.5}=1114\text{kg/h}$$

$$R=M-E=1800-1114=686\text{kg/h}$$

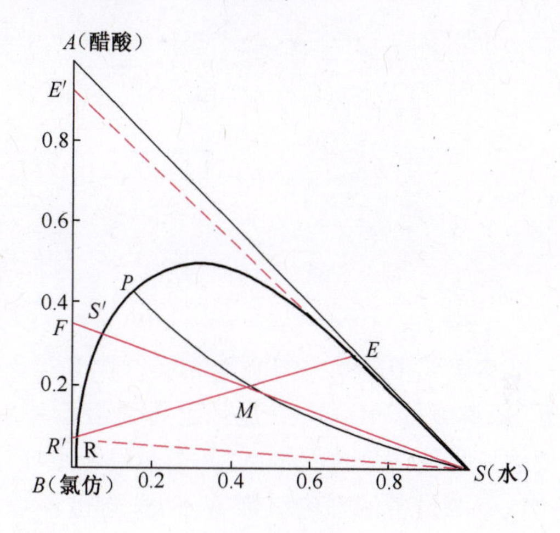

例 8-1　附图

（2）萃取液、萃余液的组成和流量连接点 S、E，并延长 SE 与 AB 边交于 E'，由图读得 $y'_E=92\%$。

连接点 S、R，并延长 SR 与 AB 边交于 R'，由图读得 $x'_R=7.3\%$。

萃取液和萃余液的流量由式（8-19）及式（8-20）求得，即

$$E'=F\times\frac{x_F-x'_R}{y'_E-x'_R}=1000\times\frac{35-7.3}{92-7.3}=327\text{kg/h}$$

$$R'=F-E'=1000-327=673\text{kg/h}$$

（3）选择性系数 β 用式（8-12）求得，即

$$\beta=\frac{y_A}{x_A}\Big/\frac{y_B}{x_B}=\frac{27}{7.2}\Big/\frac{1.5}{91.4}=228.5$$

由于该物系的氯仿（B）、水（S）的互溶度很小，所以 β 值较高，得到的萃取液浓度很高。

（4）每千克 B 需要的溶剂量由于组分 B、S 可视作完全不互溶，则

$$X_F=\frac{x_F}{1-x_F}=\frac{0.35}{1-0.35}=0.5385$$

$$X_1=(1-\phi_A)X_F=(1-0.8)\times0.5385=0.1077$$

$$Y_S=0$$

Y_1 与 X_1 呈平衡关系，即

$$Y_1=3.4X_1=3.4\times0.1077=0.3662$$

将有关参数代入式 $B(X_F-X_1)=S(Y_1-Y_S)$，并整理得

$$S/B=(X_F-X_1)/Y_1=(0.5385-0.1077)/0.3662=1.176$$

即每千克稀释剂 B 需要消耗 1.176kg 萃取剂 S。

需要指出，在生产中因溶剂循环使用，其中会含有少量的组分 A 与 B。同样，萃取液和萃余液中也会含少量 S。这种情况下，图解计算的原则和方法仍然适用，仅在三角形相图中点 S、E' 及 R' 的位置均在三角形坐标图的均相区内。

8.2.2 多级错流萃取

多级错流萃取流程示意图如图 8-10 所示，实际上是多个单级萃取的组合。多级错流萃取操作中，每级都加入新鲜溶剂，前级的萃余相为后级的原料，这种操作方式的传质推动力大，只要级数足够多，最终可得到溶质组成很低的萃余相，但溶剂的用量较大，需将各级萃余相和萃取相分别进行脱溶剂操作，回收的溶剂循环使用。

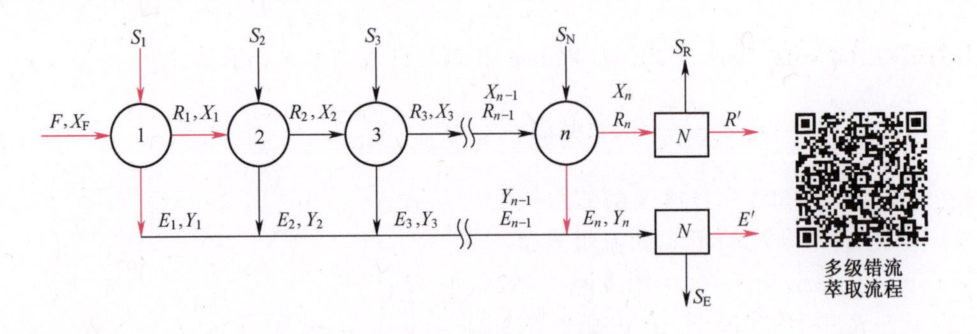

图 8-10 多级错流萃取流程示意图

多级错流萃取计算分为两类。已知操作条件下的平衡关系、原料液量和组成，一是规定各级溶剂用量，计算达到分离要求所需要的理论级数 N，此类是设计型问题；二是已知多级错流萃取设备的理论级数 N，估算通过该设备萃取操作后混合物所能达到的分离程度，此类为操作型问题。上述问题的计算和单级萃取相似，只是将前一级的萃余相作为下一级的原料液，是单级萃取图解方法的多次重复使用。某一部分互溶物系三级错流萃取图解过程如图 8-11 所示。

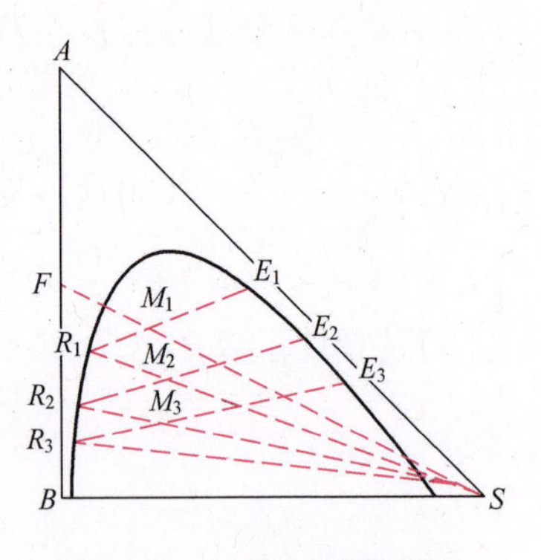

图 8-11 三级错流萃取图解计算

若原料液为 A、B 二元溶液，各级均用纯溶剂进行萃取（即 $y_{S1}=y_{S2}=\cdots=0$），由原料液流量 F 和第一级的溶剂用量 S_1 确定第一级混合液的组成点 M_1，通过 M_1 作联结线 E_1R_1，且由第一级物料衡算可求得 R_1。在第二级中，依据 R_1 与 S_2 的量确定混合液的组成点 M_2，过 M_2 作联结线 E_2R_2。如此重复，直至 x_n 达到或低于指定值时为止。所作联结线的数目即为所需的理论级数。由图可见，多级错流萃取的图解法是单级萃取图解的多次重复。

溶剂总用量为各级溶剂用量之和，各级溶剂用量可以相等，也可以不等。但根据计算可知，只有在各级溶剂用量相等时，达到一定的分离程度，溶剂的总用量为最少。

【例 8-2】 25℃时丙酮（A）-水（B）-三氯乙烷（S）系统以质量百分率表示的溶解度和联结线数据如本题附表所示。

用三氯乙烷为萃取剂在三级错流萃取装置中萃取丙酮水溶液中的丙酮。原料液的处理量为 500kg/h，其中丙酮的质量百分率为 40%，第一级溶剂用量与原料液流量之比为 0.5，各级溶剂用量相等。试求丙酮的回收率。

解：丙酮的回收率可由下式计算，即

$$\phi_A = \frac{Fx_F - R_3x_3}{Fx_F}$$

关键是求算 R_3 及 x_3。

由题所给数据在等腰直角三角形相图中作出溶解度曲线和辅助曲线，如本题附图所示。

例 8-2 附表 1 溶解度数据

三氯乙烷	水	丙 酮	三氯乙烷	水	丙 酮
99.89	0.11	0	38.31	6.84	54.85
94.73	0.26	5.01	31.67	9.78	58.55
90.11	0.36	9.53	24.04	15.37	60.59
79.58	0.76	19.66	15.89	26.28	58.33
70.36	1.43	28.21	9.63	35.38	54.99
64.17	1.87	33.96	4.35	48.47	47.18
60.06	2.11	37.83	2.18	55.97	41.85
54.88	2.98	42.14	1.02	71.80	27.18
48.78	4.01	47.21	0.44	99.56	0

例 8-2 附表 2 联结线数据

水相中丙酮 x_A	5.96	10.0	14.0	19.1	21.0	27.0	35.0
三氯乙烷相中丙酮 y_A	8.75	15.0	21.0	27.7	32.0	40.5	48.0

第一级加入的溶剂量，即每级加入的溶剂量为

$$S = 0.5F = 0.5 \times 500 = 250\text{kg/h}$$

根据第一级的总物料衡算得

$$M_1 = F + S = 500 + 250 = 750\text{kg/h}$$

由 F 和 S 的量用杠杆定律确定第一级混合液组成点 M_1，用试差法作过 M_1 点的联结线 E_1R_1。根据杠杆定律得

$$R_1 = M_1 \times \frac{\overline{E_1M_1}}{\overline{E_1R_1}} = 750 \times \frac{33}{67} = 369.4\text{kg/h}$$

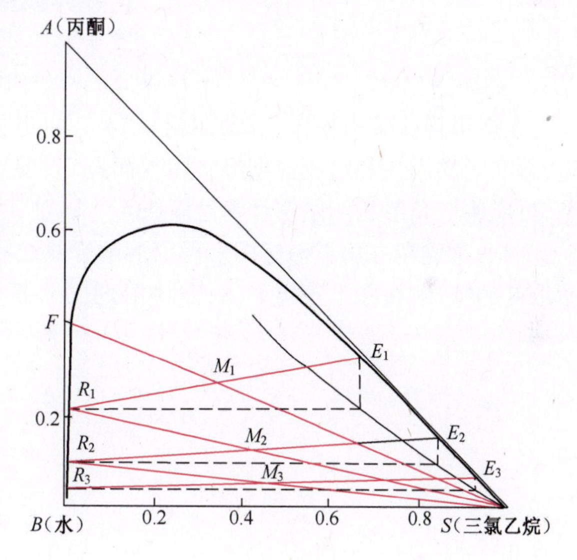

例 8-2 附图

再用 250kg/h 的溶剂对第一级的 R_1 相进行萃取。重复上述步骤计算第二级的有关参数，即

$$M_2 = R_1 + S = 369.4 + 250 = 619.4\text{kg/h}$$

$$R_2 = M_2 \times \frac{\overline{E_2M_2}}{\overline{E_2R_2}} = 619.4 \times \frac{43}{83} = 321\text{kg/h}$$

同理，第三级的有关参数为

$$M_3 = 321 + 250 = 571\text{kg/h}$$

$$R_3 = 571 \times \frac{48}{92} = 298\text{kg/h}$$

由图读得 $x_3 = 3.5\%$。于是，丙酮的回收率为

$$\phi_A = \frac{Fx_F - R_3x_3}{Fx_F} = \frac{500 \times 0.4 - 298 \times 0.035}{500 \times 0.4} = 94.8\%$$

8.2.3 多级逆流萃取

用一定量的溶剂萃取一定量的原料液时，单级或多级错流萃取因受平衡关系限制，常常很难达到更高程度的分离要求。为实现更大程度的分离，一般采用多级逆流萃取。多级逆流萃取是原料液和溶剂逆向接触依次通过各级的连续操作。原料液处理量及溶剂用量均以 kg/h 表示，其组成以质量分数表示，流程如图 8-12 所示。

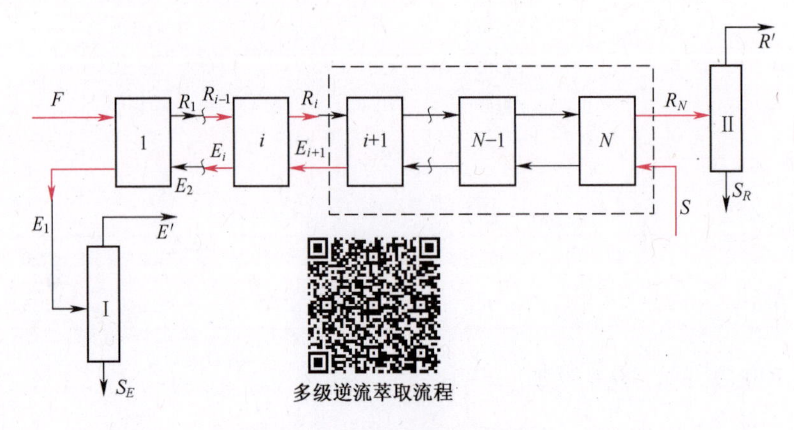

图 8-12 多级逆流萃取流程示意图

在多级逆流萃取操作中，原料液流量 F 和组成、最终萃余相中溶质组成均由工艺条件规定，萃取剂的用量和组成根据经济因素而选定，要求计算萃取所需的理论级数。对该设计性问题，可应用三角形相图图解计算法解决。

(1) 首先在三角形坐标图上做出溶解度曲线和辅助曲线，如图 8-13 所示。根据原料液和萃取剂的组成，在图上定出 F、S 点，由溶剂比 S/F 在 FS 线上定出点 M 的位置。由规定的最终

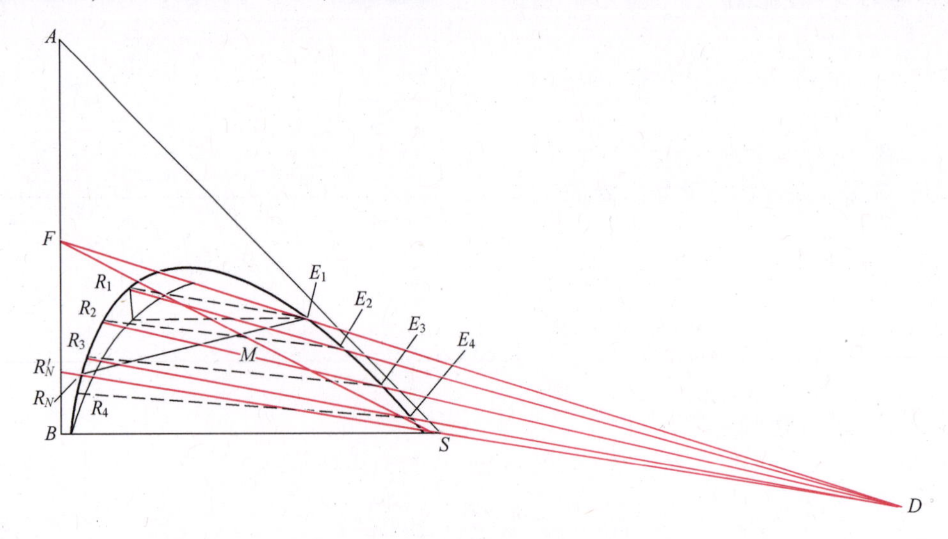

图 8-13 多级逆流萃取图解

萃余相组成在相图上确定 R_N 点，连接 R_N、M 并延长 R_NM 与溶解度曲线交于 E_1 点，此点即为离开第一级的萃取相组成点。根据杠杆规则计算最终萃余相及萃取相的流量。即

$$E_1 = M \times \frac{\overline{RM}}{\overline{RE}} R_N = M - E_1 \tag{8-22}$$

利用平衡关系和物料衡算用图解法求理论级数。在图 8-13 所示的第 1 级与第 N 级之间作总物料衡算得

$$F + S = R_N + E_1$$

对任意一级做总物料衡算：

第 1 级 $F + E_2 = R_1 + E_1$ 或 $F - E_1 = R_1 - E_2$

第 2 级 $R_1 + E_3 = R_2 + E_2$ 或 $R_1 - E_2 = R_2 - E_3$

第 i 级 $R_{i-1} + E_{i+1} = R_i + E_i$ 或 $R_{i-1} - E_i = R_i - E_{i+1}$

第 N 级 $R_{N-1} + S = R_N + E_N$ 或 $R_{N-1} - E_N = R_N - S$

由上面诸式可知

$$F - E_1 = R_1 - E_2 = R_2 - E_3 = R_i - E_{i+1} = R_{N-1} - E_N = R_N - S = \Delta \tag{8-23}$$

式(8-23)表明离开任一级的萃余相 R_i 与进入该级的萃取相 E_{i+1} 之差为常数，以 Δ 表示。Δ 可视为通过每一级的“净流量”，为一虚拟量，其组成也可在三角形相图上用点 Δ 表示。由式(8-23)知，Δ 点为各条操作线上的共有点，称为操作点，或称公共差点或极点。显然，Δ 分别为 F 与 E_1、R_1 与 E_2、R_2 与 E_3、R_{N-1} 与 E_N、R_N 与 S 诸流股的差点，故可任意延长两操作线，其交点即为 Δ 点。通常由 FE_1 与 SR_N 的延长线交点来确定 Δ 点的位置。点 Δ 的位置与物系联结线的斜率、原料液的流量和组成、萃取剂用量及组成、最终萃余相组成等参数有关，可能位于三角形左侧，也可位于右侧。若其他条件一定，则点 Δ 的位置由溶剂比 S/F 决定。当 S/F 较小时，点 Δ 在三角形左侧，此时 R 为和点，当 S/F 较大时，点 Δ 在三角形右侧，此时 E 为和点；当 S/F 为某数值时，使点 Δ 在无穷远，即各操作线交点在无穷远，此时可视为诸操作线是平行的。

确定 D、E_1 点后，运用平衡关系确定 R_1 点。由物料衡算关系，连接 R_1D，与溶解度曲线交于点 E_2，如此交替应用操作关系和平衡关系，逐级图解直至萃余相浓度小于规定值，便可求得所需的理论级数 N。

8.3 完全不互溶物系萃取过程的计算

当原溶剂 B 和溶剂 S 极少互溶，而且溶质组分的存在在操作范围内对 B、S 的互溶度又无明显影响时，可近似看做 B、S 不互溶。显然，此物系在萃取过程中，萃取相与萃余相都只含有两个组分，与解吸过程极为相似。本节主要讨论级式接触完全不互溶物系萃取过程的计算问题。

在该类物系中萃取相中溶剂 S 和萃余相中原溶剂 B 的量不随萃取操作过程而改变，因此溶质组成用以溶剂 S 和原溶剂 B 为基准的质量比（kg 溶质/kg 纯溶剂）表示，即以 X 和 Y 分别表示溶质在萃余相和萃取相中的组成，可简化计算过程。

8.3.1 单级萃取

单级萃取时，各物流流量和组成如图 8-14(a) 所示，由溶质 A 的物料衡算可得单级萃取的

操作线方程

$$B(X_F - X_1) = S(Y_1 - Y_S) \tag{8-24}$$

式中：B 为稀释剂的量（kg 或 kg/h）；S 为萃取剂的用量（kg 或 kg/h）；X_F 为原料液中组分 A 的质量比组成（kg$A$/kg$B$）；X_1 为单级萃取后萃余相中组分 A 的质量比组成（kg$A$/kg$B$）；Y_1 为单级萃取后萃取相中组分 A 的质量比组成（kg$A$/kg$S$）；Y_S 为萃取剂中组分 A 的质量比组成（kg$A$/kg$S$）。

该操作线是通过端点 $C(X_F, Y_S)$，斜率为 $-B/S$ 的一条线段，且线段的另一端点在分配曲线上，如图 8-14(b) 中 CD 线。

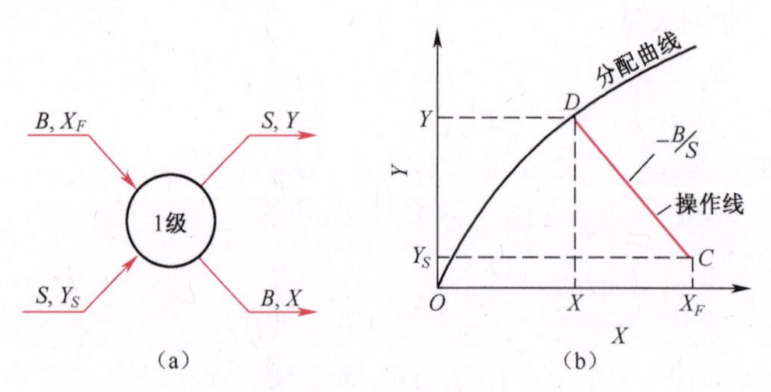

图 8-14 单级萃取

(a) 物料衡算；(b) 图解法。

在一定温度下，三元混合液中若萃取剂 S 与稀释剂 B 互不相溶，则溶质在两相中的平衡关系可用 Y-X 直角坐标图中的分配曲线表示，即

$$Y = KX \tag{8-25}$$

式中：K 为以质量比表示相组成的分配系数。

联立式(8-24)及式(8-25)，便可求解单级萃取的有关参数。

上述计算也可用图 8-14(b) 所示的图解法代替。已知原料液处理量和组成、溶剂用量和组成，在图中确定点 $C(X_F, Y_S)$，做出操作线 CD，由其与分配线的交点即可得所求萃取相与萃余相的含量 Y、X。

8.3.2 多级错流萃取

多级错流萃取只是上述单级过程的多次反复，进出各级的物流及图解计算方法可参见图 8-15。对设计型问题如图 8-15 所示，可根据已知原料液量和溶剂用量，确定各级操作线斜率，由已知的原料液和溶剂组成确定点 $C_1(X_F, Y_S)$，过 C_1 点以 $-B/S_1$ 为斜率作直线，与分配曲线交于 $D_1(X_1, Y_1)$，D_1 点就是第一级萃取获得的萃取相。各级分别加入新鲜溶剂，如果加入量相等，则各级操作线斜率相同。多级错流萃取设计型问题主要是求取过程所需理论板数，对操作型问题，理论级数为定值 N。

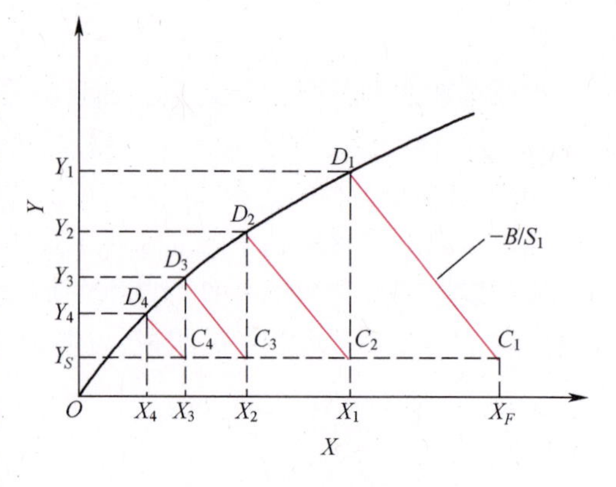

图 8-15 多级错流萃取图解

在操作条件下，若组分 B、S 完全不互溶，可用直角坐标图解法或解析法求解理论级数。

1. 直角坐标图解法

对于组分 B、S 不互溶体系，此时采用直角坐标图进行计算较为方便。设每一级的溶剂加入量相等，则各级萃取相中溶剂 S 的量和萃余相中稀释剂 B 的量均可视为常数，萃取相中只有 A、S 两组分，萃余相中只有 B、A 两组分。这样可仿照吸收中组成的表示方法，即溶质在萃取相和萃余相中的组成分别用质量比 Y(kg$A$/kg$S$)和 X(kg$A$/kg$B$)表示，并可在 X-Y 坐标图上用图解法求解理论级数。

对图8-15中第一萃取级作溶质 A 的衡算得

$$BX_F + SY_S = BX_1 + SY_1$$

整理上式得

$$Y_1 = -\frac{B}{S}X_1 + \left(\frac{B}{S}X_F + Y_S\right) \tag{8-26}$$

同理，对第 N 级作溶质 A 的衡算得

$$Y_N = -\frac{B}{S}X_N + \left(\frac{B}{S}X_{N-1} + Y_S\right) \tag{8-27}$$

式(8-27)表示了离开任一级的萃取相组成 Y_N 与萃余相组成 X_N 之间的关系，称作操作线方程，斜率 $-\frac{B}{S}$ 为常数，故上式为通过点(X_{N-1}，Y_S)的直线方程式。根据理论级的假设，离开任一级的 Y_N 与 X_N 处于平衡状态，故(X_N，Y_N)点必位于分配曲线上，即操作线与分配曲线的交点。于是，可在 X-Y 直角坐标图上图解理论级，其步骤可总结如下：

(1) 在直角坐标上作出分配曲线。

(2) 依 X_F 和 Y_S 确定 C_1 点，以 $-B/S_1$ 斜率通过 C_1 点做操作线与分配曲线交于点 D_1。此点坐标即表示离开第一级的萃取相 E_1 与萃余相 R_1 的组成 Y_1 及 X_1。

(3) 过 D_1 做垂直线与 $Y=Y_S$ 线交于 C_2(X_1，Y_S)，因各级萃取剂用量相等，通过 V 点作 C_1D_1 的平行线与分配曲线交于点 D_2，此点坐标即表示离开第二级的萃取相 E_2 与萃余相 R_2 的组成(X_2，Y_2)。

依此类推，直至萃余相组成 X_n 等于或低于指定值为止。重复做操作线的数目即为所需的理论级数 N。

若各级萃取剂用量不相等，则诸操作线不相平行。如果溶剂中不含溶质，$Y_S=0$，则 C_1、C_2 等点均落在 X 轴上。

2. 解析法

若在操作条件下分配系数可视作常数，即分配曲线可以 $Y=KX$ 表示时，就可用解析法求解理论级数。图8-16中第一级的相平衡关系为

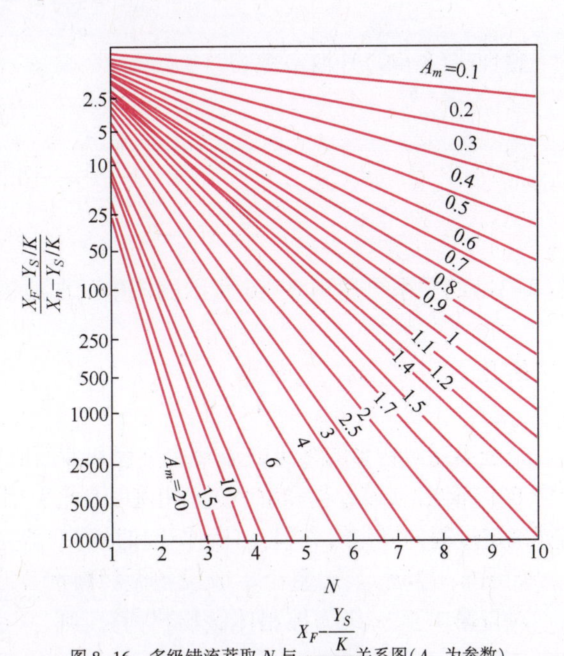

图8-16 多级错流萃取 N 与 $\frac{X_F-\frac{Y_S}{K}}{X_N-\frac{Y_S}{K}}$ 关系图(A_m 为参数)

$$Y_1 = KX_1$$

将上式代入式(8-26)消去 Y_1 可解得

$$X_1 = \frac{X_F + \frac{S}{B}Y_S}{1 + \frac{KS}{B}} \tag{8-28}$$

令 $KS/B = A_m$，则上式变为

$$X_1 = \frac{X_F + \frac{S}{B}Y_S}{1 + A_m} \tag{8-29}$$

式中：A_m 为萃取因子，定义为萃取相和萃余相中溶质组分的质量比，或分配系数和操作线斜率之比，对应于吸收中的脱吸因子。

同样，对第二级作溶质 A 的衡算得

$$BX_1 + SY_S = BX_2 + SY_2$$

将式(8-41)、式(8-42)及 $A_m = KS/B$ 的关系代入上式并整理得

$$X_2 = \frac{\left(X_F + \frac{S}{B}Y_S\right)}{(1 + A_m)^2} + \frac{\frac{S}{B}Y_S}{1 + A_m}$$

依此类推，对第 n 级则有

$$X_N = \frac{\left(X_F + \frac{S}{B}Y_S\right)}{(1 + A_m)^N} + \frac{\frac{S}{B}Y_S}{(1 + A_m)^{N-1}} + \frac{\frac{S}{B}Y_S}{(1 + A_m)^{N-2}} + \cdots + \frac{\frac{S}{B}Y_S}{(1 + A_m)}$$

或

$$X_N = \left(X_F - \frac{Y_S}{K}\right)\left(\frac{1}{1 + A_m}\right)^N + \frac{Y_S}{K} \tag{8-30}$$

整理式(8-30)并取对数得

$$N = \frac{1}{\ln(1 + A_m)}\ln\left[\frac{X_F - \frac{Y_S}{K}}{X_N - \frac{Y_S}{K}}\right] \tag{8-31}$$

式(8-31)的关系可用图 8-16 所示的图中的曲线表示。

8.3.3 多级逆流萃取

完全不互溶物系的多级逆流萃取流程和前面所述的部分互溶物系完全相同，如图 8-17 所示。因为 B、S 不互溶，该过程和解吸过程相似，因此采用和解吸相似的方法解决。即通过系统的物料衡算确定过程的操作线方程，由操作线和系统平衡关系求解逆流萃取过程所需的理论板数 N。

如图 8-17 所示，对整个萃取设备做物料衡算，可得：$BX_F + SY_S = BX_N + SY_1$

对自第 1 至 m 级为控制体做物料衡算，则

$$BX_F + SY_{m+1} = BX_m + SY_1 \tag{8-32a}$$

或 $$Y_{m+1} = B/S(X_m - X_F) + Y_1 \tag{8-32b}$$

式(8-32b)为逆流操作时的操作线方程。因 B/S 对各级为一常数，操作线为一直线，上端位于 $X=X_F$、$Y=Y_1$ 的 C 点，下端位于 $X=X_N$、$Y=Y_S$ 的 D 点。在分配曲线（平衡线）与操作线之间作若干梯级，便可求得所需的理论级数。

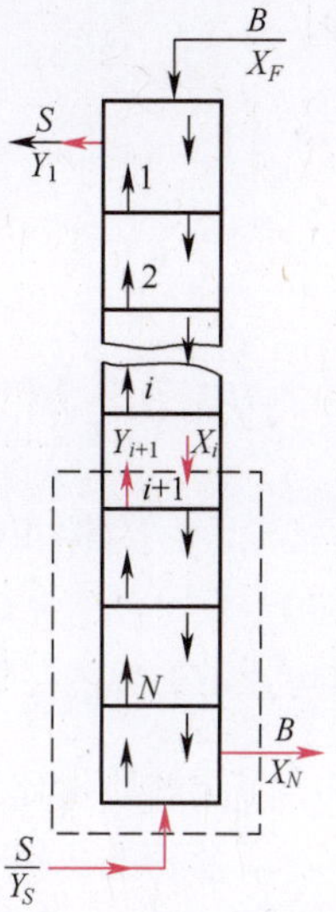

若将平衡线用某一数学方程表达，则可如精馏过程一样，逐级计算离开各级的液流含量及达到规定萃余相含量 X_N 所需要的理论级数。

若平衡线为一通过原点的直线，则精馏、解吸、萃取均可用式(8-33)计算理论级（板）数，即

$$N = \frac{1}{\ln A_m}\ln\left[\left(1-\frac{1}{A_m}\right)\frac{X_F - \dfrac{Y_S}{K}}{X_N - \dfrac{Y_S}{K}} + \frac{1}{A_m}\right] \tag{8-33}$$

式中：X_F、X_N 为液相（萃余相）进、出设备的溶质 A 含量；Y_S 为溶剂入口的溶质含量（或气相进口含量）；A 为操作线斜率与平衡线斜率之比。

图 8-17 多级逆流萃取流程

8.4 微分接触式逆流萃取

微分接触逆流萃取过程通常发生在填料塔、脉冲筛板塔等塔式设备中，如图 8-18 所示。原料液和溶剂在塔内逆向流动进行传质，两相中的溶质组成沿塔高连续变化，两相分离在塔顶和塔底完成。该过程的计算和填料塔中气液传质过程一样，即确定塔高和塔径两个参数，塔径的尺寸取决于两液相的流量及适宜的操作流速，而塔高的计算有两种方法，即理论级当量高度法及传质单元法。

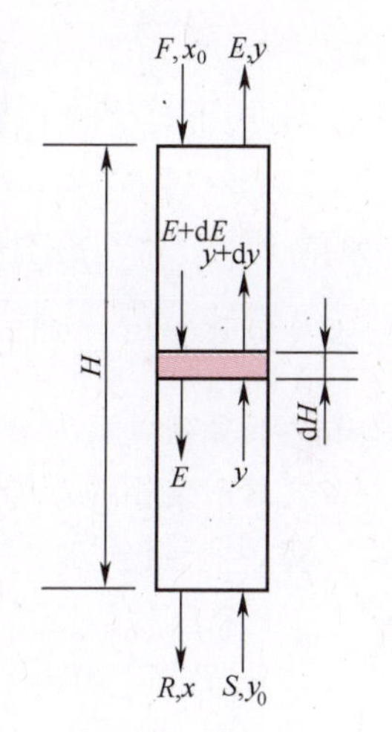

图 8-18 微分接触式逆流萃取示意图

1. 理论级当量高度法

理论级的当量高度是指相当于一个理论级萃取效果的塔段高度，用 HETP 表示。若根据下式表示，即

$$Z = N_{\mathrm{T}}(\mathrm{HETP})$$

式中：Z 为萃取段有效高度(m)；N_{T} 为逆流萃取所需的理论级数；HETP 为理论级当量高度(m)。

理论级数反映萃取分离的难易或萃取过程要求达到的分离程度。HETP 是衡量传质效率的指标，传质越快，塔效率越高，则相应的 HETP 值越小。HETP 值与设备型式、物系性质和操作条件有关，一般需通过实验确定。对某些物系，可以查阅经典文献的经验公式进行估算。

2. 传质单元法

传质单元法与吸收操作中填料层高度计算方法相似，萃取段的有效高度也可用传质单元法计算。假设组分 B 和 S 完全不互溶，则用质量比组成进行计算比较方便。若再设溶质组成较稀时，在整个萃取段内体积传质系数 K_Xa 可视作常数，则萃取段的有效高度可用下式计算，即

$$Z=\frac{B}{K_X a\Omega}\int_{X_N}^{X_F}\frac{\mathrm{d}X}{X-X^*} \tag{8-34a}$$

也可以写成
$$Z=H_{OR}N_{OR} \tag{8-34b}$$

式中：H_{OR} 为萃余相的总传质单元高度(m)，即 $H_{OR}=\frac{B}{K_X a\Omega}$；$K_X a$ 以萃余相中溶质的质量比组成为推动力的总体积传质系数 $\left(\frac{\mathrm{kg}}{(\mathrm{m}^3\cdot\mathrm{h}\cdot\Delta X)}\right)$；$\Omega$ 为塔的横截面积(m^2)；N_{OR} 为萃余相的总传质单元数，$N_{OR}=\int_{X_N}^{X_F}\frac{\mathrm{d}X}{X-X^*}$；$X$ 为萃余相中溶质的质量比组成；X^* 为与萃取相相平衡的萃余相中溶质的质量比组成。

萃余相的总传质单元高度 H_{OR} 或总体积传质系数 $K_X a$ 由实验测定，也可从萃取专著或手册中查得。

萃余相的总传质单元数可用图解或数值积分法求得。对完全不互溶物系且分配曲线为直线时，可用对数平均推动力或萃取因子法求得。解析法计算式为

$$N_{OR}=\frac{1}{1-\frac{1}{A_m}}\ln\left[\left(1-\frac{1}{A_m}\right)\frac{X_F-\frac{Y_S}{K}}{X_N-\frac{Y_S}{K}}+\frac{1}{A_m}\right] \tag{8-35}$$

同理，也可仿照上法对萃取相写出相应的计算式。

【例 8-3】 在塔径为 50mm、有效高度为 1m 的填料萃取实验塔中，用纯溶剂 S 萃取水溶液中的溶质 A。水与溶剂可视作完全不互溶。原料液中组分 A 的组成为 0.15(质量分率，下同)。要求最终萃余相中溶质的组成不大于 0.002。操作溶剂比 $\left(\frac{S}{B}\right)$ 为 2，溶剂用量为 67.3kg/h。操作条件下平衡关系为：$Y=1.6X$。

试求萃余相的总传质单元数和总体积传质系数。

解：由于组分 B、S 完全不互溶且分配系数 K 可取作常数，故可用平均推动力法或式(8-35)求 N_{OR}。总体积传质系数 $K_X a$ 则由总传质单元高度 H_{OR} 计算。

(1) 总传质单元数 N_{OR}

① 用对数平均推动力法求 N_{OR}。根据题给数据：

$$X_F=\frac{0.15}{0.85}=0.1765,\ X_N=\frac{0.002}{0.998}=0.002$$

$$Y_S=0,\ Y_1=\frac{B(X_F-X_N)}{S}=\frac{0.1765-0.002}{2}=0.08725$$

$$X_1^*=\frac{Y_1}{K}=\frac{0.08725}{1.6}=0.05453$$

$$\Delta X_1=X_F-X_1^*=0.1765-0.05453=0.122$$

$$\Delta X_2 = X_N - X_2^* = 0.002 - 0 = 0.002$$

$$\Delta X_m = \frac{\Delta X_1 - \Delta X_2}{\ln\dfrac{\Delta X_1}{\Delta X_2}} = \frac{0.122 - 0.002}{\ln\dfrac{0.122}{0.002}} = 0.02919$$

$$N_{OR} = \int_{X_N}^{X_F} \frac{dX}{X - X^*} = \frac{X_F - X_N}{\Delta X_m} = \frac{0.1765 - 0.002}{0.02919} = 5.98$$

② 用解析法求 N_{OR}

$$A_m = \frac{KS}{B} = 1.6 \times 2 = 3.2$$

$$N_{OR} = \frac{1}{1 - \dfrac{1}{A_m}} \ln\left[\left(1 - \frac{1}{A_m}\right)\frac{X_F - \dfrac{Y_S}{K}}{X_N - \dfrac{Y_S}{K}} + \frac{1}{A_m}\right] = \frac{1}{1 - \dfrac{1}{3.2}} \ln\left[\left(1 - \frac{1}{3.2}\right)\frac{0.1765}{0.002} + \frac{1}{3.2}\right] = 5.98$$

（2）总体积传质系数 $K_X a$

$$H_{OR} = \frac{Z}{N_{OR}} = \frac{1}{5.98} = 0.1672\text{m}$$

$$B = \frac{S}{2} = \frac{67.3}{2} = 33.65\text{kg/h}$$

$$K_X a = \frac{B}{H_{OR}\Omega} = \frac{33.65}{0.1672 \times \dfrac{\pi}{4} \times 0.05^2} = 1.025 \times 10^5 \ \frac{\text{kg}}{(\text{m}^3 \cdot \text{h} \cdot \Delta X)}$$

8.5 萃取设备

萃取设备主要用于实现两液相之间的质量传递,所以对萃取设备的主要要求是能使两相密切接触并伴有较高程度的湍动,以实现两相之间的质量传递,之后还能使两相较快地分离。但是,液液萃取中两相间的密度差较小,实现两相的密切接触和快速分离要比气液系统困难得多。为此出现了多种结构形式的萃取设备,而且还在不断开发出更新的设备。

根据两相的接触方式,萃取设备分为逐级接触式和微分接触式两大类,根据有无外功输入,可分为有外加能量和无外加能量两种。常用的几种工业设备的分类见表8-2。

1. 混合澄清槽

混合澄清槽是最早使用且目前工业上仍广泛使用的一种典型逐级接触式萃取设备。可以单级操作也可多级组合操作。其结构如图8-19所示。每一级包含混合器和澄清槽两部分。为增大相际接触面积并提高传质效率,混合槽中通常安装搅拌装置。澄清器的作用是将已接近平衡状态的两液相进行有效的分离。对于易澄清的混合液,可以依靠两相间的密度差进行重力沉降。如果萃取相和萃余相间的密度差和表面张力均较小,两相分离时间长,则需离心式澄清器(如旋液分离器、离心分离机等)加速两相分离。混合澄清槽的主要优点是传质效率高,操作方便,能处理含有固体悬浮物的物料。设备的主要缺点是多级水平排列时占地面积大且设备费操作费较高,可以采用箱式或立式混合澄清槽。

图 8-19 典型的单级混合-澄清槽

表 8-1 萃取设备分类

流体分散的动力		逐级接触式	微分接触式
重力差（无外加能量）		筛板塔	喷洒塔、填料塔
外加能量	搅拌	混合澄清槽	
	脉冲	脉冲混合澄清槽、夏贝尔塔	转盘塔、偏心转盘塔、库尼塔
	离心力	卢威离心萃取机	POD 离心萃取机

2. 筛板塔

用于液液传质过程的筛板塔的结构及两相流动情况与气液系统的较为相似。总体上，轻重两相在塔内逆流流动，而在每块板上两相错流接触。如果轻液为分散相，塔的基本结构与两相流动情况如图 8-20 所示。作为分散相的轻液穿过各块塔板自下而上流动，而作为连续相的重液则沿每块塔板横向流动，由降液管流至下层塔板。轻液通过板上筛孔被分散为液滴，与板上横向流动的连续相接触和传质，液滴穿过连续相之后，在每层塔板的上升空间形成一层清液，该清液层在两相密度差的作用下，经上层筛板再次被分散成液滴而浮升。可见，每一块筛板及板上空间的作用相当于一级混合澄清槽。为产生较小的液滴，液液筛板塔的孔径一般较小，通常为 3~6mm。

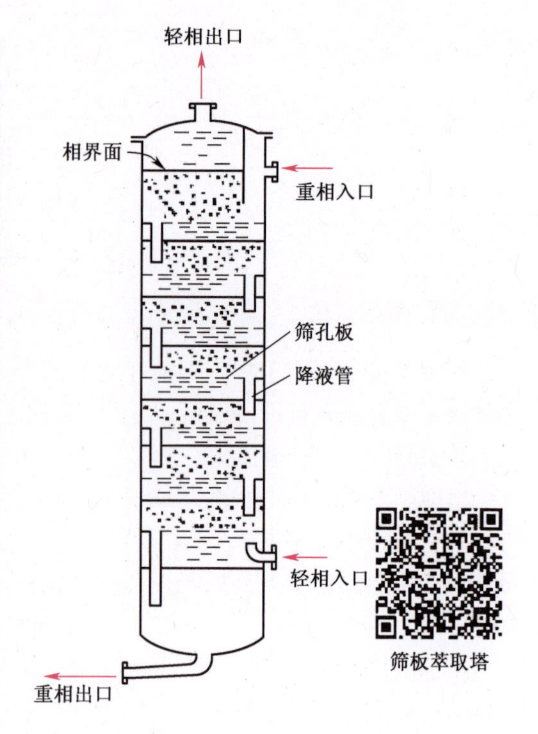

图 8-20 筛板萃取塔（轻相为分散相）

若重液作为分散相，则需将塔板上的降液管改为升液管，此时，轻液在塔板上部空间中横向流动，经升液管流至上层塔板，而重相穿过每块筛板自上而下流动。在筛板塔内分散相液体的分散和凝聚多次发生，而且筛板的存在又抑制了塔内的轴向返混，其传质效率是比较高的。筛板塔在液液传质过程中已得到广泛应用。

3. 喷洒塔

喷洒塔是结构最简单的液液传质设备，只由无任何内件的圆形壳体及液体引入、移出装置构成。在操作时，轻重两液体分别由塔底和塔顶加入，逆流流动。喷洒塔无任何内构件，阻力小,结构简单,投资费用少易维护。缺点是两相在塔内很难均匀分布,轴向返混严重。理论级数只有1~2级,传质效率低,喷洒塔用于水洗、中和或处理含有固体的悬浮液。

4. 填料萃取塔

如图8-21所示,塔内装填适宜的填料,上、下两端分别装有两相进、出管口。重相由塔顶进入,由塔底排出,轻相由塔底进入,由塔顶排出。塔内流经填料表面的连续相扩展为界面和分散相接触。或使流经填料表面的分散相液滴不断地破裂和再生。离开填料时,分散相液滴又重新混合,促使表面不断更新。

填料萃取塔结构简单,造价低廉,操作方便。对于级效率较低的特点,近年来各种高效填料的开发研究已经取得了很大的进展。一般在工艺要求的理论级数不大于3,处理量较小,尤其是处理腐蚀性料液时,可考虑采用填料萃取塔。

5. 转盘萃取塔

在圆柱形塔体内,相间装有多层环形固体挡板(定环)和同轴的圆盘(转盘),如图8-22所示。定环将塔分成多个小空间。圆形转盘固定在中心轴上,由塔顶电动机驱动。转盘直径小于圆环内径,以使环、盘间留有一定空隙。高速旋转时,液体内部形成速度梯度产生剪应力,在剪应力作用下,连续相产生漩涡处于湍流状态,使分散相液滴变形,以致破裂和合并,增加传质面积,促进了表面更新。定环将漩涡运动限制在定环分割的若干小空间里,抑制其轴向返混。由于转盘和定环都较薄而且光滑,不至于使局部剪应力过高,避免了乳化现象,促进了两相的分离。所以,转盘萃取塔传质效率较高,后期开发的不对称转盘塔(又称偏心转盘塔)效率更高。

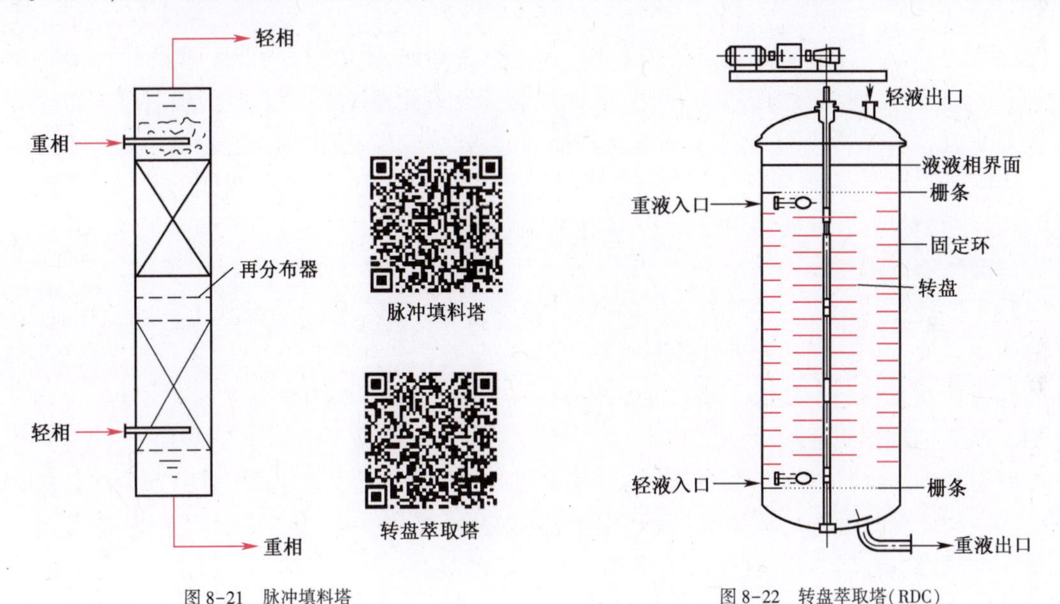

图8-21　脉冲填料塔　　　图8-22　转盘萃取塔(RDC)

转盘萃取塔结构简单,造价低廉,维修方便,操作弹性和通量较大,在石油化学工业得到较广泛的应用。

6. 离心萃取器

当两种液体密度差很小,或表面张力甚小而易于乳化,或黏度很大时,两相的接触状况不佳,特别是很难靠重力使萃取相与萃余相分离,此时可利用离心式萃取器来完成分离任务。按两相接触方式可分为微分接触式和逐级接触式。波德别尼亚克萃取器(也称离心薄膜萃取器)是应用较广的一种卧式微分接触离心萃取器。结构如图8-23所示,由一水平转轴和随其高速旋转的圆形转鼓，以及固定的外壳所组成。在转鼓内，装有带筛孔的狭长金属带卷制而成的螺旋圆筒或多层同心圆管。运行时，转速一般为 2000～5000r/min，在转鼓内形成较强的离心力场。轻液由转鼓中心通道引至转鼓的外缘，而重相液体由另一转鼓中心通道进入转鼓外缘，径向穿过筒体的层层筛孔向外缘沉降，并在环隙间与轻相接触，进行传质。直至转鼓的外缘，然后由导管引至转轴上重相排出通道而排出。轻相液体则相反，在离心力场中犹如在重力场中受到浮力一样，在离心力作用下，径向“浮升”，穿过层层带孔的筒体向中心运动。最后到达转鼓的内缘分相后，由径向排出后引出。

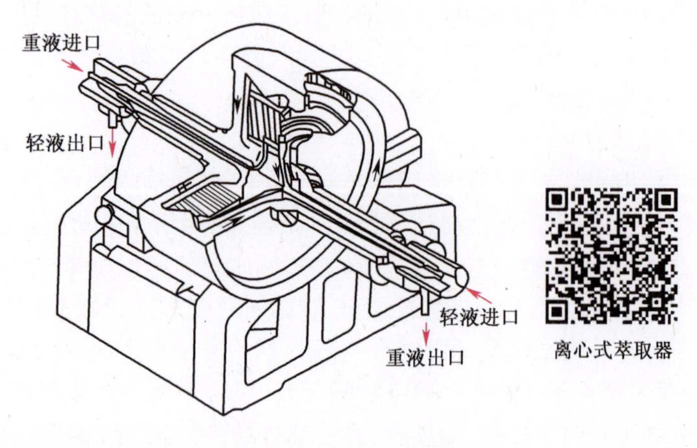

图 8-23　POD 离心式萃取器

带筛孔的圆形筒体恰似无溢流筛板一样，既有溢流功能，也有分散作用，改善了流动的状态。由于高速旋转，使离心力远大于重力，从而提高了设备处理能力。所以，该设备适于处理两相密度差小、易乳化的物系。由于其具有处理能力大、效率较高、提供较多理论级（单台可达3～7 级），以及结构紧凑、占地面积小等特点。得到广泛的应用。但其主要问题是能耗大、结构复杂、设备及维修费用高，故其使用受到了一定的限制。

7. 萃取设备的选择

各种不同类型的萃取设备具有不同的特性，萃取过程中物系性质对操作的影响错综复杂。对于具体的萃取过程选择适宜设备的原则是：首先满足工艺条件和要求，然后进行经济核算，使设备费和操作费总和趋于最低。萃取设备的选择，应考虑如下一些因素。

（1）所需的理论级数。

当所需的理论级数不大于 2～3 级时，各种萃取设备均可满足要求；当所需的理论级数较多（如大于 4～5 级）时，可选用筛板塔；当所需的理论级数再多（如 10～20 级）时，可选用有能量输入的设备，如脉冲塔、转盘塔、往复筛板塔、混合-澄清槽等。

（2）生产能力。

当处理量较小时，可选用填料塔、脉冲塔。对于较大的生产能力，可选用筛板塔、转盘塔及混合-澄清槽。离心萃取器的处理能力也相当大。

（3）物系的物性。

对界面张力较小、密度差较大的物系，可选用无外加能量的设备。对界面张力较大、密度差较小的物系，宜选用有外加能量的设备。对密度差甚小、界面张力小、易乳化的难分层物系，应选用离心萃取器。

对有较强腐蚀性的物系，宜选用结构简单的填料塔或脉动填料塔。对于放射性元素的提取,脉冲塔和混合-澄清槽用得较多。

若物系中有固体悬浮物或在操作过程中产生沉淀物时,需周期停工清洗,一般可选用转盘萃取塔或混合-澄清槽。另外,往复筛板塔和液体脉动筛板塔有一定自清洗能力,在某些场合也可考虑选用。

(4) 物系的稳定性和液体在设备内的停留时间。

对生产中要考虑物料的稳定性、要求在萃取设备内停留时间短的物系,如抗菌素的生产,选用离心萃取器为宜;反之,若萃取物系中伴有缓慢的化学反应,要求有足够的反应时间,则选用混合-澄清槽较为适宜。

(5) 其他。

在选用萃取设备时,还需考虑其他一些因素,诸如:能源供应情况,在缺电地区应尽可能选用依重力流动的设备;当厂房地面受到限制时,宜选用塔式设备,而当厂房高度受到限制时,则应选用混合-澄清槽。选择萃取设备时应考虑的各种因素列于表8-2。

表8-2 萃取设备的选择

考虑因素 \ 设备类型		喷洒塔	填料塔	筛板塔	转盘塔	往复筛板脉动筛板	离心萃取器	混合-澄清槽
工艺条件	理论级多	×	△	△	○	○	△	△
	处理量大	×	×	△	○	×	△	○
	两相流比大	×	×	×	△	△	○	○
物系性质	密度差小	×	×	×	△	△	○	○
	黏度高	×	×	×	△	△	○	○
	界面张力大	×	×	×	△	△	○	△
	腐蚀性强	○	○	△	△	△	×	×
	有固体悬浮物	○	×	×	○	△	×	△
设备费用	制造成本	○	△	△	△	△	×	△
	操作费用	○	○	○	△	△	×	×
	维修费用	○	○	△	△	△	×	△
安装场地	面积有限	○	○	○	○	○	○	×
	高度有限	×	×	×	△	△	○	○

注:○——适用;△——可用;×——不适用。

8.6 浸取和超临界萃取

8.6.1 浸取

浸取是指应用有机或无机溶剂将固体原料中的可溶性组分溶解,将溶质组分和不溶性固体分离的单元操作。浸取又称浸出、固-液萃取,还有浸滤、蒸煮、溶出等名称。浸取原料中的可溶性组分称为溶质,固体原料中的不溶性组分称为载体,用于溶解溶质的液体称为溶剂或浸取剂,浸取所得的含有溶质的溶液称为浸取液或溢流液、上清液、浸取后的载体和残留的溶剂称为残渣或浸取渣。

浸取操作大致可分为三个主要过程：①原料和浸取剂的充分混合和良好的液-固相接触，②浸取液和残渣的分离；③溢流液中溶质与溶剂的分离处理。

浸取操作历史久远，现广泛用于湿法冶金和油脂、制糖等轻工业、食品工业。例如，用硫酸溶液从氧化铜矿浸取铜，从锌的焙砂浸取锌，动植物油的有机溶剂浸取，以及用热水浸取含糖原料等。近年来，膜技术和超临界萃取的发展使浸取技术有了新的进展。

8.6.2 超临界流体萃取

1. 基本原理

超临界流体萃取是用超过临界温度、临界压力状态下的气体作为溶剂，萃取待分离混合物中的溶质，然后采用等温变压或等压变温等方法，将溶剂与溶质分离的单元操作。

图 8-24 表示物质相态与温度、压力的关系。超临界流体通常兼有液体和气体的某些特征，既具有接近气体的黏度和渗透能力，又具有接近液体的密度和溶解能力，这意味着超临界萃取可以在较快的传质速率和有利的相平衡条件下进行。表 8-3 给出了超临界流体与常温常压下气体、液体物性的比较。常用的超临界流体有二氧化碳、乙烯、乙烷、丙烯、丙烷和氨等。常用超临界溶剂的临界值见表 8-4。以二氧化碳为例，它具有无毒、无臭、不燃和价廉等优点，临界温度为 31.0℃，不用加热就能将溶质与溶剂二氧化碳分开。而传统的液液萃取常用加热蒸馏等方法将溶剂分出，在不少情况下会造成热敏物质的分解和产品中带有残留的有机溶剂。

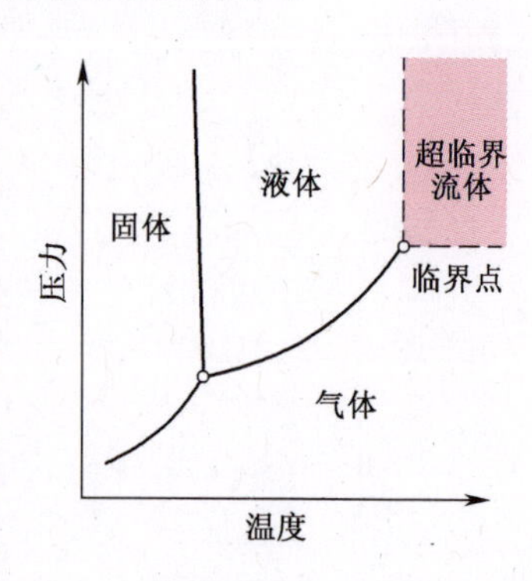

图 8-24 纯物质的物态与压力、温度的关系

表 8-3 超临界流体和常温常压下气体、液体的物性比较

流体	相对密度	黏度/(Pa·s)	扩散系数/($m^2 \cdot s^{-1}$)
气体(15~30℃，常压)	0.0006~0.002	$(1\sim3)\times10^{-5}$	$(1\sim4)\times10^{-5}$
超临界流体	0.4~0.9	$(3\sim9)\times10^{-5}$	2×10^{-8}
液体(15~30℃，常压)	0.6~1.6	$(0.2\sim3)\times10^{-3}$	$(0.2\sim2)\times10^{-9}$

表 8-4 常用超临界溶剂的临界值

溶剂	临界温度/℃	临界压力/MPa	临界相对密度
乙烯	9.2	5.03	0.218
二氧化碳	31.0	7.38	0.468
乙烷	32.2	4.88	0.203
丙烯	91.8	4.62	0.233
丙烷	96.6	4.24	0.217
氨	132.4	11.3	0.235
正戊烷	197.0	3.37	0.237
甲苯	319.0	4.11	0.292

图 8-25 所示为二氧化碳-乙醇-水物系的三角相图。可以看到，超临界萃取具有与一般液液萃取相类似的相平衡关系。图 8-26 为萘在二氧化碳中的溶解度，由图可见，不同温度下溶解

度随压力的变化趋势相同，溶解度随压力升高而增加，超过一定压力范围变化趋于平缓。当压力大于某一特定值（10MPa）时，萘的溶解度随温度升高而增加；而当压力小于此值时，萘的溶解度随温度升高而降低，此特定压强称为转变压强。显然，对于压力大于转变压强的等压变温操作，必须降低温度才能使溶剂再生。

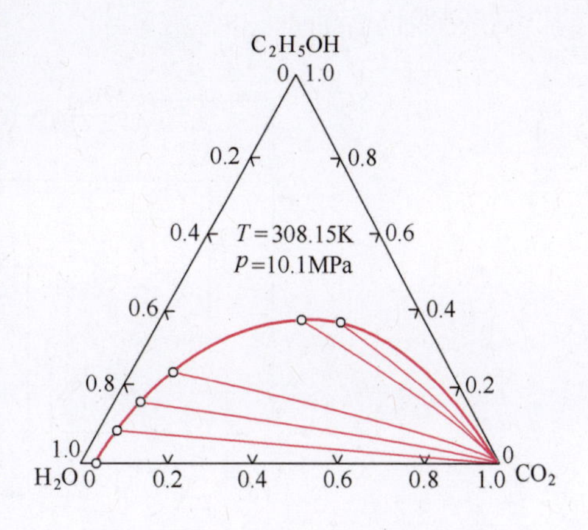

图 8-25　二氧化碳-乙醇-水物系的相平衡

2. 超临界萃取的流程

根据溶剂再生方法的不同，超临界萃取的流程可分为四类：①等温变压法；②等压变温法；③吸附吸收法，即用吸附剂或吸收剂脱除溶剂中的溶质；④添加惰性气体的等压法，即在超临界流体中加入 N_2、Ar 等惰性气体，可使溶质的溶解度发生变化而将溶剂再生。

超临界萃取的等温降压流程如图 8-27 所示。二氧化碳流体经压缩达到超临界流体状态（即较大溶解度），然后经萃取器与物料接触。萃取得溶质后，二氧化碳与溶质的混合物经减压阀进入分离器。在较低的压强下，溶质在二氧化碳中的溶解度大大降低，从而分离出来。离开分离器的二氧化碳经压缩后循环使用。

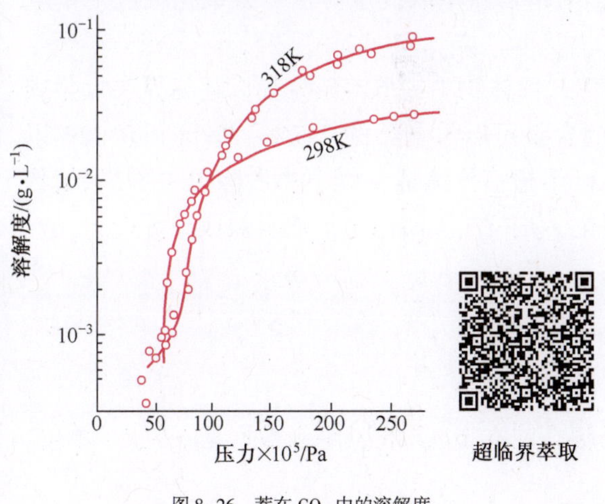

图 8-26　萘在 CO_2 中的溶解度

超临界萃取

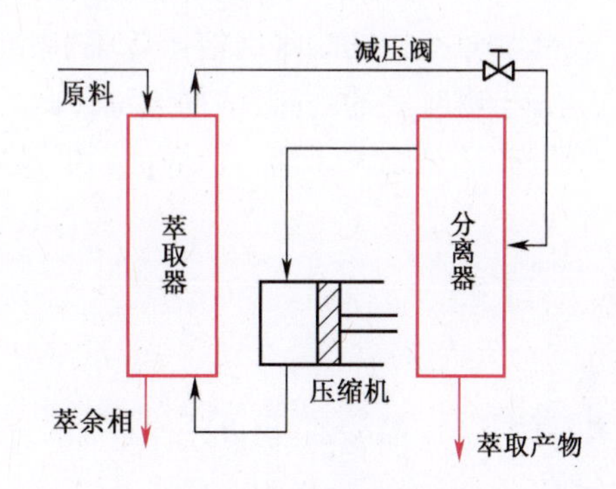

图 8-27　超临界萃取流程

3. 超临界萃取的工业应用

图 8-28 表示了渣油超临界萃取脱沥青过程。渣油中主要含有沥青质、树脂质和脱沥青油三个馏分。渣油先进入混合器 M-1 中与经压缩的循环轻烃类超临界溶剂混合，混合物进入分离器 V-1，在 V-1 中加热蒸出溶剂，下部获得沥青质液体，并含有少量溶剂。将此股液体经加热器 H-1 加热后送入闪蒸塔 T-1，塔顶蒸出溶剂，从塔底可得液态沥青质。从分离器 V-1 顶部离开的树脂质-脱沥青油-溶剂的混合物，经换热器 E-1 与循环溶剂换热升温后，进入分离器 V-2，由于温度升高了，从流体中第二次析出液相，其成分主要是树脂质和少量溶剂。将此液体经闪蒸塔 T-2 回收溶剂后，在 T-2 底部获得树脂质。从分离器 V-2 顶部出来的脱沥青油-溶剂混合物，经与循环溶剂在换热器 E-4 中换热，再经加热器 H-2 加热，使温度升高到溶剂的临界温度以上，并进入分离器 V-3，大部分溶剂从其顶部出来，经两次热量回收换热后，再用换热器 E-2 调节温度，经压缩后循环使用。分离器 V-3 底部液体经闪蒸塔 T-3 回收溶剂后，从 T-3

底部可获得脱沥青油。

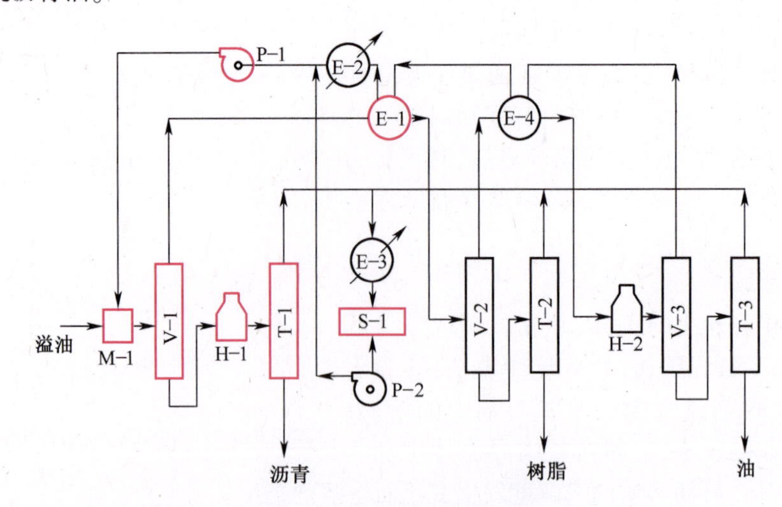

图 8-28 渣油超临界萃取脱沥青过程

M—混合器；V—分离器；H—加热器；E—换热器；T—闪蒸塔；P—压缩机；S—储罐。

与精馏方法相比，上述超临界萃取过程可以大幅度降低能耗及投资费用。

由于超临界流体常具有较强的溶解能力，工业上用它作为萃取溶剂从发酵液中萃取乙醇、乙酸，也可从工业废水中萃取其他有机物。此外，用超临界萃取技术可从木浆氧化废液中萃取香兰素，从柠檬皮油、大豆油中萃取有效成分等。

超临界流体也是固液浸取的有效溶剂，常用以从固体物中提取溶质。如以超临界二氧化碳为溶剂，将咖啡豆中的咖啡因溶解除去，咖啡因的含量可以从初始的 0.7%~3%降到 0.02%以下，且无损于咖啡豆的香味，溶剂无毒。此外，还可用超临界流体从烟草中脱除尼古丁，从植物中提取调味品、植物种子油、香精和药物，从啤酒花、紫丁香、黑胡椒中提取有效成分等。

习题

1. 丙酮(A)-醋酸乙酯(B)-水(S)的三组分混合液在 30℃时，其平衡数据见下表。（单位：质量分数，%）

	醋酸乙酯相			水相		
	A	B	S	A	B	S
1	0	96.5	3.5	0	7.4	92.6
2	4.8	91.0	4.2	3.2	8.3	88.5
3	9.4	85.6	5.0	6.0	8.0	86.0
4	13.5	80.5	6.0	9.5	8.3	82.2
5	16.6	77.2	6.2	12.8	9.2	78.0
6	20.0	73.0	7.0	14.8	9.8	75.4
7	22.4	70.0	7.6	17.5	10.2	72.3
8	26.0	65.0	9.0	19.8	12.2	68.0
9	27.8	62.0	10.2	21.2	11.8	67.0
10	32.6	51.0	13.4	26.4	15.0	58.6

(1) 绘出以上三组分混合物的三角形相图及辅助曲线。

(2) 若将 50kg 含丙酮 0.3,含醋酸乙酯 0.7 的混合液与 100kg 含丙酮低,含水 0.9 的混合液混合,试求所得新的混合物总组成为多少?并确定其在相图中的位置。

(3) 以上两种混合物混合后所得两共轭相的组成及质量分别为多少?

2. 20℃时以质量分数表示的醋酸(*A*)-水(*B*)-庚-3-醇(*S*)[$CH_3CH_2CH_2CH_2CHOHCH_2CH_3$]的溶解度曲线及联结线数据分别列于本题附表 1 及附表 2 中。试求:

(1) 在直角三角形坐标图上标绘溶解度曲线、联结线及辅助曲线。

(2) 含 50kg 醋酸、100kg 水及 50kg 庚-3-醇的混合液,当其分成两个互成平衡的液层后,试求两液层的组成以及需从混合液中移除若干 kg 庚-3-醇才能使混合液不再分层。

附表 1 醋酸(*A*)-水(*B*)-庚-3-醇(*S*)的三组分混合液 25℃的平衡数据

(单位:质量分数,%)

醋酸(*A*)	水(*B*)	庚-3-醇(*S*)	醋酸(*A*)	水(*B*)	庚-3-醇(*S*)
0	3.6	96.4	47.5	32.1	20.4
3.5	3.5	93.0	48.5	38.7	12.8
8.6	4.2	87.2	47.5	45.0	7.5
19.3	6.4	74.3	42.7	53.6	3.7
24.4	7.9	67.7	36.7	61.4	1.9
30.7	10.7	58.6	29.3	69.6	1.1
34.7	13.1	52.2	24.5	74.6	0.9
41.4	19.3	39.3	19.6	79.7	0.7
44.0	23.9	32.1	14.9	84.5	0.6
45.8	27.5	26.7	7.1	92.4	0.5
46.5	29.4	24.1	5.4	94.2	0.4

附表 2

水层	庚-3-醇层	水层	庚-3-醇层
6.4	5.3	38.2	26.8
13.7	10.6	42.1	30.5
19.8	14.8	44.1	32.6
26.7	19.2	48.1	37.9
33.6	23.7	47.6	44.9

3. 在 25℃下含 40%的醋酸水溶液,以乙醚为溶剂进行多级逆流萃取。原料及溶剂用量均为 1000kg/h,要求萃余液中醋酸的含量不大于 2%(以上均为质量分数)。试求所需的理论级数。平衡数据见下表。

丙酮(*A*)-醋酸乙酯(*B*)-水(*S*)的三组分混合液在 30℃时平衡数据

(单位:质量分数,%)

水层(萃余相)			乙醚层(萃取相)		
水 *A*	醋酸 *B*	乙醚 *S*	水 *A*	醋酸 *B*	乙醚 *S*
93.3	0	6.7	2.3	0	97.7

（续）

水层（萃余相）			乙醚层（萃取相）		
水 A	醋酸 B	乙醚 S	水 A	醋酸 B	乙醚 S
88.0	5.1	6.9	3.6	3.8	92.6
84.0	8.8	7.2	5.0	7.3	87.7
78.2	13.8	8.0	7.2	12.5	80.3
72.1	18.4	9.5	10.4	18.1	71.5
65.0	23.1	11.9	15.1	23.6	61.3
55.7	27.9	16.4	23.6	28.7	47.7

4. 拟用萃取方法提取丙酮水溶液中的丙酮。原料液的处理量为120kg，其中丙酮的质量分数为0.3。萃取剂为纯氯苯，总量为100kg。操作条件下水和氯苯可视作不互溶，且以质量比表示相组成的分配系数平均值为 $K_A = 1.25$。现提出四种方案，试比较萃取分离效果（以丙酮萃取率表示）：

（1）单级萃取；

（2）将100kg氯苯三等分进行三级错流萃取；

（3）三级逆流萃取；

（4）联合操作，即用67.5kg氯苯进行两级逆流萃取后再用32.5kg氯苯进行错流萃取。

5. 拟在实验室规模的填料萃取塔中处理上题中单级萃取后的萃余液，即组分 B 的流量为84kg/h，丙酮的质量比组成为0.1723，要求最终萃余液中丙酮的质量比组成不大于0.005；氯苯的流量为90kg/h；操作条件下的分配系数为 $K_A = 1.25$。已测得填料层高度为1.3m，填料的体积传质系数 $K_X a = 9.88 \times 10^4 \text{kg/(m}^3 \cdot \text{h} \cdot \Delta x)$。试求：

（1）溶剂用量为最小用量的倍数；

（2）填料塔的直径。

第9章 干燥 Drying

化工生产中为了使固体物料便于加工、运输和贮存,需要除去其中的水或其他溶剂(称为湿分),该操作简称去湿。例如,聚氯乙烯颗粒的含水量须低于0.2%,否则在以后的成型加工中会产生气泡,工业上通常采用气流干燥,使聚氯乙烯物料在干燥器内呈流化状态与热空气充分接触,气固接触时间短,干燥面积大,物料表面温度处于湿球温度,从而避免温度过高引起产品性质的变化。

常用的固体物料去湿方法有以下两种。

(1) 机械去湿。通过用沉降、过滤或离心分离等机械方式除去固体物料中湿分的方法称为机械去湿。该方法多用于处理含液量大的物料,适于初步去湿,能耗较低。

(2) 供热干燥。通过向湿物料供热使其中的湿分汽化,同时带走所产生蒸气的去湿方法称为干燥。工业上多使用热空气或其他高温气体(如烟气)作为干燥介质,使之与湿物料接触,向物料供热并带走汽化的湿分。

考虑到干燥操作的经济性,降低水分汽化的热负荷,工业生产中往往将以上两种方法联合起来操作,即先用比较经济的机械方法尽可能除去湿物料中大部分湿分,然后再利用供热干燥方法继续除湿,以获得湿分符合规定的产品。此外固体物料的升温和设备的热损失也增加了能耗,应采取适当措施降低能耗,提高干燥热效率。

通常,干燥操作可按下列方法分类。按操作压强分为常压干燥和真空干燥。真空干燥适于处理热敏性及易氧化的物料,或要求产品含湿量低的操作。按操作方式分为连续干燥和间歇干燥。连续干燥具有生产能力大、产品质量均匀、热效率高以及劳动条件好等优点。间歇干燥适用于处理小批量、多品种或要求干燥时间较长的物料。按传热方式可分为传导干燥、对流干燥、辐射干燥、介电加热干燥以及由上述两种或多种方式组合的联合干燥。

本章主要讨论以空气为干燥介质、水为湿分的连续对流干燥过程。

9.1 对流干燥

典型的对流干燥工艺流程见图9-1所示。空气首先经预热器加热至一定温度,然后进入干燥器与湿物料接触,废气自干燥器另一端排出。

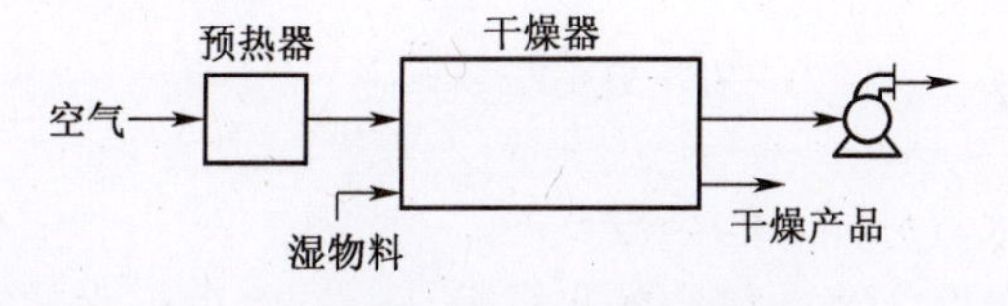

图9-1 对流干燥流程示意图

对流干燥过程中，物料表面温度 θ_i 低于气相主体温度 t，因此热量以对流方式从气相传递到固体物料表面，再由物料表面向内部传递，这是一个传热过程；固体表面处水汽压 p_i 高于气相主体中水汽分压 p，因此水汽由固体表面向气相扩散，这是一个传质过程。可见对流干燥过程是传质和传热同时进行的过程，见图 9-2 所示。

显然，干燥过程中水汽分压差 (p_i-p) 越大，温差 $(t-\theta_i)$ 越高，干燥过程进行得越快。因此，干燥介质应及时将汽化的水汽带走，以维持一定的传质推动力。

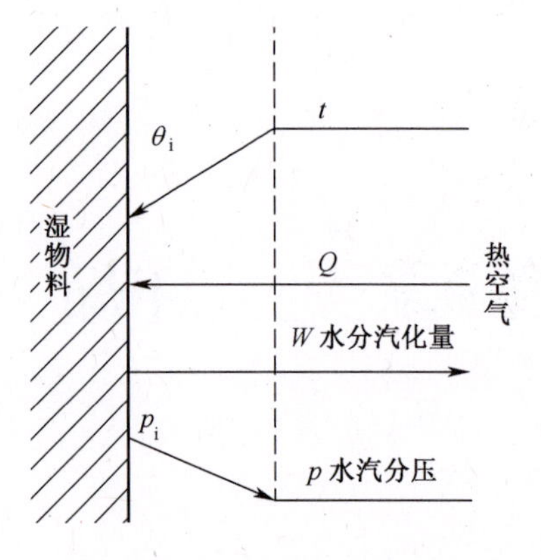

图 9-2 对流干燥过程的热量和质量传递

9.2 湿空气的性质和湿度图

对流干燥操作中，常采用一定温度的不饱和空气作为干燥介质，湿空气是绝干空气和水汽的混合物。在干燥过程中，湿空气中水汽的含量不断增加，而绝干空气质量不变，因此湿空气的许多性质常以绝干空气为基准。

9.2.1 湿空气的性质

1. 湿空气中水分含量

湿空气状态参数除总压和温度之外，水分含量与干燥过程密切相关。

(1) 水汽分压 p。干燥操作压力一定时，湿空气的总压 p_t 与水汽分压 p 和绝干空气分压 p_g 关系如下：

$$p_t = p + p_g$$

当操作压力较低时，可将湿空气视为理想气体，根据道尔顿分压定律：

$$\frac{p}{p_g} = \frac{n_v}{n_g} \tag{9-1}$$

式中：n_v 为湿空气中水汽的摩尔数；n_g 为湿空气中绝干空气的摩尔数。

(2) 湿度 H。湿度又称湿含量，表示单位质量绝干空气所带有的水汽质量，即

$$H = \frac{\text{湿空气中水汽的质量}}{\text{湿空气中绝干空气的质量}} = \frac{n_v M_v}{n_g M_g} = 0.622\frac{n_v}{n_g} \tag{9-2}$$

式中：H 为湿空气的湿度（kg 水汽/kg 绝干空气）；M_v 为水汽的摩尔质量（kg/kmol）；M_g 为绝干空气的摩尔质量（kg/kmol）。

常压下湿空气可视为理想气体，根据道尔顿分压定律：

$$H = 0.622\frac{p}{p_t - p} \tag{9-3}$$

可见湿度是总压 p_t 和水汽分压 p 的函数。

(3) 饱和湿度和相对湿度。当空气中的水汽分压与同温度下水的饱和蒸气压 p_s 相等时，表

明湿空气呈饱和状态,此时湿空气的湿度称为饱和湿度 H_s,即

$$H_s = 0.622 \frac{p_s}{p_t - p_s} \tag{9-4}$$

式中:H_s为湿空气的饱和湿度(kg 水汽/kg 绝干空气);p_s为空气温度下水的饱和蒸气压(kPa 或 Pa)。

在一定温度和总压下,湿空气中的水汽分压 p 与同温度下水的饱和蒸气压 p_s之比的百分数,称为相对湿度,以 φ 表示:

$$\varphi = \frac{p}{p_s} \times 100\% \tag{9-5}$$

当水汽分压 $p=0$ 时,$\varphi=0$,此时湿空气中不含水分,为绝干空气;当 $p=p_s$时,$\varphi=1$,此时的湿空气为饱和空气,空气中的水汽分压达到最高值,这种湿空气不能用作干燥介质。相对湿度可以用来判断干燥过程能否进行以及湿空气的吸湿能力,相对湿度 φ 值越小,湿空气吸收水分的能力就越强。而湿度只表明湿空气中水汽含量,不能表明湿空气吸湿能力的强弱。

将式(9-5)代入式(9-3)中,有

$$H = 0.622 \frac{\varphi p_s}{p_t - \varphi p_s} \tag{9-6}$$

当总压一定时,湿度是相对湿度和温度的函数。

2. 湿空气的比热容和焓

(1) 湿空气的比热容 c_H。在常压下,将 1kg 绝干空气及其所带有的 Hkg 水汽的温度升高(或降低)1℃时所需吸收(或放出)的热量,称为湿空气的比热容。

$$c_H = c_g + c_v H \tag{9-7}$$

式中:c_H 为湿空气的比热容(kJ/(kg 绝干空气·℃));c_g为绝干空气的比热容(kJ/(kg 绝干空气·℃));c_v为水汽的比热容(kJ/(kg 水汽·℃))。

在 273~393K 的温度范围内,绝干空气和水汽的平均定压比热容分别为 $c_g=1.01$kJ/(kg 绝干空气·℃)和 $c_v=1.88$kJ/(kg 水汽·℃),则

$$c_H = 1.01 + 1.88H \tag{9-8}$$

可见,湿空气的比热容只是湿度的函数。

(2) 湿空气的焓 I。湿空气中 1kg 绝干空气及其所带有的 Hkg 水汽的焓之和,称为湿空气的焓,以 I 表示。

$$I = I_g + I_v H \tag{9-9}$$

式中:I 为湿空气的焓(kJ/kg 绝干空气);I_g为绝干空气的焓(kJ/kg 绝干空气);I_v为水汽的焓(kJ/kg 水汽)。

取绝干空气的焓以 0℃绝干空气为基准,水汽的焓以 0℃液态水为基准,此时水的汽化潜热为 $r_0=2490$kJ/kg 水汽,则绝干空气和水汽的焓值分别为 $I_g=c_g t$ 和 $I_v=r_0+c_v t$。那么湿空气焓值为

$$I = c_g t + r_0 H + c_v t H = (c_g + c_v H)t + r_0 H \tag{9-10}$$

将 c_g、c_v及 r_0值代入式(9-10),有

$$I = (1.01 + 1.88H)t + 2490H \tag{9-11}$$

可见，湿空气的焓值随空气温度 t、湿度 H 的增加而增大。

3. 湿空气的比容

湿空气的比容又称湿体积、比体积，表示 1kg 绝干空气和其所带有的 Hkg 水汽的体积之和，用 v_H 表示。选择风机或计算流速时，需要知道湿空气的体积流量，此时常应用到比体积。

$$v_H = \frac{m^3\ 湿空气}{1kg\ 绝干空气}$$

常压下，温度为 t 的 1kg 绝干空气的体积 v_g 为

$$v_g = \frac{22.41}{29} \times \frac{t+273}{273} = 0.773\frac{t+273}{273} \tag{9-12}$$

1kg 水汽的体积 v_V 为

$$v_V = \frac{22.41}{18} \times \frac{t+273}{273} = 1.244\frac{t+273}{273} \tag{9-13}$$

常压下，温度为 t、湿度为 H 的湿空气的比容 v_H：

$$v_H = v_g + Hv_V = (0.773 + 1.244H)\frac{t+273}{273} \tag{9-14}$$

式中：v_H 为湿空气比容（m^3/kg 绝干空气）；v_g 为绝干空气比容（m^3/kg 绝干空气）；v_v 为水汽的比容（m^3/kg 水汽）。

4. 湿空气的温度

（1）干球温度 t。干球温度是湿空气的真实温度，可用普通温度计置于空气中测得。

（2）露点温度 t_d。在总压 p_t 和湿度 H 一定的条件下，将不饱和湿空气进行冷却、降温，直至水汽达到饱和状态，即 $H=H_s$，$\varphi=1$，此时的温度称为露点温度，用 t_d 表示。根据式（9-4）：

$$H_s = 0.622\frac{p_s}{p_t - p_s}$$

可见，在一定总压下，只要测出露点温度 t_d，便可从手册中查得此温度下对应的饱和蒸气压 p_s，从而根据式（9-4）求得空气的湿度。反之若已知空气的湿度，可根据式（9-4）求得饱和蒸气压 p_s，再从饱和水蒸气表中查出相应的温度，即为 t_d。

（3）湿球温度。将普通温度计的感温球用湿纱布包裹，纱布下端浸在水中，使纱布一直处于湿润状态，这种温度计称为湿球温度计，如图 9-3 所示。

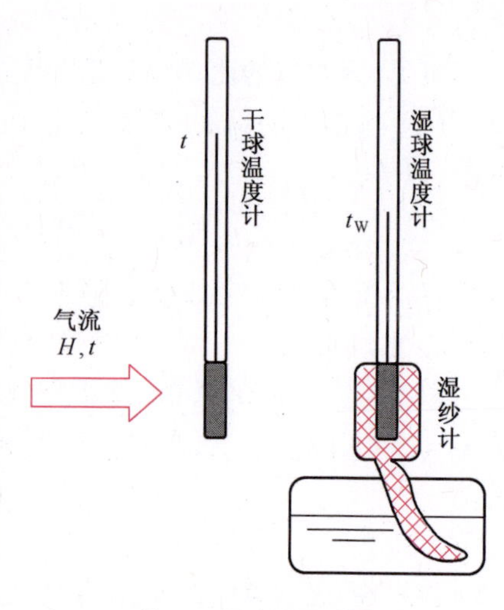

图 9-3 湿球温度的测量

将湿球温度计置于温度为 t、湿度为 H 的不饱和空气流中（流速通常大于 5m/s，以保证对流传热）。假定开始时湿球上的水温与湿空气的温度 t 相同，空气与湿球表面之间没有热量传递。但只要空气未达到饱和状态，湿球表面的空气湿度大于空气主体湿度 H，就有水汽化到空气中去，此时汽化水分所需的潜热只能由水本身温度下降放出的显热供给，因此湿球上的水温下降，与空气之间产生了温度差，引起对流传热。当空气向湿球传递的热量正好等于湿球水分汽化所需热量时，过程达到动态平衡，此时湿球温度不再下降，而达到一个稳定的温度。这个

稳定温度就是该空气状态(温度 t,湿度 H)下空气的湿球温度 t_w。

由上述分析可知,湿球温度 t_w 是湿球上水的温度,它由流过湿球表面的大量空气的温度 t 和湿度 H 所决定。当空气的温度 t 一定时,其湿度 H 越大,则湿球温度 t_w 越高;对于饱和湿空气,则湿球温度与干球温度以及露点温度三者相等。湿球温度 t_w 是湿空气的状态参数。

当湿球温度达到稳定时,热量从空气向湿纱布表面传递的对流传热速率为

$$Q = \alpha S(t - t_w) \tag{9-15}$$

式中:Q 为空气向湿纱布的传热速率(kW);α 为空气主体与湿纱布表面之间的对流传热系数(kW/(m^2·℃));S 为湿球表面积(m^2);t,t_w 为空气的干、湿球温度(℃)。

同时,湿球表面的水汽传递到空气主体的传质速率为

$$N = k_H S(H_w - H) \tag{9-16}$$

式中:N 为传质速率(kg 水汽/s);k_H 为以湿度差为推动力的对流传质系数(kg 水汽/(m^2·s·ΔH));H_w 为湿球温度 t_w 下空气的饱和湿度(kg 水汽/kg 绝干空气)。

单位时间内,从空气主体向湿球表面传递的热量 Q 正好等于湿球表面水汽化所需热量,这部分热量又由水汽带回到空气主体中,则

$$\alpha S(t - t_w) = k_H S(H_w - H) r_w$$

整理得

$$t_w = t - \frac{k_H r_w}{a}(H_w - H) \tag{9-17}$$

式中:r_w 为湿球温度 t_w 下水的汽化潜热(kJ/kg)。

根据式(9-17)可知,通过测量空气的干球温度和湿球温度,可以确定空气的湿度 H,这是测量湿球温度目的之一。实验证明 α 和 k_H 都与 $Re^{0.8}$ 成正比,所以 α/k_H 值与流速无关,只与物质性质有关。对于空气-水系统,$\alpha/k_H \approx 1.09$。在一定压强下,只要测出湿空气的 t 和 t_w,就可根据式(9-17)确定湿度 H。测量湿球温度时,空气的流速应大于 5m/s,以减少热辐射和导热的影响,使测量结果精确。

(4) 绝热饱和温度 t_{as}。绝热饱和温度是湿空气经过绝热冷却过程后达到稳态时的温度,用 t_{as} 表示。绝热饱和温度的测量见图 9-4。设有温度为 t、湿度为 H 的不饱和空气在绝热饱和塔内和大量水充分接触,水用泵循环,使塔内水温完全均匀。若塔与周围环境绝热,则水向空气中汽化所需的潜热,只能由空气自身温度下降而放出的显热供给,同时水又将这部分热量带回空气中,因此空气的焓值不变,湿度不断增加。这一绝热冷却过程,实际上是等焓过程。

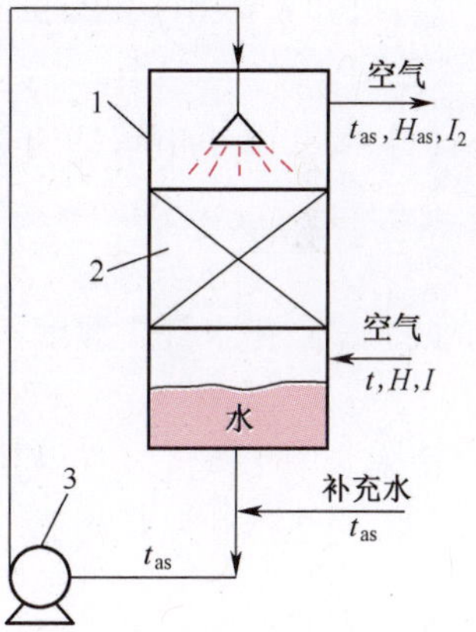

图 9-4 绝热饱和冷却塔示意图
1—塔身;2—填料;3—循环泵。

绝热冷却过程进行到空气被水汽饱和时,空气的温度不再下降,而与循环水的温度相同,此时的温度称为该空气的绝热饱和温度 t_{as},与之对应的湿度称为绝热饱和湿度,用 H_{as} 表示。

根据以上分析可知,达到稳定状态时,空气释放出的显热恰好用于水分汽化所需的潜热,故

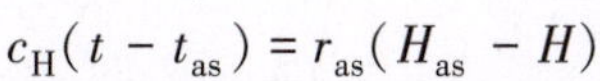

$$c_H(t - t_{as}) = r_{as}(H_{as} - H)$$

整理得

$$t_{as} = t - \frac{r_{as}}{c_H}(H_{as} - H) \tag{9-18}$$

式中：r_{as}为温度为 t_{as}时水的汽化潜热(kJ/kg 水)。

一定状态下的湿空气(t,H)的绝热饱和温度 t_{as}是湿空气在绝热冷却、增湿过程中达到的极限冷却温度，只由该湿空气的 t 和 H 决定，t_{as}也是空气的状态参数。

实验证明，对空气-水物系，$\alpha/k_H \approx c_H$，所以可认为 $t_{as} \approx t_w$。对有机液体，如乙醇、苯、甲苯、四氯化碳与水的系统，其不饱和气体的 t_w高于 t_{as}。

湿球温度 t_w和绝热饱和温度 t_{as}都是湿空气的 t 与 H 的函数。对于空气-水物系，两者数值近似相等，但它们分别由两个完全不同的过程求得。湿球温度 t_w是大量空气与少量水接触后水的稳定温度；而绝热饱和温度 t_{as}是大量水与少量空气接触，空气达到饱和状态时的稳定温度，与水的温度相同。少量水达到湿球温度 t_w时，空气与水之间处于热量传递和水汽传递的动态平衡状态；而少量空气达到绝热饱和温度 t_{as}时，空气与水的温度相同，处于静态平衡状态。

从以上讨论可知，表示湿空气性质的温度有干球温度 t、露点 t_d、湿球温度 t_w及绝热饱和温度 t_{as}。对于空气-水物系，$t_w \approx t_{as}$，并且有下列关系：

$$\text{不饱和湿空气}\ t > t_{as}(\text{或}\ t_w) > t_d$$

$$\text{饱和湿空气}\ t = t_{as}(\text{或}\ t_w) = t_d \tag{9-19}$$

【例 9-1】 已知湿空气的总压 $p_t = 101.3\text{kPa}$，相对湿度 $\varphi = 0.6$，干球温度 $t = 30℃$。试求：

(1) 湿度 H；

(2) 露点 t_d；

(3) 绝热饱和温度；

(4) 将上述状态的空气在预热器中加热至 100℃所需的热量，以及预热器中湿空气体积流量(m^3/h)。已知空气质量流量为 100kg(以绝干空气计)/h。

解：已知 $p_t = 101.3\text{kPa}$，$\varphi = 0.6$，$t = 30℃$。由附录中饱和水蒸气表查得水在 30℃时的蒸汽压 $p_s = 4.25\text{kPa}$。

(1) 湿度 H 可由式(9-6)求得

$$H = 0.622\frac{\varphi p_s}{p_t - \varphi p_s} = 0.622 \times \frac{0.6 \times 4.25}{101.3 - 0.6 \times 4.25} = 0.016\text{kg 水汽/kg 绝干空气}$$

(2) 露点是空气在湿度不变的条件下冷却到饱和空气时的温度，已知

$$p = \varphi p_s = 0.6 \times 4.25 = 2.55\text{kPa}$$

由附录中水蒸气表查得其对应的温度 $t_d = 21.4℃$。

(3) 绝热饱和温度 t_{as}按式(9-18)计算。

$$t_{as} = t - (r_{as}/c_H)(H_{as} - H) \tag{a}$$

已知 $t = 30℃$时，$H = 0.016\text{kg}$ 水汽/kg 绝干空气，$c_H = 1.01 + 1.88H = 1.01 + 1.88 \times 0.016 = 1.04\text{kJ/kg}$ 绝干空气，而 r_{as}、H_{as}是 t_{as}的函数，皆为未知，可用试差法求解。

设 $t_{as} = 25℃$，$p_{as} = 3.17\text{kPa}$，则

$$H_{as} = 0.622\frac{p_{as}}{p_t - p_{as}} = 0.622\frac{3.17}{101.3 - 3.17} = 0.02\text{kg 水汽/kg 绝干空气},$$

$r_{as} = 2434\text{kJ/kg}$，代入式(a)得：$t_{as} = 30 - (2434/1.04)(0.02 - 0.016) = 20.6℃ < 25℃$。

可见所设的 t_{as}偏高，由此求得的 H_{as}也偏高，重设 $t_{as} = 23.7℃$，相应的 $p_{as} = 2.94\text{kPa}$，$H_{as} =$

$0.622 \times 2.94/(101.3-2.94)=0.0186$kg 水汽/kg 绝干空气，$r_{as}=2438$kJ/kg，代入式(a)得 $t_{as}=30-(2438/1.04)(0.0186-0.016)=23.9$℃。两者基本相符，可认为 $t_{as}=23.7$℃。

(4) 预热器中加入的热量：

$$Q = 100 \times (1.01 + 1.88 \times 0.016)(100 - 30) = 7280\text{kJ/h} = 2.02\text{kW}$$

送入预热器的湿空气体积流量：

$$V = 100 \times (0.773 + 1.244 \times 0.016) \times \left(\frac{273 + 30}{273}\right) = 88\text{m}^3/\text{h}$$

9.2.2 湿空气的 *I-H* 图

当总压一定时，表明湿空气性质的各项参数(t,p,φ,H,I,t_w等)中，只要已知其中任意两个相互独立的参数，湿空气的状态就被唯一确定。工程上为方便起见，将各参数之间的关系绘制成湿度图。根据目的和使用上的方便，可以选择不同的独立参数为坐标，常用的湿度图有温湿图($t-H$)和焓湿图($I-H$)。本章介绍焓湿图的构成和应用。

1. 焓湿图的构成

图 9-5 为常压下($p_t=101.3$kPa)湿空气的 $I-H$ 图。为了使各种关系曲线分散开，采用两坐标轴交角为 135°的斜角坐标系。为了便于读取湿度数据，将横轴上湿度 H 的数值投影到与纵轴正交的辅助水平轴上。图中共有五种关系曲线，图上任何一点都代表一定温度 t 和湿度 H 的湿空气状态。

(1) 等湿线(即等 H 线)。等湿线是一组与纵轴平行的直线，在同一条等 H 线上不同的点都具有相同的湿度值，其值在辅助水平轴上读出。

(2) 等焓线(即等 I 线)。等焓线是一组与斜轴平行的直线。在同一条等 I 线上不同的点所代表的湿空气的状态不同，但都具有相同的焓值，其值可以在纵轴上读出。

(3) 等温线(即等 t 线)。根据湿空气焓的计算式 $I=1.01t+(1.88t+2490)H$，当 t 不变时，I 与 H 为直线关系。因直线斜率$(1.88t+2490)$是温度的函数，故各等温线互不平行。

(4) 等相对湿度线(即等 φ 线)。等相对湿度线是根据式 $H=0.622\dfrac{\varphi p_s}{p_t-\varphi p_s}$ 绘制的一组从原点出发的曲线。$\varphi=100\%$的等 φ 线为饱和空气线，此时空气完全被水汽所饱和；饱和空气线以上($\varphi<100\%$)为不饱和空气区域。当空气的湿度 H 为一定值时，其温度 t 越高，则相对湿度 φ 值就越低，空气吸收水汽的能力就越强。湿空气进入干燥器之前须经预热器预热至一定温度 t，一方面提高空气的温度，增大湿空气的焓值和空气与固体物料表面温度差，提供干燥器中水分汽化所需的热量和加快干燥速率，另一方面可以降低空气的相对湿度，提高其吸湿能力。

(5) 水汽分压线。水汽分压线表示空气的湿度 H 与空气中水汽分压 p 之间关系。根据湿度定义式(9-3)可知：

$$p = \frac{p_t H}{0.622 + H} \tag{9-20}$$

当湿空气的总压 p_t不变时，水汽分压 p 随湿度 H 而变化。空气的水汽分压标于右端纵轴上，其单位为 kPa。

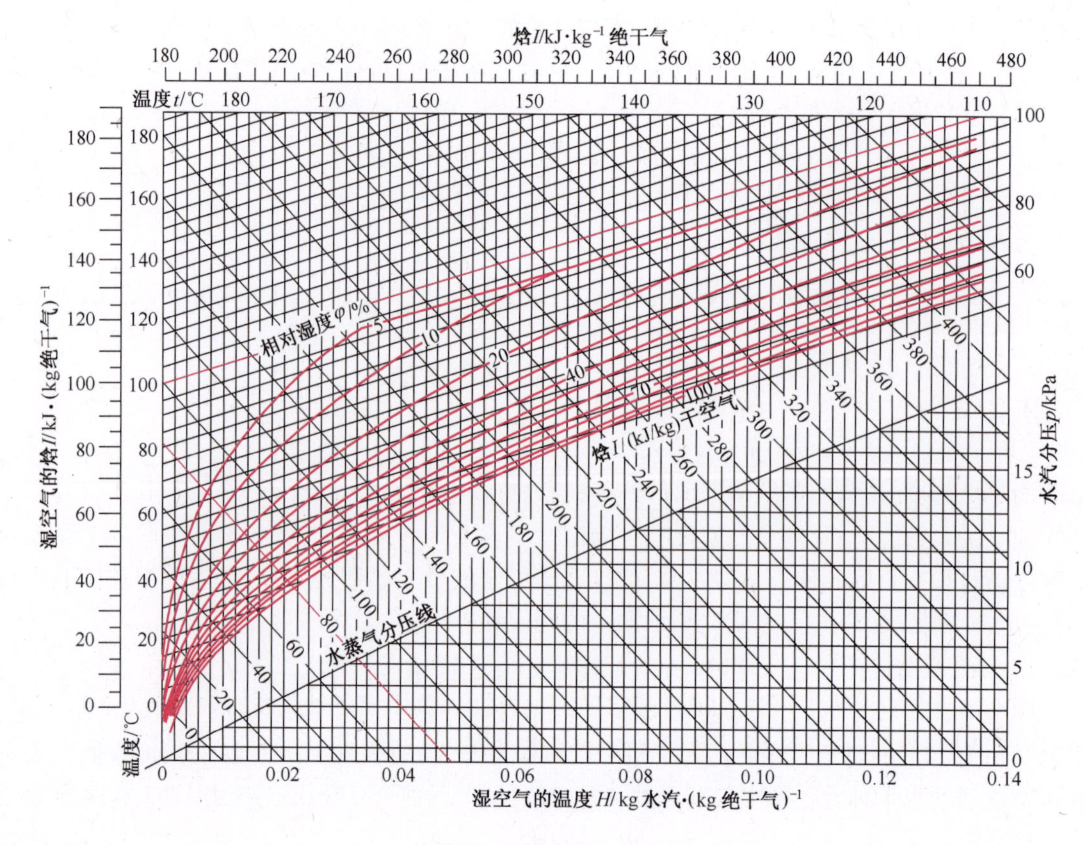

图 9-5 湿空气的 $I-H$ 图

2. $I-H$ 图的用法

利用 $I-H$ 图查取湿空气状态的各项参数非常方便。已知湿空气的某一状态点 A 的位置，如图 9-6 所示，可确定空气的 t、φ、H 及 I 值，以及 p、t_d 和 $t_{as}(t_w)$ 的大小。

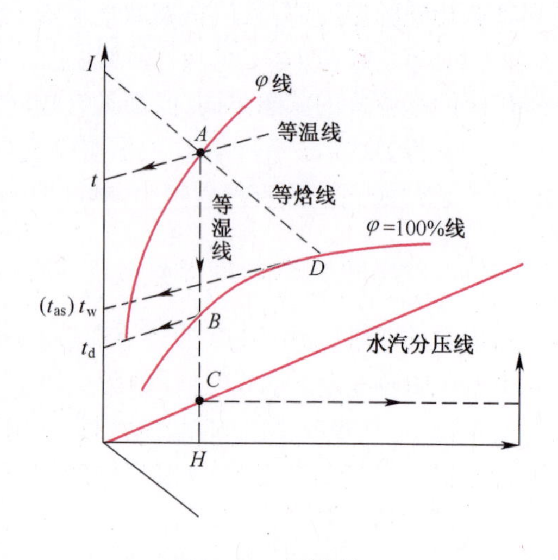

图 9-6 $I-H$ 图的用法

（1）湿度 H 的确定：由 A 点沿等湿线向下与水平辅助轴交于点 H，即可读得 A 点的湿度值。

（2）焓值 I 的确定：通过 A 点作等焓线的平行线，与纵轴交于点 I，即可读得 A 点的焓值。

（3）水汽分压 p 的确定：由 A 点沿等湿线向下交水蒸气分压线于 C，在图右端纵轴上即可读得水汽分压值 p。

（4）露点 t_d 的确定：由 A 点沿等湿线向下与 $\varphi=100\%$ 饱和空气线相交于 B 点，再由过 B 点的等温线读出露点 t_d 值。

（5）湿球温度 t_w（绝热饱和温度 t_{as}）的确定：由 A 点沿着等焓线与 $\varphi=100\%$ 饱和空气线相交于 D 点，再由过 D 点的等温线读出湿球温度 t_w（即绝热饱和温度 t_{as} 值）。

湿空气的性质（t,H,φ,I,p）中，只要知道其中两个相互独立的参数，通过湿度图，就能确定湿空气的状态。

【例 9-2】 已知湿空气的总压为 101.3kPa，相对湿度为 50%，干球温度为 20℃。试用 $I-H$ 图求解：

(1) 水汽分压 p；

(2) 湿度 H；

(3) 焓 I；

(4) 露点 t_d；

(5) 湿球温度 t_w；

(6) 如将含 500kg 绝干空气/h 的湿空气预热至 117℃，求所需热量 Q。

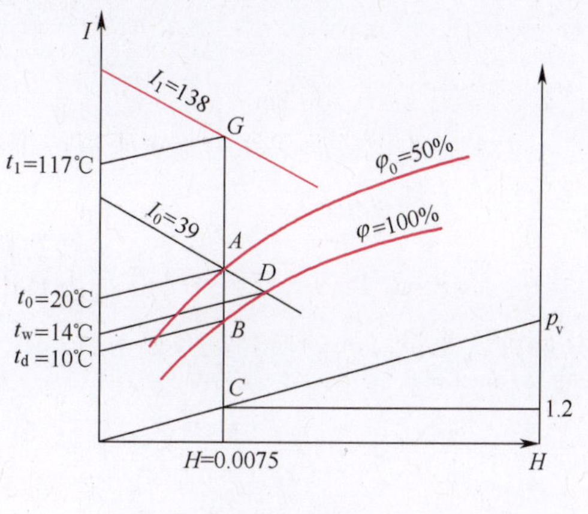

例 9-2 附图

解：由已知条件 $p_t = 101.3\text{kPa}$、$\varphi_0 = 50\%$、$t_0 = 20℃$，可在 $I-H$ 图上确定湿空气状态点 A。

(1) 水汽分压：由图中 A 点沿等 H 线向下交水气分压线于 C，在图右端纵坐标上求得 $p = 1.2\text{kPa}$。

(2) 湿度 H：由 A 点沿等 H 线交水平辅助轴于点 $H = 0.0075\text{kg}$ 水汽/kg 绝干空气。

(3) 焓 I：通过 A 点作斜轴的平行线，求得 $I_0 = 39\text{kJ/kg}$ 绝干空气。

(4) 露点 t_d：由 A 点沿等 H 线与 $\varphi = 100\%$ 饱和线相交于 B 点，由通过 B 点的等 t 线求得 $t_d = 10℃$。

(5) 湿球温度 t_w（绝热饱和温度 t_{as}）：由 A 点沿等 I 线与 $\varphi = 100\%$ 饱和线相交于 D 点，由通过 D 点的等 t 线求 $t_w = 14℃$（即 $t_{as} = 14℃$）。

(6) 热量 Q：湿空气通过预热器加热时其湿度不变，所以可由 A 点沿等 H 线向上与 $t_1 = 117℃$ 线相交于 G 点，求得湿空气离开预热器时的焓值 $I_1 = 138\text{kJ/kg}$ 绝干空气。含 1kg 绝干空气的湿空气通过预热器所获得的热量为

$$Q' = I_1 - I_0 = 138 - 39 = 99\text{kJ/kg 绝干空气}$$

每小时含有 500kg 干空气的湿空气通过预热器所获得的热量为

$$Q = 500Q' = 500 \times 99 = 49500\text{kJ/h} = 13.8\text{kW}$$

9.3 干燥过程的物料衡算和热量衡算

对流干燥过程是利用不饱和热空气除去湿物料中的水分，所以常温下的空气通常先通过预热器加热至一定温度后再进入干燥器，在干燥器中和湿物料接触，使湿物料表面的水分汽化并将水汽带走。在设计干燥器前，通常已知湿物料的处理量、湿物料在干燥前后的含水量及进入干燥器的湿空气的初始状态，要求计算水分蒸发量、空气用量以及干燥过程所需热量和热效率，为此需对干燥器进行物料衡算和热量衡算，以便选择适宜型号的风机和换热器。

9.3.1 物料中含水量的表示方法

1. 湿基含水量

湿物料中所含水分的质量分率称为湿物料的湿基含水量。

$$w=\frac{\text{湿物料中水分的质量}}{\text{湿物料总质量}} \tag{9-21}$$

2. 干基含水量

不含水分的物料通常称为绝对干料或干料。湿物料中水分的质量与绝对干料质量之比，称为湿物料的干基含水量。

$$X=\frac{\text{湿物料中水分的质量}}{\text{湿物料中绝对干物料质量}} \tag{9-22}$$

上述两种含水量之间的换算关系如下：

$$X=\frac{w}{1-w}\quad(\text{kg 水/kg 绝干物料})$$

$$w=\frac{X}{1+X}\quad(\text{kg 水/kg 湿物料}) \tag{9-23}$$

工业生产中，通常用湿基含水量来表示物料中水分的多少。在干燥过程中，湿物料的质量不断变化，而绝干物料质量不变，因此在干燥器的物料和热量衡算中，以绝干物料为计算基准、采用干基含水量计算较为方便。

9.3.2 干燥器的物料衡算

通过物料衡算可计算干燥产品流量、物料的水分蒸发量和空气消耗量。对图 9-7 所示的连续干燥器作物料衡算。

设 G_1 为进入干燥器的湿物料质量流量(kg/s)；G_2 为出干燥器的产品质量流量(kg/s)；G_c 为湿物料中绝对干料质量流量(kg/s)；w_1，w_2 为干燥前后物料的湿基含水量(kg 水/kg 湿物料)；X_1，X_2 为干燥前后物料的干基含水量(kg 水/kg 绝干物料)；H_1，H_2 为进出干燥器的湿空气的湿度(kg 水汽/kg 绝干空气)；W 为水分蒸发量(kg/s)；L 为湿空气中绝干空气的质量流量(kg/s)。

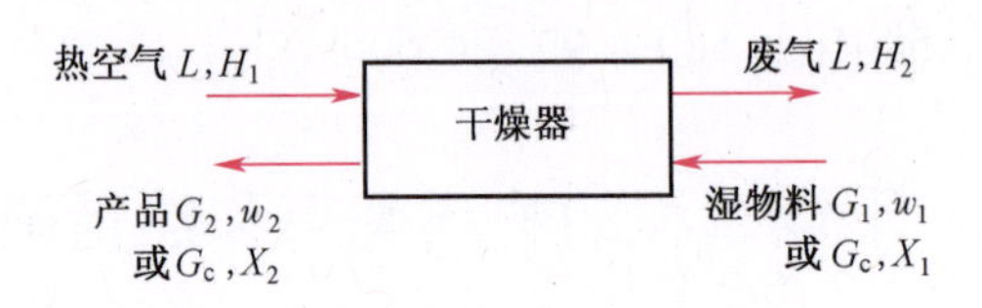

图 9-7 各物流进、出逆流干燥器示意图

1. 水分蒸发量 W

若不计干燥过程中物料损失量，则在干燥前、后物料中绝干物料质量流量 G_c 不变，则

$$G_c=G_1(1-w_1)=G_2(1-w_2) \tag{9-24}$$

$$G_2=G_1\frac{(1-w_1)}{1-w_2} \tag{9-25}$$

通过干燥器前后湿空气中绝干空气量是不变的，湿物料中水分的减少量等于湿空气中水分增加量，即

$$W=L(H_2-H_1)=G_c(X_1-X_2) \tag{9-26}$$

2. 干空气消耗量 L

由式(9-26)可得干空气消耗量与水分蒸发量之间关系：

$$L=\frac{G_c(X_1-X_2)}{H_2-H_1}=\frac{W}{H_2-H_1} \tag{9-27}$$

因此蒸发 1kg 水分所消耗的干空气量(称为单位空气消耗量,单位为 kg 绝干空气/kg 水分)为

$$l=\frac{L}{W}=\frac{1}{H_2-H_1} \tag{9-28}$$

如果以 H_0 表示空气预热前的湿度,因为空气经预热器后其湿度不变,故 $H_0=H_1$,上式可写为

$$l=\frac{1}{H_2-H_0} \tag{9-28a}$$

由上式可见,单位空气消耗量仅与空气的初始湿度 H_0 及最终湿度 H_2 有关,与路径无关。由于 H_0 是由空气的初温 t_0 及相对湿度 φ_0 所决定,所以在其他条件相同的情况下,l 将随着 t 及 φ 的增加而增大。对同一干燥过程而言,由于夏季空气湿度较冬季大,因此夏天的空气消耗量 l 比冬季多,故选择输送空气的风机装置,也必须按全年最大空气消耗量而定。

【例 9-3】 今有一干燥器,湿物料处理量为 800kg/h。要求物料干燥后含水量由 30%减至 4%(均为湿基)。干燥介质为空气,初温 15℃,相对湿度为 50%,经预热器加热至 120℃进入干燥器,出干燥器时降温至 45℃,相对湿度为 80%。

试求:(1) 水分蒸发量 W;

(2) 空气消耗量 L 和单位空气消耗量 l;

(3) 如鼓风机装在进口处,求鼓风机的风量 V。

解:(1) 水分蒸发量 W。

已知 $G_1=800\text{kg/h}$,$w_1=30\%$,$w_2=4\%$,则

$$G_c=G_1(1-w_1)=800(1-0.3)=560\text{kg/h}$$

$$X_1=\frac{w_1}{1-w_1}=\frac{0.3}{1-0.3}=0.429$$

$$X_2=\frac{w_2}{1-w_2}=\frac{0.04}{1-0.04}=0.042$$

$$W=G_c(X_1-X_2)=560\times(0.429-0.042)=216.7\text{kg 水/h}$$

(2) 空气消耗量 L 和单位空气消耗量 l。由 I-H 图查得空气在 $t=15℃$,$\varphi=50\%$ 时的湿度为 $H=0.005$kg 水汽/kg 绝干空气。在 $t_2=45℃$,$\varphi_2=80\%$ 时,湿度为 $H_2=0.052$kg 水汽/kg 绝干空气。

空气通过预热器湿度不变,即 $H_0=H_1$。

$$L=\frac{W}{H_2-H_1}=\frac{W}{H_2-H_0}=\frac{216.7}{0.052-0.005}=4610\text{kg 绝干空气/h}$$

$$l=\frac{1}{H_2-H_0}=\frac{1}{0.052-0.005}=21.3\text{kg 绝干空气/kg 水}$$

(3) 风量 V。

根据式(9-14)，15℃、101.325kPa 下的湿空气比容为

$$v_H=(0.773+1.244H_0)\frac{15+273}{273}=(0.773+1.244\times0.005)\times\frac{288}{273}=0.822\text{m}^3\text{湿空气/kg 绝干空气}$$

$$V=Lv_H=4610\times0.822=3789\text{m}^3/\text{h}$$

9.3.3 干燥过程的热量衡算

通过干燥系统的热量衡算，可以求出物料干燥所消耗的热量和预热器的传热面积，同时确定干燥器排出废气的湿度 H_2和焓 I_2等状态参数。

干燥过程的热量衡算如图 9-8 所示，包括预热器和干燥器两部分。图中 I_0,I_1,I_2分别为新鲜空气进入预热器、离开预热器(即进入干燥器)和离开干燥器时的焓(kJ/kg 绝干空气)；t_0,t_1,t_2分别为新鲜空气进入预热器、离开预热器(即进入干燥器)和离开干燥器时的温度(℃)；L 为绝干空气的质量流量(kg 绝干空气/s)；Q_p为单位时间内预热器中空气消耗的热量(kW)；G_1,G_2分别为湿物料进入和离开干燥器的质量流量(kg/s)；θ_1,θ_2分别为湿物料进入和离开干燥器的温度(℃)；I'_1,I'_2分别为湿物料进入和离开干燥器时的焓(kJ/kg 绝干物料)；Q_D为单位时间内向干燥器补充的热量(kW)；Q_L 为单位时间内干燥器损失的热量(kW)。

1. 预热器的热量衡算

若忽略预热器的热损失，对图 9-8 中的预热器作热量衡算，得

$$Q_p=L(I_1-I_0)=L(1.01+1.88H_0)(t_1-t_0) \tag{9-29}$$

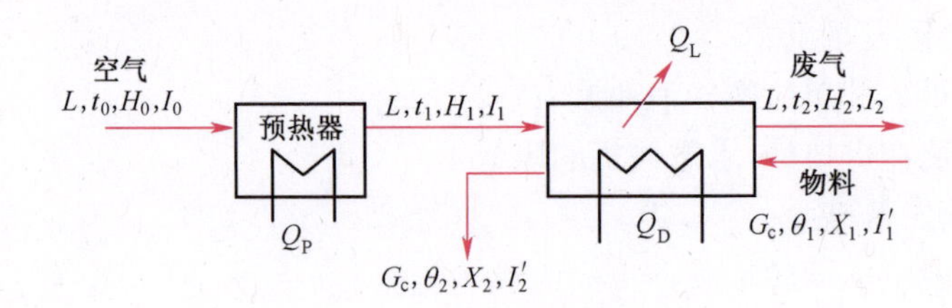

图 9-8 连续干燥过程的热量衡算示意图

2. 干燥器的热量衡算

根据热量衡算，单位时间内进入干燥器的热量与单位时间内从干燥器移出的热量相等，则

$$LI_1+G_cI'_1+Q_D=LI_2+G_cI_2'+Q_L \tag{9-30}$$

整理得

$$L(I_1-I_2)+Q_D=G_c(I'_2-I'_1)+Q_L \tag{9-31}$$

式中：$I'=c_m\theta$，c_m 为湿物料的比热容(kJ/(kg 绝干物料·℃))；由绝干物料的比热容 c_s和水的比热容 c_w按加和原则计算，c_w=4.187kJ/(kg 水·℃)，即

$$c_m=c_s+Xc_w \tag{9-32}$$

3. 干燥系统消耗的总热量 Q

干燥系统消耗的总热量 Q 为 Q_p与 Q_D之和，即

$$Q=Q_p+Q_D=L(I_2-I_0)+G_c(I'_2-I'_1)+Q_L \tag{9-33}$$

式中：Q 为干燥系统消耗的总热量(kW)。

9.3.4 干燥器出口状态及干燥过程的计算

在设计干燥器时,空气和湿物料的进口状态是给定的,出口状态往往根据工艺规定的条件通过计算求得。对不同的干燥过程分析如下:

1. 理想干燥过程

若干燥过程中忽略设备的热损失和物料进出干燥器温度的变化,而且不向干燥器补充热量,此时干燥器内空气放出的显热全部用于蒸发湿物料中的水分,最后水汽又将该部分潜热带回空气中,此时气体在干燥器中为等焓变化过程,即 $I_1=I_2$,这种干燥过程称为理想干燥过程。

理想干燥过程中气体状态变化如图 9-9 所示。由湿空气初始状态(t_0,H_0)确定点 A;预热器中空气湿度不变,沿等湿线升温至 t_1,即 B 点;进入干燥器后气体沿等焓线降温、增湿至 t_2,交点 C 即为空气出干燥器时的状态点。

2. 实际干燥过程

在实际干燥过程中,干燥器有一定的热损失,而且湿物料本身也要吸收部分热量被加热,即 $\theta_1 \neq \theta_2$,因此空气的状态并不是沿着等焓线变化,如图 9-10 所示。图中 BC_1 线表明干燥器出口气体的焓小于进口气体的焓,此时不向干燥器补充热量或补充的热量小于损失的热量和加热物料所消耗的热量之和;BC_2 线表明干燥器出口气体的焓高于进口气体的焓,此时向干燥器补充的热量大于损失的热量和加热物料所消耗的热量之和。实际干燥过程气体出干燥器的状态需由物料衡算式和热量衡算式联立求解确定。

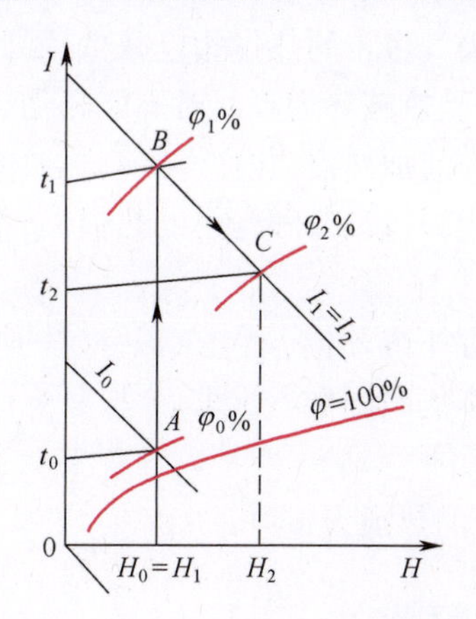

图 9-9 等焓干燥过程中湿空气的状态变化示意图

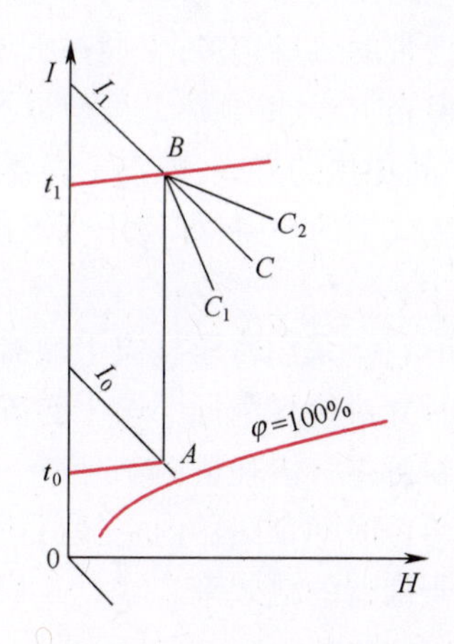

图 9-10 实际干燥过程中湿空气的状态变化示意图

9.3.5 干燥系统的热效率

为了分析干燥过程中热量的有效利用程度,对图 9-8 所示干燥过程进行热量分析,见表 9-1。

将表 9-1 数据带入热量衡算式中,则

$$Q = Q_p + Q_D = L(1.01 + 1.88H_0)(t_2 - t_0) + G_c c_{m2}(\theta_2 - \theta_1) + W(r_0 + c_v t_2 - c_w \theta_1) + Q_L \tag{9-34}$$

由式(9-34)可见,干燥系统的总热量用于加热空气、加热湿物料、蒸发水分和热损失。其

中只有蒸发水分的热量直接用于干燥目的，湿物料被加热是干燥过程不可避免的。因此通常将干燥系统的热效率定义为

$$\eta = \frac{W(r_0 + c_V t_2 - c_w\theta_1) + G_c c_{m2}(\theta_2 - \theta_1)}{Q} \tag{9-35}$$

表 9-1 干燥过程热量衡算

输入系统热量	输出系统热量
湿物料 G_1 带入热量	湿物料 G_2 带走热量
$W\theta_1 c_w + G_c(c_s + c_w X_2)\theta_1$	$G_c(c_s + c_w X_2)\theta_2$
空气带入系统热量	空气带出系统热量
$LI_0 = L(1.01 + 1.88H_0)t_0 + r_0 H_0 L$	$L(1.01 + 1.88H_0)t_2 + r_0 H_0 L + W(c_v t_2 + r_0)$
预热器输入系统热量 Q_p	干燥器的热损失 Q_L
向干燥器补充的热量 Q_D	

干燥系统的热效率是干燥系统操作性能的一个重要指标。热效率高，表明热量的利用程度好，操作费用低，使产品成本降低。因此在操作过程中，希望尽可能获得高的热效率。

降低废气出口温度 t_2 和提高空气预热温度 t_1，可以提高干燥器热效率。废气出口温度降低虽然可以提高热效率，但同时使干燥时间延长，增加干燥器的体积。废气出口温度应比进干燥器气体的湿球温度高 20~50℃，以免气流在出口处析出水滴。提高空气的预热温度，单位质量绝干空气携带的热量越多，干燥过程所需要的空气量少，废气带走的热量相应减少，因此提高了热效率。但是，空气的预热温度应以湿物料不致在高温下受热破坏为限。对不能经受高温的材料，采用中间加热的方式，即在干燥器内设置一个或多个中间加热器，往往可提高热效率。此外合理利用废气中的热量，如使用废气预热冷空气或湿物料，减少设备和管道的热损失，都可提高热效率。

【例 9-4】 采用常压气流干燥器干燥某种湿物料。在干燥器内，湿空气以一定的速度吹送物料的同时并对物料进行干燥。已知的操作条件均标于本例附图中。试求：

（1）新鲜空气消耗量；

（2）单位时间预热器内空气消耗的热量，忽略预热器的热损失；

（3）干燥器的热效率。

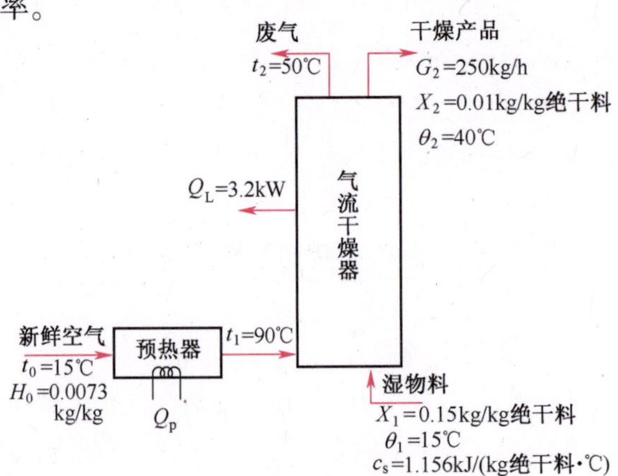

例 9-4 附图

解:(1) 新鲜空气消耗量。

绝干物料 $G_c = \frac{G_2}{1 + X_2} = \frac{250}{1 + 0.01} = 248$kg 绝干物料 /h

$$W = G_c(X_1 - X_2) = 248(0.15 - 0.01) = 34.7\text{kg 水 /h}$$

该干燥操作为非理想过程,空气离开干燥器的状态参数用解析法求解。

当 $t_0 = 15℃$、$H_0 = 0.0073$kg 水汽/kg 绝干空气时,空气的焓值为

$$I_0 = (1.01 + 1.88H_0)t_0 + r_0H_0 = 34\text{kJ/kg 绝干空气}$$

当 $t_1 = 90℃$、$H_1 = H_0 = 0.0073$kg 水汽/kg 绝干空气时,同理可得 $I_1 = 110$kJ/kg 绝干空气。

$$I'_1 = c_s\theta_1 + X_1c_w\theta_1 = 1.156 \times 15 + 0.15 \times 4.187 \times 15 = 26.76\text{kJ/kg 绝干物料}$$

同理 $I'_2 = 1.156\times40+0.01\times4.187\times40 = 47.91$kJ/kg 绝干物料

对干燥器作热量衡算,得

$$LI_1 + G_cI'_1 = LI_2 + G_cI'_2 + Q_L$$

或

$$L(I_1 - I_2) = G_c(I_2' - I'_1) + Q_L$$

将已知值代入上式,得

$$L(110 - I_2) = 248(47.91 - 26.76) + 3.2 \times 3600$$

或

$$L(110 - I_2) = 16770 \tag{a}$$

空气离开干燥器时的焓为

$$I_2 = (1.01 + 1.88H_2) \times 50 + 2490H_2 = 50.5 + 2584H_2 \tag{b}$$

绝干空气消耗量

$$L = \frac{W}{H_2 - H_1} = \frac{34.7}{H_2 - 0.0073} \tag{c}$$

联立式(a)、式(b)及式(c),解得

$H_2 = 0.02055$kg 水汽 /kg 绝干空气,$I_2 = 103.6$kJ /kg 绝干空气,$L = 2618.9$kg 绝干空气 /h

(2) 预热器消耗热量 Q_p

$$Q_p = L(I_1 - I_0) = 2618.9 \times (110 - 34) = 199036\text{kJ/h} = 55.3\text{kW}$$

(3) 干燥系统热效率 η。忽略湿物料中水分带入系统中的焓,干燥系统的热效率为

$$\eta = \frac{W(2490 + 1.88t_2) + G_c(c_s + 4.187X_2)(\theta_2 - \theta_1)}{Q} \times 100\%$$

因 $Q_D = 0$,故 $Q = Q_p$,因此

$$\eta = \frac{34.7(2490 + 1.88 \times 50) + 248(1.156 + 0.01 \times 4.187)(40 - 15)}{199036} \times 100\% = 48.8\%$$

9.4 干燥速率与干燥时间

通过干燥器的物料衡算及热量衡算可以计算出完成一定干燥任务所需的空气量及热量。但需要多大尺寸的干燥器以及干燥时间长短等问题,则必须通过干燥速率计算方可解决。湿物料中水分的干燥过程分为两步,首先水分由湿物料内部移动到物料表面,然后由物料表面汽化而进入干燥介质,被干燥介质带走。由此可知,干燥速率不仅取决于干燥介质的性质和操作条件,而且还取决于物料中所含水分的性质。通过对后者的研究,可以知道湿物料中哪些水分可以用干燥方法除去以及除去的难易,哪些水分不能用干燥方法除去。

9.4.1 物料中所含水分的性质

1. 结合水分与非结合水分

根据水分与固体物料的结合方式，物料中的水可分为结合水分和非结合水分。

通过化学力或物理化学力与固体物料相结合的水分称为结合水分，如结晶水、毛细管中的水及细胞中溶胀的水分。结合水分与物料间结合力较强，其蒸气压低于同温度下纯水的饱和蒸气压。

通过机械的方式附着在固体物料上的水分称为非结合水分，如固体表面和内部较大空隙中的水分。非结合水分的蒸气压等于同温度下纯水的饱和蒸气压，易于去除。

物料中所含水分为结合水或非结合水，取决于物料本身的性质而与干燥介质状况无关。

2. 平衡水分与自由水

在一定干燥条件下，按照物料所含水分能否用干燥方法除去来划分，可分为平衡水分和自由水分。

当物料与一定温度和湿度的空气接触时，势必会释放出水分或吸收水分，最后使物料的含水量恒定。只要空气的状态不变，物料中所含水分就总是维持这个定值，并不因和空气接触时间的延长而改变，这种恒定的含水量称为该物料在一定空气状态下的平衡水分，用 X^* 表示。物料中所含超过平衡水分的那一部分水分，称为自由水分。

物料所含总水分为平衡水分与自由水分之和，其中平衡水分是湿物料在一定空气状态下干燥的极限。平衡水分（自由水分）的量与物料和干燥介质的性质有关，见图 9-11。由图可见：

（1）物料种类不同，其平衡水分含量相差较大。例如：当空气的相对湿度为 40%时，高岭土的 $X^* \approx 0.8$，烟叶的 $X^* = 0.17$kg 水/kg 绝干料。

（2）对于同种物料，在一定温度下，空气的相对湿度越大，平衡水分含量越高。

（3）若要得到绝干产品，只能用绝干空气作为干燥介质。

结合水分和非结合水分、自由水分和平衡水分以及它们与物料的总水分之间的关系见图 9-12。当固体含水量较低（都是结合水），而空气的相对湿度较大时，两者接触不能达到干燥

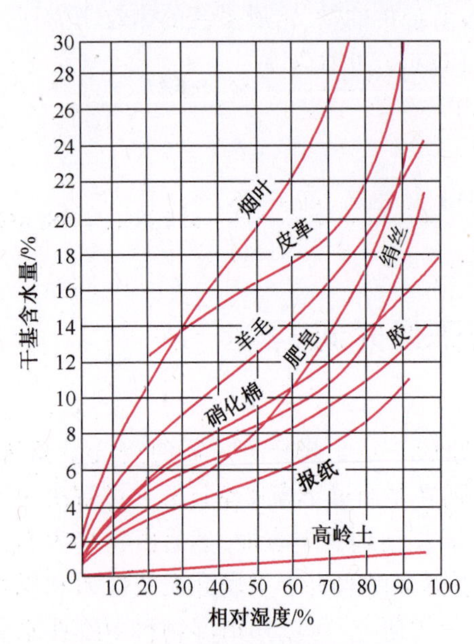

图 9-11 某些物料的平衡含水量曲线（25℃）

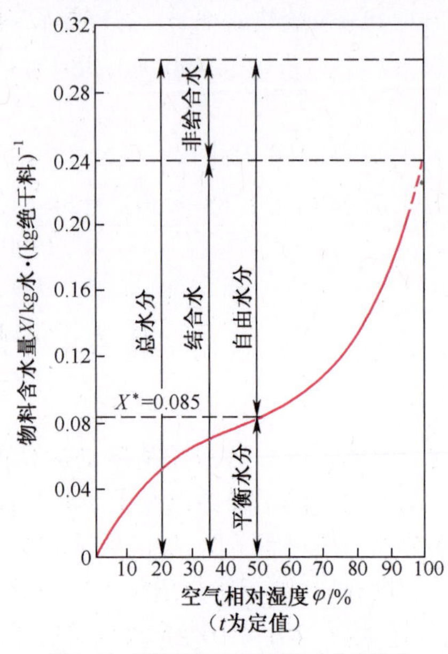

图 9-12 固体物料（丝）中所含水分的性质

的目的,反而会产生水分从空气中转移到固体物料中的吸湿现象。

9.4.2 恒定干燥条件下的干燥速率

干燥速率不仅取决于干燥条件,而且也与物料中所含水分的性质有关。恒定干燥是指在干燥过程中空气的温度、湿度、流速以及与物料接触的状况均不发生变化。例如用大量的空气干燥少量的湿物料就可视为恒定干燥。

1. 干燥曲线

通过干燥实验测定的物料含水量 X 与干燥时间 τ,以及物料表面温度与干燥时间的关系曲线,称为干燥曲线,如图 9-13 所示。

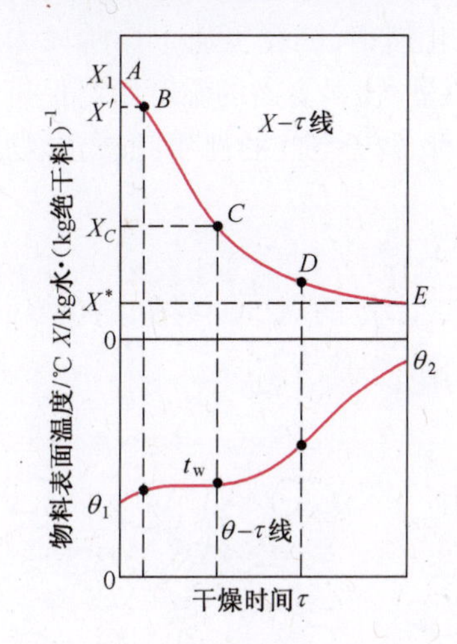

图 9-13 恒定干燥条件下物料的干燥曲线

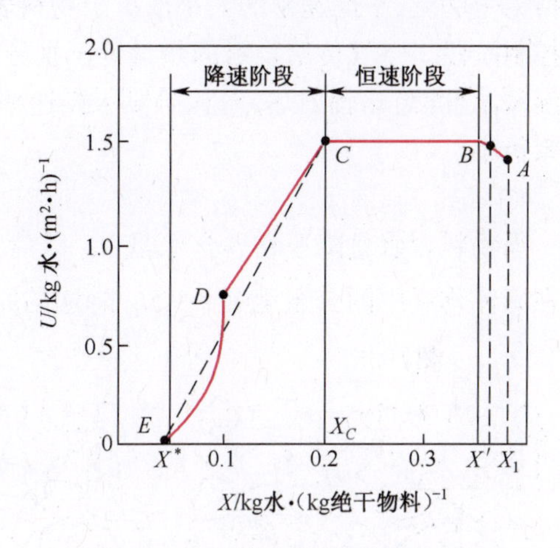

图 9-14 恒定干燥条件下的干燥速率曲线

2. 干燥速率及干燥速率曲线

干燥速率为单位时间内、单位干燥面积上汽化的水分量 W',如下式所示:

$$U=\frac{\mathrm{d}W'}{S\mathrm{d}\tau} \tag{9-36}$$

式中:U 为干燥速率(kg/(m^2·s));W' 为汽化水分量(kg);S 为干燥面积(m^2);τ 为干燥时间(s)。令 G_C' 为绝对干物料质量,则

$$\mathrm{d}W'=-G_C'\mathrm{d}X$$

因此干燥速率可写成

$$U=\frac{\mathrm{d}W'}{S\mathrm{d}\tau}=-\frac{G_C'\mathrm{d}X}{S\mathrm{d}\tau} \tag{9-37}$$

式(9-37)中的负号表示物料含水量随着干燥时间的增加而减少。

根据干燥曲线可以计算不同 X 下相应的干燥速率 U,U 随 X 变化的关系曲线即为干燥速率曲线,如图 9-14 所示。恒定干燥条件下的干燥过程可分为 3 个阶段:

(1) 预热阶段 AB。该过程为湿物料不稳定加热过程,一般该过程的时间很短,在分析干燥过程中常可忽略。

(2) 恒速干燥阶段 BC。物料含水量从 X' 到 X_C 的范围内,物料的干燥速率保持恒定,其值不随物料含水量而变。

(3) 降速干燥阶段 CE。该阶段物料含水量低于 X_C，并且随着干燥进行含水量不断降低直至达到平衡水分 X^* 为止。在此阶段内，干燥速率随物料含水量的减少而降低。

图中 C 点为恒速干燥与降速干燥阶段之分界点，称为临界点。该点的干燥速率仍为恒速阶段的干燥速率，与该点对应的物料含水量 X_C 称为临界含水量。

只要湿物料中含有非结合水分，一般总存在恒速与降速两个不同的阶段。在恒速和降速阶段内，物料的干燥机理和影响因素各不相同，下面分别予以讨论。

3. 恒速干燥阶段

在此阶段，整个物料表面都有充分的非结合水分，物料表面水的蒸气压与同温度下水的蒸气压相同，所以在恒定干燥条件下，物料表面与空气间的传热和传质过程与测定湿球温度的情况类似。此时物料内部水分从物料内部迁移至表面的速率大于表面水分汽化的速率，物料表面保持完全润湿，干燥速率的大小取决于物料表面水分的汽化速率，因此恒速干燥阶段为表面汽化控制阶段。空气传给物料的热量等于水分汽化所需的热量，物料表面的温度始终保持为空气的湿球温度（忽略辐射热）。该阶段干燥速率的大小，主要取决于空气的性质，而与湿物料性质关系很小。

4. 降速干燥阶段

当物料含水量降至临界含水量 X_C 以后，干燥速率随含水量的减少而降低。在该阶段，水分在固体物料中的分布见图 9-15。降速的原因主要有以下两个部分：

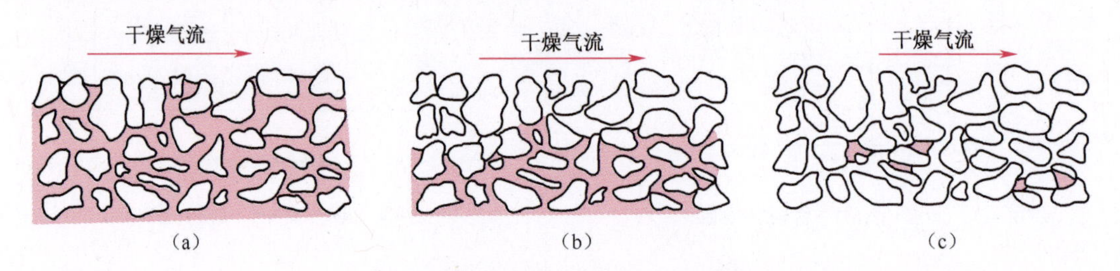

图 9-15　降速干燥阶段水分在固体物料中的分布
(a)第一降速阶段；(b)第二降速阶段；(c)干燥终了。

第一降速阶段——实际汽化表面减小。随着干燥过程的进行，物料内部水分迁移到表面的速率小于表面水分的汽化速率，此时物料表面不能再维持全部润湿，而出现部分干燥区域，即实际汽化表面减少，因此以物料全部外表面积为计算基准的干燥速率下降。此为降速干燥阶段的第一部分，称为不饱和表面干燥，如图 9-14 中 CD 段所示。

第二降速阶段——汽化面内移。当物料全部表面水分完全汽化，都成为干区后，水分的汽化面逐渐向物料内部移动，直至物料的含水量降至平衡含水量 X^* 时，干燥停止。此阶段固体内部的传热和传质途径加长，阻力增大，造成干燥速率下降，此为降速干燥阶段的第二部分，即为图 9-14 中的 DE 段。在此过程，空气传给湿物料的热量大于水分汽化所需要的热量，故物料表面的温度升高。

降速阶段干燥速率主要取决于水分在物料内部的迁移速率，所以又称降速阶段为内部扩散控制阶段。这时外界空气条件不是影响干燥速率的主要因素，主要因素是物料的结构、形状和大小等。

综上所述，当物料中含水量大于临界含水量 X_C 时，属于表面汽化控制阶段，亦即恒速干燥阶段；而当物料含水量小于临界含水量 X_C 时，属内部扩散控制阶段，即降速干燥阶段。当达到平衡含水量 X^* 时，则干燥速率为零。实际上，在工业生产中，物料不会被干燥到平衡含水量，而是在临界含水量和平衡含水量之间,这要根据产品要求和经济核算决定。

9.4.3 恒定干燥条件下干燥时间的计算

在恒定干燥条件下,物料从最初含水量 X_1 干燥至最终含水量 X_2 所需时间 τ,可根据该条件下测定的干燥速率曲线和干燥速率方程求得。

1. 恒速干燥阶段

设恒速干燥阶段的干燥速率为 U_0,根据式(9-37)有

$$U_0 = -\frac{G'_C \mathrm{d}X}{S\mathrm{d}\tau}$$

将上式积分后可得

$$\tau_1 = \frac{G'_C}{SU_0}(X_1 - X_C) \tag{9-38}$$

式中:τ_1 为恒速阶段干燥时间(s);X_1 为物料的初始含水量(kg 水/kg 绝干物料)。

2. 降速干燥阶段

物料含水量由 X_C 下降到 X_2 所需时间为降速阶段干燥时间 τ_2,对式(9-37)积分可得

$$\tau_2 = \int_0^{\tau_2}\mathrm{d}\tau = -\frac{G'_C}{S}\int_{X_C}^{X_2}\frac{\mathrm{d}X}{U} = \frac{G'_C}{S}\int_{X_2}^{X_C}\frac{\mathrm{d}X}{U} \tag{9-39}$$

式中:τ_2 为降速阶段干燥时间(s);X_2 为降速阶段终了时物料的含水量(kg 水/kg 绝干物料);U 为降速阶段的瞬时干燥速率(kg 水/(m^2·s))。

当降速阶段干燥速率与物料含水量 X 呈线性关系,即可用临界点 C 与平衡水分点 E 所连结的直线 CE(如图 9-14 中虚线所示)代替降速阶段的干燥速率曲线,此时降速阶段干燥速率与物料中自由水分含量成正比,即

$$U = -\frac{G'_C}{S}\frac{\mathrm{d}X}{\mathrm{d}\tau} = K_X(X - X^*) \tag{9-40}$$

式中:$K_X = \dfrac{U_0}{X_C - X^*}$,kg/($m^2$·$\Delta X$)

对式(9-40)积分,可得

$$\tau_2 = \frac{G'_C}{K_X S}\ln\frac{X_C - X^*}{X_2 - X^*} \tag{9-41}$$

因此,物料干燥所需时间,即物料在干燥器内停留时间为

$$\tau = \tau_1 + \tau_2 \tag{9-42}$$

对于间歇操作的干燥器而言,还应考虑装卸物料所需时间 τ',则每批物料干燥周期为

$$\tau = \tau_1 + \tau_2 + \tau' \tag{9-43}$$

【例 9-6】 有一间歇操作干燥器,有一批物料的干燥速率曲线如图 9-14 所示。若将该物料由含水量 $w_1 = 27\%$ 干燥到 $w_2 = 5\%$(均为湿基),湿物料的质量为 200kg,干燥表面积为 0.025m^2/kg 干物料,装卸时间 $\tau' = 1$h,试确定每批物料的干燥周期。

解:绝对干物料量 $G'_C = G'_1(1-w_1) = 200\times(1-0.27) = 146$kg

干燥总表面积 $S=146\times0.025=3.65\text{m}^2$

将物料中的水分换算成干基含水量

$$X_1=\frac{w_1}{1-w_1}=\frac{0.27}{1-0.27}=0.37\text{kg 水 /kg 绝干物料}$$

$$X_2=\frac{w_2}{1-w_2}=\frac{0.05}{1-0.05}=0.053\text{kg 水 /kg 绝干物料}$$

由图 9-14 中查到该物料的临界含水量 $X_C=0.20$kg 水/kg 绝干物料，平衡含水量 $X^*=$ 0.05kg 水/kg 绝干物料，由于 $X_2<X_C$，所以干燥过程应包括恒速和降速两个阶段，各段所需的干燥时间分别计算。

(1) 恒速阶段 τ_1：

由 $X_1=0.37$ 至 $X_C=0.20$，由图 9-14 中查得 $U_0=1.5\text{kg/(m}^2\cdot\text{h)}$

$$\tau_1=\frac{G'_C}{U_0S}(X_1-X_C)=\frac{146}{1.5\times3.65}\times(0.37-0.20)=4.53\text{h}$$

(2) 降速阶段 τ_2：

由 $X_C=0.20$ 至 $X_2=0.053$，$X^*=0.05$ 代入式(9-42)，求得

$$K_X=\frac{U_0}{X_C-X^*}=\frac{1.5}{0.20-0.05}=10\ \text{kg/(m}^2\cdot\text{h)}$$

$$\tau_2=\frac{G'_C}{K_XS}\ln\frac{X_C-X^*}{X_2-X^*}=\frac{146}{10\times3.65}\ln\frac{0.20-0.05}{0.053-0.05}=15.7\text{h}$$

(3) 每批物料的干燥周期 τ：

$$\tau=\tau_1+\tau_2+\tau'=4.53+15.7+1=21.2\text{h}$$

9.5 干 燥 器

在化工生产中，由于被干燥物料的形状（如块状、粒状、溶液、浆状及膏糊状等）和性质（耐热性、含水量、分散性、黏性、酸碱性、防爆性及湿态等）都各不相同；生产规模或生产能力差别悬殊；对于干燥后的产品要求（含水量、形状、强度及粒径等）也不尽相同，所以采用的干燥方法和干燥器的型式也是多种多样的。通常，对干燥器的要求为：

(1) 对干燥物料的适应性 能保证干燥产品的质量要求，如含水量、强度、形状等。

(2) 设备生产能力 提高干燥速率，缩短干燥时间，减小干燥器尺寸。由于物料在降速阶段干燥速率缓慢，因此应尽可能降低物料的临界含水量，使更多的水分在恒速阶段除去，另外提高降速阶段本身干燥速率。

(3) 能耗经济型 在工艺条件允许情况下，使用较高温度的空气进入干燥器，提高干燥器热效率，减少废气带热。

9.5.1 干燥器的主要形式

1. 厢式干燥器（盘式干燥器）

厢式干燥器又称盘式干燥器，一般小型的称为烘箱，大型的称为烘房，是典型的常压间歇操

作干燥设备。这种干燥器的基本结构如图9-16所示，系由若干长方形的浅盘组成，浅盘置于盘架7上，被干燥物料放在浅盘内，物料的堆积厚度约为10~100mm。新鲜空气由风机3吸入，经加热器5预热后沿挡板6均匀地在各浅盘内的物料上方掠过并进行干燥，部分废气经排出管2排出，余下的循环使用，以提高热效率。废气循环量由吸入口或排出口的挡板进行调节。空气的流速由物料的粒度而定，应使物料不被气流夹带出干燥器为原则，一般为1~10m/s。这种干燥器的浅盘可放在能移动的小车盘架上，使物料的装卸能在厢外进行，不致占用干燥时间，且劳动条件较好。

图9-16　厢式干燥器图

1—空气入口；2—空气出口；3—风机；4—电动机；5—加热器；6—挡板；7—盘架；8—移动轮。

对于颗粒状物料的干燥，可将物料放在多孔的浅盘（网）上，铺成一薄层，气流垂直地通过物料层，以提高干燥速率。这种结构称为穿流厢式干燥器，如图9-19所示，由图可见，两层物料之间有倾斜的挡板，从一层物料中吹出的湿空气被挡住而不致再吹入另一层。空气通过网孔的速度为0.3~1.2m/s。

厢式干燥器的优点是构造简单，设备投资少，适应性较强。缺点是装卸物料的劳动强度大，设备的利用率、热利用率低及产品质量不易稳定。它适用于小规模多品种、要求干燥条件变动大及干燥时间长等场合的干燥操作，特别适于作为实验室或中间试验的干燥装置。

厢式干燥器也可在真空下操作，称为厢式真空干燥器。干燥厢应是密封的，干燥时不通入热空气，而是将浅盘架制成空心的结构，加热蒸气从中通过，借传导方式加热物料。操作时用真空泵抽出由物料中蒸出的水汽或其他蒸气，以维持干燥器的真空度。真空干燥适宜于处理热敏性、易氧化及易燃烧的物料，或用于所排出的蒸气需要回收及防止污染环境的场合。

2. 气流干燥器

对于能在气体中自由流动的颗粒物料，可采用气流干燥方法除去其中水分。气流干燥是将湿态时为泥状、粉粒状或块状的物料，在热气流中分散成粉粒状，一边随热气流并流输送，一边进行干燥。对于泥状物料需装设粉碎加料装置，使其分散后再进入气流干燥器；即使是块状物料，也可采用附设粉碎机的气流干燥器。图9-17为气流干燥装置的流程图。

空气由风机引入经翅片加热器预热到指定温度，然后进入干燥管底部。物料由螺旋加料器连续送入，在干燥管中被高速气流分散，水分同时被汽化，物料得以干燥，并随气流进入旋风分离器，经分离后由底部排出。

气流干燥器具有以下特点：

(1) 由于气流的速度可高达 20~40m/s，物料又处于悬浮状态，因此气、固间的接触面积大，强化了传热和传质过程。因物料在干燥器内只停留 0.5~2s，最多也不会超过 5s，故当干燥介质温度较高时，物料温度也不会升得太高，适用于热敏性、易氧化物料的干燥。

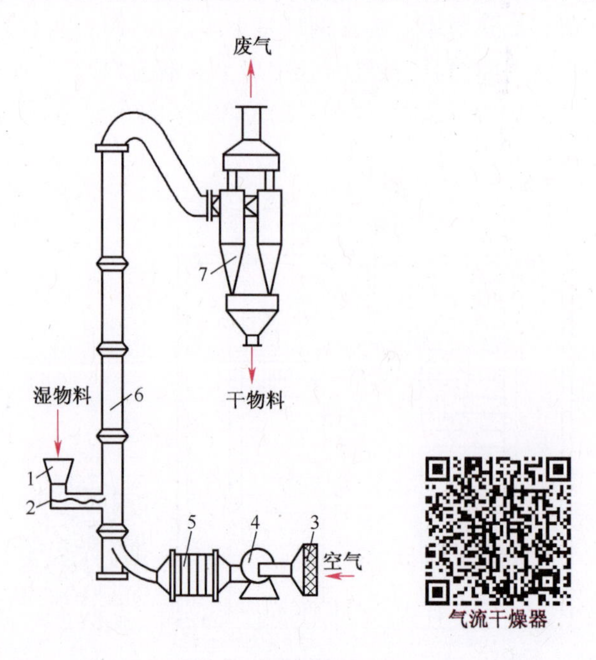

图 9-17　气流干燥器

1—料斗；2—螺旋加料器；3—空气过滤器；4—风机；5—翅片加热器；6—干燥管；7—旋风分离器。

(2) 物料在运动过程中相互摩擦并与壁面碰撞，对物料有破碎作用，因此气流干燥器不适于干燥易粉碎的物料。

(3) 对除尘设备要求严格，系统的流动阻力大。

(4) 固体物料在流化床中具有“液体”性质，所以运输方便，操作稳定，成品质量稳定，装置无活动部分，但对所处理物料的粒度有一定的限制。

(5) 干燥管有效长度有时高达 30m，故要求厂房具有一定的高度。

对于气流干燥器，并不是整个干燥管每一段都同样有效。在加料口以上 1m 左右的干燥管内，干燥速率最快，由气体传给物料的热量约占整个干燥管中传热量的 1/2~3/4。这不仅是因干燥管底部气、固间的温度差较大，而更重要的是气、固间相对运动和接触情况有利于传热和传质。在干燥管的上部，物料已经接近或低于临界含水量，即使管子很高，仍不足以提供物料升温阶段缓慢干燥所需时间。因此，当要求干燥产物含水量很低时，应次用其他低气速干燥器。

3. 流化干燥器

物料在流化干燥器中处于流化状态，湿物料颗粒在热气流中上下翻动，彼此碰撞和混合，气固间进行传热和传质，以达到干燥的目的。图 9-18 所示的为单层圆筒流化床干燥器。物料自筒体的一侧加入，自另一侧排出，颗粒在干燥器中高度混合，引起物料的返混和短路，使其在干燥器中停留时间不均匀，可能有部分物料未经完全干燥就离开干燥器，而另一部分物料因停留时间过长而产生干燥过度现象。因此单层的沸腾床干燥器仅应用于易干燥、处理量较大而对干燥产品的要求又不太高的场合。

对于干燥要求较高或所需干燥时间较长的物料，一般可采用多层（多室）沸腾床干燥器，如图 9-19 所示的双层沸腾床干燥器。物料加入第一层，经溢流管流到第二层，然后由出料口排出。热气体由干燥器的底部送入,经第二层及第一层与物料接触后从器顶排出。物料在每层中互相混合,但层与层间不混合,分布较均匀,且停留时间较长,干燥产品的含水量较低,此外还可提高热利用率。

流化床干燥器对气体分布器的要求较低,通常在操作气速下,具有 1kPa 压降的多孔分布器即可满足要求。对于易黏结物料,在床层进口处可附设搅拌器以帮助物料分散。

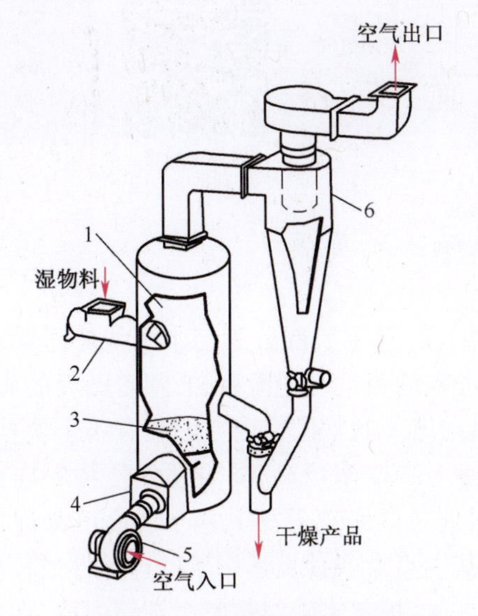

图 9-18　单层圆筒沸腾床干燥器

1—沸腾室;2—进料器;3—分布板　4—加热器;
5—风机;6—旋风分离器。

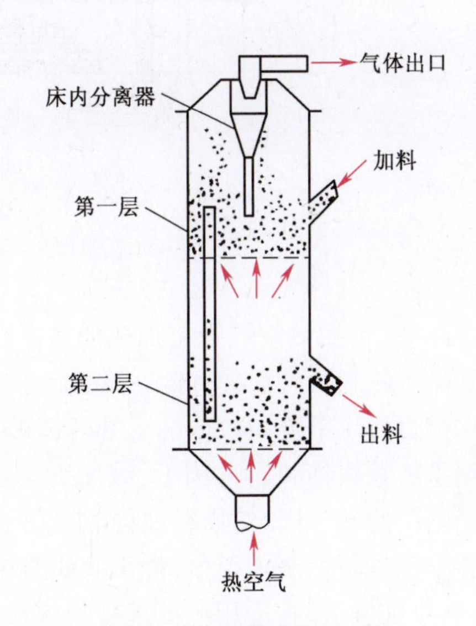

图 9-19　双层圆筒沸腾床干燥器

为了保证物料能均匀地进行干燥,操作稳定可靠,而流动阻力又较小,可采用如图 9-20 示的卧式多室沸腾床干燥器。该沸腾床的横截面为长方形,器内用垂直挡板分隔成多室,一般为 4~8 室。挡板下端与多孔板之间留有几十毫米的间隙(一般取为床中静止物料层高度的 1/4~1/2),使物料能逐室通过,最后越过堰板而卸出。热空气分别通入各室,因此各室的空气温度、湿度和流量均可调节,这种形式的干燥器与多层沸腾床干燥器相比,操作稳定可靠,流体阻力较低,但热效率较低。

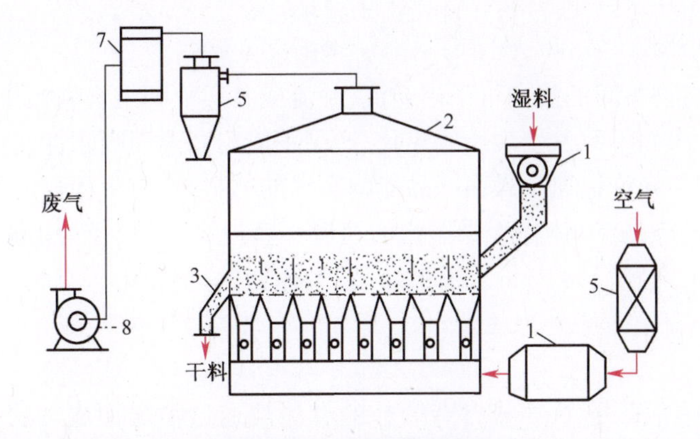

图 9-20　卧式多室沸腾床干燥器

1—摇摆式颗粒进料器;2—干燥器;3—卸料器;4—加热器;
5—空气过滤器;6—旋风分离器;7—袋滤器;8—风机。

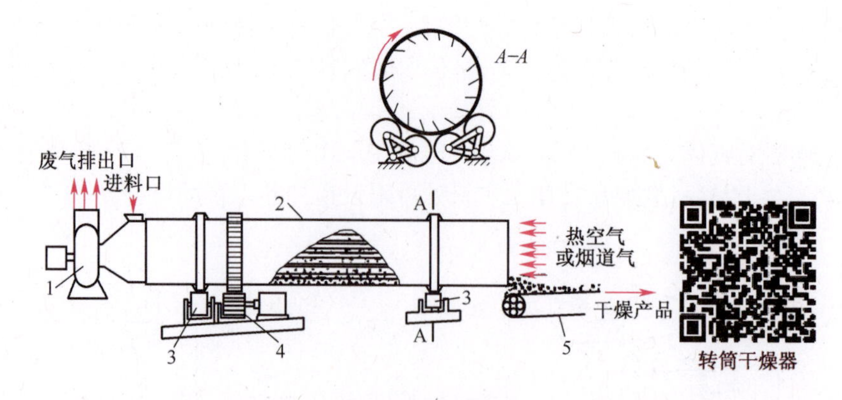

图 9-21 转筒干燥器

1—风机;2—转筒;3—支承装置;4—驱动齿轮;5—带式输送器。

4. 转筒干燥器

图 9-21 为用热空气直接加热的逆流操作转筒干燥器,其主要部分为与水平线略呈倾斜的旋转圆筒。物料从转筒较高的一端送入,与由另一端进入的热空气逆流接触,随着圆筒的旋转,物料在重力作用下流向较低的一端时即被干燥完毕而送出。通常圆筒内壁上装有若干块抄板,其作用是将物料抄起后再洒下,以增大干燥表面积,使干燥速率增高,同时还促使物料向前运行。当圆筒旋转一周时,物料被抄起和洒下一次,物料前进的距离等于其落下的高度乘以圆筒的倾斜率。抄板的型式很多,常用的如图 9-22 所示,其中直立式抄板适用于处理黏性或较湿的物料;5°和 90°的抄板适用于处理散粒状或较干的物料。抄板基本上纵贯整个圆筒内壁,在物料入口端的抄板也可制成螺旋形的,以促进物料的初始运动并导入物料。

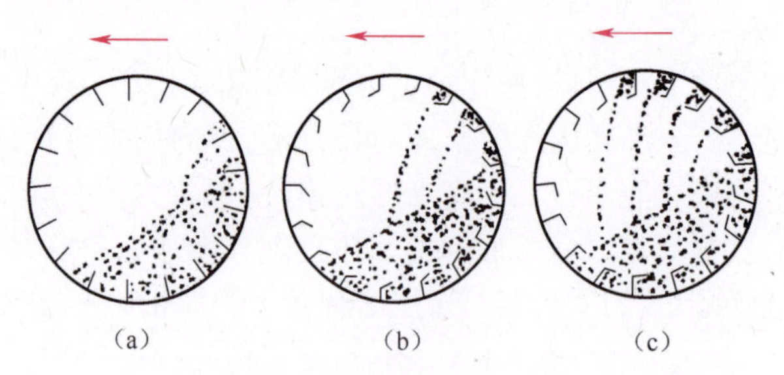

图 9-22 常用的抄板型式

(a)直立抄板;(b)45°抄板;(c)90°抄板。

干燥器内空气与物料间的流向可采用逆流、并流或并逆流相结合的操作。通常在处理含水量较高、允许快速干燥而不致发生裂纹或焦化、产品不能耐高温而吸水性又较低的物料时,宜采用并流干燥;当处理不允许快速干燥而产品能耐高温的物料时,宜采用逆流干燥。

为了减少粉尘的飞扬,气体在干燥器内的速度不宜过高,对粒径为 1mm 左右的物料,气体速度为 0.3~1.0m/s;对粒径为 5mm 左右的物料,气速在 3m/s 以下。有时为防止转筒中粉尘外流,可采用真空操作。

5. 喷雾干燥器

喷雾干燥器是将溶液、膏状物或含有微粒的悬浮液通过喷雾而成雾状细滴分散于热气流中,使水汽迅速气化而达到干燥的目的。如果将 $1cm^3$ 体积的液体雾化成直径为 10μm 的球形雾滴,其表面积将增加数千倍,显著地加大了水分蒸发面积,提高了干燥速率,缩短了干燥时间。

热气流与物料以并流、逆流或混合流的方式相互接触而使物料得到干燥。这种干燥方法不需要将原料预先进行机械分离，而操作终了可获得 30~50μm 微粒的干燥产品，且干燥时间很短，仅为 5~30s，因此适宜于热敏性物料的干燥。目前喷雾干燥已广泛地应用于食品、医药、染料、塑料及化肥等工业生产中。

常用的喷雾干燥流程如图 9-23 所示。浆液用送料泵压至喷雾器，在干燥室中喷成雾滴而分散在热气流中，雾滴在与干燥器内壁接触前水分已迅速气化，成为微粒或细粉落到器底，产品由风机吸至旋风分离器中而被回收，废气经风机排出。

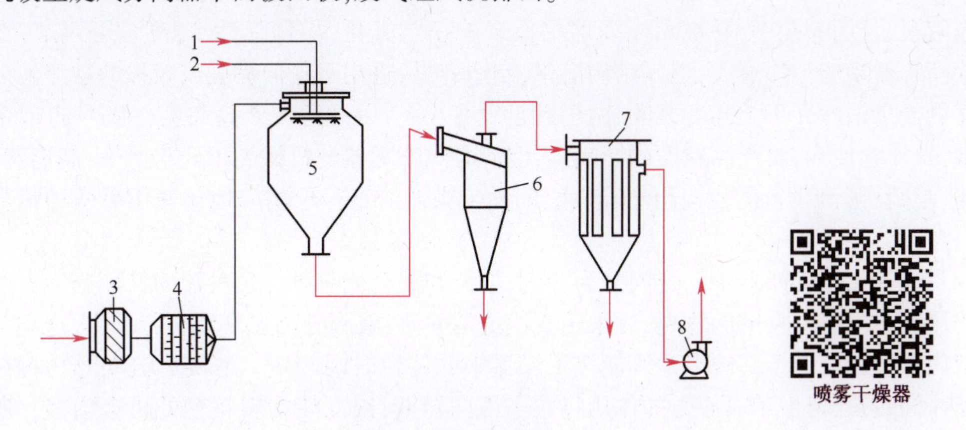

图 9-23 喷雾干燥过程

1—料液；2—压缩空气分布器；3—空气过滤器；4—翅片加热器；5—喷雾干燥器；6—旋风分离器；7—袋滤器；8—风机。

一般喷雾干燥操作中雾滴的平均直径为 20~60μm。液滴的大小及均匀度对产品的质量和技术经济等指标影响颇大，特别是干燥热敏性物料时，雾滴的均匀度尤为重要，如雾滴尺寸不均，就会出现大颗粒还没有达到干燥要求，小颗粒却已干燥过度而变质的现象。因此，使溶液雾化所用的喷雾器(又称雾化器)是喷雾干燥器的关键元件。对喷雾器的一般要求为：所产生的雾滴均匀，结构简单，生产能力大，能量消耗低及操作容易等。常用的喷雾器有三种基本形式。

(1) 离心喷雾器。离心喷雾器如图 9-24(a)所示。料液进入一高速旋转圆盘的中部，圆盘上有放射形叶片，一般圆盘转速为 4000~20000r/min，圆周速度为 100~160m/s。液体受离心力的作用而被加速，到达周边时呈雾状被甩出。

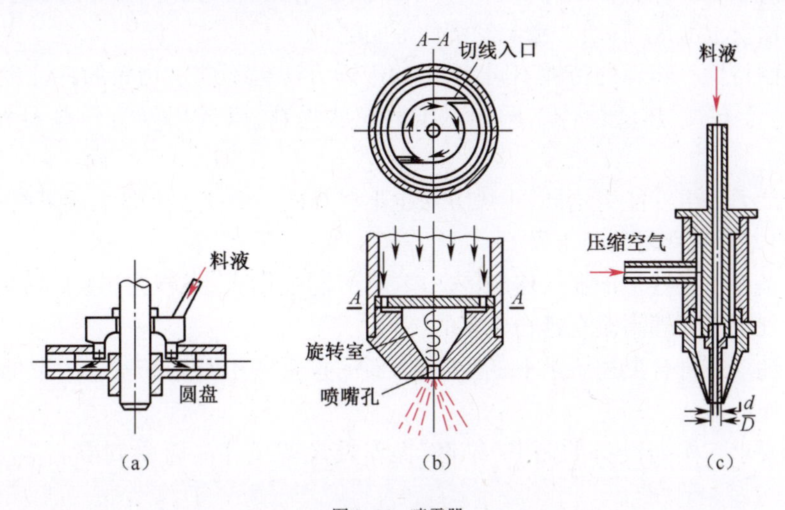

图 9-24 喷雾器

(a)离心式；(b)压力式；(c)气流式。

(2) 压力式喷雾器。压力式喷雾器如图 9-24(b)。用泵使液浆在高压下进入喷嘴,喷嘴内有螺旋室,液体在其中高速旋转然后从出口的小孔处呈雾状喷出。

(3) 气流式喷雾器。气流式喷雾器如图 9-24(c)所示。用压缩空气压缩料液,使其以 200~300m/s(有时甚至达到超声速)从喷嘴喷出,靠气、液两相间速度差所产生的摩擦力使料液分成雾滴。

以上三种喷雾器各有优缺点。压力喷雾器适用于一般黏度的液体,动力消耗最少,但必须有高压液泵,且因喷孔小,易被堵塞及磨损而影响正常雾化,操作弹性小,产量可调节范围窄。气流式喷雾器动能消耗最大,但其结构简单,制造容易,适用于任何黏度或较稀的悬浮液。离心式喷雾器能量消耗介于上二者之间,由于转盘没有小孔,因此适用于高黏度(9Pa·s)或带固体的料液,操作弹性大,对产品粒度的影响低,但离心式喷雾器的机械加工要求严格,制造费高,雾滴较粗,喷距(喷滴飞行的径向距离)较大,因此干燥器的直径也相应地比使用另两种喷雾器时要大。

物料与气流在干燥器中的流向分为并流、逆流和混合流三种。每种流向又可分为直线流动和螺旋流动。对于易粘壁的物料,宜采用直线流的并流,液滴随高速气流直行下降,这样可减少液滴流向器壁的机会。其缺点是雾滴在干燥器中的停留时间较短。螺旋形流动时物料在器内的停留时间较长,但由于离心力的作用将粒子甩向器壁,因而使物料粘壁的机会增多。逆流时物料在器内的停留时间也较长,宜于干燥较大颗粒或较难干燥的物料,但不宜于干燥热敏性物料,且逆流时废气是由器顶逸出的,为了减少还未干燥的雾滴被气流带走,气体速度不宜过高,因此对一定的生产能力而言,干燥器直径较大。

9.5.2 干燥器的选用

1. 干燥器的选型

在化工生产中,为了完成一定的干燥任务,需要选择适宜的干燥器形式。

通常,干燥器选型应考虑以下各项因素:

(1) 产品的质量。例如在医药工业中许多产品要求无菌,避免高温分解,此时干燥器的选型主要从保证质量上考虑,其次才考虑经济性等问题。

(2) 物料的特性。物料的特性不同,采用的干燥方法也不同。物料的特性包括物料形状、含水量、水分结合方式、热敏性等。例如对于散粒状物料,以选用气流干燥器和沸腾干燥器为多。

(3) 生产能力。生产能力不同,干燥方法也不尽相同。例如当干燥大量浆液时可采用喷雾干燥,而生产能力低时宜用滚筒干燥。

(4) 劳动条件。某些干燥器虽然经济适用,但劳动强度大、条件差,且生产不能连续化,这样的干燥器特别不宜处理高温有毒粉尘多的物料。

(5) 经济性。在符合上述要求下,应使干燥器的投资费用和操作费用为最低,即采用适宜的或最优的干燥器形式。

(6) 其他要求。例如设备的制造、维修、操作及设备尺寸是否受到限制等也是应考虑的因素。

此外,根据干燥过程的特点和要求,还可采用组合式干燥器。例如,对于最终含水量要求较高的可采用气流-沸腾干燥器;对于膏状物料,可采用沸腾-气流干燥器。

干燥器设计中,主要利用物料衡算、热量衡算、传热速率方程和传质速率方程式进行计算。对流传热系数 α 及传质系数 k 均随干燥器形式、物料性质及操作条件而异,干燥器的设计仍采用经验或半经验方法进行。设计的基本原则是物料在干燥器中的停留时间必须等于或稍大于所需的干燥时间。

2. 干燥操作条件的确定

干燥器操作条件的确定与许多因素(例如干燥器的形式、物料的特性及干燥过程的工艺要求等)有关。而且各种操作条件(例如干燥介质的温度和湿度等)之间又是相互制约的,应予综合考虑。下面介绍一般的选择原则。

(1) 干燥介质的选择。干燥介质的选择,决定于干燥过程的工艺及可利用的热源。基本的热源有饱和水蒸气、液态或气态的燃料和电能。在对流干燥中,干燥介质可采用空气、惰性气体、烟道气和过热蒸气。

当干燥温度不太高、且氧气的存在不影响被干燥物料的性能时,可采用热空气作为干燥介质。对某些易氧化的物料,或从物料中蒸发出易爆的气体时,则宜采用惰性气体作为干燥介质。烟道气适用于高温干燥,但要求被干燥的物料不怕污染、且不与烟气中的 SO_2 和 CO_2 等气体发生作用。由于烟道气温度高,故可强化干燥过程,缩短干燥时间。

(2) 流动方式的选择。气体和物料在干燥器中的流动方式,一般可分为并流、逆流和错流。在并流操作中,物料的移动方向和介质的流动方向相同。因在干燥的第一阶段中,物料的温度等于空气的湿球温度,故并流时要采用较高的气体初始温度,或在相同的气体温度下,物料的出口温度较逆流时的为低,被物料带走的热量就少。可见,在干燥强度和经济性方面,并流优于逆流。但是,并流干燥的推动力沿程逐渐下降,干燥后阶段的推动力变得很小,使干燥速率降低,因而难于获得含水量低的产品。

并流操作主要适用于物料含水量较高,允许进行快速干燥而不产生龟裂或焦化的物料,或者干燥后期不耐高温,即干燥产品易发生变色、氧化或分解等变化的物料。

在逆流操作中,物料的移动方向和介质的流动方向相反,整个干燥过程中的干燥推动力较均匀。主要适用于高含水量不允许采用快速干燥的物料;在干燥后期,可耐高温的物料;要求获得含水量很低的干燥产品。

在错流操作中,干燥介质与物料间运动方向相互垂直。各个位置上的物料都与高温、低湿的介质相接触,因此干燥推动力比较大,且有较大的气固接触面积,又可采用较高的气体速度,所以干燥速率很高。它适用于无论在高或低的含水量时,都可进行快速干燥,且可耐高温的物料;因阻力大或干燥器构造的要求不适宜采用并流或逆流操作的场合。

(3) 干燥介质的进口温度。为了强化干燥过程和提高经济性,干燥介质的进口温度宜保持在物料允许的最高温度范围内,但应考虑避免物料发生变色、分解等理化变化。对于同一种物料,允许的介质进口温度随干燥器形式不同而异。例如,在厢式干燥器中,由于物料是静止的,因此应选用较低的介质进口温度;在转筒、沸腾、气流等干燥器中,由于物料不断地翻动,致使干燥较均匀,速率快、时间短,因此介质进口温度可高些。

(4) 干燥介质的出口温度和相对湿度。增高干燥介质出口的相对湿度 φ_2,可以减少空气消耗量及传热量,即可降低操作费用;但因 φ_2 增大,干燥介质中水汽分压增高,使干燥过程的平均推动力下降,为了保持相同的干燥能力,就需增大干燥器的尺寸,即加大了投资费用。所以,最适宜的 φ_2 值应通过经济衡算来决定。

对于同一种物料,所选的干燥器的类型不同,适宜的 φ_2 值也不相同。例如,对气流干燥器,由于物料在干燥器内的停留时间很短，就要求有较大的推动力以提高干燥速率，因此一般出口气体水汽分压需低于出口物料表面水蒸气压的50%；对转筒干燥器，出口气体中水汽分压一般为物料表面水蒸气压的50%~80%。对某些干燥器，要求保证一定的空气速度，因此应考虑气量和φ_2的关系，即为了满足较大气速的要求，可使用较多的空气量而减少φ_2值。

干燥介质的出口温度t_2应该与φ_2同时予以考虑。若t_2增高，则热损失大，干燥热效率就低；若t_2降低，而φ_2又较高，此时湿空气可能会在干燥器后面的设备和管路中析出水滴，因此破坏了干燥的正常操作。对气流干燥器，一般要求t_2较物料出口温度高10~30℃，或t_2较入口气体的绝热饱和温度高20~50℃。

（5）物料的出口温度。当恒速干燥阶段时，物料的出口温度等于与它相接触的气体湿球温度。在降速干燥阶段，物料温度不断升高，此时气体供给物料的热量一部分用于蒸发物料中的水分，一部分则用于加热物料使其温度升高。物料的出口温度θ_2与很多因素有关，但主要取决于物料的临界含水量X_0及降速干燥阶段的传质系数。X_0越低，物料的θ_2也越低；传质系数越高，θ_2值越低。

习题

1. 已知湿空气总压为50.65kPa，温度为60℃，相对湿度为40%，试求

（1）湿空气中水汽分压；

（2）湿度；

（3）湿空气的密度。

2. 将某湿空气（$t_0=25$℃，$H_0=0.0204$kg水汽/kg绝干空气），经预热后送入常压干燥器。试求：

（1）将该空气预热到80℃时所需热量，以kJ/kg绝干空气表示；

（2）将它预热到120℃时相应的相对湿度值。

3. 干球温度为20℃、湿度为0.009kg水/kg绝干气的湿空气通过预热器温度升高到50℃后再送至常压干燥器中。离开干燥器时空气的相对湿度为80%，若空气在干燥器中经历等焓干燥过程，试求：

（1）$1m^3$原湿空气在预热过程中焓的变化；

（2）$1m^3$原湿空气在干燥器中获得的水分量。

4. 采用废气循环的干燥流程干燥某种湿物料。温度t_0为20℃、湿度H_0为0.012kg水汽/kg绝干空气的新鲜空气与从干燥器出来的温度t_2为50℃、湿度为H_2为0.079kg水汽/kg绝干空气的部分废气混合后进入预热器，循环比（废气中绝干空气流量和混合气中绝干空气流量之比）为0.8。混合气升高温度后再进入并流操作的常压干燥器中，离开干燥器的废气除部分循环使用外，余下的放空。湿物料经干燥器后湿基含水量自47%降到5%，湿物料流量为1.5×10^3kg/h。假设预热器热损失可忽略，干燥操作为等焓干燥过程。试求：

（1）新鲜空气流量；

（2）整个干燥系统所需的传热量

5. 在常压干燥器中，将某物料从含水量5%干燥到0.5%（均为湿基）。干燥器生产能力为1.5kg绝干料/s。热空气进入干燥器的温度为127℃，湿度为0.007kg水汽/kg绝干空气，出干燥器时温度为 82℃。物料进、出干燥器时的温度分别为 21℃和 66℃。绝干料的比热容为 1.8kJ/(kg·℃)。若干燥器的热损失可忽略不计,试求绝干空气消耗量及空气离开干燥器时的湿度。

6. 在恒定干燥条件下,若已知湿物料含水量由 36%降至 8%需要 5h,降速段干燥速率曲线可视为直线,试求恒速干燥和降速干燥阶段的干燥时间。已知临界含水量为 14%,平衡含水量 2%,以上含水量均为湿基。

7. 某湿物料在定态空气条件下干燥,恒速阶段干燥速率为 1.1kg/(m^2·h),干燥面积为 55m^2,每批物料处理量为 500kg 绝干物料/h。计算物料由 0.15kg 水/kg 绝干物料干燥到 0.005kg 水/kg 绝干物料所需时间。已知物料的临界含水量为 0.125kg 水/kg 绝干物料,平衡含水量为 0。假设在降速阶段中干燥速率与物料的自由含水量($X-X^*$)成正比。

第10章　其他化工单元操作

Other Unit Operations

在化工生产中还有一些较为常用的单元操作，如蒸发、结晶和吸附等，另外还有些新型的单元操作，如膜分离，本章对这些单元操作做简明扼要的介绍。

10.1　蒸　　发

使含有不挥发溶质的溶液沸腾汽化并移出蒸气，从而使溶液中溶质浓度提高的单元操作称为蒸发（Evaporation），所采用的设备称为蒸发器。蒸发操作广泛应用于化工、制药、制糖、造纸、深冷、海水淡化及原子能等工业中。

10.1.1　基本概念

1. 蒸发流程

图 10-1 为蒸发装置示意图。稀溶液（原料液）经预热后进入蒸发器。蒸发器的下部是由许多加热管组成的加热室，在管外用蒸气加热管内溶液使之沸腾汽化。经浓缩后的溶液（完成液）从蒸发器底部排出。蒸发器的上部为蒸发室，汽化产生的蒸气在蒸发室及其顶部的除沫器中将其中夹带的液沫予以分离，随后送至混合冷凝器被冷却水冷凝而除去。未冷凝的部分经喷射泵、分离器，由真空泵抽出排入大气。一般情况下，经浓缩后的液体为产品，二次蒸气冷凝液则被排除；但在海水淡化操作中，二次蒸气的冷凝液为所要求的产品，即淡水，浓缩后的残液则被废弃。蒸发操作分为连续蒸发与间歇蒸发。在大多数情况下，蒸发是在稳定和连续的条件下进行的。

2. 加热蒸气和二次蒸气

蒸发需要不断地供给热能。工业上采用的热源通常为水蒸气，称为加热蒸气（亦称生蒸气），而蒸发的溶液又大多是水溶液，称为二次蒸气。若将二次蒸气直接冷凝，而不利用其冷凝热的操作称为单效蒸发，如图 10-1 所示。若将二次蒸气引到下一蒸发器作为加热蒸气，以利用其冷凝热，这种串联蒸发操作称为多效蒸发。

3. 蒸发操作的特点

蒸发过程的实质是传热壁面一侧的蒸气冷凝与另一侧的溶液沸腾间的传热过程，溶剂的汽化速率由传热速率控制，故蒸发属于热量传递过程，但又有别于一般传热过程，因为蒸发过程具有下述特点：

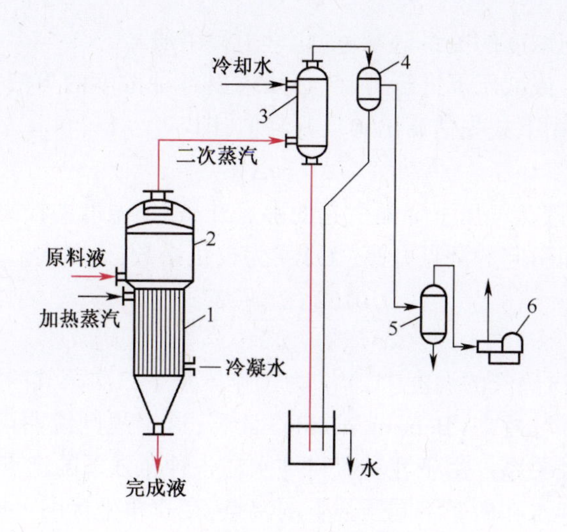

图 10-1　蒸发装置示意图

1—加热室;2—蒸发室;3—混合冷凝器;4—喷射泵;5—分离器;6—真空泵。

(1) 传热性质。传热壁面一侧为加热蒸气冷凝,另一侧为溶液沸腾,故属于壁面两侧流体均有相变化的恒温传热过程。

(2) 溶液性质。有些溶液在蒸发过程中有晶体析出、易结垢和产生泡沫、高温下易分解或聚合;溶液的黏度在蒸发过程中逐渐增大,腐蚀性逐渐加强。

(3) 溶液沸点的改变。含有不挥发溶质的溶液,其蒸气压较同温度下溶剂(即纯水)的为低,换言之,在相同压强下,溶液的沸点高于纯水的沸点,故当加热蒸气一定时,蒸发溶液的传热温度差要小于蒸发水的温度差。溶液浓度越高这种现象越明显。

(4) 泡沫夹带。二次蒸气中常夹带大量液沫,冷凝前必须设法除去,否则不但损失物料,而且会污染冷凝设备。

(5) 能源利用。蒸发时产生大量二次蒸气,如何利用它的潜热,是蒸发操作中要考虑的关键问题之一。

鉴于以上原因,蒸发器的结构有别于一般的换热器。

10.1.2　单效蒸发

1. 溶液的沸点

溶液中含有不挥发的溶质,在相同条件下,其蒸气压比纯水的低,所以溶液的沸点比纯水的要高,两者之差称为因溶液蒸气压下降而引起的沸点升高。例如,常压下 20%NaOH 水溶液的沸点为 108.5℃,而水的为 100℃,此时溶液沸点升高 8.5℃。一般稀溶液和有机溶液的沸点升高值较小,而无机盐溶液的沸点升高值较大,有时可高达数十度。

沸点升高现象对蒸发操作的有效温度差不利,例如用 120℃饱和水蒸气分别加热 20% NaOH 水溶液和纯水,并使之沸腾,有效温度差分别为 11.5℃和 20℃。由于有沸点升高现象,使同条件下蒸发溶液时的有效温度差下降 8.5℃,下降的度数称为因溶液蒸气压下降而引起的温度差损失,其值与同条件下的沸点升高值相同。实际上,还有其他因素使温度差损失,下面分别加以阐述。

2. 温度差损失

溶液的沸点升高主要与溶液类别、浓度及操作压强有关,一般由实验测定。常压下某些无机盐水溶液的沸点升高与浓度的关系请参考《化学工程手册》。

有时蒸发操作在加压或减压下进行，因此必须求出各种浓度的溶液在不同压强下的沸点。当缺乏实验数据时，可以用下式先估算出沸点升高值，即

$$\Delta' = f\Delta'_a \tag{10-1}$$

式中：Δ'_a为常压下由于溶液蒸气压下降而引起的沸点升高（即温度差损失）（℃）；Δ'为操作压强下由于溶液蒸气压下降而引起的沸点升高（℃）；f为校正系数，无因次。其经验计算式为

$$f = \frac{0.0162\,(T' + 273)^2}{r'} \tag{10-2}$$

式中：T'为操作压强下二次蒸气的温度（℃）；r'为操作压强下二次蒸气的汽化热（kJ/kg）。

溶液的沸点也可用杜林规则（Dubring's rule）计算，这个规则说明溶液的沸点和相同压强下标准溶液沸点间呈线性关系。由于容易获得纯水在各种压强下的沸点，故一般选用纯水为标准溶液。只要知道溶液和水在两个不同压强下的沸点，在直角坐标图上标绘相对应的沸点值即可得到一条直线，称为杜林直线。由此可知，对一定浓度的溶液，只要知道它在两个不同压强下的沸点，再查出相应压强下水的沸点，即可绘出该浓度溶液的杜林直线，由此直线就可求得该溶液在其他压强下的沸点。

图 10-2 所示的为不同浓度 NaOH 水溶液的杜林直线群。在任一直线上（即任一浓度），例如在 80%的线上任选 N 及 M 两点，该两点坐标值分别代表相应压强下溶液沸点与水的沸点。设溶液沸点为 t'_A 及 t_A，水的沸点为 t'_w 及 t_w，则直线的斜率为

$$k = \frac{t'_A - t_A}{t'_w - t_w} \tag{10-3}$$

式中：k 为杜林直线的斜率，无因次；t_A，t_w 分别为压强 p_M 下溶液的沸点与纯水的沸点（℃）；t'_A，t'_w 分别为压强 p_N 下溶液的沸点与纯水的沸点（℃）。

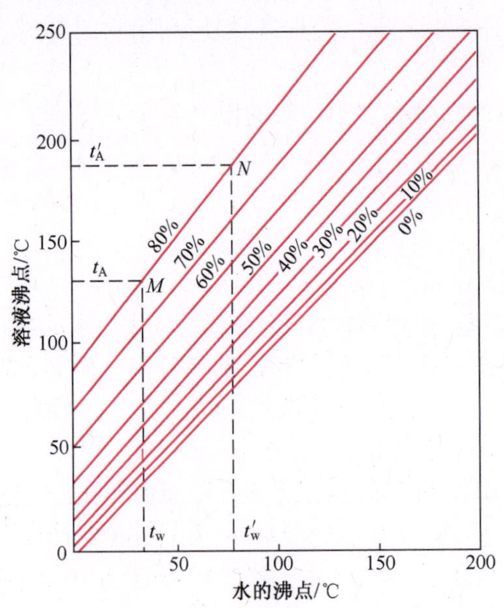

图 10-2 NaOH 水溶液的杜林线图

当某压强下水的沸点 $t_w = 0$ 时，式（10-3）变为

$$t_A = t'_A - kt'_w = y_m \quad (10-4)$$

式中:y_m 为杜林线的截距(℃)。

不同浓度的杜林直线是不平行的,斜率 k 与截距 y_m 都是溶液质量浓度 x 的函数。对 NaOH 水溶液,k、y_m 与 x 的经验关系为

$$k = 1 + 0.142x \quad (10-5)$$

$$y_m = 150.75x^2 - 2.71x \quad (10-6)$$

式中:x 为溶液的质量浓度。

利用经验公式(10-4)、式(10-5)及式(10-6)也可算出溶液的近似沸点。

【例 10-1】 在中央循环管蒸发器内将 NaOH 水溶液由 10%浓缩至 20%,试求:

(1) 利用图 10-2 求 50kPa 时溶液的沸点。

(2) 利用经验公式计算 50kPa 时溶液的沸点。

解:由于中央循环管蒸发器内溶液不断地循环,故操作时器内溶液浓度始终接近完成液的浓度。

从附录中查出压强为 101.33kPa 及 50kPa 时水的饱和温度分别为 100℃及 81.2℃,压强为 50kPa 时的汽化热为 2304.5kJ/kg。

(1) 利用图 10-2 求 50kPa 压强下的沸点。

50kPa 压强下水的沸点为 81.2℃,在图 10-2 的横坐标上找出温度为 81.2℃的点,根据此点查出 20%NaOH 水溶液在 50kPa 压强下的沸点为 88℃。

(2) 利用经验公式求 50kPa 压强下的沸点。

用式(10-5)求 20%NaOH 水溶液的杜林线的斜率,即

$$k = 1 + 0.142x = 1 + 0.142 \times 0.2 = 1.028$$

再求该线的截距,即

$$y_m = 150.75x^2 - 2.71x = 150.75 \times 0.2^2 - 2.71 \times 0.2 = 5.488$$

又由式(10-4)知该线的截距为

$$y_m = t'_A - kt'_w = 5.488$$

将已知值代入上式,得

$$t'_A - 1.028 \times 81.2 = 5.488$$

解得 $t'_A = 88.106℃$

即在 50kPa 压强下溶液沸点为 88.96℃。

由于查图 10-2 时引入误差,以及式(10-5)及式(10-6)均为经验公式,也有一定的误差,故两种方法的计算结果略有差异。

3. 单效蒸发的计算

单效蒸发的计算主要包括蒸发量、加热蒸汽消耗量和传热面积的计算等。

(1) 蒸发量 W。对图 10-3 所示的单效蒸发器作溶质的衡算,得

$$Fx_0 = (F - W)x_1$$

或

$$W = F\left(1 - \frac{x_0}{x_1}\right) \quad (10-7)$$

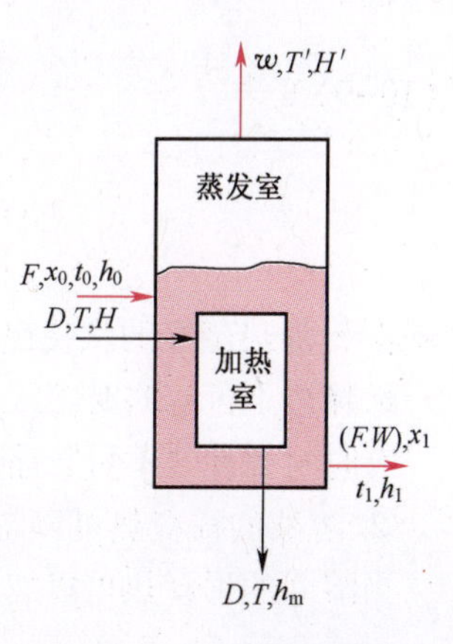

图 10-3 单效蒸发示意图

式中：F 为原料液的流量（kg/h）；W 为单位时间内蒸发的水分量，即蒸发量（kg/h）；x_0 为原料液的质量组成；x_1 为完成液的质量组成。

（2）加热蒸气消耗量 D。蒸发操作中，加热蒸气的热量一般用于将溶液加热至沸点，将水分蒸发为蒸气以及向周围散失的热量。对某些溶液，如 $CaCl_2$、NaOH 等水溶液，稀释时放出热量，因此蒸发这些溶液时应考虑要供给和稀释热量相当的浓缩热。

① 溶液稀释热不可忽略。

对图 10-3 的蒸发器做物料的焓衡算，得

$$DH + Fh_0 = WH' + (F - W)h_1 + Dh_w + Q_L \tag{10-8}$$

或

$$D = \frac{WH' + (F - W)h_1 - Fh_0 + Q_L}{H - h_w} \tag{10-9}$$

式中：D 为加热蒸气的消耗量（kg/h）；H 为加热蒸气的焓（kJ/kg）；h_0 为原料液的焓（kJ/kg）；H' 为二次蒸气的焓（kJ/kg）；h_1 为完成液的焓（kJ/kg）；h_w 为冷凝水的焓（kJ/kg）；Q_L 为热损失（kJ/h）。

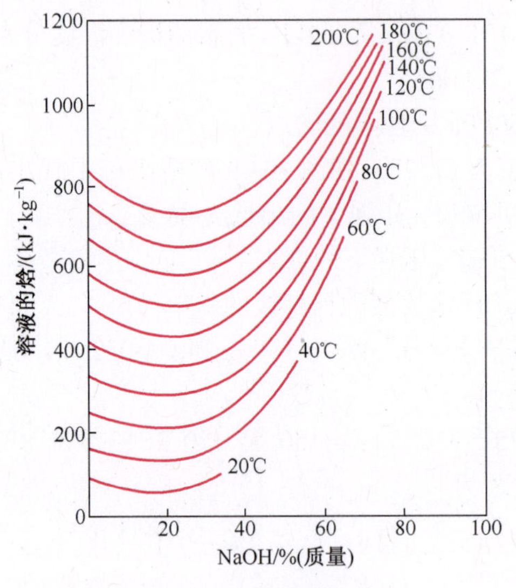

图 10-4 NaOH 水溶液的焓浓图

若加热蒸气的冷凝液在蒸气的饱和温度下排除，则

$$H - h_w = r$$

式（10-9）变为

$$D = \frac{WH' + (F - W)h_1 - Fh_0 + Q_L}{r} \tag{10-10}$$

式中：r 为加热蒸气的汽化热（kJ/kg）。

稀释热不可忽略时溶液的焓由专用的焓浓图查得，图 10-4 为 NaOH 水溶液的焓浓图。

有时对稀释热不可忽略的溶液，也可先按忽略稀释热的方法计算，然后再修正计算结果。

② 溶液的稀释热可以忽略。

当溶液的稀释热可以忽略时，溶液的焓可由比热容算出，即

$$h_0 = c_{p0}(t_0 - 0) = c_{p0}t_0 \tag{10-11}$$

$$h_1 = c_{p1}(t_1 - 0) = c_{p1}t_1 \tag{10-12}$$

$$h_w = c_{pw}(T - 0) = c_{pw}T \tag{10-13}$$

将以上三式代入式(10-8),并整理得

$$D(H - c_{pw}T) = WH' + (F - W)c_{p1}t_1 - Fc_{p0}t_0 + Q_L \tag{10-14}$$

为了避免上式中使用两个不同浓度下的比热容,故将完成液的比热容 c_{p1} 用原料液的比热容 c_{p0} 来表示。溶液的比热容可按下面的经验公式计算

$$c_p = c_{pw}(1 - x) + c_{pB}x \tag{10-15}$$

当 $x<20\%$ 时,式(10-15)可以简化为

$$c_p = c_{pw}(1 - x) \tag{10-16}$$

式中:c_p 为溶液的比热容(kJ/(kg·℃));c_{pw} 为纯水的比热容(kJ/(kg·℃));c_{pB} 为溶质的比热容(kJ/(kg·℃))。

将式(10-14)中的 c_{p0} 及 c_{p1} 均写成式(10-15)或式(10-16)的形式,并与式(10-7)相联立,即可得到原料液比热容 c_{p0} 与完成液比热容 c_{p1} 间的关系为

$$(F - W)c_{p1} = Fc_{p0} - Wc_{pw} \tag{10-17}$$

将式(10-17)代入式(10-14),并整理得

$$D(H - c_{pw}T) = W(H' - c_{pw}t_1) + Fc_{p0}(t_1 - t_0) + Q_L \tag{10-18}$$

当冷凝液在蒸气饱和温度下排出时,则有

$$H - c_{pw}T \approx r \tag{10-19}$$

$$H' - c_{pw}t_1 \approx r' \tag{10-20}$$

式中:r 为加热蒸气的汽化热(kJ/kg);r'为二次蒸气的汽化热(kJ/kg)。

于是,式(10-18)可以简化为

$$Dr = Wr' + Fc_{p0}(t_1 - t_0) + Q_L$$

或

$$D = \frac{Wr' + Fc_{p0}(t_1 - t_0) + Q_L}{r} \tag{10-21a}$$

式(10-21a)说明加热蒸气的热量用于将原料液加热到沸点、蒸发水分以及向周围的热损失。若原料液预热至沸点再进入蒸发器,且忽略热损失,上式可简化为

$$D = \frac{Wr'}{r} \tag{10-21b}$$

或

$$e = \frac{D}{W} = \frac{r'}{r} \tag{10-22}$$

式中:e 为蒸发 1kg 水分时,加热蒸气的消耗量,称为单位蒸气耗量(kg/kg)。

由于蒸气的汽化热随压强变化不大,即 $r \approx r'$,故单效蒸发操作中 $e \approx 1$,即每蒸发 1kg 的水分约消耗 1kg 的加热蒸气。但实际蒸发操作中因有热损失等的影响,e 值约为 1.1 或更大。

e 值是衡量蒸发装置经济程度的指标。

(3) 传热面积。S 蒸发器的传热面积由传热速率公式计算,即

$$Q = S_o K_o \Delta t_m$$

或

$$S_o = \frac{Q}{K_o \Delta t_m} \tag{10-23}$$

式中:S_o 为蒸发器的传热外面积(m^2);K_o 为基于外面积的总传热系数(W/(m^2·℃));Δt_m 为平均温度差(℃);Q 为蒸发器的热负荷,即蒸发器的传热速率(W)。

若加热蒸气的冷凝水在饱和温度下排除，则 S_o 可根据式（10-23）直接算出，否则应分段计算。下面按前者情况进行讨论。

① 平均温度差 Δt_m。

在蒸发过程中，加热面两侧流体均处于恒温、变相状态下，故

$$\Delta t_m = T - t \tag{10-24}$$

式中：T 为加热蒸气的温度（℃）；t 为操作条件下溶液的沸点（℃）。

② 基于传热外面积的总传热系数 K_o

基于传热外面积的总传热系数 K_o 按下式计算

$$K_o = \frac{1}{\frac{1}{a_i}\frac{d_o}{d_i} + R_{si}\frac{d_o}{d_i} + \frac{b}{\lambda}\frac{d_o}{d_m} + R_{so} + \frac{1}{a_o}} \tag{10-25}$$

式中：a 为对流传热系数（W/（m^2 · ℃））；d 为管径（m）；R_s 为垢层热阻（m^2 · ℃/W）；b 为管壁厚度（m）；λ 为管材的导热系数（W/（m · ℃）；下标 i 表示管内侧、o 表示外侧、m 表示平均。

垢层热阻值可按经验数值估算。管外侧的蒸气冷凝传热系数可按膜式冷凝传热系数公式计算。管内侧溶液沸腾传热系数则难于精确计算，因它受多方面因素的控制，如溶液的性质、蒸发器的形式、沸腾传热形式以及操作条件等因素。一般可以参考实验数据或经验数据选择 K 值，但应选与操作条件相近的数值，尽量使选用的 K 值合理。表 10-1 列出不同类型蒸发器的 K 值范围，供选用时参考。

表 10-1　蒸发器的总传热系数 K 值

蒸发器的形式	总传热系数/（W/（m^2 · ℃））
水平沉浸加热式	600～2300
标准式（自然循环）	600～3000
标准式（强制循环）	1200～6000
悬筐式	600～3000
外加热式（自然循环）	1200～6000
外加热式（强制循环）	1200～7000
升膜式	1200～6000
降膜式	1200～3500
蛇管式	350～2300

4. 蒸发器的热负荷 Q

若加热蒸气的冷凝水在饱和温度下排除，且忽略热损失，则蒸发器的热负荷为

$$Q = Dr \tag{10-26}$$

上面算出的传热面积，应视具体情况选用适当的安全系数加以校正。

【例 10-2】 在单效蒸发器中每小时将 5400kg、20%NaOH 水溶液浓缩至 50%。原料液温度为 60℃，比热容为 3.4kJ/（kg · ℃），加热蒸气与二次蒸气的绝对压强分别为 400kPa 及 50kPa。操作条件下溶液的沸点为 126℃，总传热系数 K_o 为 1560W/（m^2 · ℃）。加热蒸气的冷凝水在饱和温度下排除。热损失可以忽略不计。试求：

（1）考虑浓缩热时：①加热蒸气消耗量及单位蒸气耗量；②传热面积。

（2）忽略浓缩热时：①加热蒸气消耗量及单位蒸气耗量；②若原料液的温度改为 30℃ 及 126℃，分别求①项。

解:从附录中分别查出加热蒸气、二次蒸气及冷凝水的有关参数为

400kPa:蒸气的焓 $H=2742.1\text{kJ/kg}$

汽化热 $r=2138.5\text{kJ/kg}$

冷凝水的焓 $h_w=603.61\text{kJ/kg}$

温度 $T=143.4℃$

50kPa:蒸气的焓 $H'=2644.3\text{kJ/kg}$

汽化热 $r'=2304.5\text{kJ/kg}$

温度 $T'=81.2℃$

(1) 考虑浓缩热时。

① 加热蒸气消耗量及单位蒸气耗量。

蒸发量 $W=F\left(1-\dfrac{x_0}{x_1}\right)=5400\left(1-\dfrac{0.2}{0.5}\right)=3240\text{kg/h}$

由图10-4查出60℃时20%NaOH水溶液的焓、126℃时50%NaOH水溶液的焓分别为 $h_0=210\text{kJ/kg}$,$h_1=620\text{kJ/kg}$。

用式(10-10)求加热蒸气消耗量,即

$$D=\frac{WH'+(F-W)h_1-Fh_0}{r}$$

$$=\frac{3240\times2644.3+(5400-3240)\times620-5400\times210}{2138.5}=4102\text{kJ/h}$$

$$e=\frac{D}{W}=\frac{4102}{3240}=1.266$$

② 传热面积。

$$S_o=\frac{Q}{K_o\Delta t_m}$$

$$Q=Dr=4102\times2138.5=8772\times10^3\text{kJ/h}=2437\text{kW}$$

$$K_o=1560\text{W/(m}^2\cdot℃)=1.56\text{kW/(m}^2\cdot℃)$$

$$\Delta t_m=143.4-126=17.4℃$$

所以

$$S_o=\frac{2437}{1.56\times17.4}=89.78\text{m}^2$$

取20%的安全系数,则

$$S_o=1.2\times89.78=107.7\text{m}^2$$

(2) 忽略浓缩热时。

① 忽略浓缩热时按式(10-21)计算加热蒸气消耗量。因忽略热损失,故式(10-21)简化为

$$D=\frac{Wr'+Fc_{p0}(t_1-t_0)}{r'}=\frac{3240\times2304.5+5400\times3.4(126-60)}{2138.5}=4058\text{kg/h}$$

$$e=\frac{4058}{3240}=1.252$$

由此看出不考虑浓缩热时约少消耗1%的加热蒸气。计算时如果缺乏溶液的焓浓数据,可先按不考虑浓缩热的式(10-21)计算,最后用适当的安全系数加以校正。

② 改变原料液温度时的情况。

原料液为 30℃时：

$$D=\frac{3240\times 2304.5+5400\times 3.4(126-30)}{2138.5}=4316\text{kg/h}$$

$$e=\frac{4316}{3240}=1.332$$

原料液为 126℃时：

$$D=\frac{3240\times 2304.5+5400\times 3.4(126-126)}{2138.5}=3492\text{kg/h}$$

$$e=\frac{3492}{3240}=1.078$$

由以上计算结果看出，原料液温度越高，蒸发 1kg 水分消耗的加热蒸气越少。

10.1.3 蒸发操作的节能

1. 多效蒸发

在工业生产中，蒸发大量的水分必须消耗大量的加热蒸气。为了减少加热蒸气消耗量，可采用多效蒸发操作。多效蒸发时要求后效的操作压强和溶液的沸点均较前效的为低，因此可引入前效的二次蒸气作为后效的加热介质，即后效的加热室成为前效二次蒸气的冷凝器，仅第一效需要消耗生蒸气，这就是多效蒸发的操作原理。一般多效蒸发装置的末效或后几效总是在真空下操作。由于各效(末效除外)的二次蒸气均作为下一效蒸发器的加热蒸气，故提高了生蒸气的利用率，即提高了经济效益。

2. 二次蒸气的再压缩

在单效蒸发中，二次蒸气经绝热压缩，压强和温度都升高，可送回原蒸发器中作为加热蒸气，这样只要补充少量的压缩功，便可以利用二次蒸气的大量潜热了，这种操作方式称为热泵蒸发。二次蒸气再压缩的方式有两种，图 10-5(a) 所示为机械压缩式，也称为机械蒸气再压缩 MVR(Mechanical Vapor Re-compression)热泵技术，图 10-5(b)为蒸气动力式，即使用蒸气喷射泵以少量高压蒸气为动力将部分二次蒸气压缩并与之混合一起进入加热室做加热蒸气。

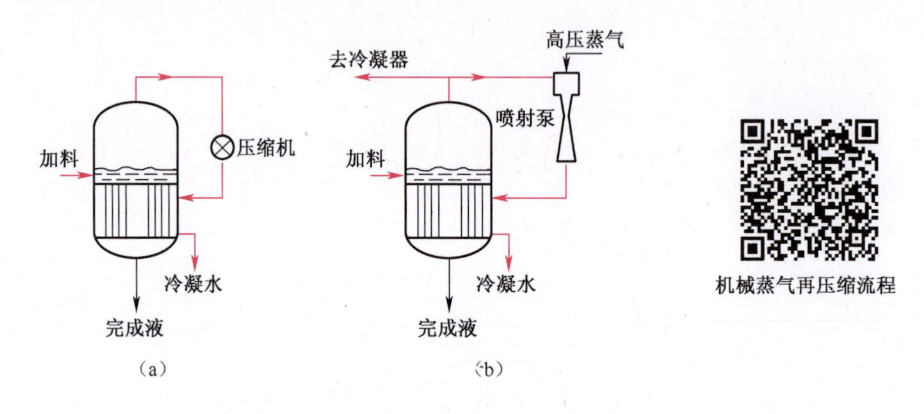

图 10-5 二次蒸气再压缩流程

理论上，采用热泵蒸发是经济的，合理设计的蒸气再压缩蒸发器的能量利用可胜过 3~5 效的多效蒸发。但需考虑压缩机的投资费用和保养费用，而且通过压缩机绝热压缩，二次蒸气温升提高有限。所以,当二次蒸气的温升要求过高(即压缩机的压缩比很大)时,使用热泵经济上会变得不合理,因此热泵蒸发适用于温升要求不高的场合,且经常在缺水地区、船舶上使用。

3. 冷凝水热量的利用

多效蒸发中,前效加热蒸气冷凝水的温度和压强都较高,可以加以利用。如用作原料液预热热源,也可以通过送入冷凝水自蒸发器,使其减压后的冷凝水因过热而产生自蒸发现象。产生的蒸气与前效二次蒸气一并进入后一效的蒸发。

10.1.4 蒸发器的选型

设计蒸发器之前,必须根据任务对蒸发器的形式进行恰当的选择。一般选型时应考虑以下因素。

(1) 溶液的黏度。蒸发过程中溶液黏度变化的范围,是选型首要考虑的因素,各类蒸发器适用于溶液黏度的范围见表 10-3。

(2) 溶液的热稳定性。长时间受热易分解、易聚合以及易结垢的溶液蒸发时,应采用滞料量少、停留时间短的蒸发器。

(3) 有晶体析出的溶液。对蒸发时有晶体析出的溶液应采用外热式蒸发器或强制循环蒸发器。

(4) 易发泡的溶液。易发泡的溶液在蒸发时会生成大量层层重叠不易破碎的泡沫,充满了整个分离室后即随二次蒸气排出,不但损失物料,而且污染冷凝器。蒸发这种溶液宜采用外热式蒸发器、强制循环蒸发器或升膜蒸发器。若将中央循环管蒸发器和悬筐蒸发器的分离室设计大一些,也可用于这种溶液的蒸发。

(5) 有腐蚀性的溶液。蒸发腐蚀性溶液时,加热管应采用特殊材质制成,或内壁衬以耐腐蚀材料。若溶液不怕污染,也可采用浸没燃烧蒸发器。

(6) 易结垢的溶液。无论蒸发何种溶液,蒸发器长久使用后,传热面上总会有污垢生成。垢层的导热系数小,因此对易结垢的溶液,应考虑选择便于清洗和溶液循环速度大的蒸发器。

(7) 溶液的处理量。溶液的处理量也是选型应考虑的因素。要求传热面大于 10m^{2}时,不宜选用刮板搅拌薄膜蒸发器,要求传热面在 20m^{2}以上时,宜采用多效蒸发操作。

总之,应视具体情况,选用适宜的蒸发器,表 10-2 列出常见蒸发器的一些性能,结构示意图如图 10-6~图 10-13 所示。

表 10-2 蒸发器的主要性能

蒸发器型式	造价	总传热系数		溶液在管内流速/(m/s)	停留时间	完成液浓度能否恒定	浓缩比	处理量	对溶液性质的适应性					
		稀溶液	高黏度						稀溶液	高黏度	易生泡沫	易结垢	热敏性	有结晶析出
标准型	最廉	良好	低	0.1~0.5	长	能	良好	一般	适	适	适	尚适	尚适	稍适
悬筐式	较高	较好	低	1~1.5	长	能	良好	一般	适	适	适	适	尚适	适
外热式(自然循环)	廉	高	良好	0.4~1.5	较长	能	良好	较大	适	尚适	较好	尚适	尚适	稍适

（续）

蒸发器型式	造价	总传热系数		溶液在管内流速/(m/s)	停留时间	完成液浓度能否恒定	浓缩比	处理量	对溶液性质的适应性					
		稀溶液	高黏度						稀溶液	高黏度	易生泡沫	易结垢	热敏性	有结晶析出
强制循环	高	高	高	2.0~3.5	—	能	较高	大	适	好	好	适	尚适	适
升膜式	廉	高	良好	0.4~1.0	短	较难	高	大	适	尚适	好	尚适	良好	不适
降膜式	廉	良好	高	0.4~1.0	短	尚能	高	大	较适	好	适	不适	良好	不适
刮板式	最高	高	高	—	短	尚能	高	较小	较适	好	较好	不适	良好	不适
浸没燃烧	廉	高	高	—	短	较难	良好	较大	适	适	适	适	不适	适

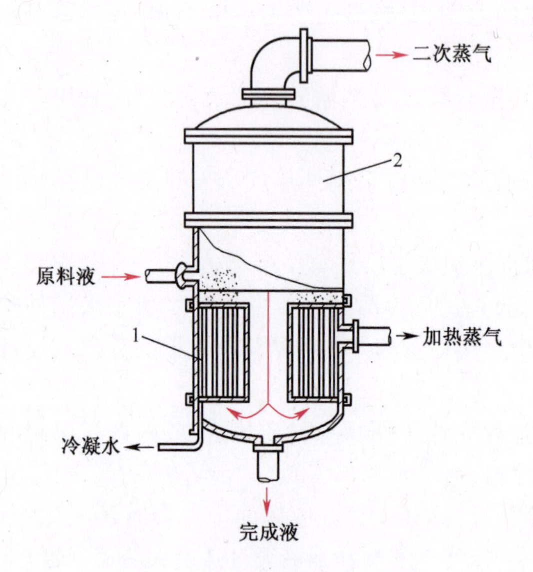

图 10-6　中央循环管式(标准式)蒸发器
1—加热室;2—分离室。

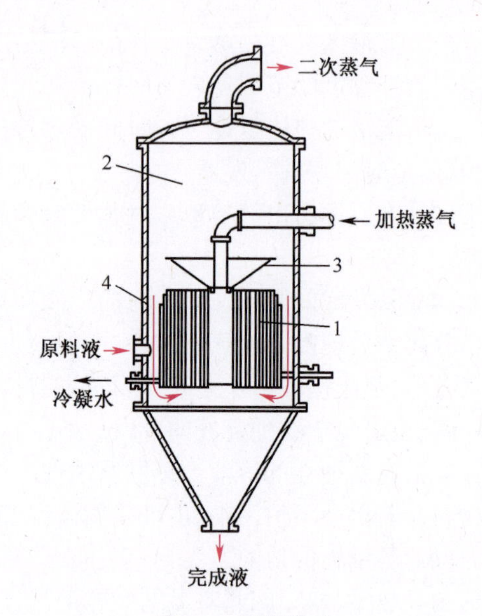

图 10-7　悬筐蒸发器
1—加热室;2—分离室;3—除沫器;4—环形循环通道。

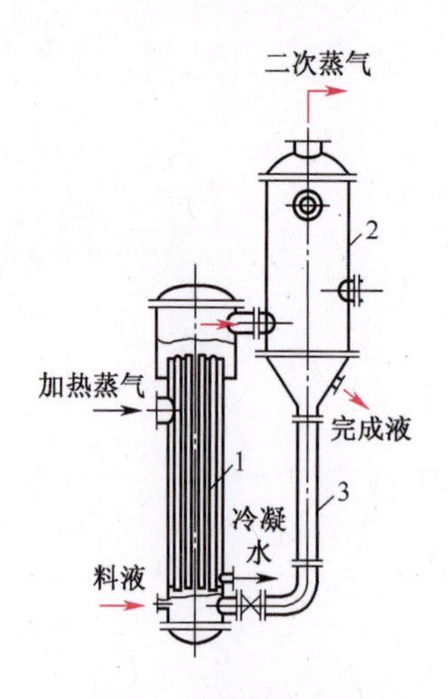

图 10-8　外热式蒸发器
1—加热室;2—分离室;3—循环管。

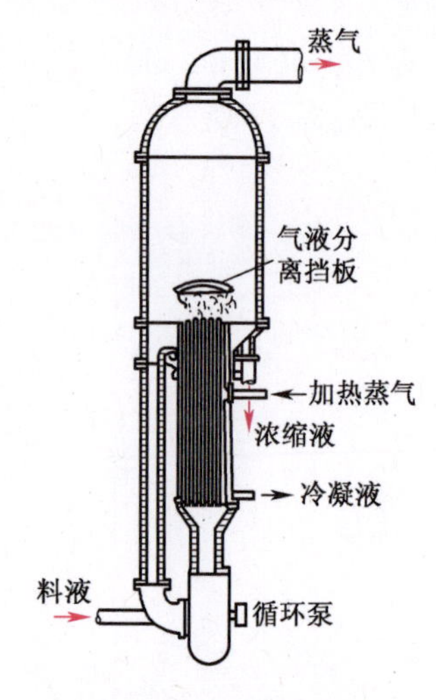

图 10-9　强制循环蒸发器
1—加热室;2—分离室;3—除沫器;4—循环管;5—循环泵。

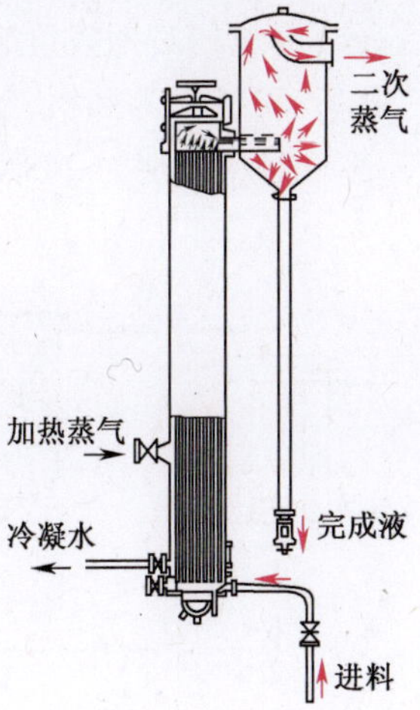

图 10-10　升膜式蒸发器
1—蒸发室;2—分离器。

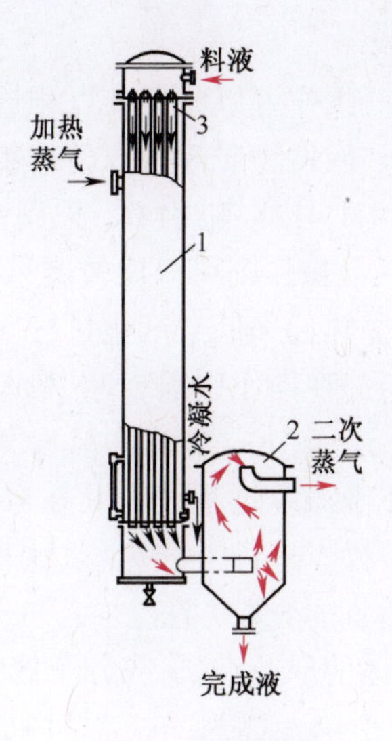

图 10-11　降膜蒸发器
1—加热室;2—分离器。

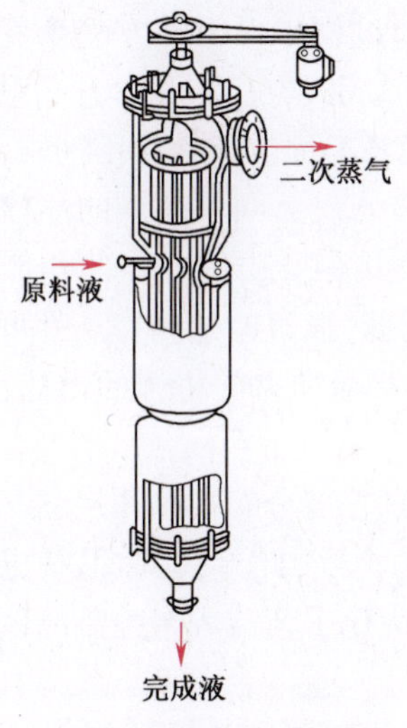

图 10-12　刮板搅拌薄膜蒸发器

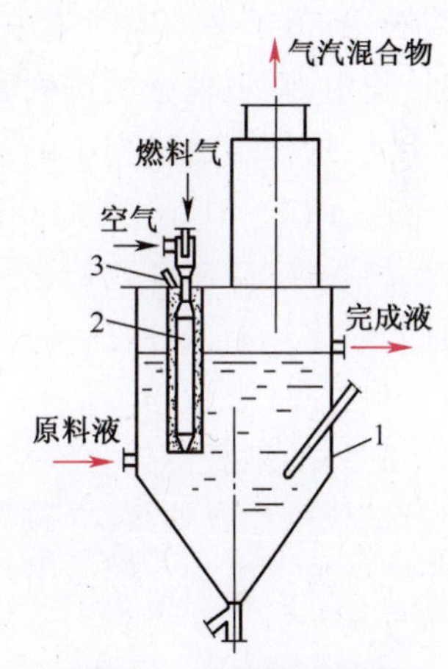

图 10-13　浸没燃烧蒸发器
1—外壳;2—燃烧室;3—点火管。

10.2　结　　晶

从蒸气、溶液或熔融物中析出固态晶体,从而实现混合物分离的单元操作称结晶(crystallization);所采用的设备称为结晶器。结晶广泛应用于化工、生物、医药和食品等工业中。根据晶体析出体系及析出原因的不同,结晶操作可以分为溶液结晶、熔融结晶、升华结晶以及盐析结晶等。本节主要讨论工业上使用最广泛的溶液结晶,并对熔融结晶进行简单介绍。

10.2.1　基本概念

结晶过程与蒸馏、吸收和萃取等分离过程相比,可以实现混合物的高效分离,获得高纯度晶体。

（1）结晶操作可以分离沸点相近但熔点具有显著差别的组分，实现相对挥发度较小物系、共沸物以及热敏性物质等难分离物系的高效分离。例如，邻二甲苯、间二甲苯和对二甲苯的沸点分别为414K、412K 和 411K，采用精馏操作分离很困难；但三者的熔点分别为 248K、225K 和 286K，采用结晶操作则可以比较容易的将三种物质分离。

（2）结晶热远远低于汽化热，过程能耗低。但结晶是一个放热过程，在操作中需要将热量及时带出结晶器，如图 10-14 所示；此外完整的结晶操作还包括晶体与母液的分离、晶体洗涤等过程。因此在分离混合物时，需要与蒸馏、吸收等操作进行工艺流程、能耗以及总成本方面的对比，选择适宜的分离方法。

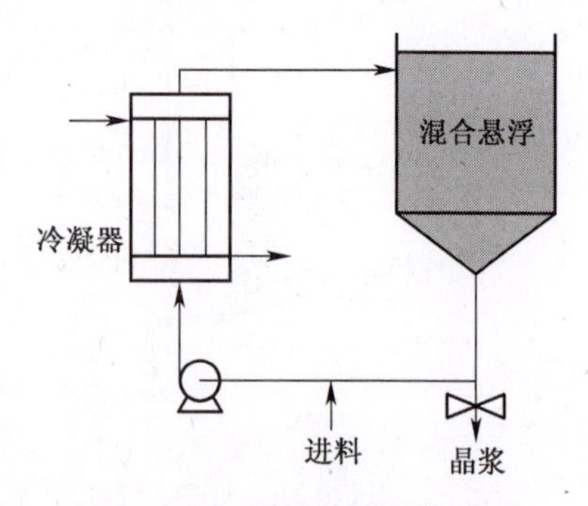

图 10-14　典型外循环式结晶器示意图

构成晶体的原子、离子或分子按一定的几何分布排列而形成的最小单元称为晶格，是构成晶体的基本重复单元。晶体按晶格空间结构的不同分为不同的晶系，如立方晶系、正方晶系、六方晶系、单斜晶系等。同一种物质在不同的条件下可以形成不同的晶系，例如，熔融的硝酸铵在冷却过程中可由立方晶系变成斜棱晶系、长方晶系等；氧化锆在低温时为单斜晶系，在高温下可以形成四方晶系和立方晶系。

在结晶过程中，微观粒子的排列可以按不同方向发展，当各晶面生长速率不同时，形成的晶体外形也不相同，这种结晶过程中的习性称为结晶习惯，简称晶习。同一晶系的晶体在不同条件下的晶习不同，改变 pH 值、温度、溶剂种类、过饱和度以及共存杂质的存在等均能够改变晶习。一般情况下，若冷却速率较快，更容易生产针状晶体。因此，通过改变操作条件可以控制晶习，获得适宜的晶体外形，从而获得具有不同光学特性、电学特性和力学特性的晶体，这是结晶操作的一个重要特点。

结晶操作的目的是获得具有较高纯度、适宜粒度以及较窄粒度分布的晶体产品。粒度分布宽的晶体容易结块或形成晶簇，导致母液难以分离，影响产品纯度；此外，晶体形状也对产物的外观、分散性等有很大影响。因此，在结晶操作中，需要通过优化工艺流程来控制晶体的粒度和外形。

1. 溶液状态的表示方法

一般情况下，气体在液体中的溶解度随温度的升高而减小，而多数固体和液体的溶解度随温度升高而增大，少数物质则相反；此外，还有部分物质的溶解度在不同温度区域内表现出相反的变化趋势。采用溶解度曲线可以表示溶质在溶剂中的溶解度随温度变化的关系，如图 10-15 所示。单位质量溶剂中所含溶质的量为溶解度，其单位为 mol/kg 或 mol/g；也可以采用质量分数来表示，如 kg 溶质/kg 溶剂。

溶质在溶剂中的溶解状态可以通过溶液饱和状态来表示，如图 10-16 所示，横坐标为溶液温度，纵坐标为溶液中溶质的浓度，即溶解度。其中，a 为溶解度曲线，其值随温度升高而增大；对于同一个特定物系来说，其溶解度曲线是确定不变的，是固有物理性质。当溶液浓度等于溶解度时称为饱和溶液；当溶液浓度低于溶解度时，称为不饱和溶液；当溶液浓度高于溶解度时，则为过饱和溶液，此时溶液浓度与溶解度之差称为过饱和度。如果将过饱和溶液温度降低，当过饱和度超过一定限度之后，就会开始析出晶核。图 10-16 中 b 曲线表示溶液开始产生晶核的极限浓度曲线，称为超溶解度曲线。与溶解度曲线不同，超溶解度曲线在结晶过程中随操作条

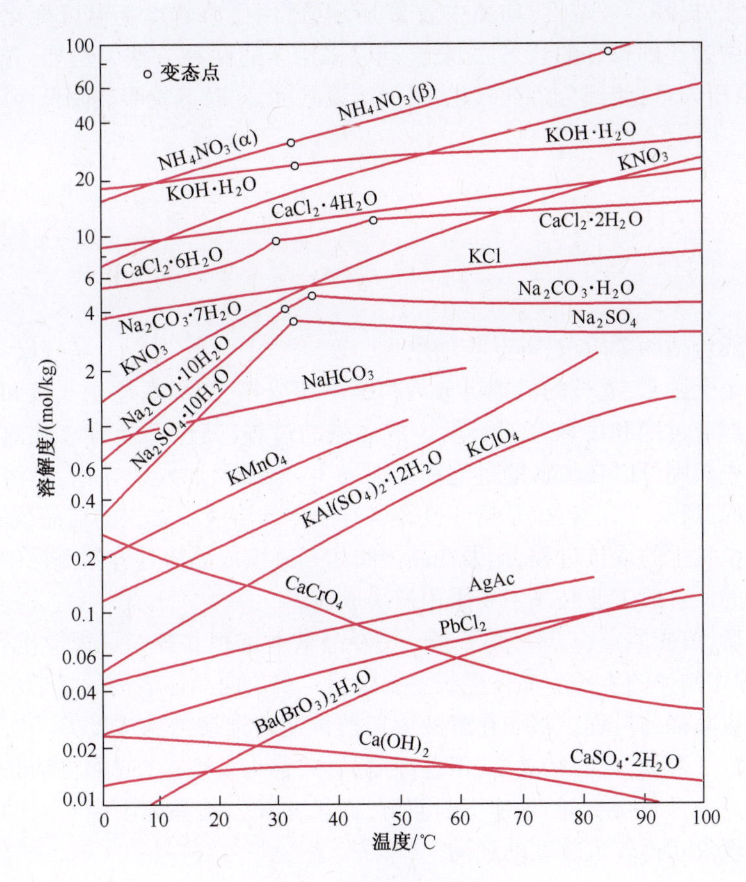

图 10-15 常见物质的溶解度曲线

件的改变而发生变化,如冷却速率、传质增强过程等。

2. 过饱和度

过饱和度有多种表达方法,如过饱和度 Δc、过饱和度比 S 和相对过饱和度 δ,均表示溶液浓度超过饱和浓度的程度。

$$\Delta c = c - c^* \tag{10-27}$$

$$S = c/c^* \tag{10-28}$$

$$\delta = \Delta c/c^* \tag{10-29}$$

式中:c 和 c^* 分别为溶液浓度和饱和浓度($kmol/m^3$)。

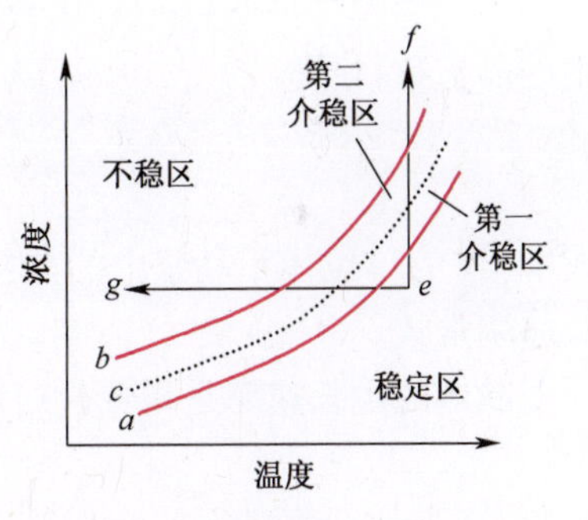

图 10-16 溶质在溶剂中的溶解状态

通过溶解度曲线还可以判断溶液是否发生结晶。当溶液浓度在溶解度以下时,不可能发生结晶,称为稳定区。当浓度处于超溶解度曲线以上时,会立即自发地发生结晶,称为不稳区。溶解度曲线与超溶解度曲线之间的区域称为介稳区,并可分为第一介稳区和第二介稳区。在第一介稳区内,溶液不会自发成核,通过加入晶种可以使晶体在晶核上开始生长;在第二介稳区内,溶液可自发成核,但速率较慢,远低于不稳区的成核速率。

溶液过饱和度是结晶过程的推动力,一般情况下,过饱和度越大,结晶速率越快。在结晶操作中,常用以下两种方法来形成过饱和溶液。

(1)降低溶液温度,使溶质溶解度降低,从而达到过饱和状态,溶质结晶析出,称为冷却结晶,如图 10-16 中 eg 线所示,适用于溶解度曲线随温度变化较大的体系。

（2）浓缩溶液，提高溶液浓度，如图中 *ef* 线所示，适用于溶解度随温度变化较小的溶液体系。在实际生产中为达到较好的效果，一般会同时采用上述两种方法。例如，先将溶液加热至一定温度，然后减压闪蒸，使部分溶剂汽化，增大溶液浓度，同时蒸发吸热降低溶液温度，增大溶液的过饱和度。

10.2.2 结晶机理与动力学

1. 结晶过程

结晶过程一般包括两个阶段，即晶核的生成（成核）和晶体的生长。晶核尺寸较小，一般只有几个纳米至几十个微米，成核的机理可分为初级均相成核、初级非均相成核和二次成核。初级均相成核是指溶液过饱和度较高时自发生成晶核的过程，其速率受溶液过饱和度的影响较大。初级非均相成核则可以在较低的过饱和度下发生，但需要加入诱导剂，是溶液在外来物种诱导下生成晶核的过程。二次成核是指在已经含有晶体的溶液中发生的新晶核的生成过程，是一种在多相物系中发生的成核过程，比如在晶体间相互碰撞或晶体与容器碰撞中产生的微小晶体的诱导下发生的。一般工业结晶主要采用二次成核。

晶核形成以后，溶质质点（原子、离子、分子）在晶核上沉积并按一定规律排列，从而生长为晶粒，这个过程称作晶体的生长。晶体生长主要包括了溶质向晶体表面的扩散传递过程以及晶体表面吸附和构成晶格的过程。溶质在溶液中扩散传递的推动力为浓度差。实际生产中常常将结晶后的晶体溶于溶剂，再次结晶，获得高纯度晶体，称为重结晶（或称再结晶）。同时，重结晶还可以指在溶液中，尺寸较小的晶体不断溶解，而尺寸较大的晶体不断长大的过程。工业生产中常用重结晶现象获得较大粒度的产品。

2. 结晶速率

结晶速率包括成核速率和晶体生长速率。成核速率 r_n 是指单位时间内单位体积溶液中产生的晶核数目，即

$$r_n = \frac{\mathrm{d}N}{\mathrm{d}t} = k_n \Delta c^m \tag{10-30}$$

式中：N 为单位体积晶浆中的晶核数；Δc 为过饱和度；m 为晶核生成级数，一般大于 2；k_n 为成核速率常数。

晶体的生长速率是指单位时间内晶体平均粒度 L 的增加量，即

$$r_{\mathrm{g}} = \frac{\mathrm{d}L}{\mathrm{d}t} = k_{\mathrm{g}} \Delta c^n \tag{10-31}$$

式中：n 为晶体生长级数，一般在 1 和 2 之间；k_{g} 为晶体生长速率常数。

$$\frac{r_n}{r_{\mathrm{g}}} = \frac{k_n}{k_{\mathrm{g}}} = \Delta c^{m-n} \tag{10-32}$$

由上式可得，当过饱和度 Δc 较大时，晶核生成速率较大，容易获得小颗粒结晶产品；当 Δc 较小时，晶核生成较慢而晶体生长较快，有利于获得颗粒较大的结晶产品。

3. 结晶过程的影响因素

在实际工业生产中，结晶过程还容易受到多种因素的影响：

（1）过饱和度的大小直接影响晶体的成核和生长速率，从而对晶习、晶粒数量、晶粒尺寸以及粒度分布等产生影响。过饱和度较低时，容易获得分布均匀的细晶粒；而过饱和度较高时，晶

体尺寸较大且均匀性较差。

(2) 溶液黏度和流动性直接影响溶质向晶体表面的传递过程。在高黏度和低流动性溶液中,会出现晶体棱角生长较快而晶面生长较慢的现象,生成特殊形状的骸晶。

(3) 搅拌是影响粒度分布的重要因素。高强度搅拌会使介稳区变窄,增大二次成核速率,获得较小粒度的颗粒;温和搅拌条件下,则容易获得较粗的颗粒。

在结晶过程中,由于晶体周围溶液浓度降低,结晶放热又使局部温度升高,导致晶体周围出现涡流,晶体容易生长成歪曲的形状;此外,当晶体在生长过程中遇到其他晶粒或容器内壁时,某些晶面的生长就会受到阻碍,也容易形成歪晶。

10.2.3 结晶过程的物料和热量衡算

在结晶器中,当溶液浓度降低到饱和时,结晶过程可视为结束。此时剩余的溶液称为母液,晶体和母液组成的液固悬浮液称为晶浆。结晶过程的晶体产率可以通过初始溶液浓度、结晶结束状态下的溶解度、蒸发失水量来计算。在对结晶操作进行物料衡算时还需要区分晶体是否为水合物,当结晶物为水合物时,需要采用溶质在水合物中的质量分数进行计算。物料衡算主要包括总物料、溶质和水的衡算。

图 10-17 为典型结晶操作的物料和能量流动示意图。进料质量为 F(kg),其中溶质质量分数为 w_1,蒸发失水量为 W(kg),生成晶体量 m(kg),其中 w_2 为含结晶水溶质的质量分数(对于不含结晶水的产物, $w_2=1$),最终剩余母液为($F-W-m$)(kg),其中溶质的质量分数为 w_3(kg)。

对图中虚线部分作溶质物料衡算,则有

$$Fw_1 = mw_2 + (F - W - m)w_3 \tag{10-33}$$

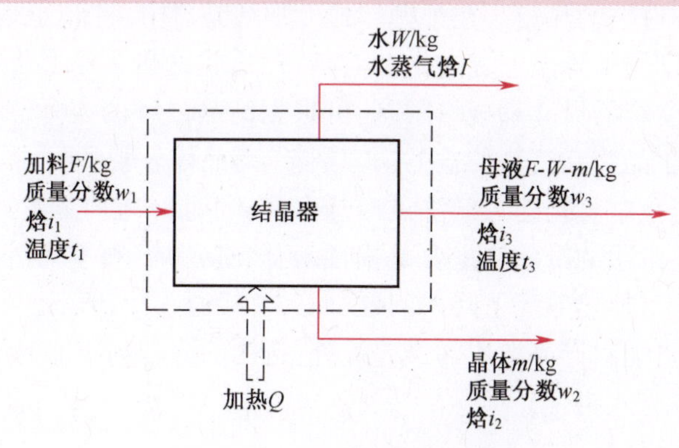

图 10-17 典型结晶器物流和能流图

溶质在晶体表面生成晶格的过程中会释放出热量,生成单位质量晶体所放出的热量称为结晶热(kJ/kg 晶体)。结晶热本质为相变放热,但与纯物质从液态变为固态时的相变放热的数值并不相等,结晶焓变还包括了溶质浓缩的焓变。

结晶的逆过程是溶解,溶解是吸热过程,单位晶体在溶剂中溶解时吸收的热量为溶解热(kJ/kg 晶体)。只有在溶液浓度相等的条件下,结晶热数值才等于溶解热。一般情况下,溶质的稀释热相比溶解热较小,可以近似地认为结晶热与溶解热数值相等。

对于热量衡算来说,与干燥等章节的热量衡算类似:

$$Fi_1 + Q = WI + mi_2 + (F - W - m)i_3 \tag{10-34}$$

其中，Q 为外界对结晶器提供的热量（当 Q 为负值时，表示外界对结晶器提供冷量），i_1 为单位质量进料溶液的焓，i_2 为单位质量晶体的焓，i_3 为单位质量母液的焓。

【例 10-3】 100kg 含 28%（质量分数）Na_2CO_3 的水溶液在结晶器中冷却到 20℃，结晶盐分子含 10 个结晶水，即 $Na_2CO_3 \cdot 10H_2O$。已知 20℃下 Na_2CO_3 的溶解度 w_3 为 17.7%（质量分数）。溶液在结晶器中蒸发失去 3kg 水分，试求结晶产量 m。

解：

由已知条件可得 $W=3$kg。因 Na_2CO_3 的分子量为 106，$Na_2CO_3 \cdot 10H_2O$ 的分子量为 286，则 $w_2=106/286=0.371$，由式(10-33)可得

$$100 \times 0.28 = 0.371 + (100 - 3 - m) \times 0.177$$

可得结晶产量 $m=55.8$kg，母液量为 41.2kg。

10.2.4 结晶方法和常用设备

根据结晶过程中过饱和度产生的方法不同，工业生产中的溶液结晶一般可分为冷却结晶、蒸发结晶、真空结晶和加压结晶等；根据操作方式可分为间歇式和连续式。

1. 溶液冷却结晶

通过降低溶液温度使溶液达到过饱和，从而发生结晶的过程称为溶液冷却结晶，主要适用于溶解度随温度降低而显著下降的体系。根据冷却方法的不同，可以分为间接换热冷却结晶和直接换热冷却结晶。

间接换热冷却结晶是工业中最常用的方法，根据晶浆流动路径的不同分为内循环式和外循环式两种。在内循环式冷却结晶器中装有冷却夹套或内部换热盘管，通过在夹套和盘管中通入冷却剂来移走结晶过程产生的热量。在外循环式冷却结晶器中，将部分晶浆从结晶器引出后与进料溶液混合，在外冷却器中降温形成过饱和溶液，然后输送进入结晶器结晶。与内循环结晶器相比，外置换热器不受容器尺寸和规格限制，可根据结晶过程的实际需要在很大范围内调整换热功率；但同时增加了晶浆和溶液传输的功率消耗，对晶体外貌和尺寸等也会产生一定影响。

生产中还可以在母液中直接通入低沸点冷却介质，通过冷却剂蒸发汽化带走热量，这种操作称为直接冷却结晶。常用的冷却剂主要是惰性液体，如乙烯、氟里昂等。直接冷却结晶可以避免间接结晶器中换热器换热效率下降的问题，而且直接通入冷却剂还可以实现母液温度的快速调节，但这种操作有可能对产品造成污染。此外，选用的冷却剂不能与母液溶剂互溶，或互溶后可以采用低成本分离方式再生。

2. 蒸发结晶

对于溶解度随温度变化不大或溶解度随温度降低反而升高的物系，一般采用蒸发结晶法。通过在常压或减压下将溶质蒸发，使溶液变成过饱和溶液，从而析出溶质晶体，比如盐的晒制就是最古老最简单的蒸发结晶操作。

图 10-18 是一种典型的蒸发结晶器，主要由位于上方的蒸发室与下方的结晶室以及中央降液管组成。结晶室上层母液经循环泵输送在外部与原料液混合并被加热，由循环管进入蒸发室，经过部分汽化后形成过饱和溶液，并通过中央降液管流至结晶室底部。结晶室主体呈锥形，上部截面较大，下部截面较小，因此下部流体流速较快，上部流速较慢。在结晶室中，晶体粒度从上到下逐渐变大，结晶室内悬浮晶粒形成具有一定粒度分级的流化床。较大的晶体颗粒富集在结晶室底部，与降液管中流出的过饱和度最大的溶液接触，晶体进一步长大。溶液过饱和度

由下到上逐渐降低，在结晶室顶层过饱和度基本消失，母液中也几乎不含晶粒。

这种结晶器也称为流化床型结晶器，主要特点是过饱和溶液的形成区域和晶体生长的区域分别处于结晶器不同位置，循环母液中基本不含晶体颗粒，避免了晶粒与循环泵叶轮和管壁等发生碰撞而导致的二次成核现象；此外，结晶室还同时具备了粒度分级的功能，可以获得大而均匀的晶体颗粒。但该结晶器在操作中必须要控制母液的循环量和晶体颗粒在溶液中的沉降速度，确保结晶室中晶体悬浮液在循环泵入口以下，避免被带出结晶室，因此，其操作弹性较小。

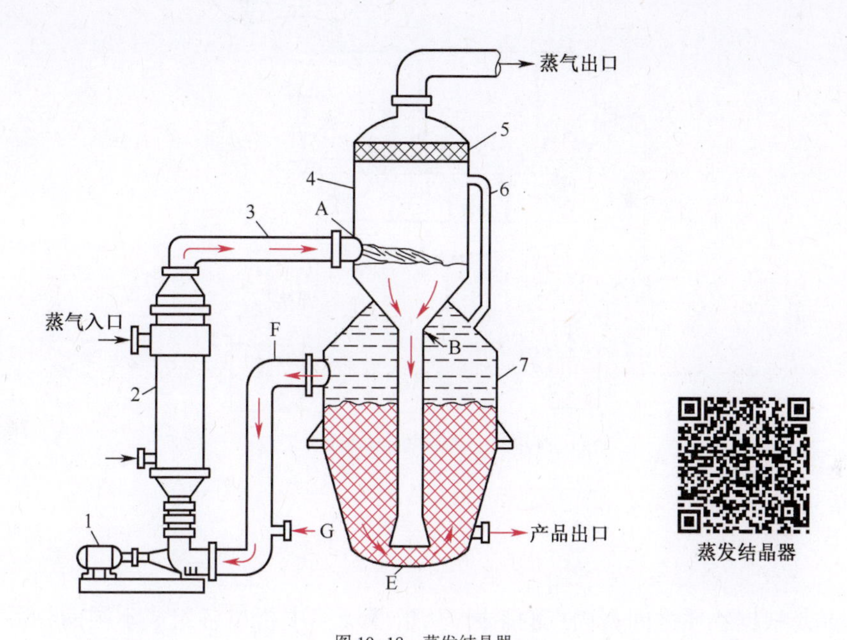

图 10-18　蒸发结晶器

A— 闪蒸区入口；B—介稳区入口；E—床层区入口；F—循环流入口；G—母液进料口；
1—循环泵；2—换热器；3—再循环管；4—蒸发管；5—筛网分离器；6—排气管；7—悬浮室。

3. 真空冷却结晶

在工业生产中还经常使用真空冷却结晶器，通过在真空下闪蒸除去溶液中的部分溶剂并降低溶液温度，同时达到溶液浓缩和冷却的效果，产生过饱和度。这种结晶器在溶解度随温度变化中等的物系中使用较为广泛。

图 10-19 是一种常用的多级真空冷却结晶器。通过隔板分成多个结晶室，各结晶室下部相互连通，但上部的蒸气室相互隔开并具有不同的真空度。溶液进入第一级结晶室后蒸发溶剂并降温；然后逐级向后流动，结晶室真空度逐渐升高，溶液温度则逐渐降低，在形成一定的过饱和度后，开始析出晶体。结晶室底部装有进气管，通过吸入空气鼓泡，起到搅拌溶液的作用，使晶粒在溶液中悬浮并随溶液流入下一级。真空冷却结晶器没有换热单元，设备结构相对简单，操作稳定，通过控制真空度可以比较精确地控制晶体生长的条件。

由以上内容可知，在选择结晶方法和结晶设备时，需要考虑物系的性质、能耗、产品的粒度和粒度分布、生产能力等多种因素。对于溶解度随温度降低而明显降低的物系，可选用冷却结晶或真空结晶；对于溶解度随温度降低不明显或具有逆溶解度的物系，可选择蒸发结晶。此外，结晶方法和设备的选择还需考虑投资费用和操作费用，以及操作弹性等因素。

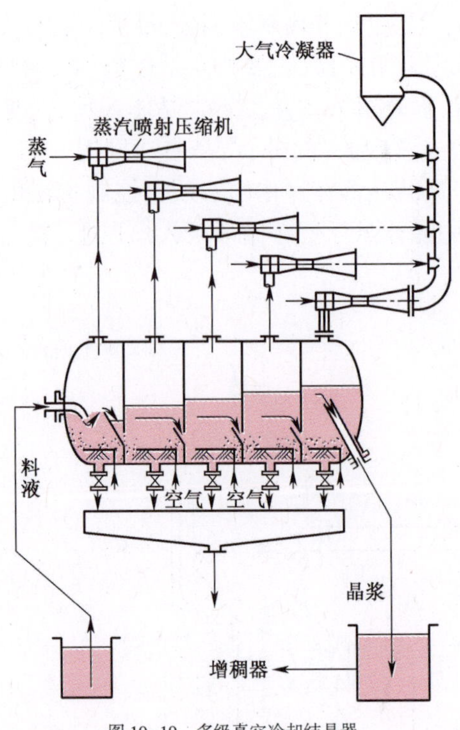

图 10-19 多级真空冷却结晶器

10.2.5 熔融结晶

熔融结晶是根据物质之间凝固点的不同，从熔融液体中析出各组成不同的物质，实现结晶分离的过程。在熔融结晶中，一般需要固液两相经多级接触（或连续逆流接触）后才能实现高纯度分离。与溶液结晶不同的是，熔融结晶操作的温度一般在结晶组分的熔点附近。

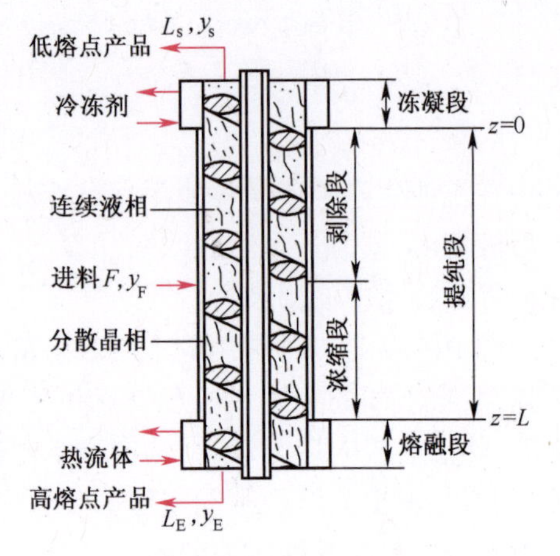

图 10-20 塔式分步结晶器

图 10-20 是一种典型的塔式连续熔融结晶器，从下到上可分为熔融段、提纯段和冻凝段。其中，熔融液体为连续相，结晶颗粒为分散相。原料液从结晶器中部或冻凝段加入，晶体在冻凝段析出后通过螺杆的推动缓慢向结晶器底部运动，熔融液体向上流动，二者逆流接触。结晶器中液体纯度向下逐渐升高，晶体纯度也不断提高并在底部的熔融段被加热熔融，部分用于向上回流，其余作为产品排出。冻凝段顶部排出低浓度母液或废物料。

10.3 吸　　附

流体流经某些固体时，会发生在固体表面积聚的现象。在工业上可以采用某些固体物质，通过上述过程选择性地将气体或液体中的一个或多个组分聚积在固体表面，而使其他组分通过，从而实现混合物的分离，这种单元操作称为吸附(Adsorption)。其中固体物质为吸附剂，被吸附的物质称为吸附质。吸附广泛应用于化工、炼油、制药和环保等领域，如气体中水的脱除、溶剂回收、溶液脱色以及芳烃精制等。

10.3.1 吸附和吸附剂

根据吸附质和吸附剂之间吸附力的不同可以将吸附操作分为物理吸附与化学吸附。物理吸附是通过分子间范德瓦耳斯力的作用使吸附质分子吸附在吸附剂的表面；在化学吸附过程中，吸附质与吸附剂表面则会发生原子或分子间的化学键合作用。吸附时所放出的热量为吸附热，一般情况下化学吸附热大于物理吸附热。化工生产中多采用物理吸附，用于气体与液体中微量杂质的去除，通过选用适宜的吸附剂可以实现对某些特定组分的选择性吸附。

1. 吸附种类

与吸附相反，吸附质脱离吸附剂表面的过程称为脱附，也称解吸。物理吸附的过程是可逆的，因此可以利用"吸附—解吸"的可逆过程来实现混合物的分离。在生产中，一般通过升温和降低吸附质分压来改变平衡条件的方法实现解吸，主要分为如下几种：

(1) 变温吸附。吸附过程是放热过程，降低操作温度可以增加吸附量，反之亦然。因此，吸附操作一般在低温下进行。在高温下，吸附剂的吸附能力会降低，吸附质从吸附剂表面脱附，一般采用水蒸气加热吸附剂使其升温解吸，实现吸附剂再生。工业生产中，一般通过"降温—升温"循环完成吸附过程。

(2) 变压吸附。一般情况下，升高系统压力，可以提高吸附剂的吸附量，反之亦然。在工业生产中经常通过改变压力差来实现吸附和解吸，这个过程被称为变压吸附。变压吸附可以分为"常压吸附—真空解吸"或"加压吸附—真空解吸"等方法。

(3) 置换吸附。在已经吸附饱和的体系中，可以通入更易被吸附的吸附质将已经被吸附的物质替换下来，实现混合物的分离。工业中最常用的置换吸附剂为水蒸气。

2. 吸附剂

工业用吸附剂应具备如下特性：具有较大的吸附量，一般情况下比表面积越大的吸附剂，吸附量越高；具有良好的吸附选择性，且容易解吸；还应具有较好的机械强度、化学稳定性和热循环稳定性，以及成本较低等。目前工业上常用的吸附剂主要有活性炭、沸石分子筛、活性氧化铝、硅胶等。

(1) 活性炭。活性炭是一种具有非极性表面、疏水和亲有机物的吸附剂，是非极性吸附剂。活性炭吸附容量大、化学稳定性好、易于解吸，而且经多次"吸附—解吸"循环操作后仍具有较高的吸附活性。活性炭常用于溶液脱色、净化，气体脱臭以及溶剂回收等过程，是应用最普遍的吸附剂。将煤、木材、椰壳等含碳材料进行炭化后活化可制成活性炭，其比表面可达~1700m^2/g。

(2) 沸石分子筛。分子筛是具有一定晶体结构和均匀微孔的吸附剂，可以选择性地吸附小于孔道内径的分子。沸石分子筛是指具有分子筛吸附作用的含水硅酸盐晶体，比表面积可达750m^2/g。分子筛是强极性吸附剂，随着硅铝比的增加，其极性逐渐减弱。分子筛被广泛用于气体干燥、水污染处理、重金属离子脱除以及催化剂载体等。

(3) 活性氧化铝。活性氧化铝为无定形多孔结构物质，一般通过加热氧化铝的水合物脱水后活化制得，比表面积约为 $500m^2/g$。活性氧化铝是一种极性吸附剂，可以大量吸附水分；其机械强度较高，热循环十分稳定，主要用于气体干燥和液体脱水等过程。

（4）硅胶。硅胶是采用酸处理硅酸钠溶液所得胶状物经老化、水洗和干燥后制得的坚硬无定型硅酸盐聚合物颗粒，比表面积约为 $350m^2/g$。硅胶是一种极性吸附剂，对极性分子和不饱和烃具有明显的选择性，主要用于气体的干燥脱水等过程。

10.3.2 吸附平衡

1. 吸附等温线

在流体与固体吸附剂接触发生吸附的过程中，流体中的吸附质与吸附剂接触并被吸附，在一定温度和压力下，经过长时间接触后，吸附质在流体相和固体相中的浓度会达到平衡。在上述过程中，若流体中吸附质的浓度高于平衡浓度，则流体中的吸附质将被吸附剂吸附；反之吸附质则从吸附剂表面解吸，直至达到平衡为止。吸附平衡关系决定了吸附的方向和极限。

吸附平衡可以用吸附等温线来表示。如图 10-21 所示，横坐标为吸附质在流体中的分压 p/p^0（以气体为例），纵坐标为单位质量吸附剂的吸附量 q（kg/kg）。根据吸附质和吸附剂之间作用力性质的不同，吸附量随分压的变化趋势也不同，常见的吸附类型包括五种：Ⅰ、Ⅱ、Ⅳ型吸附线的起始阶段为负曲率，表示当吸附质分压很低时，吸附剂的吸附量仍然可以达到较高水平，而且有利于吸附质的脱附；相反地，Ⅲ、Ⅴ型吸附线的初始曲率为正值，不利于吸附和脱附过程。

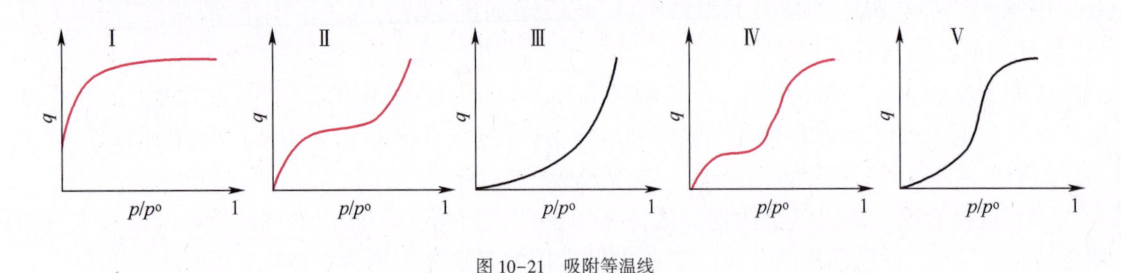

图 10-21 吸附等温线

目前有几种理论可以在一定范围内较好地描述吸附过程，但实际的吸附等温线只能通过实验测定。一般情况下，在较低浓度气体发生物理吸附的过程中，假设相邻的分子之间相互独立，则气相与吸附剂之间的平衡浓度关系为线性，即

$$x = Hc \tag{10-35}$$

式中：c 为吸附质浓度（kg/m^3）；H 为比例常数（m^3/kg）。

2. 单分子层吸附和 Langmuir 方程

当吸附质浓度较高时，相平衡不再服从线性关系，可近似用单分子层吸附和多分子层吸附模型来表示，它们都是常用的经验方程。单分子层吸附模型也称为朗格缪尔（Langmuir）吸附模型，对吸附过程做了如下假定：吸附质在吸附剂表面的吸附是单分子层的，即一个吸附位置最多吸附一个分子；被吸附的分子之间不产生相互作用力；吸附剂表面均匀。上述条件下的吸附被称为理想吸附。

此时，令 $\theta = \dfrac{x}{x_m}$ 为吸附剂表面覆盖率，则吸附速率可以表示为 $k_a p(1-\theta)$；同时还存在被吸附分子的脱附过程，则解吸速率为 $k_d\theta$。吸附平衡时，吸附速率与脱附速率相等，即

$$\frac{\theta}{1-\theta}=\frac{k_a}{k_d}p=k_L p \tag{10-36}$$

式中：k_L 为朗格缪尔吸附平衡常数；p 为吸附质分压(Pa)。整理上式可得

$$\theta=\frac{x}{x_m}=\frac{k_L p}{1+k_L p} \tag{10-37}$$

式(10-37)为单分子层吸附的朗格缪尔方程，其中模型参数 x_m 和 k_L 可以通过实验测得。上式可以较好地描述中低浓度下的等温吸附平衡，如用活性炭吸附 N_2、Ar、CH_4 等气体的过程；但在吸附质浓度较高时不再适用。

3. 多分子层吸附和 BET 方程

BET 吸附模型是 Brunauer、Emmett 和 Teller 在 Langmuir 模型基础上建立起来的。与 Langmuir 模型不同，BET 模型假定条件为：吸附质在吸附剂表面可以发生多层分子的吸附；同一层内被吸附分子之间无相互作用力，但各吸附层之间存在范德瓦耳斯力；吸附剂表面均匀等。在此基础上推导出如下方程

$$x=x_m\frac{b\dfrac{p}{p^0}}{\left(1-\dfrac{p}{p^0}\right)\left[1+(b-1)\dfrac{p}{p^0}\right]} \tag{10-38}$$

式中：p^0 为吸附质的饱和蒸气压；b 为常数；$\dfrac{p}{p^0}$ 称为比压。上式即为描述多分子层吸附的 BET 方程，通过氮气、氧气和苯等作为吸附质在吸附剂表面吸附，可以测量粉体吸附剂的比表面积。上式还可以改写为式(10-39)的直线形式，用来计算被测量粉体的比表面积。

$$\frac{\dfrac{p}{p^0}}{x\left(1-\dfrac{p}{p^0}\right)}=\frac{1}{x_m b}+\frac{b-1}{x_m b}\left(\frac{p}{p^0}\right)=A+B\left(\frac{p}{p^0}\right) \tag{10-39}$$

式中：A 和 B 分别为直线的截距和斜率，可以求出吸附容量为

$$x_m=\frac{1}{A+B} \tag{10-40}$$

比表面积为

$$a=\frac{N_0 A_0 x_m}{M} \tag{10-41}$$

式中：$N_0=6.023\times10^{23}$ 为阿伏伽德罗常数；M 为分子量。

10.3.3 吸附传质过程和吸附速率

吸附质在吸附剂上被吸附时一般经历外扩散、内扩散和吸附三个步骤。首先，吸附质从流体主体扩散到吸附剂外表面，这一步的速率主要取决于吸附质分子通过吸附剂表面层流膜的传递速率；然后，吸附质通过微孔从吸附剂外表面扩散进入内部，到达吸附剂的内部表面；最后，吸附质被吸附剂吸附。在物理吸附中，最后的吸附步骤通常是瞬间完成的，所以吸附过程的速率通常由前两步决定。大多数情况下，内扩散速率较小，吸附速率由内扩散控制。内扩散又可分

为分子扩散、努森扩散、表面扩散和晶体扩散。

在单位时间内吸附质被单位吸附剂外表面吸附的质量称为吸附速率，用 N_A 表示，单位 $kg \cdot s^{-1} \cdot m^{-2}$。与吸收等单元操作中关于传质速率的表示方法类似，吸附速率也可以表示为推动力之差与传质系数乘积的形式。对于外扩散过程来说，其吸附推动力为吸附质在流体主体中的浓度 c 和吸附剂外表面流体浓度 c_i 之差，令 k_f（m/s）为外扩散传质系数，吸附速率可以表示为

$$N_A = k_f(c - c_i) \tag{10-42}$$

对于内扩散来说，其推动力为与吸附剂外表面流体浓度呈平衡的吸附相浓度 x_i 和吸附相平均浓度 x 之差，令 k_s（m/s）为内扩散传质系数，吸附速率可表示为

$$N_A = k_s(x_i - x) \tag{10-43}$$

也可以用总传质系数来表示吸附传质速率，即

$$N_A = K_f(c - c_e) = K_s(x_e - x) \tag{10-44}$$

式中：K_f 为以流体相总浓度差为推动力的总传质系数，c_e 为与 x 达到相平衡的流体相浓度；K_s 为以固体相总浓度差为推动力的总传质系数；x_e 为与 c 达到相平衡的固体相浓度。对于内扩散控制的吸附过程，总传质系数 K_s 近似等于内扩散传质系数 k_s。

吸附速率与吸附剂和吸附质的物化性质以及操作条件（温度、压力等）等多方面因素有关。当吸附物系和操作条件确定时，吸附过程可以分为三个阶段：在开始吸附阶段，吸附剂的吸附量较小，传质推动力大，吸附速率高；随着吸附过程的进行，吸附剂上吸附质的含量增高，传质推动力逐渐降低，吸附速率也逐渐减小；经过一定时间后，吸附剂吸附饱和，吸附速率逐渐趋近于零，吸附和解吸处于动态平衡。

10.3.4 吸附工艺及设备

1. 固定床吸附器

根据流体与固体的接触形式和流动状态不同，可以将吸附工艺和设备分为固定床、流化床和移动床等类型。工业上应用最广泛的是固定床吸附器。

图 10-22 为典型的固定床吸附流程示意图，一般由两台及以上吸附器组成一个吸附单元。运行时，吸附和解吸交替进行，当 A 设备在吸附时，B 设备处于解吸再生阶段。在吸附过程中，混合气体从吸附器的底部进入，流经固定放置的吸附剂床层时气体中的吸附质被吸附剂吸附，随后从顶部排出；在解吸操作中，一般直接通入高温水蒸气将吸附剂床层中的吸附质带出吸附器，实现吸附剂的循环再生。固定床吸附器具有结构简单、造价低、吸附剂磨损少等特点；但固定床吸附属于间歇操作，完成一个完整的吸附—脱附过程需要在两个吸附器之间进行切换，设备投资高、利用率低。

2. 固定床吸附过程

固定床吸附为非稳态的传质过程。在流体通过固定床的过程中，靠近入口的床层最先达到吸附平衡（饱和）；随着吸附过程的进行，床层中吸附剂的总吸附量逐渐增加，但床层内各处浓度分布则随时间而改变，饱和层逐渐向出口方向移动。

假设固定床吸附器在恒温下操作，开始时床内吸附剂平衡浓度为 x_2，入口处流体浓度为 c_1；吸附一段时间后，入口处吸附剂床层的平衡浓度升高到与 c_1 平衡的浓度 x_1，达到饱和（L_1 段所示）；在下游床层（L_0 段）中，平衡浓度则沿轴向降低至 x_2。其中，吸附剂平衡浓度沿流体流动方向变化的曲线称为负荷曲线。

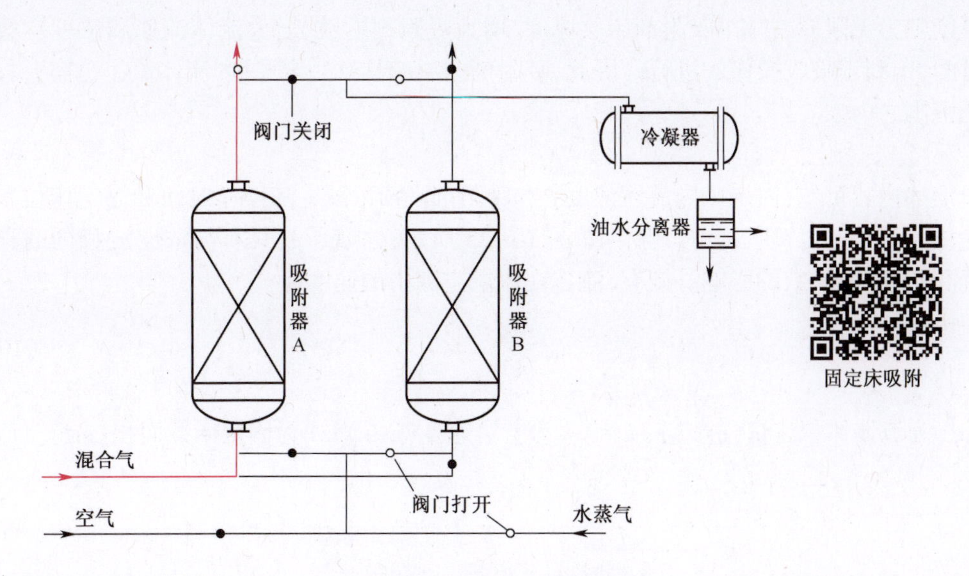

图 10-22 固定床吸附工艺流程示意图

如图 10-23 所示，负荷曲线的波形将随吸附操作的进行不断向出口方向移动。吸附饱和段 L_1 逐渐增长，而未吸附或吸附量很小的床层长度 L_2 不断减小。一般认为在 L_1 和 L_2 段床层中的吸附-解吸过程达到平衡，吸附过程只发生在 L_0 段床层，因此 L_0 段床层被定义为传质区，或称为传质前沿。相似地，流体中的吸附质浓度沿轴向变化也类似于负荷曲线，在 L_0 段床层内流体浓度从 c_1 降至与 x_2 平衡的 c_2，该浓度变化曲线称为流体相的浓度波。

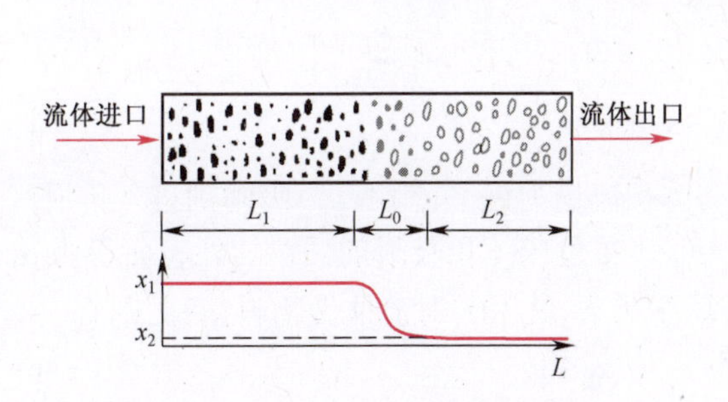

图 10-23 固定床吸附过程示意图及负荷曲线

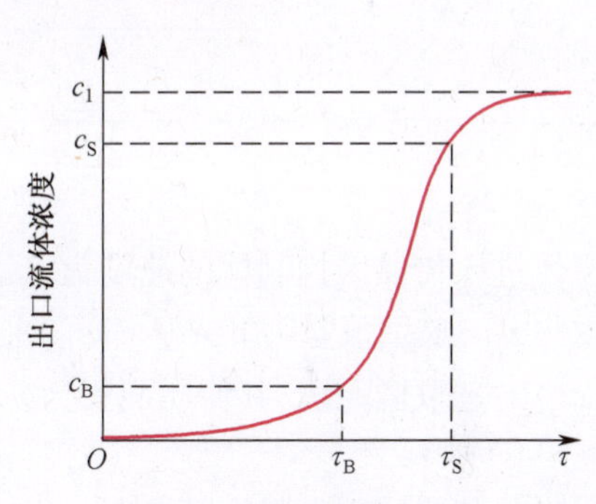

图 10-24 固定床透过曲线示意图

随着吸附过程的进行，负荷曲线和浓度波匀速向床层出口方向移动，出口处流体浓度则逐渐增高。图 10-24 所示为出口处流体浓度随时间变化的曲线，称为透过曲线。可以看出，在开始之后很长一段时间内，吸附器出口处浓度随时间升高的速率缓慢。在运行一段时间后，出口浓度开始明显升高，达到进口浓度的 5%，该转折点被定义为透过点，如图中 c_B 所示；对应的运行时间 τ_B 称为透过时间。若操作继续进行，则出口处流体浓度持续快速上升，当出口浓度达到进口浓度 95%时，该点被称作饱和点 c_S，相应的操作时间称为饱和时间 τ_S。从图中可以看出，负荷曲线和透过曲线成镜面对称，因此，经常采用实验的方法通过测定透过曲线来确定浓度波和传质区厚度，以及确定总传质系数等。

负荷曲线、透过曲线和传质区厚度均可以用来表示吸附器的吸附性能，它们与流体流速、浓度、吸附传质速率以及相平衡等因素有关。传质速率越大，传质区会变薄，穿过一定厚度床层的透过时间也就越长；流体流速越小，停留时间越长，传质区也越薄。当传质速率无限大时，传质区的厚度则为无限薄。减小吸附剂床层厚度、增大吸附剂颗粒、增大流体流速和浓度均会缩短透过时间，不利于吸收操作的进行。因此，吸附剂床层应具有一定厚度，流体流速也需要控制在合理的范围之内。

3. 固定床吸附过程计算

由上述内容可知，固定床内流体浓度 c 和吸附剂平衡浓度 x 随操作时间和固定床位置而改变。为便于计算，取传质区为控制体，如图 10-25 所示，并赋予其具有与浓度波相同的移动速度，从而减少时间参数的影响。则有，流体在床层空隙中的速度为

$$u_0 = \frac{q_v}{A\varepsilon_B} = \frac{u}{\varepsilon_B} \tag{10-45}$$

式中：q_v 为流体体积流量（m^3/s）；$u = \dfrac{q_v}{A}$ 为空塔速度（m/s）；A 为固定床截面积（m^2）。

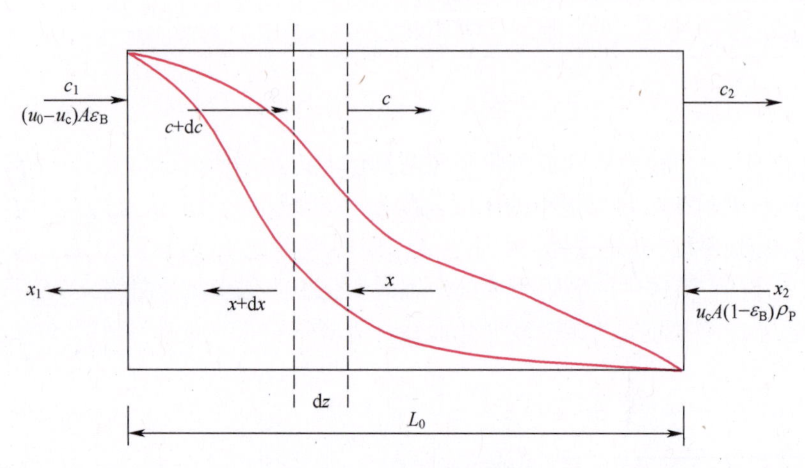

图 10-25 传质区内微分控制体

流体进入传质区控制体的速度为 $(u_0 - u_c)$，体积流量为 $(u_0-u_c)A\varepsilon_B$。吸附剂进入传质区的速度为 u_c，质量流量为 $u_cA(1-\varepsilon_B)\rho_p$，即 $u_cA\rho_B$。单位床体积吸附剂颗粒的外表面积为 a_B（m^2/m^3）。选取微元段，其传质面积为 $a_BA\mathrm{d}z$、传质量为 $N_Aa_BA\mathrm{d}z$，对流体做物料衡算，则有

$$(u_0 - u_c)A\varepsilon_B\mathrm{d}c = N_Aa_BA\mathrm{d}z \tag{10-46}$$

对吸附剂床层做物料衡算，则有

$$u_cA\rho_B\mathrm{d}x = N_Aa_BA\mathrm{d}z \tag{10-47}$$

可得相际传质方程式

$$N_A = K_f(c - c_e) = K_s(x_e - x) \tag{10-48}$$

积分后，可得

$$\int\mathrm{d}z = \frac{(u_0 - u_c)\varepsilon_B}{K_fa_B}\int\frac{\mathrm{d}c}{c - c_e} = \frac{u - u_c\varepsilon_B}{K_fa_B}\int\frac{\mathrm{d}c}{c - c_e} \tag{10-49}$$

在实际操作中，当 z 从 0 变化到 L_0 时，c 从 c_B 变化到 c_S，因此可得积分式

$$L_0 = \frac{u - u_c\varepsilon_B}{K_fa_B}\int_{c_B}^{c_S}\frac{\mathrm{d}c}{c - c_e} \tag{10-50}$$

上式即为吸附过程的积分表达式。将式（10-45）与式（10-46）联立可得

$$(u - u_c\varepsilon_B)A\mathrm{d}c = u_cA\rho_B\mathrm{d}x \tag{10-51}$$

当 c 从 c_1 变化到 c_2 时，x 从 x_1 变化到 x_2，积分可得

$$(u - u_c\varepsilon_B)(c_1 - c_2) = u_c\rho_B(x_1 - x_2) \tag{10-52}$$

整理后得到浓度波的移动速度表达式

$$u_c = \frac{u}{\varepsilon_B + \rho_B(x_1 - x_2)/(c_1 - c_2)} \tag{10-53}$$

可以发现，浓度波的移动速度与进料速度成正比。

一般情况下，流体在床层内的空塔流速 u 要远大于浓度波的移动速度 u_c，因此，式(10-49)可以写成

$$L_0 = \frac{u}{K_f a_B}\int_{c_B}^{c_s}\frac{dc}{c - c_e} = H_{of}N_{of} \tag{10-54}$$

与吸收单元操作类似，其中 $H_{of} = \frac{u}{K_f a_B}$ 为传质单元高度；$N_{of} = \int_{c_B}^{c_s}\frac{dc}{c - c_e}$ 为传质单元数。

对图 10-26 中的虚线部分进行物料衡算，可得

$$(u - u_c\varepsilon_B)(c - c_2) = u_c\rho_B(x - x_2) \tag{10-55}$$

将式(10-55)与式(10-52)整理，可得

$$x = x_2 + \frac{x_1 - x_2}{c_1 - c_2}(c - c_2) \tag{10-56}$$

式(10-56)即为操作线方程，表示同一塔截面上两相浓度之间的关系，操作线方程为直线。图 10-27 表示操作线和平衡线之间的关系，两线间的垂直距离为吸附相总浓度差推动力 ($x_e - x$)，水平距离表示流体相总浓度差推动力 ($c - c_e$)。

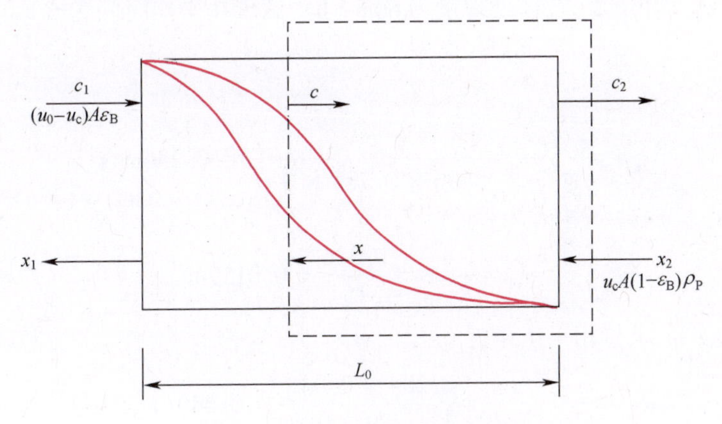

图 10-26 传质区内两相浓度间的关系

当操作达到透过点时，尚未被利用的床层高度一般为传质区高度的50%。对透过时间内的流体相和吸附相作物料衡算，则有

$$\tau_B q_v(c_1 - c_2) = (L - 0.5L_0)A\rho_B(x_1 - x_2) \tag{10-57}$$

式中：L 为固定床中吸附剂床层高度(m)。

固定床吸附器的计算可分为吸附床层高度计算和吸附过程核算两类，均可采用如下方程式进行计算

总物料衡算式 $$\tau_B u(c_1 - c_2) = (L - 0.5L_0)\rho_B(x_1 - x_2) \tag{10-58}$$

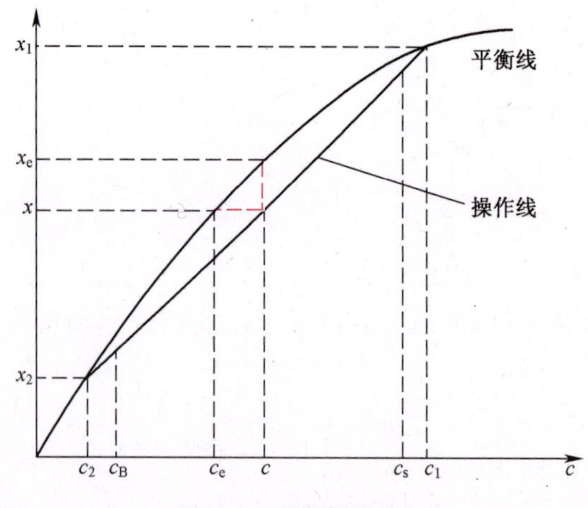

图 10-27 操作线与推动力

传质区计算式
$$L_0 = H_{of}N_{of} = \frac{u}{K_f a_B}\int_{c_B}^{c_s}\frac{dc}{c - c_e} \tag{10-59}$$

相平衡方程式
$$c_e = f(x) \text{ 或 } x = F(c_e) \tag{10-60}$$

操作线方程式
$$x = x_2 + \frac{x_1 - x_2}{c_1 - c_2}(c - c_2) \tag{10-61}$$

【例 10-4】 含有微量苯蒸气的气体恒温下流过活性炭床层，床层直径为 0.3m，吸附温度为 20℃。吸附等温线为 $x = 204c/(1 + 429c)$，其中 x，c 的单位分别为 kg 苯/kg 活性炭和 kg 苯/m^{3}气体。气体密度为 1.2kg/m^3，进塔气体浓度为 0.04kg/m^3。活性炭装填密度为 550kg/m^3。总传质系数为 $K_f a_B = 15\text{s}^{-1}$，气体处理量为 60m^3/h。试求在操作时间为 6 h 的条件下，活性炭用量为多少千克？

解：

$$u = \frac{q_v}{\frac{\pi}{4}D^2} = \frac{60}{3600 \times 0.785 \times 0.3^2} = 0.236\text{m/s}$$

$$H_{of} = \frac{u}{K_f a_B} = \frac{0.236}{15} = 0.0157\text{m}$$

由 $c_1 = 0.04\text{kg/m}^3$ 求得相平衡条件下

$$x_1 = \frac{204c_1}{1 + 429c_1} = \frac{204 \times 0.04}{1 + 429 \times 0.04} = 0.449(\text{kg/kg})$$

由 $x_2 = 0$ 得 $c_2 = 0$，由操作线方程式可得操作线

$$x = x_2 + \frac{x_1 - x_2}{c_1 - c_2}(c - c_2) = \frac{0.449}{0.04}c = 11.2c$$

$$c_B = 0.05c_1 = 0.002\text{kg/m}^3$$

$$c_s = 0.95c_1 = 0.038\text{kg/m}^3$$

由 $x = 11.2c$ 可得

$$c - c_e = c - \frac{11.2c}{204 - 4805c}$$

$$N_{\text{of}} = \int_{c_B}^{c_s} \frac{\mathrm{d}c}{c - c_e} = \int_{0.002}^{0.038} \frac{\mathrm{d}c}{c - \dfrac{11.2c}{204 - 4805c}} = 3.28$$

$$L_0 = H_{\text{of}} N_{\text{of}} = 0.0515\text{m}$$

由式(10-57)可得

$$L = \frac{\tau_B u(c_1 - c_2)}{\rho_B(x_1 - x_2)} + 0.5L_0 = 0.851\text{m}$$

活性炭用量 $m = L\dfrac{\pi}{4}D^2\rho_B = 33.1\text{kg}$

4. 其他吸附工艺及设备

在固定床吸附器中，吸附剂固定在床层中，不随流体流动，因此需要多台设备联合使用才能完成“吸附-解吸”的循环操作。在流化床吸附器中，吸附剂颗粒在床层中停留吸附；待吸附即将饱和时，随流体进入另一个流化床中进行解吸；完成再生之后，再随流体送入流化床吸附器中。与固定床相比，流化床吸附器可以连续工作，不需要多台设备联合使用，降低了设备投资成本。但吸附剂颗粒在循环过程中容易因机械碰撞而损耗，增加了运行成本。

生产中还经常用到另一种典型的连续式吸附设备，即移动床吸附器。如图 10-28 所示，以回收混合气体中有机溶剂的连续操作移动床吸附器为例，其主要由三部分构成：设备上部为吸附段，中部为二次吸附段，下部为解吸段。混合气体从吸附段的下方进入吸附器，吸附段内为由筛板和活性炭组成的多层流化床吸附段，经过吸附净化后的气体从设备顶端排出。吸附剂则从

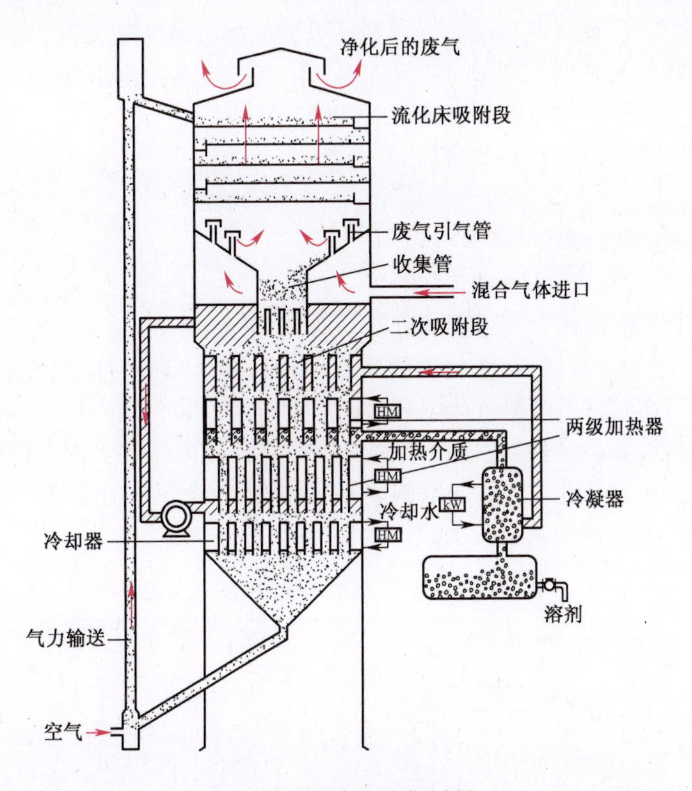

图 10-28 连续再生吸附塔示意图

流化床吸附段底部落至二次吸附段。最下方为解吸段，惰性气体从解吸段下方通入并逆流向上流动，将活性炭解吸之后，带有溶剂的惰性气体继续流入二次吸附段，惰性气体中的溶剂被脱去，溶剂则被冷凝后排出。在二次吸附段，再次吸附了溶剂的活性炭继续向下落入解吸段进行再生。逆向流动的惰性气体将吸附剂解吸出来的溶剂带入外部冷凝器析出回收，惰性气体被送回解吸段循环使用。再生的活性炭通过底部的冷却器冷却后被输送至顶部吸附段重复使用。

与固定床吸附器相比，移动床可以实现逆流连续操作，传热传质更加均匀；但吸附剂在输运过程中会造成比较严重的磨损，而且设备结构复杂，流体和固体的输运均需要消耗较大能量。因此在移动床应用过程中，需要优化设计来降低吸附剂的损耗和吸附器的运行成本。

10.4 膜分离

膜分离过程是利用天然或人工合成的具有选择透过性的薄膜，以外界能量或化学位差为推动力，对双组分或多组分体系进行分离、分级、提纯或富集的过程。通常，膜原料侧称为膜上游，透过侧称为膜下游。而膜是指在一个流体相内或两个流体相之间以特定的形式限制和传递组分，从而把流体相分隔成两部分的一薄层物质，膜可以呈固相、液相或气相状态存在。目前常用的膜多为固相膜。

按膜的来源、相态、材质、用途、形状、分离机理、结构、制备方法等的不同，可将膜分类。例如，按膜的来源分为天然膜和合成膜；按膜的材质分为聚合物膜、无机膜和聚合物-无机杂合膜；按膜的用途分为分离膜、反应膜；按膜的分离机理分为筛分膜、溶解-扩散膜和离子选择膜；按膜的结构分为多孔膜、致密膜、液膜、气膜和离子交换膜。多孔膜又分为微孔膜、非对称膜和复合膜；按膜的形状分为平板膜、卷式膜、管式膜和中空纤维膜；按膜的制备方法分为相转化膜、核径迹膜、拉伸膜、烧结膜、挤压膜、流延膜和各种聚合物膜等。

本节主要介绍以聚合物膜为主的膜分离过程。

10.4.1 各种膜分离过程简介

与常规分离过程相比，膜分离过程具有能耗低、单级分离效率高、过程灵活简单、环境污染低、适用范围广、易于放大等特点，特别适合于热敏性物质的分离，而且还适用于许多特殊溶液或气体混合物体系的分离。膜分离过程的应用效率受膜的抗污染性、热稳定性、化学稳定性及膜的最大分离纯度等内在因素和膜组件型式、操作条件等外在因素的限制。不同的膜分离过程使用的膜不同，推动力也不同。表 10-3 给出了几种常用膜分离过程的原理示意，择要简述如下。

表 10-3 各种膜分离过程原理示意

过程		概念示意	膜类型	推动力	透过物质	被截留物质
致密膜	反渗透 RO	海水 苦咸水 → 浓缩盐水；淡水	非对称膜 复合膜 动力膜	压强差 9.81×10^5 ~ 6.87×10^6 Pa	水	全部悬浮物、溶解物和胶体

（续）

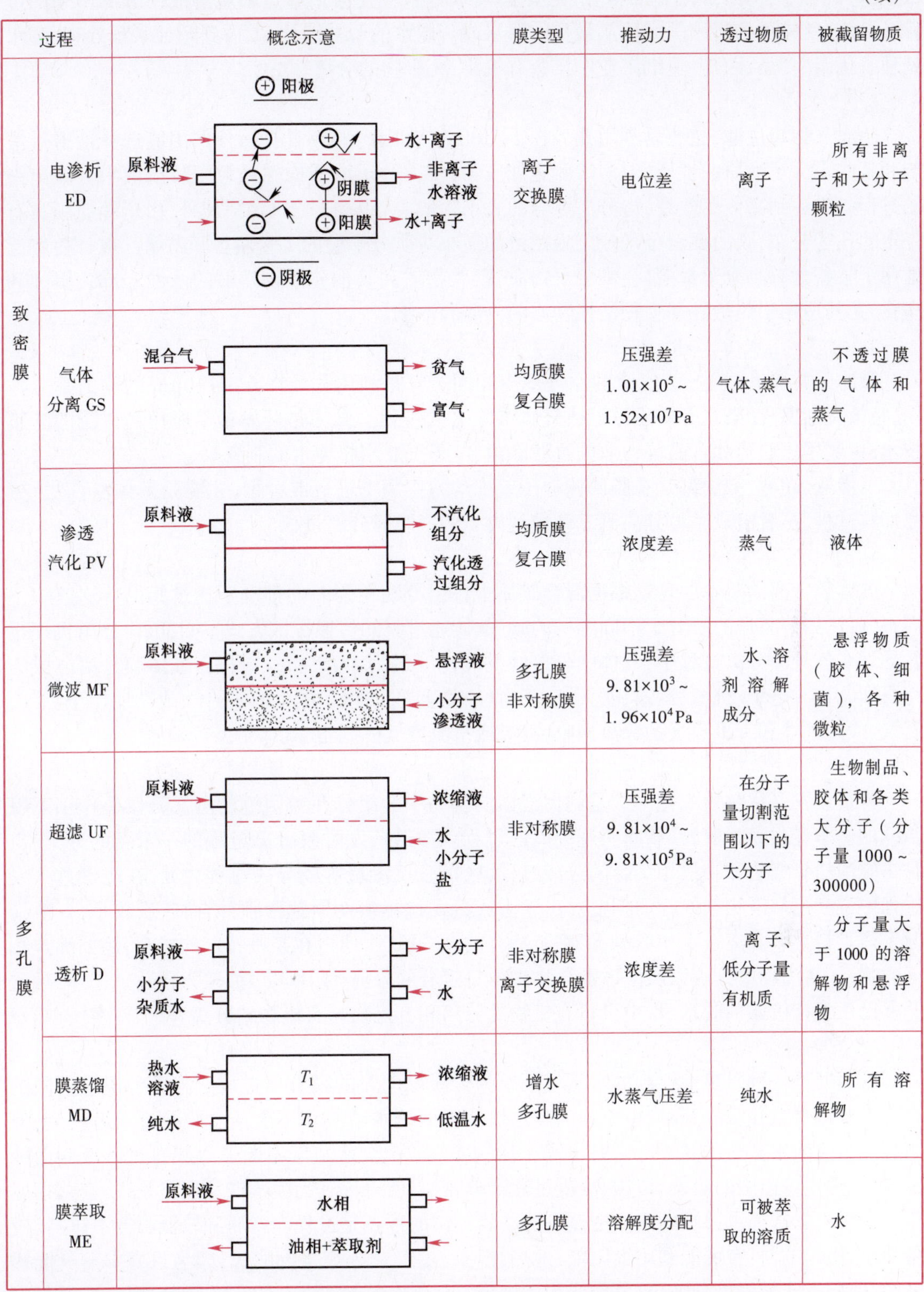

过程		概念示意	膜类型	推动力	透过物质	被截留物质
致密膜	电渗析 ED	⊕阳极；原料液；水+离子；非离子水溶液；阴膜；阳膜；水+离子；⊖阴极	离子交换膜	电位差	离子	所有非离子和大分子颗粒
	气体分离 GS	混合气；贫气；富气	均质膜 复合膜	压强差 1.01×10^5～ 1.52×10^7Pa	气体、蒸气	不透过膜的气体和蒸气
	渗透汽化 PV	原料液；不汽化组分；汽化透过组分	均质膜 复合膜	浓度差	蒸气	液体
多孔膜	微波 MF	原料液；悬浮液；小分子渗透液	多孔膜 非对称膜	压强差 9.81×10^3～ 1.96×10^4Pa	水、溶剂溶解成分	悬浮物质（胶体、细菌），各种微粒
	超滤 UF	原料液；浓缩液；水 小分子 盐	非对称膜	压强差 9.81×10^4～ 9.81×10^5Pa	在分子量切割范围以下的大分子	生物制品、胶体和各类大分子（分子量 1000～300000）
	透析 D	原料液；小分子杂质水；大分子；水	非对称膜 离子交换膜	浓度差	离子、低分子量有机质	分子量大于 1000 的溶解物和悬浮物
	膜蒸馏 MD	热水溶液；纯水；T_1；T_2；浓缩液；低温水	增水多孔膜	水蒸气压差	纯水	所有溶解物
	膜萃取 ME	原料液；水相；油相+萃取剂	多孔膜	溶解度分配	可被萃取的溶质	水

1. 反渗透

反渗透是利用孔径小于 1nm 的膜通过优先吸附和毛细管流动等作用选择性透过溶剂（通

常是水）的性质，对溶液侧施加压力，克服溶剂的渗透压，使溶剂通过膜从溶液中分离出来的过程。目前，反渗透的应用领域已从最初的海水或苦咸水的脱盐淡化，发展到超纯水预处理、废水处理及化工、食品、医药、造纸工业中某些有机物、无机物的分离。

2. 超滤

超滤又称超过滤，超滤是利用孔径在1～100nm范围内的膜具有筛分作用能选择性透过溶剂和某些小分子溶质的性质，对溶液侧施加压力，使大分子溶质或细微粒子从溶液中分离出来的过程。为达到高分离效率，待分离组分的大小一般要相差10倍以上。此外，由于超滤膜具有一定的孔径分布，膜的截留分子量应为截留的最小溶质分子量的1/2左右。超滤已被日益广泛地用于某些含有小分子量溶质、高分子物质、胶体物质和其他分散物溶液的浓缩、分离、提纯和净化，尤其适用于热敏性和生物活性物质的分离和浓缩。

3. 微滤

微滤又称微孔过滤，与超滤的原理基本相同。它是利用孔径在0.1～10μm的膜的筛分作用，将微粒细菌、污染物等从悬浮液或气体中除去的过程。微滤是开发最早应用最广泛的滤膜技术，主要用于制药和食品等行业的过滤除菌、电子工业用超纯水的制备等。

反渗透、超滤、微滤都是在膜两侧静压差推动力作用下进行混合物（主要是液体混合物）分离的膜过程，三者组成了可分离固态微粒到离子的三级膜分离过程。

4. 气体膜分离

气体膜分离的基本原理是根据混合气体中各组分在压强差的推动下透过膜的传递速率不同，从而达到分离目的。对于不同结构的膜，气体通过膜的传递扩散方式不同，因而分离机理也各异。在各种膜分离过程中，气体膜分离的发展速度最为引人注目。目前，气体膜分离已成为与石油、冶金、电子、机械、运输、航天、医药、食品等重要工业密切相关的技术，成功地用于氢气、氦气、酸性气体和有机蒸气的分离回收，富氧或富氮空气的制备，气体干燥等领域。

5. 渗透蒸发

渗透蒸发又称渗透汽化。它是利用液体混合物中的组分在膜两侧的蒸气分压差作用下以不同的速率透过膜并蒸发，从而实现分离的过程。渗透蒸发是膜分离过程的一个新的分支，也是热驱动的蒸馏法和膜法相结合的分离过程，区别于反渗透等膜分离过程之处，在于渗透蒸发过程中将产生从液相到气相的相变。由于渗透蒸发过程多使用致密膜，因而通量较小，一般情况下尚难与常规分离技术相竞争，但它所特有的高选择性，使得在某些特定的场合，例如沸点相近的物系、共沸物的分离以及液体混合物中少量组分的分离，采用该过程较为合适。迄今，渗透蒸发已用于有机溶剂脱水、水中少量有机物的分离和有机物与有机物的分离等。

6. 膜蒸馏

膜蒸馏是一种以温差引起的水蒸气压差为传质推动力的膜分离过程。当两种温度不同的水溶液被疏水微孔膜隔开时，由于膜的疏水性使膜两侧水溶液均不能透过膜孔进入另一侧，但当暖侧溶液的水蒸气压高于冷侧时，暖侧溶液中的水汽化，水蒸气不断通过膜孔进入冷侧而冷凝，这与常规精馏中的蒸发、传质、冷凝过程十分相似，所以称其为膜蒸馏。严格来说，膜蒸馏属于一种采用非选择渗透膜的热渗透蒸发法。膜蒸馏的优点是过程在常压和较低温度下进行，设备简单、操作方便；有可能利用太阳能、地热、温泉、工厂余热等廉价能源；因为只有水蒸气能透过膜孔，所以蒸馏液十分纯净，可望成为大规模、低成本制造超纯水的有效手段；膜蒸馏也是唯一能从溶液中直接分离出结晶产物的膜过程；此外，膜蒸馏组件很容易设计成潜热回收形式，并具有以高效的小型组件构成大规模生产体系的灵活性。膜蒸馏的缺点是过程有相变、热能利用率低、通量较小,所以目前尚未用于工业生产。

7. 膜萃取

膜萃取又称固定膜界面萃取。它是膜过程和液-液萃取过程相结合的分离技术。与常规的液-液萃取过程不同,膜萃取的传质过程是在分隔料液相和溶剂相的微孔膜表面进行的。例如,在料液相和溶剂相间置以疏水的微孔膜,则溶剂相将优先浸润膜并进入膜孔。当料液相压强等于或略大于溶剂相侧的压强时,在膜孔的料液相侧形成溶剂相与料液相的界面。该相界面是固定的,溶质通过这一固定的相界面从一相传递到另一相,然后扩散进入接收相的主体。从膜萃取的传质过程可见,该过程不存在常规萃取过程中的液滴分散和聚集现象。在膜萃取器中没有设置传动部分,对具有乳化倾向的体系可避免产生乳化,且料液相和溶剂相可在较大范围内调节而不发生液泛现象。几乎所有常规液-液萃取都可以用膜萃取代替,有些膜萃取过程已在工业上得到应用。目前,膜萃取主要用于金属、有机污染物、芳香族化合物、药物、发酵产物的萃取和萃取生化反应等方面。

8. 电渗析

电渗析是利用离子交换膜能选择性地使阴离子或阳离子通过的性质,在直流电场的作用下使阴阳离子分别透过相应的膜进行渗析迁移的过程。其中离子交换膜被称为电渗析的“心脏”,它对离子的选择透过性主要是由于膜中孔隙和基膜上带固定电荷的活性基团的作用。目前,电渗析技术已发展成一个大规模的化工单元过程,在膜分离中占有重要地位。它广泛用于苦咸水脱盐,在某些地区已成为饮用水的主要生产方法。随着性能更为优良的新型离子交换膜的出现,电渗析在食品、医药和化工等领域将具有广阔的应用前景。

还有一些膜分离技术如膜(气体)吸收、膜吸附、纳滤、膜控制释放已经得到部分工业应用。另外,一些膜过程如亲和膜分离、液膜分离、气态膜分离等正在研究和开发中。

10.4.2 膜分离过程的主要传递机理

物质通过膜的传递时,根据膜的结构和性质等的不同,其机理也不相同。任一组分通过膜的传递都受到该组分在膜两侧的自由能差或化学位差所推动。这些推动力可能是位于膜上游侧和下游侧之间的压强差、浓度差、电位差或这些因素的综合差异。膜的传递模型可分成两大类。第一类以假定的传递机理为基础,其中包含了被分离物的物化性质和传递特性。这类模型又可分为两种不同情况:一是通过多孔型膜的流动,主要有孔模型、优先吸附-毛细管流动模型、筛分模型等;二是通过非多孔型膜的渗透,有溶解-扩散模型、不完全的溶解-扩散模型、孔隙开闭模型等。第二类以不可逆热力学为基础,称为不可逆热力学模型。它从不可逆热力学唯象理论出发,统一关联了压强差、浓度差、电位差等对渗透速率的关系,以线性唯象方程描述伴生效应的过程,并以唯象系数来描述伴生效应的影响。下面介绍几个最基本的传递模型。

1. 溶解-扩散模型

根据溶解-扩散模型,组分通过膜传递的主要步骤是组分首先选择性溶解(或吸附)在膜上游表面,然后在一定推动力的作用下扩散通过膜,再从膜下游表面解吸。该模型适用于组分通过致密膜的传质,如渗透蒸发、气体膜分离和反渗透等。

2. 孔模型

若将流体通过膜孔的流动视为毛细管内的层流,则其流速可用 Hagen-Poiseuille(均匀圆柱孔)或 Darcy 定律(复杂结构孔)表示。流过这类膜时,一般不发生组分分离,除非某种组分由于大小或电荷原因被膜孔物理地排斥。

当流体是气体时，其平均自由程多大于膜孔的直径。在这种情况下，气体分子主要是和孔壁碰撞而不是相互间的碰撞，则气体通过膜孔的流动为 Knudsen 流。

3. 筛分模型

把膜的表面看成具有无数微孔，正是这些实际存在的不同孔径的孔眼，像筛子一样截留住那些直径相应大于它们的溶质和颗粒，从而达到分离目的。该模型主要用于超滤、微滤等。

4. 优先吸附-毛细管流动模型

当水溶液与具有微孔的亲水膜相互接触时，由于膜的化学性质使它对水溶液中的溶质具有排斥作用，结果靠近膜表面的浓度梯度急剧下降，从而在膜的界面上形成一层被膜吸附的纯水层。这层水在外加压强的作用下进入膜表面的毛细孔，并通过毛细孔流出。该模型主要适用于反渗透脱盐、渗透蒸发脱水和气体分离脱水蒸气等。

此外，对于无机电解质的分离有一些专门的理论。上述各种传递机理和模型均有其特定的适用场合和范围。

膜分离过程的传质速率不仅与膜内传质过程有关，还与膜表面的传质条件有关。这里简要介绍浓差极化和膜污染两个概念。在溶液透过膜时，溶质会在膜上游侧与膜的界面上发生溶质的积聚，使界面上溶质的浓度高于主体溶液的浓度，这种现象称为膜的浓差极化。膜的浓差极化在实际的膜分离过程中往往不能忽略，特别是超滤、反渗透、渗透蒸发等过程。另一个值得注意的是膜污染。膜污染是指原料液中的某些组分在膜表面或膜孔中沉积导致膜的通量下降的现象。组分在膜表面沉积形成的污染层将产生额外的阻力，该阻力有可能远大于膜本身的阻力，而使通量与膜本身的渗透性无关，组分在膜孔中沉积，将造成膜孔变小甚至堵塞，实际上减少了膜的有效面积。减轻浓差极化和膜污染的主要措施有：①对原料液进行预处理，包括调整原料液温度和 pH 值，脱除微生物、悬浮固体和胶体、可溶性有机物、可溶性无机物以及某些特定的化学物质；②提高流速，减薄边界层速度，或在膜组件内设置湍流促进器、折流挡板等内构件，从而提高传质系数；③选择适当的操作压强和温度，避免增加沉淀层的厚度和密度；④制膜过程中对膜进行修饰改性，使其具有抗污染性；⑤定期对膜通过物理的或化学的方法进行反冲和清洗。

10.4.3 分离膜

膜是膜分离过程的核心，膜材料的物理化学性质和膜的结构形态对膜分离的效率起着决定作用。前已介绍过分离膜的分类，这里根据膜的材质对聚合物膜和无机膜进行简要介绍。

1. 聚合物膜

目前，聚合物膜在分离过程用膜中仍占主导地位。按结构与作用特点，可将聚合物膜分为致密膜、微孔膜、非对称膜、复合膜和离子交换膜等五类。

(1) 致密膜或均质膜。为均匀致密的薄膜，物质通过这类膜主要是靠分子扩散，膜通常很薄。

(2) 微孔膜。膜平均孔径在 0.02~10μm，有多孔膜和核径迹膜两种类型。前者呈海绵状，膜孔大小分布范围宽，孔道曲折，膜厚 50~250μm。核径迹膜以 10~15μm 的致密的塑料薄膜为原料，先用反应堆产生的裂变碎片轰击，穿透薄膜而产生损伤的径迹，然后在一定温度下用化学试剂侵蚀而成一定尺寸的孔。核径迹膜的特点是孔直而短、孔径均匀、开孔率低。

(3) 非对称膜。其特点是膜的断面不对称,故称非对称膜。它由同种材料制成的表面活性层与支撑层两层组成,表面活性层很薄,厚度为0.1~1.5μm,且致密无孔,膜的分离作用主要取决于表面活性层。支撑层厚50~250μm,呈多孔状,起支撑作用,它决定膜的机械强度。

(4) 复合膜。复合膜是在非对称超滤膜表面加一层0.2~15μm的致密活性层构成。膜的分离作用主要取决于这层致密活性层。与非对称膜相比,复合膜的致密活性层可以根据不同需要选用各种材料。

(5) 离子交换膜或荷电膜。离子交换膜是一种膜状的离子交换树脂,由基膜和活性基团构成。按膜中所含活性基团的种类可分为阳离子交换膜、阴离子交换膜和特殊离子交换膜三大类。该膜多为致密膜,厚度在200μm左右。

有几百种聚合物先后被尝试作为分离膜材料,但真正商品化的分离膜用聚合物不过数十种。表10-4列出了膜分离过程中常用的聚合物膜材料。另外,共混聚合物已成为开发新型聚合物膜材料的一个重要途径,对膜表面用化学法及声、光、电、磁等方法处理,有时也能显著改变膜的分离性能。

表10-4 商品聚合膜

材料	缩写	过程
醋酸纤维素	CA	MF,UF,RO,D,GS
三醋酸纤维素	CTA	MF,UF,RO,GS
CA-CTA混合物		RO,D,GS
混合纤维素脂		MF,D
硝酸纤维素		MF
再生纤维素		MF,UF,D
明胶		MF
芳香聚酰胺		MF,UF,RO,D
聚酰亚胺		UF,RO,GS
聚苯并咪唑	PBI	RO
聚苯并咪唑酮	PBIL	RO
聚丙烯	PAN	UF,D
聚丙烯-聚氯乙烯共聚物	PAN-PVC	MF,UF
聚丙烯-甲基丙烯基碘酸酯共聚物		D
聚砜	PS	MF,UF,D,GS
聚苯醚	PPO	UF,GS
聚碳酸酯		MF
聚醚		MF
聚四氟乙烯	PTFE	MF
聚偏氟乙烯	PVF2	UF,MF
聚丙烯	PP	MF
聚电解质络合物		UF
聚甲基丙烯酸甲酯	PMMA	UF,D
聚二甲基硅烷	PDMS	GS

2. 无机膜

无机膜多以金属及其氧化物、陶瓷、多孔玻璃和某些热固性聚合物为材料，相应地制成金属膜、陶瓷膜、玻璃膜和碳分子筛膜。无机膜的特点是热、机械和化学稳定性好，使用寿命长，污染少且易于清洗，易实现电催化和电化学活化，孔径均匀等。其主要缺点是易破损、成型性差、价格昂贵。

无机膜的发展大大拓宽了分离膜的应用领域。目前，无机膜的增长速度远快于聚合物膜。无机物还可以和聚合物制成杂合膜，该类膜有时能综合无机膜和聚合物膜的优点而具有良好的性能。

分离膜的性能通常是指膜的分离透过特性和物理化学稳定性。膜的物理化学稳定性主要指标是膜允许使用的最高压强、温度范围、pH 值范围、游离氯最高允许浓度以及对有机溶剂等化学药品和细菌等的耐受性等。膜的分离透过特性，不同的分离膜有不同的表示方法。

膜的分离性能是由膜材料的化学结构和物理结构所决定的，对于不同的渗透物的相对分离性能，又取决于渗透物和膜相互作用的物理化学因素，宏观上还取决于膜的使用形态和操作方式。

10.4.4 膜组件

各种膜分离装置主要包括膜组件、泵、过滤器、阀门、仪表和管路等。膜组件是将膜以某种形式组装在一个基本单元设备内，然后在外界推动力作用下实现对混合物中各组分分离的器件。膜组件又称膜分离器。在膜分离的工业装置中，根据生产需要，可设置数个至数百个膜组件。

一种性能良好的膜组件应具备以下条件：①对膜能够提供足够的机械支撑并可使高压原料侧和低压透过侧严格分开；②在能耗最小的条件下，使原料在膜表面上的流动状况均匀合理，以减少浓差极化；③具有尽可能高的装填密度并使膜的安装和更换方便；④装置牢固、安全可靠、价格低廉、易于维修。工业上常用的膜组件形式主要有板框式、圆管式、螺旋卷式和中空纤维式等四种类型，下面分别简要介绍。

1. 板框式

板框式膜组件是应用最早的膜组件形式，其最大特点是构造比较简单且可以单独更换膜片。这不仅有利于降低设备费和操作费，而且还可作为试验机将各种膜样品同时安装在一起进行性能测试。此外，由于原料液流道的截面积可以适当增大，压降较小，线速度可高达 1~5m/s，也不易被异物堵塞。为促进板框式膜组件的湍流效果，可将原料液导流板的表面设计成各式凹凸或波纹结构或在膜面配置筛网等物。

（1）系紧螺栓式。如图 10-29 所示，系紧螺栓式膜组件是先由圆形承压板、多孔支撑板和膜经黏结密封构成脱盐板，再将一定数量的这种脱盐板多层堆积起来，用 O 形密封圈密封，最后再用上下盖（法兰）以系紧螺栓固定组成而得。原水由上盖进口流经脱盐板的分配孔，在诸多脱盐板的膜面上逐层流动，最后从下盖的出口流出。透过膜的淡水则流经多孔支撑板后，于承压板的侧面管口处被导出。承压板由耐压、耐腐蚀材料制成，支撑材料可选用各种工程塑料、金属烧结板等，其主要作用是支撑膜和提供淡水通道。

（2）耐压容器式。耐压容器式膜组件主要是把多层含膜平板堆积组装后放入耐压容器中而成。原水从容器的一端进入，浓水由容器的另一端排出。容器内的大量含膜平板是根据设计

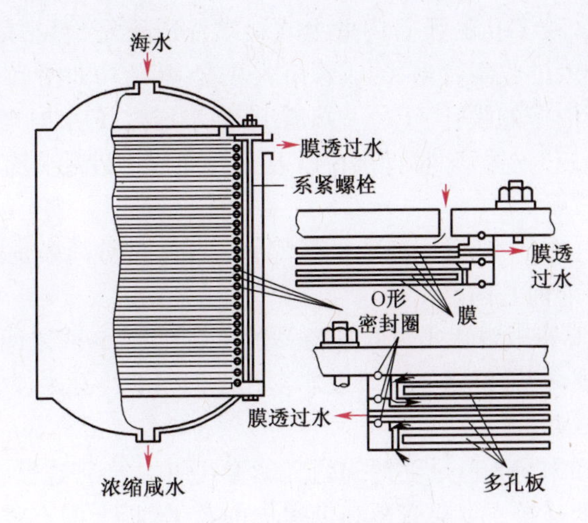

图 10-29　系紧螺栓式板框式膜组件

要求串、并联相结合，其板数是从进口到出口依次递减，以保持原水流速变化不大而减轻浓差极化现象。

系紧螺栓式结构简单、紧凑，安装拆卸及更换膜均方便。缺点是对承压板的强度要求较高，由于板需要加厚，因而膜的装填密度较小。耐压容器式靠容器承受压力，对板材的要求较低，可做得很薄，因而膜的装填密度较大，缺点是安装、检修和换膜均不方便。

板框式膜组件由于装填密度相对较低，在工业上已较少使用。但某些板框式膜组件，由于结构设计巧妙，迄今仍在使用。

2. 圆管式

圆管式膜组件的结构主要是把膜和支撑体均制成管状，两者装在一起；或者将膜直接刮在支撑体管内（或管外），再将一定数量的膜管以一定方式连成一体而组成，其外形与列管换热器相似。

圆管式膜组件的形式较多，按其连接方式可分为单管式和管束式；按其作用方式又可分为内压型管式和外压型管式。

（1）内压型单管式。图 10-30 为内压型单管式反渗透膜组件的结构示意图。其中膜管裹以尼龙布、滤纸一类的支撑材料并被镶入耐压管内。膜管的末端做成喇叭形，然后以橡皮垫圈密封。原水由管式组件的一端流入，于另一端流出。可视需要将这种管式组件并联或串联组成单管式反渗透组件。为了进一步提高膜的装填密度，也可采用同心套管式组装方式。

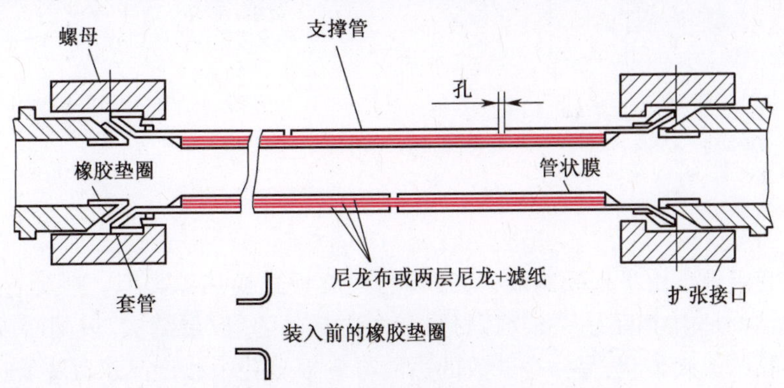

图 10-30　内压型单管式反渗透膜组件

（2）内压型管束式。在多孔耐压管内壁上直接喷注成膜壁，再把耐压管装配成相连的管束，然后把管束装在一个大的收集管内，构成管束式装置，其结构如图 10-31 所示。原水由装配端的进口流入，经耐压管内壁的膜管，于另一端流出，淡水透过膜后由收集管汇集。

还有一种树脂黏结砂芯支撑管，膜直接在砂芯孔内塑成。砂芯具有支撑和集水双重作用，见图 10-32。

（3）外压型管式。与内压型管式相反，外压型管式膜组件分离膜是被刮制在管子的外表面上，水的透过方向是由管外向管内。

管式膜组件中的耐压外压型管式管的直径一般在 0.6~2.5cm 之间，其材料常用多孔性玻璃纤维环氧树脂增强管或多孔性陶瓷管，以及非多孔性但钻有小孔眼或表面具有淡水汇集槽的增强塑料管、不锈钢管或钢管。

管式组件中的接头和密封是一个关键问题。单管式用 U 形管连接，采用喇叭口形，再用 O 形环进行密封。管束式的连接主要靠管板和带螺栓的盖，管板上配有装管的管口，盖内有匹配好的进出口和适当的密封元件。

影响管式组件成本的主要水力学参数是管径、进口流速、回收率、原水浓度、操作压力和管出口与进口的速度比等。

管式组件的优点是：流动状态好，流速易控制；安装、拆卸、换膜和维修均较方便；能够处理含有悬浮固体的溶液；机械清除杂质容易；此外，合适的流动状态可防止浓差极化和污染。

管式组件的缺点是管膜的制备条件较难控制，单位体积内有效膜面积较低，管口密封困难。

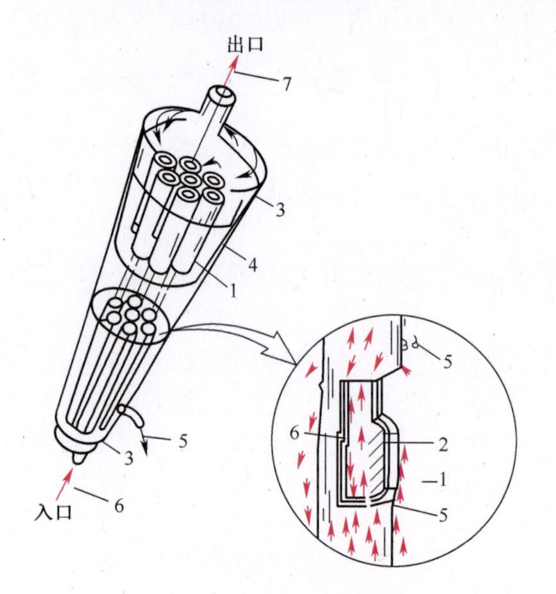

图 10-31 内压型管束式反渗透膜组件

1—玻璃纤维管；2—反渗透膜；3—末端配件；4—PVC 淡化水搜集外套；5—淡化水；6—供给原水；7—浓缩小。

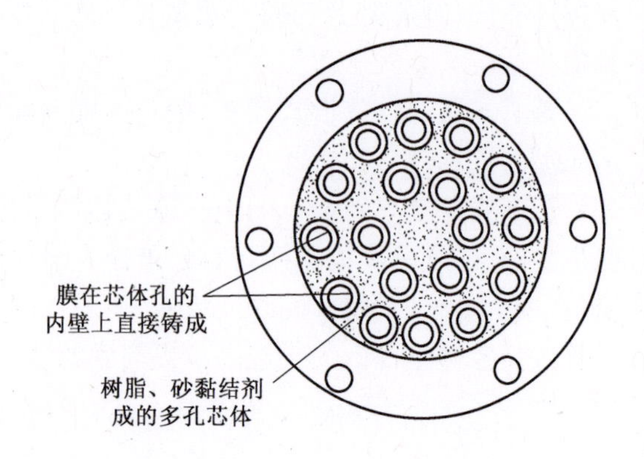

图 10-32 树脂黏结砂芯管膜支撑体的端部平面图

3. 螺旋卷式

螺旋卷式膜组件也由平板膜制成，其结构与螺旋板式换热器类似。螺旋卷式（简称卷式）膜组件的典型结构是由中间为多孔支撑材料和两边是膜的“双层结构”装配而成的。其中三个边沿被密封而黏结成膜袋状，另一个开放的边沿与一根多孔中心产品水收集管（集水管）连接，在膜袋外部的原水侧再垫一层网眼型间隔材料（隔网），即膜—多孔支撑体—原水侧隔网依次叠合,绕集水管紧密地卷在一起,形成一个膜卷(或称膜元件),再装进圆柱形压力容器内,构成一个螺旋卷式膜组件,见图 10-33。

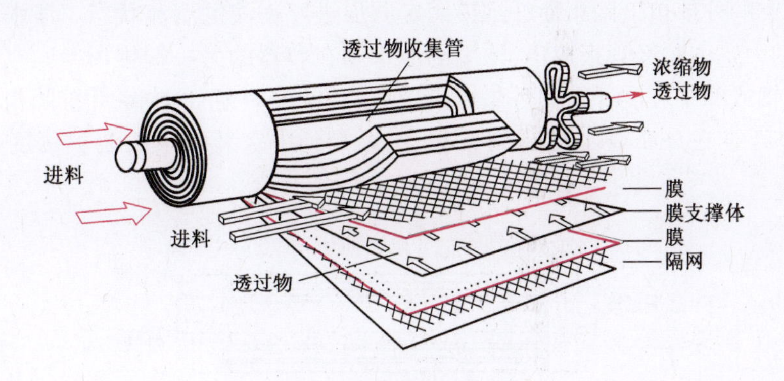

图 10-33 螺旋卷式膜元件

在实际应用中,通常是把几个膜元件的中心管密封串联起来,安装在压力容器中,组成一个单元。原料液及浓缩液沿着与中心管平行的方向在隔网中流动,浓缩液由压力容器的另一端引出。透过液(产品水)则沿着螺旋方向在两层膜间(膜袋内)的多孔支撑体中流动,最后汇集到中心集水管中被导出,见图 10-34。

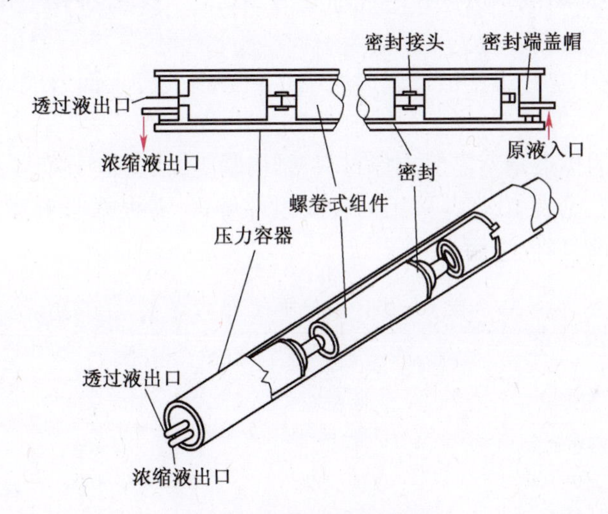

图 10-34 螺旋卷式组件的装配图

为了增加膜的面积,可以增加膜袋的长度,但膜袋长度增加,透过液流向中心集水管的路程就要加长,阻力相应增大。为此,可在一个膜组件内装若干个膜袋,它既能增加膜的面积,又不增大透过液的流动阻力。

影响螺旋卷式装置成本的主要力学参数是原料液浓度、进口流速、回收率、操作压强和隔网厚度等。

螺旋卷式膜组件的主要优点是:结构紧凑、单位体积内的有效膜面积大。缺点是:当原料液中含有悬浮固体时使用有困难;此外,透过侧的支撑材料较难满足要求,不易密封;同时膜组件的制作工艺复杂,要求高,尤其用于高压操作时难度更大。

4. 中空纤维式

中空纤维膜是一种极细的空心膜管,它本身无需支撑材料即能承受很高压强。中空纤维膜组件的组装是把大量的中空纤维膜(图 10-35)弯成 U 形后装入圆柱形耐压容器内。纤维束的开口端用环氧树脂浇铸成管板。纤维束的中心轴部安装一根原料液分布管,使原料液径向流过纤维束。纤维束的外部包以网布使纤维束固定并促进原料液的湍流状态。淡水透过纤维的管壁后,沿纤维的中空内腔经管板放出,浓缩的原水则在容器的另一端排出。中空纤维膜组件的壳体多为不锈钢或缠绕玻璃纤维的环氧树脂增强塑料(玻璃钢)。中空纤维膜组件加工中的一个问题是中空纤维在分布管上的排列方式,这影响到中空纤维束的装填密度和流体的合理分布。

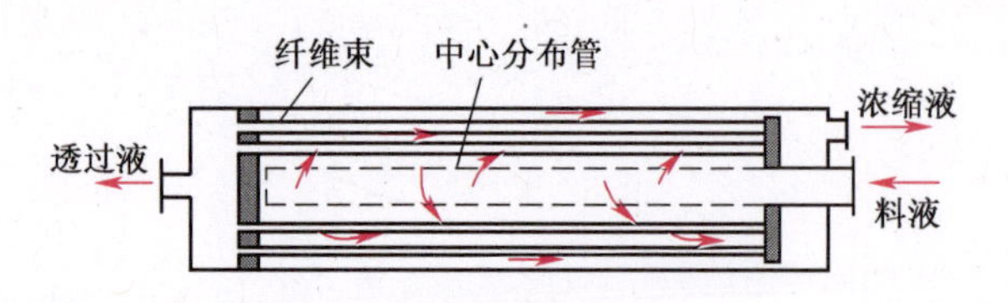

图 10-35 中空纤维式膜组件结构

中空纤维膜组件根据原料液的流向和中空纤维膜的排列方式,通常可分为以下三种类型:

(1) 轴流型:中空纤维在膜组件内纵向排列,原料液与中空纤维呈平行方向流动。

(2) 径流型:目前已商业化的中空纤维膜组件中,大部分采用此种形式。中空纤维的排列方式与轴流型相同,但原料液是从设在组件轴心的多孔管上无数小孔中径向流出,然后从壳体的侧部导管排出。

(3) 纤维卷筒型:中空纤维是被螺旋形缠绕在轴心多孔管上而形成筒状,原料液的流动方式与径流型相同。

中空纤维膜组件的优点是不需要支撑材料、结构紧凑,缺点是压降大、清洗困难、制作复杂。

各种膜组件的比较见表 10-5。采用何种膜组件形式,需根据原料液和产品要求等实际条件,具体分析,全面权衡,择优选用。

表 10-5 各种膜组件的比较

比较项目	组件形式			
	板框式	圆管式	螺旋卷式	中空纤维式
组件结构	非常复杂	简单	复杂	复杂
膜装填密度/($m^2 \cdot m^{-3}$)	160~500	33~330	650~1600	16000~30000
膜支撑体结构	复杂	简单	简单	不需要
膜清洗	易	内压式易,外压式难	难	难(内压中空纤维超过滤易)
膜更换方式	更换膜	更换膜(内压)或组件(外压)	更换组件	更换组件
膜更换难易	尚可	内压式费时,外压式易	不能	不能
膜更换成本	中	低	较高	较高
对水质要求	较低	(50~100μm 微粒除外)	较高	FI<3
			FI<4	高
水质前处理成本	中	低	高	高
要求泵容量	中	大	小	小

另外,在实际应用中,不同的过程对应不同的分离要求,为此,可以通过膜组件的不同配置方式来满足不同的场合。膜组件的配置方式有一级和多级(通常为二级)配置。一级配置又可分为一级一段连续式、一级一段循环式、一级多段连续式、一级多段循环式。多级配置也有连续

式和循环式之分。

习题

1. 已知25% NaCl水溶液在1atm下沸点为107℃,在19.6kN/m^2下沸点为68.5℃,试利用杜林规则计算此溶液在49kN/m^2下的沸点。

2. 在单效蒸发器内,将NaOH稀溶液浓缩至50%,蒸发器内液面高度为2.0m,溶液密度为1500kg/m^3,加热蒸气绝对压强为300kPa,冷凝器真空度为90kPa,问蒸发器的有效传热温度差为多少?若冷凝器真空度将为30kPa,其他条件不变,有效传热温度差有何变化?

3. 蒸发浓度为20%(质量分数)的NaCl水溶液,若二次蒸气的压力为0.2kgf/cm^2,试求溶液于蒸气压下降所引起的温度差损失Δ'和该溶液的沸点t_A。

4. 一常压蒸发器,每小时处理2700kg浓度为7%的水溶液,溶液的沸点为103℃,加料温度为15℃,加热蒸气的表压为196kPa,蒸发器的传热面积为50m^2,传热系数为930W/(m^2·℃),求溶液的最终浓度和加热蒸气消耗量。

5. 溶液饱和度的表示方法以及产生过饱和度的形成方法?

6. 溶液结晶过程经历的阶段分别是什么?影响溶液结晶过程的因素有哪些?

7. 典型溶液蒸发结晶器的主要结构和工艺流程是什么?其优缺点是什么?

8. 工业常用的结晶方法和设备有哪些?其特点和优缺点是什么?

9. 在工业生产中一般采用的吸附方式及其工作原理是什么?

10. 工业中常用的吸附剂及其特点是什么?

11. 固定床吸附器的主要结构组成和工艺流程是什么?其优缺点是什么?

12. 固定床吸附过程中负荷曲线、透过曲线和传质区厚度的意义及其表达的内涵是什么?

13. 移动床吸附器的工作流程是什么?与固定床相比其优缺点是什么?

14. 什么是膜分离?有哪几种常用的膜分离过程?膜分离有哪些特点?分离过程对膜有哪些基本要求?常用的膜分离器有哪些类型?

15. 反渗透的基本原理是什么?超滤的分离机理是什么?电渗析的分离机理是什么?阴膜、阳膜各有什么特点?气体混合物膜分离的机理是什么?

附录 Appendix

附录 1　单位的换算

（1）质量：

kg	t(吨)	lb(磅)
1	0.001	2.20462
1000	1	2204.62
0.4536	4.536×10^{-4}	1

（2）长度：

m	in〔英寸〕	ft〔英尺〕	yd〔码〕
1	39.3701	3.2808	1.09361
0.025400	1	0.073333	0.02778
0.30480	12	1	0.33333
0.9144	36	3	1
注：1μm(微米) = 10^{-6}m = 10^{-3}mm			

（3）力：

N(牛顿)	kgf(千克力)	lbf[磅(力)]	dyn(达因)
1	0.102	0.2248	1×10^{5}
9.80665	1	2.2046	9.80665×10^{5}
4.448	0.4536	1	4.448×10^{5}
1×10^{-5}	1.02×10^{-6}	2.248×10^{-6}	1
0.1383	1.41×10^{-2}	3.108×10^{-2}	1.383×104

（4）压强：

Pa 帕斯卡	Bar 巴	kgf/cm^2 工程大气压	atm 大气压	mmH_2O 毫米水柱	mmHg 毫米汞柱	$lbf\cdot in^{-2}$ 磅·英寸$^{-2}$
1	1×10^{-5}	1.02×10^{-5}	0.99×10^{-5}	0.102	0.0075	14.5×10^{-5}
1×10^{5}	1	1.02	0.9869	10197	750.1	14.5

（续）

Pa 帕斯卡	Bar 巴	kgf/cm^2 工程大气压	atm 大气压	mmH_2O 毫米水柱	mmHg 毫米汞柱	$lbf \cdot in^{-2}$ 磅·英寸$^{-2}$
98.07×10^3	0.9807	1	0.9678	1×10^4	735.56	14.2
1.01325×10^5	1.013	1.0332	1	1.0332×10^4	760	14.697
9.807	98.07	0.0001	0.9678×10^{-4}	1	0.0736	1.423×10^{-3}
133.32	1.333×10^{-3}	0.136×10^{-2}	0.00132	13.6	1	0.01934
6894.8	0.06895	0.0703	0.068	703	51.71	1

（5）动力黏度(简称黏度)：

$Pa \cdot s$	P	cP	$kg \cdot m^{-1} \cdot s^{-1}$	$[lb \cdot ft^{-1} \cdot s^{-1}]$	$kgf \cdot s \cdot m^{-2}$
1	10	1×103	1	0.672	0.102
1×10^{-1}	1	1×102	0.1	0.0672	0.0102
1×10^{-3}	0.01	1	0.001	6.720×10^{-4}	0.102×10^{-3}
1.4881	14.881	1488.1	1.4881	1	0.1519
9.81	98.1	9810	9.81	6.59	1
注：$1cP=0.01P=0.01dyn \cdot s \cdot cm^{-2}=0.001N \cdot s \cdot m^{-2}=1mN \cdot s \cdot m^{-2}$。					

（6）运动黏度：

$m^2 \cdot s^{-1}$	$cm^2 \cdot s^{-1}$	$[ft^2 \cdot s^{-1}]$
1	1×10^4	10.76
10^{-4}	1	1.076×10^{-3}
92.9×10^{-3}	929	1
注：$cm^2 \cdot s^{-1}$又称斯托克斯，简称沲，以 St 表示，沲的百分之一为厘沲，以 cSt 表示。		

（7）功、能和热：

J(焦耳) (N·m)	$kgf \cdot m$	$kW \cdot h$	(马力·时)	kcal	Btu (英热单位)	[英尺·磅(力)]
1	0.102	2.778×10^{-7}	3.725×10^{-7}	2.39×10^{-4}	9.485×10^{-4}	0.7377
9.8067	1	2.724×10^{-6}	3.653×10^{-6}	2.342×10^{-3}	9.296×10^{-3}	7.233
3.6×10^6	3.671×10^5	1	1.3410	860.0	3413	2655×10^3
2.685×10^6	273.8×10^3	0.7457	1	641.33	2544	1980×10^3
4.1868×10^3	426.9	1.1622×10^{-3}	1.5576×10^{-3}	1	3.963	3087
1.055×10^3	107.58	2.930×10^{-4}	3.926×10^{-4}	0.252	1	778.1
1.3558	0.1333	0.3766×10^{-6}	0.5051×10^{-6}	3.239×10^{-4}	1.285×10^{-4}	1
注：$1dyn \cdot cm=10^{-7}J=10^{-7}N \cdot m$。						

（8）功率：

W	kgf · m · s^{-1}	[英尺 · 磅(力) · 秒$^{-1}$]	〔马力〕	kcal · s^{-1}	（英热单位 · 秒$^{-1}$）
1	0.10197	0.73556	1.341×10^{-3}	0.2389×10^{-3}	0.9486×10^{-3}
9.8067	1	7.23314	0.01315	0.2342×10^{-2}	0.9293×10^{-2}
1.3558	0.13825	1	0.0018182	0.3289×10^{-3}	0.12851×10^{-2}
745.69	76.0375	550	1	0.17803	0.70675
4186.8	426.85	3087.44	5.6135	1	3.9683
1055	107.58	778.168	1.4148	0.251996	1
注：1kW = 1000W = 1000J · s^{-1} = 1000N · m · s^{-1}。					

（9）比热容：

kJ · kg^{-1} · K^{-1}	kcal · kg^{-1} · ℃$^{-1}$	（英热单位 · 磅$^{-1}$ · °F^{-1}）	（摄氏热单位 · 磅$^{-1}$ · ℃$^{-1}$）
1	0. 2389	0. 2389	0. 2389
4. 1868	1	1	1

（10）热导率：

W · m^{-1} · K^{-1}	J · cm^{-1} · s^{-1} · ℃$^{-1}$	cal · cm^{-1} · s^{-1} · ℃$^{-1}$	kcal · m^{-1} · h^{-1} · ℃$^{-1}$	（英热单位 · 英尺$^{-1}$ · 时$^{-1}$ · F^{-1}）
1	1×10^{-2}	2.389×10^{-3}	0.86	0.5779
1×10^{2}	1	0.2389	86	57.79
418.6	4.186	1	360	241.9
1.163	0.01163	0.2778×10^{-2}	1	0.672
1.73	0.0173	0.4134×10^{-2}	1.488	1

（11）传热系数：

W · m^{-2} · K^{-1}	kcal · m^{-2} · h^{-2} · ℃$^{-1}$	cal · cm^{-2} · s^{-1} · ℃$^{-1}$	（英热单位 · 英尺$^{-1}$ · 时$^{-1}$ · F^{-1}）
1	0.86	2.389×10^{-5}	0.176
1.163	1	2.778×10^{-5}	0.2048
4.186×10^{4}	3.6×10^{4}	1	7374
5.678	4.882	1.356×10^{-4}	1

（12）温度：

$$K = 273.2 + ℃ \qquad ℃ = (°F - 32) \times \frac{5}{9} \qquad °F = ℃ \times \frac{9}{5} + 32℃$$

（13）通用气体常数：

$$R = 8.314\ kJ \cdot kmol^{-1} \cdot K^{-1} = 1.987\ kcal \cdot kmol^{-1} \cdot K^{-1}$$
$$= 848\ kgf \cdot m \cdot kmol^{-1} \cdot K^{-1} = 82.06 atm \cdot cm^{3} \cdot mol^{-1} \cdot ℃^{-1}$$

附录2 干空气的物理性质(101.3kPa)

温度 t /℃	密度 ρ /($kg \cdot m^{-3}$)	比热容 c_p /($kJ \cdot kg^{-1} \cdot K^{-1}$)	热导率 λ /($\times 10^{-2} W \cdot m^{-1} \cdot K^{-1}$)	黏度 μ /($\times 10^{-5} Pa \cdot s$)	普朗特数 Pr
-50	1.584	1.013	2.035	1.46	0.728
-40	1.515	1.013	2.117	1.52	0.728
-30	1.453	1.013	2.198	1.57	0.723
-20	1.395	1.009	2.279	1.62	0.716
-10	1.342	1.009	2.360	1.67	0.712
0	1.293	1.009	2.442	1.72	0.707
10	1.247	1.009	2.512	1.77	0.705
20	1.205	1.013	2.593	1.81	0.703
30	1.165	1.013	2.675	1.86	0.701
40	1.128	1.013	2.756	1.91	0.699
50	1.093	1.017	2.826	1.96	0.693
60	1.06	1.017	2.896	2.01	0.696
70	1.029	1.017	2.966	2.06	0.694
80	1.000	1.022	3.047	2.11	0.692
90	0.972	1.022	3.128	2.15	0.69
100	0.946	1.022	3.210	2.19	0.688
120	0.898	1.026	3.338	2.29	0.686
140	0.854	1.026	3.489	2.37	0.684
160	0.815	1.026	3.640	2.45	0.682
180	0.779	1.034	3.780	2.53	0.681
200	0.746	1.034	3.931	2.60	0.68
250	0.674	1.034	4.268	2.74	0.677
300	0.615	1.047	4.605	2.97	0.674
350	0.566	1.055	4.908	3.14	0.676
400	0.524	1.068	5.210	3.31	0.678
500	0.456	1.072	5.745	3.62	0.687
600	0.404	1.089	6.222	3.91	0.699
700	0.362	1.102	6.711	4.18	0.706
800	0.329	1.114	7.176	4.43	0.713
900	0.301	1.127	7.630	4.67	0.717
1000	0.277	1.139	8.071	4.90	0.719
1100	0.257	1.152	8.502	5.12	0.722
1200	0.239	1.164	9.153	5.35	0.724

附录3 水的物理性质

温度 t /℃	饱和蒸气压 /kPa	密度 ρ /(kg·m^{-3})	焓 I /(kJ·kg^{-1})	比热容 c_p /(kJ·kg^{-1}·K^{-1})	热导率 λ /(×10^{-2}W·m^{-1}·K^{-1})	黏度 μ /(×10^{-5}Pa·s)	体积膨胀系数 γ/(×10^{-4}·K^{-1})	表面张力 σ /(×10^{-3}N·m^{-1})	普朗特数 Pr
0	0.6082	999.9	0	4.212	55.13	179.21	-0.63	75.6	13.66
10	1.2262	999.7	42.04	4.191	57.45	130.77	0.70	74.1	9.52
20	2.3346	998.2	83.90	4.183	59.89	100.50	1.82	72.6	7.01
30	4.2474	995.7	125.69	4.174	61.76	80.07	3.21	71.2	5.42
40	7.3766	992.2	167.51	4.174	63.38	65.60	3.87	69.6	4.32
50	12.3400	988.1	209.30	4.174	64.78	54.94	4.49	67.7	3.54
60	19.9230	983.2	251.12	4.178	65.94	46.88	5.11	66.2	2.98
70	31.1640	977.8	292.99	4.178	66.76	40.61	5.70	64.3	2.54
80	47.3790	971.8	334.94	4.195	67.45	35.65	6.32	62.6	2.22
90	70.1360	965.3	376.98	4.208	67.98	31.65	6.95	60.7	1.96
100	101.33	958.4	419.10	4.220	68.04	28.38	7.52	58.8	1.76
110	143.31	951.0	461.34	4.233	68.27	25.89	8.08	56.9	1.61
120	198.64	943.1	503.67	4.250	68.50	23.73	8.64	54.8	1.47
130	270.25	934.8	546.38	4.266	68.50	21.77	9.17	52.8	1.36
140	361.47	926.1	589.08	4.287	68.27	20.10	9.72	50.7	1.26
150	476.24	917	632.2	4.312	68.38	18.63	10.3	48.6	1.18
160	618.28	907.4	675.33	4.346	68.27	17.36	10.7	46.6	1.11
170	792.59	897.3	719.29	4.379	67.92	16.28	11.3	45.3	1.05

（续）

温度 t /℃	饱和蒸气压 /kPa	密度 ρ /(kg·m^{-3})	焓 I /(kJ·kg^{-1})	比热容 c_p /(kJ·kg^{-1}·K^{-1})	热导率 λ /(×10^{-2}W·m^{-1}·K^{-1})	黏度 μ /(×10^{-5}Pa·s)	体积膨胀系数 γ/(×10^{-4}·K^{-1})	表面张力 σ /(×10^{-3}N·m^{-1})	普朗特数 Pr
180	1003.50	886.9	763.25	4.417	67.45	15.30	11.9	42.3	1.00
190	1255.6	876.0	807.63	4.460	66.99	14.42	12.6	40.8	0.96
200	1554.77	863.0	852.43	4.505	66.29	13.63	13.3	38.4	0.93
210	1917.72	852.8	897.65	4.555	65.48	13.04	14.1	36.1	0.91
220	2320.88	840.3	943.70	4.614	64.55	12.46	14.8	33.8	0.89
230	2798.59	827.3	990.18	4.681	63.73	11.97	15.9	31.6	0.88
240	3347.91	813.6	1037.49	4.756	62.80	11.47	16.8	29.1	0.87
250	3977.67	799.0	1085.64	4.844	61.76	10.98	18.1	26.7	0.86
260	4693.75	784.0	1135.04	4.949	60.48	10.59	19.7	24.2	0.87
270	5503.99	767.9	1185.28	5.070	59.96	10.20	21.6	21.9	0.88
280	6417.24	750.7	1236.28	5.229	57.45	9.81	23.7	19.5	0.89
290	7443.29	732.3	1289.95	5.485	55.82	9.42	26.2	17.2	0.93
300	8592.94	712.5	1344.80	5.736	53.96	9.12	29.2	14.7	0.97
310	9877.96	691.1	1402.16	6.071	52.34	8.83	32.9	12.3	1.02
320	11300.3	667.1	1462.03	6.573	50.59	8.53	38.2	10.0	1.11
330	12879.6	640.2	1526.19	7.243	48.73	8.14	43.3	7.82	1.22
340	14615.8	610.1	1594.75	8.164	45.71	7.75	53.4	5.78	1.38
350	16538.5	574.4	1671.37	9.504	43.03	7.26	66.8	3.89	1.60
360	18667.1	528.0	1761.39	13.984	39.54	6.67	109	2.06	2.36
370	21040.9	450.5	1892.43	40.319	33.73	5.69	264	0.48	6.80

附录4　水在不同温度下的黏度

温度 t/℃	黏度 μ /($\times 10^{-3}$ Pa · s)	温度 t/℃	黏度 μ /($\times 10^{-3}$ Pa · s)	温度 t/℃	黏度 μ /($\times 10^{-3}$ Pa · s)	温度 t/℃	黏度 μ /($\times 10^{-3}$ Pa · s)
0	1.7921	32	0.7679	65	0.4355	98	0.2899
1	1.7313	33	0.7523	66	0.4293	99	0.2868
2	1.6728	34	0.7371	67	0.4233	100	0.2838
3	1.6191	35	0.7225	68	0.4174		
4	1.5674	36	0.7085	69	0.4117		
5	1.5188	37	0.6947	70	0.4061		
6	1.4728	38	0.6814	71	0.4006		
7	1.4284	39	0.6685	72	0.3952		
8	1.3860	40	0.6560	73	0.3900		
9	1.3462	41	0.6439	74	0.3849		
10	1.3077	42	0.6321	75	0.3799		
11	1.2713	43	0.6207	76	0.3750		
12	1.2363	44	0.6097	77	0.3702		
13	1.2028	45	0.5988	78	0.3655		
14	1.1709	46	0.5883	79	0.3610		
15	1.1404	47	0.5782	80	0.3565		
16	1.1111	48	0.5683	81	0.3521		
17	1.0828	49	0.5588	82	0.3478		
18	1.0559	50	0.5494	83	0.3436		
19	1.0299	51	0.5404	84	0.3395		
20	1.0050	52	0.5315	85	0.3355		
20	1.0000	53	0.5229	86	0.3315		
21	0.9810	54	0.5146	87	0.3276		
22	0.9579	55	0.5064	88	0.3239		
23	0.9359	56	0.4985	89	0.3202		
24	0.9142	57	0.4907	90	0.3165		
25	0.8973	58	0.4832	91	0.3130		
26	0.8737	59	0.4759	92	0.3095		
27	0.8545	60	0.4688	93	0.3060		
28	0.8360	61	0.4618	94	0.3027		
29	0.8180	62	0.4550	95	0.2994		
30	0.8007	63	0.4483	96	0.2962		
31	0.7840	64	0.4418	97	0.2930		

附录 5 饱和水蒸气表(以温度为准)

温度 t/℃	压强 p /kPa	密度 ρ /(kg · m^{-3})	焓 I 液体 /(kcal · kg^{-1})	焓 I 液体 /(kJ · kg^{-1})	焓 I 蒸气 /(kcal · kg^{-1})	焓 I 蒸气 /(kJ · kg^{-1})	冷凝潜热 r /(kcal · kg^{-1})	冷凝潜热 r /(kJ · kg^{-1})
0	0.6082	0.00484	0	0	595	2491.1	595	2491.1
5	0.8730	0.00680	5.0	20.94	597.3	2500.8	592.3	2479.86
10	1.2262	0.00940	10.0	41.87	599.6	2510.4	598.6	2468.53
15	1.7068	0.01283	15	62.80	602.0	2520.5	587.0	2457.7
20	2.3346	0.01719	20.0	83.74	604.3	2530.1	584.3	2446.3
25	3.1684	0.02304	25.0	104.67	606.6	2539.7	581.6	2435.0
30	4.2474	0.03036	30.0	125.60	608.9	2549.3	578.9	2423.7
35	5.6207	0.03960	35.0	146.54	611.2	2559.0	576.2	2412.4
40	7.3766	0.05114	40.0	167.47	613.5	2568.6	573.5	2401.1
45	9.5837	0.06543	45.0	188.41	615.7	2577.8	570.7	2389.4
50	12.340	0.0830	50.0	209.34	618.0	2587.4	568.0	2378.1
55	15.743	0.1043	55.0	230.27	620.2	2596.7	565.2	2366.4
60	19.923	0.1301	60.0	251.21	622.5	2606.3	562.5	2355.1
65	25.014	0.1611	65.0	272.14	624.7	2615.5	559.7	2343.4
70	31.164	0.1979	70.0	293.08	626.8	2624.3	556.8	2331.2
75	38.551	0.2416	75.0	314.01	629.0	2633.5	554.0	2319.5
80	47.379	0.2929	80.0	334.94	631.1	2642.3	551.2	2307.8
85	57.875	0.3531	85.0	355.88	633.2	2651.1	548.2	2295.2
90	70.136	0.4229	90.0	376.81	635.3	2659.9	545.3	2283.1
95	84.556	0.5039	95.0	397.75	637.4	2668.7	542.4	2270.9
100	101.33	0.597	100.0	418.68	639.4	2677.0	539.4	2258.4
105	120.85	0.7036	105.1	440.03	641.3	2685.0	536.3	2245.4
110	143.31	0.8254	110.1	460.97	643.3	2693.4	533.1	2232.0
115	169.11	0.9635	115.2	482.32	645.2	2701.3	530.0	2219.0
120	198.64	1.1199	120.3	503.67	647.0	2708.9	526.7	2205.2
125	232.19	1.296	125.4	525.02	648.8	2716.4	523.5	2191.8
130	270.25	1.494	130.5	546.38	650.6	2723.9	520.1	2177.6

（续）

温度 t/℃	压强 p /kPa	密度 ρ /(kg · m^{-3})	焓 I 液体 /(kcal · kg^{-1})	焓 I 液体 /(kJ · kg^{-1})	焓 I 蒸气 /(kcal · kg^{-1})	焓 I 蒸气 /(kJ · kg^{-1})	冷凝潜热 r /(kcal · kg^{-1})	冷凝潜热 r /(kJ · kg^{-1})
135	313.11	1.715	135.6	567.73	652.3	2731.0	516.7	2163.3
140	361.47	1.962	140.7	589.08	653.9	2737.7	513.2	2148.7
145	415.72	2.238	145.9	610.85	655.5	2744.4	509.7	2134.0
150	476.24	2.543	151.0	632.21	657.0	2750.7	506.0	2118.5
160	618.28	3.252	161.4	675.75	659.9	2762.9	498.5	2087.1
170	792.59	4.113	171.8	719.29	662.4	2773.3	490.6	2054.0
180	1003.5	5.145	182.3	763.25	664.6	2782.5	482.3	2019.3
190	1255.6	6.378	292.9	807.64	666.4	2790.1	473.5	1982.4
200	1554.77	7.840	203.5	852.01	667.7	2795.5	464.2	1943.5
210	1917.72	9.567	214.3	897.23	668.6	2799.3	454.4	1902.5
220	2320.88	11.60	225.1	942.45	669.0	2801.0	443.9	1858.5
230	2798.59	13.98	236.1	988.50	668.8	2800.1	432.7	1811.6
240	3347.91	16.76	247.1	1034.56	668.0	2796.8	420.8	1761.8
250	3977.67	20.01	258.3	1081.45	664.0	2790.1	408.1	1708.6
260	4693.75	23.82	269.6	1128.76	664.2	2780.9	394.5	1651.7
270	5503.99	28.27	281.1	1176.91	661.2	2768.3	380.1	1591.4
280	6417.24	33.47	292.7	1225.48	657.3	2752.0	364.6	1526.5
290	7443.29	39.60	304.4	1274.46	652.6	2732.3	348.1	1457.4
300	8592.94	46.93	316.6	1325.54	646.8	2708.0	330.2	1382.5
310	9877.96	55.59	329.3	1378.71	640.1	2680.0	310.8	1301.3
320	11300.3	65.95	343.0	1436.07	632.5	2648.2	289.5	1212.1
330	12879.6	78.53	357.5	1446.78	632.5	2610.5	266.6	1116.2
340	14615.8	93.98	373.3	1562.93	613.5	2568.6	240.2	1005.7
350	16538.5	113.2	390.8	1636.20	601.1	2516.7	210.3	880.5
360	18667.1	139.6	413.0	1729.15	583.4	2442.6	170.3	713.0
370	21040.9	171.0	451.0	1888.25	549.8	2301.9	98.2	411.1
374	22070.9	322.6	501.1	2098.00	501.1	2098.0	0	0

附录 6 饱和水蒸气表(以用 kPa 为单位的压强为准)

压强 p /kPa	温度 t /℃	密度 ρ /$(kg \cdot m^{-3})$	焓 I/$(kJ \cdot kg^{-1})$		汽化热 r /$(kJ \cdot kg^{-1})$
			液 体	蒸 气	
1. 0	6.3	0.00773	26.48	2503.1	2476.8
1.5	12.5	0.01133	52.26	2515.3	2463. 0
2. 0	17. 0	0.01486	71.21	2524.2	2452.9
2.5	20.9	0.01836	87.45	2531.8	2444.3
3. 0	23.5	0.02179	98.38	2536.8	2438.4
3.5	26.1	0.02523	109.30	2541.8	2432.5
4. 0	28.7	0.02867	120.23	2546.8	2426.6
4.5	30.8	0.03205	129. 00	2550.9	2421.9
5. 0	32.4	0.03537	135.69	2554. 0	2418.3
6. 0	35.6	0.04200	149.06	2560.1	2411
7. 0	38.8	0.04864	162.44	2566.3	2403.8
8. 0	41.3	0.05514	172.73	2571. 0	2398.2
9. 0	43.3	0.06156	181.16	2574.8	2393.6
10. 0	45.3	0.06798	189.59	2578.5	2388.9
15. 0	53.5	0.09956	224.03	2594. 0	2370. 0
20. 0	60.1	0.13068	251.51	2606.4	2354.9
30. 0	66.5	0.19093	288.77	2622.4	2333.7
40. 0	75. 0	0.24975	315.93	2634.1	2312.2
50. 0	81.2	0.30799	339.80	2644.3	2304.5
60. 0	85.6	0.36514	358.21	2652.1	2393.9
70. 0	89.9	0.42229	376.61	2659.8	2283.2
80. 0	93.2	0.47807	390.08	2665.3	2275.3
90. 0	96.4	0.53384	403.49	2670.8	2267.4
100. 0	99.6	0.58961	416.90	2676.3	2259.5
120. 0	104.5	0.69868	437.51	2684.3	2246.8
140. 0	109.2	0.80758	457.67	2692.1	2234.4
160. 0	113. 0	0.82981	473.88	2698.1	2224.4
180. 0	116.6	1.0209	489.32	2703.7	2214.3
200. 0	120.2	1.1273	493.71	2709.2	2204.6
250. 0	127.2	1.3904	534.39	2719.7	2185.4

（续）

压强 p /kPa	温度 t /℃	密度 ρ /$(kg \cdot m^{-3})$	焓 I/$(kJ \cdot kg^{-1})$		汽化热 r /$(kJ \cdot kg^{-1})$
			液 体	蒸 气	
300. 0	133.3	1.6501	560.38	2728.5	2168.1
350. 0	138.8	1.9074	583.76	2736.1	2152.3
400. 0	143.4	2.1618	603.61	2742.1	2138.5
450. 0	147.7	2.4152	622.42	2747.8	2125.4
500. 0	151.7	2.6673	639.59	2752.8	2113.2
600. 0	158.7	3.1686	670.22	2761.4	2091.1
700	164.7	3.6657	696.27	2767.8	2071.5
800	170.4	4.1614	720.96	2773.7	2052.7
900	175.1	4.6525	741.82	2778.1	2036.2
1×10^3	179.9	5.1432	762.68	2782.5	2019.7
1.1×10^3	180.2	5.6339	780.34	2785.5	2005.1
1.2×10^3	187.8	6.1241	797.92	2788.5	1990.6
1.3×10^3	191.5	6.6141	814.25	2790.9	1976.7
1.4×10^3	194.8	7.1038	829.06	2792.4	1963.7
1.5×10^3	198.2	7.5935	843.86	2794.5	1950.7
1.6×10^3	201.3	8.0814	857.77	2796. 0	1938.2
1.7×10^3	204.1	8.5674	870.58	2797.1	1926.5
1.8×10^3	206.9	9.0533	883.39	2798.1	1914.8
1.9×10^3	209.8	9.5392	896.21	2799.2	1903. 0
2×10^3	212.2	10.0338	907.32	2799.7	1892.4
3×10^3	233.7	15.0075	1005.4	2798.9	1793.5
4×10^3	250.3	20.0969	1082.9	2789.8	1706.8
5×10^3	263.8	25.3663	1146.9	2776.2	1629.2
6×10^3	275.4	30.8494	1203.2	2759.5	1556.3
7×10^3	285.7	36.5744	1253.2	2740.8	1487.6
8×10^3	294.8	42.5768	1299.2	2720.5	1403.7
9×10^3	303.2	48.8945	1343.5	2699.1	1356.6
10×10^3	310.9	55.5407	1384. 0	2677.1	1293.1
12×10^3	324.5	70.3075	1463.4	2631.2	1167.7
14×10^3	336.5	87.3020	1567.9	2583.2	1043.4
16×10^3	347.2	107.8010	1615.8	2531.1	915.4
18×10^3	356.9	134.4813	1699.8	2466. 0	766.1
20×10^3	365.6	176.5961	1817.8	2364.2	544.9

附录7 某些液体的热导率

液体		温度 t /K	热导率 λ /(W·m^{-1}·K^{-1})	液体		温度 t /K	热导率 λ /(W·m^{-1}·K^{-1})
醋酸	100%	293	0.171	乙苯		303	0.149
	50%	293	0.35			333	0.142
丙酮		303	0.177	乙醚		303	0.138
		348	0.164			348	0.135
丙烯醇		298~303	0.180	汽油		303	0.135
氨		258~303	0.500	三元醇	100%	293	0.284
氨,水溶液		293	0.450		80%	293	0.327
		333	0.500		60%	293	0.381
正戊醇		303	0.163		40%	293	0.448
		373	0.154		20%	293	0.481
异戊醇		303	0.152		10%	373	0.284
		348	0.151	正庚烷		303	0.140
苯胺		273~293	0.173			333	0.137
苯		303	0.159	正己烷		303	0.138
		333	0.151			333	0.135
正丁醇		303	0.168	正庚醇		303	0.163
		348	0.164			348	0.157
异丁醇		283	0.157	正己醇		303	0.164
氨化钙盐水	30%	303	0.550			348	0.156
	15%	303	0.590	煤油		393	0.149
二硫化碳		303	0.161			348	0.140
		348	0.152	盐酸	12.5%	305	0.52
四氯化碳		273	0.185		25%	305	0.48
		341	0.163		38%	305	0.44
氯苯		283	0.144	水银		301	0.36
三氯甲烷		303	0.138	甲醇	100%	293	0.215
乙酸乙脂		293	0.175		80%	293	0.267
乙醇	100%	293	0.182		60%	293	0.329
	80%	293	0.237		40%	293	0.405
	60%	293	0.305		20%	293	0.492
	40%	293	0.388		100%	323	0.197
	20%	293	0.486	氯甲烷		258	0.192
	100%	323	0.151			303	0.154

（续）

液　体		温度 t /K	热导率 λ /($W \cdot m^{-1} \cdot K^{-1}$)	液　体		温度 t /K	热导率 λ /($W \cdot m^{-1} \cdot K^{-1}$)
硝基苯		303	0.164	正丙醇		303	0.171
		373	0.152			348	0.164
硝基甲苯		303	0.126	异丙醇		303	0.157
		333	0.208			333	0.155
正辛烷		333	0.140	氯化钠盐	25%	303	0.570
		273	0.138~0.156	水	12.50%	303	0.590
石油		293	0.180	硫酸	90%	303	0.360
篦麻油		373	0.173		60%	303	0.430
		293	0.168		30%	303	0.520
橄榄油		373	0.164	二氧化硫		258	0.220
正戊烷		303	0.135			303	0.192
		348	0.128	甲苯		303	0.149
氯化钾	15%	305	0.580			348	0.145
	30%	305	0.560	松节油		288	0.128
氢氧化钾	21%	305	0.580	二甲苯	邻位	293	0.155
	42%	305	0.550		对位	293	0.155
硫酸钾	10%	305	0.60				

附录8　一些固体材料的热导率

（1）常用金属的热导率：

热导率 λ/($W \cdot m^{-1} \cdot K^{-1}$) ＼ 温度 t/℃	0	100	200	300	400
铝	227.95	227.95	227.95	227.95	227.95
铜	383.79	379.14	372.16	367.51	362.86
铁	73.27	67.45	61.64	54.66	48.85
铅	35.12	33.38	31.40	29.77	—
镁	172.12	167.47	162.82	158.17	—
镍	93.04	82.57	73.27	63.97	59.31
银	414.03	409.38	373.32	361.69	359.37
锌	112.81	109.90	105.83	101.18	93.04
碳钢	52.34	48.85	44.19	41.87	34.89
不锈钢	16.28	17.45	17.45	18.49	—

（2）常用非金属材料的热导率：

物　　质	温度 t/℃	热导率 λ/(W·m^{-1}·K^{-1})
软木	30	0.04303
玻璃棉	—	0.03489～0.06978
保温灰	—	0.06978
锯屑	20	0.04652～0.05815
棉花	100	0.06978
厚纸	20	0.1396～0.3489
玻璃	30	1.0932
	-20	0.7560
搪瓷	—	0.8723～1.163
云母	50	0.4303
泥土	20	0.6978～0.9304
冰	0	2.3260
软橡胶	—	0.1291～0.1593
硬橡胶	0	0.1500
聚四氟乙烯	—	0.2419
泡沫玻璃	-15	0.004885
	-80	0.003489
泡沫塑料	—	0.04652
木材（横向）	—	0.1396～0.1745
（纵向）	—	0.3838
耐火砖	230	0.8723
	1200	1.6398
混凝土	—	1.2793
绒毛毡	—	0.04652
85%氧化镁粉	0～100	0.06978
聚氯乙烯	—	0.1163～0.1745
酚醛加玻璃纤维	—	0.2593
酚醛加石棉纤维	—	0.2942
聚酯加玻璃纤维	—	0.2594
聚碳酸酯	—	0.1907
聚苯乙烯泡沫	25	0.04187
	-150	0.001745
聚乙烯	—	0.3291
石墨	—	139.56

附录9 常用固体材料的密度和比热容

名　　称	密度 ρ/（kg·m^{-3}）	比热容 c_p/（kJ·kg^{-1}·K^{-1}）
钢	7850	0.4605
不锈钢	7900	0.5024
铸铁	7220	0.5024
铜	8800	0.4062
青铜	8000	0.3810
黄铜	8600	0.3768
铝	2670	0.9211
镍	9000	0.4605
铅	11400	0.1298
酚醛	1250~1300	1.2560~1.6747
脲醛	1400~1500	1.2560~1.6747
聚氯乙烯	1380~1400	1.8422
聚苯乙烯	1050~1070	1.3398
低压聚乙烯	940	2.5539
高压聚乙烯	920	2.2190
干砂	1500~1700	0.7955
黏土	1600~1800	0.7536（−20~20℃）
黏土砖	1600~1900	0.9211
耐火砖	1840	0.8792~1.0048
混凝土	2000~2400	0.8374
松木	500~600	2.7214（0~100℃）
软木	100~300	0.9630
石棉板	770~	0.8164
玻璃	2500	0.6699
耐酸陶瓷制品	2200~2300	0.7536~0.7955
耐酸搪瓷	2300~2700	0.8374~1.2560
有机玻璃	1180~1190	
多孔绝热砖	600~1400	

附录 10　某些液体的表面张力及常压下的沸点

液　体	沸点/℃	表　面　张　力　σ		
		t/℃	$\sigma/(\mathrm{N\cdot m^{-1}})$	表面张力与绝对温度的关系
液态氮	-209.9	-196	8.5×10^{-3}	
苯胺	184.4	-20	42.9×10^{-3}	
丙酮	56.2	0	26.2×10^{-3}	
		40	21.2×10^{-3}	
		60	18.6×10^{-3}	
苯	80.10	0	31.6×10^{-3}	$\sigma_t = \sigma_0 - 0.146\times10^{-3}(T-273)$
		30	27.6×10^{-3}	式中　σ_t—绝对温度为 T 时的表面张力($\mathrm{N\cdot m^{-1}}$)；
		60	23.7×10^{-3}	σ_0—表中查出的表面张力($\mathrm{N\cdot m^{-1}}$)；
水	100	0	75.6×10^{-3}	T—绝对温度(K)。
		20	72.8×10^{-3}	(以下符号均同此)
		60	66.2×10^{-3}	
		100	58.9×10^{-3}	
		130	52.8×10^{-3}	
液态氧	-183	-183	13.2×10^{-3}	
蚁酸	100.7	17	37.5×10^{-3}	
		80	30.8×10^{-3}	
二硫化碳	46.3	19	33.6×10^{-3}	
		46	29.4×10^{-3}	
甲醇	64.7	20	22.6×10^{-3}	
丙醇	97.2	20	23.8×10^{-3}	
乙醇	78.3	0	24.1×10^{-3}	$\sigma_t = \sigma_0 - 0.092\times10^{-3}(T-273)$
		20	22.8×10^{-3}	
		40	20.2×10^{-3}	
		60	18.4×10^{-3}	
甲苯	110.63	15	28.8×10^{-3}	
醋酸	118.1	20	27.8×10^{-3}	
氯仿	61.2	10	28.5×10^{-3}	
		60	21.7×10^{-3}	
四氯化碳	76.8	20	26.8×10^{-3}	
乙酸乙酯	77.1	20	23.9×10^{-3}	
乙醚	34.6	20	17.0×10^{-3}	$\sigma_t = \sigma_0 - 0.115\times10^{-3}(T-273)$

附录 11　某些气体在常压下的沸点及临界参数

名　称	密度ρ(标准状态) /(kg·m^{-3})	沸点 /℃	临界温度 /℃	临界压强	
				/atm	/kPa
空气	1.293	-195	-140.7	37.2	3769.5
氧	1.429	-132.98	-118.82	49.72	5038.1
氮	1.251	-195.78	-147.13	33.49	3393.5
氢	0.0899	-252.75	-239.9	12.8	1297.0
氦	0.1785	-268.95	-267.96	2.26	229.0
氩	1.7820	-185.87	-122.44	48.0	4863.8
氯	3.217	-33.8	+144.0	76.1	7711.2
氨	0.771	-33.4	+132.4	111.5	11298.0
一氧化碳	1.250	-191.48	-140.2	34.53	3498.9
二氧化碳	1.976	-78.2	+31.1	72.9	7387.0
二氧化硫	2.927	-10.8	+157.5	77.78	7881.4
二氧化氮	—	+21.2	+158.2	100.78	10133
硫化氢	1.539	-60.2	+100.4	188.9	19141.0
甲烷	0.717	-161.58	-82.15	45.60	4620.6
乙烷	1.357	-88.5	+32.1	48.85	4950.0
丙烷	2.202	-42.1	+95.6	43	4357.1
丁烷(正)	2.673	-0.5	+152	37.5	3799.9
戊烷(正)	—	-36.08	+197.1	33.0	3343.9
乙烯	1.261	+103.7	+9.7	50.7	5137.4
丙烯	1.914	-47.7	+91.4	45.4	4600.4
乙炔	1.171	(升华)	+35.7	61.6	6241.9
氯甲烷	2.308	-24.1	+148	66.0	6687.8
苯	—	+80.2	+288.5	47.7	6833.4

附录 12　101.3kPa 下液体的黏度和密度

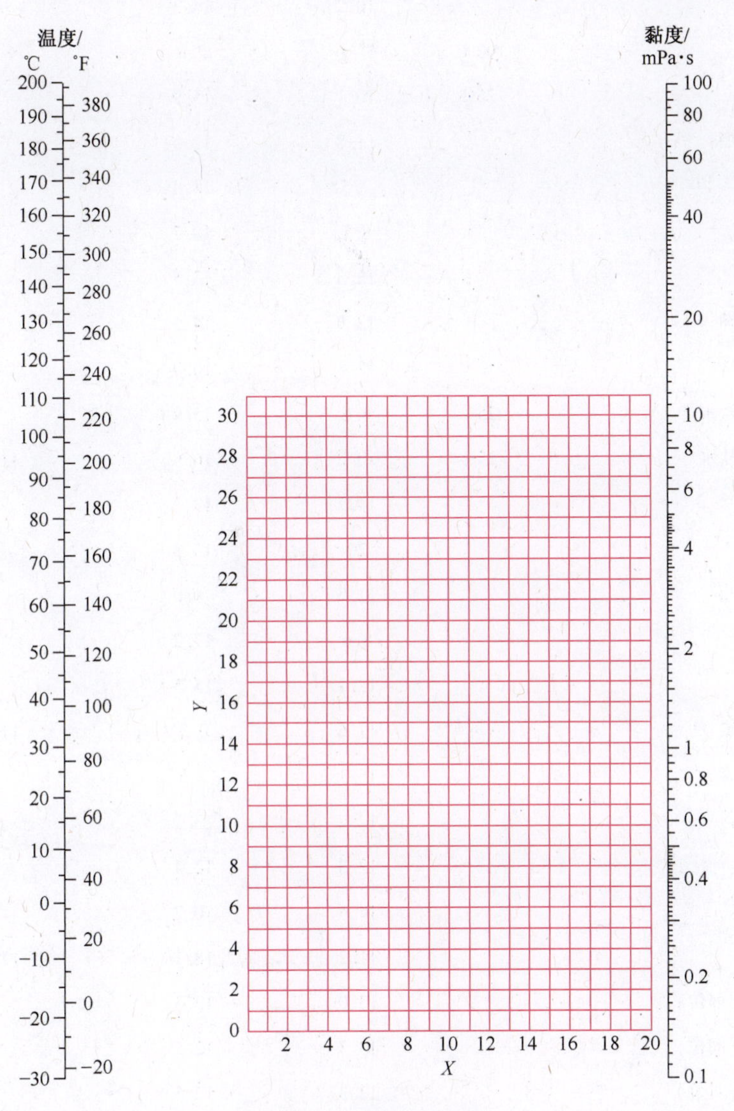

附录图 1　液体黏度共线图

液体黏度共线图的坐标值及液体的密度列于下表中：

序　号	液　　体		X	Y	密度 ρ(293K)/(kg·m^{-3})
1	乙醛		15.2	4.8	783(291K)
2	醋酸	100%	12.1	14.2	1049
3		70%	9.5	17.0	1069
4	醋酸酐		12.7	12.8	1083
5	丙酮	100%	14.5	7.2	792

（续）

序 号	液 体		X	Y	密度ρ(293K)/(kg·m^{-3})
6		35%	7.9	15.0	948
7	丙烯醇		10.2	14.3	854
8	氨	100%	12.6	2.0	817(194K)
9		26%	10.1	13.9	904
10	醋酸戊酯		11.8	12.5	879
11	戊醇		7.5	18.4	817
12	苯胺		8.1	18.7	1022
13	苯甲醚		12.3	13.5	990
14	三氯化砷		13.9	14.5	2163
15	苯		12.5	10.9	880
16	氯化钙盐水	25%	6.6	15.9	1228
17	氯化钠盐水	25%	10.2	16.6	1186(298K)
18	溴		14.2	13.2	3119
19	溴甲苯		20	15.9	1410
20	乙酸丁酯		12.3	11.0	882
21	丁醇		8.6	17.2	810
22	丁酸		12.1	15.3	964
23	二氧化碳		11.6	0.3	1101(236K)
24	二硫化碳		16.1	7.5	1263
25	四氯化碳		12.7	13.1	1595
26	氯苯		12.3	12.4	1107
27	三氯甲烷		14.4	10.2	1489
28	氯磺酸		11.2	18.1	1787(298K)
29	氯甲苯(邻位)		13.0	13.3	1082
30	氯甲苯(间位)		13.3	12.5	1072
31	氯四苯(对位)		13.3	12.5	1070
32	甲酚(间位)		2.5	20.8	1034
33	环已醇		2.9	24.3	962
34	二溴乙烷		12.7	15.8	2495
35	二氯乙烷		13.2	12.2	1256
36	二氯甲烷		14.6	8.9	1336
37	草酸乙酯		11.0	16.4	1079
38	草酸二甲酯		12.3	15.8	1148(327K)
39	联苯		12.0	18.3	992(346K)

（续）

序号	液体		X	Y	密度ρ(293K)/(kg·m^{-3})
40	草酸二丙酯		10.3	17.7	1038(273K)
41	乙酸乙酯		13.7	9.1	901
42	乙醇	100%	10.5	13.8	789
43	乙醇	95%	9.8	14.3	804
44		40%	6.5	16.6	935
45	乙苯		13.2	11.5	867
46	溴乙烷		14.5	8.1	1431
47	氯乙烷		14.8	6.0	917(279K)
48	乙醚		14.5	5.3	708(298K)
49	甲酸乙酯		14.2	8.4	923
50	碘乙烷		14.7	10.3	1933
51	乙二醇		6.0	23.6	1113
52	甲酸		10.7	15.8	220
53	氟里昂-11(CCl_3F)		14.4	9.0	1494(290K)
54	氟里昂-12(CCl_3F_2)		16.8	5.6	1486(293K)
55	氟里昂-21($CHCl_2F$)		15.7	7.5	1426(273K)
56	氟里昂-22($CHClF_2$)		17.2	4.7	3780(273K)
57	氟里昂-113($CCl_2F-CClF_2$)		12.5	11.4	1576
58	甘油	100%	2.0	30.0	1261
59		50%	6.9	19.6	1126
60	庚烷		14.1	8.4	684
61	己烷		14.7	7.0	659
62	盐酸		13.0	16.6	1157
63	异丁醇		7.1	18.0	779(299K)
64	异丁酸		12.2	14.4	949
65	异丙醇		8.2	16.0	789
66	煤油		10.2	16.9	780~820
67	粗亚麻仁油		7.5	27.2	930~938(288K)
68	水银		18.4	16.4	13546
69	甲醇	100%	12.4	10.5	792
70		90%	12.3	11.8	820
71		40%	7.8	15.5	935
72	乙酸甲酯		14.2	8.2	924
73	氯甲烷		15.0	3.8	952(273K)
74	丁酮		13.9	8.6	805

（续）

序 号	液 体		X	Y	密度ρ(293K)/(kg·m^{-3})
75	萘		7.9	18.1	1145
76	硝酸	95%	12.8	13.8	1493
77		60%	10.8	17.0	1367
78	硝基苯		10.6	16.2	1205(288K)
79	硝基甲苯		11.0	17.0	1160
80	辛烷		13.7	10.0	703
81	辛醇		6.6	21.1	827
82	五氯乙烷		10.9	17.3	1671(298K)
83	戊烷		14.9	5.2	630(291K)
84	酚		6.9	20.8	1071(298K)
85	三溴化磷		13.8	16.7	2852(288K)
86	三氯化磷		16.2	10.9	1574
87	丙酸		12.8	13.8	992
88	丙醇		9.1	16.5	804
89	溴丙烷		14.5	9.6	1353
90	氯丙烷		14.4	7.5	890
91	碘丙烷		14.1	11.6	1747
92	钠		16.4	13.9	970
93	氢氧化钠	50%	3.2	25.8	1525
94	四氯化锡		13.5	12.8	2226
95	二氧化硫		15.2	7.1	1434(273K)
96	硫酸	110%	7.2	27.4	1980
97		98%	7.0	24.8	1836
98		60%	10.2	21.3	1498
99	二氯二氧化硫		15.2	12.4	1667
100	四氯乙烷		11.9	15.7	1600
101	四氯乙烯		14.2	12.7	1624(288K)
102	四氯化钛		14.4	12.3	1726
103	甲苯		13.7	10.4	866
104	三氯乙烯		14.8	10.5	1466
105	松节油		11.5	14.9	861~867
106	醋酸乙烯		14.0	8.8	932
107	水		10.2	13.0	998
108	二甲苯(邻位)		13.5	12.1	881
109	二甲苯(间位)		13.9	10.6	867
110	二甲苯(对位)		13.9	10.9	861

附录 13　101.3kPa 下气体的黏度

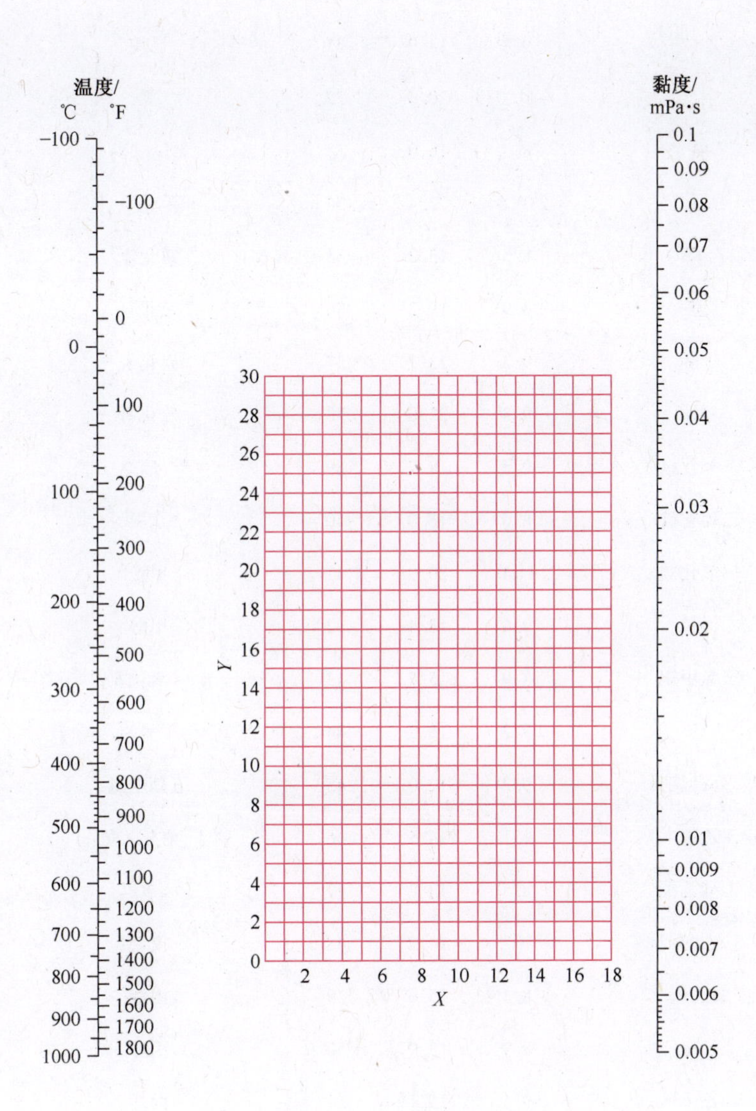

附录图 2　气体黏度共线图

气体黏度共线图的坐标值列于下表中：

序号	气体	X	Y	序号	气体	X	Y
1	醋酸	7.7	14.3	29	氟里昂-113（$CCl_2F-CClF_2$）	11.3	14.0
2	丙酮	8.9	13.0	30	氦	10.9	20.5
3	乙炔	9.8	14.9	31	己烷	8.6	11.8
4	空气	11.0	20.0	32	氢	11.2	12.4
5	氨	8.4	16.0	33	$3H_2+1N_2$	11.2	17.2
6	氩	10.5	22.4	34	溴化氢	8.8	20.9
7	苯	8.5	13.2	35	氯化氢	8.8	18.7
8	溴	8.9	19.2	36	氰化氢	9.8	14.9
9	丁烯	9.2	13.7	37	碘化氢	9.0	21.3
10	氙	9.3	23.0	38	硫化氢	8.6	18.0
11	二氧化碳	9.5	18.7	39	碘	9.0	18.4
12	二硫化碳	8.0	16.0	40	水银	5.3	22.9
13	一氧化碳	11.0	20.0	41	甲烷	9.9	15.5
14	氯	9.0	18.4	42	甲醇	8.5	15.6
15	三氯甲烷	8.9	15.7	43	一氧化氮	10.9	20.5
16	氰	9.2	15.2	44	氮	10.6	20.0
17	环己烷	9.2	12.0	45	五硝酰氯	8.0	17.6
18	乙烷	9.1	14.5	46	一氧化二氮	8.8	19.0
19	乙酸乙酯	8.5	13.2	47	氧	11.0	21.3
20	乙醇	9.2	14.2	48	戊烷	7.0	12.8
21	氯乙烷	8.5	15.6	49	丙烷	9.7	12.9
22	乙醚	8.9	13.0	50	丙醇	8.4	13.4
23	乙烯	9.5	15.1	51	丙烯	9.0	13.8
24	氟	7.3	23.8	52	二氧化硫	9.6	17.0
25	氟里昂-11（CCl_3F）	10.6	15.1	53	甲苯	8.6	12.4
26	氟里昂-12（CCl_2F_2）	11.1	16.0	54	2,3,3-三甲（基）丁烷	9.5	10.5
27	氟里昂-21（$CHCl_2F$）	10.8	15.3	55	水	8.0	16.0
28	氟里昂-22（$CHClF_2$）	10.1	17.0				

附录 14 液体的比热容

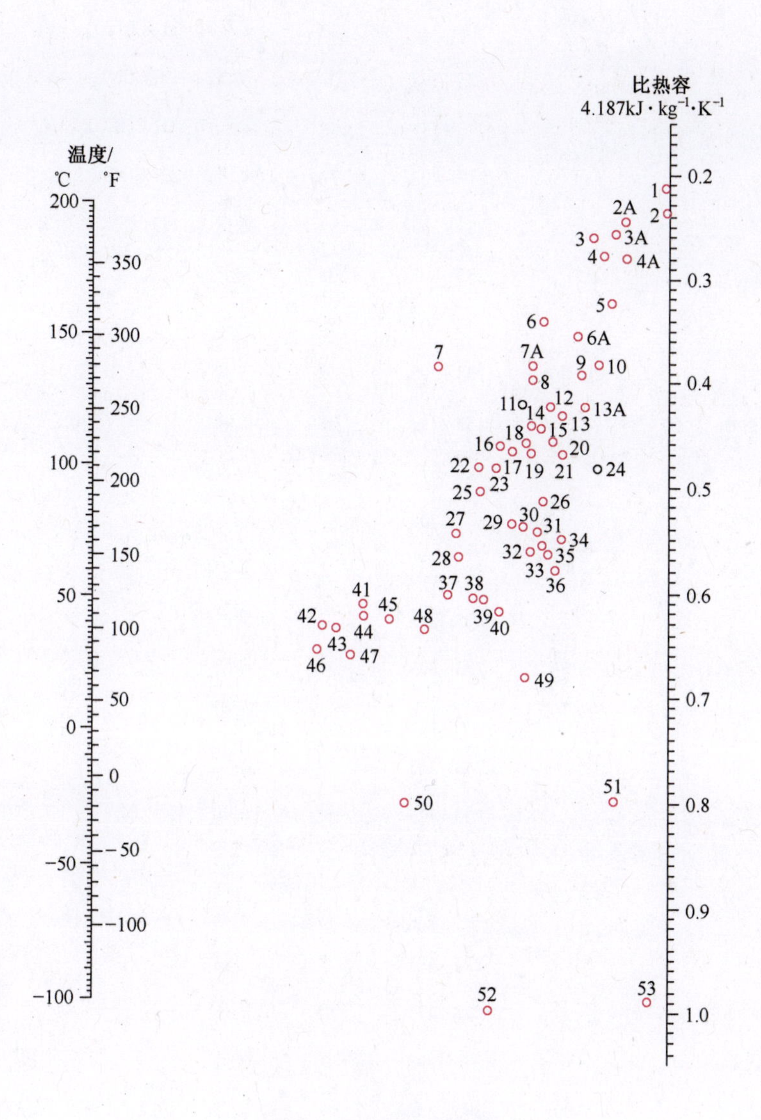

附录图 3 液体比热容共线图

液体比热容共线图坐标值列于下表：

号数	液体		范围/K	号数	液体		范围/K
29	醋酸	100%	273~353	7	碘乙烷		273~373
32	丙酮		293~323	39	乙二醇		233~473
52	氨		203~323	2A	氟里昂-11(CCl_3F)		253~343
37	戊醇		223~298	6	氟里昂-12(CCl_2F_2)		233~288
26	乙酸戊酯		273~373	4A	氟里昂-21($CHCl_2F$)		253~343
30	苯胺		273~403	7A	氟里昂-22($CHClF_2$)		253~333
23	苯		283~353	3A	氟里昂-113($CCl_2F-CClF_2$)		253~343
27	苯甲醇		253~303	38	三元醇		233~293
10	卞基氧		243~303	28	庚烷		273~333
49	$CaCl_2$盐水	25%	233~293	35	己烷		193~293
51	NaCl 盐水	25%	233~293	48	盐酸	30%	293~373
44	丁醇		273~373	41	异戊醇		283~373
2	二硫化碳		173~298	43	异丁醇		273~373
3	四氯化碳		283~333	47	异丙醇		253~323
8	氯苯		273~373	31	异丙醚		193~293
4	三氯甲烷		273~323	40	甲醇		233~293
21	癸烷		193~298	13A	氯甲烷		193~293
6A	二氯乙烷		243~333	14	萘		363~473
5	二氯甲烷		233~323	12	硝基苯		273~373
15	联苯		353~393	34	壬烷		223~398
22	二苯甲烷		303~373	33	辛烷		223~298
16	二苯醚		273~473	3	过氯乙烯		432~413
16	道舍姆 A(DowthermA)		273~473	45	丙醇		253~373
24	乙酸乙酯		223~298	20	吡啶		222~298
42	乙醇	100%	303~353	9	硫酸	98%	283~318
46		95%	293~353	11	二氧化硫		253~373
50		50%	293~353	23	甲苯		273~333
25	乙苯		273~373	53	水		283~473
1	溴乙烷		278~298	19	二甲苯(邻位)		273~373
13	氯乙烷		243~313	18	二甲苯(间位)		273~373
36	乙醚		173~298	17	二甲苯(对位)		273~373

附录 15　101.3kPa 压强下气体的比热容

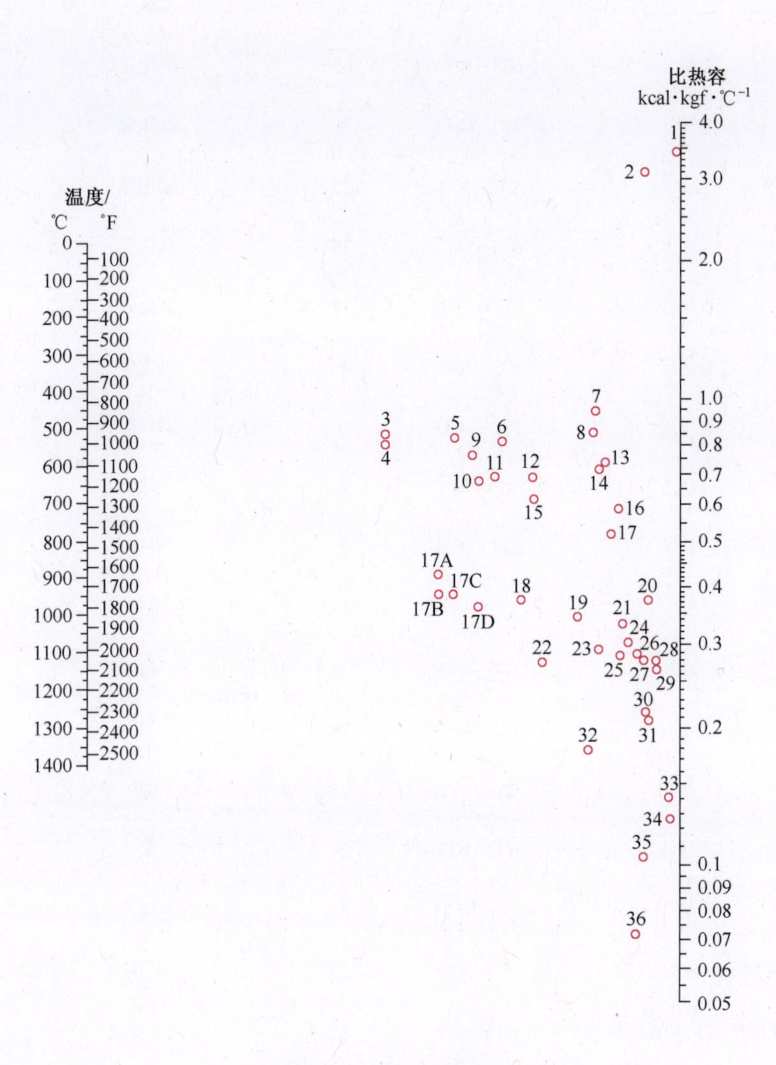

附录图 4　气体比热容共线图

气体比热容共线图的坐标值列于下表：

号　数	气　体	范围/K	号　数	气　体	范围/K
10	乙炔	273~473	1	氢	273~873
15	乙炔	473~673	2	氢	873~1673
16	乙炔	673~1673	35	溴化氢	273~1673
27	空气	273~1673	30	氯化氢	273~1673
12	氨	273~873	20	氟化氢	273~1673
14	氨	873~1673	36	碘化氢	273~1673
18	二氧化碳	273~673	19	硫化氢	273~973
24	二氧化碳	673~1673	21	硫化氢	973~1673
26	一氧化碳	273~1673	5	甲烷	273~573
32	氯	273~473	6	甲烷	573~973
34	氯	473~1673	7	甲烷	973~1673
3	乙烷	273~473	25	一氧化氮	273~973
9	乙烷	473~873	28	一氧化氮	973~1673
8	乙烷	373~1673	26	氮	273~1673
4	乙烯	273~473	23	氧	273~773
11	乙烯	473~873	29	氧	773~1673
13	乙烯	873~1673	33	硫	573~1673
17B	氟里昂-11（CCl_3F）	273~423	22	二氧化硫	273~673
17C	氟里昂-21（$CHCl_2F$）	273~423	31	二氧化硫	673~1673
17A	氟里昂-22（$CHClF_2$）	273~423	17	水	273~1673
1D	氟里昂-113（CCl_2F-$CClF_2$）	273~423			

附录 16　某些有机液体的相对密度(液体密度与 277K 水的密度之比)

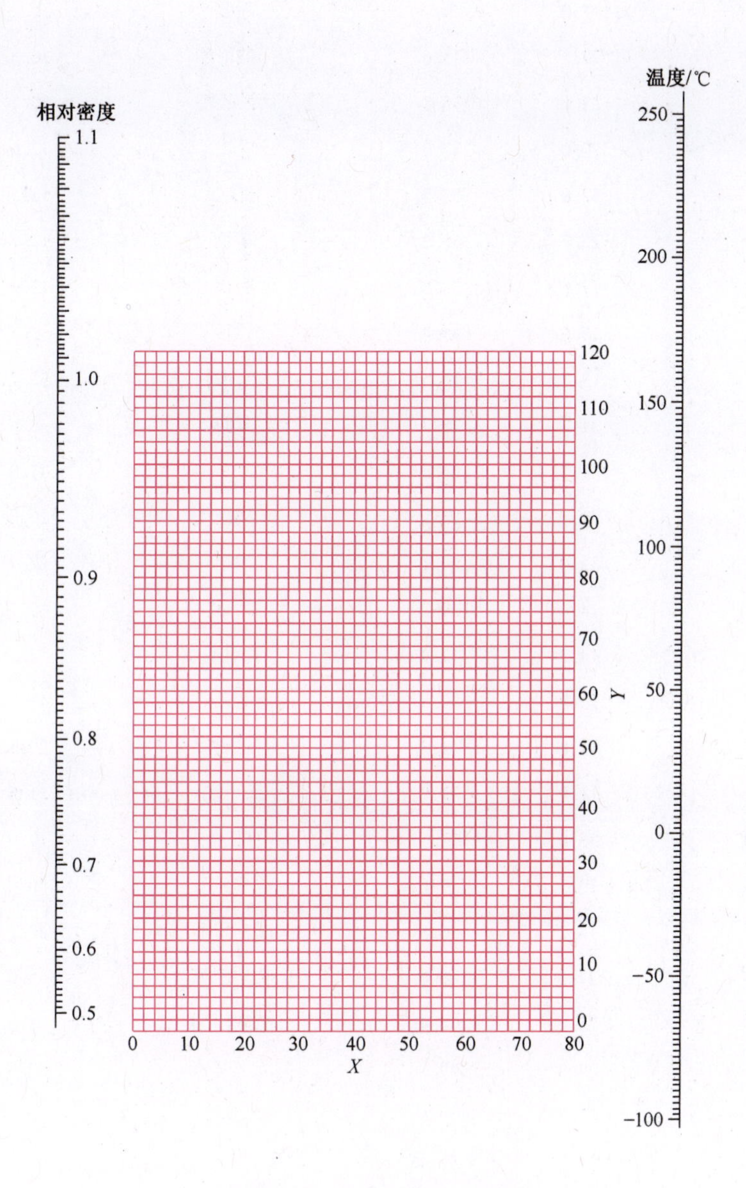

附录图 5　有机液体相对密度共线图

有机液体相对密度共线图的坐标值:

有机液体	X	Y	有机液体	X	Y
乙炔	20.8	10.1	丙酮	26.1	47.8
乙烷	10.8	4.4	丙醇	23.8	50.8
乙烯	17.0	3.5	丙酸	35.0	83.5
乙醇	24.2	48.6	丙酸甲酯	36.5	68.3
乙醚	22.6	35.8	丙酸乙酯	32.1	63.9
乙丙醚	20.0	37.0	戊烷	12.6	22.6
乙硫醇	32.0	55.5	异戊烷	13.5	22.5
乙硫醚	25.7	55.3	辛烷	12.7	32.5
二乙胺	17.8	33.5	庚烷	12.6	29.8
二氧化碳	78.6	45.4	苯	32.7	63.0
异丁烷	13.7	16.5	苯酚	35.7	103.8
丁酸	31.3	78.7	苯胺	33.5	92.5
丁酸甲酯	31.5	65.5	氟苯	41.9	86.7
异丁酸	31.5	75.9	癸烷	16.0	38.2
丁酸(异)甲酯	33.0	64.1	氨	22.4	24.6
十一烷	14.4	39.2	氯乙烷	42.7	62.4
十二烷	14.3	41.4	氯甲烷	52.3	62.9
十三烷	15.3	42.4	氯苯	41.7	105.0
十四烷	15.8	43.3	氰丙烷	20.1	44.6
三乙胺	17.9	37.0	氰甲烷	21.8	44.9
三氢化磷	38.0	22.1	环己烷	19.6	44.0
己烷	13.5	27.0	醋酸	40.6	93.5
壬烷	16.2	36.5	醋酸甲酯	40.1	70.3
六氢吡啶	27.5	60.0	醋酸乙酯	35.0	65.0
甲乙醚	25.0	34.4	醋酸丙酯	33.0	65.5
甲醇	25.8	49.1	甲苯	27.0	61.0
甲硫醇	37.3	59.6	异戊醇	20.5	52.0
甲硫醚	31.9	57.4			
甲醚	27.2	30.1			
甲酸甲酯	46.4	74.6			
甲酸乙酯	37.6	68.4			
甲酸丙酯	33.8	66.7			
丙烷	14.2	12.2			

附录 17　壁面污垢的热阻（污垢系数），$m^2 \cdot K/W$

（1）冷却水：

加热流体的温度/℃	115 以下		115~205	
水的温度/℃	25 以下		25 以下	
水的流速/$(m \cdot s^{-1})$	1 以下	1 以上	1 以下	1 以上
海水	0.8598×10^{-4}	0.8598×10^{-4}	1.7197×10^{-4}	1.7197×10^{-4}
自来水、井水、湖水、软化锅炉水	1.7197×10^{-4}	1.7197×10^{-4}	3.4394×10^{-4}	3.4394×10^{-4}
蒸馏水	0.8598×10^{-4}	0.8598×10^{-4}	0.8598×10^{-4}	0.8598×10^{-4}
硬水	5.1590×10^{-4}	5.1590×10^{-4}	8.598×10^{-4}	8.598×10^{-4}
河水	5.1590×10^{-4}	3.4394×10^{-4}	6.8788×10^{-4}	5.1590×10^{-4}

（2）工业用气体：

气体名称	热　阻
有机化合物	0.8598×10^{-4}
水蒸气	0.8598×10^{-4}
空气	3.4394×10^{-4}
溶剂蒸气	1.7197×10^{-4}
天然气	1.7197×10^{-4}
焦炉气	1.7197×10^{-4}

（3）工业用液体：

液体名称	热　阻
有机化合物	1.7197×10^{-4}
水盐	1.7197×10^{-4}
熔盐	0.8598×10^{-4}
植物油	5.1590×10^{-4}

（4）石油分馏出物：

馏出物名称	热　阻
原油	$3.4394 \times 10^{-4} \sim 12.898 \times 10^{-4}$
汽油	1.7197×10^{-4}
石脑油	1.7197×10^{-4}
煤油	1.7197×10^{-4}
柴油	$3.4394 \times 10^{-4} \sim 5.1590 \times 10^{-4}$
重油	8.598×10^{-4}
沥青油	1.7197×10^{-4}

附录18　无机盐溶液在101.3kPa下的沸点

溶质	沸点/℃																			
	101	102	103	104	105	107	110	115	120	125	140	160	180	200	220	240	260	280	300	340
	溶液的浓度×100（质量）																			
$CaCl_2$	5.66	10.31	14.16	17.36	20.00	24.24	29.33	35.68	40.83	54.80	57.89	68.94	75.86	64.91	68.73	72.64	75.76	78.95	86.18	
KOH	4.49	8.51	11.97	14.82	17.01	20.88	25.65	31.97	36.51	40.23	48.05	54.89	60.41							
KCl	8.42	14.31	18.96	23.02	26.57	32.62	36.47	（近于108.5）	—	—	—	—	—	—	—	—	—	—	—	—
K_2CO_3	10.31	18.37	24.24	28.57	32.24	37.69	43.97	50.86	56.04	60.40	66.94	（近于133.5）	—	—	—	—	—	—	—	—
KNO_3	13.19	23.66	32.23	39.20	45.10	34.65	65.34	79.53	—	—	—	—	—	—	—	—	—	—	—	—
$MgCl_2$	4.67	8.42	11.66	14.31	16.59	20.32	24.41	29.48	33.07	36.02	38.61	—	—	—	—	—	—	—	—	—
$MgSO_4$	14.31	22.78	28.31	32.23	35.32	42.86	（近于108）	—	—	—	—	—	—	—	—	—	—	—	—	—
NaOH	4.12	7.40	10.15	12.51	14.53	18.32	23.08	26.21	33.77	37.58	48.32	60.13	69.97	77.53	84.03	88.89	93.02	95.92	98.47	（近于314）
NaCl	6.19	11.03	14.67	17.69	20.32	25.09	28.92	（近于108）	—	—	—	—	—	—	—	—	—	—	—	—
$NaNO_3$	8.26	15.61	21.87	27.53	32.43	40.47	49.87	60.94	68.94	—	—	—	—	—	—	—	—	—	—	—
Na_2SO_4	15.26	24.81	30.73	31.83	（近于103.2）	—	—	—	—	—	—	—	—	—	—	—	—	—	—	—
Na_2CO_3	9.42	17.22	23.72	29.18	33.86	—	—	—	—	—	—	—	—	—	—	—	—	—	—	—
$CuSO_4$	26.95	39.98	40.83	44.47	—	—	—	—	—	—	—	—	—	—	—	—	—	—	—	—
$ZnSO_4$	20.00	31.22	37.89	42.92	46.15	—	—	—	—	—	—	—	—	—	—	—	—	—	—	—
NH_4NO_3	9.09	16.66	23.08	29.08	34.21	42.53	51.92	63.24	71.26	77.11	87.09	93.20	96.00	97.61	98.89					
NH_4Cl	6.10	11.35	15.96	19.80	22.89	28.37	35.98	46.95	—	—	—	—	—	—	—	—	—	—	—	—
$(NH_4)_2SO_4$	13.34	23.14	30.65	36.71	41.79	49.73	53.55	（近于108.2）	—	—	—	—	—	—	—	—	—	—	—	—

注：（　）内是饱和溶液的沸点。

附录 19　101.3kPa 下溶液的沸点升高与浓度的关系

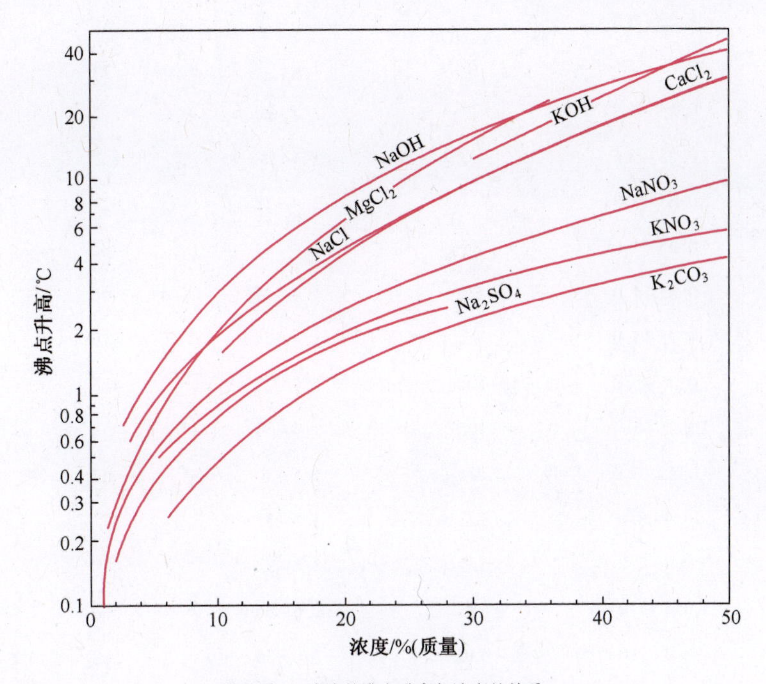

附录图 6　溶液的沸点升高与浓度的关系

附录 20　管子规格(摘录)

(1) 水煤气输送钢管(摘自 GB/T 3091—2008):

公称直径		外径/mm	壁厚/mm	
/mm	/英寸		普通管	加厚管
8	1/4	13.5	2.6	2.8
10	3/8	17	2.6	2.8
15	1/2	21.25	2.8	3.5
20	3/4	26.75	2.8	3.5
25	1	33.5	3.2	4.0
32	$1\frac{1}{4}$	42.25	3.5	4.0
40	$1\frac{1}{2}$	48	3.5	4.5
50	2	60	3.8	4.5
70	$2\frac{1}{2}$	75.5	4.0	4.5
80	3	88.5	4.0	5.0
100	4	114	4.0	5.0
125	5	140	4.0	5.5
150	6	165	4.5	6.0

（2）普通无缝钢管（摘自 GB/T 17395—2008）：

外径/mm	壁厚/mm	外径/mm	壁厚/mm	外径/mm	壁厚/mm
6	0.25~2.0	70	1.0~17	325	7.5~100
7	0.25~2.5	73	1.0~19	340	8.0~100
8	0.25~2.5	76	1.0~20	351	8.0~100
9	0.25~2.8	77	1.4~20	356	9.0~100
10	0.25~3.5	80	1.4~20	368	9.0~100
11	0.25~3.5	83	1.4~22	377	9.0~100
12	0.25~4.0	85	1.4~22	402	9.0~100
14	0.25~4.0	89	1.4~24	406	9.0~100
16	0.25~5.0	95	1.4~24	419	9.0~100
18	0.25~5.0	102	1.4~28	426	9.0~100
19	0.25~6.0	108	1.4~30	450	9.0~100
20	0.25~6.0	114	1.5~30	457	9.0~100
22	0.4~6.0	121	1.5~32	473	9.0~100
25	0.4~7.0	127	1.8~32	480	9.0~100
27	0.4~7.0	133	2.5~36	500	9.0~110
28	0.4~7.0	140	3.0~36	508	9.0~110
30	0.4~8.0	142	3.0~36	530	9.0~120
32	0.4~8.0	152	3.0~40	560	9.0~120
34	0.4~8.0	159	3.5~45	610	9.0~120
35	0.4~9.0	168	3.5~45	630	9.0~120
38	0.4~10.0	180	3.5~50	660	9.0~120
40	0.4~10.0	194	3.5~50	711	12~120
45	1.0~12	203	3.5~55	720	12~120
48	1.0~12	219	6.0~55	762	20~120
51	1.0~12	232	6.0~65	788.5	20~120
54	1.0~14	245	6.0~65	813	20~120
57	1.0~14	267	6.0~65	864	20~120
60	1.0~16	273	6.5~85	914	25~120
63	1.0~16	299	7.5~100	965	25~120
65	1.0~16	302	7.5~100	1016	25~120
68	1.0~16	318.5	7.5~100		

注：壁厚有0.25、0.30、0.40、0.50、0.60、0.80、1.0、1.2、1.4、1.6、1.8、2.0、2.2、2.5、2.8、3.0、3.2、3.5、4.0、4.5、5.0、5.5、6.0、6.5、7.0、7.5、8.0、8.5、9.0、9.5、10、11、12、13、14、15、16、17、18、19、20、22、24、25、26、28、30、32、34、36、38、40、42、45、48、50、55、60、65、70、75、80、85、90、95、100、110、120mm。

(3) 承插式铸铁管:

内 径 /mm	壁 厚 /mm	有效长度 /mm	内 径 /mm	壁 厚 /mm	有效长度 /mm
75	9	3000	450	13.4	6000
100	9	3000	500	14	6000
150	9.5	4000	600	15.4	6000
200	10	4000	700	16.5	6000
250	10.8	4000	800	18	6000
300	11.4	4000	900	19.5	4000
350	12	6000	1000	20.5	4000
400	12.8	6000			

附录 21 IS 型单级单吸离心泵性能表

型号	转速 n /($r \cdot min^{-1}$)	流量 Q		扬程 /m	效率 η /%	功率/kW		必需汽蚀余量 $(NPSH)_r$/m	重量泵/底座 /kg
		/($m^3 \cdot h^{-1}$)	/($L \cdot s^{-1}$)			轴功率	电机功率		
IS50-32-125	2900	7.5	2.08	22	47	0.96	2.2	2.0	32/46
		12.5	3.47	20	60	1.13		2.0	
		15	4.17	18.5	60	1.26		2.5	
	1450	3.75	1.04	5.4	43	0.13	0.55	2.0	32/38
		6.3	1.74	5	54	0.16		2.0	
		7.5	2.08	4.6	55	0.17		2.5	
IS50-32-160	2900	7.5	2.08	34.3	44	1.59	3	2.0	50/46
		12.5	3.47	32	54	2.02		2.0	
		15	4.17	29.6	56	2.16		2.5	
	1450	3.7	1.04	8.5	35	0.25	0.55	2.0	50/38
		6.3	1.74	8	4.8	0.29		2.0	
		7.5	2.08	7.5	49	0.31		2.5	
IS50-32-200	2900	7.5	2.08	52.5	38	2.82	5.5	2.0	52/66
		12.5	3.47	50	48	3.54		2.0	
		15	4.17	48	51	3.95		2.5	
	1450	3.75	1.04	13.1	33	0.41	0.75	2.0	52/38
		6.3	1.74	12.5	42	0.51		2.0	
		7.5	2.08	12	44	0.56		2.5	
IS50-32-250	2900	7.5	2.08	82	23.5	5.87	11	2.0	88/110
		12.5	3.47	80	38	7.16		2.0	
		15	4.17	78.5	41	7.83		2.5	
	1450	3.75	1.04	20.5	23	0.91	1.5	2.0	88/64
		6.3	1.74	20	32	1.07		2.0	
		7.5	2.08	19.5	35	1.14		2.5	

（续）

型号	转速 n /(r·min^{-1})	流量 Q /(m^3·h^{-1})	流量 Q /(L·s^{-1})	扬程 /m	效率 η /%	功率/kW 轴功率	功率/kW 电机功率	必需汽蚀余量 (NPSH)$_r$/m	重量泵/底座 /kg
IS65-50-125	2900	15	4.17	21.8	58	1.54	3	2.0	50/41
		25	6.94	30	69	1.97		2.0	
		30	8.33	18.5	68	2.22		2.5	
	1450	7.5	2.08	5.35	53	0.21	0.55	2.0	50/38
		12.5	3.47	5	64	0.27		2.0	
		15	4.17	4.7	65	0.30		2.5	
IS65-50-160	2900	15	4.17	35	54	2.65	5.5	2.0	51/66
		25	6.94	32	65	3.35		2.0	
		30	8.33	30	66	3.71		2.5	
	1450	7.5	2.08	8.8	50	0.36	0.75	2.0	51/38
		12.5	3.47	8.0	60	0.45		2.0	
		15	4.17	7.2	60	0.49		2.5	
IS65-40-200	2900	15	4.17	53	49	4.42	7.5	2.0	62/66
		25	6.94	50	60	5.67		2.0	
		30	8.33	47	61	6.29		2.5	
	1450	7.5	2.08	13.2	43	0.63	11	2.0	62/46
		12.5	3.47	12.5	55	0.77		2.0	
		15	4.17	11.8	57	0.82		2.5	
IS65-40-250	2900	15	4.17	82	37	9.05	15	2.0	82/110
		25	6.94	80	50	1.89		2.0	
		30	8.33	78	53	12.02		2.5	
	1450	7.5	2.08	21	35	1.23	2.2	2.0	82/67
		12.5	3.47	20	46	1.48		2.0	
		15	4.17	19.4	48	1.65		2.5	
IS65-40-315	2900	15	4.17	127	28	18.5	30	2.0	152/110
		25	6.94	125	40	21.3		2.0	
		30	8.33	123	44	22.8		3.0	
	1450	7.5	2.08	32.2	25	6.63	4	2.0	152/67
		12.5	3.47	32.0	37	2.94		2.0	
		15	4.17	31.7	41	3.16		3.0	
IS80-65-125	2900	30	8.33	22.5	64	2.87	5.5	3.0	44/66
		50	13.9	20	75	3.63		3.0	
		60	16.7	18	74	3.98		3.5	
	1450	15	4.17	5.6	55	0.42	0.75	2.5	44/38
		25	6.94	5	71	0.48		2.5	
		30	8.33	4.5	72	0.51		3.0	
IS80-65-160	2900	30	8.33	36	61	4.82	7.5	2.5	48/66
		50	13.9	32	73	5.97		2.5	
		60	16.7	29	72	6.59		3.0	
	1450	15	4.17	9	55	0.67	1.5	2.5	48/46
		25	6.94	8	69	0.79		2.5	
		30	8.33	7.2	68	0.86		3.0	

（续）

型号	转速 n /(r·min^{-1})	流量 Q		扬程 /m	效率 η /%	功率/kW		必需汽蚀余量 (NPSH)$_r$/m	重量泵/底座 /kg
		/(m^3·h^{-1})	/(L·s^{-1})			轴功率	电机功率		
IS80-50-200	2900	30	8.33	53	55	7.87	15	2.5	64/124
		50	13.9	50	69	9.87		2.5	
		60	16.7	47	71	10.8		3.0	
	1450	15	4.17	13.2	51	1.06	2.2	2.5	64/46
		25	6.94	12.5	65	1.31		2.5	
		30	8.33	11.8	67	1.44		3.0	
IS80-50-250	2900	30	8.33	84	52	13.2	22	2.5	90/110
		50	13.9	80	63	17.3		2.5	
		60	16.7	75	64	19.2		3.0	
	1450	15	4.17	21	49	1.75	3	2.5	90/64
		25	6.94	20	60	2.27		2.5	
		30	8.33	18.8	61	2.52		3.0	
IS80-50-315	2900	30	8.33	128	41	25.5	37	2.5	125/160
		50	13.9	125	54	31.5		2.5	
		60	16.7	123	57	35.3		3.0	
	1450	15	4.17	32.5	39	3.4	5.5	2.5	125/66
		25	6.94	32	52	4.19		2.5	
		30	8.33	31.5	56	4.6		3.0	
IS100-80-125	2900	60	16.7	24	67	5.86	11	4.0	49/64
		100	27.8	20	78	7.00		4.5	
		120	33.3	16.5	74	7.28		5.0	
	1450	30	8.33	6	64	0.77	1	2.5	49/46
		50	13.9	5	75	0.91		2.5	
		60	16.7	4	71	0.92		3.0	
IS100-80-160	2900	60	16.7	36	70	8.42	15	3.5	69/110
		100	27.8	32	78	11.2		4.0	
		120	33.3	28	75	12.2		5.0	
	1450	30	8.33	9.2	67	1.12	2.2	2.0	69/64
		50	13.9	8.0	75	1.45		2.5	
		60	16.7	6.8	71	1.57		3.5	
IS100-65-200	2900	60	16.7	54	65	13.6	22	3.0	81/110
		100	27.8	50	76	17.9		3.6	
		120	33.3	47	77	19.9		4.8	
	1450	30	8.33	13.5	60	1.84	4	2.0	81/64
		50	13.9	12.5	73	2.33		2.0	
		60	16.7	11.8	74	2.61		2.5	
IS100-65-250	2900	60	16.7	87	61	23.4	37	3.5	90/160
		100	27.8	80	72	30.0		3.8	
		120	33.3	74.5	73	33.3		4.8	
	1450	30	8.33	21.3	55	3.16	5.5	2.0	90/66
		50	13.9	20	68	4.00		2.0	
		60	16.7	19	70	4.44		2.5	

（续）

型号	转速 n /(r·min^{-1})	流量 Q		扬程 /m	效率 η /%	功率/kW		必需汽蚀余量 (NPSH)$_r$/m	重量泵/底座 /kg
		/(m^3·h^{-1})	/(L·s^{-1})			轴功率	电机功率		
IS100-65-315	2900	60 100 120	16.7 27.8 33.3	133 125 118	55 66 67	39.6 51.6 57.5	75	3.0 3.6 4.2	180/295
	1450	30 50 60	8.33 13.9 16.7	34 32 30	51 63 64	5.44 6.92 7.67	11	2.0 2.0 2.5	180/112
IS125-100-200	2900	120 200 240	33.3 55.6 66.7	57.5 50 44.5	67 81 80	28.0 33.6 36.4	45	4.5 4.5 5.0	108/160
	1450	60 100 120	16.7 27.8 33.3	14.5 12.5 11.0	62 76 75	3.83 4.48 4.79	7.5	2.5 2.5 3.0	108/66
IS125-100-250	2900	120 200 240	33.3 55.6 66.7	87 80 72	66 78 75	43.0 55.9 62.8	75	3.8 4.2 5.0	166/295
	1450	60 100 120	16.7 27.8 33.3	21.5 20 18.5	63 76 77	5.59 7.17 7.84	11	2.5 2.5 3.0	166/112
IS125-100-315	2900	120 200 240	33.3 55.6 66.7	132.5 12.5 120	60 75 77	72.1 90.8 101.9	110	4.0 4.5 5.0	189/330
	1450	60 100 120	16.7 27.8 33.3	33.5 32 30.5	58 73 74	9.4 11.9 13.5	15	2.5 2.5 3.0	189/160
IS125-100-400	1450	60 100 120	16.7 27.8 33.3	52 50 48.5	53 65 67	16.1 21.0 23.6	30	2.5 2.5 3.0	205/233
IS150-125-250	1450	120 200 240	33.3 55.6 66.7	22.5 20 17.5	71 81 78	10.4 13.5 14.7	18.5	3.0 3.0 3.5	168/158
IS150-125-315	1450	120 200 240	33.3 55.6 66.7	34 32 29	70 79 80	15.9 22.1 23.7	30	2.5 2.5 3.0	192/233
IS150-125-400	1450	120 200 240	33.3 55.6 66.7	53 50 46	62 75 74	27.9 36.3 40.6	45	2.0 2.8 3.5	223/233
IS200-150-250	1450	240 400 460	66.7 111.1 127.8	20	82	26.6	37		203/233
IS200-150-315	1450	240 400 460	66.7 111.1 127.8	37 32 28.5	70 82 80	34.6 42.5 44.6	55	3.0 3.5 4.0	262/295
IS200-150-400	1450	240 400 460	66.7 111.1 127.8	55 50 48	74 81 76	48.6 67.2 74.2	90	3.0 3.8 4.5	295/298

附录22　4-72-11型离心通风机规格(摘录)

机号	转数 /(r·min^{-1})	全压系数	全压 /kPa	流量系数	流量 /(m^3·h^{-1})	效率 /%	所需功率 /kW
6C	2240	0.411	248	0.220	15800	91	14.1
	2000	0.411	198	0.220	14100	91	10.0
	1800	0.411	160	0.220	12700	91	7.3
	1250	0.411	77	0.220	8800	91	2.53
	1000	0.411	49	0.220	7030	91	1.39
	800	0.411	30	0.220	5610	91	0.73
8C	1800	0.411	285	0.220	29900	91	30.8
	1250	0.411	137	0.220	20800	91	10.3
	1000	0.411	88	0.220	16600	91	5.52
	630	0.411	35	0.220	10480	91	1.51
10C	1250	0.434	227	0.2218	41300	94.3	32.7
	1000	0.434	145	0.2218	32700	94.3	16.5
	800	0.434	93	0.2218	26130	94.3	8.5
	500	0.434	36	0.2218	16390	94.3	2.3
6D	1450	0.411	104	0.220	10200	91	4
	960	0.411	45	0.220	6720	91	1.32
8D	1450	0.44	200	0.184	20130	89.5	14.2
	730	0.44	50	0.184	10150	89.5	2.06
16B	900	0.434	300	0.2218	121000	94.3	127
20B	710	0.434	290	0.2218	186300	94.3	190

参 考 文 献

[1] 钟秦,陈迁乔,王娟,等. 化工原理[M].3 版. 北京:国防工业出版社,2013.

[2] 陈敏恒,丛德滋,方图南,等. 化工原理(上,下) [M]. 北京:化学工业出版社,2015.

[3] 大连理工大学. 化工原理(上,下) [M]. 北京:高等教育出版社,2015.

[4] McCabe W L, Smith J C, Harriott P. Unit Operations of Chemical Engineering[M]. 北京:化学工业出版社,2003.

[5] Perry R H, Green D W. Chemical Engineers´ Handbook. 8th NewYork:McGraw-Hill,2007.

[6] Foust A S. Principles of Unit Operations[M]. 2nd ed. John Wiely and Sons, Inc. ,1980.

[7] 时钧,汪家鼎,余国琮,等. 化学工程手册[M].2 版. 北京:化学工业出版社,1996.

[8] 柴诚敬. 张国亮化工流体流动与传热[M].2 版. 北京:化学工业出版社,2010.

[9] 戴干策,陈敏恒. 化工流体力学[M].2 版. 北京:化学工业出版社,2005.

[10] 姚玉英 陈长,柴诚敬. 化工原理学习指南[M].2 版. 天津:天津大学出版社,2013.

[11] 何潮洪,窦梅,钱栋英. 化工原理操作型问题的分析[M]. 北京:化学工业出版社,1998.

[12] 贾绍义,柴诚敬. 化工传质与分离过程[M] .2 版. 北京:化学工业出版社,2007.

[13] Cussler E L. 扩散-流体系统中的传质[M]. 北京:化学工业出版社,2002.

[14] 蒋维钧,余立新. 新型传质分离技术[M]. 北京:化学工业出版社,2011.

[15] 陈维扭. 超临界流体萃取的原理和应用[M]. 北京:化学工业出版社,2000.

[16] 陈翠仙. 膜分离[M]. 北京:化学工业出版社,2017.

[17] 厉玉鸣. 化工仪表及自动化[M].6 版. 北京:化学工业出版社,2019.

[18] 冷士良,陆清,宋志轩. 化工单元操作及设备[M]. 北京:化学工业出版社,2015.

[19] 戴干策,任德呈,范自晖. 传递现象导论[M].2 版. 北京:化学工业出版社,2008.

[20] 威尔特 J R,威克斯 C E,威尔逊 R E,罗勒 G L. 动量、热量及质量传递原理[M].6 版. 马紫峰,吴卫生,等译. 北京:化学工业出版社,2005.